工业和信息化部"十四五"规划教材

# 高等核反应堆物理

吴宏春　主编

科学出版社

北 京

# 内 容 简 介

本书系统介绍核反应堆物理的理论、技术和常用软件,包括核数据库制作、中子输运方程及其确定论和概率论数值解法、中子输运方程的扩散近似及其数值方法、共振自屏计算方法、燃耗方程及其数值方法、中子输运共轭方程与微扰理论、核反应堆中子动力学、压水堆堆芯物理计算方法、敏感性和不确定性分析等。

本书可作为核能科学与工程专业研究生的教材,也可作为核反应装置设计、运行等研究人员的参考书。

**图书在版编目(CIP)数据**

高等核反应堆物理 / 吴宏春主编. —北京:科学出版社,2023.12
工业和信息化部"十四五"规划教材
ISBN 978-7-03-077431-6

Ⅰ. ①高… Ⅱ. ①吴… Ⅲ. ①反应堆物理学-高等学校-教材
Ⅳ. ①TL32

中国国家版本馆 CIP 数据核字(2023)第 253580 号

责任编辑:吴凡洁 崔慧娴 / 责任校对:王萌萌
责任印制:师艳茹 / 封面设计:赫 健

科 学 出 版 社 出版
北京东黄城根北街 16 号
邮政编码:100717
http://www.sciencep.com

**北京中科印刷有限公司** 印刷
科学出版社发行 各地新华书店经销
*
2023 年 12 月第 一 版 开本:787×1092 1/16
2023 年 12 月第一次印刷 印张:25 3/4
字数:610 000
**定价:98.00 元**
(如有印装质量问题,我社负责调换)

# 本书编著人名单

主　编：吴宏春　　　　　西安交通大学

参　编（按姓名拼音首字母排序）：

曹良志　　　　西安交通大学

杜夏楠　　　　西安交通大学

郝　琛　　　　哈尔滨工程大学

贺清明　　　　西安交通大学

李云召　　　　西安交通大学

梁金刚　　　　清华大学

刘宙宇　　　　西安交通大学

马续波　　　　华北电力大学

万承辉　　　　西安交通大学

王　侃　　　　清华大学

王永平　　　　西安交通大学

谢金森　　　　南华大学

张　乾　　　　浙江大学

张滕飞　　　　上海交通大学

郑友琦　　　　西安交通大学

祖铁军　　　　西安交通大学

# 序

西安交通大学的核科学与技术学科创建于 1958 年,是我国创办最早的核专业之一,获首批硕士、博士学位授予权,为一级学科博士后流动站,"核能科学与工程"为国家重点学科。谢仲生、贾斗南、朱继洲等西迁教授是我国核工程教育体系的构建者。该学科是我国核科学与技术领域科学研究和人才培养的必要基地,也是行业关键难题的解决者、原始技术的开拓者、服务国家核能发展的主力军。该学科紧紧围绕"四个面向",形成了先进核能科学工程、核技术与应用、核燃料循环与材料三个特色鲜明的优势学科方向,形成了"学校-企业-国际"协同培养体系,为中国核科学与技术事业发展培养了一大批骨干人才。

核反应堆物理是核科学与技术学科的核心基础课程,也是核工程领域的核心研究方向之一。国务院学位委员会核科学与技术学科评议组于 2019 年组织修订了核工程专业课程目录,确定了《高等核反应堆物理》为我国核工程专业的研究生教育核心课程,并委托吴宏春教授担任主编,联合西安交通大学、清华大学、哈尔滨工程大学、南华大学、华北电力大学、上海交通大学、浙江大学等兄弟院校的核反应堆物理课程的一线教师共同编写《高等核反应堆物理》教材。

吴宏春教授带领的西安交通大学核工程计算物理实验室(NECP)团队,是目前国际上实力最强的核反应堆物理教学科研团队之一。NECP 实验室围绕国家在民用核电、军用核能及未来聚变能等方面的重大需求与国际前沿,潜心开展核数据加工、数值方法与软件研发、先进核反应堆设计、反应堆运行技术开发等方面的研究,突破了一系列难题,取得了一系列成果,获包括国家技术发明奖二等奖、国家科技进步奖三等奖和陕西省教学成果奖二等奖等在内的国家级和省部级科技奖励 10 余项,为我国实现核心技术自主可控做出了重要贡献。

这本《高等核反应堆物理》教材,主要面向核反应堆物理方向高级阶段的学生,是吴宏春教授教书育人和潜心科研 30 余年的思想结晶,也是所有参编高校核反应堆物理专业团队的教学经验总结。该书内容全面,覆盖了核数据库、共振计算、输运计算、燃耗计算、动力学计算、核热耦合、不确定性分析等各个环节,每部分都从工程实际应用出发,介绍了解决思路及常见软件工具。

这本书既可以作为我国核科学与技术学科的研究生教材,也可作为我国核科学与技术相关研究院所科研人员的参考资料，为此，我郑重将该书推荐给国内相关高校的学生和从事核科学工作的科技工作者。

2023 年 2 月 2 日

# 前言

俗话说"历史是一面镜子，它照亮现实，也照亮未来"，我国核工业的发展史就是一部奋斗史，了解它，你会更有力量再出发，所以在学习高等核反应堆物理知识之前，本人愿意与各位读者分享我学习整理的我国核工业发展简史，以便共同汲取前人的力量，攀登新的高峰。

1939 年，物理学家恩里科·费米和爱因斯坦一同向美国报告：德国科学家已掌握了铀的原子裂变技术。1942 年 6 月，美国启动了研制原子弹的曼哈顿计划。1945 年 7 月 16 日，美国成功进行了世界上首次原子弹试验，由此成为全世界第一个拥有原子弹的国家。

1945 年 8 月 6 日和 9 日，美国分别在日本广岛和长崎投下了原子弹，造成的巨大伤害震惊了世界各国，苏联随即迅速展开了发展核武器的紧急计划。1949 年 8 月 29 日，苏联成功进行了首次核试验，成为世界上第二个拥有核武器的国家。后来英国、法国也相继成功爆炸原子弹。

1949 年中华人民共和国成立，1950 年 11 月 30 日美国总统杜鲁门面对记者有关是否会向中国使用原子弹的问题，给出了一个含糊其辞却又充满威胁的答案："要使用一切可以使用的武力。"1951 年 4 月，在朝鲜战场屡屡受挫的美国将曾向日本投掷原子弹的 B-29 战略轰炸机调往冲绳，同时公开威胁要用原子弹对中国进行"外科手术"，百废待兴的新中国处于恐怖的威胁之中。

1950 年，我国成立了中国科学院近代物理研究所，开始从事核科学技术研究工作。1954 年，我国地质工作者在综合找矿中，在广西发现了铀矿资源。毛泽东在听取地质部门汇报后指出，我们有丰富的矿物资源，我们国家也要发展原子能。1955 年 7 月，国务院决定，在国家建设委员会设立建筑技术局，负责苏联援助的实验性重水反应堆和回旋加速器的筹建工作。1956 年 11 月 16 日，国家建立了第三机械工业部（1958 年改为第二机械工业部，1982 年改为核工业部），在苏联援助下建设核工业。1958 年，我国第一座重水型实验用反应堆和回旋加速器建成并投入运行。1959 年 6 月，我国正式启动了旨在研发核武器的"596 工程"。1960 年，苏联政府单方面撕毁协定，随即撤走了在核工业系统工作的苏联专家，并带走了重要的图纸资料，我国的核武器研究就此走上了自力更生之路。

---

资料来源：国家原子能机构. 党领导新中国核工业的历史经验与启示. 学习强国.(2023-01-04). https://www.xuexi.cn/lgpage/detail/index.html?id=16487792302928719287&item_id=164877923029287192。

鸿鹄高飞一举万里. 原子弹是谁研究出来的.(2022-10-16). https://mp.weixin.qq.com/s?_biz=MjM5MDY0MTQ3NA==&mid=2652996777&idx=3&sn=2e4945cc92d9b915c62a2e88ca。

为了满足核武器和核反应堆建设的人才需求，1956 年清华大学成立了涉核的工程物理系，1958 年西安交通大学和上海交通大学分别成立了工程物理系，明确设立了反应堆工程方向，1959 年哈尔滨工程大学将"蒸汽动力装置专业"改成"核动力装置专业"，同时很多高校都安排核相关专业的部分教师开展核工程人才培养工作，在中国核工业起步阶段发挥了重要的人才支撑作用。

当时毛泽东主席有明确表态：现在苏联对我们援助，我们一定要搞好，我们自己干，也一定能干好。我们有人，又有资源，什么奇迹都可以创造出来①。党中央先后从全国调集高、中级专家 200 多人充实到核武器研究所，形成了以彭桓武、朱光亚、邓稼先等为核心的核武器研制骨干力量。1961 年 7 月 16 日，中共中央发布了《关于加强原子能工业建设若干问题的决定》，19 日中共中央军事委员会批准中国人民解放军国防科学技术委员会成立，领导原子能工业的专办。

原子弹和核反应堆的物理原理都是核裂变，如何使核裂变持续下去是一个非常复杂的问题，需要依靠大量而复杂的计算解决。这些计算涉及指数函数、三角函数、对数函数、双曲函数、开方、求幂等相对复杂的运算。这些运算对当时不具备计算机技术的中国是一项艰巨的任务，当时彭桓武想出了一种被称为"粗估"的办法：一方面用心算对公式进行简化，另一方面集中大批专业人员将复杂步骤逐渐拆分。拆分后的每一步骤具体分配到每个人头上：在电子计算机的算力无法满足需求的前提下同时综合运用手摇计算机、算盘、计算尺等工具进行计算，然后再将每个人的计算结果逐一整合起来，所以人们称中国原子弹是用算盘打出来的。

经过 5 年的艰苦奋斗，1964 年 10 月 16 日 15 时，中国在新疆罗布泊核试验场成功进行了首次核试验，成为世界上第五个拥有核武器的国家。当时的美国报纸是这样报道这一事件的：一个非白人的国家第一次打开了军事技术中的一些最深奥的秘密。中国人已插足于一个过去只有西方民族才能进入的领域。表面上美国媒体的这番措辞似乎是对中国的一种肯定，实际上背后更多反映了美国方面的震惊。

在此之前，美国方面一直以为我国造不出原子弹。就在我国原子弹爆炸的当天，时任美国总统林登·贝恩斯·约翰逊突然取消了自己的多个行程，还表示不应该把这件事等闲视之。

紧接着，1967 年 6 月中国第一颗氢弹试验成功。从第一颗原子弹爆炸到第一颗氢弹试验成功，美国用了 7 年零 3 个月，中国用了 2 年零 8 个月。1970 年 12 月 26 日，中国自主研制的第一艘核潜艇成功下水。艇上零部件有 4.6 万个，需要的材料多达 1300 多种，没有用一颗外国螺丝钉。

此后，核工业从军工走向民用。1970 年 2 月 8 日，周恩来总理指出：二机部不能光是爆炸部，要和平利用核能，搞核电站②。随着新号令发出，新方向确立，从那时起，中

---

① 新华社. 什么时候，感到做一个中国人很幸福.(2022-11-20). http://www.banyuetan.org/zl/detail/20190929/10002000331374315697194702124440726_1.html。

② 人民政协网. 卢铁忠委员："第一度可控核聚变产生的电要在中国发出来！".(2023-03-10). https://www.rmzxb.com.cn/c/2023-03-09/3308957.shtml。

国开启了和平利用原子能时代。

1991年12月，我国自行设计建造的秦山30万kW核电站并网成功，结束了大陆无核电的历史。1995年，秦山核电二期工程拉开帷幕，自行设计建造4台60万kW的压水堆核电机组。2002年陆续投入商业运行。

2008年，秦山核电站扩建工程——方家山核电站动工，建造两台百万千瓦级的国产化压水堆机组。2014年，1号机组投入商业运行。2015年1月，2号机组并网发电。

2015年，中国自主三代核电"华龙一号"全球首堆——福清核电5号机组开工建设，于2020年实现并网发电。

60多年来，我国核工业在党中央的亲切关怀和英明领导下，从无到有发展壮大起来。在60多年的发展历程中，经过艰苦创业，成功研制了原子弹、氢弹、核潜艇，改写了我国没有核电的历史，建立了完整的核科技工业体系，发展了核电、核燃料、核技术应用三大产业，为国防建设和国民经济发展做出了重大贡献。半个多世纪的风雨历程，核工业人铸就了伟大的核工业精神："事业高于一切，责任重于一切，严细融入一切，进取成就一切。"正是这种核工业精神，激励一代又一代核工业人，克服前进道路上的艰难险阻，取得了辉煌成就。

中国核工业的成功发展用事实证明了中国制度的优势和中国共产党的正确领导，哪怕是一穷二白，只要在党的正确领导下，大家团结一致，吃苦耐劳，发挥中国人的聪明才智，即使是非常复杂的高尖端核技术，我们一样可以拥有。

核工业是战略性高技术产业，从创建之日起，中国核工业就以保障国家安全、巩固社会主义政权为己任，以党的旗帜为旗帜、以党的宗旨为宗旨、以党的意志为意志，坚定按照党中央指明的政治方向、确定的前进路线砥砺奋进。在创建和发展历程中，核工业人不断赓续和丰富中国共产党人的精神谱系，锤炼鲜明的政治品格，打造国家名片，筑牢大国根基。

新时代需要新担当，新征程需要新作为。站在新的历史起点上，中国核工业要以习近平新时代中国特色社会主义思想为指导，始终坚持党对核工业的绝对领导，坚决贯彻落实习近平总书记关于核工业改革发展系列重要指示批示精神，把思想和行动自觉统一到以习近平同志为核心的党中央决策部署上来，充分发挥新型举国体制优势，沿着一代代核工业人打下的坚实基础，继续走好我们这一代核工业人新的长征路。

为了更好地为国家培养更多急需的高端人才，2019年国务院学位委员会核科学与技术学科评议组组织修订了核专业课程目录，确定了"高等核反应堆物理"为我国核工程专业的研究生教育核心课程，并制定了相应的课程大纲。为了促进课程大纲的落实，2020年，受国务院学位委员会核科学与技术学科评议组委托，西安交通大学设立了《高等核反应堆物理》教材编写项目，由吴宏春教授担任主编，联合西安交通大学、清华大学、哈尔滨工程大学、南华大学、华北电力大学、上海交通大学、浙江大学等兄弟院校的核反应堆物理课程教学一线的教师共同编写。本教材于2020年入选西安交通大学研究生"十四五"规划教材，于2021年被工业和信息化部列为"十四五"规划教材。

为了兼顾各个学校的不同需求，本教材涉及的内容相对较宽，便于各学校根据教学计划自行选择。本教材包括绪论（李云召、吴宏春）、核数据库制作（祖铁军、张乾）、中子输运方程(郑友琦、杜夏楠)、中子输运方程的确定论数值方法(郑友琦、刘宙宇、张滕飞)、中子输运方程的扩散近似及其数值方法(李云召、王永平)、中子输运方程的概率论数值方法(梁金刚、贺清明、王侃)、共振自屏计算方法(张乾、贺清明)、燃耗方程及其数值方法(刘宙宇)、中子输运共轭方程与微扰理论(郝琛)、核反应堆中子动力学(谢金森)、压水堆堆芯物理计算方法(万承辉、曹良志)、敏感性和不确定性分析(万承辉、曹良志、马续波)等,吴宏春负责统编。本教材经过国内众多专家的评审,他们提出了很多具有建设性的意见和建议,这些专家包括:史永谦、王侃、赵强、魏春琳、卢皓亮、芦韡、汤春桃、马宇、李刚、陈其昌、彭思涛、上官丹骅、杨伟焱、安萍、郭炯、李泽光、佘顶、彭星杰、赵文博、刘琨、李硕、全国萍、刘召远、李治刚等。本教材还经过了西安交通大学 NECP 团队研究生的校对和阅读,同学们也提出了很多意见和建议,李云召教授承担了本书的协调、统筹和对接工作。对于参与评审的专家和参与校对的研究生,作者在此一并表示感谢!

本书为研究生教材,先修课程为本科生的"核反应堆物理分析"或"核反应堆工程"等相近课程。教材的内容涉及很多常用的和最新发展的方法,可作为核反应装置设计、运行等研究人员的参考书。

本书的完成凝聚了大家许多汗水,也是大家长期从事反应堆物理课程教学经验的结晶,更是一次协同作战、求同存异的成果总结,作者在此表示衷心的感谢。

当然,由于作者水平有限,工程经验欠缺,书中一定有不足或疏漏之处,恳切希望各位读者批评指正。

吴宏春

2023 年 3 月 12 日

# 第1章

# 绪　论

核反应堆是在可控状态下持续释放原子核裂变能或聚变能的装置，分别称为裂变核反应堆和聚变核反应堆。在裂变核反应堆的堆芯中，或者在聚变核反应堆的包层内，介质原子按照物质结构规律"摆放"在空间中；由核衰变或裂变核反应等过程产生并发射出来的各种能量的中子，在空间中不断地飞行穿梭，与介质原子核发生碰撞，进而引发各种类型的核反应。这些核反应会影响中子的运动过程（称之为中子输运过程），也会改变介质原子核（称之为核素燃耗过程），同时还可能会释放能量，形成能量释放的功率。核反应释放出的能量主要是以原子核动能的形式沉积在介质中，体现为介质的热能。当堆芯的冷却剂流过堆芯时，会被因能量沉积而升温的堆芯加热，从而带走热量，进行进一步的能量转换或应用（称之为热工水力学过程）。

介质原子核与各种能量的中子发生核反应的截面是原子核本身的性质参数，与介质原子核的种类有关，也与其所处的介质温度有关，还会受介质材料核素成分的影响，其取值会直接影响中子输运过程，也会影响介质原子核的燃耗过程。同时，中子输运过程和核素燃耗过程给出的功率及其空间分布又会作为能量源直接影响热工水力学过程，进而影响堆芯内各种介质材料的温度和密度等。因此，在核反应堆堆芯内，中子输运过程、核素燃耗过程和热工水力学过程是紧密耦合在一起的，是典型的多物理耦合过程。

核反应堆物理的核心内容是中子输运过程和核素燃耗过程，目标为裂变核反应堆堆芯内的裂变能释放过程、核燃料和控制棒等介质的燃耗过程、结构材料的辐照过程、屏蔽材料的屏蔽性能等的定量描述提供理论支撑和计算工具，也为聚变核反应堆包层内的中子屏蔽、氚的产生与消耗等提供定量或定性分析手段，进而为核反应堆的设计分析、优化改进、运行支持等全生命周期过程提供核心技术。考虑到热工水力学过程的影响，一般需要在核反应堆物理分析中采用简单的热工水力学模型，考虑其对中子输运过程和核素燃耗过程的反馈作用。

中子输运过程可以用线性玻尔兹曼（Boltzmann）方程（又称中子输运方程）进行定量刻画。该方程属于非平衡统计力学的范畴，是一个微分-积分方程，只有在非常简单的情况下才能获得其解析解，常用的数值解获取方法有确定论方法和概率论方法两类。在核反应堆堆芯的运行过程中，堆芯内的状态变化相比于中子分布随时间的变化来说要缓慢得多，所以一般采用稳态中子输运方程进行刻画。但是，考虑到核反应堆堆芯内的中子主要来自于核裂变反应，而核裂变反应除了在裂变瞬间会释放出瞬发中子以外，还会通过缓发中子先驱核释放缓发中子。由于缓发中子与瞬发中子在产生时间和飞行能量上的差别，在短时间的瞬态过程中需要在含时的中子输运方程中区分瞬发中子和缓发中子，形成所谓的中子动力学理论。核素燃耗过程可以用贝特曼（Bateman）方程（又称燃耗方程）

进行定量刻画，该方程是一组一阶微分方程，本身具有线性性质，虽然具有形式上的指数矩阵解，但仅在核素数目非常少、核素相互转换关系非常简单的情况才可以解析求解，当核素数目比较多或者核素转换关系比较复杂的时候，也需要借助数值计算方法。中子输运方程和燃耗方程中都包含中子与介质原子核发生相互作用的性质参数，如核反应截面、核反应分支比、裂变产额、出射粒子的能量和角度分布等，一般需要从评价核数据库出发，先利用核数据处理程序制作成应用核数据库，包括截面数据库、燃耗数据库、动力学参数库等。

在中子输运方程中，各核素的核数密度将出现在作为系数出现的宏观截面中；而在核素燃耗方程中，中子通量密度又将出现在作为系数出现的微观核反应率中。所以，中子输运过程与核素燃耗过程之间的相互耦合作用，体现为以非线性形式相互耦合在一起的中子输运方程与燃耗方程。考虑到热工水力学过程通过介质温度和密度等影响中子输运过程和燃耗过程，堆芯内的核热耦合过程将体现为热工水力学方程与中子输运方程和燃耗方程之间通过温度和核数密度形成的非线性耦合关系。

在本科阶段的"核反应堆物理"[1]课程中，已经介绍了：①中子与物质相互作用的核物理基础；②中子的慢化、扩散、裂变循环等典型过程；③中子输运方程及其在简单工况下的扩散近似和解析解；④裂变核反应堆堆芯内的中子临界理论和中子能谱特点；⑤核素燃耗过程及其基本规律；⑥核反应堆中的反应性系数与反应性控制；⑦核反应堆的中子动力学过程；⑧核反应堆堆芯的设计与计算；⑨核反应堆的启动物理实验。这些内容全面覆盖了核反应堆物理基本知识、基本理论及其与工程实际的关系。

为了满足研究生学习和培养的需求，本书将在本科阶段的基础上针对其中的理论和技术展开系统深入的介绍。在本书中，第2章将系统介绍评价核数据库，以及如何从评价核数据库出发，制作出实际数值计算使用的应用核数据库，包括截面数据库、燃耗数据库和中子动力学参数库等，也介绍了常用的核数据处理程序；第3章将详细介绍中子输运方程的基本物理量、建立过程、方程物理特性及其各种常用表达形式；第4章将集中介绍求解中子输运方程的确定论数值方法，包括球谐函数方法、简化球谐函数方法、离散纵标方法、特征线方法、碰撞概率方法及常用的加速收敛技术；第5章将介绍中子输运方程的扩散近似及其数值方法，包括$P_1$近似、输运修正近似、有限差分方法、节块展开方法、非线性迭代节块方法和非均匀变分节块方法等；第6章将系统介绍数值求解中子输运方程的概率论数值方法，又称蒙特卡罗方法，包括其基本原理、求解理论、减方差技巧、并行和加速技术及常见的计算程序，针对多群中子输运计算，可以是确定论的多群计算，也可以是蒙特卡罗多群中子输运计算，由于共振能量段的中子与原子核发生核反应的截面出现强烈的共振现象，该能区内实际的多群截面将与具体问题呈现强相关特性，实际计算中必须先通过共振计算获得共振能群的有效自屏截面；第7章将从多群截面数据库出发，补充介绍共振自屏计算方法，包括共振计算的基本思路、等价理论方法、子群方法、超细群方法和全局-局部（local-global）方法等；第8章则系统介绍燃耗方程及其数值方法，包括泰勒展开方法、线性子链方法、切比雪夫有理近似方法及常用的燃耗计算程序；第9章针对实际核反应堆堆芯物理计算中的计算需求，介绍中子输运共轭方程与微扰理论，包括共轭方程相关的基本概念、基于共轭方程的一阶微扰理论、广义微扰理论和高阶微扰理论，以及微扰理论在特征值敏感性计算和控制棒价值计算中的应用，为核反应率尤其是探测器响应核反应率计算提供中子价值理论作为理论手段；第 10 章则聚焦区分考虑瞬发中子与缓发中子的核反应堆中子动力学过程，包括认为堆芯内中子通量密度空间分布形状基本不变的点堆中子动力学和同时考虑中子通量密度随时间和空间变化过程的时空中子动力学；在此基础上，第 11 章以压水堆堆芯物理计算为对象，全面介绍堆芯物理计算的流程和方法，作为核反应堆物理分析的典型示例；第 12 章重点介绍评价和应用核反应堆物理数值计算结果所需的敏感性和不确定性分析技术，包括基于微扰理论的分析方法和基于统计学抽样的分析方法，也包括核反应堆不确定性分析及应用。

　　作为"核反应堆物理"高级阶段的教材，本书的内容具有三个特点：①系统性，内容全面覆盖了从核数据库、共振计算、输运计算、燃耗计算、动力学计算、核热耦合、不确定性分析等各个环节，章节之间自然形成一个有机整体；②深入性，每一章都详细介绍了一个相对独立的话题，基于一个相对较容易理解的框架，尽可能给出其中所有的关键技术细节；③应用性，全书的介绍都以明确的核反应堆为应用对象，每一章的介绍都有明确的目标环节，也都有常见软件工具的介绍。

　　针对本书的特点，要学好并掌握其中的知识，需要：①理论基础扎实，比如核数据部分用到的原子核物理、量子力学、固体物理等方面的基础理论，中子输运方程和核素燃耗方程及其求解方法所需的数学物理方程、数值计算方法等；②数学与物理相结合，书中的数学公式，无论复杂还是简单，都只是其背后物理现象与理论的数学表示，只有将数学与物理结合起来，才能借助物理过程理解数学处理背后的真实含义，才能借助严谨的数学推导反观物理过程背后的逻辑关系；③理论与应用相结合，本书介绍的物理现象可以作为工程实际核反应堆设计背后的物理机制。本书介绍的数值算法直接是核反应堆物理工业软件背后的理论模型，结合这些物理设计和软件开发过程来理解和消化本书的内容，将更容易实现知识与技术融会贯通，达到学以致用的目的。

## 参 考 文 献

[1] 吴宏春, 曹良志, 郑友琦, 等. 核反应堆物理. 北京: 中国原子能出版社, 2014.

# 第 2 章

# 核数据库制作

本书将介绍的中子输运计算、燃耗计算、中子动力学计算等核反应堆物理计算内容，都需输入特定的核数据。中子输运计算模拟中子在反应堆内的迁移过程，需要中子(能量范围一般为 $10^{-5}$eV 至 20MeV)与各种材料发生核反应的微观截面、反应后次级中子的产额、能量-角度分布等数据。燃耗计算模拟燃料焚烧过程中核素的转换过程，以确定不同时刻燃料的核素组成，需要的核数据包括：核素的中子反应截面、重核素裂变产生中等质量核素的产额、燃料中各核素的衰变常数及衰变分支比等。核反应堆在启动、功率调节、意外事故等过程中，其有效增殖系数、中子通量密度或功率等会发生迅速变化，需要进行中子动力学计算来分析核反应堆的瞬态特性。中子动力学计算模拟的时间尺度在秒甚至更小的量级，需要考虑缓发中子对中子通量密度的贡献，因此，需要缓发中子份额、缓发中子先驱核衰变常数等数据。

以上核数据一般来源于评价核数据库，但是评价核数据库存储的数据并不能直接被反应堆物理计算使用，需经过复杂的计算制作为特定格式的数据库才能使用。本章首先对评价核数据库进行简单介绍；然后对中子截面数据制作方法、燃耗数据库制作方法、中子动力学参数计算方法等进行介绍；热中子在反应堆中具有重要的作用，热中子与材料发生散射反应的截面除了与材料原子核相关，还与材料自身的原子结构、分子结构相关，本章还将对热中子散射截面计算方法进行介绍；最后，对目前国际上使用的典型核数据处理程序进行介绍。

## 2.1　评价核数据库

评价核数据库是由专门的科研机构通过微观实验测量和模型计算获得的核数据，然后经过详细评价检验后形成的。国际上主流的评价核数据库有：中国核数据中心的 CENDL、美国布鲁克海文国家实验室核数据中心的 ENDF/B、经济合作与发展组织核能署的 JEFF、日本原子能机构核数据中心的 JENDL、俄罗斯核数据中心的 BROND 等，各评价核数据库的最新版本见表 2-1。

表 2-1　五大评价核数据库(截至 2022 年 2 月)

| 发布单位 | 当前版本 | 发布年份 | 有中子截面的核素个数 |
|---|---|---|---|
| 美国布鲁克海文国家实验室核数据中心 | ENDF/B-Ⅷ.0 | 2018 | 557 |
| 中国核数据中心 | CENDL-3.2 | 2020 | 272 |

续表

| 发布单位 | 当前版本 | 发布年份 | 有中子截面的核素个数 |
|---|---|---|---|
| 日本原子能机构核数据中心 | JENDL-5 | 2021 | 795 |
| 经济合作与发展组织核能署 | JEFF-3.3 | 2017 | 562 |
| 俄罗斯核数据中心 | BROND-3.1 | 2016 | 372 |

为了保证通用性，并方便不同评价核数据库之间的对比，目前国际上的评价核数据库采用统一的格式，即 ENDF-6 格式[1]。ENDF-6 格式采用严格的层级结构存储数据，依次划分材料、文件、反应道、记录等层级，如图 2-1 所示。各层级存储的数据介绍如下：

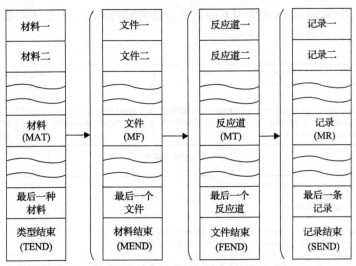

图 2-1　ENDF-6 格式的文件结构

(1) 材料可以是单个核素、天然核素或由若干核素组成，ENDF-6 格式给每种材料一个特定的材料号(MAT)，例如，$^{235}$U 和 $^{238}$U 核素的材料号分别为 9228 和 9237。

(2) 文件用于存储不同类型的数据，采用 MF 号进行标识，例如，MF1 存储一般信息、MF2 存储共振参数、MF3 存储不同反应道的中子截面数据、MF4 存储出射粒子的角度分布数据、MF5 存储出射粒子的能量分布数据、MF6 存储出射粒子能量-角度相关的分布数据、MF7 存储热中子散射律数据、MF8 存储裂变产额和衰变数据等。

(3) 每个文件内采用不同的反应道号(MT)存储中子与材料发生核反应的相关数据，例如，MT=1 为总截面数据、MT=2 为弹性散射反应数据、MT=4 为非弹性散射反应数据、MT=18 为裂变反应数据、MT=102 为辐射俘获反应数据。

(4) 记录(MR)用于存储具体的核数据，记录的种类包括 TEXT(注释信息)、CONT(控制信息)、TAB1(一维插值数据)、TAB2(二维插值数据)等，并规定了各类数据具体的存储格式。

ENDF-6 格式于 20 世纪 90 年代提出，提供的数据满足了核反应堆工程设计的需要，得到广泛应用。不过,也存在一些问题:ENDF-6 格式可读性差,用户很难直接获取所需的核数据;随着核科学与技术的发展,ENDF-6 格式提供的数据也逐渐不能满足核医疗、辐射物理及反应堆高精度数值模拟等方面的需求。

近年来,国际上发展了一种新的评价核数据库存储格式 GNDS(Generalized Nuclear Data Structure)[2]。GNDS 格式由经济合作与发展组织核能署的国际核数据评价合作工作组开发和维护,为了避免 ENDF-6 格式的缺陷,GNDS 采用 XML(Extensible Markup Language)、HDF5(Hierarchical Data Format)等现代的跨平台计算机语言存储数据,仅规定了数据存储的层级结构,并未像 ENDF-6 一样规定各类数据的具体存储格式。美国的 ENDF/B-Ⅷ.0 版本评价核数据库就同时发布了 ENDF-6 和 GNDS 两个版本,其中 GNDS 版本以 XML 语言存储数据。图 2-2 展示了 $^{98}$Mo 核素(n, 3n)反应截面在 ENDF-6 和 GNDS 格式的存储方式,GNDS 格式采用不同标签存储数据的类型,但是未对数据存储的具体格式做出规定。

```
4.209800+4 9.706430+1         0          0          0      04243 3 17
-1.545840+7-1.545840+7         0          0          1      64243 3 17
          6          2                                       4243 3 17
1.561770+7 0.000000+0 1.600000+7 4.602810-4 1.700000+7 2.928990-24243 3 17
1.800000+7 1.292150-1 1.900000+7 2.998450-1 2.000000+7 4.988870-14243 3 17
0.000000+0 0.000000+0         0          0          0      04243 3 0
```

**(a) ENDF-6格式**

```
<reaction label="3n + Mo96" ENDF_MT="17">
 <crossSection>
  <XYs1d label="eval">
   <axes>
    <axis index="1" label="energy_in" unit="eV"/>
    <axis index="0" label="crossSection" unit="b"/></axes>
   <values>
    1.56177000e+07 0.00000000e+00 1.60000000e+07 4.60281000e-04 1.70000000e+07 2.92899000e-02
    1.80000000e+07 1.29215000e-01 1.90000000e+07 2.99845000e-01 2.00000000e+07 4.98887000e-01
   </values></XYs1d></crossSection>
 <outputChannel genre="NBody">
  <Q>
   <constant1d label="eval" constant="    -15458400" domainMin="15617700" domainMax="2e7">
    <axes>
     <axis index="1" label="energy_in" unit="eV"/>
     <axis index="0" label="Q" unit="eV"/></axes></constant1d></Q>
```

**(b) GNDS格式**

图 2-2  不同格式数据库中 $^{98}$Mo 核素的(n, 3n)反应截面

中子数据是评价核数据库最重要的组成部分,包括中子与靶核发生反应的截面,以及反应后出射粒子的能量-角度分布信息。图 2-3 展示了 $^{238}$U 辐射俘获截面的变化,下面分析截面的特性,并介绍评价核数据库中中子截面数据的存储方式。

在低能区和高能区,截面变化较为平滑,评价核数据库采用能量-截面插值表的形式存储核数据,给出了一系列离散能量点及其截面值,以及两相邻能量点之间的插值方法,表 2-2 展示了中子截面采用的五种插值方法。通过这些信息可以插值获得其他能量处的截面值。

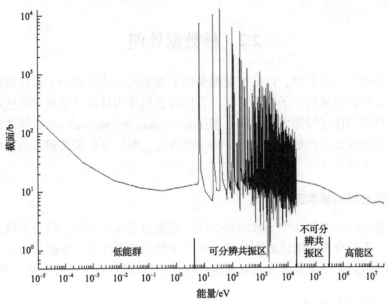

图 2-3   $^{238}$U 辐射俘获截面的变化

表 2-2   ENDF-6 格式中的插值方法

| 插值类型 | 描述 |
| --- | --- |
| 1 | $y$ 为常数，不随 $x$ 变化 |
| 2 | $y$ 随 $x$ 线性变化 |
| 3 | $y$ 随 $\ln x$ 线性变化 |
| 4 | $\ln y$ 随 $x$ 线性变化 |
| 5 | $\ln y$ 随 $\ln x$ 线性变化 |

在共振能区，截面随能量呈现出剧烈振荡，若采用插值表的方式存储截面需要大量的能量点，将会消耗大量的存储空间，因此评价核数据库使用共振公式表示截面的共振部分。从图 2-3 可见，随着能量的增加，共振峰之间的距离逐渐减小，根据共振峰的特点，共振能区可划分为可分辨共振能区和不可分辨共振能区两部分。在可分辨共振能区，共振峰间距离大，可以确定共振峰的位置，评价核数据库主要提供了四种共振公式，如表 2-3 所示，并用控制变量(表 2-3 中的 LRF)指定某核素采用何种共振公式，同时给出该公式所需的基本参数。在不可分辨共振能区，共振峰极为密集，由于实验测量分辨率的限制，不能得到准确的共振峰的位置，评价核数据库仅给出若干能量点附近的平均共振参数及其概率分布函数，平均共振参数以表 2-3 中 SLBW 公式的形式给出。

表 2-3   评价核数据库中主要的共振公式类型

| LRF | 共振公式类型 |
| --- | --- |
| 1 | single-level Breit-Wigner(SLBW) |
| 2 | multi-level Breit-Wigner(MLBW) |
| 3 | Reich-Moore(RM) |
| 7 | R-matrix limited(RML) |

# 2.2 核数据处理

从上文的介绍可以看出，评价核数据采用了复杂的形式存储中子截面数据，用户无法直接使用这些数据进行中子输运计算，需要将其制作为特定的格式才能使用，一般将中子截面数据的制作过程称为核数据处理(nuclear data processing)。核数据处理需专门的程序完成，此处仅介绍核数据处理的一些关键内容，本章 2.6 节将对目前国际上使用的核数据处理程序进行介绍。

## 2.2.1 核数据处理的基本流程

用核数据处理程序制作中子截面数据库一般需如下几个步骤：截面重构及线性化、多普勒展宽、不可分辨共振区数据处理、热中子散射截面计算、多群截面计算、格式化输出等。为节省篇幅，下面简要介绍各步骤的功能，具体的计算方法可参见文献[3]、[4]。

### 1. 截面重构及线性化

从以上介绍可知，评价核数据库在不同的能量范围采用不同的形式存储数据，未直接给出所有能量点的截面值。核数据处理程序首先需要根据评价核数据库给出的基础数据，构造出可线性插值的截面表，即点态截面。对于热中子区和快中子区，基于评价核数据库中给出的能量网格及插值方法，通过二分法进行线性化处理获得点态截面；对于可分辨共振区，在预先设定的初始能量网格下按评价核数据库提供的共振公式及参数计算出网格点的截面值，然后基于初始能量网格通过二分法获得点态截面；对于不可分辨共振区，在评价核数据库提供平均共振参数的能量点处计算无限稀释下的截面，然后利用二分法获得点态截面。

### 2. 多普勒展宽

理论上，中子反应截面仅与中子与靶核相对运动的速度相关，评价核数据库给出的中子能量即为中子与靶核的相对能量，而中子输运方程是在实验室坐标系下建立的，因此需要将评价核数据库中相对坐标系下的截面转化到实验室坐标系。由于实际问题中介质原子核处于热振动状态，并且振动的速率分布随着温度变化，从而造成实验室坐标系下以相同速度入射的中子，其与不同温度的靶核的平均相对运动速度不同，因此实验室坐标系下截面是和温度相关的，即多普勒效应。核数据处理程序的多普勒展宽功能就是将评价核数据库中的数据转化到实验室坐标系，获得所需温度下的截面。

### 3. 不可分辨共振区数据的处理

在不可分辨共振区，虽然实验无法确定共振峰的具体位置，但共振峰真实存在，将产生共振自屏效应，若忽略共振自屏效应，会对快谱及中间能谱反应堆的中子学计算造成较大的误差，因此，核数据处理程序需为中子学程序进行共振自屏计算提供基础数据。目前主要有两类方法处理不可分辨共振区的参数：一是通过积分概率方法计算获得各能量点处不同背景截面下的有效截面，供确定论程序使用；二是将各能量点处的截面转化为概率表供蒙特卡罗程序使用。

### 4. 热中子散射截面计算

热中子与材料发生散射时，需考虑如下效应：热能区中子能量与靶核热运动能量相当，不能认为靶核处于静止状态，当中子与运动的靶核碰撞时，除损失能量外，还可能获得能量发生上散射；热能区中子能量与材料化学键的结合能相当，散射核处于束缚状态，不能自由地反冲；热能区低能中子的德布罗意波长与材料分子或原子的间距相当，散射中子波可能发生干涉效应。因此，热中子散射截面不仅与材料原子核的特性相关，还与材料的结构相关。评价核数据库采用热散射律[1]（Thermal Scattering Law）数据描述材料的热散射特性，核数据处理程序需要根据热散射律数据计算材料的热中子散射截面。

### 5. 多群截面计算及格式化输出

通过以上四个步骤的计算，可获得全能量段的点态截面，将这些数据按特定格式输出，例如，ACE 格式[5]即可被蒙特卡罗程序使用。对于采用多群近似的确定论程序，还需要进行多群数据的计算，然后将多群数据按特定格式输出，比如 WIMS-D 格式[6]。

## 2.2.2 多群数据计算方法

多群数据计算的基本思路是：首先计算权重能谱，然后基于核反应率守恒原理计算多群数据，包括多群截面、散射矩阵和裂变谱等。

### 1. 权重能谱的计算方法

对于需要计算多群数据的核素，将其与慢化材料组成无限均匀系统，采用窄共振近似处理散射源项，可获得系统的近似权重能谱，如式(2-1)所示，该方程的具体推导过程可参见本书第 7 章。

$$\phi_0(E) = \frac{\sum_i N_i \sigma_{p,i}(E)}{\sum_i N_i \sigma_{t,i}(E)} C(E) \tag{2-1}$$

式中，$\phi_0$ 为 0 阶权重能谱；$i$ 为核素索引号；$N_i$ 为核素的原子核密度；$\sigma_{p,i}(E)$ 为核素的势散射截面；$\sigma_{t,i}(E)$ 为核素的总截面；$C(E)$ 为典型的能谱。

从式(2-1)可见，只要给定当前核素及慢化材料的原子核密度以及典型能谱 $C(E)$，即可快速获得权重能谱。$C(E)$ 在不同能区是不同的，对于热谱反应堆可设置为：热能区麦克斯韦谱、共振能区 $1/E$ 谱、快中子能区裂变谱。

高阶截面、高阶散射矩阵的求解还需要用到高阶权重能谱，对于无限均匀问题，高阶权重能谱可基于 $B_0$ 近似计算获得，$n+1$ 阶权重能谱可表示为

$$\phi_{n+1}(E) = \frac{\phi_n(E)}{\left(\sum_i N_i \sigma_{\mathrm{t},i}(E)\right)^n} \tag{2-2}$$

在 $0.1\sim10^4\mathrm{eV}$ 范围内，很多核素具有较宽的共振峰，采用窄共振近似计算权重能谱会引入较大误差，需采用更加精确的方法计算权重能谱，如采用超细群方法求解中子慢化方程。在此能量范围内，裂变源项可近似忽略，散射源仅由弹性散射贡献，并且可认为散射过程中靶核静止、在质心坐标系下出射中子角度分布各向同性，这样中子慢化方程可表示为

$$\sum_i \Sigma_{\mathrm{t},i}(E)\phi_0(E) = \sum_i \int_E^{E/\alpha_i} \frac{\Sigma_{\mathrm{s},i}(E')\phi_0(E')}{(1-\alpha_i)E'}\mathrm{d}E' \tag{2-3}$$

式中，$\Sigma_{\mathrm{t},i}(E)$ 为宏观总截面；$\Sigma_{\mathrm{s},i}(E')$ 为宏观弹性散射截面。

$$\alpha_i = \left(\frac{A_i - 1}{A_i + 1}\right)^2 \tag{2-4}$$

式中，$A_i$ 为靶核与中子质量比。

超细群方法采用数万能群对式(2-3)进行求解，具体计算方法将在本书第 7 章进行详细介绍。由于超细群方法求解获得的是各能群通量，不能直接用于多群数据的计算，需要将其处理为连续能量权重能谱，认为

$$\phi_0(E_{\mathrm{mid}}) \cong \frac{\phi_{0,g}}{\Delta E_g} \tag{2-5}$$

式中，$\phi_{0,g}$ 为超细群方法计算获得的第 $g$ 群的 0 阶通量；$E_{\mathrm{mid}}$ 为第 $g$ 群的中点能量；$\Delta E_g$ 为能群宽度。

2. 多群截面的计算方法

根据核反应率守恒，多群截面的表达式为

$$\sigma_{x,n,g} = \frac{\displaystyle\int_{\Delta E_g} \sigma_x(E)\phi_n(E)\mathrm{d}E}{\displaystyle\int_{\Delta E_g} \phi_n(E)\mathrm{d}E} \tag{2-6}$$

式中，$\sigma_{x,n,g}$ 为 $x$ 反应道第 $g$ 群的 $n$ 阶多群截面；$\Delta E_g$ 为第 $g$ 群能量范围；$\sigma_x(E)$ 为能量点 $E$ 处的截面，由点截面表进行线性插值获得；$\phi_n(E)$ 为 $n$ 阶权重能谱。

对于散射反应、$(\mathrm{n}, \mathrm{xn})$ 反应等造成的不同能群间的中子转移，可根据核反应率守恒，利用式(2-7)计算多群转移矩阵：

$$\sigma_{x,n,g\to g'} = \frac{\int_{\Delta E_g}\int_{\Delta E_{g'}}\sigma_{x,n}(E\to E')\phi_n(E)\mathrm{d}E'\mathrm{d}E}{\int_{\Delta E_g}\phi_n(E)\mathrm{d}E}$$

$$= \frac{\int_{\Delta E_g}\sigma_x(E)y_x(E)f_{x,n}(E\to g')\phi_n(E)\mathrm{d}E}{\int_{\Delta E_g}\phi_n(E)\mathrm{d}E} \tag{2-7}$$

式中，$\sigma_{x,n,g\to g'}$ 为 $x$ 反应道第 $g$ 群到第 $g'$ 群的 $n$ 阶多群转移矩阵，若 $x$ 为散射反应，该方程计算获得散射矩阵；$\Delta E_{g'}$ 为出射能群能量范围；$\sigma_{x,n}(E\to E')$ 为 $n$ 阶微分散射矩；$y_x(E)$ 为 $x$ 反应的中子产额，例如，对于散射反应，该变量等于 1，对于 (n, 2n) 反应，该变量等于 2；$f_{x,n}(E\to g')$ 为馈送函数，其计算式为

$$f_{x,n}(E\to g') = \int_{\Delta E_{g'}}\int_{-1}^{1}f_x(E\to E',\mu_{\mathrm{LAB}})P_n(\mu_{\mathrm{LAB}})\mathrm{d}\mu_{\mathrm{LAB}}\mathrm{d}E' \tag{2-8}$$

式中，$f_x(E\to E',\mu_{\mathrm{LAB}})$ 为实验室坐标系下 $x$ 反应次级中子的能量、角度分布，由评价核数据库提供的数据计算。

对于裂变核素，需要计算多群裂变中子数和多群裂变谱。对于瞬发、缓发及总的裂变中子数，其多群形式计算公式为

$$\nu_{x,g} = \frac{\int_{\Delta E_g}\nu_x(E)\sigma_{\mathrm{f}}(E)\phi_0(E)\mathrm{d}E}{\int_{\Delta E_g}\sigma_{\mathrm{f}}(E)\phi_0(E)\mathrm{d}E} \tag{2-9}$$

式中，$x$ 代表缓发、瞬发、总的裂变中子；$\nu_{x,g}$ 为多群裂变中子数；$\nu_x(E)$ 为能量为 $E$ 的中子引发裂变时平均每次裂变释放的中子数；$\sigma_{\mathrm{f}}(E)$ 为裂变截面。

多群裂变谱可基于裂变源守恒进行计算。多群瞬发裂变谱的计算公式为

$$\chi_g^{\mathrm{P}} = \frac{\sum_{g'}\sigma_{\mathrm{f}0,g'\to g}^{\mathrm{P}}\phi_{0,g'}}{\sum_{g'}\phi_{0,g'}\sum_g\sigma_{\mathrm{f}0,g'\to g}^{\mathrm{P}}} \tag{2-10}$$

式中，$\phi_{0,g'}$ 为 $g'$ 群的零阶通量；$\sigma_{\mathrm{f}0,g'\to g}^{\mathrm{P}}$ 为多群瞬发裂变矩阵，采用式 (2-7) 给出的方法进行计算。

多群缓发裂变谱的计算公式为

$$\chi_{g,K}^{\mathrm{D}} = \frac{\sum_{g'}\sigma_{\mathrm{f}0,g'\to g,K}^{\mathrm{D}}\phi_{0,g'}}{\sum_{g'}\phi_{0,g'}\sum_g\sigma_{\mathrm{f}0,g'\to g,K}^{\mathrm{D}}} \tag{2-11}$$

式中，$\chi_{g,K}^{D}$ 为第 $K$ 组多群缓发裂变谱；$\sigma_{f0,g'\to g,K}^{D}$ 为第 $K$ 组多群缓发裂变矩阵。缓发裂变谱满足如下归一条件：

$$\sum_{K}\sum_{g}\chi_{g,K}^{D}=1 \tag{2-12}$$

### 2.2.3 共振积分表的计算方法

在热中子能区和快中子能区，截面随入射能量缓慢变化，如果中子能群划分得足够精细，采用典型权重能谱计算多群截面不会对中子学计算结果造成明显的影响。但对于共振能区，共振截面引起复杂的自屏效应，使得多群截面和实际问题的温度、几何、材料成分密切相关，因此，需进行共振自屏计算获得共振能群的平均多群截面。核数据处理程序需要为共振自屏计算制作基础数据，共振积分表则是目前主流的共振自屏计算方法使用的基础数据。

在某温度下，背景截面 $\sigma_0$ 对应的共振积分可以表示为

$$I_{x,g}(T,\sigma_0)=\int_{\Delta E_g}\sigma_x(E)\phi(E)\mathrm{d}E \tag{2-13}$$

式中，$\Delta E_g$ 为能群能量范围；$T$ 为温度；权重能谱 $\phi(E)$ 可采用超细群方法或中间近似获得。中间近似的推导可参见本书第 7 章，这里直接给出中间近似下权重能谱的表达式：

$$\phi(E)=\frac{\sigma_0}{\sigma_a(E)+\lambda_r\sigma_{s,r}(E)+\sigma_0}\frac{1}{E} \tag{2-14}$$

式中，$\sigma_a(E)$ 为共振核素吸收截面；$\sigma_{s,r}(E)$ 为共振核素散射截面；$\lambda_r$ 为中间近似因子；$\sigma_0$ 为背景截面，可以表示为

$$\sigma_0=\frac{N_m\sigma_{p,m}}{N_r} \tag{2-15}$$

式中，$N_m$ 为慢化核素的原子核密度；$\sigma_{p,m}$ 为慢化核素的势散射截面；$N_r$ 为共振核素的原子核密度。由式(2-15)可见，给定共振核素的原子核密度，可以通过调整慢化核素的原子核密度获得不同的背景截面，进而获得不同的权重能谱，再通过式(2-13)即可获得相应的共振积分。通过以上计算，可获得不同背景截面下对应的共振积分，即共振积分表。

### 2.2.4 能群结构

多群数据库的能群划分需要考虑计算精度和计算效率两方面因素。一般地，能群数目越多，中子学计算结果越精确，但计算效率越低，因此能群数目的选择需要寻求精度与效率之间的平衡。除能群数目，各能群能量边界的设置也会对计算结果精度产生显著影响，尤其是共振能群包含共振峰的情况。组件计算程序使用的多群数据库能群数约为

几十到几百群。

对于能群的划分，快中子能区一般采用等勒宽的划分方式；共振能区能群的勒宽要小，以描述重要共振核素截面的变化，但如果共振能群过于精细，也将影响计算效率，共振区能群结构的选择需要与具体使用的共振自屏计算方法相匹配。在热中子能区，一般也采用等勒宽的能群划分方式。对于共振群和热群交界点，该能量点的位置与热中子的上散射效应有关，该能量以下，需要考虑热中子上散射效应。

目前国际上使用的典型能群结构有如下几种。英国开发的 WIMS 程序，早期采用了69 群的能群结构，一般称为 WIMS-69 能群结构[6]，广泛应用于轻水堆的中子学分析。WIMS-69 能群结构中，快中子能区分为 14 个等勒宽的能群，能量范围为 10MeV 至9.118keV；共振能区包含 13 个能群，能量范围为 9.118keV 至 4eV，各能群勒宽近似相等，但根据共振峰对个别能群进行了调整，以使共振峰处于能群中间；热中子能区划分得比较精细，包括 42 个能群，以充分考虑钚同位素在该能区的共振峰。

在 WIMS-69 群能群结构基础上，国际上研制了 XMAS-172 能群结构[6]。XMAS-172结构与 WIMS-69 结构热群、共振群、快群的分界点一致，但是对各能区进行了更为精细的划分。该能群结构的能量上限从 WIMS-69 结构的 10MeV 提升到了 20MeV，以考虑燃耗计算所需的 $(n, xn)$ 反应。

为了更好地处理多共振核素间的干涉效应，国际上提出了 SHEM 281 能群结构[7]，该结构针对主要共振核素(包括重核、裂变产物、结构材料、可燃毒物)的共振峰分别进行了划分。SHEM 281 不仅适合轻水堆，在快堆中也适用。

## 2.3　燃耗数据库的制作

燃耗计算除了需要以上介绍的中子反应截面外，还需要重核素裂变产生中等质量核素的裂变产额、核素的衰变常数、衰变分支比等数据。评价核数据库的 MF8 文件存储了核素的衰变参数和裂变产额数据，不过，评价核数据库包含的核素种类极多，例如，美国的 ENDF/B-Ⅷ.0 评价核数据库包含了 3821 种核素[8]，换言之，给出了 3821 种核素间的转换关系。实际燃耗计算时，通常采用燃耗链的概念来描述核素之间的转换关系，如果直接基于评价核数据库给出的核素构建燃耗链，将有上千种核素参与到燃耗计算中，会产生巨大的数据存储量，并且影响计算效率。因此，需要建立计算方法，对包含上千种核素的精细燃耗链进行压缩，构建燃耗计算需要的燃耗链。

早期国际上采用经验方法压缩燃耗链，例如，WIMS 程序的燃耗数据库就是采用此类方法获得[6]，该数据库中裂变产物核素数量小于 100 种，导致燃耗计算的精度有限。近年来，随着人们对燃耗计算精度要求的不断提高，国际上提出了一些基于量化分析的燃耗链压缩方法，如贡献矩阵方法[9]、奇异值分解方法[10]、燃耗微扰理论方法[11]、重要性分析方法[12]等。下面对基于燃耗微扰理论的燃耗链压缩方法进行介绍。

基于燃耗微扰理论的燃耗链压缩方法包含如下三个主要步骤：①根据燃耗链应用的对象(如压水堆、快堆等)构建代表性的问题，基于精细燃耗链对代表性问题进行详细的燃耗计算，量化燃耗链中各核素对核反应率的贡献，通过定量的指标，选择一定数量的对核反应率具有重要影响的核素，称为目标核素；②基于燃耗微扰理论，量化精细燃耗链中其他核素对目标核素原子核密度计算结果的影响，根据定量的指标，选择一定数量的对目标核素原子核密度计算精度具有重要影响的核素，称为贡献核素；③目标核素和贡献核素即为压缩燃耗链中应保留的核素，然后根据评价核数据库给出的数据确定各核素之间的转换关系，构建燃耗链。

对于目标核素的选择，首先构建代表性的问题，然后采用精细燃耗链对代表性问题进行详细的燃耗计算，燃耗计算中可以获得所有核素对反应率的贡献。裂变反应和俘获反应是影响反应堆反应性的重要核反应，可通过以下方程量化各核素对这两种反应率的贡献：

$$\frac{R_{x,y}^i}{\sum\limits_{i=1}^N R_{x,y}^i} > 目标核素选择阈值 \tag{2-16}$$

式中，$R$ 为宏观反应率；$i$ 为核素序号；$x$ 代表裂变或俘获反应；$y$ 为代表性问题不同燃耗区的标识；$N$ 为精细燃耗链内核素总数。上式左边为核素 $i$ 对总反应率的贡献，通过设置合适的选择阈值，选择出一定数据量的目标核素。

目标核素是对反应性具有重要影响的核素，而在燃料燃耗过程中，其他核素可以通过中子核反应、衰变等方式转换为目标核素，从而影响目标核素原子核密度的计算精度，因此，在构建燃耗链时，需要将这些核素包括在内。以下介绍基于燃耗微扰理论确定此类核素的方法。

首先，给出时间区间 $[t_i, t_{i+1}]$ 内的矩阵形式燃耗方程：

$$\frac{\partial \boldsymbol{n}(t)}{\partial t} = \boldsymbol{A}(t_i)\boldsymbol{n}(t_i), \qquad t_i \leqslant t \leqslant t_{i+1} \tag{2-17}$$

式中，$\boldsymbol{A}(t_i)$ 为 $t_i$ 时刻的燃耗矩阵，描述核素之间的转换关系；$\boldsymbol{n}(t_i)$ 为 $t_i$ 时刻的原子核密度向量。燃耗方程的具体形式可参见本书第 8 章。

在式 (2-17) 中引入一个原子核密度微扰向量 $\delta \boldsymbol{n}(t)$，得到微扰燃耗方程：

$$\frac{\partial [\boldsymbol{n}(t) + \delta \boldsymbol{n}(t)]}{\partial t} = [\boldsymbol{A}(t_i) + \delta \boldsymbol{A}(t_i)][\boldsymbol{n}(t_i) + \delta \boldsymbol{n}(t_i)], \qquad t_i \leqslant t \leqslant t_{i+1} \tag{2-18}$$

式中，$\delta \boldsymbol{A}(t_i)$ 为 $t_i$ 时刻由于原子核密度的扰动导致的燃耗矩阵的扰动；$\delta \boldsymbol{n}(t_i)$ 为 $t_i$ 时刻的原子核密度的微扰向量。

对比式 (2-17) 与式 (2-18)，并忽略高阶项，得到如下的表达式：

$$\frac{\partial \delta \boldsymbol{n}(t)}{\partial t} = \boldsymbol{A}(t_i)\delta \boldsymbol{n}(t_i) + \delta \boldsymbol{A}(t_i)\boldsymbol{n}(t_i) \tag{2-19}$$

类似燃耗方程的形式，定义时间区间 $[t_i, t_{i+1}]$ 内的共轭燃耗方程：

$$\frac{\partial \boldsymbol{w}(t)}{\partial t} = -\boldsymbol{A}^{\mathrm{T}}(t_i)\boldsymbol{w}(t_i), \qquad t_i \leqslant t \leqslant t_{i+1} \tag{2-20}$$

式中，$\boldsymbol{w}(t)$ 为 $t$ 时刻的共轭原子核密度向量；$\boldsymbol{A}^{\mathrm{T}}(t_i)$ 为 $t_i$ 时刻燃耗矩阵的转置矩阵。方程 (2-20) 具有如下边界条件：

$$\boldsymbol{w}_j(t_{i+1}) = \boldsymbol{e}_j \tag{2-21}$$

其中，$\boldsymbol{e}_j$ 为一个单位列向量，其中 $j$ 元素等于 1，其他元素为零。

在方程 (2-19) 两端乘以向量 $\boldsymbol{w}(t)$ 的转置向量 $\boldsymbol{w}^{\mathrm{T}}(t)$，并在时间区间 $[t_i, t_{i+1}]$ 内对该式进行时间积分得

$$\boldsymbol{w}^{\mathrm{T}}(t)\delta \boldsymbol{n}(t)\Big|_{t_i}^{t_{i+1}} = \int_{t_i}^{t_{i+1}}\left\{\delta \boldsymbol{n}^{\mathrm{T}}(t_i)\left[\boldsymbol{A}^{\mathrm{T}}(t_i)\boldsymbol{w}(t) + \frac{\partial \boldsymbol{w}(t)}{\partial t}\right]\right\}^{\mathrm{T}}\mathrm{d}t + \int_{t_i}^{t_{i+1}}\boldsymbol{w}^{\mathrm{T}}(t)\delta \boldsymbol{A}(t_i)\boldsymbol{n}(t_i)\mathrm{d}t \tag{2-22}$$

若将方程 (2-22) 中的向量 $\boldsymbol{w}(t)$ 用共轭原子核密度向量 $\boldsymbol{w}_j(t)$ 代替，可得到如下方程：

$$\boldsymbol{w}_j^{\mathrm{T}}(t)\delta \boldsymbol{n}(t)\Big|_{t_i}^{t_{i+1}} = \int_{t_i}^{t_{i+1}}[\delta \boldsymbol{n}^{\mathrm{T}}(t) \times 0]\mathrm{d}t + \int_{t_i}^{t_{i+1}}\boldsymbol{w}_j^{\mathrm{T}}(t)\delta \boldsymbol{A}(t_i)\boldsymbol{n}(t_i)\mathrm{d}t \tag{2-23}$$

进一步推导可得

$$\delta n_j(t_{i+1}) = \sum_{k=1}^{k=N} w_{k\to j}(t_i)\delta n_k(t_i) + \int_{t_i}^{t_{i+1}}\boldsymbol{w}_j^{\mathrm{T}}(t)\delta \boldsymbol{A}(t_i)\boldsymbol{n}(t_i)\mathrm{d}t \tag{2-24}$$

式中，$k$ 为核素标号；$\delta n_k(t_i)$ 为 $t_i$ 时刻 $k$ 核素原子核密度的扰动量；$w_{k\to j}(t_i)$ 为以式 (2-21) 为边界条件求解式 (2-20) 获得的向量 $\boldsymbol{w}_j$ 的第 $k$ 个元素。

式 (2-23) 等号右侧两项的物理意义为：第一项是燃耗链内所有核素原子核密度扰动对 $t_{i+1}$ 时刻目标核素 $j$ 原子核密度扰动的直接贡献；第二项是由于中子通量密度变化导致 $\delta \boldsymbol{A}(t_i)$ 的变化而产生的间接贡献。一般第二项的贡献较小，可忽略。在式 (2-24) 等号两侧同时除以核素 $j$ 在 $t_{i+1}$ 时刻的原子核密度，得到核素 $j$ 在 $t_{i+1}$ 时刻原子核密度的相对变化：

$$\frac{\delta n_j(t_{i+1})}{n_j(t_{i+1})} = \frac{\sum\limits_{k=1}^{k=N} w_{k\to j}(t_i)\delta n_k(t_i)}{n_j(t_{i+1})} \tag{2-25}$$

在 $t_i$ 时刻，将燃耗链中核素 $k$ 的原子核密度置为零，即 $\delta n_k(t_i) = n_k(t_i)$，则可以推导出 $t_i$ 时刻消除核素 $k$ 对 $t_{i+1}$ 时刻目标核素 $j$ 原子核密度相对变化量的贡献：

$$CF_{k\to j}(t_i,t_{i+1}) = \frac{w_{k\to j}(t_i)n_k(t_i)}{n_j(t_{i+1})} \tag{2-26}$$

式中，CF 函数的大小表征了核素 $k$ 对目标核素 $j$ 的原子核密度的影响程度，通过设定特定的阈值，即可筛选出对 $j$ 核素原子核密度具有重要影响的核素。

通过以上步骤确定了最终燃耗链中应保留的核素种类，精细燃耗链中其余核素将被删除，接下来需要解决的问题是如何在删除核素后，构建出保留的核素之间的燃耗链。假如图 2-4(a) 为精细燃耗链中 A、B、C、D 四个核素之间的转换关系，图 2-4(b) 为删除核素 B 之后其他三个核素之间的转换关系。图中 $b_{A\to B}$ 表示 A 通过衰变或者核反应转换为 B 的分支比，其他变量具有相似的意义。删除 B 之后，为了保证 C 核素原子核密度的计算精度，需重新构建 A、D 转换为 C 的分支比，分别通过如下公式计算：

$$b_{A\to C} = b_{A\to B} \times b_{B\to C} \tag{2-27}$$

$$b_{D\to C} = b_{D\to B} \times b_{B\to C} \tag{2-28}$$

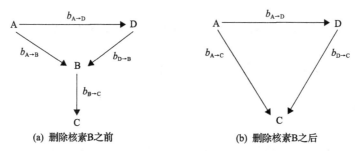

(a) 删除核素B之前          (b) 删除核素B之后

图 2-4　燃耗链压缩中核素转化关系

压缩燃耗链中核素的裂变产额同样需要进行调整以保证原子核密度的计算精度。图 2-5 给出了 A、B、C、D 四种裂变产物之间的转换关系，$b_{A\to B}$ 表示 A 衰变为 B 的衰变分支比。若将 B、C 核素删除，D 核素的裂变产额的计算公式为

$$y_D' = y_D + y_B \cdot b_{B\to C} \cdot b_{C\to D} + y_C \cdot b_{C\to D} \tag{2-29}$$

式中，$y_B$、$y_C$ 和 $y_D$ 分别为评价核数据库中给出的核素 B、C、D 的独立裂变产额；$y_D'$ 为最终压缩燃料链中 D 核素的裂变产额。

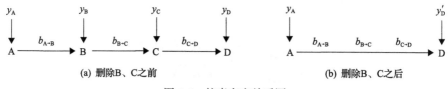

(a) 删除B、C之前          (b) 删除B、C之后

图 2-5　核素衰变关系图

## 2.4 中子动力学参数

中子动力学计算需要的参数包括：缓发中子先驱核衰变常数、多群缓发裂变谱和多群瞬发裂变谱、多群中子速度的倒数、多群缓发中子份额。缓发中子先驱核衰变常数可直接从评价核数据库获得，数据储存在 MF1 文件的 MT455 反应道中，一般按照 6 组缓发中子给出。多群缓发裂变谱和多群瞬发裂变谱由 2.2.2 节介绍的方法获得。

多群中子速度的倒数通过以下公式计算：

$$\left(\frac{1}{v}\right)_g = \frac{\int_g \phi(E)\frac{1}{\sqrt{f \cdot E}}\mathrm{d}E}{\int_g \phi(E)\mathrm{d}E} \tag{2-30}$$

式中，$f = 1.919 \times 10^8$，为单位转换系数；$g$ 为能群序号；方程中的权重能谱 $\phi(E)$ 通过 2.2.2 节介绍的方法获得。

多群缓发中子份额的计算公式为

$$\beta_{g,K} = r_K \cdot \frac{v_{\mathrm{d},g}}{v_{\mathrm{t},g}} \tag{2-31}$$

式中，$\beta_{g,K}$ 表示第 $g$ 群第 $K$ 组缓发中子份额；$r_K$ 表示第 $K$ 组缓发中子占比；$v_{\mathrm{d},g}$ 表示第 $g$ 群缓发的裂变中子数；$v_{\mathrm{t},g}$ 表示第 $g$ 群总的裂变中子数。每组缓发中子占比 $r_K$ 可由多群缓发裂变谱计算得到

$$r_K = \frac{\sum_g \chi_{g,K}^D}{\sum_K \sum_g \chi_{g,K}^D} \tag{2-32}$$

式中，$\chi_{g,K}^D$ 为多群缓发裂变谱。

## 2.5 中子热化截面

### 2.5.1 热中子散射基本原理

基于 2.2.1 节对热中子散射特性的介绍可知，热中子散射截面不仅与材料原子核相关，还与材料的结构相关，需要从量子力学机制计算热中子的散射截面。基于第一性原理，引入玻恩近似和费米赝势，可得热中子散射双微分截面的一般表达式为[13]

$$\frac{\mathrm{d}^2\sigma}{\mathrm{d}\Omega\mathrm{d}E} = \frac{1}{2k_\mathrm{B}T}\sqrt{\frac{E'}{E}}[\sigma_{\mathrm{coh}}S(\alpha,\beta) + \sigma_{\mathrm{inc}}S_\mathrm{s}(\alpha,\beta)] \tag{2-33}$$

式中，$\sigma_{\mathrm{coh}}$ 和 $\sigma_{\mathrm{inc}}$ 分别为被束缚原子的相干和非相干截面；$S(\alpha,\beta)$ 为热散射律，等于自散射律 $S_\mathrm{s}(\alpha,\beta)$ 和相互散射律 $S_\mathrm{d}(\alpha,\beta)$ 的和；$k_\mathrm{B}$ 为玻尔兹曼常量；$T$ 为温度；$E$ 与 $E'$ 分别为入射能量和出射能量；$\alpha$、$\beta$ 分别为无量纲的动量转移和能量转移，表达式分别为

$$\alpha = \frac{E' + E - 2\mu_{\mathrm{LAB}}\sqrt{E'E}}{Ak_\mathrm{B}T} \tag{2-34}$$

$$\beta = \frac{E' - E}{k_\mathrm{B}T} \tag{2-35}$$

其中，$\mu_{\mathrm{LAB}}$ 为实验室坐标系下的散射角余弦；$A$ 为原子核与中子的质量之比。

在一定温度下，晶体格点粒子在平衡位置附近小振幅振动，称为晶格振动，可采用简谐近似处理，即原子偏离平衡位置的位移比较小的情况下，晶体中原子间的相互作用力可近似地正比于原子的位移，此时热散射律 $S(\alpha,\beta)$ 可以用量子化的声子展开，双微分截面可表示为

$$\frac{\mathrm{d}^2\sigma}{\mathrm{d}\Omega\mathrm{d}E} = \frac{1}{2k_\mathrm{B}T}\sqrt{\frac{E'}{E}}\left[(\sigma_{\mathrm{coh}} + \sigma_{\mathrm{inc}})\sum_{n=0}^{\infty}S_\mathrm{s}^n(\alpha,\beta) + \sigma_{\mathrm{coh}}\sum_{n=0}^{\infty}S_\mathrm{d}^n(\alpha,\beta)\right] \tag{2-36}$$

式中，$n$ 表示有 $n$ 个声子产生或湮灭，$n=0$ 时表示弹性散射，$n\neq0$ 时表示非弹性散射。通过式(2-36)可见，只要获得热散射律，即可计算产生双微分散射截面，文献[13]中给出了相干弹性散射、非相干弹性散射、非弹散射等的热散射律的计算方法，此部分理论推导超出了本书的范围，这里不做详细介绍。目前国际上可计算热散射律数据的程序有NJOY[4]、NECP-Atlas[3,14]、美国北卡罗来纳州立大学的 FLASSH 程序[15]等。

### 2.5.2 热中子散射截面计算

评价核数据库提供了一定数量材料的热散射律数据，核数据处理程序需要根据这些数据计算热中子散射截面。评价核数据库中给出的热散射律数据包含三种散射类型：相干弹性散射、非相干弹性散射和非弹性散射。不过，评价核数据库中提供热散射律数据的材料有限，对于未提供热散射律数据的材料则采用自由气体模型计算热中子散射截面。以下介绍各散射类型截面的计算方法。

#### 1. 相干弹性散射

石墨、金属 Be、金属 Fe 等固体材料是由规则的晶格构成，其晶格尺寸与热中子的波长相当，当热中子与这类材料碰撞后，中子散射具有干涉部分，即相干弹性散射反应。评价核数据库给出的相干弹性散射的双微分截面表达式为

$$\sigma(E \rightarrow E', \mu_{\text{LAB}}) = \frac{1}{E} S(E,T)\delta(\mu_{\text{LAB}} - \mu_i)\delta(E - E') \qquad (2\text{-}37)$$

$$\mu_i = 1 - \frac{2E_i}{E} \qquad (2\text{-}38)$$

式中，$E_i$ 为小于 $E$ 的第 $i$ 个布拉格边界；$\mu_i$ 为每组晶格平面的特征散射角余弦；$S(E,T)$ 由评价核数据库给出。

### 2. 非相干弹性散射

对于氢化锆、聚乙烯等含氢固体，氢的自旋会破坏中子波的干涉。热中子与这类材料碰撞后，会发生非相干弹性散射反应。评价核数据库给出的非相干弹性散射的双微分截面表达式为

$$\sigma(E \rightarrow E, \mu_{\text{LAB}}) = \frac{\sigma_{\text{b}}}{4\pi} e^{2EW'(T)(1-\mu_{\text{LAB}})}\delta(E - E') \qquad (2\text{-}39)$$

式中，$\sigma_{\text{b}}$ 为特征束缚截面；$W'$ 为德拜-沃勒(Debye-Waller)因子。这两个变量由评价核数据库给出。

### 3. 非弹性散射

对于所有材料，中子与其碰撞后，都会发生非弹性散射。评价核数据库给出的非弹性散射的双微分截面表达式为

$$\sigma(E \rightarrow E', \mu_{\text{LAB}}) = \sum_{n=0}^{NS} \frac{M_n \sigma_{\text{b}n}}{4\pi k_{\text{B}} T} \sqrt{\frac{E'}{E}} e^{-\beta/2} S_n(\alpha, \beta, T) \qquad (2\text{-}40)$$

式中

$$\sigma_{\text{b}n} = \sigma_{\text{f}n}\left(\frac{A_n + 1}{A_n}\right) \qquad (2\text{-}41)$$

$NS$ 为材料中原子种类数；$M_n$ 为第 $n$ 类原子的个数；$S_n(\alpha, \beta, T)$ 为评价核数据库提供的第 $n$ 类原子的热散射律数据；$\sigma_{\text{f}n}$ 为第 $n$ 类原子的自由原子散射截面；$A_n$ 为第 $n$ 类原子与中子的质量比。

### 4. 自由气体散射模型

自由气体散射模型的计算公式形式与非弹性散射一致，区别在于 $S_n(\alpha, \beta, T)$ 的表达式，自由气体模型中 $S_n(\alpha, \beta, T)$ 表达式为

$$S_n(\alpha, \beta, T) = \frac{1}{\sqrt{4\pi\alpha}} \exp\left(-\frac{\alpha^2 + \beta^2}{4\alpha}\right) \qquad (2\text{-}42)$$

# 2.6 常用核数据处理程序介绍

早期国际上广泛使用的核数据处理程序主要有美国洛斯阿拉莫斯国家实验室的 NJOY 程序、国际原子能机构的 PREPRO 程序[16]；还有为特定中子学程序提供数据的核数据处理程序，例如，美国橡树岭国家实验室 SCALE 程序中的 AMPX[17]。近年来，为了推动核数据处理方法及程序的发展，国际原子能机构组织了合作项目，对美国、法国、日本、俄罗斯、中国等国家研制的核数据处理程序进行检验，重点测试了不可分辨共振区、热中子能区的处理方法。通过检验，目前有 NJOY、NECP-Atlas、PREPRO、FUDGE[18]、FRENDY[19]、GRUCON[20]等 6 个程序具有完善的核数据处理功能，可为快谱、热谱反应堆的中子输运计算提供截面数据[21]。

## 2.6.1 NJOY

NJOY 是国际上使用最为广泛的核数据处理程序。该程序于 1977 年发布第一个版本 NJOY77，目前最新的版本为 NJOY21(NJOY for the 21st Century)。NJOY 可以处理评价核数据库中的中子反应数据、光子-原子反应数据，产生核工程设计计算所需的多群和连续能量中子截面数据、中子核反应产生光子的截面数据、光子-原子反应截面数据、中子与光子的释热因子、中子引起的原子离位损伤截面数据、多群截面协方差数据等。NJOY 程序还有计算产生热散射律数据的功能。NJOY 可以制作产生多群形式的数据库，如 WIMS-D 格式，蒙特卡罗程序使用的 ACE 格式数据库。

## 2.6.2 NECP-Atlas

NECP-Atlas 是我国西安交通大学 NECP 团队自主研发的核数据处理程序，该程序除了具有 NJOY 的计算功能外，还有许多新功能，以满足核工程设计对核数据的不同需求。该程序可以产生屏蔽设计使用的中子-光子耦合的多群截面数据库[22]；可考虑在 4～200eV 范围内共振弹性散射造成的中子上散射效应[23,24]；计算产生光子、电子引起的原子离位损伤截面[25,26]；可处理 GNDS 格式的评价核数据库[27]；可处理评价核数据库中的衰变、裂变产额数据，计算由裂变产物衰变释放的光子产生截面数据[26]。

## 2.6.3 PREPRO

PREPRO 是国际原子能机构发布的核数据处理程序，该程序最初由美国布鲁克海文国家实验室国家核数据中心开发，目前最新的版本为 PREPRO 2021。该程序包含 18 个功能模块，将评价核数据预处理为可线性插值或者多群形式的数据，并按 ENDF 格式存储，这些数据无法直接用于中子学计算，需使用其他程序进一步处理为实际应用的数据格式，例如，国际原子能机构开发的 ACEMAKER 程序[28]，基于 PREPRO 产生的数据制作蒙特卡罗程序使用的 ACE 格式的数据库。

## 2.6.4　FUDGE

FUDGE 是由美国的劳伦斯利弗莫尔国家实验室研发。由于 NJOY 等程序不具备对评价核数据库的扰动功能，不能进行核数据的不确定性分析，所以 FUDGE 程序研发的主要目的是方便用户开展针对核数据的不确定性分析。该程序可以直接根据评价核数据库中给出的协方差数据，对评价核数据库进行扰动，然后将扰动后的评价核数据加工为确定论程序和蒙特卡罗程序使用的数据库。

## 2.6.5　FRENDY

FRENDY 由日本原子能机构研发，具有与 NJOY 程序相同的中子数据处理功能，可以产生多群截面、ACE 格式连续能量截面。2022 年，该程序增加了共振弹性散射处理功能[29]，此功能研发过程借鉴了 NECP-Atlas 的相关理论，增加了 ACE 格式数据库的扰动功能[30]。

## 2.6.6　GRUCON

GRUCON 程序由俄罗斯国家研究中心研发，该程序目标是为反应堆物理、辐照屏蔽计算提供数据库，具备一般的中子截面数据计算功能，还具备计算光子散射截面及矩阵、辐射核素产生截面等功能。

## 参 考 文 献

[1] Trkov A, Herman, M, Brown D A. ENDF-6 formats manual data formats and procedures for the evaluated nuclear data files ENDF/B-Ⅵ, ENDF/B-Ⅶ and ENDF/B-Ⅷ. Upton: Brookhaven National Lab.(BNL), 2018.

[2] OECD/NEA. Specifications for the generalised nuclear database structure(GNDS) version 1.9. Organisation for Economic Co-operation and Development(OECD) Nuclear Energy Agency, 2020.

[3] Zu T, Xu J, Tang Y, et al. NECP-Atlas: A new nuclear data processing code. Annals of Nuclear Energy, 2019, 123: 153-161.

[4] Macfarlane R, Muir D W, Boicourt R M, et al. The NJOY nuclear data processing system, version 2016. Los Alamos: Los Alamos National Lab.(LANL), 2017.

[5] Conlin J L, Romano P. A compact ENDF(ACE) format specification. Los Alamos: Los Alamos National Lab.(LANL), 2019.

[6] Leszczynski F, Aldama D L, Trkov A. WIMS-D library update. Vienna: International Atomic Energy Agency, 2007.

[7] Martin N, Hebert A. A Monte Carlo lattice code with probability tables and optimized energy meshes. Nuclear Science and Engineering, 2011, 167(3): 177-195.

[8] Brown D A, Chadwick M B, Capote R, et al. ENDF/B-Ⅷ.0: The 8th major release of the nuclear reaction data library with CIELO-project cross sections, new standards and thermal scattering data. Nuclear Data Sheets, 2018, 148: 1-142.

[9] Katano R, Yamamoto A, Endo T, et al. Generation of simplified burnup chain using contribution matrix of nuclide production. PHYSOR-2014. Kyoto, 2014.

[10] Kajihara T, Tsuji M, Chiba G, et al. Automatic construction of a simplified burn-up chain model by the singular value decomposition. Annals of Nuclear Energy, 2016, 94: 742-749.

[11] Lu Z, Zu T, Cao L, et al. Burnup chain compression method preserving neutronics, decay photon source term and decay heat calculation results. Annals of Nuclear Energy, 2022, 176: 109264.

[12] Li Y, Huang K, Wu H, et al. A depletion system compression method based on quantitative significance analysis. Nuclear Science and Engineering, 2017, 187(1): 49-69.

[13] Squires G L. Introduction to the Theory of Thermal Neutron Scattering. 3rd ed. Cambridge: Cambridge University Press, 2012.

[14] Tang Y, Zu T, Yi S, et al. Development and verification of thermal neutron scattering law data calculation module in nuclear data processing code NECP-Atlas. Annuals of Nuclear Energy, 2021, 153: 108044.

[15] Zhu Y, Hawari A. Full law analysis scattering system hub (FLASSH). PHYSOR 2018. Cancun, 2018.

[16] Cullen D E. PREPRO 2021: ENDF/B Pre-processing codes. Vienna: International Atomic Energy Agency, 2021.

[17] Wiarda D, Dunn M E, Greene N M, et al. AMPX-6: A modular code system for processing ENDF/B. Oak Ridge: Oak Ridge National Laboratory, 2016.

[18] Beck B R. FUDGE: A program for performing nuclear data testing and sensitivity studies. AIP Conference Proceedings. 2005: 503-6.10.1063/1.1945057

[19] Tada K, Nagaya Y, Kunieda S, et al. Development and verification of a new nuclear data processing system FRENDY. Journal of Nuclear Science and Technology, 2017, 54(7): 806-817.

[20] Sinitsa V V, Rineisky A A. GRUKON- Package of applied computer programs and operating procedures of functional modules. Vienna: International Atomic Energy Agency, 1993.

[21] Foligno D, Kahler A C, Heack W, et al. Nuclear Data Processing: Summary report of the technical meeting. Vienna: International Atomic Energy Agency, 2022.

[22] 祖铁军, 徐宁, 曹良志, 等. NECP-Atlas 中屏蔽数据库制作模块的开发与验证. 核动力工程, 2022, 43(3): 15-20.

[23] Xu J, Zu T, Cao L. Development and verification of resonance elastic scattering kernel processing module in nuclear data processing code NECP-Atlas. Progress in Nuclear Energy, 2019, 110: 301-310.

[24] Zu T, Xu J, Cao L. A processing method of generating $S(\alpha, \beta, T)$ tables considering resonance elastic scattering kernel for the Monte Carlo codes. Progress in Nuclear Energy, 2020, 122: 103262.

[25] Yin W, Zu T, Cao L, et al. Development and verification of heat production and radiation damage energy production cross section module in the nuclear data processing code NECP-Atlas. Annals of Nuclear Energy, 2020, 144: 107544.

[26] 祖铁军, 徐宁, 尹文, 等. 核数据处理软件 NECP-Atlas 中的光子相关数据计算方法研究. 原子能科学技术, 2022, 56(5): 969-977.

[27] Huang Y, Zu T, Cao L, et al. Capability of processing the GNDS format evaluated nuclear data in NECP-Atlas for neutronics calculations. Progress in Nuclear Energy, 2022, 150: 104293.

[28] Aldama D L, Trkov A. ACEMAKER-2.0 A code package to produce ACE-formatted files for MCNP calculations. Vienna: International Atomic Energy Agency, 2021.

[29] Yamamoto A, Endo T, Chiba G, et al. Implementation of resonance up-scattering treatment in FRENDY nuclear data processing system. Nuclear Science and Engineering, 2022, 196(11): 1267-1279.

[30] Tada K, Kondo R, Endo T, et al. Development of ACE file perturbation tool using FRENDY. Journal of Nuclear Science and Technology, 2023, 60(6): 624-631.

# 第 3 章
# 中子输运方程

通过求解中子输运方程获得不同的空间、能量、角度和时间尺度上的中子通量密度分布是核反应堆物理分析的重要基础[1]。由于实际工程情况的复杂性，中子输运方程一般没有解析解，只能采用数值方法进行求解。本章将介绍中子输运方程的基本形式及其常用数值求解方法的总体思路[2]，为后续章节的学习与理解打下基础。

## 3.1 中子输运方程的导出

### 3.1.1 基本物理量

中子输运方程是一个与空间、能量、角度和时间相关的多维多变量偏微分-积分方程。一般，空间位置用 $r$ 表示，中子飞行速度用 $V$ 表示，速度向量可表达成 $V = v\Omega$，这里 $v(=|V|)$ 为中子速率，$\Omega$ 为中子运动的单位方向矢量。

单位方向矢量 $\Omega$ 在极坐标系中如图 3-1 所示，如果极角为 $\theta$、幅角为 $\varphi$，那么 $\Omega$ 对应的笛卡儿坐标为

$$\Omega_x = \sin\theta\cos\varphi, \quad \Omega_y = \sin\theta\sin\varphi, \quad \Omega_z = \cos\theta \tag{3-1}$$

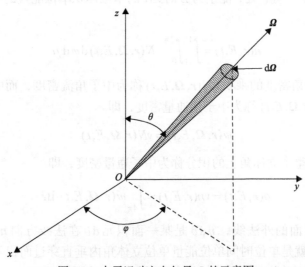

图 3-1 中子运动方向矢量 $\Omega$ 的示意图

定义位置 $r$ 处，能量为 $E$ ，运动方向为 $\boldsymbol{\Omega}$ ，时刻 $t$ 的单位体积单位立体角单位能量内的中子数为中子角密度，用 $N(r,\boldsymbol{\Omega},E,t)$ 表示。那么， $N(r,\boldsymbol{\Omega},E,t)\mathrm{d}V\mathrm{d}\boldsymbol{\Omega}\mathrm{d}E$ 就表示在位置 $r$ 处的体积元 $\mathrm{d}V$ 内运动方向为 $\boldsymbol{\Omega}$ 附近单位立体角 $\mathrm{d}\boldsymbol{\Omega}$ 内能量为 $E$ 处 $\mathrm{d}E$ 间隔内时刻 $t$ 的中子数，如图 3-2 所示。

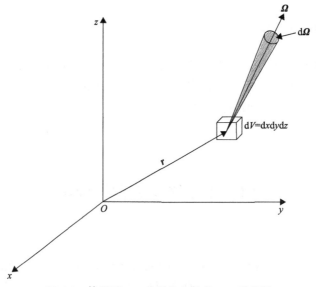

图 3-2　体积元 $\mathrm{d}V$ 和单位立体角 $\mathrm{d}\boldsymbol{\Omega}$ 示意图

如果在极坐标系中，那么 $\mathrm{d}\boldsymbol{\Omega}=\sin\theta\mathrm{d}\theta\mathrm{d}\varphi$ 。如果设 $\mu=\cos\theta$ ，则 $\mathrm{d}\boldsymbol{\Omega}=\mathrm{d}\mu\mathrm{d}\varphi$ 。中子角密度在整个立体角上的积分就是所谓的中子密度 $n(r,E,t)$ ，即

$$n(r,E,t)=\int_{4\pi}N(r,\boldsymbol{\Omega},E,t)\mathrm{d}\boldsymbol{\Omega} \tag{3-2}$$

因此， $n(r,E,t)$ 表示位置 $r$ 处，能量为 $E$ 时刻 $t$ 的单位体积单位能量的中子数，上式也可以表示为

$$n(r,E,t)=\int_{-1}^{1}\int_{0}^{2\pi}N(r,\boldsymbol{\Omega},E,t)\mathrm{d}\varphi\mathrm{d}\mu \tag{3-3}$$

中子速度 $V$ 与中子角密度的乘积 $VN(r,\boldsymbol{\Omega},E,t)$ 称为中子角流密度，而中子速率 $v$ 与中子角密度的乘积 $vN(r,\boldsymbol{\Omega},E,t)$ 称为中子角通量密度，即

$$\psi(r,\boldsymbol{\Omega},E,t)=vN(r,\boldsymbol{\Omega},E,t) \tag{3-4}$$

中子角通量密度在整个立体角上的积分称为中子通量密度，即

$$\phi(r,E,t)=vn(r,E,t)=\int_{4\pi}\psi(r,\boldsymbol{\Omega},E,t)\mathrm{d}\boldsymbol{\Omega} \tag{3-5}$$

设 $n$ 为某一表面的外法线， $n\mathrm{d}\partial$ 是某一面积元 $\mathrm{d}\partial$ 在法线方向 $n$ 上的投影，那么 $n\mathrm{d}\partial\cdot VN(r,\boldsymbol{\Omega},E,t)$ 就是单位时间单位能量单位立体角内垂直穿过面积元的中子数。对所有方向积分，就得到单位时间单位能量内穿过 $\mathrm{d}\partial$ 的净中子数，即

$$\text{穿过的净中子数} = n\,\mathrm{d}\partial\cdot\int_{4\pi} VN(\boldsymbol{r},\boldsymbol{\Omega},E,t)\,\mathrm{d}\boldsymbol{\Omega} \tag{3-6}$$

其中的积分项称为中子流密度，用 $\boldsymbol{J}(\boldsymbol{r},E,t)$ 表示：

$$\boldsymbol{J}(\boldsymbol{r},E,t) = \int_{4\pi} VN(\boldsymbol{r},\boldsymbol{\Omega},E,t)\,\mathrm{d}\boldsymbol{\Omega} = \int_{4\pi} \boldsymbol{\Omega}\psi(\boldsymbol{r},\boldsymbol{\Omega},E,t)\,\mathrm{d}\boldsymbol{\Omega} \tag{3-7}$$

其物理含义是在能量为 $E$、空间位置 $\boldsymbol{r}$ 处、时刻 $t$，单位时间单位能量穿过单位面积的净中子数。所以，中子流密度是矢量。

宏观截面指的是一个中子与单位体积内所有原子核发生某种核反应的概率，这在反应堆物理的各类教材中已经有过详细的讨论，这里直接引用。用 $\Sigma_t$ 表示总截面，$\Sigma_{tr}$ 表示输运截面，$\Sigma_s$ 表示散射截面，$\nu\Sigma_f$ 表示中子产生截面，其中 $\Sigma_f$ 表示裂变截面，$\nu$ 表示每次裂变产生的中子数。

一般而言，宏观截面是空间 $\boldsymbol{r}$ 和能量 $E$ 的函数，有时还是方向 $\boldsymbol{\Omega}$ 的函数，如在散射截面中，需要定义角度相关的散射函数。一个中子碰撞后向不同方向和不同能量的散射概率，即在空间位置 $\boldsymbol{r}$ 处、能量为 $E'$、方向为 $\boldsymbol{\Omega}'$ 的中子与原子核发生散射作用后，变为能量 $E$ 落在附近 $\mathrm{d}E$ 内，落在方向 $\boldsymbol{\Omega}$ 附近 $\mathrm{d}\boldsymbol{\Omega}$ 内的概率，一般用 $f(\boldsymbol{r},\boldsymbol{\Omega}',E'\to\boldsymbol{\Omega},E)$ 符号表示。将散射概率在全角度和全能量范围内积分后，其值一定为 1，即

$$\iint f(\boldsymbol{r},\boldsymbol{\Omega}',E'\to\boldsymbol{\Omega},E)\,\mathrm{d}\boldsymbol{\Omega}\mathrm{d}E = 1 \tag{3-8}$$

### 3.1.2　中子输运方程的建立

如前文所述，$N(\boldsymbol{r},\boldsymbol{\Omega},E,t)\mathrm{d}V\mathrm{d}\boldsymbol{\Omega}\mathrm{d}E$ 为时刻 $t$、单位体积 $\mathrm{d}V$、单位能量间隔 $\mathrm{d}E$、单位角度 $\mathrm{d}\boldsymbol{\Omega}$ 内的中子数，现在来考察这些中子经过时间间隔 $\Delta t$ 后的变化情况。不妨先假设中子截面是空间变量 $\boldsymbol{r}$ 的连续函数。

在时间 $\Delta t$ 内中子移动的距离为 $v\Delta t$，根据平均自由程的物理含义得知，在这段路程内中子发生各类碰撞的总概率为 $\Sigma_t(\boldsymbol{r},E)v\Delta t$，那么不发生碰撞的概率就是 $1-\Sigma_t(\boldsymbol{r},E)v\Delta t$，因此，没有发生碰撞的中子数为 $N(\boldsymbol{r},\boldsymbol{\Omega},E,t)[1-\Sigma_t(\boldsymbol{r},E)v\Delta t]\mathrm{d}V\mathrm{d}\boldsymbol{\Omega}\mathrm{d}E$，这些中子将在 $t+\Delta t$ 时刻到达 $\boldsymbol{r}+\boldsymbol{\Omega}v\Delta t$ 新位置处，如图 3-3 所示。

在中子输运过程中，由其他角度和能量的中子碰撞变为角度 $\boldsymbol{\Omega}$ 和能量 $E$ 的中子数为 $\left[\iint \Sigma_s(\boldsymbol{r},E')f(\boldsymbol{r},\boldsymbol{\Omega}',E'\to\boldsymbol{\Omega},E)v'N(\boldsymbol{r},\boldsymbol{\Omega}',E',t)\mathrm{d}\boldsymbol{\Omega}'\mathrm{d}E'\right]\mathrm{d}V\mathrm{d}\boldsymbol{\Omega}\mathrm{d}E\Delta t$，通常将其称为散射中子源项。

在反应堆以及其他带有裂变材料的介质中，中子与裂变核素发生相互作用会引起裂变，从而导致新的中子产生，通常将其定义为裂变中子源项，记作 $\left[\iint \nu\Sigma_f(\boldsymbol{r},E')v'N(\boldsymbol{r},\boldsymbol{\Omega}',E',t)\mathrm{d}\boldsymbol{\Omega}'\mathrm{d}E'\right]\mathrm{d}V\mathrm{d}\boldsymbol{\Omega}\mathrm{d}E\Delta t$。

在某些问题中，介质中还会存在外中子源发出中子，通常定义为外中子源项，记作 $Q_e(\boldsymbol{r},\boldsymbol{\Omega},E,t)\mathrm{d}V\mathrm{d}\boldsymbol{\Omega}\mathrm{d}E$。

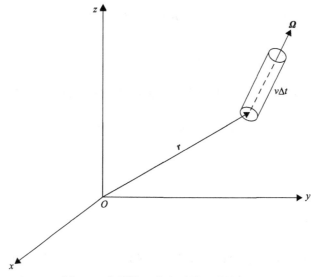

图 3-3 中子沿 $\boldsymbol{\Omega}$ 方向移动 $v\Delta t$ 示意图

将输运过程中未发生碰撞到达的中子与各中子源项相加,并在方程两边同时消去 $\mathrm{d}V\,\mathrm{d}\boldsymbol{\Omega}\,\mathrm{d}E$ 项后,就可得到时刻 $t+\Delta t$ 位置 $\boldsymbol{r}+\boldsymbol{\Omega}v\Delta t$ 处的中子密度为

$$
\begin{aligned}
N(\boldsymbol{r}+\boldsymbol{\Omega}v\Delta t,\boldsymbol{\Omega},E,t+\Delta t)=&N(\boldsymbol{r},\boldsymbol{\Omega},E,t)[1-\Sigma_{\mathrm{t}}(\boldsymbol{r},E)v\Delta t]\\
&+\left[\iint \Sigma_{\mathrm{s}}(\boldsymbol{r},E')f(\boldsymbol{r},\boldsymbol{\Omega}',E'\to\boldsymbol{\Omega},E)\Delta t'N(\boldsymbol{r},\boldsymbol{\Omega}',E',t)\mathrm{d}\boldsymbol{\Omega}'\mathrm{d}E'\right]\Delta t\\
&+\left[\iint v\Sigma_{\mathrm{f}}(\boldsymbol{r},E')\Delta t'N(\boldsymbol{r},\boldsymbol{\Omega}',E',t)\mathrm{d}\boldsymbol{\Omega}'\mathrm{d}E'\right]+Q_{\mathrm{e}}\Delta t
\end{aligned}
$$

$$(3\text{-}9)$$

这里部分符号进行了简写。两边同除以 $\Delta t$,适当合并取极限 $\Delta t\to 0$ 后得

$$
\begin{aligned}
&\lim_{\Delta t\to 0}\left[\frac{N(\boldsymbol{r}+\boldsymbol{\Omega}v\Delta t,\boldsymbol{\Omega},E,t+\Delta t)-N(\boldsymbol{r},\boldsymbol{\Omega},E,t)}{\Delta t}\right]+\Sigma_{\mathrm{t}}vN(\boldsymbol{r},\boldsymbol{\Omega},E,t)\\
&=\iint \Sigma_{\mathrm{s}}f(\boldsymbol{r},\boldsymbol{\Omega}',E'\to\boldsymbol{\Omega},E)v'N(\boldsymbol{r},\boldsymbol{\Omega}',E',t)\mathrm{d}\boldsymbol{\Omega}'\mathrm{d}E'\\
&\quad+\iint v\Sigma_{\mathrm{f}}(\boldsymbol{r},\boldsymbol{\Omega}',E',t)v'N(\boldsymbol{r},\boldsymbol{\Omega}',E',t)\mathrm{d}\boldsymbol{\Omega}'\mathrm{d}E'+Q_{\mathrm{e}}
\end{aligned}
$$

$$(3\text{-}10)$$

在方程左端的极限项中,加上并减去 $N(\boldsymbol{r},\boldsymbol{\Omega},E,t+\Delta t)$ 项,则该极限项变成两项:

$$
\lim_{\Delta t\to 0}\left[\frac{N(\boldsymbol{r},\boldsymbol{\Omega},E,t+\Delta t)-N(\boldsymbol{r},\boldsymbol{\Omega},E,t)}{\Delta t}\right]=\frac{\partial N}{\partial t}
$$

$$(3\text{-}11)$$

和

$$
\lim_{\Delta t\to 0}\left[\frac{N(\boldsymbol{r}+\boldsymbol{\Omega}v\Delta t,\boldsymbol{\Omega},E,t+\Delta t)-N(\boldsymbol{r},\boldsymbol{\Omega},E,t+\Delta t)}{\Delta t}\right]=v\boldsymbol{\Omega}\cdot\nabla N(\boldsymbol{r},\boldsymbol{\Omega},E,t)
$$

$$(3\text{-}12)$$

将式(3-11)和式(3-12)代入式(3-10),得

$$\frac{\partial N}{\partial t} + v\boldsymbol{\Omega} \cdot \nabla N + \Sigma_t v N = \iint \Sigma_s f v' N' \mathrm{d}\boldsymbol{\Omega}' \mathrm{d}E' + \iint \nu \Sigma_f v' N' \mathrm{d}\boldsymbol{\Omega}' \mathrm{d}E' + Q_e \qquad (3\text{-}13)$$

式中，$N = N(\boldsymbol{r}, \boldsymbol{\Omega}, E, t)$；$N' = N(\boldsymbol{r}, \boldsymbol{\Omega}', E', t)$。

假设裂变反应为各向同性，且没有外中子源，并应用式 (3-4)，则得到中子输运方程为

$$\frac{1}{v}\frac{\partial \psi(\boldsymbol{r}, \boldsymbol{\Omega}, E, t)}{\partial t} + \boldsymbol{\Omega} \cdot \nabla \psi(\boldsymbol{r}, \boldsymbol{\Omega}, E, t) + \Sigma_t \psi(\boldsymbol{r}, \boldsymbol{\Omega}, E, t)$$
$$= \iint \Sigma_s(\boldsymbol{r}, E') f(\boldsymbol{r}, \boldsymbol{\Omega}', E' \to \boldsymbol{\Omega}, E) \psi(\boldsymbol{r}, \boldsymbol{\Omega}', E', t) \mathrm{d}\boldsymbol{\Omega}' \mathrm{d}E' \qquad (3\text{-}14)$$
$$+ \frac{\chi(E)}{4\pi} \iint \nu \Sigma_f(\boldsymbol{r}, E') \psi(\boldsymbol{r}, \boldsymbol{\Omega}', E', t) \mathrm{d}\boldsymbol{\Omega}' \mathrm{d}E'$$

### 3.1.3　边界条件

求解中子输运方程，需要首先确定边界条件。在数值求解中常见的边界条件包括连续边界条件、真空边界条件和全反射边界条件。

当中子通过一个界面时，中子数是不会变化的。也就是说，中子角密度在交界面处是连续的。设 $s$ 为沿 $\boldsymbol{\Omega}$ 方向的一个位移，则 $N(\boldsymbol{r} + s\boldsymbol{\Omega}, \boldsymbol{\Omega}, E, t + s/V)$ 必须是 $s$ 的连续函数。因此，角通量密度连续将被应用于中子输运方程的数值求解。

在把中子输运方程应用于有限介质时，就会有外边界。通常我们假设外边界是凸的，即中子离开外边界后不会再进入该区域。如果没有中子自外部进入，且中子一旦离开边界便不再返回，则称该类边界为真空边界。在真空边界上的边界条件可表述为

$$\psi(\boldsymbol{r}, \boldsymbol{\Omega}, E, t) = 0, \qquad \boldsymbol{n} \cdot \boldsymbol{\Omega} < 0 \qquad (3\text{-}15)$$

另一种常见的边界条件为反射边界条件，其中最常用的为镜面反射边界条件，也称全反射边界条件。在全反射边界上的边界条件可表述为

$$\psi(\boldsymbol{r}, \boldsymbol{\Omega}, E, t) = \psi(\boldsymbol{r}, \boldsymbol{\Omega}', E, t), \qquad \boldsymbol{n} \cdot \boldsymbol{\Omega} < 0 \qquad (3\text{-}16)$$

式中，$\boldsymbol{\Omega}'$ 是 $\boldsymbol{\Omega}$ 的镜面反射方向。需要指出的是，在实际使用中，有时会遇到外边界为圆形边界的情况，此时，镜面反射边界不再适用。由于几何的原因，在圆形边界上中子镜面发射后很可能无法途经求解区域内部，从而使得解失真。这时，可以采用白边界条件，即假设出射中子全部但各向同性地返回到计算边界内。

## 3.2　特征值问题

### 3.2.1　$k$ 特征值问题

将稳态下的中子输运方程用算子的形式来表示，可以写成[3]

$$L\psi = F\psi + Q_e \tag{3-17}$$

式中，$\psi$ 为中子角通量密度；$Q_e$ 为外源。输运算符 $L$ 和 $F$ 分别为

$$L\psi(\boldsymbol{r},\boldsymbol{\Omega},E) = \boldsymbol{\Omega}\nabla\psi(\boldsymbol{r},\boldsymbol{\Omega},E) + \Sigma_t(\boldsymbol{r},E)\psi(\boldsymbol{r},\boldsymbol{\Omega},E)$$
$$- \int_0^\infty dE' \int_{\boldsymbol{\Omega}'} \Sigma_s(\boldsymbol{r},E'\to E,\boldsymbol{\Omega}'\to\boldsymbol{\Omega})\psi(\boldsymbol{r},\boldsymbol{\Omega}',E')d\boldsymbol{\Omega}' \tag{3-18}$$

$$F\psi(\boldsymbol{r},\boldsymbol{\Omega},E) = \frac{\chi(E)}{4\pi}\int_0^\infty dE'\int_{\boldsymbol{\Omega}}\nu\Sigma_f(E')\psi(\boldsymbol{r},\boldsymbol{\Omega}',E')d\boldsymbol{\Omega} \tag{3-19}$$

式 (3-17) 对于增殖和非增殖介质的性质是不相同的。对于非增殖介质，式 (3-17) 的解相对简单，其满足非齐次方程：

$$L\psi = Q_e \tag{3-20}$$

对于增殖介质，由于裂变源的存在，其解的情况就要复杂得多。对于稳态无外源的情况，需要满足以下齐次方程存在非负的非零解：

$$L\psi = F\psi \tag{3-21}$$

并满足一定的边界条件，比如真空边界条件：

$$\psi(\boldsymbol{r},\boldsymbol{\Omega},E) = 0, \quad \boldsymbol{r}\in\Gamma, \boldsymbol{n}\cdot\boldsymbol{\Omega} < 0 \tag{3-22}$$

式中，$\Gamma$ 为系统的边界。对于式 (3-21)，如同时给定材料参数和几何尺寸，只有在一定的条件下才存在非零解。它的解问题可以归结为下列特征值问题：

$$L\psi = \lambda F\psi \tag{3-23}$$

式中，$\lambda$ 为方程的特征值，对应的解 $\psi$ 称为特征函数。

数学上可以证明这些特征值集合 $\lambda_n$ 的存在，且 $\lambda_1 < \lambda_2 < \cdots$，稳态系统内中子角通量密度的分布由与第一个特征值对应的特征函数所决定。在实际应用中，通常引入特征值 $k$ 来描述系统的这一特性。因此，中子输运方程的定解问题可转化为下列特征值方程的解：

$$\boldsymbol{\Omega}\cdot\nabla\psi(\boldsymbol{r},\boldsymbol{\Omega},E,t) + \Sigma_t\psi(\boldsymbol{r},\boldsymbol{\Omega},E,t)$$
$$= \iint\Sigma_s(\boldsymbol{r},E')f(\boldsymbol{r},\boldsymbol{\Omega}',E'\to\boldsymbol{\Omega},E)\psi(\boldsymbol{r},\boldsymbol{\Omega}',E',t)d\boldsymbol{\Omega}'dE' \tag{3-24}$$
$$+ \frac{\chi(E)}{4\pi k}\iint\nu\Sigma_f(\boldsymbol{r},E')\psi(\boldsymbol{r},\boldsymbol{\Omega}',E',t)d\boldsymbol{\Omega}'dE'$$

式 (3-24) 便是 $k$ 特征值形式的中子输运方程，也是中子输运方程在反应堆物理计算中最经常采用的一种形式。

### 3.2.2 $\alpha$ 特征值问题

对于时间相关的中子输运方程，其算子形式可以写成[4]

$$\frac{1}{v}\frac{\partial \psi}{\partial t} = -L\psi + F\psi \equiv M\psi \tag{3-25}$$

这里，为便于表达，定义一个新的算子 $M$。式(3-25)同样是一个线性齐次方程。假设中子反应截面不随时间变化，则可以采用分离变量法进行求解。

将时间相关的中子角通量密度进行变量分解：

$$\psi(\boldsymbol{r},E,\boldsymbol{\Omega},t) = \psi_\alpha(\boldsymbol{r},E,\boldsymbol{\Omega})T(t) \tag{3-26}$$

满足初始条件：

$$T(t) = T_0(t) \tag{3-27}$$

式中，$T_0$ 为初始时刻。将(3-26)代入式(3-25)可以得到

$$\frac{1}{T(t)}\frac{\partial T}{\partial t} = \frac{vM\psi_\alpha}{\psi_\alpha(\boldsymbol{r},E,\boldsymbol{\Omega})} \tag{3-28}$$

该方程的左端与时间 $t$ 相关，而右端与 $t$ 无关，因此方程左右两端应为常数。若该常数记作 $\alpha$，则有

$$\frac{\partial T}{\partial t} = \alpha T \tag{3-29}$$

$$M\psi_\alpha = \frac{\alpha}{v}\psi_\alpha \tag{3-30}$$

式(3-30)同样是一个特征值问题，存在特征值集合 $\alpha_n$ 及与之对应的特征函数。式(3-25)的解可以由这些特征函数的集合展开：

$$\psi(\boldsymbol{r},E,\boldsymbol{\Omega},t) \approx \sum_n \psi_n(\boldsymbol{r},E,\boldsymbol{\Omega})e^{\alpha_n t} \tag{3-31}$$

如果 $\alpha_0$ 是具有最大实部的特征值，则当 $t$ 足够大时，时间相关中子输运方程的解将正比于 $\psi_0(\boldsymbol{r},E,\boldsymbol{\Omega})e^{\alpha_0 t}$。因此，中子输运方程可以改写为以下形式：

$$\begin{aligned}
\boldsymbol{\Omega}\cdot\nabla\psi(\boldsymbol{r},\boldsymbol{\Omega},E,t) &+ \left(\Sigma_t+\frac{\alpha}{v}\right)\psi(\boldsymbol{r},\boldsymbol{\Omega},E,t)\\
&= \iint \Sigma_s(\boldsymbol{r},E')f(\boldsymbol{r},\boldsymbol{\Omega}',E'\to\boldsymbol{\Omega},E)\psi(\boldsymbol{r},\boldsymbol{\Omega}',E',t)\mathrm{d}\boldsymbol{\Omega}'\mathrm{d}E'\\
&+ \frac{\chi(E)}{4\pi}\iint \nu\Sigma_f(\boldsymbol{r},E')\psi(\boldsymbol{r},\boldsymbol{\Omega}',E',t)\mathrm{d}\boldsymbol{\Omega}'\mathrm{d}E'
\end{aligned} \tag{3-32}$$

需要指出的是，对于一个临界系统，即 $\alpha=0$ 和 $k=1$ 时，式(3-24)和式(3-32)的解是相同的。但是，当系统偏离临界时，两个方程的解则存在差异。对于一个偏离临界不远的系统，计算其中子能谱以及确定中子通量密度分布时一般使用 $k$ 特征值，这主要是由于 $\alpha$ 特征值问题的计算会导致能谱偏移。

# 3.3 多群中子输运方程

### 3.3.1 分群理论及群常数

在反应堆问题中，中子的能量可在 20MeV 到 0eV 范围内连续变化。在大部分分析计算中，需要对能量自变量进行离散。一般把中子通量密度的分布范围 $(E_0,0)$ 划分成若干能量间隔，每一个能量间隔称为一个能群，如图 3-4 所示。

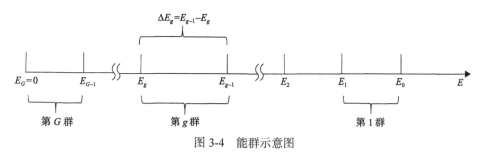

图 3-4 能群示意图

对中子输运方程在每一能量间隔 $\Delta E_g$ 上进行积分，便得到下列方程组：

$$\boldsymbol{\Omega} \cdot \nabla \psi_g(\boldsymbol{r},\boldsymbol{\Omega}) + \Sigma_{\mathrm{t},g}(\boldsymbol{r})\psi_g(\boldsymbol{r},\boldsymbol{\Omega})$$

$$= \frac{\chi_g}{4\pi k_{\mathrm{eff}}} \sum_{g'=1}^{G} \nu\Sigma_{\mathrm{f},g'}(\boldsymbol{r})\phi_{g'}(\boldsymbol{r}) \tag{3-33}$$

$$+ \sum_{g'=1}^{G} \int \Sigma_{\mathrm{s},g'-g}(\boldsymbol{r},\boldsymbol{\Omega}' \to \boldsymbol{\Omega})\psi_{g'}(\boldsymbol{r},\boldsymbol{\Omega}')\mathrm{d}\boldsymbol{\Omega}', \qquad g=1,2,\cdots,G$$

式中

$$\psi_g(\boldsymbol{r},\boldsymbol{\Omega}) \equiv \int_{\Delta E_g} \psi(\boldsymbol{r},E,\boldsymbol{\Omega})\mathrm{d}E \tag{3-34}$$

$$\phi_{g'}(\boldsymbol{r}) \equiv \int \psi_{g'}(\boldsymbol{r},\boldsymbol{\Omega})\mathrm{d}\boldsymbol{\Omega} \tag{3-35}$$

$$\Sigma_{\mathrm{t},g}(\boldsymbol{r}) \equiv \frac{\displaystyle\iint_{\Delta E_g} \Sigma_{\mathrm{t}}(\boldsymbol{r},E)\psi(\boldsymbol{r},E,\boldsymbol{\Omega})\mathrm{d}E\mathrm{d}\boldsymbol{\Omega}}{\displaystyle\int \psi_g(\boldsymbol{r},\boldsymbol{\Omega})\mathrm{d}\boldsymbol{\Omega}} \tag{3-36}$$

$$\Sigma_{\mathrm{f},g'}(\boldsymbol{r}) \equiv \frac{\displaystyle\iint_{\Delta E_{g'}} \Sigma_{\mathrm{f}}(\boldsymbol{r},E)\psi(\boldsymbol{r},E,\boldsymbol{\Omega})\mathrm{d}E\mathrm{d}\boldsymbol{\Omega}}{\displaystyle\int \psi_{g'}(\boldsymbol{r},\boldsymbol{\Omega})\mathrm{d}\boldsymbol{\Omega}} \tag{3-37}$$

$$\Sigma_{\mathrm{s}}(\boldsymbol{r},E' \to E,\boldsymbol{\Omega}' \to \boldsymbol{\Omega}) = \Sigma_{\mathrm{s}}(\boldsymbol{r},E)f(\boldsymbol{r},E' \to E,\boldsymbol{\Omega}' \to \boldsymbol{\Omega}) \tag{3-38}$$

$$\Sigma_{s,g'-g}(r,\boldsymbol{\Omega}' \to \boldsymbol{\Omega}) \equiv \frac{\displaystyle\int_{\Delta E_g} \mathrm{d}E \int_{\Delta E_{g'}} \Sigma_s(r,E' \to E,\boldsymbol{\Omega}' \to \boldsymbol{\Omega})\psi(r,E',\boldsymbol{\Omega}')\mathrm{d}E'}{\psi_{g'}(r,\boldsymbol{\Omega}')} \tag{3-39}$$

$$\chi_g \equiv \int_{\Delta E_g} \chi(E)\mathrm{d}E \tag{3-40}$$

式中，$G$ 为总能群数；$\psi_g(r,\boldsymbol{\Omega})$ 为群中子角通量密度，它是能量间隔 $\Delta E_g$ 内中子角通量密度关于能量的总和。这样，通过多群近似便把原来含有连续自变量 $E$ 的方程离散成为含有 $\psi_g(r,\boldsymbol{\Omega})$ 的 $G$ 个能群方程组(3-33)的求解问题，能群的数目则由所研究问题的性质和精度要求来决定。

$\Sigma_{t,g}(r,\boldsymbol{\Omega})$、$\Sigma_{f,g}(r)$ 和 $\Sigma_{s,g'-g}(r,\boldsymbol{\Omega}' \to \boldsymbol{\Omega})$ 等称为群常数，在求解多群方程组(3-33)之前，必须先获得这些群常数。但是，观察一下群常数的定义式(3-36)~式(3-39)就会发现，要计算群常数，首先必须知道中子角通量密度分布 $\psi(r,E,\boldsymbol{\Omega})$，而它恰好是我们所要求解的函数，所以无法直接运用。在实际计算时，通常应用一种近似方法先获得群常数，即先通过一些近似的方法或针对一个简单的问题求得一个中子通量密度的近似分布，然后把它代入群常数表达式计算出群常数来，最后应用求得的群常数来对多群方程组(3-33)求解。无论是从数学上，还是从实际结果看，这种近似都可以接受。

### 3.3.2　多群中子输运方程的源项

中子输运方程右端的源项通常包含裂变源($Q_f$)、散射源($Q_s$)和外源($Q_e$)。基于物理本征，一般假设裂变反应所发射出的中子是各向同性分布的，因此通常都是将裂变源当成各向同性来处理。外源的角度分布则和实际工况相关，其位置、能量和角度分布可以事先确定，从而当成输运方程右端的常数项，处理起来相对简单。散射源的角度分布则和入射中子的能量、材料的性能息息相关，往往会表现出很强的各向异性，因此，本节主要讨论各向异性散射源项的处理。由多群中子输运方程(3-33)可知，散射源项可以表示成

$$Q_{s,g} = \sum_{g'=1}^{G} \int \Sigma_{s,g' \to g}(r,\boldsymbol{\Omega}' \to \boldsymbol{\Omega})\psi_{g'}(r,\boldsymbol{\Omega}')\mathrm{d}\boldsymbol{\Omega}' \tag{3-41}$$

但实际上很难用这个式子直接求解散射源，因为这不仅要知道从其他方向 $\boldsymbol{\Omega}'$ 到当前中子飞行方向 $\boldsymbol{\Omega}$ 的散射截面，还需要知道每一个位置的角通量密度。为了便于对散射源进行处理，散射截面一般表示成两个夹角余弦值的 $\mu_0$ ($\mu_0 = \boldsymbol{\Omega}' \cdot \boldsymbol{\Omega}$) 函数，即 $\Sigma_s(r,\boldsymbol{\Omega}' \to \boldsymbol{\Omega}) = \Sigma_s(r,\mu_0)$，因此可以将散射截面展开成关于变量 $\mu_0$ 的勒让德多项式，即

$$\Sigma_{s,g' \to g}(r,\mu_0) = \sum_{l=0}^{\infty} \frac{2l+1}{4\pi} \Sigma_{s,l,g' \to g}(r)P_l(\mu_0) \tag{3-42}$$

式中，勒让德多项式 $P_l(\mu_0)$ 可以表示成

$$P_l(\mu_0) = \frac{1}{2^l l!} \frac{\mathrm{d}^l}{\mathrm{d}\mu_0^l} (\mu_0^2 - 1)^l \tag{3-43}$$

勒让德多项式加法定理在实数范围内可以写成

$$P_l(\mu_0) = P_l(\boldsymbol{\Omega}' \cdot \boldsymbol{\Omega}) = \frac{4\pi}{2l+1} \sum_{m=-l}^{l} Y_l^m(\boldsymbol{\Omega}') Y_l^m(\boldsymbol{\Omega}) \tag{3-44}$$

式中，$Y_l^m(\boldsymbol{\Omega})$ 为球谐函数，其表达式为

$$Y_l^m(\boldsymbol{\Omega}) = \begin{cases} \sqrt{\dfrac{2l+1}{2\pi} \dfrac{(l-|m|)!}{(l+|m|)!}} P_l^{|m|}(\cos\theta) \sin(|m|\varphi), & m = -1, -2, \cdots, -l \\[4mm] \sqrt{(2-\delta_{0m}) \dfrac{2l+1}{4\pi} \dfrac{(l-m)!}{(l+m)!}} P_l^m(\cos\theta) \cos(m\varphi), & m = 0, 1, 2, \cdots, l \end{cases} \tag{3-45}$$

式中，$\delta_{0m}$ 为克罗内克符号，当 $m = 0$ 时，$\delta_{0m} = 1$；当 $m \neq 0$ 时，$\delta_{0m} = 0$。$P_l^m(\mu_0)$ 为伴随勒让德多项式，其形式如下：

$$P_l^m(\mu_0) = \frac{(-1)^m}{2^l l!} (1 - \mu_0^2)^{m/2} \frac{\mathrm{d}^{(l+m)}}{\mathrm{d}\mu_0^{(l+m)}} (1 - \mu_0^2)^l \tag{3-46}$$

将式(3-42)代入式(3-41)，散射源项就可以表示成

$$Q_{s,g} = \sum_{g'=1}^{G} \sum_{l=0}^{\infty} \frac{2l+1}{4\pi} \int \Sigma_{s,l,g' \to g}(\boldsymbol{r}) P_l(\mu_0) \psi_{g'}(\boldsymbol{r}, \boldsymbol{\Omega}') \mathrm{d}\boldsymbol{\Omega}' \tag{3-47}$$

将式(3-47)中的勒让德多项式用加法定理展开，散射源就可以表示成

$$Q_{s,g} = \sum_{g'=1}^{G} \sum_{l=0}^{\infty} \int \Sigma_{s,l,g' \to g}(\boldsymbol{r}) \sum_{m=-l}^{l} Y_l^m(\boldsymbol{\Omega}') Y_l^m(\boldsymbol{\Omega}) \psi_{g'}(\boldsymbol{r}, \boldsymbol{\Omega}') \mathrm{d}\boldsymbol{\Omega}' \tag{3-48}$$

为了进一步简化式(3-48)，定义如下变量：

$$\phi_{g'}^{l,m} = \int Y_l^m(\boldsymbol{\Omega}') \psi_{g'}(\boldsymbol{r}, \boldsymbol{\Omega}') \mathrm{d}\boldsymbol{\Omega}' \tag{3-49}$$

式中，$\phi_{g'}^{l,m}$ 也被称为中子角通量密度矩，这样散射源就可以表示成

$$Q_{s,g} = \sum_{g'=1}^{G} \sum_{l=0}^{\infty} \Sigma_{s,l,g' \to g}(\boldsymbol{r}) \sum_{m=-l}^{l} Y_l^m(\boldsymbol{\Omega}) \phi_{g'}^{l,m} \tag{3-50}$$

对于式(3-50)，在实际用于求解散射源时，$l$ 不可能取到无穷阶。一般地，把 $l$ 取到 $n$ 阶就称为散射源的 $P_N$ 近似，其中也把 $n=1$ 的情况称为散射源的线性近似，把 $n=0$ 的情况称为散射源的各向同性近似。在一般的反应堆物理计算中，对于裂变源问题，通常 $n=1$ 就能很好地满足精度要求，对于含有外源的问题，$n \geqslant 3$ 阶往往是必要的。

散射源的各向同性近似是求解输运方程中最为常见的情况之一，这里针对 $n=0$ 的情

况做进一步分析。由于 $Y_0^0 = \sqrt{1/4\pi}$，第 $g$ 群的 0 阶中子角通量密度矩 $\phi_g^{0,0}$ 可以表示成

$$\phi_g^{0,0} = \int Y_l^m(\boldsymbol{\Omega})\psi_g(\boldsymbol{r},\boldsymbol{\Omega})\mathrm{d}\boldsymbol{\Omega} = \sqrt{\frac{1}{4\pi}}\phi_g(\boldsymbol{r}) \tag{3-51}$$

式中，$\phi_g$ 为第 $g$ 群的中子标通量。这样散射源项就可以表示成

$$Q_{s,g} = \frac{1}{4\pi}\sum_{g'=1}^{G}\Sigma_{s,0,g'\to g}\phi_{g'} \tag{3-52}$$

应用勒让德多项式的正交性，0 阶散射截面 $\Sigma_{s,0,g'\to g}$ 可以表示成

$$\Sigma_{s,0,g'\to g}(\boldsymbol{r}) = \int_{-1}^{1}\Sigma_{s,g'\to g}(\boldsymbol{r})P_0(\mu_0)\mathrm{d}\mu_0 = \Sigma_{s,g'\to g} \tag{3-53}$$

因此，0 阶散射截面即表示 1 个中子与介质发生相互作用，因散射作用所发出的中子数。式(3-52)的物理含义即表示所有能群因散射到该能群所产生的总的中子数在每一个角度上的平均值，这便是各向同性散射源。将式(3-53)代入式(3-52)，各向同性散射源即可表示成

$$Q_{s,g} = \frac{1}{4\pi}\sum_{g'=1}^{G}\Sigma_{s,g'\to g}\phi_{g'} \tag{3-54}$$

## 3.4　中子输运方程的积分形式

除了上述基本形式的中子输运方程外，工程上经常使用的还有其积分形式。积分形式的中子输运方程可以由中子数目守恒的基本原理直接导出。在如图 3-5 所示的系统中，设在 $\boldsymbol{r}$ 处有一垂直于 $\boldsymbol{\Omega}$ 的小面积元 $\mathrm{d}A$，$t$ 时刻单位时间沿 $\boldsymbol{\Omega}$ 方向穿过 $\mathrm{d}A$ 的能量为 $E$ 的单位能量间隔内的中子角通量密度为

$$\psi(\boldsymbol{r},E,\boldsymbol{\Omega},t)\mathrm{d}A = vn(\boldsymbol{r},E,\boldsymbol{\Omega},t)\mathrm{d}A \tag{3-55}$$

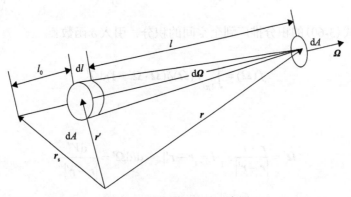

图 3-5　中子输运轨迹示意图

这些中子来自在 $\boldsymbol{r}' = \boldsymbol{r} - l\boldsymbol{\Omega}$ 处体积元 $\mathrm{d}l\mathrm{d}A$ 内，在 $t - \dfrac{l}{v}$ 时刻单位时间、单位立体角内由于散射、裂变以及外源贡献所产生的能量为 $E$、运动方向为 $\boldsymbol{\Omega}$ 的中子源，即

$$Q\left(\boldsymbol{r}',E,\boldsymbol{\Omega},t-\frac{l}{v}\right) = Q_\mathrm{s}\left(\boldsymbol{r}',E,\boldsymbol{\Omega},t-\frac{l}{v}\right) + Q_\mathrm{f}\left(\boldsymbol{r}',E,\boldsymbol{\Omega},t-\frac{l}{v}\right) + S\left(\boldsymbol{r}',E,\boldsymbol{\Omega},t-\frac{l}{v}\right) \tag{3-56}$$

在 $\boldsymbol{r}' = \boldsymbol{r} - l\boldsymbol{\Omega}$ 处，一个中子沿 $\boldsymbol{\Omega}$ 方向不受碰撞而到达 $\mathrm{d}A$，其概率为

$$\exp\left[-\int_0^l \Sigma_\mathrm{t}(\boldsymbol{r}-l'\boldsymbol{\Omega},E)\mathrm{d}l'\right] \tag{3-57}$$

因此，$t$ 时刻单位时间内在 $\boldsymbol{r}' = \boldsymbol{r} - l\boldsymbol{\Omega}$ 处的体积元内所产生的中子数沿 $\boldsymbol{\Omega}$ 方向到达并穿过 $\mathrm{d}A$ 的中子数为

$$Q\left(\boldsymbol{r}',E,\boldsymbol{\Omega},t-\frac{l}{v}\right) \cdot \exp\left[-\int_0^l \Sigma_\mathrm{t}(\boldsymbol{r}-l'\boldsymbol{\Omega},E)\mathrm{d}l'\right] \tag{3-58}$$

沿 $l$ 积分，可以得到

$$\psi(\boldsymbol{r},E,\boldsymbol{\Omega},t) = \int_0^\infty \exp\left[-\int_0^l \Sigma_\mathrm{t}(\boldsymbol{r}-l'\boldsymbol{\Omega},E)\mathrm{d}l'\right] Q\left(\boldsymbol{r}-l\boldsymbol{\Omega},E,\boldsymbol{\Omega},t-\frac{l}{v}\right)\mathrm{d}l \tag{3-59}$$

对于有界系统，对 $l$ 的积分到外界点 $\boldsymbol{r}_\mathrm{s}$，即 $l = |\boldsymbol{r} - \boldsymbol{r}_\mathrm{s}|$。如果表面入射中子通量密度为 $\psi\left(\boldsymbol{r}_\mathrm{s},E,\boldsymbol{\Omega},t-\dfrac{|\boldsymbol{r}-\boldsymbol{r}_\mathrm{s}|}{v}\right)$，则式 (3-59) 便可写成

$$\begin{aligned}\psi(\boldsymbol{r},E,\boldsymbol{\Omega},t) = {} & \psi\left(\boldsymbol{r}_\mathrm{s},E,\boldsymbol{\Omega},t-\frac{|\boldsymbol{r}-\boldsymbol{r}_\mathrm{s}|}{v}\right) \exp\left[-\int_0^{|\boldsymbol{r}-\boldsymbol{r}_\mathrm{s}|} \Sigma_\mathrm{t}(\boldsymbol{r}-l'\boldsymbol{\Omega},E)\mathrm{d}l'\right] \\ & + \int_0^{|\boldsymbol{r}-\boldsymbol{r}_\mathrm{s}|} \exp\left[-\int_0^l \Sigma_\mathrm{t}(\boldsymbol{r}-l'\boldsymbol{\Omega},E)\mathrm{d}l'\right] Q\left(\boldsymbol{r}-l\boldsymbol{\Omega},E,\boldsymbol{\Omega},t-\frac{l}{v}\right)\mathrm{d}l\end{aligned} \tag{3-60}$$

把式 (3-59)、式 (3-60) 的积分推广到全空间的积分，引入 $\delta$ 函数：

$$f(\boldsymbol{\Omega}) = \int_{4\pi} f(\boldsymbol{\Omega})\delta(\boldsymbol{\Omega}\cdot\boldsymbol{\Omega}'-1)\mathrm{d}\boldsymbol{\Omega}' \tag{3-61}$$

同时定义

$$\boldsymbol{\Omega}' = \frac{\boldsymbol{r}-\boldsymbol{r}'}{|\boldsymbol{r}-\boldsymbol{r}'|}, \quad l = |\boldsymbol{r}-\boldsymbol{r}'|, \quad \mathrm{d}l\mathrm{d}\boldsymbol{\Omega}' = \frac{\mathrm{d}V'}{|\boldsymbol{r}-\boldsymbol{r}'|^2} \tag{3-62}$$

那么式 (3-59)、式 (3-60) 便可改写成全空间的积分形式的输运方程，即

$$\psi(r,E,\boldsymbol{\Omega},t)=\psi(r_s,E,\boldsymbol{\Omega},t')\mathrm{e}^{-\tau(E,r\to r_s)}+\int_V\int\frac{\exp[-\tau(E,r'\to r)]}{\left|r'-r\right|^2}\delta\left(\boldsymbol{\Omega}\cdot\frac{r-r'}{\left|r-r'\right|}-1\right)$$
$$\times\delta\left[t'-\left(t-\frac{\left|r-r'\right|}{v}\right)\right]\left[\int_0^\infty\mathrm{d}E'\int_{\boldsymbol{\Omega}'}\varSigma_s(r',E'\to E,\boldsymbol{\Omega}'\to\boldsymbol{\Omega})\psi(r',E',\boldsymbol{\Omega}',t')\mathrm{d}\boldsymbol{\Omega}'\right.$$
$$\left.+Q_f(r',E,\boldsymbol{\Omega},t')+S(r',E,\boldsymbol{\Omega},t')\right]\mathrm{d}t'\mathrm{d}V'$$

$$\tag{3-63}$$

式中

$$\tau(E,r'\to r)=\int_0^{\left|r'-r\right|}\varSigma_t(l',E)\mathrm{d}l'$$

当 $\varSigma_t$ 等于常数时，$\tau$ 便等于 $\left|r'-r\right|/\lambda$。因此，$\tau(E,r'\to r)$ 被称为连接 $r'$ 与 $r$ 点的直线距离的“光学距离”。

对于稳态中子输运方程，忽略外中子源，式 (3-63) 可以简化为

$$\psi(r,E,\boldsymbol{\Omega})=\psi(r_s,E,\boldsymbol{\Omega})\mathrm{e}^{-\tau(E,r\to r_s)}+\int_V\frac{\exp[-\tau(E,r'\to r)]}{\left|r'-r\right|^2}\delta\left(\boldsymbol{\Omega}\cdot\frac{r-r'}{\left|r-r'\right|}-1\right)$$
$$\times\left[\int_0^\infty\int_{\boldsymbol{\Omega}'}\varSigma_s(r',E'\to E,\boldsymbol{\Omega}'\to\boldsymbol{\Omega})\psi(r',E',\boldsymbol{\Omega}')\mathrm{d}\boldsymbol{\Omega}'\mathrm{d}E'+Q_f(r',E,\boldsymbol{\Omega})\right]\mathrm{d}V'$$

$$\tag{3-64}$$

对于各向同性散射，中子输运方程的源项可以简化为

$$Q(r,E,\boldsymbol{\Omega})=\frac{1}{4\pi}\left[\int_0^\infty\varSigma_s(r,E\to E')\phi(r,E')\mathrm{d}E'+\chi(E)\int_0^\infty\nu\varSigma_f(r,E')\phi(r,E')\mathrm{d}E'\right]\tag{3-65}$$

定义 $\boldsymbol{\Omega}=(r-r_s)/\left|r-r_s\right|$，$\mathrm{d}\boldsymbol{\Omega}=\mathrm{d}S(\boldsymbol{\Omega}\cdot n^-)/\left|r-r_s\right|^2$，$\mathrm{d}S(\boldsymbol{\Omega}\cdot n^-)$ 为中子入射的外表面的单位面积。对式 (3-64) 在全角度空间进行积分，便可以得到积分形式的中子输运方程

$$\phi(r,E)=\int_V\frac{\exp[-\tau(E,r'\to r)]}{4\pi\left|r'-r\right|^2}Q(r',E)\mathrm{d}V'$$
$$+\int_S\left(\frac{r-r_s}{\left|r-r_s\right|}\cdot n^-\right)\phi\left(r_s,E,\frac{r-r_s}{\left|r-r_s\right|}\right)\frac{\exp[-\tau(E,r_s\to r)]}{4\pi\left|r-r_s\right|^2}\mathrm{d}S$$

$$\tag{3-66}$$

式中，$n^-$ 表示边界表面的单位内法线向量。

## 3.5　中子输运方程的二阶形式[*]

变分原理是偏微分方程数值求解中的一种常用理论，基于该原理的有限元方法在精

---

[*]选讲内容。

细化物理场分析和复杂非结构几何的建模计算中应用广泛。一般而言，变分原理更适用于二阶形式的偏微分方程。为了理论的完整性，本节给出两种在反应堆物理工程实践中应用的中子输运方程的二阶变形形式以及针对其的变分原理。

### 3.5.1 奇偶形式的中子输运方程

奇偶形式的中子输运方程是最常见的二阶中子输运方程形式[5]。在假设散射各向同性的条件下，稳态单群中子输运方程可以写为

$$\boldsymbol{\Omega} \cdot \nabla \psi(\boldsymbol{r},\boldsymbol{\Omega}) + \Sigma_t(\boldsymbol{r})\psi(\boldsymbol{r},\boldsymbol{\Omega}) = \Sigma_s(\boldsymbol{r})\phi(\boldsymbol{r}) + q(\boldsymbol{r}) \tag{3-67}$$

式中，$\psi(\boldsymbol{r},\boldsymbol{\Omega})$ 为中子角通量密度；$\phi(\boldsymbol{r})$ 为中子标通量密度；$\Sigma_t(\boldsymbol{r})$ 和 $\Sigma_s(\boldsymbol{r})$ 分别为中子宏观总截面和宏观散射截面；$q(\boldsymbol{r})$ 为中子源项，包括裂变源项或外源项。其中，中子标通量密度可由中子角通量密度对角度积分获得，即如下式所示：

$$\phi(\boldsymbol{r}) = \int \psi(\boldsymbol{r},\boldsymbol{\Omega}) \mathrm{d}\boldsymbol{\Omega} \tag{3-68}$$

为了获得中子输运方程的二阶形式，首先将中子角通量密度分为奇、偶对称的两部分，分别定义偶对称中子角通量密度 $\psi^+(\boldsymbol{r},\boldsymbol{\Omega})$ 和奇对称中子角通量密度 $\psi^-(\boldsymbol{r},\boldsymbol{\Omega})$：

$$\psi^+(\boldsymbol{r},\boldsymbol{\Omega}) = \frac{1}{2}[\psi(\boldsymbol{r},\boldsymbol{\Omega}) + \psi(\boldsymbol{r},-\boldsymbol{\Omega})] \tag{3-69}$$

$$\psi^-(\boldsymbol{r},\boldsymbol{\Omega}) = \frac{1}{2}[\psi(\boldsymbol{r},\boldsymbol{\Omega}) - \psi(\boldsymbol{r},-\boldsymbol{\Omega})] \tag{3-70}$$

由以上定义可知，中子角通量密度为奇对称和偶对称中子角通量密度之和；偶对称中子角通量密度关于角度具有偶函数性质；奇对称中子角通量密度关于角度具有奇函数性质。上述关系可表示为

$$\psi(\boldsymbol{r},\boldsymbol{\Omega}) = \psi^+(\boldsymbol{r},\boldsymbol{\Omega}) + \psi^-(\boldsymbol{r},\boldsymbol{\Omega}) \tag{3-71}$$

$$\psi^+(\boldsymbol{r},\boldsymbol{\Omega}) = \psi^+(\boldsymbol{r},-\boldsymbol{\Omega}) \tag{3-72}$$

$$\psi^-(\boldsymbol{r},\boldsymbol{\Omega}) = -\psi^-(\boldsymbol{r},-\boldsymbol{\Omega}) \tag{3-73}$$

同时，中子标通量密度和中子流密度可分别由偶对称中子角通量密度和奇对称中子角通量密度表示：

$$\phi(\boldsymbol{r}) = \int \psi^+(\boldsymbol{r},\boldsymbol{\Omega}) \mathrm{d}\boldsymbol{\Omega} \tag{3-74}$$

$$J(\boldsymbol{r}) = \int \boldsymbol{\Omega} \cdot \psi^-(\boldsymbol{r},\boldsymbol{\Omega}) \mathrm{d}\boldsymbol{\Omega} \tag{3-75}$$

为了得到中子输运方程的二阶形式，将 $\boldsymbol{\Omega}$ 和 $-\boldsymbol{\Omega}$ 分别代入式(3-67)，可得

$$\boldsymbol{\Omega} \cdot \nabla \psi(\boldsymbol{r},\boldsymbol{\Omega}) + \Sigma_t(\boldsymbol{r})\psi(\boldsymbol{r},\boldsymbol{\Omega}) = \Sigma_s(\boldsymbol{r})\phi(\boldsymbol{r}) + q(\boldsymbol{r}) \tag{3-76}$$

$$-\boldsymbol{\Omega}\cdot\nabla\psi(\boldsymbol{r},-\boldsymbol{\Omega})+\varSigma_t(\boldsymbol{r})\psi(\boldsymbol{r},-\boldsymbol{\Omega})=\varSigma_s(\boldsymbol{r})\phi(\boldsymbol{r})+q(\boldsymbol{r}) \tag{3-77}$$

将以上两式分别相加和相减,再利用偶对称和奇对称中子角通量密度的定义,即式(3-69)、式(3-70),可得

$$\boldsymbol{\Omega}\cdot\nabla\psi^-(\boldsymbol{r},\boldsymbol{\Omega})+\varSigma_t(\boldsymbol{r})\psi^+(\boldsymbol{r},\boldsymbol{\Omega})=\varSigma_s(\boldsymbol{r})\phi(\boldsymbol{r})+q(\boldsymbol{r}) \tag{3-78}$$

$$\boldsymbol{\Omega}\cdot\nabla\psi^+(\boldsymbol{r},\boldsymbol{\Omega})+\varSigma_t(\boldsymbol{r})\psi^-(\boldsymbol{r},\boldsymbol{\Omega})=0 \tag{3-79}$$

将式(3-79)代入式(3-78)以消去 $\psi^-(\boldsymbol{r},\boldsymbol{\Omega})$ ,最终可得二阶形式的中子输运方程:

$$-\boldsymbol{\Omega}\cdot\nabla\frac{1}{\varSigma_t(\boldsymbol{r})}\boldsymbol{\Omega}\cdot\nabla\psi^+(\boldsymbol{r},\boldsymbol{\Omega})+\varSigma_t(\boldsymbol{r})\psi^+(\boldsymbol{r},\boldsymbol{\Omega})=\varSigma_s(\boldsymbol{r})\phi(\boldsymbol{r})+q(\boldsymbol{r}) \tag{3-80}$$

在反射边界处,边界条件为

$$\psi^+(\boldsymbol{r},\boldsymbol{\Omega})=\psi^+(\boldsymbol{r},\boldsymbol{\Omega}'),\qquad \boldsymbol{r}\in\varGamma_r \tag{3-81}$$

式中, $\boldsymbol{\Omega}'$ 为 $\boldsymbol{\Omega}$ 关于边界反射后的角度。

在真空边界处,边界条件为

$$\begin{cases}\boldsymbol{\Omega}\cdot\nabla\psi^+(\boldsymbol{r},\boldsymbol{\Omega})-\varSigma_t(\boldsymbol{r})\psi^+(\boldsymbol{r},\boldsymbol{\Omega})=0,\qquad \boldsymbol{r}\in\varGamma_v,\ \ \boldsymbol{n}\cdot\boldsymbol{\Omega}<0\\[2mm]\boldsymbol{\Omega}\cdot\nabla\psi^+(\boldsymbol{r},\boldsymbol{\Omega})+\varSigma_t(\boldsymbol{r})\psi^+(\boldsymbol{r},\boldsymbol{\Omega})=0,\qquad \boldsymbol{r}\in\varGamma_v,\ \ \boldsymbol{n}\cdot\boldsymbol{\Omega}>0\end{cases} \tag{3-82}$$

观察以上推导过程,可知奇偶形式的中子输运方程有几个特点:

(1)利用偶对称中子角通量密度关于角度为偶函数的性质,求解式(3-80)时只需计算一半的角度空间。

(2)以上推导均基于各向同性源项的假设,若考虑各向异性的散射源或外源,以上过程和后续变分形式的推导将变得更为复杂,相比一阶微分-积分形式的中子输运方程中对各向异性散射源的处理要更困难一些。

(3)式(3-80)中第一项的总截面在分母上,这意味着基于该方程无法计算截面为零的真空区域,一般的处理方法是将区域内的截面设置为一个较小值,但这可能引起方程求解系数的畸变,导致计算过程不稳定。

(4)式(3-80)是自共轭的,因此可以利用变分极值理论来求解。

### 3.5.2　自共轭形式的 SAAF 方程

二阶中子输运方程另外一种常见的形式是 SAAF 方程,其全称为自共轭角通量密度(self-adjoint angular flux)[6]的中子输运方程。SAAF 方程可以由传统的一阶中子输运方程,经过简单的代数变形得到

$$\boldsymbol{\Omega}\cdot\nabla\psi(\boldsymbol{r},E,\boldsymbol{\Omega})+\varSigma_t\psi(\boldsymbol{r},E,\boldsymbol{\Omega})=S\psi(\boldsymbol{r},E,\boldsymbol{\Omega})+q(\boldsymbol{r},E,\boldsymbol{\Omega}) \tag{3-83}$$

式中，$S$ 表示散射算子，可以表示为

$$S\psi(\mathbf{r}, E, \boldsymbol{\Omega}) = \int_{\Delta E} \int_{4\pi} \Sigma_s(\mathbf{r}, E' \to E, \boldsymbol{\Omega}' \to \boldsymbol{\Omega}) \psi(\mathbf{r}, E', \boldsymbol{\Omega}') \mathrm{d}\boldsymbol{\Omega}' \mathrm{d}E' \tag{3-84}$$

根据式 (3-83) 可得

$$\phi(\mathbf{r}, E, \boldsymbol{\Omega}) = -(\Sigma_t - S)^{-1}\boldsymbol{\Omega} \cdot \nabla \phi(\mathbf{r}, E, \boldsymbol{\Omega}) + (\Sigma_t - S)^{-1} q(\mathbf{r}, E, \boldsymbol{\Omega}) \tag{3-85}$$

将式 (3-85) 重新代入式 (3-83) 中的第一项，可得

$$\begin{aligned} &- \boldsymbol{\Omega} \cdot \nabla (\Sigma_t - S)^{-1}\boldsymbol{\Omega} \cdot \nabla \phi(\mathbf{r}, E, \boldsymbol{\Omega}) + (\Sigma_t - S)\phi(\mathbf{r}, E, \boldsymbol{\Omega}) \\ &= q(\mathbf{r}, E, \boldsymbol{\Omega}) - \boldsymbol{\Omega} \cdot \nabla (\Sigma_t - S)^{-1} q(\mathbf{r}, E, \boldsymbol{\Omega}) \end{aligned} \tag{3-86}$$

这就是 SAAF 方程的基本形式。

下面以单能的 SAAF 方程为例，介绍该方程的自共轭性质。单能 SAAF 方程可以表示为

$$\begin{aligned} &- \boldsymbol{\Omega} \cdot \nabla (\Sigma_t - S)^{-1}\boldsymbol{\Omega} \cdot \nabla \phi(\mathbf{r}, \boldsymbol{\Omega}) + (\Sigma_t - S)\phi(\mathbf{r}, \boldsymbol{\Omega}) \\ &= q(\mathbf{r}, \boldsymbol{\Omega}) - \boldsymbol{\Omega} \cdot \nabla (\Sigma_t - S)^{-1} q(\mathbf{r}, \boldsymbol{\Omega}) \end{aligned} \tag{3-87}$$

省略自变量 $(\mathbf{r}, \boldsymbol{\Omega})$，定义算子 $A$：

$$A\phi = -\boldsymbol{\Omega} \cdot \nabla (\Sigma_t - S)^{-1}\boldsymbol{\Omega} \cdot \nabla \phi + (\Sigma_t - S)\phi \tag{3-88}$$

根据自共轭算子的定义，对于连续函数集合 $\{\phi^*\}$ 中的任意函数 $\phi^*(\mathbf{r}, \boldsymbol{\Omega})$，定义内积

$$\begin{aligned} (\phi^*, A\phi) &= \int \mathrm{d}\boldsymbol{\Omega} \int [-\boldsymbol{\Omega} \cdot \nabla (\Sigma_t - S)^{-1}\boldsymbol{\Omega} \cdot \nabla \phi + (\Sigma_t - S)\phi]\phi^* \mathrm{d}\mathbf{r} \\ &= \int \mathrm{d}\boldsymbol{\Omega} \int [-\boldsymbol{\Omega} \cdot \nabla (\Sigma_t - S)^{-1}\boldsymbol{\Omega} \cdot \nabla \phi]\phi^* \mathrm{d}\mathbf{r} + \int \mathrm{d}\boldsymbol{\Omega} \int (\Sigma_t - S)\phi\phi^* \mathrm{d}\mathbf{r} \end{aligned} \tag{3-89}$$

式 (3-89) 的第一项可以写成

$$\int \mathrm{d}\boldsymbol{\Omega} \int \{[(\Sigma_t - S)^{-1}(\boldsymbol{\Omega} \cdot \nabla \phi)(\boldsymbol{\Omega} \cdot \nabla \phi^*)] - \mathrm{div}[(\Sigma_t - S)^{-1}(\boldsymbol{\Omega} \cdot \nabla \phi)(\boldsymbol{\Omega}\phi^*)]\} \mathrm{d}\mathbf{r} \tag{3-90}$$

根据奥斯特罗格拉特斯-高斯公式，有

$$\int \mathrm{div}[(\Sigma_t - S)^{-1}(\boldsymbol{\Omega} \cdot \nabla \phi)(\boldsymbol{\Omega}\phi^*)] \mathrm{d}\mathbf{r} = \int_s (\Sigma_t - S)^{-1}(\boldsymbol{\Omega} \cdot \nabla \phi)(\boldsymbol{\Omega} \cdot \mathbf{n})\phi^* \mathrm{d}S \tag{3-91}$$

若令 $\phi^*(\mathbf{r}, \boldsymbol{\Omega})$ 满足边界条件：

$$\phi^*(\mathbf{r}, \boldsymbol{\Omega}) = 0, \qquad \text{当} \mathbf{r} \in \Gamma, \text{ 且 } \boldsymbol{\Omega} \cdot \mathbf{n} > 0 \tag{3-92}$$

式中，$\Gamma$ 为求解区域的边界。同时考虑到输运方程的边界条件：

$$\phi(r, \Omega) = 0, \qquad 当 r \in \Gamma, \ \text{且} \ \Omega \cdot n < 0 \tag{3-93}$$

则式 (3-91) 的积分等于 0。于是，式 (3-89) 即成为

$$(\phi^*, A\phi) = \int d\Omega \int [(\Sigma_t - S)^{-1}(\Omega \cdot \nabla\phi)(\Omega \cdot \nabla\phi^*)] dr + \int d\Omega \int (\Sigma_t - S)\phi\phi^* dr \tag{3-94}$$

同样地

$$(\phi, A\phi^*) = \int d\Omega \int [-\Omega \cdot \nabla(\Sigma_t - S)^{-1}\Omega \cdot \nabla\phi^* + (\Sigma_t - S)\phi^*]\phi dr$$

$$= \int d\Omega \int \left[ (\Sigma_t - S)^{-1}(\Omega \cdot \nabla\phi^*)(\Omega \cdot \nabla\phi) - \operatorname{div}[(\Sigma_t - S)^{-1}(\Omega \cdot \nabla\phi^*)(\Omega\phi)] \right] dr \tag{3-95}$$

$$+ \int d\Omega \int (\Sigma_t - S)\phi^*\phi dr$$

考虑到边界条件式 (3-92) 及式 (3-93)，式 (3-95) 可写成

$$(\phi, A\phi^*) = \int d\Omega \int (\Sigma_t - S)^{-1}(\Omega \cdot \nabla\phi)(\Omega \cdot \nabla\phi^*) dr + \int d\Omega \int (\Sigma_t - S)\phi\phi^* dr$$

$$= (\phi^*, A\phi) \tag{3-96}$$

因此，算子 $A$ 是自共轭的。类似地，可以证明多群形式的 SAAF 方程也是自共轭的，本书在这里不再赘述。

## 参 考 文 献

[1] 贝尔 G I, 格拉斯登 S. 核反应堆理论. 千里译. 北京: 中国原子能出版社, 1979.

[2] 吴宏春, 郑友琦, 曹良志, 等. 中子输运方程确定论数值方法. 北京: 中国原子能出版社, 2018.

[3] 戴维逊. 中子迁移理论. 和平译. 北京: 中国原子能出版社, 1961.

[4] 谢仲生, 邓力. 中子输运理论数值计算方法. 西安: 西北工业大学出版社, 2005.

[5] Lewis E E, Miller W F. Computational Methods of Neutron Transport. New York: John Wiley & Sons Inc., 1984.

[6] Morel J E, McGhee J M. A self-adjoint angular flux equation. Nuclear Science and Engineering, 1999, 132(3): 312-325.

# 第 4 章
# 中子输运方程的确定论数值方法

中子输运方程的数值方法包括确定论方法和概率论方法两类。其中，确定论方法在核反应堆工程分析中发挥了重要作用，目前仍是最主要的分析手段之一。确定论数值方法的基本原理是按照一定的方式对中子输运方程的各自变量进行数值离散。根据不同自变量离散方式，命名为不同的方法。本章以中子输运方程角度变量的不同离散方法作为基本逻辑，介绍在当前反应堆物理分析中常用的确定论数值方法。此外，由于中子输运方程的计算是非常耗时的，因此，本章对目前常用的数值加速技术也进行了简单的介绍。

## 4.1　球谐函数和简化球谐函数方法

球谐函数方法，也称 $P_N$ 方法。该方法的思想是利用一组完备正交的球谐函数对中子的角度自变量进行展开，通过加权余量法[1]或变分方法[2]建立矩阵系统，从而求得中子输运方程的弱解。$P_N$ 方法由于两方面的原因而被大家熟知：首先，在一维平板几何下，$P_N$ 方法易于得到中子输运方程解的解析形式；其次，$P_N$ 方法在一阶近似的情况下可以等同为扩散方法[3]，而扩散方法是压水堆堆芯分析中应用最广泛的计算方法。

### 4.1.1　球谐函数和勒让德函数

对于 $\boldsymbol{\Omega}=(\Omega_x,\Omega_y,\Omega_z)=(\sin\theta\cos\varphi,\sin\theta\sin\varphi,\cos\theta)$ ，球谐函数 $Y_{l,m}(\boldsymbol{\Omega})$ 的形式为

$$Y_{l,m}(\boldsymbol{\Omega})=\sqrt{\frac{2(2l+1)}{1+\delta_{0,m}}}\sqrt{\frac{(l-|m|)!}{(l+|m|)!}}P_l^{|m|}(\cos\theta)\begin{cases}\cos(|m|\varphi), & m\geqslant 0 \\ \sin(|m|\varphi), & m<0\end{cases} \tag{4-1}$$

式中，$\theta$ 与 $\varphi$ 分别为极角与幅角；$P_l^{|m|}(\cos\theta)$ 为伴随勒让德函数。

定义角度积分的形式为

$$\int(\cdot)\mathrm{d}\boldsymbol{\Omega}=\frac{1}{4\pi}\int_0^{2\pi}\mathrm{d}\varphi\int_0^{\pi}(\cdot)\sin\theta\,\mathrm{d}\theta=\frac{1}{4\pi}\int_0^{2\pi}\mathrm{d}\varphi\int_{-1}^{1}(\cdot)\mathrm{d}\mu \tag{4-2}$$

式中，定义角度余弦 $\mu=\cos\theta$ 。

$Y_{l,m}(\boldsymbol{\Omega})$ 满足正交归一化条件：

$$\int Y_{l,m}(\boldsymbol{\Omega})Y_{l',m'}(\boldsymbol{\Omega})\mathrm{d}\boldsymbol{\Omega} = \delta_{l,l'}\delta_{m,m'} \tag{4-3}$$

式中，$\delta_{l,l'}$ 为克罗内克 $\delta$ 函数，满足

$$\delta_{l,l'} = \begin{cases} 0, & l \neq l' \\ 1, & l = l' \end{cases} \tag{4-4}$$

当考虑一维情况时，所求解的问题将与幅角变量 $\varphi$ 无关，即式(4-1)中 $m=0$。此时角度展开函数由球谐函数 $Y_{l,m}(\boldsymbol{\Omega})$ 简化为勒让德函数 $P_l(\mu)$，则勒让德多项式满足关系：

$$P_0(\mu) = 1 \tag{4-5}$$

$$P_l(\mu) = \frac{1}{2^l l!}\frac{\mathrm{d}^l}{\mathrm{d}\mu^l}\left|(\mu^2-1)^l\right|, \qquad l = 1, 2, \cdots \tag{4-6}$$

式中，$P_1(\mu) = \mu$, $P_2(\mu) = \frac{1}{2}(3\mu^2 - 1)$, $P_3(\mu) = \frac{1}{2}(5\mu^3 - 3\mu)$。

$P_l(\mu)$ 在定义域 $-1 \leqslant \mu \leqslant 1$ 中具有一系列性质，能够简化方程的推导和计算。例如其正交关系为

$$\frac{1}{2}\int_{-1}^{1}P_l(\mu)P_{l'}(\mu)\mathrm{d}\mu = \frac{\delta_{l,l'}}{2l+1} \tag{4-7}$$

勒让德多项式还满足如下几个递推关系：

$$\mu P_l(\mu) = \frac{1}{2l+1}[(l+1)P_{l+1}(\mu) + lP_{l-1}(\mu)] \tag{4-8}$$

$$(\mu^2-1)\frac{\mathrm{d}}{\mathrm{d}\mu}P_l(\mu) = l[\mu P_l(\mu) - P_{l-1}(\mu)] \tag{4-9}$$

$$(1-\mu^2)\frac{\mathrm{d}^2}{\mathrm{d}\mu^2}P_l(\mu) - 2\mu\frac{\mathrm{d}}{\mathrm{d}\mu}P_l(\mu) + l(l+1)P_l(\mu) = 0 \tag{4-10}$$

此外，球谐函数还满足加法定理：

$$P_l(\boldsymbol{\Omega}\cdot\boldsymbol{\Omega}') = P_l(\mu)P_l(\mu') + 2\sum_{m=1}^{l}\frac{(l-m)!}{(l+m)!}P_l^m(\mu)P_l^m(\mu')\cos[m(\varphi-\varphi')] \tag{4-11}$$

该定理在各向异性散射的推导中具有重要作用。

### 4.1.2　一维平板几何下的 $\mathbf{P}_N$ 方法

首先考虑最简单的方程形式，稳态、一维平板问题的单能中子输运方程为[4]

$$\mu\frac{\partial\psi(x,\mu)}{\partial x}+\Sigma_{t}\psi(x,\mu)=\int_{-1}^{1}\Sigma_{s}(x,\mu'\rightarrow\mu)\psi(x,\mu')\mathrm{d}\mu'+S(x,\mu)$$

$$=\int_{-1}^{1}\Sigma_{s}(x,\mu_{0})\psi(x,\mu')\mathrm{d}\mu'+S(x,\mu) \tag{4-12}$$

式中，从角度 $\mu'=\cos\theta'$ 散射至角度 $\mu=\cos\theta$ 的中子仅与夹角余弦 $\mu_{0}=\cos\theta_{0}$ 相关（$\theta_{0}$ 为 $\theta'$ 和 $\theta$ 的夹角）。

利用 $N$ 阶勒让德多项式将中子通量密度的角度变量展开：

$$\psi(x,\mu)=\sum_{n=0}^{N}\frac{2n+1}{2}\phi_{n}(x)P_{n}(\mu) \tag{4-13}$$

同理，与角度相关的散射截面也可以展开为 $M$ 阶勒让德多项式：

$$\Sigma_{s}(x,\mu_{0})=\sum_{m=0}^{M}\frac{2m+1}{2}\Sigma_{sm}(x)P_{m}(\mu_{0}) \tag{4-14}$$

对某一特定的展开阶数 $n$，$P_{n}(\mu)$ 的函数形式是已知的。若能求出式(4-13)中的 $\phi_{n}(x)$，即可得到中子角通量关于角度的分布函数 $\psi(x,\mu)$，也就是我们要求的一维平板问题的解。当然，我们注意到 $\phi_{n}(x)$ 带有空间自变量 $x$，它同样需要数值求解，但本节重点讲述角度离散的方法，关于空间自变量的离散在后面会介绍，可以参照应用。

为了求解 $\phi_{n}(x)$，将式(4-13)、式(4-14)代入式(4-12)，结合加法定理，整理得

$$\sum_{n=0}^{N}\frac{2n+1}{2}\mu P_{n}(\mu)\frac{\mathrm{d}\phi_{n}(x)}{\mathrm{d}x}+\Sigma_{t}\sum_{n=0}^{N}\frac{2n+1}{2}\phi_{n}(x)P_{n}(\mu)$$

$$=\sum_{m=0}^{M}\frac{2m+1}{2}\Sigma_{sm}(x)P_{m}(\mu)\sum_{n=0}^{N}\frac{2n+1}{2}\int_{-1}^{1}\phi_{n}(x)P_{m}(\mu')P_{n}(\mu')\mathrm{d}\mu' \tag{4-15}$$

$$+\sum_{n=0}^{N}\frac{2n+1}{2}S_{n}(x)P_{n}(\mu)$$

式中，$S_{n}$ 为外源项的第 $n$ 阶展开系数。

由式(4-7)中勒让德多项式的正交性质，结合式(4-8)给出的递推关系，式(4-15)可以进一步化简为

$$\frac{1}{2}\sum_{n=0}^{N}[(n+1)P_{n+1}(\mu)+nP_{n-1}(\mu)]\frac{\mathrm{d}\phi_{n}(x)}{\mathrm{d}x}+\Sigma_{t}\sum_{n=0}^{N}\frac{2n+1}{2}\phi_{n}(x)P_{n}(\mu)$$

$$=\sum_{n=0}^{N}\frac{2n+1}{2}\Sigma_{s,n}(x)\phi_{n}(x)P_{n}(\mu)+\sum_{n=0}^{N}\frac{2n+1}{2}S_{n}(x)P_{n}(\mu) \tag{4-16}$$

式(4-16)描述了一个一阶常微分方程，但其中包含 $N+1$ 个未知量 $\phi_{n}(x)$，$n=0,1,\cdots,N$，

方程的数量不能满足求解的需求。因此，基于加权余量法，利用勒让德多项式的正交性，依次在式(4-15)左右两端乘以 $P_n(\mu), n=0,1,\cdots,N$，在 $-1 \leqslant \mu \leqslant 1$ 上积分，形成如下 $N+1$ 个 $\mathrm{P}_N$ 方程：

$$\frac{\mathrm{d}\phi_1(x)}{\mathrm{d}x} + \Sigma_t\phi_0(x) = \Sigma_{s0}\phi_0(x) + S_0(x)$$

$$\frac{n}{2n+1}\frac{\mathrm{d}\phi_{n-1}(x)}{\mathrm{d}x} + \frac{n+1}{2n+1}\frac{\mathrm{d}\phi_{n+1}(x)}{\mathrm{d}x} + \Sigma_t\phi_n(x) = \Sigma_{sn}\phi_n(x) + S_n(x), \quad n=1,2,\cdots,N-1 \quad (4\text{-}17)$$

$$\frac{N}{2N+1}\frac{\mathrm{d}\phi_{N-1}(x)}{\mathrm{d}x} + \Sigma_t\phi_N(x) = \Sigma_{sN}\phi_N(x) + S_N(x)$$

式(4-17)中下标 $n$ 代表各未知量的第 $n$ 阶展开矩：

$$\phi_n(x) = \int_{-1}^{1} P_n(\mu)\psi(x,\mu)\mathrm{d}\mu$$

$$S_n(x) = \int_{-1}^{1} P_n(\mu)S(x,\mu)\mathrm{d}\mu \qquad (4\text{-}18)$$

$$\Sigma_{sn}(x) = \int_{-1}^{1} P_n(\mu_0)\Sigma_s(x,\mu_0)\mathrm{d}\mu_0$$

为了使式(4-17)封闭，省略 $\dfrac{\mathrm{d}\phi_{N+1}(x)}{\mathrm{d}x}$ 项，则式(4-17)是 $N+1$ 个方程构成的方程组，可写成三对角矩阵形式：

$$\begin{bmatrix} \Sigma_t - \Sigma_{s0} & \dfrac{\mathrm{d}}{\mathrm{d}x} & 0 & \cdots & \vdots \\ \dfrac{1}{3}\dfrac{\mathrm{d}}{\mathrm{d}x} & \Sigma_t - \Sigma_{s1} & \dfrac{2}{3}\dfrac{\mathrm{d}}{\mathrm{d}x} & \vdots & \vdots \\ \vdots & \vdots & \vdots & \vdots & \vdots \\ \vdots & \vdots & \dfrac{N-1}{2N-1}\dfrac{\mathrm{d}}{\mathrm{d}x} & \Sigma_t - \Sigma_{s\,N-1} & \dfrac{N}{2N-1}\dfrac{\mathrm{d}}{\mathrm{d}x} \\ \cdots & \cdots & \cdots & \dfrac{N}{2N+1}\dfrac{\mathrm{d}}{\mathrm{d}x} & \Sigma_t - \Sigma_{sN} \end{bmatrix} \begin{bmatrix} \phi_0(x) \\ \phi_1(x) \\ \vdots \\ \phi_{N-1}(x) \\ \phi_N(x) \end{bmatrix} = \begin{bmatrix} S_0(x) \\ S_1(x) \\ \vdots \\ S_{N-1}(x) \\ S_N(x) \end{bmatrix} \quad (4\text{-}19)$$

求解微分方程组(4-19)需要结合特定的边界条件，这里讨论两种最常见的边界条件，即全反射边界条件和真空边界条件。

1) 全反射边界条件

以一维平几何情况下的左侧边界 $x_L$ 处为例，全反射边界条件的数学表达式为

$$\psi(x_L,\mu) = \psi(x_L,-\mu) \qquad (4\text{-}20)$$

将式(4-13)代入式(4-20)，可得

$$\sum_{n=0}^{N}\frac{2n+1}{2}\phi_n(x_L)P_n(\mu) = \sum_{n=0}^{N}\frac{2n+1}{2}\phi_n(x_L)P_n(-\mu) \qquad (4\text{-}21)$$

由于勒让德多项式具有奇偶特性 $P_n(-\mu)=(-1)^n P_n(\mu)$，由式(4-21)易推得全反射边界条件下中子角通量的展开矩应满足如下关系：

$$\phi_n(x_L)=0, \qquad n=1,3,\cdots,N \tag{4-22}$$

2)真空边界条件

同样以左边界为例，真空边界条件是指在边界 $x_L$ 上，任意的入射角 $\mu>0$ 下，中子角通量密度 $\psi_{in}(x_L,\mu)$ 全为 0。其数学表达式为

$$\psi_{in}(x_L,\mu)=0, \qquad \mu>0 \tag{4-23}$$

$P_N$ 方法在进行角通量展开时对 $n>N$ 的 $\phi_n(x)$ 项进行了截断，因此在数学上不可能严格地满足真空边界条件。相应地，需要用近似的边界条件来代替。边界条件的选取是值得认真考虑的问题，因为它无疑会影响解的精度。同时，在一维情况下，为了求解 $P_N$ 方程组(4-19)，需要构造 $N+1$ 个边界条件，分别作用在左右边界 $x_L$ 和 $x_R$。在求解时，我们自然地会希望该问题两端边界条件的数目是平衡的，这就要保证 $N+1$ 为偶数。因此，$P_N$ 方法中通常会令阶数 $N$ 为奇数，即 $P_1$、$P_3$、$P_5$ 近似等。

为了构造足够的边界条件，就像我们构造 $P_N$ 方程时那样，在 $x_L$ 边界上，最容易想到的是将式(4-13)代入式(4-23)，并在勒让德多项式 $P_m(\mu), m=1,2,\cdots,N$ 所构成的正交空间内做投影，可以得到所需的 $(N+1)/2$ 个边界条件。但此时权函数 $P_m(\mu)$ 有 $N$ 种选择，我们只能在其中选取 $(N+1)/2$ 个。当 $m$ 为偶数时，$P_m(\mu)$ 为关于 $\mu$ 的偶函数，会限制角度的可变性，因此通常选取奇阶勒让德多项式 $P_m(\mu)$，$m=1,3,\cdots,N$ 来做投影。在此前提下，利用式(4-7)中勒让德多项式的正交性，就得到了著名的 Marshak 边界条件[5]：

$$\left.\begin{array}{l} \int_0^1 P_m(\mu)\psi(x_L,\mu)\mathrm{d}\mu=0 \\[2mm] \int_{-1}^0 P_m(\mu)\psi(x_R,\mu)\mathrm{d}\mu=0 \end{array}\right\}, \qquad m=1,3,\cdots,N \tag{4-24}$$

Marshak 边界条件最重要的特点在于，它能够保证"入射偏中子流密度为零"的物理性质：当 $m$ 取 1 时，Marshak 边界条件可以写为

$$\int_0^1 P_1(\mu)\psi(x_L,\mu)\mathrm{d}\mu=\int_0^1 \mu\psi(x_L,\mu)\mathrm{d}\mu=J^-(x_L)=0 \tag{4-25}$$

因此，该边界条件实现了数学与物理的契合。由于此原因，通常来说 Marshak 边界条件带来的误差更小。

第二种真空边界条件的处理方式是使左、右边界上的入射中子角通量分别在 $(N+1)/2$ 个离散的角度方向点上为 0，即 Mark 边界条件：

$$\psi(x_L,\mu_i)=\psi(x_R,-\mu_i)=0, \qquad i=1,2,\cdots,(N+1)/2 \tag{4-26}$$

所选的点 $\mu_i$ 为方程 $P_{N+1}(\mu)=0$ 的正根。能够证明，Mark 边界条件在物理上对应了无限纯

吸收介质假设下的 $P_N$ 方程的解。

### 4.1.3　三维直角坐标系下的 $P_N$ 方法

由式 (4-19) 可以看出，$P_N$ 方法在角度上的耦合十分紧密，角度矩需要联立不同阶的方程进行求解。当计算角度各向异性较强的问题时，需要高阶的角度展开，导致 $P_N$ 方程组所代表的矩阵系统规模迅速变大，增加了数值求解的困难[6]。尤其是进行高维问题的求解时，未知量的数目进一步增加，对计算机的计算速度和存储量都带来了挑战。

出于减少计算代价的考虑，针对三维直角坐标系，目前应用较为广泛的 $P_N$ 理论是在 3.5 节中所述的二阶输运方程[7]的基础上发展起来的。以奇偶形式的二阶输运方程为例，其方程形式为椭圆型，离散后得到的 $P_N$ 方程组为对称正定方程组，易于利用先进的数值迭代方法进行求解，如共轭梯度法、克尔洛夫 (Krylov) 子空间方法[8]等。

本节以多年来应用于 $P_N$ 理论的变分节块法[9]为例介绍 $P_N$ 用于中子输运方程求解的基本过程。该方法是一种基于变分原理的方法，求解思路如下。

首先，将整个求解问题划分为一系列小空间单元，这里称之为节块，如图 4-1 所示。利用 Galerkin 变分和 Lagrange 乘子法在整个求解域上建立一个包含节块平衡关系和边界条件的泛函，再以空间上的正交多项式函数和角度上的球谐函数为基函数，采用 Ritz 离散方法将该泛函进行展开，得到耦合节块体内的中子通量密度和节块边界上的偏中子流密度的节块响应矩阵，最后通过迭代计算实现对中子输运方程的数值求解。

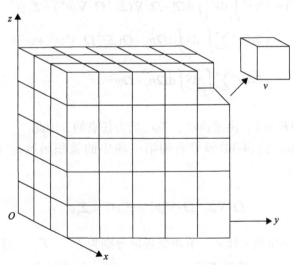

图 4-1　三维直角坐标系下的节块划分示意图

变分法可以将所求解的方程转化为求泛函极值的问题，在数值计算领域具有广泛的应用。根据变分思想，对二阶偶对称形式的中子输运方程，可以在由若干节块 $v$ 组成的整个求解域及其边界上建立全局泛函 $F$：

$$F[\psi^+, \psi^-] = \sum_v F_v[\psi^+, \psi^-] \qquad (4\text{-}27)$$

式中，$\psi^-$、$\psi^+$分别为3.5节定义的奇、偶中子通量密度。

为使公式简洁，省略空间和角度自变量，节块$v$的泛函表示为

$$
\begin{aligned}
F_v[\psi^+,\psi^-] = \int_v \mathrm{d}V \Big\{ \iint \mathrm{d}\boldsymbol{\Omega}[\Sigma_t^{-1}(\boldsymbol{\Omega}\cdot\nabla\psi^+)^2 + \Sigma_t\psi^{+2}] \\
- \Sigma_s\phi^2 - 2\phi q \Big\} + 2\sum_\gamma \int_\gamma \mathrm{d}S \int \mathrm{d}\boldsymbol{\Omega}\,\boldsymbol{n}_\gamma\cdot\boldsymbol{\Omega}\psi^+\psi^-
\end{aligned}
\tag{4-28}
$$

式中，$\phi$为中子标通量密度；$q$为中子源项，包括变源项或外源项；$v$为节块编号；$\gamma$为节块表面的局部编号；$\mathrm{d}S$表示节块表面的面积微元；$\boldsymbol{n}_\gamma$为节块$\gamma$面的外法线方向单位向量。式(4-28)中的第二项用奇中子角通量密度作为边界上的Lagrange乘子，既可以保证每个节块内的中子守恒关系，又便于节块边界上连续条件的处理。

对$F_v$求一阶变分：

$$
\begin{aligned}
\delta F_v[\psi^+,\psi^-] = 2\int_v \mathrm{d}V \Big\{ \iint \mathrm{d}\boldsymbol{\Omega}[\Sigma_t^{-1}(\boldsymbol{\Omega}\cdot\nabla\psi^+)(\boldsymbol{\Omega}\cdot\nabla\delta\psi^+) + \Sigma_t\psi^+\delta\psi^+] \\
- \Sigma_s\phi\delta\phi - \delta\phi q \Big\} + 2\sum_\gamma \int_\gamma \mathrm{d}S \int \mathrm{d}\boldsymbol{\Omega}\,\boldsymbol{n}_\gamma\cdot\boldsymbol{\Omega}(\delta\psi^+\psi^- + \psi^+\delta\psi^-)
\end{aligned}
\tag{4-29}
$$

利用链式求导法则和散度定理，可将式(4-29)改写为

$$
\begin{aligned}
\delta F_v[\psi^+,\psi^-] = 2\delta\psi^+ \int_v \mathrm{d}V \Big\{ \int \mathrm{d}\boldsymbol{\Omega}[-\boldsymbol{\Omega}\cdot\nabla(\Sigma_t^{-1}\boldsymbol{\Omega}\cdot\nabla\psi^+) + \Sigma_t\psi^+ - \Sigma_s\phi - q] \Big\} \\
+ 2\delta\psi^+ \sum_\gamma \int_\gamma \mathrm{d}S \int \mathrm{d}\boldsymbol{\Omega}\,\boldsymbol{n}_\gamma\cdot\boldsymbol{\Omega}(\Sigma_t^{-1}\boldsymbol{\Omega}\cdot\nabla\psi^+ + \psi^-) \\
+ 2\delta\psi^- \sum_\gamma \int_\gamma \mathrm{d}S \int \mathrm{d}\boldsymbol{\Omega}\,\boldsymbol{n}_\gamma\cdot\boldsymbol{\Omega}\psi^+
\end{aligned}
\tag{4-30}
$$

基于变分原理，令$\delta F_v = 0$，由于$\delta\psi^+$、$\delta\psi^-$均为任意的，因此：

(1)在节块内部，式(4-30)等号右端第一项中的被积函数为0，即得到泛函的Euler-Lagrange方程：

$$
-\boldsymbol{\Omega}\cdot\nabla\Sigma_t^{-1}\boldsymbol{\Omega}\cdot\nabla\psi^+ + \Sigma_t\psi^+ = \Sigma_s\phi + q
\tag{4-31}
$$

(2)考虑两个相邻节块$v$和$v'$，节块交界面分别为$\Gamma_\gamma$、$\Gamma_{\gamma'}$，对应表面外法线方向单位向量分别为$\boldsymbol{n}_\gamma$、$\boldsymbol{n}_{\gamma'}$，满足$\Gamma_r = \Gamma_{r'}$，$\boldsymbol{n}_\gamma = -\boldsymbol{n}_{\gamma'}$，则交界面的表面积分项贡献为0：

$$
\begin{aligned}
2\delta\psi^+ \int_\gamma \mathrm{d}S \int \mathrm{d}\boldsymbol{\Omega}\,\boldsymbol{n}_\gamma\cdot\boldsymbol{\Omega}(\Sigma_{t,v}^{-1}\boldsymbol{\Omega}\cdot\nabla\psi_v^+ - \Sigma_{t,v'}^{-1}\boldsymbol{\Omega}\cdot\nabla\psi_{v'}^+) \\
+ 2\delta\psi^- \int_\gamma \mathrm{d}S \int \mathrm{d}\boldsymbol{\Omega}\,\boldsymbol{n}_\gamma\cdot\boldsymbol{\Omega}(\psi_v^+ - \psi_{v'}^+) = 0
\end{aligned}
\tag{4-32}
$$

可得节块内部边界上奇中子角通量密度和偶中子角通量密度的连续性条件：

$$\psi_\nu^- = \Sigma_{t,\nu}^{-1} \boldsymbol{\Omega} \cdot \nabla \psi_\nu^+ = \Sigma_{t,\nu'}^{-1} \boldsymbol{\Omega} \cdot \nabla \psi_{\nu'}^+ = \psi_{\nu'}^-$$
$$\psi_\nu^+ = \psi_{\nu'}^+$$

(4-33)

将偶、奇中子角通量密度利用基函数展开：

$$\begin{cases} \psi^+(\boldsymbol{r},\boldsymbol{\Omega}) = \sum_i \sum_m \varphi_{im} f_i(\boldsymbol{r}) y_{+m}(\boldsymbol{\Omega}) \\ \psi_\gamma^-(\boldsymbol{r},\boldsymbol{\Omega}) = \sum_j \sum_n \chi_{jn\gamma} f_{\gamma j}(\boldsymbol{r}) y_{-n\gamma}(\boldsymbol{\Omega}) \end{cases}$$

(4-34)

式中，$i$、$j$ 分别为偶、奇中子角通量的空间展开项的脚标；$m$、$n$ 分别为偶、奇中子角通量的角度展开项的脚标；$\varphi_{im}$ 和 $\chi_{jn\gamma}$ 分别为偶、奇中子角通量密度的展开矩。空间基函数通常选取具备正交关系的基函数：

$$\begin{cases} \int_\nu f_i(\boldsymbol{r}) f_{i'}(\boldsymbol{r}) \mathrm{d}V = \delta_{ii'} \\ \int_\gamma f_{\gamma j}(\boldsymbol{r}) f_{\gamma j'}(\boldsymbol{r}) \mathrm{d}V = \delta_{jj'} \end{cases}$$

(4-35)

角度基函数则分别采用前述的偶阶和奇阶球谐函数：

$$\begin{cases} y_+^T(\boldsymbol{\Omega}) = [Y_{00}(\boldsymbol{\Omega}) \quad Y_{2-2}(\boldsymbol{\Omega}) \quad Y_{2-1}(\boldsymbol{\Omega}) \quad Y_{20}(\boldsymbol{\Omega}) \quad Y_{21}(\boldsymbol{\Omega}) \quad Y_{22}(\boldsymbol{\Omega}) \quad \cdots] \\ y_-^T(\boldsymbol{\Omega}) = [Y_{10}(\boldsymbol{\Omega}) \quad Y_{3-2}(\boldsymbol{\Omega}) \quad Y_{3-1}(\boldsymbol{\Omega}) \quad Y_{30}(\boldsymbol{\Omega}) \quad Y_{31}(\boldsymbol{\Omega}) \quad Y_{32}(\boldsymbol{\Omega}) \quad \cdots] \end{cases}$$

(4-36)

将式(4-34)代入式(4-28)，可得离散形式的各个节块泛函：

$$F_\nu[\boldsymbol{\varphi},\boldsymbol{\chi}] = \boldsymbol{\varphi}^T A \boldsymbol{\varphi} - 2\boldsymbol{\varphi}^T s + 2\boldsymbol{\varphi}^T M \boldsymbol{\chi}$$

(4-37)

$$M = [M_1 \quad M_2 \quad \cdots \quad M_\gamma \quad \cdots]$$

(4-38)

$$\boldsymbol{\chi}^T = [\boldsymbol{\chi}_1^T \quad \boldsymbol{\chi}_2^T \quad \cdots \quad \boldsymbol{\chi}_\gamma^T \quad \cdots]$$

(4-39)

此处向量 $\boldsymbol{\varphi}^T$、$\boldsymbol{\chi}_\gamma$ 和 $s$ 分别由 $\varphi_{im}$、$\chi_{jn\gamma}$ 和 $s_{im}$ 组成，它们是我们所关心的未知量。一旦求解得到 $\boldsymbol{\varphi}^T$、$\boldsymbol{\chi}_\gamma$ 和 $s$，即可利用式(4-37)构造出中子角通量的分布。式(4-37)中各矩阵与向量的对应元素分别为

$$A_{ii'}^{mm'} = \Sigma_t^{-1} P_{ii'}^{kl} H_{kl}^{mm'} + V_\nu \delta_{ii'}(\Sigma_t \delta_{mm'} - \Sigma_s \delta_{1m}\delta_{1m'})$$

(4-40)

$$M_{ij\gamma}^{mn} = D_{ij\gamma} E_{mn\gamma}$$

(4-41)

$$P_{ii'}^{kl} = \int_\nu \nabla_k f_i \nabla_j f_{i'} \mathrm{d}V$$

(4-42)

$$H_{kl}^{mm'} = \int \boldsymbol{\Omega} \cdot \boldsymbol{n}_\gamma y_{+,m} y_{+,m'} \mathrm{d}\boldsymbol{\Omega}$$

(4-43)

$$D_{ij\gamma} = \int_\gamma f_i f_{\gamma j} \mathrm{d}\Gamma \tag{4-44}$$

$$E_{mn\gamma} = \int \boldsymbol{\Omega} \cdot \boldsymbol{n}_\gamma y_{+,m} y_{-,n} \mathrm{d}\boldsymbol{\Omega} \tag{4-45}$$

观察可知，式(4-42)～式(4-45)中所代表的矩阵元素都是已知多项式关于空间或角度的积分，理论上可以提前计算得到。然而，多数情况下空间和角度展开多项式的形式较为复杂，难以获得积分的解析解，因此通常选择采用数值积分的手段(如高斯求积方法)来求解，这样就可以根据所需要的展开阶数灵活地构造式(4-40)和式(4-41)中的系数矩阵 $\boldsymbol{A}$ 和 $\boldsymbol{M}$。在系数矩阵 $\boldsymbol{A}$ 和 $\boldsymbol{M}$ 构造完毕后，基于变分原理，令式(4-37)中的泛函关于 $\boldsymbol{\varphi}^\mathrm{T}$ 的变分为 0，可得

$$\boldsymbol{\varphi} = \boldsymbol{A}^{-1}\boldsymbol{s} - \boldsymbol{A}^{-1}\boldsymbol{M}\boldsymbol{\chi} \tag{4-46}$$

令式(4-46)中的泛函在节块交界面上泛函的变分为 0，可得 $\boldsymbol{\varphi}_\gamma = \boldsymbol{M}_\gamma^\mathrm{T}\boldsymbol{\varphi}$ 在边界处连续的连续性条件。代入式(4-46)，可得

$$\boldsymbol{\varphi}_\gamma = \boldsymbol{M}^\mathrm{T}\boldsymbol{A}^{-1}\boldsymbol{s} - \boldsymbol{M}^\mathrm{T}\boldsymbol{A}^{-1}\boldsymbol{M}\boldsymbol{\chi} \tag{4-47}$$

式(4-47)通常被称为响应矩阵方程，其中包含了节块和节块之间中子的连续关系，需要利用整个问题各节块之间的耦合关系进行求解。但是可以看到，式(4-47)中的未知量 $\boldsymbol{\varphi}_\gamma$ 和 $\boldsymbol{\chi}$ 分别是定义在节块内部和节块表面上的角通量矩，其物理意义不够直观。我们更希望将响应矩阵转换为一种物理上容易理解的形式。因此，变分节块法通常会借鉴中子扩散理论中的"表面入射偏中子流密度"和"表面出射偏中子流密度"的物理概念，做变量替换：

$$\boldsymbol{\varphi}_\gamma = 2(\boldsymbol{j}^+ + \boldsymbol{j}^-)$$
$$\boldsymbol{\chi} = \boldsymbol{j}^+ - \boldsymbol{j}^- \tag{4-48}$$

定义边界上的偏中子流密度为

$$\boldsymbol{j}^\pm = \frac{1}{4}\boldsymbol{\varphi}_\gamma \pm \frac{1}{2}\boldsymbol{\chi} \tag{4-49}$$

容易证明，当 $P_N$ 阶数取 $P_1$ 时，式(4-49)就是中子扩散理论中的入射/出射偏中子流密度的计算公式。将式(4-49)代入式(4-46)和式(4-47)，可得

$$\boldsymbol{\varphi} = \boldsymbol{H}\boldsymbol{s} - \boldsymbol{C}(\boldsymbol{j}^+ - \boldsymbol{j}^-) \tag{4-50}$$

$$\boldsymbol{j}^+ = \boldsymbol{B}\boldsymbol{s} + \boldsymbol{R}\boldsymbol{j}^- \tag{4-51}$$

式中

$$\boldsymbol{B} = [\boldsymbol{G} + \boldsymbol{I}]^{-1}\boldsymbol{C}^\mathrm{T} \tag{4-52}$$

$$R = [G + I]^{-1}[G - I] \tag{4-53}$$

$$G_{\gamma\gamma'} = \frac{1}{2} M_\gamma^{\mathrm{T}} A^{-1} M_{\gamma'} \tag{4-54}$$

$$C_\gamma^{\mathrm{T}} = \frac{1}{2} M_\gamma^{\mathrm{T}} A^{-1} \tag{4-55}$$

$$H = A^{-1} \tag{4-56}$$

其中，$G$、$C$ 分别为由式(4-54)和式(4-55)中定义的 $G_{\gamma\gamma'}$、$C_\gamma^{\mathrm{T}}$ 构成的矩阵；$I$ 为单位矩阵。式(4-51)代表了节块入射/出射偏中子流密度和节块内部源项的响应关系。由于整个问题的节块之间存在耦合关系，式(4-51)的求解需要借助耦合关系对全部节块进行计算。针对三维直角坐标系，可以采用红黑迭代算法来实现。红黑迭代算法将所有节块"染"为红、黑两种颜色，邻近的各个节块间颜色不同。在求解偏中子流密度时，在问题的外边界，红、黑节块均利用初始出射中子流密度 $j^+$ 及边界条件信息更新入射中子流密度 $j^-$；在问题内部各相邻节块的边界处，红色节块利用初始值更新出射中子流密度 $j^+$，将其传递给黑节块，并作为黑节块的入射中子流密度 $j^-$。黑节块利用最新的入射中子流密度 $j^-$ 更新出射中子流密度 $j^+$，并传递给红节块作为其入射中子流密度 $j^+$，如此反复，直至迭代收敛。

在 $P_N$ 方法中，边界条件的处理方式与节块表面球谐函数的奇偶性有关，由于篇幅限制，这里直接给出表达式。

1) 反射边界条件

在反射边界上，将奇、偶中子角通量密度矩按照式(4-1)中 $l$ 的奇偶性调整次序，将偏中子流密度矩相应地分为奇偶项，分别用下标 o 和 e 表示，则有

$$\begin{aligned} j_e^- &= j_e^+ \\ j_o^- &= -j_o^+ \end{aligned} \tag{4-57}$$

2) 真空边界条件

在真空边界处，对于某一个面 $\gamma$，其偏中子流密度矩满足关系式：

$$\begin{aligned} j^- &= \left( \frac{1}{2} E_\gamma^{\mathrm{T}} L^{-1} E_\gamma + I \right)^{-1} \left( \frac{1}{2} E_\gamma^{\mathrm{T}} L^{-1} E_\gamma - I \right) j^+ \\ L &= \int |\boldsymbol{\Omega} \cdot \boldsymbol{n}_\gamma| y_+(\boldsymbol{\Omega}) y_-^{\mathrm{T}}(\boldsymbol{\Omega}) \mathrm{d}\boldsymbol{\Omega} \end{aligned} \tag{4-58}$$

式中，$\boldsymbol{n}_\gamma$ 为 $\gamma$ 表面的外法线方向。

### 4.1.4 简化球谐函数法和 SP₃ 方程

从前面的推导可见，当展开阶数为 $N$ 时，球谐函数的展开矩数目与 $(N+1)^2$ 成正比，随着展开阶数的提高，计算量急剧增大。为了简化计算，人们提出了一种简化球谐函数 $(SP_N)$ 方法[10]，其思想简单而且直观：因为角度矩的数目是由角度变量 $\boldsymbol{\Omega}$ 的球谐函数展

开决定的，假如通过某种近似手段能够降低角度矩的数目，就可以达到降低计算量的效果。角度变量 $\boldsymbol{\Omega}$ 的展开采用了勒让德多项式，在同样的展开阶数下，其角度矩的数目远小于球谐函数展开所需要的角度矩数目。因此，简化球谐函数首先在一维平板几何下导出球谐函数方程组，然后对其中的空间微分算子直接做升维操作：

$$\frac{\mathrm{d}}{\mathrm{d}x} \to \nabla \tag{4-59}$$

$$\pm\frac{\mathrm{d}}{\mathrm{d}x} \to \boldsymbol{n}\cdot\nabla \tag{4-60}$$

从而得到三维情况下的 $\mathrm{SP}_N$ 方程组。但是，该替换方法本身缺乏足够的理论依据。后续 Larsen 等[11]通过渐进逼近和变分两种方法导出了 $\mathrm{SP}_N$ 方程，并给出了相应的误差估计，进一步发展了该方法。

对一维平板几何下的单群中子输运方程进行上述变换，可得

$$\nabla\phi_1(\boldsymbol{r}) + \Sigma_t\phi_0(\boldsymbol{r}) = \Sigma_{s0}\phi_0(\boldsymbol{r}) + S_0(\boldsymbol{r}) \tag{4-61}$$

$$\frac{n}{2n+1}\nabla\phi_{n-1}(\boldsymbol{r}) + \frac{n+1}{2n+1}\nabla\phi_{n+1}(\boldsymbol{r}) + \Sigma_t\phi_n(\boldsymbol{r}) = \Sigma_{s,n}\phi_n(\boldsymbol{r}) + S_n(\boldsymbol{r}), \quad n>0 \tag{4-62}$$

在一维情况下，上述方程与 $\mathrm{P}_N$ 方程是等价的。然而，在二维和三维几何条件下，$\mathrm{P}_N$ 方程中分别耦合了 $(N+1)(N+2)/2$ 和 $(N+1)^2$ 个角度展开矩，而 $\mathrm{SP}_N$ 方程中仍然仅有 $N+1$ 个角度展开矩，可以显著降低计算量。

随着计算机能力的提升，出现了针对压水堆三维全堆芯 pin-by-pin 物理计算的压水堆堆芯分析方法和计算程序[12]。pin-by-pin 计算相比于传统组件均匀化的节块方法能够实现更精细的网格划分，从而获得更高精度和高分辨率的中子通量密度分布结果。但是，由于细网划分增大了堆芯内部中子通量密度的非均匀性，传统的扩散近似在堆芯计算中的计算精度无法满足要求。而采用严格的高阶 $\mathrm{P}_N$ 计算代价过大。在此背景下，$\mathrm{SP}_3$ 方法成为一种平衡 pin-by-pin 计算精度和计算效率的折中选择。在式 (4-62) 中，取阶数 $N$ 为 3，并消去奇阶角度矩，即可得到 $\mathrm{SP}_3$ 方程组：

$$\begin{cases} -\dfrac{1}{3\Sigma_t}\nabla^2[\phi_0(\boldsymbol{r}) + 2\phi_2(\boldsymbol{r})] + \Sigma_r[\phi_0(\boldsymbol{r}) + 2\phi_2(\boldsymbol{r})] = S(\boldsymbol{r}) + 2\Sigma_r\phi_2(\boldsymbol{r}) \\[2mm] -\dfrac{9}{35\Sigma_t}\nabla^2\phi_2(\boldsymbol{r}) + \Sigma_t\phi_2(\boldsymbol{r}) = \dfrac{2}{5}[\Sigma_r\phi_0(\boldsymbol{r}) - S(\boldsymbol{r})] \end{cases} \tag{4-63}$$

式中，$\Sigma_r = \Sigma_t - \Sigma_{s0}$。通过定义一组中间变量：

$$\tilde{\psi}_0 = \phi_0 + 2\phi_2, \quad \tilde{\psi}_2 = \phi_2,$$

$$D_0 = \frac{1}{3\Sigma_t}, \quad D_2 = \frac{9}{35\Sigma_t}, \quad \kappa_0 = \sqrt{\frac{\Sigma_r}{D_0}}, \quad \kappa_2 = \sqrt{\frac{\Sigma_t}{D_2}}, \tag{4-64}$$

$$Q_0(\boldsymbol{r}) = S(\boldsymbol{r}) + 2\Sigma_r\phi_2(\boldsymbol{r}), \quad Q_2(\boldsymbol{r}) = \frac{2}{5}[\Sigma_r\phi_0(\boldsymbol{r}) - S(\boldsymbol{r})]$$

可将式(4-63)统一写成 Helmholtz 方程形式:

$$\nabla^2 \tilde{\psi}(\mathbf{r}) - \kappa^2 \tilde{\psi}(\mathbf{r}) = -\frac{1}{D} Q(\mathbf{r}) \tag{4-65}$$

由此可见,$SP_3$ 方程可以写为两个相互耦合的 0 阶和 2 阶方程,且其数学形式与扩散方程一致,可以方便地通过扩散方程的数值方法进行求解。

从上述推导可以看出,$SP_N$ 方法的基本方程相比严格的 $P_N$ 方法具有极大的简化,带来高效率、易实现等优势,因此在当前压水堆 pin-by-pin 计算中具有良好的应用前景。但同时,该方法在模型上也存在明显的近似,导致 $SP_N$ 方法在计算精度上存在一定的不足,表现为非正交几何的误差大,以及随着球谐函数阶数的提高无法收敛到真实解等问题。近年来,赵荣安等学者推导了新的 $SP_N$ 方程的边界条件形式,针对上述问题取得了良好的改进效果,并提出了 $GSP_N$ 的新方法模型[13]。受篇幅所限,本书对该方法不进行详细展开,读者可根据需要查阅相关文献。

## 4.2　离散纵标方法

离散纵标方法也称 $S_N$ 方法[14]。利用 $S_N$ 方法求解中子输运方程的基本出发点就是按一些离散的方向对中子角通量密度进行求解。就理论上而言,如果考虑足够多的方向,中子输运方程可以得到任意精度的解,但是实际上计算量会受到计算条件的限制。为了叙述简便,本节仅讨论直角几何下的单能中子输运方程。

### 4.2.1　$S_N$ 方程的建立

对于各向同性散射的一维平板的单能中子输运方程可以写成

$$\mu \frac{\partial \psi(x,\mu)}{\partial x} + \Sigma_t(x)\psi(x,\mu) = \frac{\Sigma_s(x)}{2} \int_{-1}^{1} \psi(x,\mu') \mathrm{d}\mu' + Q_f(x,\mu) \tag{4-66}$$

式中,$\mu$、$\mu'$ 分别为极角方向与 $x$ 轴的夹角余弦;$Q_f$ 为裂变源项。如果针对方程中的积分采用数值积分:

$$\int_{-1}^{1} \psi(x,\mu') \mathrm{d}\mu' \approx \sum_{i=1}^{N} w_i \psi(x,\mu_i) \tag{4-67}$$

式中,$w_i$ 是求积权重(权重系数);$\mu_i$ 是积分点,也就是积分方向。那么针对某一积分方向 $\mu_j$,方程(4-66)依然成立,即

$$\mu_j \frac{\partial \psi(x,\mu_j)}{\partial x} + \Sigma_t(x)\psi(x,\mu_j)$$
$$= \frac{\Sigma_s(x)}{2} \sum_{i=1}^{N} w_i \psi(x,\mu_i) + Q_f(x,\mu_j), \qquad j=1,2,\cdots,N \tag{4-68}$$

　　这样就构成了由 $N$ 个方程组成的微分方程组，一旦边界条件给定后，这 $N$ 个离散的方程就可以通过各种数值方法来求解。

　　下面讨论方向余弦 $\{\mu_i\}$ 以及求积权重 $\{w_i\}$ 的选择。$\mu_i$ 和 $w_i$ 很自然地要满足以下几个性质：

　　(1)公式(4-66)中积分恒为正值(或非负)，那么对所有的 $i$ 都有 $w_i$ 大于零。

　　(2)方向和权重关于 $\mu=0$ 对称，即 $\mu_i=-\mu_{N+1-i}$ 且 $w_i=w_{N+1-i}$，这样会使得公式(4-68)的解不会由于规定平板的哪边是左哪边是右而变化。

　　(3)求积公式(4-67)具有尽量高的代数精度。

　　根据代数精度的定义，代入式(4-67)低阶的多项式可得到

$$
\begin{aligned}
\sum_{i=1}^{N} w_i \mu_i^n &= \frac{2}{n+1}, \qquad n\text{为偶数}\\
\sum_{i=1}^{N} w_i \mu_i^n &= 0, \qquad\qquad n\text{为奇数}
\end{aligned}
\tag{4-69}
$$

　　关于 $\mu_i$ 和 $w_i$ 的确定可以选择高斯求积组，因为数学上已经证明高斯求积组具有最高的代数精度。表 4-1 列出了 $N=2,4,6,8$ 时高斯求积组的 $\mu_i$ 和 $w_i$ 值。

表 4-1　高斯求积公式的系数[15]

| 角度离散阶数 | 各方向对应的积分权重 | 各方向对应的角度余弦值 |
|---|---|---|
| $N=2$ | $w_1=w_2=1.000$ | $\mu_1=-\mu_2=0.57735$ |
| $N=4$ | $w_1=w_4=0.65215$ | $\mu_1=-\mu_4=0.33998$ |
| | $w_2=w_3=0.34785$ | $\mu_2=-\mu_3=0.86114$ |
| $N=6$ | $w_1=w_6=0.46791$ | $\mu_1=-\mu_6=0.23862$ |
| | $w_2=w_5=0.36076$ | $\mu_2=-\mu_5=0.66121$ |
| | $w_3=w_4=0.17132$ | $\mu_3=-\mu_4=0.93247$ |
| $N=8$ | $w_1=w_8=0.36368$ | $\mu_1=-\mu_8=0.18343$ |
| | $w_2=w_7=0.31371$ | $\mu_2=-\mu_7=0.52553$ |
| | $w_3=w_6=0.22238$ | $\mu_3=-\mu_6=0.79667$ |
| | $w_4=w_5=0.10123$ | $\mu_4=-\mu_5=0.96029$ |

### 4.2.2　一维平板几何下的 $S_N$ 方法

　　以一个厚板为例，也就是 $0 \leqslant x \leqslant a$，令左边界为真空边界，右边界为反射边界，那么方程的边界条件可表示为

$$
\begin{aligned}
\psi(0,\mu_j) &= 0, &\mu_j &> 0\\
\psi(a,\mu_j) &= \psi(a,\mu_j'), &\mu_j &< 0, \quad \mu_j'=-\mu_j
\end{aligned}
\tag{4-70}
$$

　　针对各向异性散射，如果散射仅仅依赖于散射角余弦 $\mu_0$，那么方程(4-66)的右端就

要改写成

$$Q(x, \mu) = \int \Sigma_s(x, \mu_0) \psi(x, \mu') \mathrm{d}\mu' + Q_f(x, \mu) \tag{4-71}$$

把 $\Sigma_s$ 项展开成勒让德多项式得

$$Q(x, \mu) = \frac{1}{2} \sum_{l=0}^{\infty} (2l+1) \Sigma_{s,l} P_l(\mu) \int_{-1}^{1} P_l(\mu') \psi(x, \mu') \mathrm{d}\mu' + Q_f(x, \mu) \tag{4-72}$$

引入式(4-67)的积分公式，则式(4-68)右侧可写为

$$Q(x, \mu_j) = \frac{1}{2} \sum_{l=0}^{\infty} \left[ (2l+1) \Sigma_{s,l} P_l(\mu) \sum_{i=1}^{N} w_i P_l(\mu_i) \psi(x, \mu_i) \right] + Q_f(x, \mu_j) \tag{4-73}$$

实际中，针对 $l$ 的求和一般只取到有限项 $L$。

在数值求解方程(4-68)时，需要对空间变量进行离散，即将 $x$ 方向划分成若干个点，$x_k, k = 0, 1, 2, \cdots, K$，左边界为 $x_0$ 点，右边界为 $x_K$ 点，不同材料的交界面必须在某一离散点上。这里介绍最简单的有限差分离散方法。如果方程(4-68)的右端项用 $q(x, \mu_j)$ 来表示，方程两端同时对网格 $k$ 积分，可以得到

$$\mu_j [\psi(x_{k+1/2}, \mu_j) - \psi(x_{k-1/2}, \mu_j)] + \Sigma_{t,k} \overline{\psi}(x_k, \mu_j) \Delta x_k = \overline{Q}(x_k, \mu_j) \Delta x_k \tag{4-74}$$

式中，$\Delta x_k$ 为该网格的尺寸；$\Sigma_{t,k}$ 为该网格内的总截面。

在方程(4-74)中存在三个变量：$\psi(x_{k-1/2}, \mu_j)$、$\overline{\psi}(x_k, \mu_j)$ 和 $\psi(x_{k+1/2}, \mu_j)$。根据角度的扫描方向，利用边界条件或角通量在网格边界上的连续条件，可以消去一个变量，但是依然需要一个补充方程。不妨假设角通量在空间上是线性分布的，那么网格的平均角通量就是入射面和出射面上角通量密度的平均值，即

$$\overline{\psi}(x_k, \mu_j) = \frac{\psi(x_{k-1/2}, \mu_j) + \psi(x_{k+1/2}, \mu_j)}{2} \tag{4-75}$$

这就是所谓的菱形差分近似公式[16]。由式(4-74)可解出

$$\overline{\psi}(x_k, \mu_j) = \frac{\overline{Q}(x_k, \mu_j) + 2 \dfrac{\mu_j}{\Delta x_k} \psi(x_{k-1/2}, \mu_j)}{\Sigma_t(x_k) + 2 \dfrac{\mu_j}{\Delta x_k}}, \qquad \mu_j > 0 \tag{4-76}$$

或

$$\overline{\psi}(x_k, \mu_j) = \frac{\overline{Q}(x_k, \mu_j) - 2 \dfrac{\mu_j}{\Delta x_k} \psi(x_{k+1/2}, \mu_j)}{\Sigma_t(x_k) - 2 \dfrac{\mu_j}{\Delta x_k}}, \qquad \mu_j < 0 \tag{4-77}$$

获得网格内的中子平均角通量密度后，继续使用菱形差分近似可以获得出射面上的

中子角通量密度值：

$$\psi(x_{k+1/2},\mu_j) = 2\overline{\psi}(x_k,\mu_j) - \psi(x_{k-1/2},\mu_j), \qquad \mu_j > 0 \tag{4-78}$$

或

$$\psi(x_{k-1/2},\mu_j) = 2\overline{\psi}(x_k,\mu_j) - \psi(x_{k+1/2},\mu_j), \qquad \mu_j < 0 \tag{4-79}$$

以此类推，可以求解在所有离散方向上所有网格的中子角通量密度。

### 4.2.3 三维直角坐标系下的 $S_N$ 方法

在二维或三维直角几何中，中子的方向变量在输运过程中与一维平板几何的情况一样没有发生变化，角度变量的微分量在输运方程中并没有出现。关于中子方向，需要两个角坐标来表述，一般用极角余弦值 $\mu$ 和幅角 $\varphi$ 来表示。对 $\boldsymbol{\Omega}$ 的积分为

$$\int_{\boldsymbol{\Omega}} \psi(\boldsymbol{r},\boldsymbol{\Omega})\,\mathrm{d}\boldsymbol{\Omega} = \sum_m \omega_m \psi(\boldsymbol{r},\boldsymbol{\Omega}_m) \tag{4-80}$$

式中，$\boldsymbol{\Omega}_m$ 为离散方向；$\omega_m$ 为该方向的权重系数。

当需要两个角度变量来描述某一方向 $\boldsymbol{\Omega}_m$ 时，离散方向 $\{\boldsymbol{\Omega}_m\}$ 和权重 $\{\omega_m\}$ 的选择是比较复杂的。在一般情况下，必须考虑到整个单位球，如图 4-2 所示。就某一方向 $\boldsymbol{\Omega}_m$，可以方便地讨论其响应的单位球面的某一区域 $\omega_m$，利用这种分区的方法就会产生出一组离散方向 $\{\boldsymbol{\Omega}_m\}$ 和权重系数 $\{\omega_m\}$。

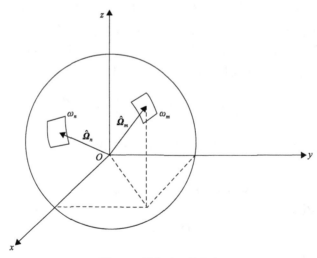

图 4-2　单位球面的方向

不妨考察三维平几何，如图 4-3 所示，假设预先不知道这个体积单元内的中子角通量密度。在这种情况下，选择的离散方向 $\{\boldsymbol{\Omega}_m\}$ 应该与坐标轴的标识无关。也就是说，处理 $+z$ 方向的中子与 $-z$ 方向或 $\pm x$ 方向、$\pm y$ 方向的中子没有什么不同。所以角度方向集 $\{\boldsymbol{\Omega}_m\}$ 在任意的 90°旋转下应该保持不变，且保持关于任一面的 180°对称。这就意味着每一个卦限都是一样的，所以只需考虑一个卦限。

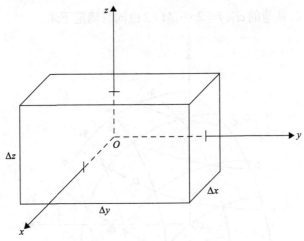

图 4-3　平几何中的体积元

设关于 $x, y$ 和 $z$ 轴的方向余弦分别为 $\mu, \eta$ 和 $\xi$，假设我们已经选择了一组方向集 $\{\boldsymbol{\Omega}_m\}$ 满足上述旋转不变性。设 $\boldsymbol{\Omega}_m$ 的方向余弦表示成 $(\mu_m, \eta_m, \xi_m)$，既然 $\boldsymbol{\Omega}_m$ 是单位向量，就一定有 $\mu_m^2 + \eta_m^2 + \xi_m^2 = 1$。如果我们把所有方向 $\boldsymbol{\Omega}_m$ 的 $\mu$ 收集起来并按顺序排好，如 $(-1 < \mu_1 < \mu_2 < \cdots < \mu_m < 1)$，不妨称之为 $\{\mu_m\}$ 集。类似地，可得到 $\{\eta_m\}$ 集和 $\{\xi_m\}$ 集，一定有 $\{\mu_m\} = \{\eta_m\} = \{\xi_m\}$。设这唯一的方向余弦集为 $\{\alpha_m\}$，根据其对称特性可知方向余弦集 $\{\alpha_m\}$ 关于 $\alpha = 0$ 对称。那么显然，只需要确定 $\alpha_1, \alpha_2, \cdots, \alpha_{M/2}$ 来表示沿各坐标轴的方向余弦，所以不妨认为 $\alpha_1, \alpha_2, \cdots, \alpha_{M/2}$ 为正值。

由于方向余弦的分布是对称的，所以离散方向的 $\mu, \eta, \xi$ 值也应该是对称分布，如图 4-4 所示。假如从一离散方向 $\boldsymbol{\Omega}_a = (\mu_i, \eta_j, \xi_k)$，沿 $\mu_i$ 经度方向移动 $\eta_j$ 纬度到下一个离散方向 $\boldsymbol{\Omega}_b$，根据假设，新的离散方向应该在 $\mu_i$，$\eta_{j+1}$，且 $\xi$ 一定是 $\xi_{k-1}$，因为当一个维度是常数时，两个维度不能同时增加或减少，所以 $\boldsymbol{\Omega}_b = (\mu_i, \eta_{j+1}, \xi_{k-1})$。但注意到集合的等价性 $\{\mu_m\} = \{\eta_m\} = \{\xi_m\} = \{\alpha_m\}$，因此 $\boldsymbol{\Omega}_a = (\alpha_i, \alpha_j, \alpha_k)$，$\boldsymbol{\Omega}_b = (\alpha_i, \alpha_{j+1}, \alpha_{k-1})$。又考虑到 $\alpha_i^2 + \alpha_j^2 + \alpha_k^2 = 1$ 且 $\alpha_i^2 + \alpha_{j+1}^2 + \alpha_{k-1}^2 = 1$，两式相减得

$$\alpha_{j+1}^2 - \alpha_j^2 = \alpha_k^2 - \alpha_{k-1}^2 \tag{4-81}$$

既然 $i, j, k$ 是任意的，就意味着对所有的 $i$，都有

$$\alpha_i^2 = \alpha_{i-1}^2 + C \quad \text{或} \quad \alpha_i^2 = \alpha_1^2 + C(i-1) \tag{4-82}$$

但如果在每个轴上有 $M$ 个方向余弦，那么一定有一个方向对应于 $(\alpha_1, \alpha_1, \alpha_{M/2})$，这就是说

$$\alpha_1^2 + \alpha_1^2 + \alpha_{M/2}^2 = 1 \tag{4-83}$$

根据式 (4-82) 和式 (4-83)，可以得到

$$C = \frac{2(1 - 3\alpha_1^2)}{M - 2} \tag{4-84}$$

所以，当 $\alpha_1$ 确定了，其他的 $\alpha_j, j = 2, \cdots, M/2$ 也同时确定下来。

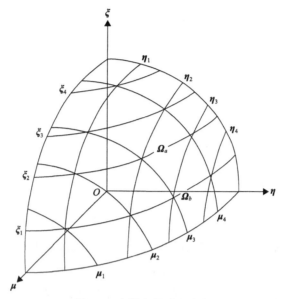

图 4-4　离散点的对称分布

对于每一个球空间内的离散方向，可以建立高维几何下各方向上的中子输运方程的离散形式。这里以 $x\text{-}y$ 直角坐标系为例，对离散过程进行介绍。

设离散方向为 $\{\boldsymbol{\Omega}_m\}$，权重系数为 $\{\omega_m\}$，空间网格如图 4-5 所示，空间网格元 $V_{ij}$ 的中心点为 $(i, j)$。

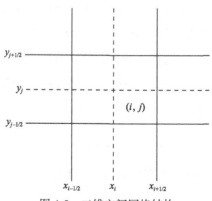

图 4-5　二维空间网格结构

引入相对于 $x\text{-}y$ 轴的方向余弦 $(\mu_m, \eta_m)$，满足

$$\mu_m = \boldsymbol{\Omega}_m \cdot \boldsymbol{e}_x, \qquad \eta_m = \boldsymbol{\Omega}_m \cdot \boldsymbol{e}_y \tag{4-85}$$

为书写简便，在以下公式中将 $\psi(x_i, y_j, \boldsymbol{\Omega}_m)$ 简写为 $\psi_m^{i,j}$。在二维 $x\text{-}y$ 几何下，可以写出网格单元内角度离散后的多群中子平衡方程：

$$\mu_m \frac{\partial \psi_{g,m}(x,y)}{\partial x} + \eta_m \frac{\partial \psi_{g,m}(x,y)}{\partial y} + \Sigma_{\text{t},g} \psi_{g,m}(x,y) = Q_{g,m}(x,y) \tag{4-86}$$

式中

$$Q_{g,m}(x,y) = \sum_{n=0}^{\infty} \frac{2n+1}{4\pi} \sum_{m=-n}^{n} a_{n,m} Y_{n,m}(\boldsymbol{\Omega}_m) \sum_{g'=1}^{G} \Sigma_{\text{s},n,g'\to g}(x,y)\psi_{n,m,g'}(x,y)$$
$$+ \frac{\chi_g}{4\pi k_{\text{eff}}} \sum_{g'=1}^{G} \nu\Sigma_{\text{f},g'}\phi_{g'} \tag{4-87}$$

$$\phi_{g'} = \sum_{m=1}^{M} \omega_m \psi_{g',m}(x,y) \tag{4-88}$$

$$\psi_{g',n,m} = \sum_{m=1}^{M} \omega_m \psi_{g'}(x,y,\boldsymbol{\Omega}_m) Y_{n,m}(\boldsymbol{\Omega}_m) \tag{4-89}$$

对方程 (4-86) 各项在网格单元内积分可以得到

$$\mu_m(\psi_{g,m}^{i+1/2,j} - \psi_{g,m}^{i-1/2,j})\Delta y_j + \eta_m(\psi_{g,m}^{i,j+1/2} - \psi_{g,m}^{i,j-1/2})\Delta x_i + \Sigma_{\text{t},g}^{i,j}\psi_{g,m}^{i,j}\Delta x_i\Delta y_j = Q_{g,m}^{i,j}\Delta x_i\Delta y_j \tag{4-90}$$

同样采用菱形差分近似建立辅助方程:

$$\psi_{g,m}^{i,j} = \frac{1}{2}(\psi_{g,m}^{i-1/2,j} + \psi_{g,m}^{i+1/2,j})$$
$$\psi_{g,m}^{i,j} = \frac{1}{2}(\psi_{g,m}^{i,j-1/2} + \psi_{g,m}^{i,j+1/2}) \tag{4-91}$$

代入式 (4-90) 可得

$$\psi_{g,m}^{i,j} = \frac{Q_{g,m}^{i,j}\Delta x_i\Delta y_j + 2\Delta x_i\eta_m\psi_{g,m}^{i,j-1/2} + 2\mu_m\Delta y_j\psi_{g,m}^{i-1/2,j}}{2\Delta y_j\mu_m + 2\Delta x_i\eta_m + \Sigma_{\text{t},g}^{i,j}\Delta x_i\Delta y_j}, \qquad \mu_m > 0, \ \eta_m > 0 \tag{4-92}$$

沿离散的角度方向求解差分方程 (4-90),因此网格边界通量 $\psi_m^{i\pm1/2,j}$,$\psi_m^{i,j\pm1/2}$ 就相当于给定网格和方向 $\boldsymbol{\Omega}_m$ 的入射通量或出射通量。入射通量通常是已知的,可根据边界条件或者相邻网格的角通量连续条件,完成对所有网格的扫描计算。在实际使用中,首先根据 $(\mu,\eta)$ 的象限分布将 $\{\boldsymbol{\Omega}_m\}$ 分成四组,如图 4-6 所示。然后考察一个典型的网格,如图 4-7 所示。显然,在象限 I 的某一方向 $\boldsymbol{\Omega}_m$ 上,网格边界 C 和 D 是入射边界,那么 $\psi_m^{i-1/2,j}$ 和 $\psi_m^{i,j-1/2}$ 是入射通量,所以代入式 (4-92) 可计算得到 $\psi_m^{ij}$,然后根据菱形差分公式计算得到出射通量 $\psi_m^{i+1/2,j}$ 和 $\psi_m^{i,j+1/2}$,这些值又可以作为下一个网格计算的入射通量,进而在

$\boldsymbol{\Omega}_m$ 方向上完成对所有网格的计算[17]。图 4-8 描述了典型网格的扫描过程,这里假设当需要时当前方向的初始通量已经具备。

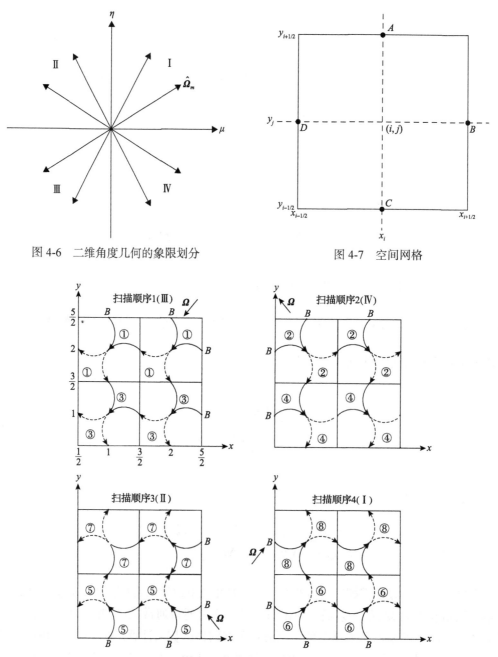

图 4-6  二维角度几何的象限划分              图 4-7  空间网格

图 4-8  空间角度扫描过程

对直角几何,没有角度再分布项,差分方程建立起来相对简单。对于曲几何,由于存在角度泄漏项,需要增加类似 4.2.2 节中采用的菱形差分近似处理,即增加 $\psi_{m\pm 1/2}^{ij}$ 项。因此,对曲坐标,必须有入射角度边界的初始条件,假设初始是 $\boldsymbol{\Omega}_m = (\mu_m, \eta_m)$,然后利用函数关系式把该方向的网格边界和网格中心通量耦合起来。

对于三维曲几何，可以采用同样的方式进行空间离散[18,19]，这里就不再赘述。

### 4.2.4　射线效应及其消除方法

离散纵标方法最大的缺陷是射线效应[20]，这种现象不是由于数值过程所引起的，而是离散纵标方法理论所决定的。离散纵标方法的实质就是在少数离散的射线上求解中子输运方程。换一种说法就是，离散纵标方法是把全角度守恒输运方程换成了有限个方向耦合的中子输运方程组，这些输运方程最多在离散的方向上守恒。

我们不妨考察在纯吸收剂中放有一个各向同性线性源的问题。显然，从源发出的角通量应关于幅角对称，但如果我们应用离散纵标方法求解，所得解在幅角上将是 $\delta$ 函数，因为只有从线性源出发的几个指定的方向上才有源中子，如图 4-9 所示。如果介质是纯吸收剂，许多网格没有被这些离散的方向所穿过，那么在这些网格中子角通量只能为 0。因此，所得结果失真。这个例子是一种极端情况，但在许多强吸收剂有孤立源的问题中，也经常会发生射线效应。图 4-10 为某一问题的数值解，可以看出射线效应导致解的严重失真[21]。

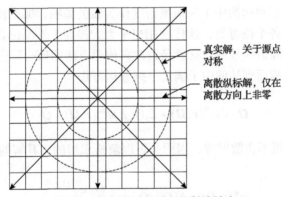

图 4-9　各向同性线性源的射线效应

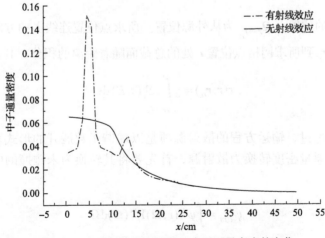

图 4-10　存在射线效应情况下中子通量密度的变化

削弱射线效应的方法就是引入更多的离散方向，然而，从数值方法的稳定性上讲，角度变量的细分需要空间网格的细分，这时又会导致新的细网格不能被射线所穿过，而且会大大增加计算量，所以这种方法是不现实的。

射线效应是离散纵标方法的固有缺陷，但在实际使用中也有一些方法可以减弱这一效应的影响[22,23]。目前在工程上得到广泛应用的射线效应修正方法是首次碰撞源方法。需要指出的是，在增殖系统中，裂变源一般都是广泛分布的，即便是很少的几个离散方向也不会有明显的射线效应，因此，我们可以只讨论非增殖系统。在非增殖系统中，任何一个位置的中子通量密度都可以看成由两部分组成：一部分是由外源所发出的中子未经任何碰撞到达该位置处的份额，另一部分则是来自其他位置处的中子。为了便于说明，把外源未经碰撞而到达位置 $r$ 处的中子记为 $\psi^u(r, \boldsymbol{\Omega})$，而把从其他位置到达 $r$ 处的中子记为 $\psi^c(r, \boldsymbol{\Omega})$，显然 $r$ 处的中子角通量密度 $\psi(r, \boldsymbol{\Omega})$ 是这两部分之和，即

$$\psi(r, \boldsymbol{\Omega}) = \psi^u(r, \boldsymbol{\Omega}) + \psi^c(r, \boldsymbol{\Omega}) \tag{4-93}$$

很容易想到，如果把外源所发射出的中子所发生的首次碰撞的位置记录下来，并把这些位置处未经碰撞而到达的中子角通量密度作为新的源项，那么就相当于把原来单一的外源打散到系统的各个位置处，这样就相当于大大提高了外源位置分布的"广泛性"，因此能够很有效地消除射线效应，这就是首次碰撞源方法的核心思想。

系统各处未经碰撞而到达的中子满足下列输运方程：

$$\boldsymbol{\Omega} \cdot \nabla \psi^u(r, \boldsymbol{\Omega}) + \Sigma_t(r, E)\psi^u(r, \boldsymbol{\Omega}) = Q \tag{4-94}$$

方程 (4-94) 的右端源项不含散射源，因而是可以解析求解的，其解的表达为

$$\psi^u(r, \boldsymbol{\Omega}) = \delta(\boldsymbol{\Omega} - \boldsymbol{\Omega}_{r \to r_p}) \frac{Q}{4\pi} \frac{e^{-\tau(r, r_p)}}{|r - r_p|^2} \tag{4-95}$$

式中，$r_p$ 为外源的位置；$\boldsymbol{\Omega}_{r \to r_p}$ 为从外源位置到所求点位置连线上的方向；$\tau(r, r_p)$ 为从源项网格点位置 $r_p$ 到所求网格点位置 $r$ 处的总截面随着距离的积分，其表达式为

$$\tau(r, r_p) = \int_{r \to r_p} \Sigma_t(s, E) \mathrm{d}s \tag{4-96}$$

前面已经讨论过，输运方程的散射源项是以球谐函数展开的形式表达的，因此为了将未碰撞的角通量密度转换为散射源，首先要将其转换为未碰撞的中子角通量密度矩，即

$$\psi^u_{l,m} = \int \psi^u(r, \boldsymbol{\Omega}) Y_l^m(\boldsymbol{\Omega}) \mathrm{d}\boldsymbol{\Omega} \tag{4-97}$$

这样，由 $\psi^u(r, \boldsymbol{\Omega})$ 所转换成的源项就可以表示成

$$Q_s^u = \sum_{l=0}^{L} \Sigma_s^l(\boldsymbol{r},E) \sum_{m=-l}^{l} Y_l^m(\boldsymbol{\Omega})\psi_{l,m}^u \tag{4-98}$$

对于从其他位置飞行过来的中子 $\psi^c(\boldsymbol{r},\boldsymbol{\Omega})$ 满足如下输运方程：

$$\boldsymbol{\Omega} \cdot \nabla \psi^c(\boldsymbol{r},\boldsymbol{\Omega}) + \Sigma_t(\boldsymbol{r},E)\psi^c(\boldsymbol{r},\boldsymbol{\Omega}) = \sum_{l=0}^{L} \Sigma_s^l(\boldsymbol{r},E) \sum_{m=-l}^{l} Y_l^m(\boldsymbol{\Omega})\psi_{l,m}^c + Q_s^u \tag{4-99}$$

由于 $Q_s^u$ 是提前解析求解出来的，因此方程(4-99)就和一般的固定源方程求解过程完全相同，在求得 $\psi^c(\boldsymbol{r},\boldsymbol{\Omega})$ 之后，再结合方程(4-93)，最后就可以求得真实的中子角通量密度 $\psi(\boldsymbol{r},\boldsymbol{\Omega})$。

# 4.3　特征线方法

特征线方法(method of characteristics, MOC)[24]是中子输运方程另一种常用的数值解法，其数值求解过程与离散纵标方法类似，却又有所差别。本节首先从中子守恒关系出发推导出特征线方程，然后介绍特征线方程的求解方法。

## 4.3.1　特征线方程的建立

本节通过守恒关系推导特征线方程，并给出其与一般形式中子输运方程的关系。如图 4-11 所示，设空间点 $M$ 的空间位置向量为 $\boldsymbol{r}_0$，沿 $\boldsymbol{\Omega}$ 方向距 $M$ 点 $s$ 长度处位置向量为 $\boldsymbol{r} = \boldsymbol{r}_0 + s\boldsymbol{\Omega}$。$r$ 处有长度为 $\mathrm{d}s$ 沿 $\boldsymbol{\Omega}$ 方向单位横截面积的微体元，该体元内沿 $\boldsymbol{\Omega}$ 方向运动，能量为 $E$ 的中子应当保持守恒。空间中给定的微元内，中子密度应当满足如下关系，中子密度随时间的变化率应等于它的产生率减去泄漏率和移出率：

$$\frac{\partial n}{\partial t} = 产生率(Q) - 泄漏率(L) - 移出率(R)$$

式中，$\dfrac{\partial n}{\partial t}$ 为中子密度随时间的变化率。假设系统处于稳定状态，则 $\dfrac{\partial n}{\partial t} = 0$。

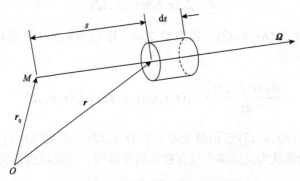

图 4-11　中子沿某方向输运示意图

任意时刻进入和穿出该体元的中子角通量密度数分别为 $\psi(\boldsymbol{r}_0 + s\boldsymbol{\Omega}, E, \boldsymbol{\Omega})$ 和 $\psi(\boldsymbol{r}_0 + (s + \mathrm{d}s)\boldsymbol{\Omega}, E, \boldsymbol{\Omega})$ ，则体元内平均泄漏中子数为

$$
\begin{aligned}
L &= \frac{\psi(\boldsymbol{r}_0 + (s + \mathrm{d}s)\boldsymbol{\Omega}, E, \boldsymbol{\Omega}) - \psi(\boldsymbol{r}_0 + s\boldsymbol{\Omega}, E, \boldsymbol{\Omega})}{\mathrm{d}s} \\
&= \frac{\mathrm{d}\psi(\boldsymbol{r}_0 + s\boldsymbol{\Omega}, E, \boldsymbol{\Omega})}{\mathrm{d}s} \\
&= \frac{\mathrm{d}\psi(\boldsymbol{r}, E, \boldsymbol{\Omega})}{\mathrm{d}s}
\end{aligned}
\tag{4-100}
$$

上式就是沿 $\boldsymbol{\Omega}$ 方向穿过 $M$ 点的特征线上 $\boldsymbol{r}$ 处中子泄漏项的表达式。而对于直角坐标系下一般形式的中子输运方程，有

$$
\boldsymbol{\Omega} = \Omega_x \boldsymbol{i} + \Omega_y \boldsymbol{j} + \Omega_z \boldsymbol{k} = \frac{\mathrm{d}x}{\mathrm{d}s}\boldsymbol{i} + \frac{\mathrm{d}y}{\mathrm{d}s}\boldsymbol{j} + \frac{\mathrm{d}z}{\mathrm{d}s}\boldsymbol{k}
\tag{4-101}
$$

$$
\nabla \psi = \frac{\partial \psi}{\partial x}\boldsymbol{i} + \frac{\partial \psi}{\partial y}\boldsymbol{j} + \frac{\partial \psi}{\partial z}\boldsymbol{k}
\tag{4-102}
$$

上式中的偏导项亦可以写成与全导数 $\dfrac{\mathrm{d}\psi}{\mathrm{d}s}$ 的关系：

$$
\begin{aligned}
\frac{\mathrm{d}\psi}{\mathrm{d}s} &= \frac{\partial \psi}{\partial x}\frac{\mathrm{d}x}{\mathrm{d}s} + \frac{\partial \psi}{\partial y}\frac{\mathrm{d}y}{\mathrm{d}s} + \frac{\partial \psi}{\partial y}\frac{\mathrm{d}y}{\mathrm{d}s} \\
&= \boldsymbol{\Omega}_x \frac{\partial \psi}{\partial x} + \boldsymbol{\Omega}_y \frac{\partial \psi}{\partial y} + \boldsymbol{\Omega}_z \frac{\partial \psi}{\partial z} \\
&= \boldsymbol{\Omega} \cdot \nabla \psi
\end{aligned}
\tag{4-103}
$$

由式(4-103)可以看出，沿特征线的中子泄漏项与一般形式中子输运方程的泄漏项表达式是等价的，只是表达形式有所不同。

空间中微元内的沿 $\boldsymbol{\Omega}$ 方向运动、能量为 $E$ 的中子总的消失项除了泄漏外，还有碰撞之后被吸收以及能量或者方向的变化导致的消失。若 $\boldsymbol{r}$ 处的总截面为 $\Sigma_t(\boldsymbol{r}, E)$ ，则中子由碰撞导致的移出项可表示为

$$
R = \Sigma_t(\boldsymbol{r}, E)\psi(\boldsymbol{r}, E, \boldsymbol{\Omega})
\tag{4-104}
$$

若假设源项表示为 $Q(\boldsymbol{r}, E, \boldsymbol{\Omega})$ ，则沿 $\boldsymbol{\Omega}$ 方向，能量为 $E$ 的中子穿过 $M$ 点的特征线上点 $\boldsymbol{r}$ 处，其守恒方程为

$$
\frac{\mathrm{d}\psi(\boldsymbol{r}, E, \boldsymbol{\Omega})}{\mathrm{d}s} + \Sigma_t(\boldsymbol{r}, E)\psi(\boldsymbol{r}, E, \boldsymbol{\Omega}) = Q(\boldsymbol{r}, E, \boldsymbol{\Omega})
\tag{4-105}
$$

式(4-105)中的源项 $Q(\boldsymbol{r}, E, \boldsymbol{\Omega})$ 包括裂变源项 $Q_f(\boldsymbol{r}, E, \boldsymbol{\Omega})$ 、散射源项 $Q_s(\boldsymbol{r}, E, \boldsymbol{\Omega})$ 及外源项 $S(\boldsymbol{r}, E, \boldsymbol{\Omega})$ 。由于通常认为反应堆中没有独立的外源项，故源项表示为

$$
Q(\boldsymbol{r}, E, \boldsymbol{\Omega}) = Q_f(\boldsymbol{r}, E, \boldsymbol{\Omega}) + Q_s(\boldsymbol{r}, E, \boldsymbol{\Omega})
\tag{4-106}
$$

式中

$$Q_f(r,E,\boldsymbol{\Omega}) = \frac{\chi(r,E)}{4\pi k_{eff}} \int_0^\infty \int_{4\pi} [\nu\Sigma_f(r,E')]\psi(r,E',\boldsymbol{\Omega})d\boldsymbol{\Omega}dE' \tag{4-107}$$

$$Q_s(r,E,\boldsymbol{\Omega}) = \int_0^\infty \int_0^{4\pi} \Sigma_s(r,E'\to E,\boldsymbol{\Omega}'\to\boldsymbol{\Omega})\psi(r,E',\boldsymbol{\Omega}')d\boldsymbol{\Omega}'dE' \tag{4-108}$$

因此，最终的特征线方程形式为

$$\frac{d\psi(r,E,\boldsymbol{\Omega})}{ds} + \Sigma_t(r,E)\psi(r,E,\boldsymbol{\Omega}) = \frac{\chi(r,E)}{4\pi k_{eff}} \int_0^\infty \int_{4\pi} (\nu\Sigma_f(r,E'))\psi(r,E',\boldsymbol{\Omega})d\boldsymbol{\Omega}dE'$$
$$+ \int_0^\infty \int_0^{4\pi} \Sigma_s(r,E'\to E,\boldsymbol{\Omega}'\to\boldsymbol{\Omega})\psi(r,E',\boldsymbol{\Omega}')d\boldsymbol{\Omega}'dE' \tag{4-109}$$

在数值求解中，特征线方程一般写成多群形式：

$$\frac{d\psi_g(r,\boldsymbol{\Omega})}{ds} + \Sigma_{t,g}(r)\psi_g(r,\boldsymbol{\Omega}) = \frac{\chi_g(r)}{4\pi k_{eff}} \sum_{g'=1}^G \int_{4\pi} [\nu\Sigma_{f,g'}(r,\boldsymbol{\Omega})]\psi_{g'}(r,\boldsymbol{\Omega})d\boldsymbol{\Omega}$$
$$+ \sum_{g'=1}^G \int_0^{4\pi} \Sigma_{s,g'\to g}(r,\boldsymbol{\Omega}'\to\boldsymbol{\Omega})\psi_{g'}(r,\boldsymbol{\Omega}')d\boldsymbol{\Omega}' \tag{4-110}$$

特征线方法描述的是沿某一个特定方向的中子输运方程，因此，其角度变量的处理方式类似于离散纵标方法。当求出所有方向的中子通量密度 $\psi(r,E,\boldsymbol{\Omega}_m)$ 后，其标通量密度可以通过数值积分来近似表示，如下：

$$\phi_g(r) = \int_{4\pi} \psi_g(r,\boldsymbol{\Omega})d\boldsymbol{\Omega} \approx \sum_{m=1}^M \omega_m \psi_g(r,\boldsymbol{\Omega}_m) \tag{4-111}$$

式中，$\omega_m$ 为求积系数，即方向权重；$M$ 为方向离散个数。

### 4.3.2 特征线方程的解

由式(4-110)可见，特征线方程是一阶常微分方程，只要给出初始条件就有解析解表达式。只要将求解区域划分成若干特征线，沿各特征线求解就可以获得求解区域的解，所以特征线方法的最大优势是适用于任意几何形状的求解区域。如图4-12所示，计算区为椭圆，带箭头的实线即为特征线，虚线之间的距离为特征线宽度。因此，特征线的宽度越密，特征线信息就能越好地逼近所求问题的几何形状，特征线方法就可以越精确地求解。所以求解特征线方程关键之一即特征线信息，可以通过几何预处理功能事先获得特征线信息。

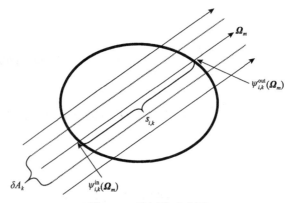

图 4-12　特征线示意图

对图 4-12 中某区域 $i$ 内 $\boldsymbol{\Omega}_m$ 方向上的特征线段 $k$ 上建立特征线方程,为便于叙述这里省略了能群变量 $g$,则特征线方程可以沿特征线积分得到解析解:

$$
\begin{aligned}
\psi_{i,k}(\boldsymbol{r}_0 + s\boldsymbol{\Omega}_m, \boldsymbol{\Omega}_m) = {}& \psi_{i,k}(\boldsymbol{r}_0, \boldsymbol{\Omega}_m) \exp\left[\int_0^s -\Sigma_{\mathrm{t},i}(\boldsymbol{r}_0 + s'\boldsymbol{\Omega}_m)\mathrm{d}s'\right] \\
& + \int_0^s Q_i(\boldsymbol{r}_0 + s'\boldsymbol{\Omega}_m, \boldsymbol{\Omega}_m) \exp\left[\int_{s'}^s -\Sigma_{\mathrm{t},i}(\boldsymbol{r}_0 + s''\boldsymbol{\Omega}_m)\mathrm{d}s''\right]\mathrm{d}s'
\end{aligned}
\tag{4-112}
$$

方程 (4-112) 积分项中,由于材料截面随位置的变化,给计算带来困难。反应堆中同一材料的截面往往是相同的。另外,在几何网格划分时,为了保证计算精度,所划分的网格都较小。因此,只要网格不跨越不同材料,网格内部的截面是不随位置变化的。在图 4-12 中所示区域 $i$ 内认为具有均一截面的同种材料,即

$$
\Sigma_{\mathrm{t},i}(\boldsymbol{r}_0 + s'\boldsymbol{\Omega}_m) \approx \Sigma_{\mathrm{t},i}
\tag{4-113}
$$

因此方程 (4-112) 中的积分项为

$$
\exp\left[\int_0^s -\Sigma_{\mathrm{t},i}(\boldsymbol{r}_0 + s'\boldsymbol{\Omega}_m)\mathrm{d}s'\right] = \exp(-\Sigma_{\mathrm{t},i}s)
\tag{4-114}
$$

$$
\begin{aligned}
& \int_0^s Q_i(\boldsymbol{r}_0 + s'\boldsymbol{\Omega}_m, \boldsymbol{\Omega}_m) \exp\left[\int_{s'}^s -\Sigma_{t,i}(\boldsymbol{r}_0 + s''\boldsymbol{\Omega}_m)\mathrm{d}s''\right]\mathrm{d}s' \\
& = \int_0^s Q_i(\boldsymbol{r}_0 + s'\boldsymbol{\Omega}_m, \boldsymbol{\Omega}_m) \exp[-\Sigma_{\mathrm{t},i}(s-s')]\mathrm{d}s'
\end{aligned}
\tag{4-115}
$$

若 $\boldsymbol{r}_0$ 为特征线段 $k$ 进入区域 $i$ 的入口处的空间位置向量;$s_{i,m,k}$ 表示沿特征线 $k$ 距离起点 $\boldsymbol{r}_0$ 的长度;$\Sigma_{\mathrm{t},i}$ 为区域 $i$ 内部材料宏观截面,则

$$
\begin{aligned}
\psi_{i,k}(\boldsymbol{r}_0 + s_{i,m,k}\boldsymbol{\Omega}_m, \boldsymbol{\Omega}_m) = {}& \psi_{i,k}(\boldsymbol{r}_0, \boldsymbol{\Omega}_m) \exp(-\Sigma_{\mathrm{t},i}s_{i,m,k}) \\
& + \int_0^{s_{i,m,k}} Q_i(\boldsymbol{r} + s'\boldsymbol{\Omega}_m, \boldsymbol{\Omega}_m) \exp[-\Sigma_{\mathrm{t},i}(s_{i,m,k} - s')]\mathrm{d}s'
\end{aligned}
\tag{4-116}
$$

方程(4-116)中区域 $i$ 内的源项随位置的变化而变化, 与材料截面的近似处理方法相同, 在所划分的网格内部可以近似认为源项为常数(即平源近似):

$$Q_i(\boldsymbol{r_0} + s'\boldsymbol{\Omega}_m, \boldsymbol{\Omega}_m) = Q_i(\boldsymbol{\Omega}_m) \tag{4-117}$$

则方程(4-115)的积分式变为

$$\int_0^s Q_i(\boldsymbol{r_0} + s'\boldsymbol{\Omega}_m, \boldsymbol{\Omega}_m) \exp\left[\int_{s'}^s -\Sigma_{t,i}(\boldsymbol{r_0} + s''\boldsymbol{\Omega}_m)\mathrm{d}s''\right]\mathrm{d}s' = \frac{Q_i(\boldsymbol{\Omega}_m)}{\Sigma_{t,i}}[1 - \exp(-\Sigma_{t,i}s)] \tag{4-118}$$

最终特征线方程的解为

$$\begin{aligned}
\psi_{i,k}(\boldsymbol{r_0} + s_{i,m,k}\boldsymbol{\Omega}_m, \boldsymbol{\Omega}_m) &= \psi_{i,k}(\boldsymbol{r_0}, \boldsymbol{\Omega}_m)\exp(-\Sigma_{t,i}s_{i,m,k}) \\
&\quad + \frac{Q_i(\boldsymbol{\Omega}_m)}{\Sigma_{t,i}}[1 - \exp(-\Sigma_{t,i}s_{i,m,k})]
\end{aligned} \tag{4-119}$$

若 $\boldsymbol{r_0}$ 为特征线 $k$ 进入区域 $i$ 的入射点, 则可以用 $\psi_{i,k}^{\mathrm{in}}(\boldsymbol{\Omega}_m)$ 表示沿特征线 $k$ 进入区域 $i$ 的入射角通量密度, 即 $\psi_{i,k}^{\mathrm{in}}(\boldsymbol{\Omega}_m) = \psi_{i,k}(\boldsymbol{r_0}, \boldsymbol{\Omega}_m)$; $\psi_{i,k}^{\mathrm{out}}(\boldsymbol{\Omega}_m)$ 表示沿特征线 $k$ 从区域 $i$ 出射的角通量密度, 即 $\psi_{i,k}^{\mathrm{out}}(\boldsymbol{\Omega}_m) = \psi_{i,k}(\boldsymbol{r_0} + s_{i,m,k}\boldsymbol{\Omega}_m, \boldsymbol{\Omega}_m)$, 则式(4-119)可以表示为

$$\psi_{i,k}^{\mathrm{out}}(\boldsymbol{\Omega}_m) = \psi_{i,k}^{\mathrm{in}}(\boldsymbol{r_0}, \boldsymbol{\Omega}_m)\exp(-\Sigma_{t,i}s_{i,m,k}) + \frac{Q_i(\boldsymbol{\Omega}_m)}{\Sigma_{t,i}}[1 - \exp(-\Sigma_{t,i}s_{i,m,k})] \tag{4-120}$$

由方程(4-120)可以得到沿特征线的出射角通量密度, 对式(4-119)沿着特征线段 $k$ 积分, 整理后可以得到该特征线段上平均角通量密度平衡方程:

$$\begin{aligned}
\overline{\psi}_{i,k}(\boldsymbol{\Omega}_m) \cdot s_{i,m,k} &= \int_0^{s_{i,m,k}} \left\{ \psi_{i,k}^{\mathrm{in}}(\boldsymbol{\Omega}_m)\exp(-\Sigma_{t,i}s) + \frac{Q_i(\boldsymbol{\Omega}_m)}{\Sigma_{t,i}}[1 - \exp(-\Sigma_{t,i}s)] \right\}\mathrm{d}s \\
&= \frac{Q_i(\boldsymbol{\Omega}_m)}{\Sigma_{t,i}}s_{i,m,k} + \frac{\psi_{i,k}^{\mathrm{in}}(\boldsymbol{\Omega}_m) - \psi_{i,k}^{\mathrm{out}}(\boldsymbol{\Omega}_m)}{\Sigma_{t,i}} \\
&= \frac{Q_i(\boldsymbol{\Omega}_m)}{\Sigma_{t,i}}s_{i,m,k} + \frac{\Delta\psi_{i,k}(\boldsymbol{\Omega}_m)}{\Sigma_{t,i}}
\end{aligned} \tag{4-121}$$

式中, $\Delta\psi_{i,k}(\boldsymbol{\Omega}_m) = \psi_{i,k}^{\mathrm{in}}(\boldsymbol{\Omega}_m) - \psi_{i,k}^{\mathrm{out}}(\boldsymbol{\Omega}_m)$。

将区域 $i$ 内 $\boldsymbol{\Omega}_m$ 方向上的所有特征线段的平均角通量密度按体积权重求和, 可以得到区域 $i$ 内 $\boldsymbol{\Omega}_m$ 方向上的平均角通量密度:

$$\overline{\psi}_i(\boldsymbol{\Omega}_m) = \frac{\sum_{k \in i} \overline{\psi}_{i,k}(\boldsymbol{\Omega}_m)s_{i,m,k}\delta A_{m,k}}{V_i} \tag{4-122}$$

式中，$\delta A_{m,k}$ 为 $\boldsymbol{\Omega}_m$ 方向特征线段 $k$ 的横截面积；$V_i$ 为第 $i$ 个区域的体积。

由式 (4-111) 可知，区域标通量密度可由数值积分，即对各个方向角通量密度权重求和得到，从而区域 $i$ 内平均标通量密度可由下式计算：

$$\phi_i = \sum_{m=1}^{M} \omega_m \overline{\psi}_i(\boldsymbol{\Omega}_m) \tag{4-123}$$

式中，$\omega_m$ 为方向 $\boldsymbol{\Omega}_m$ 的权重系数；$M$ 为总方向数目。

解特征线方程采用与一般输运求解过程相同的源迭代过程。因为反应堆物理计算关心的是特征值以及各区反应率，所以当仅考虑各向同性散射时，只需存储各区的标通量密度以及特征值，源迭代过程所迭代的量为

$$T(\phi^{n+1}, \psi_{bc}^{n+1}) = Q(\phi^n, \psi_{bc}^n) \tag{4-124}$$

式中，$\phi$ 为标通量密度；$\psi_{bc}$ 为边界角通量密度。

在应用特征线方法时，为了减少计算量，在计算区平均标通量密度时，并不完全套用上节推导的特征线计算公式 (4-119)～式 (4-123)，而是采用经过优化的公式。

首先定义中间变量：

$$\Delta\psi_{i,k}(\boldsymbol{\Omega}_m) \equiv \psi_{i,k}^{in}(\boldsymbol{\Omega}_m) - \psi_{i,k}^{out}(\boldsymbol{\Omega}_m) \tag{4-125}$$

由中间变量出发，则出射角通量密度为

$$\psi_{i,k}^{out}(\boldsymbol{\Omega}_m) = \psi_{i,k}^{in}(\boldsymbol{\Omega}_m) - \Delta\psi_{i,k}(\boldsymbol{\Omega}_m) \tag{4-126}$$

因此，求出射角通量密度必须先求解中间变量的值，可以将出射通量密度的表达式 (4-120) 代入式 (4-125) 得到

$$\begin{aligned}
\Delta\psi_{i,k}(\boldsymbol{\Omega}_m) &= \psi_{i,k}^{in}(\boldsymbol{\Omega}_m) - \psi_{i,k}^{in}(\boldsymbol{\Omega}_m)\exp(-\Sigma_{t,i}s_{i,m,k}) - \frac{Q_i(\boldsymbol{\Omega}_m)}{\Sigma_{t,i}}[1 - \exp(-\Sigma_{t,i}s_{i,m,k})] \\
&= \left[\psi_{i,k}^{in}(\boldsymbol{\Omega}_m) - \frac{Q_i(\boldsymbol{\Omega}_m)}{\Sigma_{t,i}}\right][1 - \exp(-\Sigma_{t,i}s_{i,m,k})]
\end{aligned} \tag{4-127}$$

若考虑各向同性散射，则源项将不随方向变化 $Q_i(\boldsymbol{\Omega}_m) = \hat{Q}_i$。另外，由于平源近似和同一网格中为同一材料，同一网格区内 $\frac{Q_i(\boldsymbol{\Omega}_m)}{\Sigma_{t,i}}$ 是常数，即

$$\overline{Q}_i = \frac{Q_i(\boldsymbol{\Omega}_m)}{\Sigma_{t,i}} = \frac{\hat{Q}_i}{\Sigma_{t,i}} \tag{4-128}$$

应用时，所存储的源项是式 (4-128) 的值，因此方程 (4-127) 变换为

$$\Delta\psi_{i,k}(\boldsymbol{\Omega}_m) = [\psi_{i,k}^{\text{in}}(\boldsymbol{\Omega}_m) - \bar{Q}_i][1 - \exp(-\Sigma_{\text{t},i}s_{i,m,k})] \tag{4-129}$$

同理，方程(4-121)的平均角通量密度计算式为

$$\hat{\psi}_{i,k}(\boldsymbol{\Omega}_m) = \overline{\psi}_{i,k}(\boldsymbol{\Omega}_m) \cdot s_{i,m,k} = \bar{Q}_i s_{i,m,k} + \frac{\Delta\psi_{i,k}(\boldsymbol{\Omega}_m)}{\Sigma_{\text{t},i}} \tag{4-130}$$

结合方程(4-130)以及同一方向上特征线宽度相同

$$\delta A_{m,k} = \delta A_m \tag{4-131}$$

方程(4-122)区域平均角通量密度为

$$\overline{\psi}_i(\boldsymbol{\Omega}_m) = \frac{\sum_{k\in i}\hat{\psi}_{i,k}(\boldsymbol{\Omega}_m)\delta A_m}{V_i} = \bar{Q}_i + \frac{\delta A_m \sum_{k\in i}\Delta\psi_{i,k}(\boldsymbol{\Omega}_m)}{V_i \Sigma_{\text{t},i}} \tag{4-132}$$

标通量密度求解方程(4-123)则可以变换为

$$\phi_i = \bar{Q}_i \sum_{m=1}^{M}\omega_m + \frac{\sum_{m=1}^{M}\delta A_m \omega_m \sum_{k\in i}\Delta\psi_{i,k}(\boldsymbol{\Omega}_m)}{V_i \Sigma_{\text{t},i}} \tag{4-133}$$

因此，若已知特征线方程右端源项，求通量密度过程所用的方程包括：先由式(4-128)更新源项，再由式(4-129)得到中间变量，之后由

$$\psi_i(\boldsymbol{\Omega}_m) = \sum_{k\in i}\Delta\psi_{i,k}(\boldsymbol{\Omega}_m) \tag{4-134}$$

求得各区的平均角通量密度。

在方向扫描时，由

$$\phi_i' = \sum_{m=1}^{M}\omega_m \delta A_m \psi_i'(\boldsymbol{\Omega}_m) \tag{4-135}$$

累加得到各标通量密度的中间变量。

最后，由

$$\phi_i = \bar{Q}_i \sum_{m=1}^{M}\omega_m + \frac{\phi_i'}{V_i \Sigma_{\text{t},i}} \tag{4-136}$$

得到最终的标通量密度。

### 4.3.3　特征线追踪技术

从 4.3.2 节的介绍可知，特征线方法的关键在于确定特征线与计算区域的交点和特征

线长度，这一过程称为特征线追踪。不同特征线方法的主要区别在于特征线追踪技术的不同，这也是特征线方法中最困难的地方。目前商用软件中所用的射线追踪技术主要分为两类：长特征线技术和模块化特征线技术，下面将分别介绍这两种射线追踪技术。

1. 长特征线技术

长特征线方法[25,26]是指，对于给定的几何，在确定特征线时，这些特征线贯穿整个几何区域。在存储特征线信息时，需存储每一段线段的长度及对应的区域号。如图 4-13 所示：几何区域由 4 个栅元组成，假设每个栅元包含两个区域，整个几何则有 8 个区。特征线 $AB$ 从 $A$ 边界点出发，到达 $B$ 边界点，中间穿过区域 1，2，1，7，5，6，5。射线追踪时，从边界点沿特征线逐段计算。

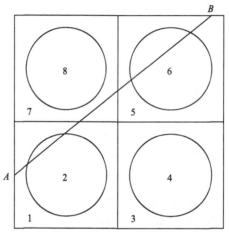

图 4-13　长特征线示意图

这种方法的特征线信息量与所求问题的几何规模成正比，区域越多，特征线线段越多，信息量越大。

现有的特征线程序在处理边界条件时，或多或少都受到外边界形状的限制。尤其在处理反射边界条件时，为了找到对应的入射方向，外边界形状和特征线离散方向的数目不能随意选取，或者要求每条特征线在边界处理时不能断开，或者采用耦合反照率边界条件 $J_\alpha^- = \beta_\alpha + J_\alpha^+$ 来代替反射边界条件。

对于严格的反射边界条件，从外边界某点入射的角通量应该等于该点处对称的出射方向的角通量。但长特征线方法在作特征线时，很难保证每一条特征线在同一个出射点上的对称方向也有一条特征线与它对应，因此在实际进行全反射边界条件处理时必须进行近似。

由于外边界法线方向可能是任意方向，所以需要采用角度插值的办法求得某特征线的入射角通量。

如图 4-14 所示，入射方向 $\boldsymbol{\Omega}_l$ 的角通量可以由最邻近的出射方向角通量插值得到，插值系数则根据出射方向在插值区间的位置来求得：

$$\psi_l^{\text{in}} = \psi_r^{\text{out}} = C_l \cdot \psi_m^{\text{out}} + (1 - C_l) \cdot \psi_n^{\text{out}} \tag{4-137}$$

$$C_l = \frac{\boldsymbol{\Omega}_n - \boldsymbol{\Omega}_r}{\boldsymbol{\Omega}_n - \boldsymbol{\Omega}_m} \tag{4-138}$$

式中，$\psi_l^{\text{in}}$ 为边界上 $l$ 方向入射角通量；$\psi_r^{\text{out}}$ 为 $l$ 方向的反射方向的出射角通量；$\psi_m^{\text{out}}$、$\psi_n^{\text{out}}$ 为相邻的出射角通量；$C_l$ 为 $l$ 入射方向的插值系数。

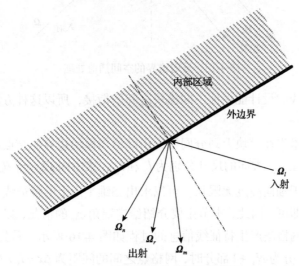

图 4-14　反射边界的角度插值处理

特征线在边界上的交点也不一定一一对应，因此在空间也需要进行近似处理，一般可用插值或者打混的方式处理。

如图 4-15 所示，入射方向 $\boldsymbol{\Omega}_l$ 在入射点没有对应的反射点，可用出射方向与之相邻的两点插值得到

$$\psi^{\text{in}}(\boldsymbol{\Omega}_l) = C_l \cdot \psi_1^{\text{out}}(\boldsymbol{\Omega}_m) + (1 - C_l) \cdot \psi_2^{\text{out}}(\boldsymbol{\Omega}_m) \tag{4-139}$$

$$C_l = \frac{l_2}{l_1 + l_2} \tag{4-140}$$

式中，$\psi^{\text{in}}(\boldsymbol{\Omega}_l)$ 为边界上 $l$ 方向入射角通量；$\psi_1^{\text{out}}(\boldsymbol{\Omega}_m)$、$\psi_2^{\text{out}}(\boldsymbol{\Omega}_m)$ 为相邻的出射角通量；$C_l$ 为 $l$ 入射方向的插值系数；$l_1$、$l_2$ 为出射方向两侧出射线与入射点的距离。

2. 模块化特征线技术

由于堆芯尺寸较大，大量特征线信息的存储和追踪计算是长特征线方法应用的主要瓶颈。实际上，在堆芯中，这些栅元或者组件结构相对比较简单，并且基本都是重复性的结构，如压水堆堆芯基本上是由矩形栅元构成的。针对这些重复性几何，通过一些射线追踪技术可以减少特征线信息量。由于仅仅针对几何中不同的模块（栅元或者组件）

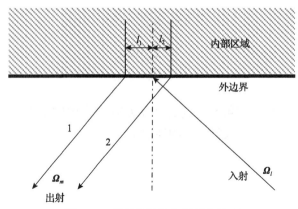

图 4-15　反射边界的空间插值处理

追踪特征线，特征线的设计能保证不同模块之间的衔接，所以这种方法又称为模块化特征线方法[27]。

该射线追踪技术先在模块上划分网格，由网格与模块边界的交点确定特征线的起点和终点。假设模块在 $x, y$ 方向的尺寸分别为 $l_x$ 和 $l_y$，求方向 $\boldsymbol{\Omega}_m(\varphi_m, \theta_m)$ 的模块化特征。针对二维问题，由于轴向高度无限长，可以求出二维平面上的特征线信息，再通过投影至对应的极角方向即可。因此，本节主要介绍给定辐角 $\varphi_m$ 的情况，以及如何利用网格法产生特征线信息。网格法产生特征线信息的过程如图 4-16 所示，首先利用 $N_x$ 根垂直于 $x$ 轴的虚线网格将 $x$ 分为 $N_x + 1$ 部分时，网格点之间的间距为 $\Delta x = l_x / N_x$，网格线与模块边界的距离为 $\Delta x / 2$。同理，将模块沿 $y$ 方向用 $N_y$ 根虚线网格划分为 $N_y + 1$ 段，网格间距满足 $\Delta y = l_y / N_y$ 关系，以如下方式连接网格点与模块边界的交点，即可产生图 4-16 中实线所示的特征线信息，其中实线之间的宽度称为特征线宽度 $\delta$。模块之间的特征线连接方式如图 4-17 所示，由于对于相同尺寸的模块，采用相同网格划分得到的特征线在边界上均可以相连。

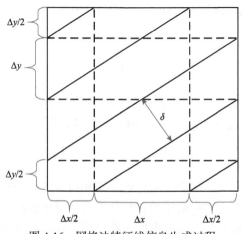

图 4-16　网格法特征线信息生成过程

特征线

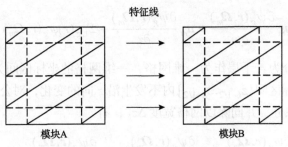

模块A          模块B

图 4-17 特征线连接方式

模块 A 与模块 B 在交接面上的特征线可以相接，从而使得特征线穿过模块在整个空间内扫描成为可能，其在多模块系统中的追踪过程如图 4-18 所示，模块 A 的第 2 根特征线穿出模块后经过模块 B 的第 4 根特征线，再经过模块 C 的第 1 根特征线等，可以一直扫描到系统的边界。

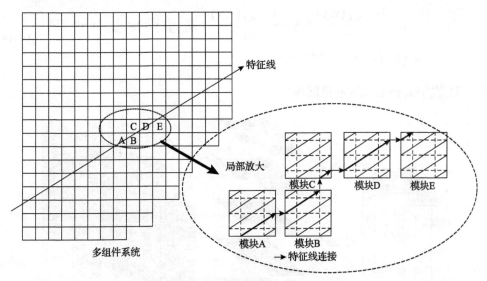

图 4-18 多模块系统中的特征线追踪

### 4.3.4 二维/一维耦合算法

直接采用特征线方法进行三维计算[28,29]，其计算效率非常低。针对反应堆轴向变化平缓、径向变化复杂的特点，基于特征线方法的二维/一维耦合方法成为三维计算的主要方法[30-32]。二维/一维耦合输运计算方法是，将三维问题沿轴向划分成若干层得到若干个二维问题，沿径向划分成若干栅元得到一维问题，如图 4-19 所示。通过在径向上求解二维特征线方程，在轴向上求解一维输运方程，并通过径向泄漏项和轴向泄漏项耦合实现两者之间的迭代，最终实现三维问题的输运计算。

二维/一维耦合算法可以从角度离散后的稳态三维多群中子输运方程出发，分别通过轴向、径向的积分获得。角度离散后的稳态三维多群中子输运方程具有以下形式：

$$\xi_m \frac{\partial \psi_g(\boldsymbol{r}, \boldsymbol{\Omega}_m)}{\partial x} + \eta_m \frac{\partial \psi_g(\boldsymbol{r}, \boldsymbol{\Omega}_m)}{\partial y} + \mu_m \frac{\partial \psi_g(\boldsymbol{r}, \boldsymbol{\Omega}_m)}{\partial z} + \Sigma_{\mathrm{t},g}(\boldsymbol{r})\psi_g(\boldsymbol{r}, \boldsymbol{\Omega}_m) = Q_g(\boldsymbol{r}, \boldsymbol{\Omega}_m) \quad (4\text{-}141)$$

将轴向($z$方向)划分为若干层作为一维网格，一维网格的坐标区间为$[z_{k-1/2}, z_{k+1/2}]$，假定介质截面在该坐标区间$[z_{k-1/2}, z_{k+1/2}]$内不发生沿$z$向的变化，对公式(4-141)两端在区间$[z_{k-1/2}, z_{k+1/2}]$上积分，并同除以网格宽度$\Delta z_k$，有

$$\frac{1}{\Delta z_k} \int_{z_{k-1/2}}^{z_{k+1/2}} \left[ \xi_m \frac{\partial \psi_g(\boldsymbol{r}, \boldsymbol{\Omega}_m)}{\partial x} + \eta_m \frac{\partial \psi_g(\boldsymbol{r}, \boldsymbol{\Omega}_m)}{\partial y} + \mu_m \frac{\partial \psi_g(\boldsymbol{r}, \boldsymbol{\Omega}_m)}{\partial z} + \Sigma_{\mathrm{t},g}(\boldsymbol{r})\psi_g(\boldsymbol{r}, \boldsymbol{\Omega}_m) \right] \mathrm{d}z$$

$$= \frac{1}{\Delta z_k} \int_{z_{k-1/2}}^{z_{k+1/2}} Q_g(\boldsymbol{r}, \boldsymbol{\Omega}_m)\mathrm{d}z$$

$$(4\text{-}142)$$

最终整理得

$$\xi_m \frac{\partial \psi_{g,m,k}(x,y)}{\partial x} + \eta_m \frac{\partial \psi_{g,m,k}(x,y)}{\partial y} + \Sigma_{\mathrm{t},g,k}(x,y)\psi_{g,m,k}(x,y)$$

$$= Q_{g,k}(x,y) - \mathrm{TL}_{g,m,k}^{\mathrm{Axial}}(x,y) \quad (4\text{-}143)$$

式中，$\mathrm{TL}_{g,m,k}^{\mathrm{Axial}}(x,y)$表示轴向泄漏项。

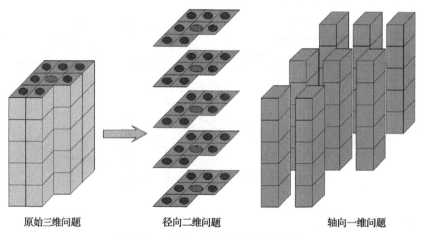

原始三维问题　　　径向二维问题　　　轴向一维问题

图 4-19　二维/一维耦合输运计算方法

径向按照每个栅元进行网格划分，对任意网格$p$，记其所处的$x$方向坐标区间和$y$方向坐标区间分别为$[x_{i-1/2}, x_{i+1/2}]$和$[y_{j-1/2}, y_{j+1/2}]$。认为在网格$p$内材料截面不随$(x,y)$坐标变化，对于式(4-141)，在网格$p$所在的区间内积分，并除以网格面积$\Delta x \Delta y$，可得

$$\frac{1}{\Delta x \Delta y} \int_{y_{j-1/2}}^{y_{j+1/2}} \int_{x_{i-1/2}}^{x_{i+1/2}} \left[ \xi_m \frac{\partial \psi_g(\boldsymbol{r}, \boldsymbol{\Omega}_m)}{\partial x} + \eta_m \frac{\partial \psi_g(\boldsymbol{r}, \boldsymbol{\Omega}_m)}{\partial y} + \mu_m \frac{\partial \psi_g(\boldsymbol{r}, \boldsymbol{\Omega}_m)}{\partial z} \right.$$

$$\left. + \Sigma_{\mathrm{t},g}(\boldsymbol{r})\psi_g(\boldsymbol{r}, \boldsymbol{\Omega}_m) \right] \mathrm{d}x\mathrm{d}y = \frac{1}{\Delta x \Delta y} \int_{y_{j-1/2}}^{y_{j+1/2}} \int_{x_{i-1/2}}^{x_{i+1/2}} Q_g(\boldsymbol{r}, \boldsymbol{\Omega}_m)\mathrm{d}x\mathrm{d}y \quad (4\text{-}144)$$

最终整理得

$$\mu_m \frac{\mathrm{d}\psi_{g,m}^p(z)}{\mathrm{d}z} + \Sigma_{\mathrm{t},g,p}(z)\psi_{g,m}^p(z) = Q_g^p(z) - \mathrm{TL}_{g,m,p}^{\mathrm{Radial}}(z) \tag{4-145}$$

式中，$\mathrm{TL}_{g,m,p}^{\mathrm{Radial}}(z)$ 表示径向泄露项。

显然，通过在 $x$-$y$ 方向上进行横向积分，原三维中子输运方程(4-141)就转化为轴向上的一维中子输运方程。在该方程中，径向泄漏项 $\mathrm{TL}_{g,m,p}^{\mathrm{Radial}}(z)$ 的物理意义是第 $p$ 网格沿径向在离散方向 $m$ 上的泄漏。在二维/一维耦合算法中，径向泄漏项是由二维径向计算提供的。因此，在求解轴向一维方程中，认为径向泄漏项是已知源项。

## 4.4　碰撞概率方法

前面介绍了基于微分形式中子输运方程的解，而在第 3 章提到，中子输运方程还存在另外一种积分形式。求解该方程的积分中子输运方法曾经作为反应堆组件计算的主流方法，发挥过重要的作用[33]，当前，在共振自屏计算中仍然在被广泛使用。其中，碰撞概率方法最具代表性，应用最广[34,35]。本小节重点讨论碰撞概率方法的数值求解过程。

积分中子输运具有以下形式：

$$\phi(\boldsymbol{r},E) = \int_V \frac{\exp[-\tau(E,\boldsymbol{r}'\to\boldsymbol{r})]}{4\pi|\boldsymbol{r}-\boldsymbol{r}'|^2}[Q_{\mathrm{s}}(\boldsymbol{r}',E)+q(\boldsymbol{r}',E)]\mathrm{d}V'$$
$$+ \int_S \left(\frac{\boldsymbol{r}-\boldsymbol{r}_{\mathrm{s}}}{|\boldsymbol{r}-\boldsymbol{r}_{\mathrm{s}}|}\cdot\boldsymbol{n}^-\right)\phi^-\left(\boldsymbol{r}_{\mathrm{s}},E,\frac{\boldsymbol{r}-\boldsymbol{r}_{\mathrm{s}}}{|\boldsymbol{r}-\boldsymbol{r}_{\mathrm{s}}|}\right)\frac{\exp[-\tau(E,\boldsymbol{r}_{\mathrm{s}}\to\boldsymbol{r})]}{|\boldsymbol{r}-\boldsymbol{r}_{\mathrm{s}}|^2}\mathrm{d}S \tag{4-146}$$

式中，$Q_{\mathrm{s}}$ 为散射源项；$q$ 为包括裂变中子源和外中子源的源项。在方程(4-146)两边同乘以总截面，可把该方程写成

$$\Sigma_{\mathrm{t}}(r,E)\phi(r,E) = \int_V [Q_{\mathrm{s}}(\boldsymbol{r}',E)+q(\boldsymbol{r}',E)]P(E,\boldsymbol{r}'\to\boldsymbol{r})\mathrm{d}V'$$
$$+ \int_S \left(\frac{\boldsymbol{r}-\boldsymbol{r}_{\mathrm{s}}}{|\boldsymbol{r}-\boldsymbol{r}_{\mathrm{s}}|}\cdot\boldsymbol{n}^-\right)\phi^-\left(\boldsymbol{r}_{\mathrm{s}},E,\frac{\boldsymbol{r}-\boldsymbol{r}_{\mathrm{s}}}{|\boldsymbol{r}-\boldsymbol{r}_{\mathrm{s}}|}\right)P_{\mathrm{s}}(E,\boldsymbol{r}_{\mathrm{s}}\to\boldsymbol{r})\mathrm{d}S \tag{4-147}$$

式中

$$P(E,\boldsymbol{r}'\to\boldsymbol{r}) = \frac{\Sigma_{\mathrm{t}}(r,E)}{4\pi|\boldsymbol{r}-\boldsymbol{r}'|^2}\exp[-\tau(E,\boldsymbol{r}'\to\boldsymbol{r})] \tag{4-148}$$

$$P_{\mathrm{s}}(E,\boldsymbol{r}_{\mathrm{s}}\to\boldsymbol{r}) = \frac{\Sigma_{\mathrm{t}}(r,E)}{|\boldsymbol{r}-\boldsymbol{r}'|^2}\exp[-\tau(E,\boldsymbol{r}_{\mathrm{s}}\to\boldsymbol{r})] \tag{4-149}$$

$$\tau(E,\boldsymbol{r}'\to\boldsymbol{r})=\int_0^{|\boldsymbol{r}'\to\boldsymbol{r}|}\varSigma_t(l,E)\mathrm{d}l \tag{4-150}$$

如图 4-20 所示，$P(E,\boldsymbol{r}'\to\boldsymbol{r})$ 就是在 $\boldsymbol{r}'$ 处单位体积内产生的能量为 $E$ 的中子在 $\boldsymbol{r}$ 处发生首次碰撞的概率，$P_s(E,\boldsymbol{r}_s\to\boldsymbol{r})$ 就是在外表面 $\boldsymbol{r}_s$ 处入射方向为 $\boldsymbol{\Omega}=\dfrac{\boldsymbol{r}-\boldsymbol{r}_s}{|\boldsymbol{r}-\boldsymbol{r}_s|}$ 的中子将在 $\boldsymbol{r}$ 处发生碰撞的概率，$\tau$ 是以自由程为单位的距离，也称光学厚度。

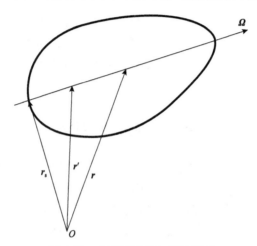

图 4-20　中子输运的矢径示意图

在用数值方法求解方程(4-147)时，首先把系统划分成 $N$ 个互不相交的均匀子区 $V_i=1,2,\cdots,N$。$\bigcup V_i=V$，$V_i\bigcap V_j=0$，当 $i\neq j$ 时，外表面也被分割成 $M$ 个子表面。例如，对于一维圆柱栅元，可沿径向划分成 $N$ 个同心圆环。一般在子区内介质是均匀的，或当 $V_i$ 分得足够小时，可以认为在每一子区的截面参数等于常数或可用该区内的平均数值表示。这样，将方程(4-147)对子区 $i$ 进行体积积分后，便得到

$$\begin{aligned}\varSigma_{t,i}\phi_i(E)V_i=&\sum_{j=1}^{N}[q_j(E)P_{ij}(q_j,E)+Q_{s,j}(E)P_{ij}(Q_{s,j},E)]V_j\\&+\sum_{m=1}^{M}J^-_{S_m}P_{iS_m}(\varPhi_s,E)\end{aligned} \tag{4-151}$$

式中，$\phi_i(E)$ 为第 $i$ 区的平均中子通量密度；$P_{ij}$ 为第 $j$ 区内产生的一个各向同性中子不经任何碰撞到达 $i$ 区发生首次碰撞的概率，即

$$P_{ij}(q_j,E)=\frac{\displaystyle\int_{V_i}\int_{V_j}q(\boldsymbol{r}',E)P(E,\boldsymbol{r}'\to\boldsymbol{r})\mathrm{d}V\mathrm{d}V'}{\displaystyle\int_{V_j}q(\boldsymbol{r},E)\mathrm{d}V} \tag{4-152}$$

对 $P_{ij}(Q_{s,j},E)$ 也可以写出类似式(4-152)的表达式，$P_{iS_m}$ 是以某一角分布入射到子表

面 $S_m$ 上的中子在第 $i$ 区发生首次碰撞的概率，即

$$
\begin{aligned}
P_{iS_m}(\Phi_s, E) = \Sigma_{t,i}(E) \int_{V_i} \mathrm{d}V \int_{S_m} \left( \frac{r - r_s}{|r - r_s|} \cdot n^- \right) \\
\times \phi^- \left( r_s, E, \frac{r - r_s}{|r - r_s|} \right) \frac{\exp[-\tau(E, r \to r_s)]}{|r - r_s|^2} \mathrm{d}S \Bigg/ J_{S_m}^-
\end{aligned}
\tag{4-153}
$$

而 $J_{S_m}^-$ 为中子在表面 $S_m$ 上能量为 $E$ 的入射中子流密度，即

$$
J_{S_m}^- = \int_{S_m} \mathrm{d}S \int_{(\Omega \cdot n^-)>0} (\Omega \cdot n^-) \, \phi^-(r_s, E, \Omega) \mathrm{d}\Omega
\tag{4-154}
$$

式中，$(\Omega \cdot n^-) > 0$ 表示只对 $(\Omega \cdot n^-) > 0$ 的半球积分；$\phi^-(r_s, E, \Omega)$ 表示入射中子角通量密度。

### 4.4.1　平源近似

要求解方程 (4-151)，就必须预先求得碰撞概率 $P_{ij}$。但从式 (4-152) 可以看到，$P_{ij}$ 又与 $j$ 区的源中子或中子通量密度的分布有关，而它正是所要求的未知量，所以严格地讲，这是一个非线性问题。为此，需要引进平源近似，即当子区划分得比较小时，可以近似认为在每一个子区内源中子或中子通量密度的分布等于常数。这样，首次碰撞概率 $P_{ij}$ 的计算将大大简化，即式 (4-151) 中 $P_{ij}(q_j, E)$ 和 $P_{ij}(Q_{s,j}, E)$ 可以统一写成

$$
P_{ij}(E) = \frac{\Sigma_{t,i}(E)}{V_j} \int_{V_i} \mathrm{d}V \int_{V_j} \frac{\exp[-\tau(E, r' \to r)]}{4\pi |r' - r|^2} \mathrm{d}V'
\tag{4-155}
$$

这样，它和子区内的中子通量密度或源的空间分布就无关了，仅是子区的几何和核截面的函数，就可以在求解方程 (4-151) 之前先独立地计算出来，从而给积分输运方法带来了极大的方便。同时，为了简化计算，通常假设入射中子在子区表面上的空间分布是均匀的，且它们的角分布是各向同性的，这样 $P_{iS_m}$ 便可简化为

$$
P_{iS_m}(E) = \frac{\Sigma_{t,i}}{\pi S_m} \int_{V_i} \mathrm{d}V \int_{S_m} \frac{(r - r_s) \cdot n^-}{|r - r_s|^3} \exp[-\tau(E, r \to r_s)] \mathrm{d}S
\tag{4-156}
$$

这样，在平源近似下，式 (4-151) 便得到了进一步简化。如果外表面入射中子流为零，则可进一步简化成

$$
\Sigma_{t,i}(E) \phi_i(E) V_i = \sum_{j=1}^{N} [Q_{s,j}(E) + q_j(E)] V_j P_{ij}(E)
\tag{4-157}
$$

把式 (4-157) 两端各除以 $\Sigma_{t,i}(E) V_i$ 便得到常用的表达式：

$$\phi_i(E) = \sum_{j=1}^{N} T_{ij}(E)[Q_{s,j}(E) + q_j(E)] \tag{4-158}$$

式中

$$T_{ij}(E) = \frac{P_{ij}(E)V_j}{\Sigma_{t,i}(E)V_i} \tag{4-159}$$

通常称 $T_{ij}(E)$ 为迁移概率，它的物理意义是 $j$ 区一个各向同性源中子对 $i$ 区中子通量密度的贡献。

在多群近似下，可以得到下列形式：

$$\Sigma_{t,i,g}\phi_{i,g}V_i = \sum_{j=1}^{N}\left(\sum_{g'=1}^{G}\Sigma_{s,j,g'-g}\phi_{j,g'} + Q_{s,j,g}\right)V_j P_{ij,g}, \qquad g=1,2,\cdots,G \tag{4-160}$$

或

$$\phi_{i,g} = \sum_{j=1}^{N}\left(\sum_{g'=1}^{G}\Sigma_{s,j,g'-g}\phi_{j,g'} + Q_{s,j,g}\right)T_{ij,g}, \qquad g=1,2,\cdots,G \tag{4-161}$$

式中

$$P_{ij,g} = \frac{\Sigma_{t,i,g}}{V_j}\int_{V_i}dV\int_{V_j}\frac{\exp[-\tau_g(r'-r)]}{4\pi|r'-r|^2}dV' \tag{4-162}$$

$$T_{ij,g} = \frac{P_{ij,g}V_j}{\Sigma_{t,i,g}V_i} \tag{4-163}$$

### 4.4.2 二维多柱系统的首次碰撞概率

为了计算如图 4-21 所示横截面为任意凸形的无限长的二维多柱系统中的中子首次碰撞概率，首先考虑从一个无限长线源 $l_j$ 上发出，如图 4-21 所示，在辐角为 $\varphi$，极角 $\theta$ 从 0 到 $\pi$ 方向上各向同性的一个中子，穿过垂直距离 $\tau$ 未经碰撞到达 $l_i$ 上的概率 $P(\tau)$。从图 4-22 可知，在辐角 $\varphi$ 上角度 $d\theta$ 内的中子数正比于立体角 $\sin\theta d\theta$，从 $j$ 点发出的中子未经碰撞到达 $l_i$ 的概率为 $\exp(-\tau/\sin\theta)$。因而平均概率 $P(\tau)$ 为

$$P(\tau) = \int_0^\pi \exp(-\tau/\sin\theta)\sin\theta d\theta \Big/ \int_0^\pi \sin\theta d\theta$$
$$= \frac{1}{2}\int_0^\pi \exp(-\tau/\sin\theta)\sin\theta d\theta \tag{4-164}$$

令 $\cosh u = (\sin\theta)^{-1}$，式(4-164)便可化成更为常用的形式：

$$P(\tau) = \int_0^\infty \exp(-\tau\cosh u)\cosh^{-2}u\,du = Ki_2(\tau) \tag{4-165}$$

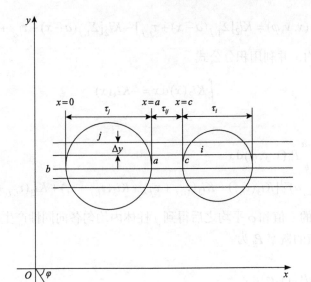

图 4-21 二维多柱系统示意图

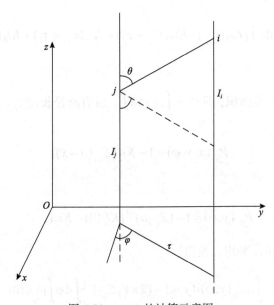

图 4-22 $P(\tau)$ 的计算示意图

式中, $Ki_2(\tau)$ 为二阶 Bickley-Naylor 函数[36]。$n$ 阶的 Bickley-Naylor 函数的定义为

$$Ki_n(x) = \int_0^\infty \exp(-x\cosh u)\cosh^{-n} u \, \mathrm{d} u \qquad (4\text{-}166)$$

在直角坐标系中,使 $x$ 轴与中子飞行方向在 $x$-$y$ 平面上的投影平行,如图 4-21 所示,并假设 $x$ 轴和某一固定参考方向轴的夹角为 $\varphi$,这种方法通常称为平行线切割方法[37]。

因而,在 $V_j$ 内沿线 $ba$ 上某 $X$ 点上一个各向同性中子不经任何碰撞到达 $V_i$ 边界 $x=c$ 处的概率就是 $Ki_2[\Sigma_{\mathrm{t},j}(a-x)+\tau_{i,j}]$,而在 $V_i$ 体内发生首次碰撞的概率便可写为

$$P_{i,j}(x,y,\varphi) = Ki_2[\Sigma_{t,j}(a-x)+\tau_{i,j}] - Ki_2[\Sigma_{t,j}(a-x)+\tau_{i,j}+\tau_i] \qquad (4\text{-}167)$$

对 $ba$ 上所有 $x$ 平均，并利用积分公式

$$\int Ki_2(x)\mathrm{d}x = -Ki_3(x) \qquad (4\text{-}168)$$

便得到

$$P_{ij}(y,\varphi) = \frac{1}{a}\int_b^a P_{ij}(x,y,\varphi)\mathrm{d}x \qquad (4\text{-}169)$$
$$= (\Sigma_{t,j}a)^{-1}[Ki_3(\tau_{i,j}) - Ki_3(\tau_{i,j}+\tau_j) - Ki_3(\tau_{i,j}+\tau_i) + Ki_3(\tau_{i,j}+\tau_i+\tau_j)]$$

最后，对所有的 $y$ 值和 $\varphi$ 平均之后得到 $j$ 柱体内均匀各向同性产生的一个中子在 $i$ 柱体内发生首次碰撞的概率 $P_{ij}$ 为

$$P_{ij} = \frac{\int_0^{2\pi}\mathrm{d}\varphi\int aP_{i,j}(y,\varphi)\mathrm{d}y}{\int_0^{2\pi}\mathrm{d}\varphi\int a\mathrm{d}y}$$
$$= \frac{1}{2\pi\Sigma_{t,j}V_j}\int_0^{2\pi}\mathrm{d}\varphi\int[Ki_3(\tau_{i,j}) - Ki_3(\tau_{i,j}+\tau_j) - Ki_3(\tau_{i,j}+\tau_i) + Ki_3(\tau_{i,j}+\tau_i+\tau_j)]\mathrm{d}y$$

$$(4\text{-}170)$$

式中，$V_j$ 是柱体 $j$ 的横截面积，即 $V_j = \int a(y)\mathrm{d}y$。所有路径长度 $\tau_{i,j}$、$\tau_i$ 和 $\tau_j$ 都是 $y$ 和 $\varphi$ 的函数，因此

$$P_{jj}(x,y,\varphi) = 1 - Ki_2[\Sigma_{t,j}(a-x)] \qquad (4\text{-}171)$$

即

$$P_{jj}(y,\varphi) = 1 - (\Sigma_{t,j}a)^{-1}[Ki_3(0) - Ki_3(\tau_j)] \qquad (4\text{-}172)$$

同样对所有 $y$ 值和 $\varphi$ 平均，便得

$$P_{jj} = (2\pi V_j)^{-1}\int\mathrm{d}\varphi\int aP_{jj}(y,\varphi)\mathrm{d}y = 1 - (2\pi V_j\Sigma_{t,j})^{-1}\int\mathrm{d}\varphi\int[Ki_3(0) - Ki_3(\tau_j)]\mathrm{d}y \quad (4\text{-}173)$$

平行线切割方法是计算碰撞概率的常用数值方法。除计算 $P_{ij}$ 外，也可用于计算其他概率，如体-面穿透概率 $P_{Si}$ 和面-面穿透 $P_{S_nS_m}$ 等。$P_{Si}$ 的定义是在 $i$ 区均匀产生的各向同性中子，未经碰撞从表面 $S$ 逸出体外的概率。由图 4-23 知，在给定辐角 $\varphi$ 下，从某点 $(x,y)$ 上，中子未经碰撞逸出 $S$ 的概率 $P_{Si}(x,y,\phi) = Ki_2[\Sigma_{t,i}(a-x)+\tau_{iS}]$，因而很容易求得

$$P_{Si} = \frac{1}{2\pi\Sigma_{t,i}V_i}\int\mathrm{d}\varphi\int[Ki_3(\tau_{iS}) - Ki_3(\tau_{iS}+\tau_i)]\mathrm{d}y \qquad (4\text{-}174)$$

式中，$\tau_{iS}$ 为自区域 $i$ 到某表面 $S$ 间的光学厚度。

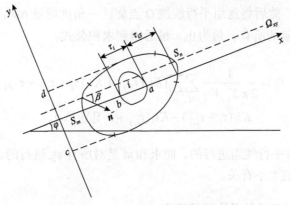

图 4-23　$P_{Si}$ 及 $P_{S_nS_m}$ 的计算示意图

另外，$P_{S_nS_m}$ 的定义为一个各向同性入射到系统子表面 $S_m$ 上的中子未经碰撞到达 $S_n$ 的穿透概率。根据定义，它的一般表达式为

$$P_{S_nS_m} = \frac{1}{\pi S_m}\int_{S_m}\mathrm{d}S\int_{(\boldsymbol{\Omega}\cdot\boldsymbol{n}^-)>0}(\boldsymbol{\Omega}\cdot\boldsymbol{n}^-)\exp[-\tau(\boldsymbol{r}_s',\boldsymbol{r}_s)]\mathrm{d}\boldsymbol{\Omega} \tag{4-175}$$

式中，$\tau(\boldsymbol{r}_s',\boldsymbol{r}_s)$ 是从子面 $S_m$ 上 $\boldsymbol{r}_s'$ 处到 $S_n$ 子表面上 $\boldsymbol{r}_s$ 处的中子光学厚度。从图 4-23 可知：

$$\mathrm{d}\boldsymbol{\Omega} = \sin\theta\mathrm{d}\theta\mathrm{d}\varphi \tag{4-176}$$

$$(\boldsymbol{\Omega}\cdot\boldsymbol{n}^-) = \sin\theta\cos\beta \tag{4-177}$$

$$\mathrm{d}S = \mathrm{d}y/\cos\beta \tag{4-178}$$

式中，$\theta$ 是 $\boldsymbol{\Omega}$ 与 $z$ 轴的夹角，而 $\beta$ 是 $\boldsymbol{\Omega}_{xy}$ 与表面 $S_m$ 内法线 $\boldsymbol{n}$ 的夹角。将上面关系式代入式 (4-175)，得到

$$\begin{aligned}P_{S_nS_m} &= \frac{1}{\pi S_m}\int\mathrm{d}\varphi\int\mathrm{d}y\int_0^\pi\sin^2\theta\exp[-\tau(\boldsymbol{r}_s',\boldsymbol{r}_s)/\sin\theta]\mathrm{d}\theta \\ &= \frac{2}{\pi S_m}\int\mathrm{d}\varphi\int Ki_3[\tau(\boldsymbol{r}_s',\boldsymbol{r}_s)]\mathrm{d}y\end{aligned} \tag{4-179}$$

式中，$\tau(\boldsymbol{r}_s',\boldsymbol{r}_s)$ 是光学厚度 $\tau(\boldsymbol{r}_s',\boldsymbol{r}_s)$ 在 $x$-$y$ 平面上的投影。

按照式 (4-170)~式 (4-179) 计算 $P_{ij}$ 等概率的过程大致如下：在 $x$-$y$ 平面上作一组与某固定参考方向夹角等于 $\varphi$ 的平行线，平行线间隔为 $\Delta y$。对与 $i$ 区和 $j$ 区都相交的每一根平行线（相当于中子飞行路程投影）分别求出其中子光学厚度 $\tau_i$、$\tau_{ij}$ 和 $\tau_j$ 等。这样，根据式 (4-169)，第 $m$ 个 $\varphi$ 角、第 $n$ 组平行线所表示的中子飞行路程对 $P_{ij}$ 概率的贡献便可以表示为

$$\begin{aligned}P_{ij,mn} = \frac{\Delta\varphi_m\Delta y_n}{2\pi\Sigma_{t,j}V_j}&[Ki_3(\tau_{i,j}) + Ki_3(\tau_{i,j}+\tau_i+\tau_j) \\ &- Ki_3(\tau_{i,j}+\tau_j) - Ki_3(\tau_{i,j}+\tau_i)]\end{aligned} \tag{4-180}$$

对所有平行线求和，然后将这组平行线绕 $O$ 点旋转一角度增量 $\Delta\varphi$，重复上述过程，直至包括了对 $P_{ij}$ 有贡献的所有 $\varphi$ 角为止。最后得到求积公式：

$$P_{ij} = \frac{1}{2\pi\Sigma_{\text{t},j}V_j}\sum_m\sum_n[Ki_3(\tau_{i,j}) + Ki_3(\tau_i + \tau_{i,j} + \tau_j)] \tag{4-181}$$
$$- Ki_3(\tau_i + \tau_{i,j}) - Ki_3(\tau_{i,j} + \tau_j)]\Delta y_n\Delta\varphi_m$$

这里求和 $n$ 是对所有平行线组进行的，而求和 $m$ 是对所有 $\varphi_m$ 进行的，因此，计算的精确度自然与 $\Delta y$ 及 $\Delta\varphi$ 的大小有关。

### 4.4.3 一维同心圆柱系统的首次碰撞概率

在进行反应堆栅元计算时会遇到同心圆柱系统，下面介绍如何在同心圆柱系统中计算首次碰撞概率。设一维孤立圆柱栅元由 $I$ 层圆柱壳层组成，如图 4-24 所示。第 $i$ 层圆柱壳的内、外半径分别为 $r_{i-1}$ 和 $r_i$，总截面为 $\Sigma_{\text{t},i}$。取 $x$-$y$ 坐标如图 4-24 所示，并沿 $x$ 轴方向作一组平行线。下面讨论从 $i$ 层各向同性产生的中子在 $j$ 区发生首次碰撞的概率 $P_{ji}$。不妨讨论 $i < j$ 情况下的 $P_{ji}$ 计算，对于 $i > j$ 的情况下的 $P_{ji}$ 可以应用后面介绍的互易关系求得。

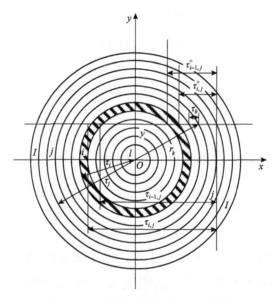

图 4-24　一维同心圆柱系统 $P_{ji}$ 的计算

一维同心圆柱关于方向角 $\varphi$ 是对称的，因此式 (4-170) 中对辐角 $\varphi$ 的积分便等于 $2\pi$，这样就抵消了公式中的 $1/2\pi$。考虑到图形的对称性，对 $y$ 的积分也只需对 $y$ 的上半平面进行，然后把所得结果乘以 2 就可以了。

由图 4-24 可以看出，从 $i$ 层到 $j$ 层的首次碰撞概率是由两个部分组成的。一是 $x > 0$ 的右半圆环的贡献，另一部分是 $x < 0$ 的左半圆环的贡献。这样，根据式 (4-170)，用

图 4-24 中符号表示，有

右半部：

$$\frac{2}{\Sigma_{t,i}V_i}\int_0^{r_i}[Ki_3(\tau_{i,j-1}^+)-Ki_3(\tau_{i-1,j-1}^+)-Ki_3(\tau_{i,j}^+)+Ki_3(\tau_{i-1,j}^+)]\mathrm{d}y \qquad (4\text{-}182)$$

左半部：

$$\frac{2}{\Sigma_{t,i}V_i}\int_0^{r_i}[Ki_3(\tau_{i-1,j-1}^-)-Ki_3(\tau_{i,j-1}^-)-Ki_3(\tau_{i-1,j}^-)+Ki_3(\tau_{i,j}^-)]\mathrm{d}y \qquad (4\text{-}183)$$

这里，上标 – 、+ 分别表示左、右两半部的中子路程。把左、右两半部相加，便得到

$$\Sigma_{t,i}V_iP_{ji}=\delta_{i,j}\Sigma_{t,i}V_i+2(K_{i,j-1}-K_{i-1,j}-K_{i,j-1}+K_{i,j}) \qquad (4\text{-}184)$$

式中，$\delta_{i,j}$ 为狄拉克算符；

$$K_{i,j}=\int_0^{r_i}[Ki_3(\tau_{i,j}^-)-Ki_3(\tau_{i,j}^+)]\mathrm{d}y \qquad (4\text{-}185)$$

这里

$$\begin{cases} \tau_{i,j}^+=\sum_{k=i+1}^{j}\tau_k \\ \tau_{i,j}^-=\sum_{k=1}^{i}\tau_k+\sum_{k=1}^{j}\tau_k \end{cases} \qquad (4\text{-}186)$$

而

$$\tau_k=\Sigma_{t,k}(x_k-x_{k-1}) \qquad (4\text{-}187)$$

$$x_k=\begin{cases} (r_k^2-y^2)^{1/2}, & r_k\geqslant y \\ 0, & r_k<y \end{cases} \qquad (4\text{-}188)$$

对 $i=j$ 的情况，$P_{ii}$ 同样也是左、右两个半环贡献之和，应用式 (4-173) 有

$$\frac{1}{2}-\frac{2}{\Sigma_{t,i}V_i}\int_0^{r_i}[Ki_3(0)-Ki_3(\tau_{i-1,i}^+)]\mathrm{d}y \qquad (4\text{-}189)$$

$$\frac{1}{2}-\frac{2}{\Sigma_{t,i}V_i}\int_0^{r_i}\left\{[Ki_3(0)-Ki_3(\tau_{i,i-1}^+)]-[Ki_3(\tau_{i-1,i-1}^-)-Ki_3(\tau_{i,i-1}^-)-Ki_3(\tau_{i-1,i}^-)+Ki_3(\tau_{i,i}^-)]\right\}\mathrm{d}y$$

$$(4\text{-}190)$$

把上面两式相加，经过整理便可得到

$$\Sigma_{t,i} V_i P_{ii} = \Sigma_{t,i} V_i + 2(K_{i-1,i-1} - K_{i,i-1} - K_{i-1,i} + K_{i,i}) \tag{4-191}$$

这里 $K_{i,j}$ 的定义和式(4-185)相同，这样可把式(4-184)和式(4-191)用下面通式表示：

$$P_{ji} = \delta_{i,j} + \frac{2}{\Sigma_{t,i} V_i}(K_{i-1,j-1} - K_{i-1,j} - K_{i,j-1} + K_{i,j}) \tag{4-192}$$

通常在求 $K_{i,j}$ 积分时，把积分区间 $(0,r_i)$ 分成 $(0,r_1)$，$(r_1,r_2)$，…，$(r_{i-1},r_i)$ 等 $n$ 子区间的积分之和，即

$$\int_0^{r_i} (\cdot)\mathrm{d}y = \sum_{k=1}^n \int_{r_{k-1}}^{r_k} (\cdot)\mathrm{d}y \tag{4-193}$$

而对每个子区间 $(r_{i-1},r_i)$ 内的积分，可以采用高斯求积公式计算。

在进行计算时，一般必须先按式(4-186)～式(4-188)计算中子飞行的几何路程并储存起来。这些结果对于每一群计算时都可以使用，因为对不同群的路程的光学长度的变化仅仅是由于宏观截面的变化引起的。同时，这些路程的数据对于几何相同，仅仅材料不同的栅元计算也是有用的。

计算 $P_{ij}$ 时最耗时的便是 $Ki_3(x)$ 函数的计算。一个 $P_{ij}$ 计算中就需要作近百次的 $Ki_3(x)$ 计算。假设栅元分成 10 子区，应用 30 个能群，则需作 $10^4$～$10^6$ 次 $Ki_3$ 函数计算，如果燃耗计算需作十几个燃耗步长计算，则其计算量将更加可观。因而寻找一个简洁而精确的计算 $Ki_3(x)$ 函数的方法对碰撞概率方法的使用具有重要的意义。在附录中给出了关于 $Ki_3(x)$ 的有效计算公式和方法。

### 4.4.4 互易关系式

在中子输运理论中存在着"互易关系"（或互易定理），即可以把 $r_1$ 处的源在 $r_2$ 处产生的中子通量密度与 $r_2$ 处的源在 $r_1$ 处产生的中子通量密度联系起来。同样可以证明，在中子飞行首次碰撞概率 $P_{ij}$ 和穿透概率 $P_{Si}$ 以及 $P_{S_nS_m}$ 之间也存在着互易关系式[38]。利用互易关系，不仅可以减少计算这些概率的工作量，而且可以校验这些概率计算的正确性和准确性。

1. $P_{ij}$ 与 $P_{ji}$ 之间的互易关系

中子首次碰撞概率 $P_{ij}$ 由式(4-155)式(4-162)决定。由于中子路程的光学厚度为 $\tau(r'-r) = \tau(r-r')$，因而在上述两个公式中交换积分次序后其积分值不变。这样，自然便得下面互易关系式：

$$V_j \Sigma_{t,j} P_{ij} = V_i \Sigma_{t,i} P_{ji} \tag{4-194}$$

事实上，由式(4-170)也可以很容易地直接推出上面互易关系式。这里，为简便起见，已把能量 $E$ 或能群 $g$ 的标号略去。

最后，应该指出，尽管式 (4-155) 是在平源近似和各向同性源中子的假设条件下得到的，但是可以证明，对于一般情况，互易关系式 (4-194) 仍然成立。

2. $P_{iS}$ 与 $P_{Si}$ 之间的互易关系

一方面，均匀和各向同性入射到系统子表面 $S_m$ 上的中子，在第 $i$ 子区内发生首次碰撞的概率 $P_{iS_m}$ 由式 (4-156) 确定；另一方面，系统第 $i$ 子区内均匀和各向同性产生的一个中子，未经碰撞到达或穿过子表面 $S_m$ 的穿透率 $P_{S_m i}$，由定义知：

$$P_{S_m i} = \frac{1}{V_i} \int_{V_i} \mathrm{d}V \int_{S_m} \frac{(r_S - r) \cdot n^+}{4\pi |r_S - r'|^3} \exp[-\tau(r_S, r)] \mathrm{d}S \tag{4-195}$$

这里 $n^+$ 为 $S_m$ 的外法线单位向量。由于

$$(r - r_S) \cdot n^- = (r_S - r) \cdot n^+ \tag{4-196}$$

$$\tau(r, r_S) = \tau(r_S, r) \tag{4-197}$$

所以，由式 (4-156) 和式 (4-195) 便得到

$$\varSigma_{\mathrm{t},i} V_i P_{S_m i} = \frac{S_m}{4} P_{iS_m} \tag{4-198}$$

由此可以导出，对于整个系统表面有

$$\varSigma_{\mathrm{t},i} V_i P_{Si} = \frac{S}{4} P_{iS} \tag{4-199}$$

式中

$$S = \sum_{m=1}^{M} S_m \tag{4-200}$$

3. $P_{S_n S_m}$ 与 $P_{S_m S_n}$ 之间的互易关系

均匀各向同性入射到系统子表面 $S_m$ 上的中子未经碰撞到达 (或穿过) 子表面 $S_n$ 的概率 $P_{S_n S_m}$ 由式 (4-175) 确定，由于 $\mathrm{d}\boldsymbol{\varOmega} = \boldsymbol{\varOmega} \mathrm{d}S / (4\pi |r_{S_n} - r_{S_m}|^2)$，因而

$$P_{S_n S_m} = \frac{1}{\pi S_m} \int_{S_m} \mathrm{d}S_m \int_{S_n} \mathrm{d}S_n \frac{[(r_{S_n} - r_{S_m}) \cdot n_m^-][(r_{S_n} - r_{S_m}) \cdot n_n^+]}{4\pi |r_{S_m} - r_{S_n}|^4} \exp[-\tau(r_{S_m}, r_{S_n})] \tag{4-201}$$

另一方面

$$P_{S_m S_n} = \frac{1}{\pi S_n} \int_{S_n} \mathrm{d}S_n \int_{S_m} \mathrm{d}S_m \frac{[(\boldsymbol{r}_{S_m} - \boldsymbol{r}_{S_n}) \cdot \boldsymbol{n}_n^-][(\boldsymbol{r}_{S_m} - \boldsymbol{r}_{S_n}) \cdot \boldsymbol{n}_m^+]}{4\pi |\boldsymbol{r}_{S_n} - \boldsymbol{r}_{S_m}|^4} \exp[-\tau(\boldsymbol{r}_{S_n}, \boldsymbol{r}_{S_m})] \quad (4\text{-}202)$$

交换积分次序并比较各积分项，发现式（4-201）和式（4-202）的积分是相同的，因此得到

$$S_m P_{S_n S_m} = S_n P_{S_m S_n} \quad (4\text{-}203)$$

**4. 守恒关系**

对于在 $i$ 区内均匀和各向同性产生的一个中子，其首次碰撞概率有下列守恒关系：

$$\sum_{j=1}^{I} P_{ji} + \sum_{m=1}^{M} P_{S_m i} = 1 \quad (4\text{-}204)$$

对于均匀各向同性入射到系统某一子表面 $S_m$ 上的一个中子，其首次碰撞概率满足

$$\sum_{i=1}^{I} P_{iS_m} + \sum_{n=1}^{M} P_{S_n S_m} = 1 \quad (4\text{-}205)$$

这两个守恒关系式常用于校验概率计算的正确性和对所求得的首次碰撞概率进行归一，以去除计算机带来的舍入误差。

## 4.5 数值方法的加速技术

中子输运方程中，中子源项包含了裂变源和散射源两个部分，求解过程需要内外迭代来完成，外迭代也称为幂迭代或裂变源迭代[21]。在每次外迭代中，假定裂变源项是已知的，它由初始时的假设或上一次迭代结果确定，并随着迭代过程不断地进行更新而趋于精确值。假设没有上散射，则除群内散射外其他群的散射源是已知的，这时在每次外迭代求解过程中，可以从高能群开始依次往低能群求解。因而在解某一能群时必须先设该群的中子通量密度已知，并由此计算出群内散射源，然后再对方向和空间网格进行扫描求解，由新的中子角通量密度更新群内散射源，这一过程便是内迭代过程。中子输运方程的求解非常耗时，加上内、外迭代过程的收敛比较慢，因此采用加速收敛技术提高迭代收敛速度是中子输运计算的常用技术。

最早应用于输运计算过程的是外推加速方法，比较常用的有 Lyusternik-Wagner 外推加速技术[39,40]和 Wielandt 外推加速技术等[41]，后来又发展了扩散综合加速 DSA[42]（Diffusion Synthetic Acceleration）方法和粗网有限差分 CMFD[43]（Coarse Mesh Finite Difference）方法等。本节将对上述方法进行简要介绍。

### 4.5.1　渐近源外推 Lyusternik-Wagner 方法

Lyusternik-Wagner 外推加速收敛技术[39](简称 L-W 外推)既可以用于外迭代加速也可用于内迭代加速。将 L-W 外推加速收敛技术用于内迭代时，第 $n$ 次内迭代结束后，各区域的最大中子标通量密度相对误差为

$$\varepsilon^{(n)} = \max_{1 \leqslant k \leqslant K} \left| 1 - \frac{\bar{\phi}_k^{(n-1)}}{\bar{\phi}_k^{(n)}} \right| \tag{4-206}$$

式中，$K$ 为总的区域数；$n$ 为第 $n$ 次内迭代。

在 Lyusternik-Wagner 外推加速收敛技术中，定义下列参量：

$$\sigma^{(n)} = \frac{\varepsilon^{(n)}}{\varepsilon^{(n-1)}} \tag{4-207}$$

$$\delta^{(n)} = \left| 1 - \frac{\sigma^{(n)}}{\sigma^{(n-1)}} \right| \tag{4-208}$$

$$\delta_{\mathrm{m}}^{(n)} = \max(\delta^{(n)}, \delta^{(n-1)}) \tag{4-209}$$

当满足以下条件时，认为中子通量密度的误差呈渐近收敛趋势：

$$\begin{aligned} &n \geqslant 5 \\ &\sigma^{(n)} < 1, \quad \sigma^{(n-1)} < 1 \\ &\delta_{\mathrm{m}}^{(n)} < 0.5 \end{aligned} \tag{4-210}$$

即从至少第 5 次迭代开始进行外推，两次外推间 $\sigma$ 的最大相对误差应小于 0.5。

定义外推因子 $\rho^{(n)}$ 为

$$\rho^{(n)} = \min\left( 50, \frac{\sigma^{(n)}}{1 - \sigma^{(n)}} \right) \tag{4-211}$$

根据经验[40]，外推因子数值上应不大于 50。

再利用式(4-211)获得的外推因子对第 $n$ 次内迭代所得的子区平均中子通量密度加以外推：

$$\bar{\phi}_k^{(n)} = \bar{\phi}_k^{(n)} + \rho^{(n)}(\bar{\phi}_k^{(n)} - \bar{\phi}_k^{(n-1)}), \quad k = 1, \cdots, K \tag{4-212}$$

当 L-W 外推加速收敛技术用于外迭代时，采用式(4-213)计算各区域体积平均的裂变源的最大相对误差：

$$\varepsilon^{(n)} = \max_{1 \leqslant k \leqslant K} \left| 1 - \frac{\overline{Q}_{\mathrm{f},k}^{(n)}}{\overline{Q}_{\mathrm{f},k}^{(n-1)}} \right| \tag{4-213}$$

经式(4-207)~式(4-210)计算,得到外推加速的外推因子 $\rho^{(n)}$,对裂变源进行外推如下:

$$\overline{Q}_{\mathrm{f},k}^{(n)} = \overline{Q}_{\mathrm{f},k}^{(n)} + \rho^{(n)}(\overline{Q}_{\mathrm{f},k}^{(n)} - \overline{Q}_{\mathrm{f},k}^{(n-1)}), \qquad k = 1, 2, \cdots, K \tag{4-214}$$

### 4.5.2 Wielandt 加速方法

对于三维中子输运计算,利用简单的外推方法很难得到很好的加速效果。针对裂变源迭代,目前比较有效的加速方法是 Wielandt 加速算法[41]。该算法专门加速高占优比问题的裂变源迭代过程。由于占优比决定了裂变源迭代的收敛速度,只要将占优比降下来,即可实现对裂变源迭代的加速。

从中子输运方程的角度来看,Wielandt 加速是将一部分裂变源强行从裂变源项中提出并归入散射源项内,从而减轻了裂变源迭代的负担。Wielandt 加速后的中子输运方程为

$$L_g \psi_g(\boldsymbol{r}, \boldsymbol{\Omega}) = \left( \widehat{\boldsymbol{\Sigma}}_{\mathrm{sg}} + \frac{1}{k'} \boldsymbol{F}_g \right) \psi(\boldsymbol{r}, \boldsymbol{\Omega}) + \left( \frac{1}{k} - \frac{1}{k'} \right) \boldsymbol{F}_g \psi(\boldsymbol{r}, \boldsymbol{\Omega}) \tag{4-215}$$

式中,$k'$ 为 Wielandt 加速参数;$\widehat{\boldsymbol{\Sigma}}_{\mathrm{sg}}$ 为散射源项算子;$\boldsymbol{F}_g$ 为裂变源项算子。

相应地,Wielandt 加速后的占优比为

$$d' = \frac{\dfrac{1}{k_0} - \dfrac{1}{k'}}{\dfrac{1}{k_1} - \dfrac{1}{k'}} = \frac{\dfrac{k'}{k' - k_1} k_1}{\dfrac{k'}{k' - k_0} k_0} = \frac{k' - k_0}{k' - k_1} \frac{k_1}{k_0} \tag{4-216}$$

很明显,只要 $k' > k_0$,这个加速后的占优比就要比加速前小,而且,$k'$ 越接近于 $k_0$,加速后的占优比就越小。

从特征值序列的角度看,Wielandt 加速算法是对不同阶的特征值乘以不同的放大倍数,其中第 $i$ 阶特征值 $k_i$ 的放大倍数为

$$y_i = \frac{k'}{k' - k_i} \tag{4-217}$$

从图 4-25 可以看出,只要 $k' > k_0$,对基阶特征值的放大倍数就大于对次阶特征值的放大倍数,加速后的占优比就小于加速前的占优比。$k' \to \infty$ 时,$y_i \to 1$,无加速效果。

将一部分裂变源强行移出裂变源项,确实减轻了裂变源迭代的负担;但将其强行并入散射源项内,并通过多群迭代来处理,这部分负担自然会增加到多群迭代的过程中。原本的散射项中只包含真正的散射,大部分都是下散射,只在热区存在少量上散射,使得多群 Gauss-Seidel 方法非常有效。但是,Wielandt 加速之后,需要多群迭代来处理的散射项即变成

$$\hat{\Sigma}' = \hat{\Sigma} + \frac{1}{k'}F \tag{4-218}$$

式中，新增加的这一项来自裂变过程，主要吸收热中子、产生快中子，对于多群迭代算法来说，等同于强上散射，称之为伪上散射(pseudo up scattering)。在 Wielandt 加速算法中，参数 $k'$ 是关键。从理论上来讲，$k'$ 离实际的特征值越近，加速后的占优比越小，相应的裂变源迭代收敛得越快。而 $k'$ 离实际的特征值太近，会引起数学上的奇异性。通过找到一种估计最优的 $k'$ 并不断改进估计值的方案，能够最大限度地提高 Wielandt 加速算法的加速性能，使其能够真正应用到实际的工程计算中。

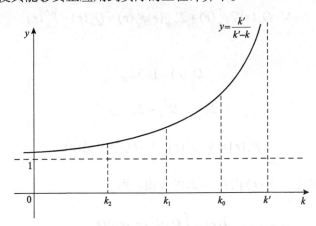

图 4-25　Wielandt 加速算法中对特征值的放大倍数

### 4.5.3　扩散综合加速方法

扩散综合加速(DSA)方法的基本思想是对每次迭代求得的中子标通量，在用它更新下一次迭代源之前，先利用一种"修正的扩散方程"进行修正，这种修正的扩散方程是由中子输运方程计算得出的泄漏项代替扩散的泄漏项而得到，所以此"扩散方程"具有输运方程的精度[42,44]。

为了说明 DSA 方法及其迭代过程，首先考虑第 $g$ 群、第 $l$ 次内迭代的方程。为了简单起见，考虑各向同性散射，但其结果是很容易推广到各向异性的一般情况。$l$ 次内迭代的中子输运方程是

$$\boldsymbol{\Omega} \cdot \nabla \tilde{\psi}_g^l(\boldsymbol{r},\boldsymbol{\Omega}) + \Sigma_{t,g} \tilde{\psi}_g^l(\boldsymbol{r},\boldsymbol{\Omega}) = \Sigma_{s,g\to g} \tilde{\psi}_g^l(\boldsymbol{r}) + Q_g(\boldsymbol{r}) \tag{4-219}$$

式中，$\tilde{\psi}_g^l(\boldsymbol{r},\boldsymbol{\Omega})$ 为第 $l$ 次内迭代所要求出的 $g$ 群中子角通量密度；$Q_g$ 源项包括散射源、裂变源和外中子源等的贡献。求出 $\tilde{\psi}_g^l(\boldsymbol{r},\boldsymbol{\Omega})$ 后便可求出总通量 $\tilde{\phi}_g^l(\boldsymbol{r})$：

$$\tilde{\phi}_g^l(\boldsymbol{r}) = \int \tilde{\psi}_g^l(\boldsymbol{r},\boldsymbol{\Omega}) \mathrm{d}\boldsymbol{\Omega} \tag{4-220}$$

扩散综合加速方法的思想是，在利用 $\tilde{\phi}_g^l(\boldsymbol{r})$ 求源项 $Q_g(\boldsymbol{r})$ 代入式(4-219)进行下一次迭

代之前，利用修正的扩散方程对其进行修正，求出解 $\phi_g^l(r)$，然后用 $\phi_g^l(r)$ 替代 $\tilde{\phi}_g^l(r)$ 作为式(4-219)$l+1$ 次内迭代的源项，可有三种不同形式的修正扩散方程，即源修正、移出截面修正和扩散系数修正。

### 1. 源修正

由扩散理论(菲克定律)所求得的泄漏项 $-\nabla \cdot D_g \nabla \phi_g$ 与真实的(输运理论)泄漏 $\nabla \cdot \boldsymbol{J}$ 是有差别的，设其误差为 $R_g(r) = \nabla \cdot \boldsymbol{J} - (-\nabla \cdot D_g \nabla \phi_g)$，则源修正的扩散方程可写成

$$-\nabla \cdot D_g(r)\nabla \phi_g^l(r) + \Sigma_{r,g}(r)\phi_g^l(r) = Q_g(r) - R_g^l(r) \tag{4-221}$$

式中

$$D_g(r) = 1/3\Sigma_{tr} \tag{4-222}$$

$$\Sigma_{r,g} = \Sigma_{t,g} - \Sigma_{s,g \to g} \tag{4-223}$$

$$R_g^l(r) = \nabla \cdot \tilde{\boldsymbol{J}}^l(r) + \nabla \cdot D_g(r)\nabla \tilde{\phi}_g^l(r) \tag{4-224}$$

其中，$\Sigma_{tr}$ 为输运截面；$\tilde{\phi}_g^l(r)$ 由式(4-220)算出。而

$$\tilde{\boldsymbol{J}}(r) = \int \boldsymbol{\Omega} \cdot \tilde{\psi}_g^l(r,\boldsymbol{\Omega})\mathrm{d}\boldsymbol{\Omega} \tag{4-225}$$

这里符号"～"表示用输运方程(4-219)解出的量。这样，具体计算过程如下：在上一次迭代中，利用方程(4-219)求出 $\tilde{\phi}_g^l(r)$，根据式(4-224)、式(4-225)计算出 $R_g^l(r)$；再由式(4-221)源修正扩散方程求出新的 $\phi_g^l(r)$ 来，把新的 $\phi_g^l(r)$ 作为式(4-219)$l+1$ 次内迭代的源项进行计算。这样不断进行下去直到收敛为止。当 $l=0$ 时，可以假设 $R_g^l(r)=0$，然后由式(4-221)求出 $\phi_g^0(r)$ 来。

容易证明，如果迭代收敛，则它必将收敛于中子输运方程的解。因为当迭代收敛时，$\tilde{\phi}_g = \phi_g$，把式(4-224)代入式(4-221)则有

$$\nabla \cdot \tilde{\boldsymbol{J}}(r) + \Sigma_{r,g}\phi_g(r) = Q_g(r) \tag{4-226}$$

这就是式(4-219)中子输运方程对所有 $\boldsymbol{\Omega}$ 积分后所得到的平衡方程。

现在讨论 DSA 源修正方法在外迭代中的应用，其主要思想与步骤和内迭代类似。设完成第 $k$ 次外迭代后，按式(4-224)求出了 $R_g^k$，那么第 $k+1$ 次外迭代修正源的多群迭代扩散方程为

$$-\nabla \cdot D_g(r)\nabla \phi_g^{k+1}(r) + \Sigma_{r,g}(r)\phi_g^{k+1}(r) = -R_g^k(r) + \frac{\chi_g}{k_{eff}}\sum_{g'=1}^{G}\nu\Sigma_{f,g'}\phi_{g'}^{k+1} + \sum_{g'\neq g}\Sigma_{s,g'\to g}\phi_{g'}^{k+1} \tag{4-227}$$

这是常见的非齐次多群扩散方程，从它容易解出群通量密度 $\phi_g^{k+1}$，再由它计算出新的供下一次迭代用的源。

### 2. 移出截面修正

在上面源修正方法中，由于引进修正源 $R_g(r)$，方程(4-227)是非齐次的，对于临界系统特征值问题计算要求方程具有齐次形式，为此我们定义一个修正的移出截面 $\tilde{\Sigma}_{r,g}$：

$$\tilde{\Sigma}_{r,g}(r) = \Sigma_{r,g} + R_g^k(r) / \phi_g^k(r) \tag{4-228}$$

那么扩散综合加速方程(4-221)则变成

$$-\nabla \cdot D_g(r)\nabla \phi_g^l(r) + \tilde{\Sigma}_{r,g}(r)\phi_g^l(r) = Q_g(r) \tag{4-229}$$

而方程(4-227)变为

$$-\nabla \cdot D_g(r)\nabla \phi_g^{k+1}(r) + \tilde{\Sigma}_{r,g}(r)\phi_g^{k+1}(r) = \frac{\chi_g}{k_{eff}} \sum_{g'=1}^{G} \nu\Sigma_{f,g'}\phi_{g'}^{k+1} + \sum_{g' \neq g} \Sigma_{s,g' \to g}\phi_{g'}^{k+1} \tag{4-230}$$

移出截面修正的迭代求解过程和前面源修正方法完全一样，即利用方程(4-219)、方程(4-228)～方程(4-230)进行。尽管过程是非线性的，但实践证明它对加速收敛是有效的。

### 3. 扩散系数的修正

对于特征值问题的另一种修正办法是定义一个修正的扩散系数，即下列张量的对角元素

$$\left[\underline{\underline{D}}\right]_{i,i} = -[J_{gi}(r) / \nabla_i \tilde{\phi}_g(r)] = D_g^{l-1}(r) \tag{4-231}$$

代替原来方程(4-221)中的 $D_g(r)$。这样内迭代扩散方程中 $\tilde{R}_g$ 项便等于零。方程(4-221)变为

$$-\nabla \cdot D_g^{l-1}(r)\nabla \phi_g^l(r) + \Sigma_{r,g}\phi_g^l(r) = Q_g(r) \tag{4-232}$$

方程(4-227)则变为下列齐次形式：

$$-\nabla \cdot D_g^k(r)\nabla \phi_g^{k+1}(r) + \Sigma_{r,g}\phi_g^{k+1}(r) = \frac{\chi_g}{k_{eff}} \sum_{g'=1}^{G} \nu\Sigma_{f,g'}\phi_{g'}^{k+1} + \sum_{g' \neq g} \Sigma_{s,g' \to g}\phi_{g'}^{k+1} \tag{4-233}$$

迭代过程和前面源修正方法完全一样，用方程(4-219)、方程(4-231)～方程(4-233)进行计算。在初始迭代时可以取 $\left[\underline{\underline{D}}\right]_{i,i} = D_g(r)$。

扩散系数修正方法是一个非线性迭代过程，但是它对特征值问题是非常有效的。它的缺点是有时可能出现扩散系数式(4-231)为负或无限大的情况，使方程(4-232)的求解存在困难。这时，可改用移出截面修正方法来计算。

### 4.5.4 粗网有限差分方法

中子输运计算时，在细网的基础上进行内外迭代获得收敛解是十分耗时的，粗网再平衡方法是通过低阶的中子平衡方程在更粗的网格上让中子通量密度快速收敛，以此对细网的高阶中子角通量密度进行更新。为了保证低阶方程与高阶方程收敛到相同的解，需要用高阶计算得到的中子角通量密度对低阶方程的系数进行修正，从而形成相互迭代。如图 4-26 所示，一个粗网格(黑实线内的阴影区)内包含 9 个细网格。粗网平衡加速的计算流程可以分为三部分：①进行细网上的中子输运计算，得到各方向的高阶中子角通量密度，但此时高阶角通量密度并不需要达到收敛；②使用高阶中子角通量密度计算低阶平衡方程的系数，再在相对较粗的网格上进行粗网平衡方程的计算，直到中子通量密度收敛；③通过收敛的中子通量密度更新细网格上的中子角通量密度，从而达到快速收敛的目的。

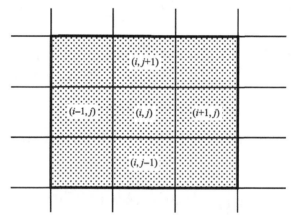

图 4-26　细网格和粗网格划分

求解粗网平衡方程方法较多，包括粗网再平衡(coarse mesh rebalance, CMR)方法[45]、粗网有限差分(coarse mesh finite difference, CMFD)[46]方法等，它们都是从粗网平衡方程出发，只是处理技术不同。

粗网有限差分方法通过高阶细网输运计算产生粗网格的等效均匀化参数及界面净流修正因子，以此使得低阶算子粗网格差分扩散计算具有与高阶算子等效的精度；通过快速求解低阶算子并返回修正高阶解，完成一次高阶-低阶交替计算的迭代。如此数次迭代，可在相同的解的精度下实现比原来单纯细网格输运计算更快的收敛速度。

由中子扩散理论可知，在反应堆内大尺度上中子能比较好地满足菲克定律。因此，可以通过菲克定律将表面的中子流密度表示为相邻网格中子通量密度的差商关系，从而建立所有网格之间中子通量密度的关系，实现粗网平衡方程的求解。

粗网有限差分方法是基于粗网格的。考虑粗网格内所有细网总的反应率守恒，需要

首先求解粗网的均匀化群常数。粗网均匀化宏观截面表示为

$$\overline{\Sigma}_{x,g,IJK} = \frac{\sum_{k\in K}\sum_{j\in J}\sum_{i\in I}V_{ijk}\Sigma_{x,g,ijk}\phi_{g,ijk}}{\sum_{k\in K}\sum_{j\in J}\sum_{i\in I}V_{ijk}\phi_{g,ijk}} \tag{4-234}$$

式中，$\overline{\Sigma}_{x,g,IJK}$ 为粗网格 $(I,J,K)$ 内的第 $g$ 群第 $x$ 种均匀化截面；$\Sigma_{x,g,ijk}$ 为细网格 $(i,j,k)$ 内的第 $g$ 群第 $x$ 种截面；$\phi_{g,ijk}$ 为细网格 $(i,j,k)$ 内的第 $g$ 群标通量密度；$V_{ijk}$ 为细网格 $(i,j,k)$ 的体积。

粗网扩散系数定义为

$$D_{g,IJK} = \frac{\sum_{k\in K}\sum_{j\in J}\sum_{i\in I}V_{ijk}\phi_{g,ijk}}{3\sum_{k\in K}\sum_{j\in J}\sum_{i\in I}V_{ijk}\Sigma_{t,g,ijk}\phi_{g,ijk}} \tag{4-235}$$

粗网格平均中子通量密度由体积权重得到

$$\phi_{g,IJK} = \frac{\sum_{k\in K}\sum_{j\in J}\sum_{i\in I}V_{ijk}\phi_{g,ijk}}{\sum_{k\in K}\sum_{j\in J}\sum_{i\in I}V_{ijk}} \tag{4-236}$$

由于粗网之间的参数不同，粗网边界面的扩散系数可以由界面两侧粗网的扩散系数得到

$$\tilde{D}_{g,\left(I-\frac{1}{2}\right)JK} = 2\frac{(D_{g,IJK}/\Delta X_I)(D_{g,(I-1)JK}/\Delta X_{I-1})}{D_{g,IJK}/\Delta X_I + D_{g,(I-1)JK}/\Delta X_{I-1}} \tag{4-237}$$

因此，由菲克定律，净中子流密度可以表示为

$$J_{g,\left(I-\frac{1}{2}\right)JK} = -\tilde{D}_{g,\left(I-\frac{1}{2}\right)JK}(\phi_{g,IJK} - \phi_{g,(I-1)JK}) \tag{4-238}$$

但由于扩散近似建立起来的中子通量密度与净流的关系并不精确，在假设扩散求解的中子通量密度正确的基础上，通过修正扩散的净流公式保证输运计算得到的净流与扩散的净流相同：

$$J_{g,\left(I-\frac{1}{2}\right)JK} = -\tilde{D}_{g,\left(I-\frac{1}{2}\right)JK}(\phi_{g,IJK} - \phi_{g,(I-1)JK}) - \hat{D}_{g,\left(I-\frac{1}{2}\right)JK}(\phi_{g,IJK} + \phi_{g,(I-1)JK}) \tag{4-239}$$

式中，净流由输运计算得到，因此修正系数可以由上式反推得到

$$\hat{D}_{g,\left(I-\frac{1}{2}\right)JK} = -\frac{J_{g,\left(I-\frac{1}{2}\right)JK} + \tilde{D}_{g,\left(I-\frac{1}{2}\right)JK}(\phi_{g,IJK} - \phi_{g,(I-1)JK})}{\phi_{g,IJK} + \phi_{g,(I-1)JK}} \tag{4-240}$$

将修正的净中子流密度表达式(4-239)代入粗网平衡方程，可以得到

$$
J_{x,g,\left(I+\frac{1}{2}\right)JK}\Delta Y_J\Delta Z_K - J_{x,g,\left(I-\frac{1}{2}\right)JK}\Delta Y_J\Delta Z_K + J_{y,g,I\left(J+\frac{1}{2}\right)K}\Delta X_I\Delta Z_K - J_{y,g,I\left(J-\frac{1}{2}\right)K}\Delta X_I\Delta Z_K
$$

$$
+ J_{z,g,IJ\left(K+\frac{1}{2}\right)}\Delta X_I\Delta Y_J - J_{z,g,IJ\left(K-\frac{1}{2}\right)}\Delta X_I\Delta Y_J + \Sigma_{r,g,IJK}\phi_{g,IJK}\Delta X_I\Delta Y_J\Delta Z_K
$$

$$
= \left[-\tilde{D}_{g,\left(I+\frac{1}{2}\right)JK}(\phi_{g,(I+1)JK} - \phi_{g,IJK}) - \hat{D}_{g,\left(I+\frac{1}{2}\right)JK}(\phi_{g,IJK} + \phi_{g,(I+1)JK})\right]\Delta Y_J\Delta Z_K
$$

$$
- \left[-\tilde{D}_{g,\left(I-\frac{1}{2}\right)JK}(\phi_{g,IJK} - \phi_{g,(I-1)JK}) - \hat{D}_{g,\left(I-\frac{1}{2}\right)JK}(\phi_{g,IJK} + \phi_{g,(I-1)JK})\right]\Delta Y_J\Delta Z_K
$$

$$
+ \left[-\tilde{D}_{g,I\left(J+\frac{1}{2}\right)K}(\phi_{g,I(J+1)K} - \phi_{g,IJK}) - \hat{D}_{g,I\left(J+\frac{1}{2}\right)K}(\phi_{g,IJK} + \phi_{g,I(J+1)K})\right]\Delta X_I\Delta Z_K
$$

$$
- \left[-\tilde{D}_{g,I\left(J-\frac{1}{2}\right)K}(\phi_{g,IJK} - \phi_{g,I(J-1)K}) - \hat{D}_{g,I\left(J-\frac{1}{2}\right)K}(\phi_{g,IJK} + \phi_{g,I(J-1)K})\right]\Delta X_I\Delta Z_K
$$

$$
+ \left[-\tilde{D}_{g,IJ\left(K+\frac{1}{2}\right)}(\phi_{g,IJ(K+1)} - \phi_{g,IJK}) - \hat{D}_{g,IJ\left(K+\frac{1}{2}\right)}(\phi_{g,IJK} + \phi_{g,IJ(K+1)})\right]\Delta X_I\Delta Y_J
$$

$$
- \left[-\tilde{D}_{g,IJ\left(K-\frac{1}{2}\right)}(\phi_{g,IJK} - \phi_{g,IJ(K-1)}) - \hat{D}_{g,IJ\left(K-\frac{1}{2}\right)}(\phi_{g,IJK} + \phi_{g,IJ(K-1)})\right]\Delta X_I\Delta Y_J
$$

$$
+ \Sigma_{r,g,IJK}\phi_{g,IJK}\Delta X_I\Delta Y_J\Delta Z_K
$$

$$
= Q_{g,IJK}\Delta X_I\Delta Y_J\Delta Z_K
$$

$$
(4\text{-}241)
$$

式中，$J$ 为净中子流，满足

$$
J = J^+ - J^- \tag{4-242}
$$

净中子流由高阶输运计算扫描时得到

$$
J_{x,g,\left(I\pm\frac{1}{2}\right)JK} = \int_{-1}^{1}\sqrt{1-\mu^2}\,\mathrm{d}\mu\int_{2\pi}\cos\varphi\,\psi_g(x_{I\pm\frac{1}{2}}, y_J, z_K, \mu, \varphi)\mathrm{d}\varphi \tag{4-243}
$$

$$
J_{y,g,I\left(J\pm\frac{1}{2}\right)K} = \int_{-1}^{1}\sqrt{1-\mu^2}\,\mathrm{d}\mu\int_{2\pi}\sin\varphi\,\psi_g(x_I, y_{J\pm\frac{1}{2}}, z_K, \mu, \varphi)\mathrm{d}\varphi \tag{4-244}
$$

$$
J_{z,g,IJ\left(K\pm\frac{1}{2}\right)} = \int_{-1}^{1}\mu\,\mathrm{d}\mu\int_{2\pi}\psi_g(x_I, y_J, z_{K\pm\frac{1}{2}}, \mu, \varphi)\mathrm{d}\varphi \tag{4-245}
$$

经过整理，可以得到粗网平衡方程对应的粗网有限差分方程：

$$
\frac{1}{\Delta X_I}\left(\tilde{D}_{g,\left(I+\frac{1}{2}\right)JK}-\hat{D}_{g,\left(I+\frac{1}{2}\right)JK}+\tilde{D}_{g,\left(I-\frac{1}{2}\right)JK}+\hat{D}_{g,\left(I-\frac{1}{2}\right)JK}\right)
$$
$$
+\frac{1}{\Delta Y_J}\left(\tilde{D}_{g,I\left(J+\frac{1}{2}\right)K}-\hat{D}_{g,I\left(J+\frac{1}{2}\right)K}+\tilde{D}_{g,I\left(J-\frac{1}{2}\right)K}+\hat{D}_{g,I\left(J-\frac{1}{2}\right)K}\right)
$$
$$
+\frac{1}{\Delta Z_K}\left(\tilde{D}_{g,IJ\left(K+\frac{1}{2}\right)}-\hat{D}_{g,IJ\left(K+\frac{1}{2}\right)}+\tilde{D}_{g,IJ\left(K-\frac{1}{2}\right)}+\hat{D}_{g,IJ\left(K-\frac{1}{2}\right)}\right) \tag{4-246}
$$
$$
+\Sigma_{r,g,IJK}\phi_{g,IJK}
$$
$$
=Q_{g,IJK}
$$

通过求解方程(4-246)即得到粗网格上的中子通量密度。通过粗网有限差分计算前后粗网格平均中子通量密度之比，并同步更新粗网格内所有细网格的中子通量密度，可以得到

$$
\phi_{g,ijk}^{l+1}=\frac{\phi_{g,IJK}^{l+1}}{\phi_{g,IJK}^{l+1/2}}\phi_{g,ijk}^{l+1/2},\qquad (i,j,k)\in(I,J,K) \tag{4-247}
$$

式中，$\phi_{g,ijk}^{l+1/2}$ 为输运计算得到的细网格 $(i,j,k)$ 上的中子通量密度；$\phi_{g,IJK}^{l+1}$ 为粗网平衡方程求解得到的粗网格 $(I,J,K)$ 上的中子通量密度；$\phi_{g,IJK}^{l+1/2}$ 为输运计算得到的细网中子通量密度经过均匀化得到的粗网格 $(I,J,K)$ 上的中子通量密度，即粗网平衡方程求解前的粗网中子通量密度。

## 参 考 文 献

[1] Henrici P. Introduction to applied mathematics (gilbert strang). SIAM Review, 1986, 28(4): 590-592.

[2] Lewis E E, Miller W F. Computational Methods of Neutron Transport. New York: John Wiley & Sons Inc., 1984.

[3] Lawrence R D. Progress in nodal methods for the solution of the neutron diffusion and transport equations. Progress in Nuclear Energy, 1986, 17(3): 271-301.

[4] Hébert A. Multigroup neutron transport and diffusion computations//Handbook of Nuclear Engineering. Berlin: Springer Science & Business Media, 2010.

[5] Stacey W M. Nuclear Reactor Physics (Vol. 2). Weinheim: Wiley-VCH, 2007.

[6] Zhang T, Lewis E E, Smith M A, et al. A variational nodal approach to 2D/1D pin resolved neutron transport for pressurized water reactors. Nuclear Science and Engineering, 2017, 186(2): 120-133.

[7] Azmy Y, Sartori E. Nuclear Computational Science: A Century in Review. Berlin: Springer Science & Business Media, 2010.

[8] Saad Y. Iterative methods for sparse linear systems. Philadelphia: Society for Industrial and Applied Mathematics, 2003.

[9] Palmiotti G, Lewis E E, Carrico C B. VARIANT: VARIational anisotropic nodal transport for multidimensional Cartesian and hexagonal geometry calculation. Argonne: Argonne National Laboratory, 1995.

[10] Gelbard E M. Simplified spherical harmonics equations and their use in shielding problems (No. WAPD-T-1182(Rev. 1)). Westinghouse Electric Corp. Bettis Atomic Power Lab., Pittsburgh, 1961.

[11] Larsen E W, Morel J E, McGhee J M. Asymptotic derivation of the multigroup P1 and simplified PN equations with anisotropic scattering. Nuclear Science and Engineering, 1996, 123 (3): 328-342.

[12] Li Y, Yang W, Wang S, et al. A Three-dimensional PWR-core pin-by-pin analysis code NECP-Bamboo2.0. Annals of Nuclear Energy, 2020, 144: 107507.

[13] Chao Y A. A new and rigorous SPN theory for piecewise homogeneous regions. Annals of Nuclear Energy, 2016, 96: 112-125.

[14] Greenspan H. Computational Methods in Reactor Physics. New York: Gordon and Breach Science Publisher, 1968.

[15] 谢仲生, 邓力. 中子输运理论数值计算方法. 西安: 西北工业大学出版社, 2005.

[16] Engle W W. A user's manual for ANISN. USAEC Report, LA-4848-MS, 1973.

[17] Mynatt F R. DOT-III, two-dimensional discrete ordinate transport code. USAEC Rept., ORNL-TM-4280, 1973.

[18] Nishimara T. Development of discrete ordinates SN code in three-dimensional neutron transport theory. Nuclear Science and Engineering, 1977, 62: 391-411.

[19] Rhoades W A, Simpson D B. The TORT three-dimension discrete ordinates nuetron/photon transport code. Oak Ridge: Oak Ridge National Laboratory, Computational Physics and Engineering Division, 1997.

[20] Lathrop K D. Ray effect in discrete ordinates equation. Nuclear Science and Engineering, 1968, 32: 357-369.

[21] 吴宏春, 郑友琦, 曹良志, 等. 中子输运方程确定论数值方法. 北京: 中国原子能出版社, 2018.

[22] Lathrop K D. Remedies for ray effects. Nuclear Science and Engineering, 1971, 45: 255.

[23] Miller W F, Reed W H. Ray effect mitigation methods for two-dimensional neutron transport theory. Nuclear Science and Engineering, 1977, 49: 10-19.

[24] Askew J R. A characteristics formulation of the neutron transport equation in complicated geometries//Report AEEW-M 1108. Winfrith: United Kingdom Atomic Energy Establishment, 1972.

[25] 陈其昌, 吴宏春, 曹良志. 基于 AutoCAD 二次开发实现中子输运方程特征线法求解. 原子能科学技术, 2009, 43 (3): 257-262.

[26] Suslov I. Improvements in the long characteristics method and their efficiency for deep penetration calculations. Progress in Nuclear Energy, 2001, 39 (2): 223-242.

[27] Halsall M J. CACTUS, A characteristics solution to the neutron transport equations in complicated geometries. United Kingdom: United Kingdom Atomic Energy Authority: AEEW-R-1291, 1980.

[28] 张宏博. 基于区域分解的矩阵特征线方法及二维/一维耦合中子学计算方法研究. 西安: 西安交通大学, 2012.

[29] Lee G S, Cho N Z. 2D/1D fusion method solutions of the three-dimensional transport OECD benchmark problem C5G7 MOX. Progress in Nuclear Energy, 2006, 48 (5): 410-423.

[30] Cho J Y, Kim K S, Lee C C. Error quantification of the axial nodal diffusion kernel of the DeCART code. PHYSOR 2006, Vancouver, B.C., 2006.

[31] 刘宙宇. 中子输运方程的三维模块化特征线计算方法研究. 西安: 西安交通大学, 2013.

[32] Kochunas B M. A hybrid parallel algorithm for the 3-D method of characteristics solution of the boltzmann transport equation on high performance compute clusters. Michigan: Dissertation of University of Michigan, 2013.

[33] Honeck H C. THERMOS-A thermalization transport theory code for reactor lattice calculation. NNL-5826, 1961.

[34] Smith K S. Manual of CASMO-3 (RF-76-4168). Nyköping: Studsvik Scandpower, 1988.

[35] Askew J R, Fayers F J, Kemshell P B. A general discerption of lattice code WIMS. Journal of British Nuclear Energy Society, 1966.

[36] Bickley W G, Nayler J. A short table of the function $Ki_n(x)$ from $n=1$ to $n=16$. Philosophical Magazine, 1935, 20: 343.

[37] Carlvik I. A method for calculating collision probabilities in general cylindrical geometry and applications to flux distributions and dancoff factors//Proceeding of 3$^{rd}$ International Conference on PUAE, IAEA Vienna, 1965.

[38] Newmarc D A. Errors due to the cylindrical cell approximation in lattice calculations. UKAEA Report AEEW-R-34. U.K. Atomic Energy Authority, 1960.

[39] Wagner M R. Three-dimensional nodal diffusion and transport theory methods for hexagonal-z geometry. Nuclear Science and Engineering, 1989, 103(4): 377-391.

[40] 卢皓亮. 基于三角形网格的中子扩散和输运节块方法研究. 西安: 西安交通大学, 2007.

[41] Sutton T M. Wielandt iteration as applied to the nodal expansion method. Nuclear Science Engineering, 1988, 98: 169-173.

[42] Alcouffe R E. Diffusion synthetic acceleration methods for the diamond-differenced discrete-ordinates equations. Nuclear Science and Engineering, 1977, 64(3): 344-355.

[43] Smith K S, Rhodes J D. Full-core, 2-D, LWR core calculation with CASMO-4E//Proceeding of PHYSOR 2002. Seoul, 2002.

[44] Larsen E W. Unconditionally stable diffusion-synthetic acceleration methods for the slab geometry discrete ordinates equations. Part I: Theory. Nuclear Science and Engineering, 1982, 82(1): 47-63.

[45] Cefus G R, Larsen E W. Stability analysis of coarse-mesh rebalance. Nuclear Science and Engineering, 1990, 105(1): 31-39.

[46] Cho N Z, Park C J. A Comparison of coarse mesh rebalance and coarse mesh finite difference accelerations for the neutron transport calculations//The International Conference on Nuclear Mathematical and Computational Sciences, Gatlinburg, 2003.

# 第 5 章

# 中子输运方程的扩散近似及其数值方法

稳态中子输运方程是定义在 6 维相空间内的微分-积分方程,相空间维度包括空间上的 3 个维度、角度上的 2 个维度和能量上的 1 个维度。即便在每个维度上仅离散为 10 个未知数,总的未知数个数也在 $10^6$ 量级,数值计算的存储需求和浮点运算量都将非常大,难以直接满足工程上由于需要考虑核热耦合、燃耗分析、方案搜索等因素带来的大量多次中子学计算需求。因此,中子扩散理论顺势而生,针对核反应堆堆芯 "局部非均匀、整体均匀" 的中子学特点,基于粗网均匀化技术,即在一个组件或四分之一组件内用一套常数截面参数代表其中子学特性,引入扩散近似,形成低阶中子输运方程——中子扩散方程,依然是目前压水堆堆芯分析普遍采用的方法。

数值求解中子扩散方程的方法有很多,常用的方法可以大致分为有限差分方法(Finite Difference Method, FDM)、有限元方法(Finite Element Method, FEM)和节块方法(Nodal Method)等几类。每一类方法又可以按照采用的具体处理方式形成多种不同的算法。

有限差分方法[1]数值离散的基本思想是在足够小的网格下,用差商代替微分,将连续型中子扩散方程及其边界条件转化为代数形式的离散方程,故又称细网差分方法,网格必须小到足以满足 "网格内中子通量密度服从线性分布" 的假设。对于压水堆堆芯,一个网格通常不能超过一个栅元大小,即约 1.2cm,才能使得数值计算的结果比较可靠。相比之下,节块方法数值离散的基本思想是在大网格下,通过函数展开技术提高网格内中子通量密度近似阶数,将连续型的中子扩散方程及其边界条件转化为代数形式的离散方程,其网格可以比细网差分方法放大一个量级左右,故又称粗网节块方法。

在节块方法中,第一个需要明确的问题是函数展开时选择的基函数。根据基函数的不同,可以将节块方法大致分为以下几类。①解析函数展开法,选取扩散方程的解析解或者特征函数作为展开基函数,比如解析基函数展开法(Analytic Function Expansion Nodal Method, AFEN)[2],解析节块法(Analytic Nodal Method, ANM)[3]和三角形网格解析基函数展开节块方法(Triangular Mesh Analytic Basis Function Expansion Nodal Method, ABFEM-T)[4]等。②多项式函数展开法,选择多项式函数作为展开基函数,比如节块展开法(Nodal Expansion Method, NEM)[5]和变分节块法(Variational Nodal Method, VNM)[6]等。③半解析节块法(Semi-Analytical Nodal Method, SANM),部分展开基函数为扩散方程解析解或者特征函数,部分展开基函数为多项式函数。比如,文献[7]中低阶基函数为多项式函数、高阶基函数为双曲函数;文献[8]中对快群采用多项式函数、对热群采用幂多项式函数和热群特征函数之和;文献[9]中的格林函数节块法(Nodal Green's Function Method, NGFM)对节块响应函数采用解析函数、对中子通量密度采用多项式基函数。④其他节块方法,比如非线性迭代(Non-Linear Iteration)节块方法[10]和选取单组件数值解作为基函数的变分节块展开法（Variational Nodal Expansion Method, VNEM）[11]等。

粗网节块方法中第二个需要明确的问题是高维空间的处理方式，主要包括节块内部的中子通量密度分布和中子源分布、节块边界上的中子通量密度和中子流密度，都具有一定的分布形状，该如何展开。有三种处理方式：①全空间展开技术[12]，即对需要展开的物理量在其定义空间内采用全空间展开，根据中子扩散方程建立节块内的中子通量密度矩和节块边界上的中子流密度矩之间的线性代数方程组；②特征方向展开技术[13]，即对需要展开的物理量在其定义空间内选择有限个代表性的特征方向，再在每个特征方向上参照一维中子扩散方程的处理进行展开，建立节块内的中子通量密度矩和节块边界上的中子流密度矩之间的线性代数方程组；③横向积分技术[14]，即借鉴特征方向的思想，对逐个特征方向采用横向积分，然后将其余方向上的泄漏项移至中子扩散方程右端作为横向泄漏源，依次在一维的横向积分空间中对节块内的横向积分中子通量密度、横向积分中子源密度和横向积分泄漏源密度进行一维展开，从而依次在几个特征方向上建立相应未知数之间的线性代数方程组。

本章将先介绍中子输运方程的扩散近似，再依次介绍求解中子扩散方程的数值方法，具体包括有限差分方法、节块展开方法、半解析节块方法、非线性迭代节块方法、非均匀变分节块方法。

## 5.1　中子输运方程的扩散近似

按照 3.1 节中的介绍，稳态多群中子输运方程可以写成如下形式：

$$\boldsymbol{\Omega}\cdot\nabla\varphi_g(\boldsymbol{r},\boldsymbol{\Omega})+\Sigma_{\mathrm{t},g}(\boldsymbol{r})\varphi_g(\boldsymbol{r},\boldsymbol{\Omega})=\sum_{g'}\int_{4\pi}\Sigma_{\mathrm{s},g'\to g}(\boldsymbol{r},\boldsymbol{\Omega}'\to\boldsymbol{\Omega})\varphi_{g'}(\boldsymbol{r},\boldsymbol{\Omega}')\mathrm{d}\boldsymbol{\Omega}'+q_g(\boldsymbol{r},\boldsymbol{\Omega})\tag{5-1}$$

式中，$\varphi_g(\boldsymbol{r},\boldsymbol{\Omega})$ 为空间位置 $\boldsymbol{r}$ 和角度方向 $\boldsymbol{\Omega}$ 上第 $g=1\sim G$ 群的中子角通量密度$(\mathrm{cm}^{-2}\cdot\mathrm{s}^{-1})$；$\Sigma_{\mathrm{t},g}(\boldsymbol{r})$ 为宏观总截面$(\mathrm{cm}^{-1})$；$\Sigma_{\mathrm{s},g'\to g}(\boldsymbol{r},\boldsymbol{\Omega}'\to\boldsymbol{\Omega})$ 是由宏观散射截面构成的散射矩阵$(\mathrm{cm}^{-1})$；中子角源密度 $q_g(\boldsymbol{r},\boldsymbol{\Omega})$ 在特征值问题中为

$$q_g(\boldsymbol{r},\boldsymbol{\Omega})=\frac{1}{k}\sum_{g'}\int_{4\pi}F_{g'\to g}(\boldsymbol{r})\varphi_{g'}(\boldsymbol{r},\boldsymbol{\Omega}')\mathrm{d}\boldsymbol{\Omega}'\tag{5-2}$$

在含裂变介质的固定源问题中为

$$q_g(\boldsymbol{r},\boldsymbol{\Omega})=\sum_{g'}\int_{4\pi}F_{g'\to g}(\boldsymbol{r})\varphi_{g'}(\boldsymbol{r},\boldsymbol{\Omega}')\mathrm{d}\boldsymbol{\Omega}'+q_{\mathrm{e},g}(\boldsymbol{r},\boldsymbol{\Omega})\tag{5-3}$$

$F_{g'\to g}(\boldsymbol{r})$ 表示裂变矩阵$(\mathrm{cm}^{-1})$，一般为各向同性（即裂变中子沿各个方向飞出的概率是均等的）且经常近似表示为

$$F_{g'\to g}(\boldsymbol{r})=\frac{1}{4\pi}\chi_g(\boldsymbol{r})\nu\Sigma_{\mathrm{f},g'}(\boldsymbol{r})\tag{5-4}$$

$\nu\Sigma_{\mathrm{f},g'}(\boldsymbol{r})$ 和 $\chi_g(\boldsymbol{r})$ 分别为宏观裂变中子产生截面（$\mathrm{cm}^{-1}$）和裂变中子能谱；$q_{\mathrm{e},g}(\boldsymbol{r},\boldsymbol{\Omega})$ 表示空间位置 $\boldsymbol{r}$ 和角度方向 $\boldsymbol{\Omega}$ 上第 $g=1\sim G$ 群的外中子角源密度（$\mathrm{cm}^{-3}\cdot\mathrm{s}^{-1}$）；在不含裂变介质的固定源问题（又称为纯固定源问题）中，中子角源密度 $q_g(\boldsymbol{r},\boldsymbol{\Omega})$ 仅包含外中子角源密度：

$$q_g(\boldsymbol{r},\boldsymbol{\Omega})=q_{\mathrm{e},g}(\boldsymbol{r},\boldsymbol{\Omega}) \tag{5-5}$$

对应于实际物理条件，该微分-积分方程的边界条件有很多种形式，这里给出外法线方向单位向量为 $\boldsymbol{n}_{\mathrm{s}}$ 的凸型外边界 $\boldsymbol{r}_{\mathrm{s}}$ 处（图 5-1）的中子反照条件：

$$\varphi_g(\boldsymbol{r}_{\mathrm{s}},\boldsymbol{\Omega}_{\mathrm{in}})=\beta_{\mathrm{s},g}\varphi_g(\boldsymbol{r}_{\mathrm{s}},\boldsymbol{\Omega}_{\mathrm{in}}-2\boldsymbol{\Omega}_{\mathrm{in}}^{\mathrm{T}}\boldsymbol{n}_{\mathrm{s}}\boldsymbol{n}_{\mathrm{s}}),\qquad \boldsymbol{\Omega}_{\mathrm{in}}^{\mathrm{T}}\boldsymbol{n}_{\mathrm{s}}<0 \tag{5-6}$$

式中，$\beta_{\mathrm{s},g}$ 为相应边界位置处的反照率，其物理意义为从该边界处飞出目标区域的中子返回的概率；当 $\beta_{\mathrm{s},g}=1$ 时表示全对称边界或反射边界，意为出射的中子一定会返回；当 $\beta_{\mathrm{s},g}=0$ 时表示真空边界，意为出射的中子一定不会返回。

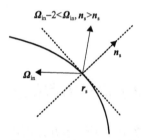

图 5-1　外边界群内中子反照条件示意图

在实际的计算过程中，除了反照率边界条件及其包含的对称边界和真空边界条件，常用的还有旋转对称边界、周期边界、0 中子通量密度边界等。考虑到其扩散近似的推导过程与反照边界的扩散近似推导过程原理一致，基本可参照推导，这里不再赘述。

针对材料交界处（图 5-2），有连续边界条件：

$$\varphi_{g,\mathrm{L}}(\boldsymbol{r}_{\mathrm{s}},\boldsymbol{\Omega})=\varphi_{g,\mathrm{R}}(\boldsymbol{r}_{\mathrm{s}},\boldsymbol{\Omega}) \tag{5-7}$$

式中，下角标 L 和 R 分别代表交界左侧和右侧。

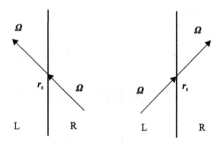

图 5-2　材料交界处的连续条件示意图

### 5.1.1　P₁ 近似与 P₁ 方程

在 "整体均匀" 的核反应堆堆芯内，中子源的空间分布也相对均匀，中子角通量密度随中子飞行方向的变化不太剧烈，可以引入 $P_1$ 近似，即假设中子角通量密度为关于中子飞行方向 $\boldsymbol{\Omega}$ 的线性函数：

$$\varphi_g(\boldsymbol{r}, \boldsymbol{\Omega}) = \frac{1}{4\pi} \Phi_g(\boldsymbol{r}) + \frac{\sqrt{3}}{4\pi} \cdot \sqrt{3} \boldsymbol{\Omega}^{\mathrm{T}} \boldsymbol{J}_g(\boldsymbol{r}) \tag{5-8}$$

式中，1 和 $\sqrt{3}\boldsymbol{\Omega}$ 分别为 0 阶和 1 阶的角度基函数，二者满足角度空间内的正交性，系数 $\sqrt{3}$ 可以保证 1 阶角度基函数的归一性；两个展开系数矩刚好分别是中子(标)通量密度 $(\mathrm{cm}^{-2} \cdot \mathrm{s}^{-1})$

$$\Phi_g(\boldsymbol{r}) = \int_{4\pi} \varphi_g(\boldsymbol{r}, \boldsymbol{\Omega}) \mathrm{d}\boldsymbol{\Omega} \tag{5-9}$$

和中子流密度向量 $(\mathrm{cm}^{-2} \cdot \mathrm{s}^{-1})$

$$\boldsymbol{J}_g(\boldsymbol{r}) = \int_{4\pi} \boldsymbol{\Omega} \varphi_g(\boldsymbol{r}, \boldsymbol{\Omega}) \mathrm{d}\boldsymbol{\Omega} \tag{5-10}$$

假设外中子角源密度为各向同性(即中子源产生的中子沿各个方向飞出的概率是均等的)，即

$$q_{\mathrm{e},g}(\boldsymbol{r}, \boldsymbol{\Omega}) = \frac{1}{4\pi} Q_{\mathrm{e},g}(\boldsymbol{r}) \tag{5-11}$$

式中，$Q_{\mathrm{e},g}(\boldsymbol{r})$ 为外中子源密度 $(\mathrm{cm}^{-3} \cdot \mathrm{s}^{-1})$。再假设散射截面随散射角余弦的分布也是线性函数，即

$$\Sigma_{\mathrm{s},g' \to g}(\boldsymbol{r}, \boldsymbol{\Omega}' \to \boldsymbol{\Omega}) = \frac{1}{4\pi} \Sigma_{\mathrm{s}0,g' \to g}(\boldsymbol{r}) + \frac{3}{4\pi} \boldsymbol{\Omega}^{\mathrm{T}} \boldsymbol{\Omega}' \Sigma_{\mathrm{s}1,g' \to g}(\boldsymbol{r}) \tag{5-12}$$

式中，$\Sigma_{\mathrm{s}0,g' \to g}(\boldsymbol{r})$ 和 $\Sigma_{\mathrm{s}1,g' \to g}(\boldsymbol{r})$ 分别为 0 阶和 1 阶宏观散射截面 $(\mathrm{cm}^{-1})$。

先将式 (5-8) 和式 (5-11) 先后代入中子角源密度定义式 (5-2) 和式 (5-3)，可知中子角源密度也为各向同性：

$$q_g(\boldsymbol{r}, \boldsymbol{\Omega}) = \frac{1}{4\pi} Q_g(\boldsymbol{r}) \tag{5-13}$$

式中，中子源密度 $Q_g(\boldsymbol{r})$ 在特征值问题和固定源问题中分别为

$$Q_g(\boldsymbol{r}) = \frac{1}{k} \sum_{g'} 4\pi F_{g' \to g}(\boldsymbol{r}) \Phi_{g'}(\boldsymbol{r}) = \frac{1}{k} \chi_g(\boldsymbol{r}) \sum_{g'} \nu \Sigma_{\mathrm{f},g'}(\boldsymbol{r}) \Phi_{g'}(\boldsymbol{r}) \tag{5-14}$$

$$Q_g(\boldsymbol{r}) = \sum_{g'} 4\pi F_{g' \to g}(\boldsymbol{r}) \Phi_{g'}(\boldsymbol{r}) + Q_{\mathrm{e},g}(\boldsymbol{r}) = \chi_g(\boldsymbol{r}) \sum_{g'} \nu \Sigma_{\mathrm{f},g'}(\boldsymbol{r}) \Phi_{g'}(\boldsymbol{r}) + Q_{\mathrm{e},g}(\boldsymbol{r}) \tag{5-15}$$

再将式(5-8)、式(5-11)和式(5-12)同时代入稳态多群中子输运方程(5-1)，可得

$$\boldsymbol{\Omega} \cdot \nabla \left[ \frac{1}{4\pi} \Phi_g(\boldsymbol{r}) + \frac{3}{4\pi} \boldsymbol{\Omega}^{\mathrm{T}} \boldsymbol{J}_g(\boldsymbol{r}) \right] + \Sigma_{\mathrm{t},g}(\boldsymbol{r}) \left[ \frac{1}{4\pi} \Phi_g(\boldsymbol{r}) + \frac{3}{4\pi} \boldsymbol{\Omega}^{\mathrm{T}} \boldsymbol{J}_g(\boldsymbol{r}) \right]$$

$$= \sum_{g'} \int_{4\pi} \left[ \frac{1}{4\pi} \Sigma_{\mathrm{s0},g' \to g}(\boldsymbol{r}) + \frac{3}{4\pi} \boldsymbol{\Omega}^{\mathrm{T}} \boldsymbol{\Omega}' \Sigma_{\mathrm{s1},g' \to g}(\boldsymbol{r}) \right] \left[ \frac{1}{4\pi} \Phi_{g'}(\boldsymbol{r}) + \frac{3}{4\pi} \boldsymbol{\Omega}'^{\mathrm{T}} \boldsymbol{J}_{g'}(\boldsymbol{r}) \right] \mathrm{d}\boldsymbol{\Omega}' \quad (5\text{-}16)$$

$$+ \frac{1}{4\pi} Q_g(\boldsymbol{r})$$

接下来，依次将上述方程投影到角度基函数坐标轴 1 和 $\sqrt{3}\boldsymbol{\Omega}$ 上，即可获得关于中子标通量密度和中子流密度的方程。

在方程(5-16)两端同时乘以角度基函数 1，对角度自变量 $\boldsymbol{\Omega}$ 在全角度范围 $4\pi$ 内进行积分，可得

$$\int_{4\pi} \boldsymbol{\Omega} \cdot \nabla \frac{1}{4\pi} \Phi_g(\boldsymbol{r}) \mathrm{d}\boldsymbol{\Omega} + \int_{4\pi} \boldsymbol{\Omega} \cdot \nabla \frac{3}{4\pi} \boldsymbol{\Omega}^{\mathrm{T}} \boldsymbol{J}_g(\boldsymbol{r}) \mathrm{d}\boldsymbol{\Omega}$$

$$+ \int_{4\pi} \Sigma_{\mathrm{t},g}(\boldsymbol{r}) \frac{1}{4\pi} \Phi_g(\boldsymbol{r}) \mathrm{d}\boldsymbol{\Omega} + \int_{4\pi} \Sigma_{\mathrm{t},g}(\boldsymbol{r}) \frac{3}{4\pi} \boldsymbol{\Omega}^{\mathrm{T}} \boldsymbol{J}_g(\boldsymbol{r}) \mathrm{d}\boldsymbol{\Omega}$$

$$= \sum_{g'} \int_{4\pi} \int_{4\pi} \frac{1}{4\pi} \Sigma_{\mathrm{s0},g' \to g}(\boldsymbol{r}) \frac{1}{4\pi} \Phi_{g'}(\boldsymbol{r}) \mathrm{d}\boldsymbol{\Omega}' \mathrm{d}\boldsymbol{\Omega}$$

$$+ \sum_{g'} \int_{4\pi} \int_{4\pi} \frac{1}{4\pi} \Sigma_{\mathrm{s0},g' \to g}(\boldsymbol{r}) \frac{3}{4\pi} \boldsymbol{\Omega}'^{\mathrm{T}} \boldsymbol{J}_{g'}(\boldsymbol{r}) \mathrm{d}\boldsymbol{\Omega}' \mathrm{d}\boldsymbol{\Omega} \qquad (5\text{-}17)$$

$$+ \sum_{g'} \int_{4\pi} \int_{4\pi} \frac{3}{4\pi} \boldsymbol{\Omega}^{\mathrm{T}} \boldsymbol{\Omega}' \Sigma_{\mathrm{s1},g' \to g}(\boldsymbol{r}) \frac{1}{4\pi} \Phi_{g'}(\boldsymbol{r}) \mathrm{d}\boldsymbol{\Omega}' \mathrm{d}\boldsymbol{\Omega}$$

$$+ \sum_{g'} \int_{4\pi} \int_{4\pi} \frac{3}{4\pi} \boldsymbol{\Omega}^{\mathrm{T}} \boldsymbol{\Omega}' \Sigma_{\mathrm{s1},g' \to g}(\boldsymbol{r}) \frac{3}{4\pi} \boldsymbol{\Omega}'^{\mathrm{T}} \boldsymbol{J}_{g'}(\boldsymbol{r}) \mathrm{d}\boldsymbol{\Omega}' \mathrm{d}\boldsymbol{\Omega}$$

$$+ \int_{4\pi} \frac{1}{4\pi} Q_g(\boldsymbol{r}) \mathrm{d}\boldsymbol{\Omega}$$

在式(5-17)进一步的推导过程中，需要用到几种不同的角度积分公式，具体包括：

(1)当被积函数为角度变量的 0 阶函数时，积分结果为单位球表面积 $4\pi$。因此，式(5-17)等号左侧的第 3 项和右侧的第 1 项和第 5 项依次为

$$\int_{4\pi} \Sigma_{\mathrm{t},g}(\boldsymbol{r}) \frac{1}{4\pi} \Phi_g(\boldsymbol{r}) \mathrm{d}\boldsymbol{\Omega} = \Sigma_{\mathrm{t},g}(\boldsymbol{r}) \Phi_g(\boldsymbol{r}) \qquad (5\text{-}18)$$

$$\sum_{g'} \int_{4\pi} \mathrm{d}\boldsymbol{\Omega}' \int_{4\pi} \frac{1}{4\pi} \Sigma_{\mathrm{s0},g' \to g}(\boldsymbol{r}) \frac{1}{4\pi} \Phi_{g'}(\boldsymbol{r}) \mathrm{d}\boldsymbol{\Omega} = \sum_{g'} \Sigma_{\mathrm{s0},g' \to g}(\boldsymbol{r}) \Phi_{g'}(\boldsymbol{r}) \qquad (5\text{-}19)$$

$$\int_{4\pi} \frac{1}{4\pi} Q_g(\boldsymbol{r}) \mathrm{d}\boldsymbol{\Omega} = Q_g(\boldsymbol{r}) \qquad (5\text{-}20)$$

(2) 由于角度自变量 $\boldsymbol{\Omega}$ 在其定义域 $4\pi$ 内是奇函数，当被积函数中包含奇数个角度变量时，积分项为 0。故式 (5-17) 等号左侧的第 1 项和第 4 项、右侧的第 2 项、第 3 项和第 4 项均为 0，即

$$\int_{4\pi} \boldsymbol{\Omega} \cdot \nabla \frac{1}{4\pi} \Phi_g(\boldsymbol{r}) \mathrm{d}\boldsymbol{\Omega} = 0 \tag{5-21}$$

$$\int_{4\pi} \Sigma_{\mathrm{t},g}(\boldsymbol{r}) \frac{3}{4\pi} \boldsymbol{\Omega}^{\mathrm{T}} \boldsymbol{J}_g(\boldsymbol{r}) \mathrm{d}\boldsymbol{\Omega} = 0 \tag{5-22}$$

$$\sum_{g'} \int_{4\pi} \int_{4\pi} \frac{1}{4\pi} \Sigma_{s0,g' \to g}(\boldsymbol{r}) \frac{3}{4\pi} \boldsymbol{\Omega}'^{\mathrm{T}} \boldsymbol{J}_{g'}(\boldsymbol{r}) \mathrm{d}\boldsymbol{\Omega}' \mathrm{d}\boldsymbol{\Omega} = 0 \tag{5-23}$$

$$\sum_{g'} \int_{4\pi} \int_{4\pi} \frac{3}{4\pi} \boldsymbol{\Omega}^{\mathrm{T}} \boldsymbol{\Omega}' \Sigma_{s1,g' \to g}(\boldsymbol{r}) \frac{1}{4\pi} \Phi_{g'}(\boldsymbol{r}) \mathrm{d}\boldsymbol{\Omega}' \mathrm{d}\boldsymbol{\Omega} = 0 \tag{5-24}$$

$$\sum_{g'} \int_{4\pi} \int_{4\pi} \frac{3}{4\pi} \boldsymbol{\Omega}^{\mathrm{T}} \boldsymbol{\Omega}' \Sigma_{s1,g' \to g}(\boldsymbol{r}) \frac{3}{4\pi} \boldsymbol{\Omega}'^{\mathrm{T}} \boldsymbol{J}_{g'}(\boldsymbol{r}) \mathrm{d}\boldsymbol{\Omega}' \mathrm{d}\boldsymbol{\Omega} = 0 \tag{5-25}$$

(3) 可以利用角度自变量的极角 $\theta \in [0,\pi]$ 和辐角 $\psi \in [0,2\pi]$ 表达式

$$\boldsymbol{\Omega} = [\sin\theta\cos\psi \quad \sin\theta\sin\psi \quad \cos\theta]^{\mathrm{T}} \tag{5-26}$$

推导获得式 (5-17) 左侧的第 2 项中出现的积分计算结果如下：

$$\int_{4\pi} \boldsymbol{\Omega} \boldsymbol{\Omega}^{\mathrm{T}} \mathrm{d}\boldsymbol{\Omega} = \frac{1}{3} \boldsymbol{I} \tag{5-27}$$

式中，$\boldsymbol{I}$ 为 $3 \times 3$ 的单位矩阵。故式 (5-17) 的第 2 项为

$$\int_{4\pi} \boldsymbol{\Omega} \cdot \nabla \frac{3}{4\pi} \boldsymbol{\Omega}^{\mathrm{T}} \boldsymbol{J}_g(\boldsymbol{r}) \mathrm{d}\boldsymbol{\Omega} = \nabla \cdot \boldsymbol{J}_g(\boldsymbol{r}) \tag{5-28}$$

综合上述逐项推导，式 (5-17) 将变形为

$$\nabla \cdot \boldsymbol{J}_g(\boldsymbol{r}) + \Sigma_{\mathrm{t},g}(\boldsymbol{r}) \Phi_g(\boldsymbol{r}) = \sum_{g'} \Sigma_{s0,g' \to g}(\boldsymbol{r}) \Phi_{g'}(\boldsymbol{r}) + Q_g(\boldsymbol{r}) \tag{5-29}$$

然后，在方程 (5-16) 两端同时乘以角度基函数 $\sqrt{3}\boldsymbol{\Omega}$ 的转置，并对角度自变量 $\boldsymbol{\Omega}$ 在全角度范围 $4\pi$ 内进行积分，可得

$$\int_{4\pi} \sqrt{3}\boldsymbol{\Omega}^{\mathrm{T}} \boldsymbol{\Omega} \cdot \nabla \frac{1}{4\pi} \Phi_g(\boldsymbol{r}) \mathrm{d}\boldsymbol{\Omega} + \int_{4\pi} \sqrt{3}\boldsymbol{\Omega}^{\mathrm{T}} \boldsymbol{\Omega} \cdot \nabla \frac{3}{4\pi} \boldsymbol{\Omega}^{\mathrm{T}} \boldsymbol{J}_g(\boldsymbol{r}) \mathrm{d}\boldsymbol{\Omega}$$

$$+ \int_{4\pi} \sqrt{3}\boldsymbol{\Omega}^{\mathrm{T}} \Sigma_{\mathrm{t},g}(\boldsymbol{r}) \frac{1}{4\pi} \Phi_g(\boldsymbol{r}) \mathrm{d}\boldsymbol{\Omega} + \int_{4\pi} \sqrt{3}\boldsymbol{\Omega}^{\mathrm{T}} \Sigma_{\mathrm{t},g}(\boldsymbol{r}) \frac{3}{4\pi} \boldsymbol{\Omega}^{\mathrm{T}} \boldsymbol{J}_g(\boldsymbol{r}) \mathrm{d}\boldsymbol{\Omega}$$

$$= \int_{4\pi} \int_{4\pi} \sqrt{3}\boldsymbol{\Omega}^{\mathrm{T}} \sum_{g'} \frac{1}{4\pi} \Sigma_{s0,g' \to g}(\boldsymbol{r}) \frac{1}{4\pi} \Phi_{g'}(\boldsymbol{r}) \mathrm{d}\boldsymbol{\Omega}' \mathrm{d}\boldsymbol{\Omega}$$

$$+ \int_{4\pi} \int_{4\pi} \sqrt{3} \boldsymbol{\Omega}^{\mathrm{T}} \sum_{g'} \frac{1}{4\pi} \Sigma_{\mathrm{s}0,g'\to g}(\boldsymbol{r}) \frac{3}{4\pi} \boldsymbol{\Omega}'^{\mathrm{T}} \boldsymbol{J}_{g'}(\boldsymbol{r}) \mathrm{d}\boldsymbol{\Omega}' \mathrm{d}\boldsymbol{\Omega}$$

$$+ \int_{4\pi} \int_{4\pi} \sqrt{3} \boldsymbol{\Omega}^{\mathrm{T}} \sum_{g'} \frac{3}{4\pi} \boldsymbol{\Omega}^{\mathrm{T}} \boldsymbol{\Omega}' \Sigma_{\mathrm{s}1,g'\to g}(\boldsymbol{r}) \frac{1}{4\pi} \Phi_{g'}(\boldsymbol{r}) \mathrm{d}\boldsymbol{\Omega}' \mathrm{d}\boldsymbol{\Omega} \tag{5-30}$$

$$+ \int_{4\pi} \int_{4\pi} \sqrt{3} \boldsymbol{\Omega}^{\mathrm{T}} \sum_{g'} \frac{3}{4\pi} \boldsymbol{\Omega}^{\mathrm{T}} \boldsymbol{\Omega}' \Sigma_{\mathrm{s}1,g'\to g}(\boldsymbol{r}) \frac{3}{4\pi} \boldsymbol{\Omega}'^{\mathrm{T}} \boldsymbol{J}_{g'}(\boldsymbol{r}) \mathrm{d}\boldsymbol{\Omega}' \mathrm{d}\boldsymbol{\Omega}$$

$$+ \int_{4\pi} \sqrt{3} \boldsymbol{\Omega}^{\mathrm{T}} \frac{1}{4\pi} Q_g(\boldsymbol{r}) \mathrm{d}\boldsymbol{\Omega}$$

由于被积函数中包含角度自变量的个数为奇数，方程(5-30)左侧第 2 项和第 3 项、右侧第 1、2、3 项和第 5 项均为 0。

利用式(5-27)，可得式(5-30)中的左侧第 1 项为

$$\int_{4\pi} \sqrt{3} \boldsymbol{\Omega}^{\mathrm{T}} \boldsymbol{\Omega} \cdot \nabla \frac{1}{4\pi} \Phi_g(\boldsymbol{r}) \mathrm{d}\boldsymbol{\Omega} = \frac{\sqrt{3}}{3} \nabla \Phi_g(\boldsymbol{r}) \tag{5-31}$$

左侧第 4 项为

$$\int_{4\pi} \sqrt{3} \boldsymbol{\Omega}^{\mathrm{T}} \Sigma_{\mathrm{t},g}(\boldsymbol{r}) \frac{3}{4\pi} \boldsymbol{\Omega}^{\mathrm{T}} \boldsymbol{J}_g(\boldsymbol{r}) \mathrm{d}\boldsymbol{\Omega} = \sqrt{3} \Sigma_{\mathrm{t},g}(\boldsymbol{r}) \boldsymbol{J}_g(\boldsymbol{r}) \tag{5-32}$$

右侧第 4 项为

$$\int_{4\pi} \mathrm{d}\boldsymbol{\Omega}' \int_{4\pi} \sqrt{3} \boldsymbol{\Omega}^{\mathrm{T}} \sum_{g'} \frac{3}{4\pi} \boldsymbol{\Omega}^{\mathrm{T}} \boldsymbol{\Omega}' \Sigma_{\mathrm{s}1,g'\to g}(\boldsymbol{r}) \frac{3}{4\pi} \boldsymbol{\Omega}'^{\mathrm{T}} \boldsymbol{J}_{g'}(\boldsymbol{r}) \mathrm{d}\boldsymbol{\Omega}$$

$$= \sum_{g'} \sqrt{3} \Sigma_{\mathrm{s}1,g'\to g}(\boldsymbol{r}) \boldsymbol{J}_{g'}(\boldsymbol{r}) \tag{5-33}$$

因此，式(5-30)将变形为

$$\nabla \Phi_g(\boldsymbol{r}) + 3 \Sigma_{\mathrm{t},g}(\boldsymbol{r}) \boldsymbol{J}_g(\boldsymbol{r}) = \sum_{g'} 3 \Sigma_{\mathrm{s}1,g'\to g}(\boldsymbol{r}) \boldsymbol{J}_{g'}(\boldsymbol{r}) \tag{5-34}$$

式(5-29)和式(5-34)即为在各向同性中子源条件下角度 1 阶近似后的稳态多群中子输运方程，简称 P₁ 方程。该方程组是关于中子通量密度和中子流密度的耦合方程。

为了获得关于中子通量密度的中子扩散方程，需要从式(5-34)出发，获得中子流密度与中子通量密度的关系，以方便将其代入式(5-29)，从而消去中子流密度。其中，式(5-34)中的中子流散射源项耦合了多个能群，为了进行能群脱耦合，需要引入输运修正近似。

### 5.1.2 输运修正近似与中子扩散方程

输运修正近似有三种处理方式，分别为 P₀ 近似、Outflow 输运修正近似和 Inflow 输运修正近似。

在 $P_0$ 近似中，直接认为 1 阶各向异性散射截面为 0（即散射为各向同性，散射过程出射的中子沿各个出射方向飞出的概率是均等的）：

$$\Sigma_{s1,g'\to g}(\boldsymbol{r})=0 \tag{5-35}$$

将式(5-35)代入式(5-34)，可得

$$\boldsymbol{J}_g(\boldsymbol{r}) = -D_g(\boldsymbol{r})\nabla\Phi_g(\boldsymbol{r}) \tag{5-36}$$

即为菲克定律(Fick's Law)。其中，扩散系数定义为

$$D_g(\boldsymbol{r}) = \frac{1}{3\Sigma_{t,g}(\boldsymbol{r})} \tag{5-37}$$

在 Outflow 输运修正近似中，假设每一个能群的 1 阶出射中子流核反应率与其 1 阶入射中子流核反应率都恒相等，即

$$\sum_{g'}\Sigma_{s1,g'\to g}(\boldsymbol{r})\boldsymbol{J}_{g'}(\boldsymbol{r}) = \sum_{g'}\Sigma_{s1,g\to g'}(\boldsymbol{r})\boldsymbol{J}_g(\boldsymbol{r}) \tag{5-38}$$

将式(5-38)代入式(5-34)，可得

$$\nabla\Phi_g(\boldsymbol{r})+3\Sigma_{t,g}(\boldsymbol{r})\boldsymbol{J}_g(\boldsymbol{r})=3\sum_{g'}\Sigma_{s1,g\to g'}(\boldsymbol{r})\boldsymbol{J}_g(\boldsymbol{r}) \tag{5-39}$$

定义宏观输运修正截面为

$$\Sigma_{tr,g}(\boldsymbol{r}) = \Sigma_{t,g}(\boldsymbol{r}) - \sum_{g'}\Sigma_{s1,g\to g'}(\boldsymbol{r}) \tag{5-40}$$

同样可得式(5-36)，只是其中的扩散系数定义变为

$$D_g(\boldsymbol{r}) = \frac{1}{3\Sigma_{tr,g}(\boldsymbol{r})} \tag{5-41}$$

在 Inflow 输运修正近似中，假设输运修正后的 1 阶中子散射源为 0，即定义宏观输运截面为

$$\Sigma_{tr,g}(\boldsymbol{r})\boldsymbol{J}_g(\boldsymbol{r}) = \Sigma_{t,g}(\boldsymbol{r})\boldsymbol{J}_g(\boldsymbol{r}) - \sum_{g'}\Sigma_{s1,g'\to g}(\boldsymbol{r})\boldsymbol{J}_{g'}(\boldsymbol{r}) \tag{5-42}$$

则依据式(5-34)同样可得式(5-36)，且其中扩散系数定义也为式(5-41)。然而，由于中子流密度是向量，且该向量的值是未知数，因此无法直接利用式(5-42)获得宏观输运截面，常用的近似有很多种，其中比较简单的有两种。第一，用中子标通量密度替代中子流密度，即

$$\Sigma_{tr,g}(\boldsymbol{r}) = \Sigma_{t,g}(\boldsymbol{r}) - \frac{\sum_{g'}\Sigma_{s1,g'\to g}(\boldsymbol{r})\Phi_{g'}(\boldsymbol{r})}{\Phi_g(\boldsymbol{r})} \tag{5-43}$$

第二种是用中子标通量密度与宏观总截面的比值来替代中子流密度，即

$$\Sigma_{\text{tr},g}(r) = \Sigma_{\text{t},g}(r) - \frac{\sum\limits_{g'} \Sigma_{\text{s1},g'\to g}(r)\dfrac{\Phi_{g'}(r)}{\Sigma_{\text{t},g'}(r)}}{\dfrac{\Phi_g(r)}{\Sigma_{\text{t},g}(r)}} \tag{5-44}$$

在这两种情况下，只要先通过中子输运计算获得了中子标通量密度，即可进行输运修正近似，获得相应的宏观输运修正截面和扩散系数。

将式(5-36)代入式(5-29)，可得

$$-\nabla[D_g(r)\nabla\Phi_g(r)] + \Sigma_{\text{t},g}(r)\Phi_g(r) = \sum_{g'}\Sigma_{\text{s0},g'\to g}(r)\Phi_{g'}(r) + Q_g(r) \tag{5-45}$$

式(5-45)和式(5-14)即为特征值问题下的稳态多群中子扩散方程；式(5-45)和式(5-15)即为固定源问题下的稳态多群中子扩散方程。

### 5.1.3 中子扩散边界条件

对于外法线方向单位向量为 $n_s$ 的边界，定义净中子流密度为

$$J_g(r_s) = \langle n_s, J_g(r_s)\rangle = \int_{4\pi} n_s^{\text{T}}\Omega\varphi_g(r,\Omega)\text{d}\Omega \tag{5-46}$$

分中子流密度包括出射分中子流密度和入射分中子流密度：

$$J_g^+(r_s) = \int_{n_s^{\text{T}}\Omega>0} n_s^{\text{T}}\Omega\varphi_g(r,\Omega)\text{d}\Omega \tag{5-47}$$

$$J_g^-(r_s) = -\int_{n_s^{\text{T}}\Omega<0} n_s^{\text{T}}\Omega\varphi_g(r,\Omega)\text{d}\Omega \tag{5-48}$$

则有净中子流与分中子流的关系恒成立

$$J_g(r_s) = J_g^+(r_s) - J_g^-(r_s) \tag{5-49}$$

注意这里的出射和入射是由同一个外法线方向 $n_s$ 确定的。

对于凸型外边界处的群内反照条件，可将式(5-8)代入式(5-6)，在方程两端同时乘以 $\Omega_{\text{in}}$，再在半角度空间进行积分，利用上述分中子流密度的定义，可得

$$J_g^-(r_s) = \beta_{\text{s},g}J_g^+(r_s) \tag{5-50}$$

对于材料交界处的连续条件，可将式(5-8)代入式(5-7)，再将该方程依次投影到角度基函数 1 和 $\Omega$ 坐标轴上，可分别得

$$\Phi_{g,\text{L}}(r_s) = \Phi_{g,\text{R}}(r_s) \tag{5-51}$$

$$J_{g,\mathrm{L}}(\boldsymbol{r}_\mathrm{s}) = -J_{g,\mathrm{R}}(\boldsymbol{r}_\mathrm{s}) \tag{5-52}$$

即中子通量密度和净中子流密度构成一对需要保持连续的物理量。注意，式(5-52)中，同一个边界上左右两个相邻网格两个净中子流密度的定义采用了各自的外法线方向；若均采用同一个边界法线方向，则该式中两个物理量直接相等。

将中子角通量密度关于角度的 1 阶近似代入分中子流密度的定义式，可得

$$J_g^+(\boldsymbol{r}_\mathrm{s}) = \int_{n_\mathrm{s}^\mathrm{T}\boldsymbol{\Omega}>0} n_\mathrm{s}^\mathrm{T}\boldsymbol{\Omega}\left[\frac{1}{4\pi}\varPhi_g(\boldsymbol{r}_\mathrm{s}) + \frac{\sqrt3}{4\pi}\cdot\sqrt3\boldsymbol{\Omega}^\mathrm{T}J_g(\boldsymbol{r}_\mathrm{s})\right]\mathrm{d}\boldsymbol{\Omega} = \frac14\varPhi_g(\boldsymbol{r}_\mathrm{s}) + \frac12 J_g(\boldsymbol{r}_\mathrm{s}) \tag{5-53}$$

$$J_g^-(\boldsymbol{r}_\mathrm{s}) = \int_{n_\mathrm{s}^\mathrm{T}\boldsymbol{\Omega}<0} n_\mathrm{s}^\mathrm{T}\boldsymbol{\Omega}\left[\frac{1}{4\pi}\varPhi_g(\boldsymbol{r}_\mathrm{s}) + \frac{\sqrt3}{4\pi}\cdot\sqrt3\boldsymbol{\Omega}^\mathrm{T}J_g(\boldsymbol{r}_\mathrm{s})\right]\mathrm{d}\boldsymbol{\Omega} = \frac14\varPhi_g(\boldsymbol{r}_\mathrm{s}) - \frac12 J_g(\boldsymbol{r}_\mathrm{s}) \tag{5-54}$$

可见，如果将分中子流密度看成是定义在边界上的一对自由变量，将面中子通量密度和净中子流密度看成是另一对自由变量，式(5-53)和式(5-54)表达了它们之间的可逆转换关系：

$$\begin{bmatrix} J_g^+(\boldsymbol{r}_\mathrm{s}) \\ J_g^-(\boldsymbol{r}_\mathrm{s}) \end{bmatrix} = \begin{bmatrix} \dfrac14 & \dfrac12 \\ \dfrac14 & -\dfrac12 \end{bmatrix}\begin{bmatrix} \varPhi_g(\boldsymbol{r}_\mathrm{s}) \\ J_g(\boldsymbol{r}_\mathrm{s}) \end{bmatrix} \tag{5-55}$$

其逆向变换为

$$\begin{bmatrix} \varPhi_g(\boldsymbol{r}_\mathrm{s}) \\ J_g(\boldsymbol{r}_\mathrm{s}) \end{bmatrix} = \begin{bmatrix} 2 & 2 \\ 1 & -1 \end{bmatrix}\begin{bmatrix} J_g^+(\boldsymbol{r}_\mathrm{s}) \\ J_g^-(\boldsymbol{r}_\mathrm{s}) \end{bmatrix} \tag{5-56}$$

将式(5-56)代入式(5-51)和式(5-52)，可得

$$J_{g,\mathrm{R}}^-(\boldsymbol{r}_\mathrm{s}) = J_{g,\mathrm{L}}^+(\boldsymbol{r}_\mathrm{s}) \tag{5-57}$$

$$J_{g,\mathrm{L}}^-(\boldsymbol{r}_\mathrm{s}) = J_{g,\mathrm{R}}^+(\boldsymbol{r}_\mathrm{s}) \tag{5-58}$$

可以看出，在边界处，出射和入射分中子流密度构成了另一对需要保持连续的物理量，可以与式(5-51)和式(5-52)中保持连续的中子通量密度和净中子流密度进行等价替换。

在实际的核反应堆堆芯物理计算中，求解中子扩散方程需要先依据均匀化理论获得少群常数，包括宏观输运截面、输运修正的宏观散射截面、裂变中子宏观产生截面、裂变中子能谱、扩散系数和不连续因子等。其中，①为了同时保证均匀化区域内的中子碰撞核反应率和区域边界上的中子泄漏率在均匀化前后满足守恒关系，对扩散系数与输运截面的 1/3 倒数关系不再做强制要求，而是允许扩散系数按照保证均匀化区域内总的中子泄漏率守恒单独计算获得；②在材料交界处定义不连续因子，目的是保证均匀化区域在该边界上的中子泄漏率守恒，形式是在保留净中子流连续条件的同时将式(5-51)中的

中子通量密度连续条件改变为

$$f_{g,R}\Phi_{g,R}(\boldsymbol{r}) = f_{g,L}\Phi_{g,L}(\boldsymbol{r}) \tag{5-59}$$

注意，当同一边界两侧两个不连续因子相等时，只要其取值不为 0，不连续因子都将不会引起中子通量密度的不连续，也可以保证相应边界上的中子泄漏率守恒。

在考虑不连续因子的情况下，将边界处的中子通量密度连续条件式(5-59)和净中子流密度连续条件式(5-52)通过将式(5-56)代入其中换算成出射和入射分中子流密度的形式，可得

$$J_{s,g,R}^{-}(\boldsymbol{r}_s) = \frac{2f_{g,L}}{f_{g,R}+f_{g,L}}J_{s,g,L}^{+}(\boldsymbol{r}_s) + \frac{f_{g,L}-f_{g,R}}{f_{g,R}+f_{g,L}}J_{s,g,R}^{+}(\boldsymbol{r}_s) \tag{5-60}$$

$$J_{s,g,L}^{-}(\boldsymbol{r}_s) = \frac{2f_{g,R}}{f_{g,R}+f_{g,L}}J_{s,g,R}^{+}(\boldsymbol{r}_s) + \frac{f_{g,R}-f_{g,L}}{f_{g,R}+f_{g,L}}J_{s,g,L}^{+}(\boldsymbol{r}_s) \tag{5-61}$$

可以看出：

(1)随着不连续因子的出现，从边界上入射到该区域的分中子流密度，既包含了对面区域出射分中子流密度的一部分，也包含了该区域出射分中子流密度的一部分，如图 5-3 所示，即经过边界的中子都将有一部分可以直接穿透边界(相应比例称为透射系数)，还有一部分将被反射回原区域(相应比例称为反射系数)；

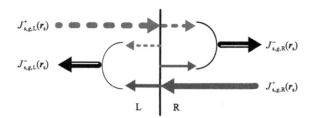

图 5-3  不连续因子的作用示意图

(2)当 $f_{g,R} = f_{g,L}$ 时，相应的反射系数退化为 0，透射系数退化为 1，式(5-60)和式(5-61)将退化回式(5-57)和式(5-58)，从边界上入射到该区域的分中子流直接等于对面区域的出射分中子流，所有经过边界的中子都将直接穿透边界。

对于实际的核反应堆堆芯中子扩散问题，一般空间上按照材料参数的取值可以划分为若干个材料区。在每个材料区内，式(5-45)所示稳态多群中子扩散方程成立。在不同材料区交界处，式(5-60)和式(5-61)所示的连续边界条件成立。在整个堆芯的最外围边界处，有类似于式(5-50)所示反照边界的边界条件成立。这些微分-积分方程组联立在一起，共同刻画堆芯内的中子通量密度沿空间和能量的分布情况。

在分别采用裂变源迭代算法与散射源迭代算法处理裂变源和散射源之后，针对特征值问题、含裂变介质的固定源问题或纯固定源问题，可以获得当前能群的中子源 $W_g(\boldsymbol{r})$ 分别为

$$W_g(\boldsymbol{r}) = \sum_{g' \neq g} \varSigma_{s0,g' \to g}(\boldsymbol{r}) \varPhi_{g'}(\boldsymbol{r}) + \frac{1}{k} \chi_g(\boldsymbol{r}) \sum_{g'} \nu \varSigma_{f,g'}(\boldsymbol{r}) \varPhi_{g'}(\boldsymbol{r}) \tag{5-62}$$

$$W_g(\boldsymbol{r}) = \sum_{g' \neq g} \varSigma_{s0,g' \to g}(\boldsymbol{r}) \varPhi_{g'}(\boldsymbol{r}) + \chi_g(\boldsymbol{r}) \sum_{g'} \nu \varSigma_{f,g'}(\boldsymbol{r}) \varPhi_{g'}(\boldsymbol{r}) + Q_{e,g}(\boldsymbol{r}) \tag{5-63}$$

$$W_g(\boldsymbol{r}) = \sum_{g' \neq g} \varSigma_{s0,g' \to g}(\boldsymbol{r}) \varPhi_{g'}(\boldsymbol{r}) + Q_{e,g}(\boldsymbol{r}) \tag{5-64}$$

此时，只要能求解固定源中子扩散方程

$$L_g \varPhi_g(\boldsymbol{r}) = W_g(\boldsymbol{r}) \tag{5-65}$$

即可，其中算子 $L_g$ 为

$$L_g \varPhi_g(\boldsymbol{r}) = -\nabla [D_g(\boldsymbol{r}) \nabla \varPhi_g(\boldsymbol{r})] + \varSigma_{r,g}(\boldsymbol{r}) \varPhi_g(\boldsymbol{r}) \tag{5-66}$$

$\varSigma_{r,g}(\boldsymbol{r})$ 是为了在方程两端同时消去群内散射项而引入的宏观移出截面（$cm^{-1}$）：

$$\varSigma_{r,g}(\boldsymbol{r}) = \varSigma_{t,g}(\boldsymbol{r}) - \varSigma_{s0,g \to g}(\boldsymbol{r}) \tag{5-67}$$

因此，下文不同数值计算方法的介绍将主要聚焦于式（5-65）的求解。

# 5.2  有限差分方法

有限差分方法包括边界差分方法（或者角点差分方法）和中心差分方法。本节将介绍二维直角几何下中心差分方法，主要是考虑到边界差分方法定义的网格边界中子通量密度无法适用于存在不连续因子的堆芯中子扩散计算。

在二维直角几何下，忽略能群符号 $g$ 的单群中子扩散方程为

$$-\frac{\partial}{\partial x}\left[ D(x,y) \frac{\partial}{\partial x} \varPhi(x,y) \right] - \frac{\partial}{\partial y}\left[ D(x,y) \frac{\partial}{\partial y} \varPhi(x,y) \right] + \varSigma_r(x,y) \varPhi(x,y) = W(x,y) \tag{5-68}$$

其中各符号的定义见前文，下面按照数值离散和迭代求解的步骤来依次介绍该方程的求解。

## 5.2.1  网格剖分

如图 5-4(a) 所示，将整个计算区域进行网格划分，在 $x$ 和 $y$ 方向上分别划分为 $I$ 和 $J$ 个网格，要求所有材料交界面必须是网格边界，使得每个网格内的材料参数均为常数。其中，$x$ 方向上的网格依次从左到右编号，相应的网格点从左到右依次定义为 $x_{1/2}, x_{3/2}, \cdots,$ $x_{i-1/2}, \cdots, x_{I-1/2}, x_{I+1/2}$，第 $i$ 个网格的宽度为 $\Delta x_i$，网格中心点为 $x_i$；$y$ 方向上的网格依次从下到上编号，相应的网格点从左到右依次定义为 $y_{1/2}, y_{3/2}, \cdots, y_{j-1/2}, \cdots, y_{J-1/2}, y_{J+1/2}$，第 $j$ 个网格的宽度为 $\Delta y_j$，网格中心点为 $y_j$。在这个过程中，连续方程被离散到单个网

格上，网格间满足连续边界条件，外边界条件保持不变。

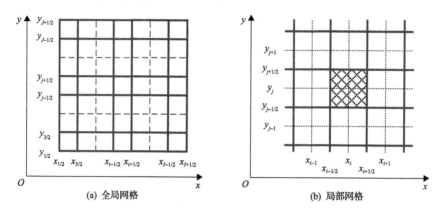

(a) 全局网格        (b) 局部网格

图 5-4　有限差分方法网格剖分示意图

### 5.2.2　方程离散

定义网格中心 $(x_i, y_j)$ 上的中子通量密度为 $\Phi_{i,j}$，对于不含外边界的网格即 $\{i = 2 \sim I-1, j = 2 \sim J-1\}$，在图 5-4(b) 的阴影区域内将方程进行积分，可得

$$-\int_{y_{j-1/2}}^{y_{j+1/2}} \int_{x_{i-1/2}}^{x_{i+1/2}} \frac{\partial}{\partial x}\left[D(x,y)\frac{\partial}{\partial x}\Phi(x,y)\right]\mathrm{d}x\mathrm{d}y - \int_{y_{j-1/2}}^{y_{j+1/2}} \int_{x_{i-1/2}}^{x_{i+1/2}} \frac{\partial}{\partial y}\left[D(x,y)\frac{\partial}{\partial y}\Phi(x,y)\right]\mathrm{d}x\mathrm{d}y$$

$$+\int_{y_{j-1/2}}^{y_{j+1/2}} \int_{x_{i-1/2}}^{x_{i+1/2}} \Sigma_{\mathrm{r}}(x,y)\Phi(x,y)\mathrm{d}x\mathrm{d}y = \int_{y_{j-1/2}}^{y_{j+1/2}} \int_{x_{i-1/2}}^{x_{i+1/2}} W(x,y)\mathrm{d}x\mathrm{d}y$$

$$(5\text{-}69)$$

对于 $x$ 方向上的泄漏项（称之为 $L_x$），假设中子通量密度在网格内部为线性分布、在网格边界上为平分布，则有

$$\begin{aligned}
L_x &= -\int_{y_{j-1/2}}^{y_{j+1/2}} \int_{x_{i-1/2}}^{x_{i+1/2}} \frac{\partial}{\partial x}\left[D(x,y)\frac{\partial}{\partial x}\Phi(x,y)\right]\mathrm{d}x\mathrm{d}y \\
&= \int_{y_{j-1/2}}^{y_{j+1/2}} D_{i,j}\frac{\partial}{\partial x}\Phi(x_{i-1/2},y)\mathrm{d}y - \int_{y_{j-1/2}}^{y_{j+1/2}} D_{i,j}\frac{\partial}{\partial x}\Phi(x_{i+1/2},y)\mathrm{d}y \\
&= D_{i,j}\Delta y_j \frac{\partial}{\partial x}\Phi(x_{i-1/2},y_j) - D_{i,j}\Delta y_j \frac{\partial}{\partial x}\Phi(x_{i+1/2},y_j) \\
&= D_{i,j}\Delta y_j \frac{\Phi_{i,j} - \Phi_{i,j}(x_{i-1/2},y_j)}{\Delta x_i / 2} - D_{i,j}\Delta y_j \frac{\Phi_{i,j}(x_{i+1/2},y_j) - \Phi_{i,j}}{\Delta x_i / 2}
\end{aligned}$$

$$(5\text{-}70)$$

式中，$\Phi_{i,j}(x,y)$ 表示网格 $(i,j)$ 的中子通量密度在 $(x,y)$ 处的取值。对于右边界 $x_{i+1/2}$，相邻两个网格在该处的中子流密度和中子通量密度连续，即

$$f_{i,j,\mathrm{R}}\Phi_{i,j}(x_{i+1/2},y_j) = f_{i+1,j,\mathrm{L}}\Phi_{i+1,j}(x_{i+1/2},y_j) \tag{5-71}$$

$$D_{i,j}\frac{\Phi_{i,j}(x_{i+1/2},y_j) - \Phi_{i,j}}{\Delta x_i / 2} = D_{i+1,j}\frac{\Phi_{i+1,j} - \Phi_{i+1,j}(x_{i+1/2},y_j)}{\Delta x_{i+1} / 2} \tag{5-72}$$

式中，$f_{i,j,R}$ 和 $f_{i,j,L}$ 分别表示网格 $(i,j)$ 在右边界和左边界处的不连续因子。联立式 (5-71) 和式 (5-72)，可以解得

$$\Phi_{i,j}(x_{i+1/2}, y_j) = \frac{\Phi_{i+1,j} + \dfrac{D_{i,j}\Delta x_{i+1}}{D_{i+1,j}\Delta x_i}\Phi_{i,j}}{\dfrac{D_{i,j}\Delta x_{i+1}}{D_{i+1,j}\Delta x_i} + \dfrac{f_{i,j,R}}{f_{i+1,j,L}}} \tag{5-73}$$

$$\Phi_{i+1,j}(x_{i+1/2}, y_j) = \frac{\Phi_{i,j} + \dfrac{D_{i+1,j}\Delta x_i}{D_{i,j}\Delta x_{i+1}}\Phi_{i+1,j}}{\dfrac{D_{i+1,j}\Delta x_i}{D_{i,j}\Delta x_{i+1}} + \dfrac{f_{i+1,j,L}}{f_{i,j,R}}} \tag{5-74}$$

将式 (5-73) 代入式 (5-72)，可得网格 $(i,j)$ 右边界 $x_{i+1/2}$ 上以出射为正方向的净中子流密度为

$$D_{i,j}\frac{\Phi_{i,j}(x_{i+1/2}, y_j) - \Phi_{i,j}}{\Delta x_i / 2} = \frac{2D_{i,j}D_{i+1,j}}{D_{i,j}\Delta x_{i+1}f_{i+1,j,L} + D_{i+1,j}\Delta x_i f_{i,j,R}}(f_{i+1,j,L}\Phi_{i+1,j} - f_{i,j,R}\Phi_{i,j}) \tag{5-75}$$

根据式 (5-74)，可得在网格 $(i,j)$ 左边界 $x_{i-1/2}$ 上有

$$\Phi_{i,j}(x_{i-1/2}, y_j) = \frac{\Phi_{i-1,j} + \dfrac{D_{i,j}\Delta x_{i-1}}{D_{i-1,j}\Delta x_i}\Phi_{i,j}}{\dfrac{D_{i,j}\Delta x_{i-1}}{D_{i-1,j}\Delta x_i} + \dfrac{f_{i,j,L}}{f_{i-1,j,R}}} \tag{5-76}$$

将式 (5-76) 代入式 (5-72)，可得网格 $(i,j)$ 左边界 $x_{i-1/2}$ 上以出射为正方向的净中子流密度为

$$D_{i,j}\frac{\Phi_{i,j} - \Phi_{i,j}(x_{i+1/2}, y_j)}{\Delta x_i / 2} = \frac{2D_{i,j}D_{i-1,j}}{D_{i,j}\Delta x_{i-1}f_{i-1,j,R} + D_{i-1,j}\Delta x_i f_{i,j,L}}(f_{i,j,L}\Phi_{i,j} - f_{i-1,j,R}\Phi_{i-1,j}) \tag{5-77}$$

将式 (5-75) 和式 (5-77) 代入式 (5-70)，可得

$$L_x = \frac{2\Delta y_j}{\dfrac{\Delta x_{i-1}}{D_{i-1,j}}\dfrac{f_{i-1,j,R}}{f_{i,j,L}} + \dfrac{\Delta x_i}{D_{i,j}}}\Phi_{i,j} + \frac{2\Delta y_j}{\dfrac{\Delta x_{i+1}}{D_{i+1,j}}\dfrac{f_{i+1,j,L}}{f_{i,j,R}} + \dfrac{\Delta x_i}{D_{i,j}}}\Phi_{i,j}$$
$$- \frac{2\Delta y_j}{\dfrac{\Delta x_{i-1}}{D_{i-1,j}} + \dfrac{\Delta x_i}{D_{i,j}}\dfrac{f_{i,j,L}}{f_{i-1,j,R}}}\Phi_{i-1,j} - \frac{2\Delta y_j}{\dfrac{\Delta x_{i+1}}{D_{i+1,j}} + \dfrac{\Delta x_i}{D_{i,j}}\dfrac{f_{i,j,R}}{f_{i+1,j,L}}}\Phi_{i+1,j} \tag{5-78}$$

同理，对 $y$ 方向上的泄漏项(称之为 $L_y$)，可得

$$
\begin{aligned}
L_y = & \frac{2\Delta x_i}{\dfrac{\Delta y_{j-1}}{D_{i,j-1}}\dfrac{f_{i,j-1,\mathrm{T}}}{f_{i,j,\mathrm{B}}}+\dfrac{\Delta y_j}{D_{i,j}}}\Phi_{i,j} + \frac{2\Delta x_i}{\dfrac{\Delta y_{j+1}}{D_{i,j+1}}\dfrac{f_{i,j+1,\mathrm{B}}}{f_{i,j,\mathrm{T}}}+\dfrac{\Delta y_j}{D_{i,j}}}\Phi_{i,j} \\
& - \frac{2\Delta x_i}{\dfrac{\Delta y_{j-1}}{D_{i,j-1}}+\dfrac{\Delta y_j}{D_{i,j}}\dfrac{f_{i,j,\mathrm{B}}}{f_{i,j-1,\mathrm{T}}}}\Phi_{i,j-1} - \frac{2\Delta x_i}{\dfrac{\Delta y_{j+1}}{D_{i,j+1}}+\dfrac{\Delta y_j}{D_{i,j}}\dfrac{f_{i,j,\mathrm{T}}}{f_{i,j+1,\mathrm{B}}}}\Phi_{i,j+1}
\end{aligned}
\tag{5-79}
$$

式中，$f_{i,j,\mathrm{T}}$ 和 $f_{i,j,\mathrm{B}}$ 分别表示网格 $(i,j)$ 在上边界和下边界处的不连续因子。

对于碰撞项和中子源项，在线性分布假设下，网格中心的中子通量密度与网格平均的中子通量密度相等，故有

$$
\int_{y_{j-1/2}}^{y_{j+1/2}} \int_{x_{i-1/2}}^{x_{i+1/2}} \Sigma_{\mathrm{r}}(x,y)\Phi(x,y)\mathrm{d}x\mathrm{d}y \approx \Sigma_{\mathrm{r},i,j}\Delta x_i \Delta y_j \Phi_{i,j}
\tag{5-80}
$$

$$
\int_{y_{j-1/2}}^{y_{j+1/2}} \int_{x_{i-1/2}}^{x_{i+1/2}} W(x,y)\mathrm{d}x\mathrm{d}y \approx W_{i,j}
\tag{5-81}
$$

式中，$W_{i,j}$ 为网格 $(i,j)$ 内总的中子源强度(即中子源密度与网格面积的乘积)，可以包括散射中子源、裂变中子源或外中子源，每一项都可参照式(5-80)进行离散。

依据式(5-78)、式(5-79)、式(5-80)和式(5-81)，可将式(5-69)即离散后的单群中子扩散方程写成

$$
\begin{aligned}
& \frac{2\Delta y_j}{\dfrac{\Delta x_{i-1}}{D_{i-1,j}}\dfrac{f_{i-1,j,\mathrm{R}}}{f_{i,j,\mathrm{L}}}+\dfrac{\Delta x_i}{D_{i,j}}}\Phi_{i,j} + \frac{2\Delta y_j}{\dfrac{\Delta x_{i+1}}{D_{i+1,j}}\dfrac{f_{i+1,j,\mathrm{L}}}{f_{i,j,\mathrm{R}}}+\dfrac{\Delta x_i}{D_{i,j}}}\Phi_{i,j} \\
& + \frac{2\Delta x_i}{\dfrac{\Delta y_{j-1}}{D_{i,j-1}}\dfrac{f_{i,j-1,\mathrm{T}}}{f_{i,j,\mathrm{B}}}+\dfrac{\Delta y_j}{D_{i,j}}}\Phi_{i,j} + \frac{2\Delta x_i}{\dfrac{\Delta y_{j+1}}{D_{i,j+1}}\dfrac{f_{i,j+1,\mathrm{B}}}{f_{i,j,\mathrm{T}}}+\dfrac{\Delta y_j}{D_{i,j}}}\Phi_{i,j} + \Sigma_{\mathrm{r},i,j}\Delta x_i \Delta y_j \Phi_{i,j} \\
& - \frac{2\Delta y_j}{\dfrac{\Delta x_{i-1}}{D_{i-1,j}}+\dfrac{\Delta x_i}{D_{i,j}}\dfrac{f_{i,j,\mathrm{L}}}{f_{i-1,j,\mathrm{R}}}}\Phi_{i-1,j} - \frac{2\Delta y_j}{\dfrac{\Delta x_{i+1}}{D_{i+1,j}}+\dfrac{\Delta x_i}{D_{i,j}}\dfrac{f_{i,j,\mathrm{R}}}{f_{i+1,j,\mathrm{L}}}}\Phi_{i+1,j} \\
& - \frac{2\Delta x_i}{\dfrac{\Delta y_{j-1}}{D_{i,j-1}}+\dfrac{\Delta y_j}{D_{i,j}}\dfrac{f_{i,j,\mathrm{B}}}{f_{i,j-1,\mathrm{T}}}}\Phi_{i,j-1} - \frac{2\Delta x_i}{\dfrac{\Delta y_{j+1}}{D_{i,j+1}}+\dfrac{\Delta y_j}{D_{i,j}}\dfrac{f_{i,j,\mathrm{T}}}{f_{i,j+1,\mathrm{B}}}}\Phi_{i,j+1} = W_{ij}
\end{aligned}
\tag{5-82}
$$

该方程中总共有 10 项，表征了该网格内的中子数平衡关系。其中，左侧的第 1 和 6 项分别为左边界的泄漏率，第 2 和 7 项为右边界的泄漏率，第 3 和 8 项为下边界的泄漏率，第 4 和 9 项为上边界的泄漏率，第 5 项为网格内的碰撞核反应率；右侧仅 1 项为中子源强度。

### 5.2.3　边界条件离散

当某个网格含有一个或者多个外边界时，则无法按照 5.2.2 节中的方式完成方程离散，而需要先对相应的外边界条件进行离散，替代式(5-73)和式(5-76)，完成网格内的方程离散。下面假设在计算区域左侧边界均为反照边界条件，则对于左侧网格 $\{i=1,\ j=2\sim J-1\}$ 有

$$J_{1,j,\mathrm{L}}^{-}=\beta_{\mathrm{L}}J_{1,j,\mathrm{L}}^{+} \tag{5-83}$$

依据式(5-36)、式(5-46)、式(5-53)和式(5-54)，可将式(5-83)所示的分中子流密度形式的外边界反照条件转化成中子通量密度的形式，即

$$\frac{1}{4}\Phi(x_{1/2},y)-\frac{1}{2}D_{1,j}\frac{\partial}{\partial x}\Phi(x_{1/2},y)=\beta_{\mathrm{L}}\left[\frac{1}{4}\Phi(x_{1/2},y)+\frac{1}{2}D_{1,j}\frac{\partial}{\partial x}\Phi(x_{1/2},y)\right] \tag{5-84}$$

依据网格内的线性近似和网格边界上的平近似，式(5-84)可离散为

$$\frac{1}{4}\Phi_{1/2,j}-D_{1,j}\frac{\Phi_{1,j}-\Phi_{1/2,j}}{\Delta x_1}=\beta_{\mathrm{L}}\left(\frac{1}{4}\Phi_{1/2,j}+D_{1,j}\frac{\Phi_{1,j}-\Phi_{1/2,j}}{\Delta x_1}\right) \tag{5-85}$$

即

$$\Phi_{1/2,j}=\frac{1}{\dfrac{\Delta x_1}{4D_{1,j}}\dfrac{1-\beta_{\mathrm{L}}}{1+\beta_{\mathrm{L}}}+1}\Phi_{1,j} \tag{5-86}$$

用式(5-86)替代式(5-76)代入式(5-72)，可得网格 $(1,j)$ 左边界 $x_{1/2}$ 上以出射为正方向的净中子流密度为

$$D_{1,j}\frac{\Phi_{1,j}(x_{1/2},y_j)-\Phi_{1,j}}{\Delta x_1/2}=\frac{\dfrac{1}{2}\dfrac{1-\beta_{\mathrm{L}}}{1+\beta_{\mathrm{L}}}}{\dfrac{\Delta x_1}{4D_{1,j}}\dfrac{1-\beta_{\mathrm{L}}}{1+\beta_{\mathrm{L}}}+1}\Phi_{1,j} \tag{5-87}$$

将式(5-87)代入式(5-70)，可得该网格内离散后的 $x$ 方向的泄漏率为

$$L_x=\frac{\dfrac{\Delta y_j}{2}\dfrac{1-\beta_{\mathrm{L}}}{1+\beta_{\mathrm{L}}}}{\dfrac{\Delta x_1}{4D_{1,j}}\dfrac{1-\beta_{\mathrm{L}}}{1+\beta_{\mathrm{L}}}+1}\Phi_{1,j}+\frac{2\Delta y_j}{\dfrac{\Delta x_2}{D_{2,j}}\dfrac{f_{2,j,\mathrm{L}}}{f_{1,j,\mathrm{R}}}+\dfrac{\Delta x_1}{D_{1,j}}}\Phi_{1,j}-\frac{2\Delta y_j}{\dfrac{\Delta x_2}{D_{2,j}}+\dfrac{\Delta x_1}{D_{1,j}}\dfrac{f_{1,j,\mathrm{R}}}{f_{2,j,\mathrm{L}}}}\Phi_{2,j} \tag{5-88}$$

进而得到该网格中的单群中子扩散方程为

$$\frac{\frac{\Delta y_j}{2}\frac{1-\beta_L}{1+\beta_L}}{\frac{\Delta x_1}{4D_{1,j}}\frac{1-\beta_L}{1+\beta_L}+1}\Phi_{1,j}+\frac{2\Delta y_j}{\frac{\Delta x_2}{D_{2,j}}\frac{f_{2,j,L}}{f_{1,j,R}}+\frac{\Delta x_1}{D_{1,j}}}\Phi_{1,j}$$

$$+\frac{2\Delta x_1}{\frac{\Delta y_{j-1}}{D_{1,j-1}}\frac{f_{1,j-1,T}}{f_{1,j,B}}+\frac{\Delta y_j}{D_{1,j}}}\Phi_{1,j}+\frac{2\Delta x_1}{\frac{\Delta y_{j+1}}{D_{1,j+1}}\frac{f_{1,j+1,B}}{f_{1,j,T}}+\frac{\Delta y_j}{D_{1,j}}}\Phi_{1,j}+\Sigma_{\mathrm{r},1,j}\Delta x_1\Delta y_j\Phi_{1,j}$$

$$-0-\frac{2\Delta y_j}{\frac{\Delta x_2}{D_{2,j}}+\frac{\Delta x_1}{D_{1,j}}\frac{f_{1,j,R}}{f_{2,j,L}}}\Phi_{2,j}$$

$$-\frac{2\Delta x_1}{\frac{\Delta y_{j-1}}{D_{1,j-1}}+\frac{\Delta y_j}{D_{1,j}}\frac{f_{1,j,B}}{f_{1,j-1,T}}}\Phi_{1,j-1}-\frac{2\Delta x_1}{\frac{\Delta y_{j+1}}{D_{1,j+1}}+\frac{\Delta y_j}{D_{1,j}}\frac{f_{1,j,T}}{f_{1,j+1,B}}}\Phi_{1,j+1}=W_{1,j} \tag{5-89}$$

对比式(5-82)和式(5-89)可以看出，对于左边界为外边界的网格，只需要将左边界上的泄漏项按照外边界条件进行重新离散即可获得该网格中离散的单群中子扩散方程。

### 5.2.4 代数方程组构建

按照 5.2.2 节和 5.2.3 节的离散处理，对于包含 $I\times J$ 个网格的问题，有 $I\times J$ 个网格中心中子通量密度来近似表征中子通量密度分布场，可获得 $I\times J$ 个形如式(5-82)和式(5-89)的代数方程组：

$$M\Phi=W \tag{5-90}$$

式中，$\Phi$ 和 $W$ 分别为网格中心中子通量密度和网格中子源强度构成的向量；$M$ 为相应的五对角形式的系数矩阵。只要求解该矩阵，即可完成式(5-65)所示的单群方程数值求解，配合前述的散射源迭代方法和裂变源迭代方法，即可完成对稳态多群中子扩散问题的数值求解。

### 5.2.5 迭代求解

通过有限差分方法离散后的中子扩散方程，构成式(5-90)所示的代数方程组，其中的未知数个数与网格总数相同，一般在 $10^3$ 以上，使得该线性代数方程组不适于采用直接解法。

但是，仔细观察系数矩阵 $M$ 可以发现：①其每一行对应一个网格，边界条件已经体现在边界网格方程的处理过程中。②针对每一个不靠近问题外边界的网格，相应方程(形如式(5-82))中的未知数个数为相邻网格数加1，即在1维、2维、3维空间几何情况下分别是 3 元、5 元、7 元代数方程；针对靠近问题外边界的网格，相应方程中的未知数个数会由于相邻网格数目的减少而对应减少，比如二维直角几何下的角点网格只有 2 个相邻网格，相应方程中的未知数个数为 3；非角点处的边界网格有 3 个相邻网格，相应方程中的未知数个数为 4。因此，该系数矩阵为大型稀疏矩阵。③从式 (5-82) 可以看出，只要该代数方程组中的未知数的排序与网格排序一致，该系数矩阵的对角元素即为式 (5-82) 左端前四项的系数和，而其他非对角元素分别为式 (5-82) 左端后四项的系数。因此，主对角元素的绝对值一般都大于非对角元素，该系数矩阵满足正定主对角占优条件。

在一维情况下，该系数矩阵为三对角矩阵，一般直接采用追赶法进行求解。在二维或三维情况下，针对这种大型系数主对角占优的正定系数矩阵问题，常采用定点迭代法中的高斯-赛德尔 (Gauss-Seidel) 迭代算法基于空间网格扫描进行迭代求解，也可以采用类似于共轭梯度法或广义极小残余法等 Krylov 子空间方法进行迭代求解。关于追赶法、Gauss-Seidel 迭代算法和 Krylov 子空间方法等的具体介绍可参照数值计算方法教材或相关科技论文，这里不再赘述。

## 5.3 节块展开方法

节块展开方法[5]先将中子扩散方程进行横向积分，再将网格内的中子通量密度和中子源密度近似表达为高阶多项式函数，完成数值离散，然后再进行数值迭代计算。

### 5.3.1 网格划分

与中心差分方法相同，如图 5-4(a) 所示，将整个计算区域划分为 $I\times J$ 个网格，要求所有材料交界面必须是网格边界，使得每个网格内的材料参数均为常数。连续方程被离散到单个网格上，网格间满足连续边界条件，外边界条件保持不变。不同的是，在有限差分方法中，由于网格内的线性近似，要求网格必须足够小，针对压水堆堆芯 2 群中子扩散计算，一般该网格为 1cm 左右；在节块展开法中，由于使用了高阶多项式基函数，网格可以进行适当放大，针对压水堆堆芯 2 群中子扩散计算，该网格一般为 10cm 左右。

### 5.3.2 中子平衡方程

在节块 $m$ (图 5-5) 内，对方程 (5-65) 进行体积分，便可得到节块 $m$ 的中子平衡方程：

$$\sum_{u=x,y,z}\frac{1}{a_u^m}\left[J_{gu}^m\left(\frac{a_u^m}{2}\right)-J_{gu}^m\left(-\frac{a_u^m}{2}\right)\right]+\Sigma_{\mathrm{r},g}(\boldsymbol{r})\Phi_g(\boldsymbol{r})$$
$$=\sum_{g'\neq g}\Sigma_{\mathrm{s0},g'\to g}(\boldsymbol{r})\Phi_{g'}(\boldsymbol{r})+Q_{\mathrm{f},g}(\boldsymbol{r}) \tag{5-91}$$

$$Q_{\mathrm{f},g}(\boldsymbol{r})=\frac{1}{k}\chi_g(\boldsymbol{r})\sum_{g'}\nu\Sigma_{\mathrm{f},g'}(\boldsymbol{r})\Phi_{g'}(\boldsymbol{r}) \tag{5-92}$$

式中，$a_u^m$ 为 $u$ 方向上的节块宽度 (cm)。节块的平均中子通量密度 $\overline{\phi_g^m}$ 及表面平均净中子流密度 $J_{gu}^m$ 分别定义为

$$\overline{\phi_g^m} = \frac{1}{V_m} \int_{V_m} \Phi_g(\boldsymbol{r}) \mathrm{d}V \tag{5-93}$$

$$J_{gu}^m \left( \pm \frac{a_u^m}{2} \right) = -\frac{1}{a_v^m a_w^m} \int_{-\frac{a_w^m}{2}}^{\frac{a_w^m}{2}} \int_{-\frac{a_v^m}{2}}^{\frac{a_v^m}{2}} D_g^m \frac{\partial \Phi_g(\boldsymbol{r})}{\partial u} \bigg|_{u = \pm \frac{a_u^m}{2}} \mathrm{d}v \mathrm{d}w \tag{5-94}$$

其中，$v$ 和 $w$ 按照右手定则依次代表 $x$、$y$ 和 $z$ 三个方向中除 $u$ 所代表方向之外的另外两个坐标方向。

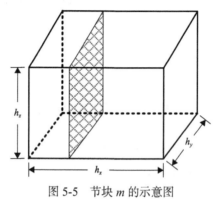

图 5-5  节块 $m$ 的示意图

从中子平衡方程(5-91)可以看到，为了求出节块平均中子通量密度 $\overline{\phi_g^m}$，必须建立中子流密度 $J_{gu}^m$ 与平均中子通量密度 $\overline{\phi_g^m}$ 之间的关系式，可以用多种不同的方法来确定它们之间的关系。

### 5.3.3　横向积分

在节块 $m$ 内，对给定的坐标方向 $u$（交替等于 $x, y, z$），将方程(5-65)沿与 $u$ 垂直的另两个坐标方向 $v$ 和 $w$ 进行积分，便得到三个一维横向积分方程（为方便起见，略去节块的标号 $m$）

$$-D_g^m \frac{\mathrm{d}^2}{\mathrm{d}u^2} \phi_{gu}(u) + \Sigma_{\mathrm{r},g}^m \phi_{gu}(u) = Q_{gu}(u) - L_{gu}(u) \tag{5-95}$$

式中，$\phi_{gu}(u)$ 为节块的横向积分中子通量密度

$$\phi_{gu}(u) = \frac{1}{a_v^m a_w^m} \int_{-\frac{a_w^m}{2}}^{\frac{a_w^m}{2}} \int_{-\frac{a_v^m}{2}}^{\frac{a_v^m}{2}} \Phi_g(u, v, w) \mathrm{d}v \mathrm{d}w \tag{5-96}$$

$$Q_{gu}(u) = \sum_{g' \neq g} \Sigma_{\mathrm{s}0, g' \to g}^m \phi_{g'u}(u) + \frac{1}{k} \chi_g^m \sum_{g'} \nu \Sigma_{\mathrm{f}, g'}^m \phi_{g'u}(u) \tag{5-97}$$

$a_u^m$ 为 $u$ 方向上的节块宽度(cm)；$L_{gu}(u)$ 称为横向泄漏项，表示节块在与方向 $u$ 垂直的另外两个方向（$v$ 和 $w$ 方向）上的中子泄漏：

$$L_{gu}(u) = -\frac{1}{a_v^m a_w^m}\left[\int_{-\frac{a_w^m}{2}}^{\frac{a_w^m}{2}} D_g^m \frac{\partial \Phi_g(u,v,w)}{\partial v}\bigg|_{v=-\frac{a_v^m}{2}}^{v=\frac{a_v^m}{2}}\mathrm{d}w + \int_{-\frac{a_v^m}{2}}^{\frac{a_v^m}{2}} D_g^m \frac{\partial \Phi_g(u,v,w)}{\partial w}\bigg|_{w=-\frac{a_w^m}{2}}^{w=\frac{a_w^m}{2}}\mathrm{d}v\right]$$

$$(5\text{-}98)$$

通过上述"横向积分"处理，便将求解三维中子扩散方程的问题转换为联立求解三个形如式(5-95)的一维中子扩散方程，其未知量为$\phi_{gu}(u)(u=x,y,z)$。三个方程是通过横向泄漏项$L_{gu}(u)$互相耦合的。

### 5.3.4 基函数展开

通常是把一维横向积分中子通量密度$\phi_{gu}(u)$、横向积分中子源密度$Q_{gu}(u)$和横向泄漏率$L_{gu}(u)$在节块内用多项式基函数展开来近似处理：

$$\phi_{gu}(u) = \sum_{n=0}^{N} a_{gun}P_n(u) \tag{5-99}$$

$$Q_{gu}(u) = \sum_{n=0}^{N} q_{gun}P_n(u) \tag{5-100}$$

$$L_{gu}(u) = \sum_{n=0}^{N} l_{gun}P_n(u) \tag{5-101}$$

式中，$a_{gun}$、$q_{gun}$和$l_{gun}$为相应的展开系数；$P_n(u)$为多项式基函数；$N$为展开阶数。由式(5-97)可以求出横向积分中子源密度展开系数$q_{gun}$和横向积分中子通量密度展开系数$a_{gun}$的关系式：

$$q_{gun} = \sum_{g'\neq g} \Sigma_{\mathrm{s},g'\to g}a_{g'un} + \frac{1}{k}\chi_g(\boldsymbol{r})\sum_{g'}\nu\Sigma_{\mathrm{f},g'}(\boldsymbol{r})a_{g'un} \tag{5-102}$$

节块法的精度很大程度上与阶数$N$有关。多项式可以应用勒让德(Legendre)多项式或其他多项式。这里我们采用 NEM 方法早期建议的四阶多项式：

$$\begin{cases} P_0(u) = 1 \\ P_1(u) = \xi \\ P_2(u) = 3\xi^2 - \dfrac{1}{4} \\ P_3(u) = \xi^3 - \dfrac{\xi}{4} \\ P_4(u) = \xi^4 - \dfrac{3\xi^2}{10} + \dfrac{1}{80} \end{cases} \tag{5-103}$$

其中

$$\xi = \frac{u}{a_u}, \qquad u \in \left[-\frac{a_u}{2}, \frac{a_u}{2}\right] \tag{5-104}$$

该多项式满足如下关系式:

$$\frac{1}{a_u} \int_{-a_u/2}^{a_u/2} P_n(u) \mathrm{d}u = \begin{cases} 1, & n = 0 \\ 0, & n = 1, 2, \cdots, N \end{cases} \tag{5-105}$$

下面我们讨论展开系数的确定。同时为简化起见,暂时略去能群的标号 $g$,展开式中前三个系数可以通过下面简单关系式:

$$\frac{1}{a_u^m} \int_{-\frac{a_u^m}{2}}^{\frac{a_u^m}{2}} \phi_u(u) \mathrm{d}u = \overline{\phi} \tag{5-106}$$

$$\phi_u \left(u = \pm \frac{a_u}{2}\right) = \phi_{u\pm} \tag{5-107}$$

很方便地确定出来:

$$a_{u0} = \overline{\phi} \tag{5-108}$$

$$a_{u1} = \phi_{u+} - \phi_{u-} \tag{5-109}$$

$$a_{u2} = \phi_{u+} + \phi_{u-} - 2\overline{\phi} \tag{5-110}$$

式中,$\overline{\phi}$ 为节块的平均通量密度;$\phi_{u\pm}$ 为 $u$ 方向上节块左右两侧界面上的横向积分中子通量密度。剩下的两个高阶系数 $a_{un}(n=3,4)$ 可以通过剩余权重法确定。它是将权函数 $\omega_n(u)$ ($n=1,2$) 乘以横向积分方程 (5-95) 各项,然后在 $\left[-\frac{a_u^m}{2}, \frac{a_u^m}{2}\right]$ 上积分,得如下矩阵方程:

$$\int_{-\frac{a_u^m}{2}}^{\frac{a_u^m}{2}} \omega_n(u) \left[-D_g^m \frac{\mathrm{d}^2}{\mathrm{d}u^2} \phi_{gu}(u) + \Sigma_{\mathrm{r},g}^m \phi_{gu}(u)\right] \mathrm{d}u = \int_{-\frac{a_u^m}{2}}^{\frac{a_u^m}{2}} \omega_n(u) [Q_{gu}(u) - L_{gu}(u)] \mathrm{d}u, \tag{5-111}$$
$$n = 1, 2$$

式中,$\omega_n(u)$ 是权函数。常用的权函数有如下两种。

(1) 矩权重:

$$\omega_1(u) = P_1(u), \qquad \omega_2(u) = P_2(u) \tag{5-112}$$

(2) 伽辽金 (Galerkin) 权重:

$$\omega_1(u) = P_3(u), \qquad \omega_2(u) = P_4(u) \tag{5-113}$$

文献[5]指出用矩权重方法得到的计算结果精度优于伽辽金权重方法。下面我们采用矩权重方法进行介绍。

取 $\omega_1(u) = u$，并把展式(5-99)~式(5-101)代入式(5-111)得

$$a_{u3} = b_{u3}a_{u1} + c_{u3} \tag{5-114}$$

$$b_{u3} = \frac{\Sigma_{r,g}^m}{\dfrac{6D_g^m}{a_u^2} + \dfrac{\Sigma_{r,g}^m}{10}} \tag{5-115}$$

$$c_{u3} = \frac{\dfrac{q_{u3}}{10} - \tilde{q}_{u2}}{\dfrac{6D_g^m}{a_u^2} + \dfrac{\Sigma_{r,g}^m}{10}} \tag{5-116}$$

同理，用

$$\omega_2(u) = 3u^2 - 1/4 \tag{5-117}$$

代入式(5-111)，可求得

$$a_{u4} = b_{u4}a_{u2} + c_{u4} \tag{5-118}$$

式中

$$b_{u4} = \frac{\Sigma_{r,g}^m}{\dfrac{4D_g^m}{a_u^2} + \dfrac{\Sigma_{r,g}^m}{35}} \tag{5-119}$$

$$c_{u4} = \frac{\dfrac{q_{u4}}{35} - \tilde{q}_{u2}}{\dfrac{4D_g^m}{a_u^2} + \dfrac{\Sigma_{r,g}^m}{35}} \tag{5-120}$$

$$\tilde{q}_{un} = q_{un} - l_{un} \tag{5-121}$$

### 5.3.5 横向泄漏处理

式(5-98)定义的横向泄漏表示节块 $m$ 在垂直于 $u$ 的另外两个方向 $(v,w)$ 上的中子泄漏在 NEM 方法中把 $L_n(u)$ 展开成多项式(5-101)来近似处理。展开式的阶数自然对方法的计算结果精度有影响，但阶数的提高将大大增加计算的复杂性。在节块法的发展过程中，曾经从数值上研究过"横向泄漏率"的近似阶次对计算结果的影响。表 5-1 中列举了中子通量密度采用高阶(四阶)近似时横向泄漏率近似阶次对计算结果误差的影响。

表 5-1　横向泄漏率近似阶次对计算结果误差的影响[15]

| 阶次 | $k$ 误差 $\times 10^4$ | | | 节块功率最大误差 $\times 10^2$ | | |
|---|---|---|---|---|---|---|
| | 情况 1 | 情况 2 | 情况 3 | 情况 1 | 情况 2 | 情况 3 |
| 平坦近似 | 3.52 | 4.44 | 6.2 | 2.3 | 2.8 | 8.1 |
| 线性近似 | 0.02 | 0.72 | 1.7 | 2.4 | 1.8 | 1.4 |
| 二阶近似 | 0.55 | 1.31 | 0.6 | 1.5 | 1.8 | 1.6 |

注：情况 1 为二维压水堆 IAEA 基准问题；情况 2 为二维压水堆 LRA 基准问题；情况 3 为不可分离性强的压水堆问题。

由表 5-1 中结果看到，平坦近似的误差比较大，而线性近似和二阶近似对提高计算精度有显著作用，并且二阶近似的精度已能满足工程计算的要求[16]。目前在各种节块方法中普遍应用二阶近似，即

$$L_u(u) = \sum_{n=0}^{2} l_{un} P_n(u) \tag{5-122}$$

考虑节块 $m, m-1$ 和 $m+1$ 三个相邻的节块，如图 5-6 所示，假设展开式 (5-122) 可以延伸适用于 $m-1$ 和 $m+1$ 节块，即假定 $L_u^m(u)$ 在节块 $m, m-1$ 和 $m+1$ 内的积分平均值分别等于这三个节块内的平均"横向泄漏"，即

$$\frac{1}{a_u^m} \int_{-a_u^m/2}^{a_u^m/2} L_u^m(u)\,du = \overline{L_u^m} \tag{5-123}$$

$$\frac{1}{a_u^{m-1}} \int_{-3a_u^m/2}^{-a_u^m/2} L_u^m(u)\,du = \overline{L_u^{m-1}} \tag{5-124}$$

$$\frac{1}{a_u^{m+1}} \int_{a_u^m/2}^{\frac{a_u^m}{2}+a_u^{m+1}} L_u^m(u)\,du = \overline{L_u^{m+1}} \tag{5-125}$$

式中，$\overline{L_u^m}, \overline{L_u^{m-1}}$ 和 $\overline{L_u^{m+1}}$ 分别为节块 $m, m-1$ 和 $m+1$ 的平均泄漏。例如，由式 (5-98) 可得

$$\overline{L_u^m} = \frac{1}{a_v}\left[ J_v\left(\frac{a_v^m}{2}\right) - J_v\left(-\frac{a_v^m}{2}\right) \right] + \frac{1}{a_w}\left[ J_w\left(\frac{a_w^m}{2}\right) - J_w\left(-\frac{a_w^m}{2}\right) \right] \tag{5-126}$$

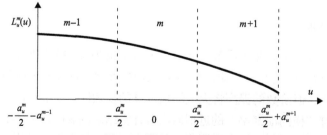

图 5-6　横向泄漏的计算

对 $L_u^{m-1}, L_u^{m+1}$ 可以得到类似的公式。由上述三个方程可以唯一地确定出三个展开系数 $l_{un}^m$：

$$l_{u0}^m = \overline{L_u^m} \tag{5-127}$$

$$l_{u1}^m = \frac{a_u^m}{d}\left[(2a_u^{m-1} + a_u^m)(a_u^m + a_u^{m-1})(\overline{L_u^{m+1}} - \overline{L_u^m}) + (a_u^m + a_u^{m+1})(a_u^m + 2a_u^{m+1})(\overline{L_u^m} - \overline{L_u^{m-1}})\right] \tag{5-128}$$

$$l_{u2}^m = \frac{(a_u^m)^2}{d}\left[(a_u^m + a_u^{m-1})(\overline{L_u^{m+1}} - \overline{L_u^m}) - (a_u^m + a_u^{m+1})(\overline{L_u^m} - \overline{L_u^{m-1}})\right] \tag{5-129}$$

式中

$$d = (a_u^m + a_u^{m-1})(a_u^m + a_u^{m+1})(a_u^m + a_u^{m+1} + a_u^{m-1}) \tag{5-130}$$

如各个节块的宽度均等于 $a_u$，则式(5-127)~式(5-129)便简化为

$$l_{u0}^m = \overline{L_u^m} \tag{5-131}$$

$$l_{u1}^m = \frac{1}{2}(\overline{L_u^{m+1}} - \overline{L_u^{m-1}}) \tag{5-132}$$

$$l_{u2}^m = \frac{1}{6}(\overline{L_u^{m+1}} + \overline{L_u^{m-1}} - 2\overline{L_u^m}) \tag{5-133}$$

### 5.3.6 净中子流耦合方程

从式(5-91)可以看到，为了求出节块平均通量密度 $\overline{\phi^m}$，必须先求出各节块表面的中子流密度 $J_{u\pm}^m = J_u^m\left(\pm\frac{a_u^m}{2}\right)$，$u = x, y, z$。为此我们先建立净中子流密度与表面横向积分中子通量密度之间的关系式。根据菲克定律：

$$J_{u+}^m = -D^m \frac{d}{du}\phi^m(u)\bigg|_{u=\frac{a_u^m}{2}} = -\frac{D}{a_u^m}\left(a_{u1}^m + 3a_{u2}^m + \frac{1}{2}a_{u3}^m + \frac{1}{5}a_{u4}^m\right) \tag{5-134}$$

$$J_{u-}^m = -D^m \frac{d}{du}\phi^m(u)\bigg|_{u=-\frac{a_u^m}{2}} = -\frac{D}{a_u^m}\left(a_{u1}^m - 3a_{u2}^m + \frac{1}{2}a_{u3}^m - \frac{1}{5}a_{u4}^m\right) \tag{5-135}$$

将式(5-109)、式(5-110)、式(5-114)、式(5-118)代入式(5-134)和式(5-135)，联立求解，整理后便可得到节块表面横向积分中子通量密度和净中子流之间的关系式：

$$\phi_{u+}^m = A_1^m J_{u+}^m - A_2^m J_{u-}^m + A_0^m \tag{5-136}$$

$$\phi_{u-}^m = A_2^m J_{u+}^m - A_1^m J_{u-}^m + A_3^m \tag{5-137}$$

式中

$$\begin{cases} A_1^m = \dfrac{a_u^m}{D^m} a_1^m / [(a_2^m)^2 - (a_1^m)^2] \\ A_2^m = \dfrac{a_u^m}{D^m} (a_2^m)^2 / [(a_2^m)^2 - (a_1^m)^2] \\ A_0^m = (a_2^m r_2^m - a_1^m r_1^m) / [(a_2^m)^2 - (a_1^m)^2] \\ A_3^m = (-a_2^m r_1^m - a_1^m r_2^m) / [(a_2^m)^2 - (a_1^m)^2] \end{cases} \tag{5-138}$$

$$\begin{cases} a_2^m = -2 + \dfrac{1}{2} b_{u3}^m - \dfrac{1}{5} b_{u4}^m \\ a_1^m = 4 + \dfrac{1}{2} b_{u3}^m + \dfrac{1}{5} b_{u4}^m \\ r_1^m = \left(6 + \dfrac{2}{5} b_{u4}\right) \overline{\phi^m} - \dfrac{1}{2} c_{u3}^m + \dfrac{1}{5} c_{u4}^m \\ r_2^m = -r_1^m - c_{u3}^m \end{cases} \tag{5-139}$$

下面推导净中子流耦合方程。为此利用 $m$ 和 $m+1$ 节块交界面上净中子流连续和横向积分中子通量密度连续的边界条件，有

$$J_{u+}^m = J_{u-}^{m+1} \tag{5-140}$$

$$\phi_{u+}^m = \phi_{u-}^{m+1} \tag{5-141}$$

利用式(5-136)和式(5-137)，由上面边界条件可以得到净中子流耦合方程如下：

$$A_2^m J_{u-}^m - (A_1^m + A_1^{m+1}) J_{u+}^m + A_2^{m+1} J_{u+}^{m+1} = A_0^m - A_3^m \tag{5-142}$$

可以看到，式(5-142)是以净中子流 $J_{u\pm}^m$ 为耦合变量，所耦合未知量为 $M+1$ 个。方程组的系数矩阵为三对角阵。一旦给定边界条件，直接应用追赶就很容易求解。这比最早 NEM 方法的以出射流 $J_{u+}^{out}$ 和入射流 $J_{u+}^{in}$ 为耦合变量的五对角矩阵[5]要简便得多。

### 5.3.7 边界条件

1. 外边界的边界条件

1) 反照边界

$$J_{u+}^{in,M} = \beta J_{u+}^{out,M} \tag{5-143}$$

式中，$\beta$ 为反照率。利用下列关系式

$$J_{u+}^M = J_{u+}^{out,M} - J_{u+}^{in,M} = \frac{1-\beta}{\beta} J_{u+}^{in,M} \tag{5-144}$$

$$\phi_{u+}^M = 4J_{u+}^{\mathrm{in},M} + 2J_{u+}^M \tag{5-145}$$

将其代入式(5-136)，得到 $M$ 节块的耦合方程

$$A_2^M J_{u-}^M + \left[ 4\left( \frac{\beta}{1-\beta} + \frac{1}{2} \right) - A_1^M \right] J_{u+}^M = A_0^M \tag{5-146}$$

2)入射中子流为零

入射中子流 $J_{u+}^{\mathrm{in},M} = 0$ 可以看成为 $\beta = 0$ 的特例，因而耦合方程为

$$A_2^M J_{u-}^M + (2 - A_1^M) J_{u+}^M = A_0^M \tag{5-147}$$

3)边界中子通量密度为零

这相当于 $\beta = -1$ 的特例，因而有

$$A_2^M J_{u-}^M - A_1^M J_{u+}^M = A_0^M \tag{5-148}$$

2. 对称边界条件

(1)节块左边界对称，此时有

$$J_{u-}^1 = 0 \tag{5-149}$$

(2)节块中心对称，此时有

$$J_{u-}^1 - J_{u+}^1 = 0 \tag{5-150}$$

### 5.3.8  迭代求解

前面我们推出的中子平衡方程式(5-91)和式(5-92)，净中子流耦合方程(5-142)，以及横向积分中子通量密度空间近似方程式(5-99)、式(5-108)、式(5-109)、式(5-110)、式(5-114)、式(5-115)和节块表面横向积分中子通量密度方程式(5-136)、式(5-137)，构成了一个完备的迭代求解公式。可以用标准的裂变源迭代方法求解，求出芯部有效增殖系数和节块的中子通量密度分布，具体步骤如下。

假设 $n$ 表示裂变源迭代(外迭代)次数标号，$u,v,w=x,y,z$ 表示方向。

(1)先假设下列变量的初始分布：$k_{\mathrm{eff}}^{(0)}, J_{gu\pm}^{m,(0)}$ 和 $\phi_{gu}^m(u)$ 的 5 个展开系数 $a_{gun}^{m,(0)}$ ($g = 1,\cdots,G; u = x,y,z; m = 1,2,\cdots,M$)，其中 $a_{guo}^{m,(0)}$ 为节块的平均通量密度 $\overline{\phi}^{m,(0)}$。

(2)构造源项 $\overline{Q}_{gu}^{m,(n)}(u)$ 的展开系数 $q_{gun}^{m,(n)}$，其中上标 $n$ 表示外迭代次数：

$$q_{gun}^{m,(n)} = \frac{\chi_g}{k_{\mathrm{eff}}^{(n-1)}} \sum_{g'=1}^G (\nu\Sigma_{\mathrm{f}})_{g'}^m a_{g'un}^{m,(n-1)} + \sum_{\substack{g'=1 \\ g' \neq g}}^G \Sigma_{g'-g}^m a_{g'un}^{m,(n-1)} \tag{5-151}$$

(3)利用前一迭代 $v$ 和 $w$ 方向上的界面净中子流 $J_{gv\pm}^{m,(n-1)}$ 和 $J_{gw\pm}^{m,(n-1)}$ 计算 $u$ 方向上横向泄漏率 $L_{gu}^{m,(n)}(u)$ 的展开系数 $l_{gun}^{m,(n)}$，$n=1,2,3$，从而计算出 $\tilde{q}_{gun}^{m,(n-1)}$。求解 $u$ 方向的节块界面净中子流耦合方程(5-142)，求出 $J_{gu\pm}^{m,(n)}$，同时产生节块界面横向积分中子通量密度 $\phi_{u\pm}^{m}$。

(4)利用刚求得的 $J_{gu\pm}^{m,(n)}$ 和前一次迭代 $w$ 方向上界面净中子流 $J_{gw\pm}^{m,(n-1)}$，计算 $v$ 方向上横向泄漏率的展开系数 $l_{gvn}^{m,n-1}$ ($n=1,2,3$)，同时求解 $v$ 方向耦合方程(5-142)得到 $J_{gv\pm}^{m,(n)}$ 和节块表面横向积分中子通量密度 $\phi_{gv\pm}^{m,(n)}$。

应用已求出的 $J_{gu\pm}^{m,(n)}$ 和 $J_{gv\pm}^{m,(n)}$，用同样步骤对 $w$ 方向进行计算，求出 $J_{gw\pm}^{m,(n)}$ 和 $\phi_{gw\pm}^{m,(n)}$。

(5)求解中子平衡方程(5-91)，求出节块平均通量 $\bar{\phi}_g^{m,(n)}$，同时利用式(5-109)、式(5-110)、式(5-114)和式(5-118)更新横向积分中子通量密度，$\phi_{gu}^{m,(n)}(u)$ 的展开系数 $a_{gun}^{m,(n)}$，$n=1,2,3,4$，$u=x,y,z$。

(6)对所有能群 $g(g=1,2,\cdots,G)$ 重复步骤(2)～(5)。

(7)计算特征值

$$k_{\text{eff}}^{(n)} = \frac{\sum_{m=1}^{M}\sum_{g'=1}^{G}(\nu\Sigma_{\text{f}})_{g'}^{m}\bar{\phi}_{g'}^{m,(n)}}{\frac{1}{k_{\text{eff}}^{(n-1)}}\sum_{m=1}^{M}\sum_{g'=1}^{G}(\nu\Sigma_{\text{f}})_{g'}^{m}\bar{\phi}_{g'}^{m,(n-1)}} \tag{5-152}$$

步骤(2)～(7)构成一个裂变源迭代(外迭代)。当下列收敛准则满足时，便认为迭代过程收敛，它们是

$$\left|\frac{k_{\text{eff}}^{(n)} - k_{\text{eff}}^{(n-1)}}{k_{\text{eff}}^{(n)}}\right| < \varepsilon_1 \tag{5-153}$$

$$\max_{r\in V}\left|\frac{Q_{\text{f}}^{(n)}(r) - Q_{\text{f}}^{(n-1)}(r)}{Q_{\text{f}}^{(n)}(r)}\right| < \varepsilon_2 \tag{5-154}$$

$\varepsilon_1$ 与 $\varepsilon_2$ 为给定参数，一般取 $\varepsilon_1 = 10^{-5}$，$\varepsilon_2 = 10^{-4}$。该迭代过程收敛速度较慢，需要采用加速收敛技术。

## 5.4 非线性迭代节块方法

为了实现大网格下的快速计算，非线性迭代节块方法[10]的本质是局部高阶展开修正的全局有限差分技术，即先直接在大网格(称之为节块)内利用中心有限差分方法进行方程离散，并预留修正参数输入接口，称之为粗网有限差分方法(Coarse-mesh Finite Difference Method, CMFD)；再针对每一个节块边界，对相邻两个节块，通过利用高阶

函数展开其中的中子通量密度等物理量的分布，获得针对该边界的修正参数，接入待修正的 CMFD 方程，称之为两节块计算；然后依次进行局部两节块计算和全局 CMFD 计算，形成非线性迭代过程。其中，局部的两节块高阶离散，可以采用多项式基函数展开（即节块展开方法，NEM），也可以采用解析函数展开（即解析节块法，ANM），还可以同时采用多项式基函数和解析函数（即半解析节块法，SANM）。相应地，会形成非线性迭代节块展开法（NLNEM）、非线性迭代解析节块法（NLANM）和非线性迭代半解析节块法（NLSANM）。本节以 NLNEM 为例进行具体介绍。

非线性迭代节块方法的网格划分与节块展开法相同，要求所有材料交界面必须是网格边界，使得每个网格内的材料参数均为常数。连续方程被离散到单个网格上，网格间满足连续边界条件，外边界条件保持不变。

### 5.4.1　全局 CMFD 离散

在线性分布假设下，定义网格中心 $(x_i, y_j)$ 上和网格平均的中子通量密度均为 $\Phi_{i,j}$。对于不含外边界的网格即 $\{i = 2 \sim I-1, j = 2 \sim J-1\}$，在网格内将方程进行积分；利用中子通量密度不连续、净中子流密度连续的交界面边界条件，获得网格边界上以出射为正方向的净中子流密度；以右边界为例，净中子流密度与网格中子通量密度的关系为式 (5-75)，是 Fick 定律在两种材料交界面上的离散表达式。考虑到在大网格下，直接使用线性分布假设的处理精度不足，需要对净中子流密度的表达式进行修正，常用的修正方式是在原有中子通量密度差的基础上增加中子通量密度和的修正项，即

$$
\begin{aligned}
&D_{i,j} \frac{\Phi_{i,j}(x_{i+1/2}, y_j) - \Phi_{i,j}}{\Delta x_i / 2} \\
&= \frac{2(f_{i+1,j,\mathrm{L}}\Phi_{i+1,j} - f_{i,j,\mathrm{R}}\Phi_{i,j})}{\dfrac{\Delta x_{i+1}}{D_{i+1,j}} f_{i+1,j,\mathrm{L}} + \dfrac{\Delta x_i}{D_{i,j}} f_{i,j,\mathrm{R}}} + \hat{D}_{i,j}^{i+1,j}(f_{i+1,j,\mathrm{L}}\Phi_{i+1,j} + f_{i,j,\mathrm{R}}\Phi_{i,j})
\end{aligned}
\tag{5-155}
$$

其中的修正系数 $\hat{D}_{i,j}^{i+1,j}$ 将由局部的两节块高阶处理技术获得，且由于交界面上的净中子流密度连续，该修正系数将可以同时适用于该边界两侧的两个网格。连同碰撞项和中子源项的离散公式一起，将各个边界上形如式 (5-155) 含修正项的净中子流密度表达式代入式 (5-70)，可得 CMFD 离散后的单群中子扩散方程：

$$
\left( \frac{2}{\dfrac{\Delta x_{i-1}}{D_{i-1,j}} \dfrac{f_{i-1,j,\mathrm{R}}}{f_{i,j,\mathrm{L}}} + \dfrac{\Delta x_i}{D_{i,j}}} + \hat{D}_{i,j}^{i-1,j} f_{i,j,\mathrm{L}} \right) \Delta y_j \Phi_{i,j}
$$

$$
+ \left( \frac{2}{\dfrac{\Delta x_{i+1}}{D_{i+1,j}} \dfrac{f_{i+1,j,\mathrm{L}}}{f_{i,j,\mathrm{R}}} + \dfrac{\Delta x_i}{D_{i,j}}} + \hat{D}_{i,j}^{i+1,j} f_{i,j,\mathrm{R}} \right) \Delta y_j \Phi_{i,j}
$$

$$+\left(\cfrac{2}{\cfrac{\Delta y_{j-1}}{D_{i,j-1}}\cfrac{f_{i,j-1,\mathrm{T}}}{f_{i,j,\mathrm{B}}}+\cfrac{\Delta y_j}{D_{i,j}}}+\hat{D}_{i,j}^{i,j-1}f_{i,j,\mathrm{B}}\right)\Delta x_i\Phi_{i,j}$$

$$+\left(\cfrac{2}{\cfrac{\Delta y_{j+1}}{D_{i,j+1}}\cfrac{f_{i,j+1,\mathrm{B}}}{f_{i,j,\mathrm{T}}}+\cfrac{\Delta y_j}{D_{i,j}}}+\hat{D}_{i,j}^{i,j+1}f_{i,j,\mathrm{T}}\right)\Delta x_i\Phi_{i,j}+\Sigma_{\mathrm{r},i,j}\Delta x_i\Delta y_j\Phi_{i,j}$$

$$-\left(\cfrac{2}{\cfrac{\Delta x_{i-1}}{D_{i-1,j}}+\cfrac{\Delta x_i}{D_{i,j}}\cfrac{f_{i,j,\mathrm{L}}}{f_{i-1,j,\mathrm{R}}}}+\hat{D}_{i,j}^{i-1,j}f_{i-1,j,\mathrm{R}}\right)\Delta y_j\Phi_{i-1,j}$$

$$-\left(\cfrac{2}{\cfrac{\Delta x_{i+1}}{D_{i+1,j}}+\cfrac{\Delta x_i}{D_{i,j}}\cfrac{f_{i,j,\mathrm{R}}}{f_{i+1,j,\mathrm{L}}}}+\hat{D}_{i,j}^{i+1,j}f_{i+1,j,\mathrm{L}}\right)\Delta y_j\Phi_{i+1,j}$$

$$-\left(\cfrac{2}{\cfrac{\Delta y_{j-1}}{D_{i,j-1}}+\cfrac{\Delta y_j}{D_{i,j}}\cfrac{f_{i,j,\mathrm{B}}}{f_{i,j-1,\mathrm{T}}}}+\hat{D}_{i,j}^{i,j-1}f_{i,j-1,\mathrm{T}}\right)\Delta x_i\Phi_{i,j-1} \tag{5-156}$$

$$-\left(\cfrac{2}{\cfrac{\Delta y_{j+1}}{D_{i,j+1}}+\cfrac{\Delta y_j}{D_{i,j}}\cfrac{f_{i,j,\mathrm{T}}}{f_{i,j+1,\mathrm{B}}}}+\hat{D}_{i,j}^{i,j+1}f_{i,j+1,\mathrm{B}}\right)\Delta x_i\Phi_{i,j+1}=W_{i,j}$$

可以看出，该方程是在中心差分离散的单群中子扩散方程(5-82)中增加了一些修正项，其余均相同。

### 5.4.2 全局与局部的非线性耦合迭代

对于包含修正项的 CMFD 离散方程，可以先给定修正项系数的初值，一般选 0，即可按照中心差分方法的数值迭代计算流程进行计算，获得每个节块内的平均中子通量密度；进而利用式(5-155)计算获得每个节块交界面上的净中子流密度，完成整个非线性耦合迭代的全局 CMFD 计算。在局部两节块计算中，基于全局 CMFD 计算给出的节块平均中子通量密度和节块边界净中子流密度，利用高阶函数展开局部两节块内的中子通量密度，给出更新的节块交界面上的净中子流密度。之后，利用该交界面两侧的节块平均中子通量密度和更新的节块边界净中子流密度，将基于式(5-155)定义的修正项系数按照下式进行更新计算：

$$\hat{D}_{i,j}^{i+1,j} = \cfrac{J_{i,j,R} - \cfrac{2(f_{i+1,j,L}\Phi_{i+1,j} - f_{i,j,R}\Phi_{i,j})}{\cfrac{\Delta x_{i+1}}{D_{i+1,j}}f_{i+1,j,L} + \cfrac{\Delta x_i}{D_{i,j}}f_{i,j,R}}}{f_{i+1,j,L}\Phi_{i+1,j} + f_{i,j,R}\Phi_{i,j}} \tag{5-157}$$

然后即可再进行全局 CMFD 方程求解,构成全局与局部的非线性耦合迭代,如图 5-7 所示。

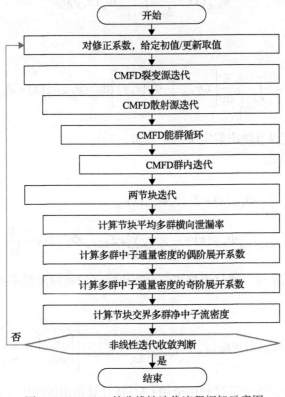

图 5-7 NLNEM 的非线性迭代流程框架示意图

### 5.4.3 局部两节块离散

由于局部计算的空间区域只有两个节块,通常会同时求解所有能群,即直接考虑能群间的散射和裂变相互作用。针对每一个节块交界面,可将其两侧节块内的中子扩散方程先进行横向积分再进行一维高阶展开,通过求得相应的展开系数获得该交界面上的净中子流密度。以交界面 $(i-1/2, j)$ 右侧的节块 $(i, j)$ 为例,先进行横向积分,即在非垂直于该交界面的方向上进行积分平均,可得

$$-\frac{1}{\Delta y_j}\int_{y_{j-1/2}}^{y_{j+1/2}}\frac{\partial}{\partial x}\left[D_{i,j,g}\frac{\partial}{\partial x}\Phi_g(x,y)\right]\mathrm{d}y + \frac{1}{\Delta y_j}\int_{y_{j-1/2}}^{y_{j+1/2}}\Sigma_{\mathrm{r},ij,g}\Phi_g(x,y)\mathrm{d}y$$

$$= \frac{1}{\Delta y_j}\int_{y_{j-1/2}}^{y_{j+1/2}}\left[\sum_{g'\neq g}\Sigma_{\mathrm{sr},i,j,g'\to g}\Phi_{g'}(x,y) + \frac{1}{k}\chi_{i,j,g}\sum_{g'}\nu\Sigma_{\mathrm{f},i,j,g'}\Phi_{g'}(x,y)\right]\mathrm{d}y$$

$$-\frac{1}{\Delta y_j}\int_{y_{j-1/2}}^{y_{j+1/2}}\frac{\partial}{\partial y}\left[D_{i,j}\frac{\partial}{\partial y}\Phi_g(x,y)\right]dy \tag{5-158}$$

其中，特征值可直接采用上一次全局 CMFD 计算给出的最新值。定义横向积分中子通量密度

$$\Phi_{x,g}(x)=\frac{1}{\Delta y_j}\int_{y_{j-1/2}}^{y_{j+1/2}}\Phi_g(x,y)dy \tag{5-159}$$

和横向积分泄漏率

$$L_{y,g}(x)=-\int_{y_{j-\frac{1}{2}}}^{y_{j+\frac{1}{2}}}\frac{\partial}{\partial y}\left[D_{i,j,g}\frac{\partial}{\partial y}\Phi_g(x,y)\right]dy=J_{i,j,\mathrm{T},g}(x)+J_{i,j,\mathrm{B},g}(x) \tag{5-160}$$

其中的净中子流密度以节块出射定义为正方向。

式(5-158)可以写成

$$
\begin{aligned}
&-D_{i,j,g}\frac{\partial^2}{\partial x^2}\Phi_{x,g}(x)+\Sigma_{\mathrm{r},i,j,g}\Phi_{x,g}(x)\\
&=\sum_{g'\neq g}\Sigma_{\mathrm{sr},i,j,g'\to g}\Phi_{x,g'}(x)+\frac{1}{k}\chi_{i,j,g}\sum_{g'}\nu\Sigma_{\mathrm{f},i,j,g'}\Phi_{x,g'}(x)-\frac{1}{\Delta y_j}L_{y,g}(x)
\end{aligned}
\tag{5-161}
$$

式中，横向积分泄漏率可以通过将相邻三个节块的平均横向泄漏率拟合成 2 次多项式函数获得

$$L_{y,g}(x)=L_{i,j,y,g}+l_{i,j,y,g}^1\frac{x}{\Delta x_i}+l_{i,j,y,g}^2\left[\left(\frac{x}{\Delta x_i}\right)^2-\frac{1}{4}\right] \tag{5-162}$$

其中，节块平均横向泄漏率可以利用全局 CMFD 计算给出的净中子流密度计算：

$$L_{i,j,y,g}=J_{i,j,\mathrm{T},g}+J_{i,j,\mathrm{B},g} \tag{5-163}$$

1 阶和 2 阶项系数分别为

$$l_{i,j,y,g}^1=\frac{\Delta x_i(\Delta x_i+2\Delta x_{i-1})(L_{i+1,j,y,g}-L_{i,j,y,g})}{(\Delta x_i+\Delta x_{i+1})(\Delta x_{i-1}+\Delta x_i+\Delta x_{i+1})}+\frac{\Delta x_i(\Delta x_i+2\Delta x_{i+1})(L_{i,j,y,g}-L_{i-1,j,y,g})}{(\Delta x_i+\Delta x_{i-1})(\Delta x_{i-1}+\Delta x_i+\Delta x_{i+1})} \tag{5-164}$$

$$l_{i,j,y,g}^2=\frac{\Delta x_i^2}{\Delta x_{i-1}+\Delta x_i+\Delta x_{i+1}}\left(\frac{L_{i+1,j,y,g}-L_{i,j,y,g}}{\Delta x_i+\Delta x_{i+1}}+\frac{L_{i-1,j,y,g}-L_{i,j,y,g}}{\Delta x_i+\Delta x_{i-1}}\right) \tag{5-165}$$

将横向积分中子通量密度进行 4 阶多项式函数展开：

$$\Phi_{x,g}(x)=\Phi_{i,j,g}+\sum_{n=1}^{4}a_{i,j,x,g,n}f_n\left(\frac{x}{\Delta x_i}\right) \tag{5-166}$$

式中，$a_{i,j,x,g,n}$ 为待求解的展开系数。多项式基函数常选：

$$f_0(\xi) = 1$$
$$f_1(\xi) = \xi$$
$$f_2(\xi) = \xi^2 - \frac{1}{4} \tag{5-167}$$
$$f_3(\xi) = \xi\left(\xi^2 - \frac{1}{4}\right)$$
$$f_4(\xi) = \left(\xi^2 - \frac{1}{20}\right)\left(\xi^2 - \frac{1}{4}\right)$$

然后，将横向积分方程依次投影到三个低阶基函数坐标轴上，即在方程两端同时乘以相应的基函数，然后在节块内进行积分，可得

$$-\frac{D_{i,j,g}}{\Delta x_i^2}\left(6a_{i,j,x,g,2} + \frac{2}{5}a_{i,j,x,g,4}\right) = -\Sigma_{\mathrm{r},i,j,g}\Phi_{i,j,g} + \sum_{g'\neq g}\Sigma_{\mathrm{sr},i,j,g'\to g}\Phi_{i,j,g'}$$
$$+ \frac{1}{k}\chi_{i,j,g}\sum_{g'}\nu\Sigma_{\mathrm{f},i,j,g'}\Phi_{i,j,g'} - \frac{1}{\Delta y_j}L_{i,j,y,g} \tag{5-168}$$

$$\left(\frac{60D_{i,j,g}}{\Delta x_i^2} + \Sigma_{\mathrm{r},i,j,g}\right)a_{i,j,x,g,3} - \left(\sum_{g'\neq g}\Sigma_{\mathrm{sr},i,j,g'\to g}a_{i,j,x,g',3} + \frac{1}{k}\chi_{i,j,g}\sum_{g'}\nu\Sigma_{\mathrm{f},i,j,g'}a_{i,j,x,g',3}\right)$$
$$-10\Sigma_{\mathrm{r},i,j,g}a_{i,j,x,g,1} + 10\left(\sum_{g'\neq g}\Sigma_{\mathrm{sr},i,j,g'\to g}a_{i,j,x,g',1} + \frac{1}{k}\chi_{i,j,g}\sum_{g'}\nu\Sigma_{\mathrm{f},i,j,g'}a_{i,j,x,g',1}\right) = 10\frac{l_{i,j,y,g}^1}{\Delta y_j} \tag{5-169}$$

$$\left(\frac{140D_{i,j,g}}{\Delta x_i^2} + \Sigma_{\mathrm{r},i,j,g}\right)a_{i,j,x,g,4} - \left(\sum_{g'\neq g}\Sigma_{\mathrm{sr},i,j,g'\to g}a_{i,j,x,g',4} + \frac{1}{k}\chi_{i,j,g}\sum_{g'}\nu\Sigma_{\mathrm{f},i,j,g'}a_{i,j,x,g',4}\right)$$
$$-35\Sigma_{\mathrm{r},i,j,g}a_{i,j,x,g,2} + 35\left(\sum_{g'\neq g}\Sigma_{\mathrm{sr},i,j,g'\to g}a_{i,j,x,g',2} + \frac{1}{k}\chi_{i,j,g}\sum_{g'}\nu\Sigma_{\mathrm{f},i,j,g'}a_{i,j,x,g',2}\right) = 35\frac{l_{i,j,y,g}^2}{\Delta y_j} \tag{5-170}$$

针对交界面 $(i{-}1/2, j)$ 左侧的节块 $(i{-}1, j)$，同样可以有形如式(5-161)的横向积分方程、形如式(5-166)的横向积分中子通量密度多项式函数展开，以及形如式(5-168)、式(5-169)和式(5-170)的关于待求展开系数的代数方程。两个相邻节块，总共有 $8G$ 个待求展开系数和 $6G$ 个代数方程，再加上交界面处的 $2G$ 个连续边界条件：

$$f_{i,j,g,\mathrm{R}}\left(\Phi_{i,j,g} + \frac{1}{2}a_{i,j,x,g,1} + \frac{1}{2}a_{i,j,x,g,2}\right)$$
$$= f_{i+1,j,g,\mathrm{L}}\left(\Phi_{i+1,j,g} - \frac{1}{2}a_{i+1,j,x,g,1} + \frac{1}{2}a_{i+1,j,x,g,2}\right) \tag{5-171}$$

$$- \frac{D_{i,j,g}}{\Delta x_i} \left( a_{i,j,x,g,1} + 3a_{i,j,x,g,2} + \frac{1}{2} a_{i,j,x,g,3} + \frac{1}{5} a_{i,j,x,g,4} \right)$$

$$= - \frac{D_{i+1,j,g}}{\Delta x_{i+1}} \left( a_{i+1,j,x,g,1} - 3a_{i+1,j,x,g,2} + \frac{1}{2} a_{i+1,j,x,g,3} - \frac{1}{5} a_{i+1,j,x,g,4} \right)$$

(5-172)

可以形成封闭的代数方程组，求解后可获得 $8G$ 个待求展开系数，即可获得相邻两节块中的连续中子通量密度函数，然后可以获得交界面处的净中子流密度。

值得注意的是，在求解两节块的 $8G$ 个代数方程组时，偶数阶的系数方程可以先进行计算，然后再进行奇数阶的系数方程求解，从而实现进一步的脱耦计算，将 1 个维度为 $8G$ 的代数方程组求解转化成 2 个维度为 $4G$ 的代数方程组求解。

## 5.5　非均匀变分节块方法

变分节块法最早由美国西北大学的 Lewis 教授提出，广泛地应用于快中子反应堆的堆芯计算中，如法国原子能院的 ERANOS 程序[17]、美国阿贡国家实验室的 VARIANT 程序[12]以及美国爱达荷实验室的 INSTANT 程序[18]；也应用于热中子反应堆的堆芯计算中，如西安交通大学的 NECP-Bamboo 程序[19]。该方法先利用 Galerkin 变分技术在整个求解域上建立一个包含节块中子平衡方程的泛函，并利用 Lagrange 乘子法将边界条件包含在该泛函内，再通过 Ritz 法以空间上的正交多项式函数为基函数将这个泛函进行展开，从而获得耦合了节块体积内的中子通量密度矩与节块边界面上的分中子流密度矩的节块响应矩阵。与基于横向积分的节块方法相比，变分节块法具有诸多优势：①基于横向积分的节块方法只能提供节块平均的中子通量密度，必须采用精细功率重构技术才能获得节块内的精细中子通量密度分布，而变分节块法只需将最终求解获得的中子通量密度矩代入相应的展开式即可获得节块内连续的中子通量密度分布，从而避免了精细功率重构带来的额外误差与计算代价；②基于横向积分的节块方法一般在进行理论推导的时候就已经将展开阶数固定，而变分节块法中的展开阶数在理论推导过程中是可变的，使得其可以通过改变展开阶数以适应不同光学厚度的问题，拥有较宽的适用范围；③基于横向积分的节块方法一般要求节块内的材料是均一的，即每个节块内的扩散系数和宏观截面均为常数，每个节块边界上的不连续因子也为常数，而变分节块法在节块内部可进一步直接处理，或者采用同样是基于变分原理的有限元方法来处理非均匀节块，将节块内部材料必须均一分布的限制直接去除；④当角度变量的展开需要高阶近似时，变分节块法可以在节块内部和边界上采用兼容的高阶球谐函数展开，而那些试图将横向积分技术从扩散计算移植到输运计算中的其他输运节块方法在节块内部和节块边界上采用的角度近似一般不兼容，而且除扩散近似外一般只允许某个固定阶数的角度近似。

另外，在核反应堆堆芯中，节块网格的尺寸一般为 $10\sim20\text{cm}$，由于控制棒等可移动组件总是以 $1\sim2\text{cm}$ 的步长移动，堆芯中子学计算中常常会出现非均匀节块，即节块内的材料参数并不是常数。为了处理这种非均匀效应，已经发展了很多方法，比如再均匀化方法、自适应网格方法和非均匀节块方法等。对于变分节块方法来说，可以在比较简单的情况下直接实现对非均匀节块的处理，本节以非均匀变分节块方法为例进行介绍。

在非均匀变分节块方法[20]中，网格划分尽可能保持材料交界面都是网格边界，对于位置不确定的材料交界面可以不再划分网格，而是留给非均匀变分节块方法来处理。这样，连续的中子方程依然将被离散到单个网格上，网格间满足连续边界条件，外边界条件保持不变，只是网格内的截面参数不再是常数，而是可以表示成分段多项式函数的形式。以控制棒半插引发的非均匀节块，其轴向上下可以分成两段，每一段内的截面都是常数；以温度等连续变化的因素引发的截面非均匀分布，可以表达成单段连续的函数形式。

### 5.5.1　泛函建立

根据 Galerkin 变分原理，针对式 (5-68) 所示的单群中子扩散方程，在整个求解域及其边界上建立关于节块内的中子通量密度和节块交界面上净中子流密度的全局泛函，且该全局泛函可以看成是建立在各个节块上的局部泛函的加和形式：

$$F[\Phi(r), J(r)] = \sum_v F_v[\Phi(r), J(r)] \tag{5-173}$$

式中，节块 $v$ 的贡献为

$$F_v[\Phi(r), J(r)] = \int_v \mathrm{d}V [D_v \nabla \Phi(r) \nabla \Phi(r) + \Sigma_{\mathrm{r},v} \Phi^2(r) - 2\Phi(r)S(r)] \\ + 2\sum_{\gamma=1}^{6} \int_\gamma [\Phi(r) \cdot J_\gamma(r)] \mathrm{d}\Gamma \tag{5-174}$$

其中，$J_\gamma(r)$ 表示节块边界 $\gamma$ 上以出射为正方向的净中子流密度 $(\mathrm{cm}^{-2} \cdot \mathrm{s}^{-1})$。

按照变分原理，先后令节块泛函 $F_v$ 分别关于 $\Phi(r)$ 和 $J(r)$ 的一阶变分为 0，可分别获得

$$\int_v \delta\Phi(r)[-D_v \nabla^2 \Phi(r) + \Sigma_{\mathrm{r},v} \Phi(r) - S(r)] \mathrm{d}V \\ + \sum_{\gamma=1}^{6} \int_\gamma \delta\Phi(r)[n_\gamma D_v \nabla \Phi(r) + J_\gamma(r)] \mathrm{d}\Gamma = 0 \tag{5-175}$$

$$\sum_\gamma \int_\gamma \Phi(r) \delta J_\gamma(r) \mathrm{d}\Gamma = 0 \tag{5-176}$$

可以发现：①在节块内部，由于 $\delta\Phi(r)$ 是任意的，式 (5-175) 中体积积分项分项的被积函数必须为 0，正好是单群中子扩散方程，即该解满足中子扩散方程。②在堆芯内部的节块交界处，式 (5-175) 和式 (5-176) 中的边界积分项在相邻两个节块 $v$ 和 $v'$（其中 $n_\gamma = -n_{\gamma'}$）中的贡献和为 0，即

$$\int_{\gamma}[\boldsymbol{n}_{\gamma}D_{v}\nabla^{2}\Phi_{v}(\boldsymbol{r})-\boldsymbol{n}_{\gamma}D_{v'}\nabla^{2}\Phi_{v'}(\boldsymbol{r})]\delta\Phi(\boldsymbol{r})\mathrm{d}\Gamma=0 \tag{5-177}$$

$$\int_{\gamma}[\Phi_{v}(\boldsymbol{r})-\Phi_{v'}(\boldsymbol{r})]\delta J_{\gamma}(\boldsymbol{r})\mathrm{d}\Gamma=0 \tag{5-178}$$

分别表示节块表面的净中子流密度连续和中子通量密度连续。③在堆芯的外部边界处，只要求相应的 $\Phi(\boldsymbol{r})$ 和 $J(\boldsymbol{r})$ 满足相应的边界条件即可。

### 5.5.2 泛函离散

对每个节块的中子通量密度、中子源项和节块边界面上的净中子流密度进行正交基函数展开：

$$\Phi(\boldsymbol{r})=\sum_{i=1}^{I}\varphi_{i}f_{i}(\boldsymbol{r})=\boldsymbol{f}^{\mathrm{T}}\boldsymbol{\varphi} \tag{5-179}$$

$$S(\boldsymbol{r})=\sum_{i=1}^{I}s_{i}f_{i}(\boldsymbol{r})=\boldsymbol{f}^{\mathrm{T}}\boldsymbol{s} \tag{5-180}$$

$$J_{\gamma}(\boldsymbol{r})=\sum_{l=1}^{L}j_{\gamma,l}h_{\gamma,l}(\boldsymbol{r})=\boldsymbol{h}_{\gamma}^{\mathrm{T}}\boldsymbol{j}_{\gamma} \tag{5-181}$$

式中，$f_{i}(\boldsymbol{r})$ 为定义在节块体积内的正交基函数；$h_{\gamma,l}(\boldsymbol{r})$ 为定义在边界面上的正交基函数；$\boldsymbol{f}$ 为体积基函数构成的向量；$\boldsymbol{h}_{\gamma}$ 为边界基函数构成的向量；$\boldsymbol{\varphi}$ 为中子通量密度体积展开矩构成的向量；$\boldsymbol{s}$ 为中子源密度体积展开矩构成的向量；$\boldsymbol{j}_{\gamma}$ 为边界净中子流密度展开矩的向量。

值得注意的是，中子源密度和中子通量密度采用相同的正交基函数展开，相应的展开矩具有如下对应形式(给出能群符号)：

$$\begin{aligned}s_{i,g}&=\sum_{g'\neq g}\sum_{j=1}^{I}\phi_{j,g'}\int_{v}[\Sigma_{g'\to g}(\boldsymbol{r})\cdot f_{j}(\boldsymbol{r})\cdot f_{i}(\boldsymbol{r})]\mathrm{d}V\\&+\frac{\chi_{g}}{k_{\mathrm{eff}}}\sum_{g'}\sum_{j=1}^{I}\phi_{j,g'}\int_{v}[\nu\Sigma_{\mathrm{f},g'}(\boldsymbol{r})\cdot f_{j}(\boldsymbol{r})\cdot f_{i}(\boldsymbol{r})]\mathrm{d}V\end{aligned} \tag{5-182}$$

将式(5-179)、式(5-180)和式(5-181)中的基函数展开一并代入式(5-174)的泛函中，可得

$$F_{v}[\boldsymbol{\varphi},\boldsymbol{j}]=\boldsymbol{\varphi}^{\mathrm{T}}\boldsymbol{A}\boldsymbol{\varphi}-2\boldsymbol{\varphi}^{\mathrm{T}}\boldsymbol{s}+2\boldsymbol{\varphi}^{\mathrm{T}}\boldsymbol{M}\boldsymbol{j} \tag{5-183}$$

式中，

$$\boldsymbol{A}=\int_{v}[D_{v,g}(\boldsymbol{r})\nabla\boldsymbol{f}(\boldsymbol{r})\nabla\boldsymbol{f}^{\mathrm{T}}(\boldsymbol{r})+\Sigma_{\mathrm{r},v,g}(\boldsymbol{r})\boldsymbol{f}(\boldsymbol{r})\boldsymbol{f}^{\mathrm{T}}(\boldsymbol{r})]\mathrm{d}V \tag{5-184}$$

$$\boldsymbol{M}=[\boldsymbol{M}_{1}^{\mathrm{T}}\quad\cdots\quad\boldsymbol{M}_{\gamma}^{\mathrm{T}}\quad\cdots]^{\mathrm{T}} \tag{5-185}$$

$$M_\gamma = \int_\gamma f(r) h_\gamma^{\mathrm{T}}(r) \mathrm{d}\Gamma \tag{5-186}$$

$$j = [\, j_1^{\mathrm{T}} \quad \cdots \quad j_\gamma^{\mathrm{T}} \quad \cdots \,]^{\mathrm{T}} \tag{5-187}$$

其中，$M$ 为与能群无关的体积−边界耦合矩阵。

令式(5-183)中的泛函分别关于 $\varphi$ 和 $j$ 的变分为 0，可得

$$\varphi = A^{-1}s - A^{-1}Mj \tag{5-188}$$

$$\Psi = M^{\mathrm{T}}\varphi \tag{5-189}$$

式中，$\Psi$ 为节块表面的中子通量密度展开矩构成的向量。

定义节块表面的分中子流密度展开矩：

$$j^\pm = \frac{1}{4} M^{\mathrm{T}}\varphi \pm \frac{1}{2} j \tag{5-190}$$

即

$$\Psi = 2(j^+ + j^-) \tag{5-191}$$

$$j = j^+ - j^- \tag{5-192}$$

将式(5-192)代入式(5-188)可以得到节块表面分中子流密度矩与节块内中子通量密度矩的响应关系：

$$\varphi = Hs - C(j^+ - j^-) \tag{5-193}$$

式中

$$H = A^{-1} \tag{5-194}$$

$$C = A^{-1}M \tag{5-195}$$

将式(5-191)和式(5-193)代入式(5-189)，可得节块表面入射分中子流密度矩与出射分中子流密度矩的响应关系：

$$j^+ = Bs + Rj^- \tag{5-196}$$

式中

$$B = \frac{1}{2}(G + I)^{-1}C^{\mathrm{T}} \tag{5-197}$$

$$R = (G + I)^{-1}(G - I) \tag{5-198}$$

$$G = \frac{1}{2} M^{\mathrm{T}} A^{-1} M \tag{5-199}$$

按照节块之间的相邻关系、交界面的边界条件和外边界条件，可以有分中子流密度矩的连接关系：

$$j^{-} = \boldsymbol{\varPi} j^{+} \tag{5-200}$$

式中，$\boldsymbol{\varPi}$ 为包含了相邻节块之间分中子流密度矩关系的连接矩阵。具体地，对于外部反照边界条件，形如式(5-50)；对于内部交界面，形如式(5-60)和式(5-61)。

对于每一个能群，在中子源已知的条件下，联立式(5-196)和式(5-200)，可得关于出射分中子流密度的线性代数方程：

$$(I - R\boldsymbol{\varPi}) j^{+} = Bs \tag{5-201}$$

求解完成后，可以获得出射分中子流密度矩，然后利用式(5-193)即可计算获得节块内的中子通量密度展开矩，完成该能群的计算。

### 5.5.3 响应矩阵计算

要计算响应矩阵，先要获得展开基函数。首先按照勒让德多项式递推关系，可以产生以下形式任意阶的一维正交多项式函数系：

$$\begin{aligned}
k_0(u) &= 1 \\
k_1(u) &= \sqrt{3}u \\
k_2(u) &= -\frac{\sqrt{5}}{2} + \frac{3\sqrt{5}}{2}u^2 \\
&\vdots
\end{aligned} \tag{5-202}$$

式中，下角标为多项式函数阶数；$u$ 为一维位置坐标(cm)。相同阶数的内积为 0，不同阶数($i$ 和 $j$)的内积满足关系：

$$\frac{1}{2}\int_{-1}^{1} k_i(u)k_j(u)\mathrm{d}x = \delta_{ij} \tag{5-203}$$

基于以上一维正交多项式函数系，通过三个或两个一维的正交多项式相乘便可以产生三维(体积)或二维(表面)的正交多项式。对于展开阶数为 $n$ 的 $m$ 维完全正交多项式，则选择全部满足如下关系式的正交多项式：

$$\sum_{i=1}^{m} E_i \leqslant n \tag{5-204}$$

获得了展开基函数便可以构建作为其他矩阵基础的 $A$ 矩阵和 $M_\gamma$ 矩阵，其具体的计算公式为

$$M_\gamma = \frac{S_\gamma}{4}\begin{bmatrix} \int_\gamma f_1(\boldsymbol{r}) \cdot h_{\gamma,1}(\boldsymbol{r})\mathrm{d}\Gamma & \int_\gamma f_1(\boldsymbol{r}) \cdot h_{\gamma,2}(\boldsymbol{r})\mathrm{d}\Gamma & \cdots & \int_\gamma f_1(\boldsymbol{r}) \cdot h_{\gamma,L}(\boldsymbol{r})\mathrm{d}\Gamma \\ \int_\gamma f_2(\boldsymbol{r}) \cdot h_{\gamma,1}(\boldsymbol{r})\mathrm{d}\Gamma & \int_\gamma f_2(\boldsymbol{r}) \cdot h_{\gamma,2}(\boldsymbol{r})\mathrm{d}\Gamma & \cdots & \int_\gamma f_2(\boldsymbol{r}) \cdot h_{\gamma,L}(\boldsymbol{r})\mathrm{d}\Gamma \\ \vdots & \vdots & & \vdots \\ \int_\gamma f_I(\boldsymbol{r}) \cdot h_{\gamma,1}(\boldsymbol{r})\mathrm{d}\Gamma & \int_\gamma f_I(\boldsymbol{r}) \cdot h_{\gamma,2}(\boldsymbol{r})\mathrm{d}\Gamma & \cdots & \int_\gamma f_I(\boldsymbol{r}) \cdot h_{\gamma,L}(\boldsymbol{r})\mathrm{d}\Gamma \end{bmatrix}$$

$$\tag{5-205}$$

$$A = \begin{bmatrix} \bar{P}_{11} & \bar{P}_{12} & \cdots & \bar{P}_{1I} \\ \bar{P}_{21} & \bar{P}_{22} & \cdots & \bar{P}_{2I} \\ \vdots & \vdots & & \vdots \\ \bar{P}_{I1} & \bar{P}_{I2} & \cdots & \bar{P}_{II} \end{bmatrix} + \begin{bmatrix} Q_{11} & Q_{12} & \cdots & Q_{1I} \\ Q_{21} & Q_{22} & \cdots & Q_{2I} \\ \vdots & \vdots & & \vdots \\ Q_{I1} & Q_{I2} & \cdots & Q_{II} \end{bmatrix} \tag{5-206}$$

$$\bar{P}_{ij} = \frac{V}{8}\left( \begin{aligned} & \frac{1}{\Delta x^2}\sum_{k=1} D_{g,k}\int_{v_k} \frac{\partial f_i(\boldsymbol{r})}{\partial x} \cdot \frac{\partial f_j(\boldsymbol{r})}{\partial x}\mathrm{d}V \\ & + \frac{1}{\Delta y^2}\sum_{k=1} D_{g,k}\int_{v_k} \frac{\partial f_i(\boldsymbol{r})}{\partial y} \cdot \frac{\partial f_j(\boldsymbol{r})}{\partial y}\mathrm{d}V \\ & + \frac{1}{\Delta y^2}\sum_{k=1} D_{g,k}\int_{v_k} \frac{\partial f_i(\boldsymbol{r})}{\partial z} \cdot \frac{\partial f_j(\boldsymbol{r})}{\partial z}\mathrm{d}V \end{aligned} \right) \tag{5-207}$$

$$Q_{ij} = \frac{V}{8}\sum_{k=1} \Sigma_{\mathrm{r},g,k}\int_{v_k} f_j(\boldsymbol{r}) \cdot f_i(\boldsymbol{r})\mathrm{d}V \tag{5-208}$$

式中，$S_\gamma$ 表示第 $\gamma$ 面的面积($\mathrm{cm}^2$)；$\Delta x$、$\Delta y$、$\Delta z$ 分别表示 $x$、$y$、$z$ 方向上的节块长度($\mathrm{cm}$)；$V$ 表示节块体积($\mathrm{cm}^3$)；$k$ 为分片均匀的子块的编号。

然后，针对中子源项展开矩的更新，其具体表达式为

$$s_{i,g} = \sum_{g'\neq g}\sum_{j=1}^{I}\phi_{j,g'}\left[\frac{1}{8}\sum_{k=1}\Sigma_{g'\to g,k}\int_{v_k} f_j(\boldsymbol{r}) \cdot f_i(\boldsymbol{r})\mathrm{d}V\right]$$
$$+ \frac{\chi_g}{k_{\mathrm{eff}}}\sum_{g'}\sum_{j=1}^{I}\phi_{j,g'}\left[\frac{1}{8}\sum_{k=1}\nu\Sigma_{\mathrm{f},g',k}\int_{v_k} f_j(\boldsymbol{r}) \cdot f_i(\boldsymbol{r})\mathrm{d}V\right] \tag{5-209}$$

便可以通过 5.5.2 节中得到的响应矩阵公式计算得到响应矩阵。需要注意的是，对于不同的节块，式(5-205)中的积分计算只与基函数相关，而与节块的几何材料不相关，所以全堆芯所有节块能群可以只计算一次上述积分。

### 5.5.4 迭代求解

关于所示方程组的迭代求解，一般采用红黑扫描算法(Red-Black Gauss-Seidel，RBGS)，即将每一个节块都标记为红色或黑色，使任意两个相邻节块具有不同的标记颜

色。于是，在所有的内部边界上，任一红色节块的出射分中子流都是其相邻黑色节块的入射分中子流，任一黑色节块的出射分中子流都是其相邻红色节块的入射分中子流；而在外边界上，节块自身是根据边界条件和出射分中子流更新其入射分中子流。通过将出射分中子流密度矩向量按照其出射节块的颜色标记重新排序，可以将方程改写为

$$q = Bs \tag{5-210}$$

$$j_r^+ - R_r \Pi_{rb} j_b^+ = q_r \tag{5-211}$$

$$j_b^+ - R_b \Pi_{br} j_r^+ = q_b \tag{5-212}$$

可采用 Gauss-Seidel 扫描格式迭代，即

$$j_r^{+,(n+1)} = R_r \Pi_{rb} j_b^{+,(n)} + q_r \tag{5-213}$$

$$j_b^{+,(n+1)} = R_b \Pi_{br} j_r^{+,(n+1)} + q_b \tag{5-214}$$

式中，$n$ 为迭代次数。

除此以外，还可以采用子空间方法［如广义极小残余方法（GMRES）等］直接求解式（5-201）所示的代数方程组[21]，甚至可以使用 GMRES 直接求解多群方程[22]。

## 参 考 文 献

[1] Fowel T B, Vondy D R. Nuclear reactor core analysis code: CITATION. Oak Ridge: Oak Ridge National Laboratory, 1969.

[2] Noh J M, Cho N Z. A new approach of analytic basis function expansion to neutron diffusion nodal calculation. Nuclear Science Engineering, 1994, 116: 165-180.

[3] Smith K S. An analytic nodal method for solving two-group multidimensional static and transient diffusion equation. Cambridge: MIT, 1979.

[4] 卢皓亮. 基于三角形网格的中子扩散和输运节块方法研究. 西安: 西安交通大学, 2007.

[5] Finneman H, Bennewitz F, Wagner M. Interface current techniques for multidimensional reactor calculation. Atomkernenergie, 1977, 30: 123-128.

[6] Palmiotti G, Lewis E E, Carrico C B. VARIANT: VARIational anisotropic nodal transport for multidimensional Cartesian and hexagonal geometry calculation. Argonne: Argonne National Laboratory, 1995: ANL-95/40.

[7] Zimin V G, Ninokata H, Pogosbekyan L R. Polynomial and semi-analytic nodal methods for nonlinear iteration procedure//Proceeding of International Conference on the Physics of Nuclear Science and Technology, Long Island, 1998, 2: 994-1002.

[8] Esser P D, Smith K S. A semianalytic two-group nodal model for SIMULATE-3. Transactions of American Nuclear Society, 1993, 68: 220-222.

[9] Lawrence R D, Dorning J J. A nodal Green's function method for multidimensional neutron calculation. Nuclear Science Engineering, 1980, 76: 218-231.

[10] Smith K S. Nodal method storage reduction by nonlinear iteration. Transaction of American Nuclear Society, 1983, 44: 265.

[11] Tsuiki M, Hval S. A variational nodal expansion method for the solution of multigroup neutron diffusion equations with heterogeneous nodes. Nuclear Science Engineering, 2002, 141: 218-235.

[12] Carrico C B, Lewis E E, Palmiotti G. Three-dimensional variational nodal transport methods for Cartesian, triangular and hexagonal criticality calculations. Nuclear Science Engineering, 1992, 111: 168-179.

[13] 胡永明, 赵险峰. 第二类边界条件先进格林函数节块法. 清华大学学报(自然科学版), 1998, (4): 17-21.

[14] 廖承奎. 三维节块中子动力学方程组的数值解法及物理与热工-水力耦合瞬态过程的数值计算的研究. 西安: 西安交通大学, 2002.

[15] 谢仲生. 核反应堆物理数值计算. 北京: 原子能出版社, 1987.

[16] Lawrance R D. Progress in nodal methods for the solution of neutron diffusion and transport equations. Progress of Nuclear Energy, 1986, 17(3): 271.

[17] Doriath J Y, Ruggieri J M, Buzzi G, et al. Reactor analysis using the variational nodal method implemented in the ERANOS system. PHYSOR1994, Knoxville, 1994, III: 464-471.

[18] Wang Y, Rabiti C, Palmiotti G. Krylov solvers preconditioned with the low-order red-black algorithm for the PN hybrid FEM for the INSTANT code//M&C 2011, Rio de Janeiro, 2011.

[19] Yang W, Wu H C, Li Y Z, et al. Development and verification of PWR-core fuel management calculation code system NECP-Bamboo: Part II Bamboo-Core. Nuclear Engineering and Design, 2018, 337: 279-290.

[20] 梁博宁. 中子扩散变分节块方法的改进研究与应用分析. 西安: 西安交通大学, 2019.

[21] Lewis E E, Li Y Z, Smith M A, et al. Preconditioned Krylov solution of response matrix equations. Nuclear Science and Engineering, 2013, 173(3): 222-232.

[22] Li Y Z, Lewis E E, Smith M A, et al. Preconditioned multigroup GMRES algorithms for the variational nodal method. Nuclear Science and Engineering, 2015, 179(1): 42-58.

# 第 6 章

# 中子输运方程的概率论数值方法

求解中子输运问题的方法，可分为两大类：确定论(deterministic)方法和概率论(stochastic)方法。确定论方法，是指基于中子输运方程，通过对能量、空间及角度等变量进行离散或其他近似处理而实现数值求解的方法，如前面章节介绍的球谐函数法、离散纵标法、特征线方法及扩散近似方法等。概率论方法，即蒙特卡罗方法，则是利用随机抽样技术，通过直接模拟大量中子与物质反应的过程，统计所需物理量的计算方法。

确定论方法通过采用多群近似、网格划分等策略，实现对问题的简化，因而计算效率高，被广泛应用于核反应堆堆芯设计分析。而蒙特卡罗方法能够精确描述计算模型和物理过程，特别是可使用连续能量点截面并具备复杂几何处理能力，因而计算精度高。但是，蒙特卡罗方法的缺点在于模拟粒子运动计算花费大、计算耗时长，历史上其在核能领域的应用仅局限于屏蔽分析、小规模问题计算、群截面制作及确定论程序基准校核等。近年来，随着计算机技术尤其是高性能并行计算技术的发展，以及核能系统对高保真度反应堆分析工具的需求，蒙特卡罗方法已成为核反应堆物理计算领域的重要方法之一。

本章介绍蒙特卡罗方法求解中子输运问题的原理、应用及发展。

## 6.1 蒙特卡罗方法的基本原理

### 6.1.1 蒙特卡罗方法——统计实验方法

蒙特卡罗方法[1-4]，亦称蒙特卡洛方法、统计实验方法、随机模拟方法，简称蒙卡方法或 MC 方法，是一种基于统计实验的数学计算方法。

蒙特卡罗方法的基础为起源于 16 世纪的统计概率理论，1777 年法国数学家蒲丰(Buffon)提出用随机投针实验估算圆周率 $\pi$，是最早应用蒙特卡罗模拟思想求解问题的案例，其后科学家尝试将随机抽样过程与数学方程求解结合起来。20 世纪 30 年代，物理学家恩利克·费米(Enrico Fermi)使用随机模拟实验研究中子扩散问题[5]。

现代蒙特卡罗方法被认为发展于 20 世纪 40 年代美国研制原子弹的曼哈顿计划时期[6]。1945 年，世界第一台电子计算机 ENIAC 诞生；1946 年，美国洛斯阿拉莫斯国家实验室(Los Alamos National Laboratory，LANL)科学家斯塔尼斯拉夫·乌拉姆(Stanislaw Ulam)发明蒙特卡罗方法，提出利用计算机模拟随机过程来替代物理实验，通过大量模拟的统计平均分析，计算估计量的值；1949 年，Nicholas Metropolis（尼古拉斯·梅特罗波利斯）和 Ulam[7]发表文章介绍该方法，并借鉴摩纳哥著名赌城 Monte Carlo 之名，将它正式命名为蒙特卡罗方法；计算机科学家约翰·冯·诺依曼（John von Neumann）提出在计算机上使用蒙特卡罗方法模拟中子输运过程，他发明了伪随机数发生器，于 1948 年编写第一个蒙特卡罗程序，并成功在 ENIAC 上执行；同期，费米发明一个模拟计算机 FERMIAC，采用蒙特卡罗方法跟踪模拟中子在材料中的随机游走过程[8]；1948～1953 年美国研制氢弹期间，冯·诺依曼和梅特罗波利斯设计制造可编程计算机 MANIAC，利用蒙特卡罗方法实现物质状态方程的模拟，并发展出 Metropolis 算法[9]，之后发展为马尔可夫链蒙特卡罗（MCMC）方法。图 6-1 分别为现代蒙特卡罗方法的四位主要奠基人。

乌拉姆　　　　　费米　　　　　冯·诺依曼　　　梅特罗波利斯

图 6-1　现代蒙特卡罗方法的四位主要奠基人

　　1950 年之后，蒙特卡罗方法推广开来。理论方面，在随机数产生、抽样方法、并行计算、减方差技巧等各方面逐步发展且走向成熟[10-14]，并拓展形成如序贯蒙特卡罗[15]（sequential Monte Carlo）、拟蒙特卡罗[16]（quasi-Monte Carlo）、量子蒙特卡罗[17]（quantum Monte Carlo）、逆蒙特卡罗[18]（reverse Monte Carlo）等新型研究方向。蒙特卡罗方法的应用也从早期的粒子输运问题迅速扩展。目前，蒙特卡罗方法已经在计算物理、金融、经济、气象、计算生物、人工智能等众多领域获得广泛应用。

　　蒙特卡罗方法的基本思想是将计算问题转换为随机模拟实验，通过观测某个随机变量的数学特征（如期望、概率、二阶矩等），得到问题解的估计值。

　　以投点计算圆周率 $\pi$ 为例，选取边长为 1 的正方形和圆心位于正方形任意角点、半径为 1 的四分之一圆，若在正方形内随机挑选一个点，则该点落在圆内的概率 $P$ 等于圆的面积与正方形面积的比值，即 $\pi/4$。那么，通过进行 $N$ 次随机实验，若观测有 $M$ 个点落在圆内，则可获得圆周率 $\pi$ 的估计值。该过程可在计算机中实现，每次投点相当于在[0,1]上任意产生两个随机数作为点坐标 $(\xi_1, \xi_2)$，若 $\xi_1^2 + \xi_2^2 \leqslant 1$，则该点落于圆内，否则落于圆外。图 6-2 展示了不同投点数目的实验情况和 $\pi$ 的估计值及统计标准偏差（亦即统计涨落），图 6-3 给出了估计值随实验次数的变化曲线，可以看到，随着 $N$ 的增大，估计值收敛于真实值 $\pi$。

$$P = \frac{\text{四分之一圆面积}}{\text{正方形面积}} = \frac{\pi}{4} \approx \left(\frac{M}{N}\right) \tag{6-1}$$

$$\pi \approx \frac{4M}{N} \tag{6-2}$$

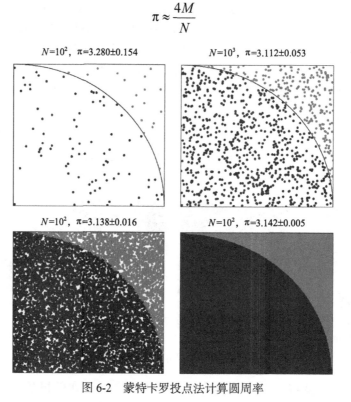

图 6-2 蒙特卡罗投点法计算圆周率

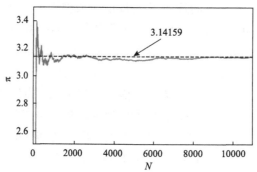

图 6-3 蒙特卡罗方法圆周率估计值随实验次数的变化曲线

由此,蒙特卡罗方法求解问题的基本步骤为:①建立与问题相关的随机模型,使得问题的解等价于某个随机变量的统计特征(如期望、概率、二阶矩等);②进行随机实验,获得若干样本;③统计随机变量数字特征以获得待求量的估计值。

### 6.1.2　收敛性与误差

概率论中的大数定律和中心极限定理是蒙特卡罗方法最重要的理论基础,为蒙特卡罗方法的收敛性和误差提供依据。

大数定律(law of large numbers):设 $\{X_1, X_2, X_3, \cdots\}$ 是一个相互独立、服从同一分布的随机变量序列,且具有有限的数学期望 $E(X)=\mu$,则对于任意正数 $\varepsilon > 0$,有

$$\lim_{N\to\infty} P\left(\left|\frac{1}{N}\sum_{i=1}^{N} X_i - \mu\right| < \varepsilon\right) = \lim_{N\to\infty} P\left(\left|\bar{X}_N - \mu\right| < \varepsilon\right) = 1 \tag{6-3}$$

式中，$N$ 为随机变量样本数目；$P(z)$ 表示事件 $z$ 发生的概率；$\bar{X}_N$ 为 $N$ 个样本的算术平均值。

大数定律表明，当样本数足够大时，随机变量的简单子样的算术平均值以概率 1 收敛于它的期望值，为蒙特卡罗方法的收敛正确性提供了理论保障。

中心极限定理(central limit theorem)：设 $\{X_1, X_2, X_3, \cdots\}$ 是一个相互独立、服从同一分布的随机变量序列，且具有有限的数学期望 $E(X)=\mu$ 和非零方差 $\mathrm{var}(X)=\sigma^2$，则有

$$\lim_{N\to\infty} P\left(\left|\frac{1}{N}\sum_{i=1}^{N} X_i - \mu\right| < \frac{\lambda\sigma}{\sqrt{N}}\right) = \frac{1}{\sqrt{2\pi}}\int_{-\lambda}^{\lambda} \mathrm{e}^{-\frac{t^2}{2}}\,\mathrm{d}t = \Phi(\lambda) \tag{6-4}$$

中心极限定理表明，当样本数足够大时，随机变量的简单子样的算术平均值与期望的误差以一定的概率 $\Phi(\lambda)$ 位于特定区间 $\varepsilon(\lambda)=\lambda\sigma/\sqrt{N}$ 内，$\Phi(\lambda)$ 和 $\varepsilon$ 分别称为概率置信度与置信区间。不同 $\lambda$ 对应的置信区间和概率置信度如表 6-1 所示，可以看到，$2\sigma/\sqrt{N}$ 置信区间的概率置信度为 95.45%，$3\sigma/\sqrt{N}$ 置信区间的概率置信度为 99.73%。

表 6-1 置信区间与置信度

| $\lambda$ | 置信区间 | 置信度 $\Phi(\lambda)$ |
|---|---|---|
| 1 | $\pm\sigma/\sqrt{N}$ | 68.27% |
| 2 | $\pm 2\sigma/\sqrt{N}$ | 95.45% |
| 3 | $\pm 3\sigma/\sqrt{N}$ | 99.73% |
| 4 | $\pm 4\sigma/\sqrt{N}$ | 99.99% |

需要说明的是，蒙特卡罗方法的估计值是随机的，估计值与真实值的误差也是随机变量(称为概率误差)。中心极限定理给出了蒙特卡罗方法的概率误差衰减规律，即概率误差与标准偏差 $\sigma$ 和样本数 $N$ 平方根的倒数成正比。

在实际计算中，随机变量的期望和方差均是未知的，为了定量估计结果收敛情况，误差中的统计量用相应样本的估计量代替，例如以样本无偏估计方差替代真实方差：

$$S^2 = \frac{1}{N-1}\sum_{i=1}^{N}(X_i - \bar{X})^2 = \frac{1}{N-1}\left(\sum_{i=1}^{N} X_i^2 - N\bar{X}^2\right) \tag{6-5}$$

则均值的标准偏差可以近似作为置信区间来估计统计值与真实值的概率误差：

$$S_{\bar{X}} = \frac{S}{\sqrt{N}} = \sqrt{\frac{1}{N(N-1)}\left(\sum_{i=1}^{N} X_i^2 - N\bar{X}^2\right)} \approx \varepsilon(1) \tag{6-6}$$

由上述公式，可以总结蒙特卡罗方法的特点如下：①收敛速度与问题维度无关。在

置信水平一定的情况下，蒙特卡罗方法的概率误差只与方差和样本数有关，与样本所在集合空间的组成、维数、区域的几何形状、被积函数性质等无关，问题的维数变化不影响解的收敛速度。因此，蒙特卡罗方法适用于维数高、几何形状复杂、被积函数光滑性差的积分的计算。②收敛慢且误差具有概率性。蒙特卡罗方法可以从统计学角度给出估计值与真值之间的误差区间，但这是一定概率保证的误差，与确定论的误差有本质的区别。同时，误差反比于样本数的平方根，说明样本数增大降低方差的速度很慢。比如，若要将概率误差降低一个量级，样本数需要增加两个量级，从而增加模拟计算时间。在大系统（如尺寸超过 10 个平均自由程）、深穿透问题的模拟中，局部区域粒子计数低导致统计误差大，进而导致蒙特卡罗对这类问题的模拟计算代价很高。

### 6.1.3 随机数

采用蒙特卡罗方法进行随机实验，关键在于产生具有特定分布的随机变量的抽样值，即随机抽样。在理论上，从一种连续分布的随机变量，可以通过数学变换产生出具有任意分布的随机变量抽样值。单位均匀分布，即[0,1]区间上均匀分布函数，是最简单、最基本的连续分布，被当成蒙特卡罗方法随机数的分布函数。

**定义** 把[0,1]区间上均匀分布的随机变量的抽样值称为随机数（random number）。随机数的概率密度函数为

$$f(x) = \begin{cases} 1, & 0 \leqslant x \leqslant 1 \\ 0, & 其他 \end{cases} \tag{6-7}$$

相应的累积分布函数为

$$F(x) = \begin{cases} 0, & x < 0 \\ x, & 0 \leqslant x \leqslant 1 \\ 1, & x > 1 \end{cases} \tag{6-8}$$

随机数一般用 $\xi$ 表示。在蒙特卡罗方法中，需要产生一系列相互独立、具有相同单位均匀分布的随机数，$\{\xi_1, \xi_2, \xi_3, \cdots\}$，即随机数序列。真正的随机数序列可以通过随机数表或物理方法产生，如在 0～9 每个数字以 0.1 的等概率出现的随机数表中合并每 $n$ 个相邻的随机数字作为小数位，从而生成 $n$ 位有效数字的随机数，或者利用某些随机发生的物理现象（如放射性衰变、电噪声），通过硬件设备来产生随机数（称之为随机数发生器，random number generator）。

在计算机中产生真随机数序列，一方面存在成本或效率的问题，另一方面真随机数无法重复，给程序复算带来不便，因此，在实际蒙特卡罗模拟中，一般使用**伪随机数**：即由递推公式，结合初值用数学方法计算的随机数。一般的，假设初值为 $\xi_1, \xi_2, \cdots, \xi_k$，通过递推公式

$$\xi_{n+k} = T\left(\xi_n, \xi_{n+1}, \cdots, \xi_{n+k-1}\right), \quad n = 1, 2, \cdots \tag{6-9}$$

可获得一个伪随机数序列，其中 $T$ 为递推函数。通常取 $k = 1$，即

$$\xi_{n+1} = T(\xi_n), \quad n = 1, 2, \cdots \tag{6-10}$$

伪随机数不同于真正的随机数。首先，仅根据定义，无法保证计算的伪随机数序列的均匀性。其次，伪随机数序列中每一个随机数都由前面的随机数唯一确定，严格地说，这不满足随机数相互独立的要求，但实践表明，只要递推公式和初值方案选得好，独立性可以近似满足。此外，计算机只能表示有限个数，伪随机数序列会出现重复，形成周期性循环，因此一般要求伪随机数序列出现循环现象时的长度(称为伪随机数周期)足够大，比如不小于所需随机数的个数。实际使用中，需要先对特定伪随机数的独立性、均匀性、周期长度及计算复杂度等品质进行评估，特别是针对随机数统计特性的统计检验方法，如重叠排列检验、停车场检验、最小距离检验、三维随机球检验、挤压检验、掷骰子检验等检验方法等。

总之，虽然伪随机数相比于真正的随机数存在一些缺陷，但只要计算方法选取得当，就可以获得近似随机、对模拟结果不造成明显偏差的伪随机数序列。由于可以在计算机中容易地产生和重复，伪随机数在实际计算中被广泛地应用，一般直接将伪随机数简称为随机数。

伪随机数产生方法的设计属于数论方面的研究，根据递推函数类型的不同，伪随机数产生的方法分为平方取中法、乘积取中法、线性同余法、Fibonacci 法/延迟 Fibonacci 法、小数平方法、小数开方法、混沌法等。这里介绍几种典型的计算机产生随机数的方法。

1) 平方取中法

该方法由冯·诺依曼于 1951 年提出，属于最早的伪随机数产生方法。其定义为：假设需要产生包含 $2n$ 有效数字位的十进制随机数，$s_1$ 为给定的 $2n$ 位整数初值，则新的 $2n$ 位整数数列的递推公式为

$$s_{i+1} = \mathrm{int}(10^{-n} \cdot s_i^2) \bmod 10^{2n}, \quad i = 1, 2, \cdots \tag{6-11}$$

式中，$\mathrm{int}(x)$ 表示对 $x$ 取整，$\bmod M$ 表示除以 $M$ 取余，相应的随机数序列为

$$\xi_{i+1} = \frac{s_{i+1}}{10^{2n}}, \quad i = 1, 2, \cdots \tag{6-12}$$

2) 乘积取中法

该方法由福赛思(Forsythe)于 1951 年提出，也属于最早的伪随机数产生方法。与平方取中法类似，要产生包含 $2n$ 位有效数字的十进制随机数，该方法假设给定两个 $2n$ 位整数初值 $s_0$ 和 $s_1$，新的 $2n$ 位整数数列的递推公式为

$$s_{i+1} = \mathrm{int}(10^{-n} \cdot s_0 \cdot s_1) \bmod 10^{2n}, \quad i = 1, 2, \cdots \tag{6-13}$$

然后利用式(6-12)计算相应的随机数序列。

平方取中法和乘积取中法统称为取中方法。取中方法产生的随机数序列周期与初始值强相关，关系非常复杂，很难确定，同时取中方法产生的随机数序列均匀性较差，目

前应用较少。

3) 线性同余法

线性同余法，又称乘加同余法或者混合同余法。其产生过程为：先给定初值 $s_0$ (称为种子)，新数列值递推公式和随机数分别为

$$\begin{cases} s_i = (gs_{i-1} + c) \bmod M \\ \xi_i = \dfrac{s_i}{M} \end{cases}, \qquad i = 1, 2, \cdots \tag{6-14}$$

式中，$g$ 为乘子；$c$ 为加子；$M$ 为模；$(g, c, M, s_0)$ 称为线性同余随机数发生器参数。当 $g \neq 0, c = 0$ 时，称之为乘同余法。为了便于计算机的取模运算，模通常取 $M = 2^m$。

线性同余法随机数统计品质较好并且计算简单，是应用最为广泛的随机数产生方法。表 6-2 给出在蒙特卡罗程序中使用的几种线性同余法随机数发生器参数(其中 $s_0$ 可变，未列出，一般默认为 1)。

表 6-2　几种线性同余法随机数发生器参数

| 发生器 | $g$ | $c$ | $M$ | 周期 |
|---|---|---|---|---|
| ANSI | 1103515245 | 12345 | $2^{31}$ | $2^{31}$ |
| RACER | 84000335758957 | 0 | $2^{47}$ | $2^{45}$ |
| RCP | $2^9 + 1$ | 59482192516946 | $2^{48}$ | $2^{48}$ |
| MORSE | $5^{15}$ | 0 | $2^{47}$ | $2^{45}$ |
| MCNP 48-LCG | $5^{19}$ | 0 | $2^{48}$ | $2^{46}$ |
| MCNP 63-LCG-1 | 3512401965023503517 | 0 | $2^{63}$ | $2^{61}$ |
| MCNP 63-LCG-2 | 9219741426499971445 | 1 | $2^{63}$ | $2^{63}$ |

### 6.1.4　随机抽样方法

如前所述，任意分布的随机变量都可以表示为单位均匀分布的随机变量的函数。随机抽样方法，是指在已有随机数的基础上，产生任意分布的抽样值的数学方法。下面介绍在蒙特卡罗粒子输运模拟中常用的由已知分布的随机抽样方法。

1. 直接抽样法

又称逆变换法或反函数法，假设随机变量 $X$ 的累积分布函数为 $F(x)$，则 $X$ 的抽样值可以通过下式产生：

$$X_f = F^{-1}(\xi) \tag{6-15}$$

式中，$F^{-1}(x)$ 为 $F(x)$ 的反函数；$\xi$ 为随机数。

直接抽样法的原理在于累积分布函数的函数值在区间[0,1]上均匀分布。根据累积分布函数的定义和性质，易于从数学上证明式(6-15)确定的随机变量抽样值服从 $F(x)$ 分布。

直接抽样法适用于离散型和连续型随机变量的抽样。

对于离散型分布，设随机变量 $x$ 累积分布函数为

$$F(x) = P(X \leqslant x) = \sum_{x_i < x} p_i \tag{6-16}$$

式中，$x_1, x_2, \cdots$ 为 $x$ 可能的取值；$p_1, p_2, \cdots$ 为相应的概率（$\sum_i p_i = 1$）；$x$ 的直接抽样法为

$$X_f = x_j, \qquad \sum_{i=1}^{j-1} p_i \leqslant \xi < \sum_{i=1}^{j} p_i \tag{6-17}$$

**例 6.1**　中子飞行时与材料发生碰撞，假设材料含有 3 种原子核 $^{235}$U、$^{238}$U 和 $^{16}$O，各自的宏观反应总截面分别为 $\Sigma_5$、$\Sigma_8$、$\Sigma_O$（材料总截面 $\Sigma_t = \Sigma_5 + \Sigma_8 + \Sigma_O$），如何抽样发生碰撞的原子核？

中子与每种原子核碰撞的概率分别为

$$p_5 = \frac{\Sigma_5}{\Sigma_t}, \quad p_8 = \frac{\Sigma_8}{\Sigma_t}, \quad p_O = \frac{\Sigma_O}{\Sigma_t} \tag{6-18}$$

根据直接抽样法，可按如下流程确定碰撞原子核：①产生随机数 $\xi$；②若 $\xi < p_5$，则与 $^{235}$U 发生碰撞；③若 $p_5 \leqslant \xi < p_5 + p_8$，则与 $^{238}$U 发生碰撞；④若 $p_5 + p_8 \leqslant \xi \leqslant 1$，则与 $^{16}$O 发生碰撞。

**例 6.2**　中子与 $^{235}$U 核发生碰撞，假设碰撞后可能发生的核反应有弹性散射(el)、非弹性散射(in)、辐射俘获(c)、裂变吸收(f)四种，相应的微观核反应截面为 $\sigma_{el}$、$\sigma_{in}$、$\sigma_c$、$\sigma_f$（总截面 $\sigma_t = \sigma_{el} + \sigma_{in} + \sigma_c + \sigma_f$），如何抽样发生碰撞的反应类型？

由反应截面确定四种反应发生的概率

$$p_{el} = \frac{\sigma_{el}}{\sigma_t}, \quad p_{in} = \frac{\sigma_{in}}{\sigma_t}, \quad p_c = \frac{\sigma_c}{\sigma_t}, \quad p_f = \frac{\sigma_f}{\sigma_t} \tag{6-19}$$

根据直接抽样法，碰撞反应类型可按如下流程确定：

产生 $\xi$

↓

$\xi < p_{el}$ —是→ 弹性散射

↓否

$\xi < p_{el} + p_{in}$ —是→ 非弹性散射　　　(6-20)

↓否

$\xi < p_{el} + p_{in} + p_c$ —是→ 辐射俘获

↓否

裂变吸收

下面两个例子使用直接抽样方法抽样连续型分布随机变量。

**例 6.3** 中子与原子核发生散射碰撞后，出射中子运动方向概率分布为各向同性，如何抽样碰撞后飞行方向？

各向同性指每个方向概率相同，相当于在单位球表面上均匀取一点的坐标，设极角余弦为 $\mu = \cos\theta \in [-1,1]$，方位角为 $\varphi \in [0,2\pi]$，则

$$f(\mu,\varphi) = f_1(\mu)f_2(\varphi) = \frac{1}{2}\frac{1}{2\pi} = \frac{1}{4\pi} \tag{6-21}$$

利用直接抽样法分别对 $\mu_f$ 和 $\varphi_f$ 进行抽样：

$$\mu_f = 2\xi_1 - 1 \tag{6-22}$$

$$\varphi_f = 2\pi\xi_2 \tag{6-23}$$

式中，$\xi_1$ 和 $\xi_2$ 为两个随机数，飞行方向抽样结果为

$$\boldsymbol{\Omega}_f = \left(\sqrt{1-\mu_f^2}\cos\varphi_f, \sqrt{1-\mu_f^2}\sin\varphi_f, \mu_f\right) \tag{6-24}$$

**例 6.4** 中子在均匀介质中飞行，如何抽样下一次碰撞距离？

设介质的宏观反应截面为 $\Sigma_t$，则中子的碰撞距离 $x$ 服从负指数分布

$$f(x) = \Sigma_t e^{-\Sigma_t x}, \qquad x \geqslant 0 \tag{6-25}$$

根据直接抽样法，令

$$\xi = F(x) = \int_0^x \Sigma_t e^{-\Sigma_t t}dt = 1 - e^{-\Sigma_t x} \tag{6-26}$$

可得碰撞距离抽样值为

$$x_f = -\ln(1-\xi)/\Sigma_t \tag{6-27}$$

易知 $1-\xi$ 同样为区间 $[0,1]$ 均匀分布的随机数，式 (6-27) 可简化为

$$x_f = -\ln\xi/\Sigma_t \tag{6-28}$$

直接抽样法简单直观，但也存在不适合使用的情况，例如累积分布函数 $F(x)$ 无解析表达式，或累积分布函数的反函数无解析表达式，抑或反函数的求解计算量太大等，此时需要其他抽样方法。

2. 舍选抽样法

舍选抽样法又称挑选抽样法或取舍抽样法，其基本思想为，对于不适宜采用直接抽样法的分布函数，先利用容易抽样的舍选分布函数进行抽样，再进行舍选修正，即以一定

概率接受舍选分布函数的抽样值。设随机变量 $X$ 的概率密度函数为 $f(x)$，选取与 $f(x)$ 取值范围相同的概率密度函数 $h(x)$（称为舍选分布函数），若满足

$$1 \leqslant M = \sup \frac{f(x)}{h(x)} < \infty \tag{6-29}$$

则舍选抽样法流程如下：

$$产生\,\xi_1,\,从\,h(x)\,抽样\,x_{\mathrm{h}}$$
$$\downarrow$$
$$\xi_2 < p = \frac{f(x_{\mathrm{h}})}{M \cdot h(x_{\mathrm{h}})} \xrightarrow{\ \text{否}\ } 舍弃\,x_{\mathrm{h}},\,重新抽样 \tag{6-30}$$
$$\downarrow{\text{是}}$$
$$接受\,x_{\mathrm{h}},\,x_{\mathrm{f}} = x_{\mathrm{h}}$$

式中，$\xi_1$、$\xi_2$ 为随机数；$p$ 为一次抽样的接受概率。

对于舍选抽样法，定义抽样被选中的平均概率为抽样效率：

$$E_{\mathrm{f}} = P\left(\xi < \frac{f(x_{\mathrm{h}})}{M \cdot h(x_{\mathrm{h}})}\right) = \frac{\int f(x)\mathrm{d}x}{\int M \cdot h(x)\mathrm{d}x} = \frac{1}{M} \tag{6-31}$$

可见，$M$ 越小，抽样效率越高，因此选取舍选分布函数 $h(x)$ 应尽可能与原分布函数 $f(x)$ 相近。

**例 6.5**　如何产生标准正态分布抽样值？

标准正态分布关于 $x=0$ 对称，可先考虑在 $x \geqslant 0$ 范围内抽样，其后按 0.5 的概率把抽样值转换为负数，即可得到 $-\infty \leqslant x \leqslant \infty$ 的抽样值。对于概率密度函数

$$f(x) = \frac{2}{\sqrt{2\pi}}\mathrm{e}^{-x^2/2}, \qquad 0 \leqslant x < \infty \tag{6-32}$$

选取负指数函数为舍选分布函数

$$h(x) = \mathrm{e}^{-x}, \qquad 0 \leqslant x < \infty \tag{6-33}$$

则

$$\begin{aligned} M &= \sup \frac{f(x)}{h(x)} \\ &= \sup \sqrt{\frac{2}{\pi}}\mathrm{e}^{x - x^2/2} = \sup \sqrt{\frac{2\mathrm{e}}{\pi}}\mathrm{e}^{(x-1)^2/2} = \sqrt{\frac{2\mathrm{e}}{\pi}} \end{aligned} \tag{6-34}$$

根据舍选抽样法，标准正态分布抽样步骤如下：

(1) 从 $h(x)$ 抽样，即产生随机数 $\xi_1$，$x_h = -\ln\xi_1$；

(2) 产生随机数 $\xi_2$，若 $\xi_2 < e^{(x_h-1)^2/2}$，则接受 $x_h$，$|x_f| = x_h$；否则，重复 (1)；

(3) 产生随机数 $\xi_3$，若 $\xi_3 < 0.5$，则 $x_f = x_h$；否则 $x_f = -x_h$。

采用该方法的抽样效率为 $E_f = 1/M = \sqrt{\dfrac{\pi}{2e}} \approx 0.76$。

### 3. 复合抽样法

对于复合分布情形，即分布函数为复合概率分布形式

$$f(x) = \int_a^b g(x\,|\,y)h(y)\mathrm{d}y \tag{6-35}$$

可按照如下步骤产生抽样值：

(1) 由分布 $h(y)$ 抽样产生 $y_h$；

(2) 由分布 $g(x\,|\,y_h)$ 抽样产生 $x_f$。

### 4. 偏倚抽样法

蒙特卡罗模拟可看成利用随机实验的方法计算积分，设随机变量为 $r$，抽样分布函数为 $f(r)$，响应函数为 $g(r)$，目标为通过从 $f(r)$ 产生抽样值计算积分

$$I = E[g(r)] = \int g(r)f(r)\mathrm{d}r \tag{6-36}$$

偏倚抽样法是指将积分改写为

$$I = \int \frac{f(r)g(r)}{f^*(r)}f^*(r)\mathrm{d}r = \int g^*(r)f^*(r)\mathrm{d}r \tag{6-37}$$

即不再从 $f(r)$ 产生抽样值，而是构造新的分布函数 $f^*(r)$，从 $f^*(r)$ 产生抽样值并使用新的响应函数 $g^*(r)$ 进行积分计算。$f^*(r)$ 称为 $f(r)$ 的偏倚函数，两者的比值称为纠偏因子：

$$\omega(r) = \frac{f(r)}{f^*(r)} \tag{6-38}$$

偏倚抽样法在不改变理论估计值的情况下，试图用简单抽样代替原本的复杂抽样。不过偏倚抽样会改变统计模拟的方差为

$$\sigma_g^2 = E[g^2] - E[g]^2 = \int g^2(r)f(r)\mathrm{d}r - I^2 \tag{6-39}$$

$$\begin{aligned}\sigma_{g^*}^2 &= \int \left(g^*(r)\right)^2 f^*(r)\mathrm{d}r - \left(\int g^*(r)f^*(r)\mathrm{d}r\right)^2 \\ &= \int g^2(r)f(r)\omega(r)\mathrm{d}r - I^2\end{aligned} \tag{6-40}$$

特别的，当 $f^*(r) = \frac{1}{I} f(r) g(r)$ 即 $\omega(r) = \frac{I}{g(r)}$ 时，$\sigma_{g^*}^2 = 0$，这说明理论上存在最佳偏倚函数，可使得统计方差为零。虽然实际计算中无法预先知道精确统计估计值，但由式(6-40)对比式(6-39)可知，只要偏倚函数的选取使得在定义区域内平均纠偏效应小于 1，就能降低统计方差。事实上，绝大多数减方差技巧的基本思想均为偏倚抽样。

## 6.2  蒙特卡罗方法求解中子输运问题

### 6.2.1  中子发射密度方程与蒙特卡罗模拟

蒙特卡罗方法通过直接模拟大量中子与物质的碰撞过程来统计中子通量密度或其他响应量，不同于确定论的数值求解方法，但其本质依然是求解中子输运方程，本节介绍蒙特卡罗方法解中子输运问题的基本模型。

无限介质中稳态中子输运方程积分形式为

$$\phi(r, \Omega, E) = \int_0^\infty e^{-\tau(r, r-l\Omega, E)} Q(r - l\Omega, \Omega, E) dl \tag{6-41}$$

$$Q(r, \Omega, E) = S(r, \Omega, E) + \int_{4\pi} \int_0^{E_{max}} \Sigma_s(r; \Omega', E' \to \Omega, E) \phi(r, \Omega', E') dE' d\Omega' \tag{6-42}$$

式中，$r$、$\Omega$、$E$ 分别表示相空间点中的位置、方向、能量；$\phi$ 为中子通量密度；源项 $S(r, \Omega, E)$ 可包含外源和裂变源，光学厚度（或自由程数）为

$$\tau(r, r', E) = \tau(r, r - l\Omega, E) = \int_0^l \Sigma_t(r - l'\Omega, E) dl' \tag{6-43}$$

将式(6-41)代入式(6-42)，可得中子发射密度方程：

$$Q(r, \Omega, E) = S(r, \Omega, E) + \int_{4\pi} \int_0^{E_{max}} \int_0^\infty e^{-\tau(r, r-l\Omega, E)} \Sigma_s(r; \Omega', E' \to \Omega, E)$$
$$Q(r - l\Omega, \Omega', E') dl dE' d\Omega' \tag{6-44}$$

令 $P = (r, \Omega, E)$，$P' = (r', \Omega', E')$ 表示不同的相空间点，定义积分核函数为

$$K(P' \to P) = e^{-\tau(r, r', E)} \Sigma_s(r; \Omega', E' \to \Omega, E) \tag{6-45}$$

则中子发射密度方程可写为

$$Q(P) = S(P) + \int K(P' \to P) Q(P') dP' \tag{6-46}$$

这里，$Q(P)$ 表示相空间点 $P$ 处的总源项；$S(P)$ 表示 $P$ 点的自然分布源项；$K(P' \to P) dP'$ 表示 $P'$ 点周围 $dP'$ 相空间内的中子经飞行或碰撞到达 $P$ 点的粒子平均数目。

式(6-46)可进一步写成算子形式：

$$Q = KQ + S \tag{6-47}$$

方程两端同时含有的未知量 $Q(\boldsymbol{r}, \boldsymbol{\Omega}, E)$，可以采用迭代格式求解

$$Q^{(n)} = KQ^{n-1} + S = K\left[KQ^{n-2} + S\right] + S = \cdots = \sum_{m=0}^{n} K^m S = \sum_{m=0}^{n} Q_m \tag{6-48}$$

当 $n \to \infty$ 时，$Q^{(n)}$ 将收敛于发射密度方程的 Neumann 级数解

$$Q = \sum_{m=0}^{\infty} Q_m = \sum_{m=0}^{\infty} K^m S \tag{6-49}$$

该级数中的每一项都有明确的物理意义：

(1) $Q_0(\boldsymbol{P}) = K^0 S = S(\boldsymbol{P})$ 表示源中子对相空间点 $\boldsymbol{P}$ 处的中子源 $Q(\boldsymbol{P})$ 的直接贡献；

(2) $Q_1(\boldsymbol{P}) = K^1 S = \int K(\boldsymbol{P}_0 \to \boldsymbol{P}) S(\boldsymbol{P}_0) \mathrm{d}\boldsymbol{P}_0$ 表示源中子经过一次输运和碰撞后对相空间点 $\boldsymbol{P}$ 处的中子源 $Q(\boldsymbol{P})$ 的贡献；

(3) $Q_m(\boldsymbol{P}) = K^m S = \int \mathrm{d}\boldsymbol{P}_{m-1} \cdots \int \mathrm{d}\boldsymbol{P}_0 K(\boldsymbol{P}_{m-1} \to \boldsymbol{P}) \cdots K(\boldsymbol{P}_0 \to \boldsymbol{P}_1) S(\boldsymbol{P}_0)$ 表示源中子经过 $m$ 次输运和碰撞后对相空间点 $\boldsymbol{P}$ 处的中子源 $Q(\boldsymbol{P})$ 的贡献。

所有这些贡献之和就构成了 $\boldsymbol{P}$ 点的中子发射密度，利用狄拉克函数 $\delta(\boldsymbol{P}_m - \boldsymbol{P})$，可将式(6-49)改写为

$$Q(\boldsymbol{P}) = \sum_{m=0}^{\infty} \int \mathrm{d}\boldsymbol{P}_m \int \mathrm{d}\boldsymbol{P}_{m-1} \cdots \int \mathrm{d}\boldsymbol{P}_0 \delta(\boldsymbol{P}_m - \boldsymbol{P}) K(\boldsymbol{P}_{m-1} \to \boldsymbol{P}_m) \cdots K(\boldsymbol{P}_0 \to \boldsymbol{P}_1) S(\boldsymbol{P}_0) \tag{6-50}$$

实际问题中，一方面，求解区域往往局限于相空间的某个有限区域 $G$ 内，并设置区域的边界条件；另一方面，一般也不需要给出全区域的解，而只需计算某个感兴趣子区域内 $D$ 内总值 $Q_D$。

$$Q_D = \int_D Q(\boldsymbol{P}) \mathrm{d}\boldsymbol{P} = \sum_{m=0}^{\infty} \int_D Q_m(\boldsymbol{P}) \mathrm{d}\boldsymbol{P} = \sum_{m=0}^{\infty} Q_{m,D} \tag{6-51}$$

利用蒙特卡罗方法直接模拟中子输运过程，即中子飞行和碰撞(包括散射和吸收)的状态变化过程。定义随机变量 $\boldsymbol{X}_m = (\boldsymbol{P}_0, \boldsymbol{P}_1, \cdots, \boldsymbol{P}_m)$ 表示中子的随机游走链，$\varGamma_m : \boldsymbol{P}_0 \to \boldsymbol{P}_1 \to \cdots \to \boldsymbol{P}_m$ 表示一个中子的游走历史，即在点 $\boldsymbol{P}_0$ 处产生的一个源中子(称为中子出生)，经过 $m-1$ 次输运和散射到达点 $\boldsymbol{P}_{m-1}$，再经过一次输运到达点 $\boldsymbol{P}_m$ 后被吸收(称为中子死亡)。

由中子发射密度方程可知，在相空间点 $\boldsymbol{P}_0$ 产生一个源中子的概率密度函数为 $S(\boldsymbol{P}_0)$，该中子经过一次输运和散射后到达 $\boldsymbol{P}_1$ 点的条件概率密度函数为 $K(\boldsymbol{P}_0 \to \boldsymbol{P}_1)$，从 $\boldsymbol{P}_{m-1}$ 处经

过一次输运和散射到达 $P_m$ 处的条件概率密度函数为 $K(P_{m-1} \to P_m)$，最后一次碰撞为吸收反应的概率为 $\Sigma_a(r_m, E_{m-1}) / \Sigma_t(r_m, E_{m-1})$，那么随机变量 $X_m$ 的概率密度函数为

$$f(X_m) = \frac{\Sigma_a(r_m, E_{m-1})}{\Sigma_t(r_m, E_{m-1})} K(P_{m-1} \to P_m) \cdots K(P_0 \to P_1) S(P_0) \tag{6-52}$$

如果定义响应函数：

$$h(X_m) = \delta(P_m - P) \frac{\Sigma_t(r_m, E_{m-1})}{\Sigma_a(r_m, E_{m-1})} \tag{6-53}$$

则可证明随机变量 $X_m$ 的期望就是中子发射密度的值：

$$
\begin{aligned}
E[h] &= \sum_{m=0}^{\infty} E[h(X_m)] \\
&= \sum_{m=0}^{\infty} \int h(X_m) f(X_m) \mathrm{d}X_m \\
&= \sum_{m=0}^{\infty} \int \delta(P_m - P) K(P_{m-1} \to P_m) \cdots K(P_0 \to P_1) S(P_0) \mathrm{d}X_m \\
&= Q(P)
\end{aligned}
\tag{6-54}
$$

因此，蒙特卡罗方法就是按照中子发射密度方程确定的概率密度函数式(6-52)抽样获得随机变量的 $X_m$ 的样本，也就是中子输运历史模拟，然后按照式(6-53)可统计中子发射密度，这种方法称为吸收估计或最后事件估计。

### 6.2.2　中子输运历史模拟

中子输运历史，是指中子从源出发，在介质中随机游走并与原子核发生碰撞(核反应)，直到被吸收、穿出空间或能量边界的过程。蒙特卡罗方法对中子输运历史的模拟，可分为如下四步。

#### 1. 产生源中子

从中子源分布抽样确定中子历史的初始状态 $P_0 = (r_0, \Omega_0, E_0)$。首先将中子源分布 $S(r, \Omega, E)$ 进行归一，即得到归一化源分布：

$$s(r, \Omega, E) = \frac{S(r, \Omega, E)}{\displaystyle\int_{4\pi} \int_0^{E_{\max}} \int_G S(r', \Omega', E') \mathrm{d}r' \mathrm{d}E' \mathrm{d}\Omega'} = \frac{S(r, \Omega, E)}{S_0} \tag{6-55}$$

式中，$S_0$ 为归一化系数，即源强。

蒙特卡罗方法按照概率密度函数 $s(r, \Omega, E)$ 进行随机抽样产生源中子，其计算结果为

归一化源分布的结果，实际结果估计值可根据模拟中子数和源强计算得到。

2. 抽样输运距离

由初始或前一状态 $\boldsymbol{P}_{i-1}=(\boldsymbol{r}_{i-1},\boldsymbol{\Omega}_{i-1},E_{i-1})$，确定中子一次随机游走的飞行距离 $l$ 和新的碰撞位置 $\boldsymbol{r}_i=\boldsymbol{r}_{i-1}+l\boldsymbol{\Omega}_{i-1}$，又称自由程抽样。例 6.4 给出了中子在无限均匀介质中飞行距离的分布函数和抽样方法，其中介质宏观总截面为常数。实际问题中，往往具有更复杂的几何和材料布置，一次飞行可能穿过区域的总截面随位置发生变化（能量为碰撞前能量），此时，飞行距离的分布函数为

$$f(l)=\Sigma_{\mathrm{t}}(\boldsymbol{r}_{i-1}+l\boldsymbol{\Omega}_{i-1},E_{i-1})\mathrm{e}^{-\int_0^l \Sigma_{\mathrm{t}}(\boldsymbol{r}_{i-1}+l'\boldsymbol{\Omega}_{i-1},E_{i-1})\mathrm{d}l'}, \qquad 0\leqslant x\leqslant\infty \tag{6-56}$$

对于多层均匀介质情况，式(6-56)中的积分项可以转变为求和的形式

$$\int_0^l \Sigma_{\mathrm{t}}(\boldsymbol{r}_{i-1}+l'\boldsymbol{\Omega}_{i-1},E_{i-1})\mathrm{d}l'=\sum_{i=1}^{k-1}\Sigma_{\mathrm{t},i}l_i+\Sigma_{\mathrm{t},k}\left(l-\sum_{i=1}^{k-1}l_i\right) \tag{6-57}$$

式中

$$\sum_{i=1}^{k-1}l_i<l\leqslant\sum_{i=1}^k l_i \tag{6-58}$$

根据指数分布的"无记忆"特性，一般逐层考虑中子在该层介质内是否发生碰撞，称为**穿面输运方法**（又称 ray-tracking 或 surface-tracking 方法）。具体的，以图 6-4 为例，首先考虑第一层介质，利用材料 1 的宏观截面抽样在该层介质中的飞行距离为 $l=-\ln\xi_1/\Sigma_{\mathrm{t},1}$，若 $l\leqslant l_1$，则中子在该层介质中发生碰撞并且飞行距离为 $l$；若 $l>l_1$，则中子在该层介质中不发生碰撞，将中子移动到第一层介质和第二层介质的交界面处，再从第二层介质中重复上述操作，直至确定中子发生碰撞得到相应的总飞行距离，或中子飞出问题定义区域，中子运动历史结束。图 6-5 给出穿面输运方法的流程。

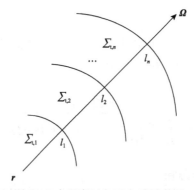

图 6-4　中子穿过各层介质示意图

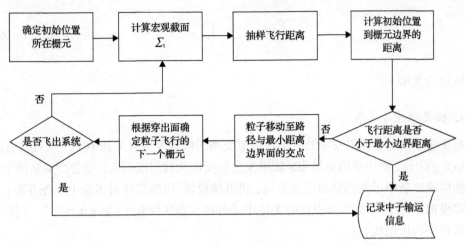

图 6-5　穿面输运法确定粒子输运距离抽样的实现流程

除了多层介质的穿面输运方法，还有最大截面法（woodcock delta-tracking）、光程法等抽样碰撞距离的方法，它们还可用于连续变化介质问题的模拟。需要说明的是，在应用各种输运方法时，需要先对粒子的位置坐标进行几何处理，包括粒子定位、距离计算、邻居查找等，绝大多数蒙特卡罗程序支持基于组合几何（combinatorial geometry）的复杂几何描述建模系统，为输运模拟中的几何处理提供基础函数。

### 3. 抽样碰撞核和反应类型

在获得新的碰撞点位置 $r_i$ 后，根据碰撞发生处介质的材料情况和当前中子能量 $E_{i-1}$，抽样确定中子碰撞的原子核与核反应类型。假设碰撞点处介质由 $\{1, 2, \cdots, K\}$ 种核素组成，每种核素可能分别发生 $\{J_1, J_2, \cdots, J_K\}$ 种核反应，介质的宏观总截面可表示为核素原子核密度和各种核反应微观截面的函数：

$$
\begin{aligned}
\Sigma_t(r_i, E_{i-1}) &= \sum_{k=1}^{K} \Sigma_{t,k}(r_i, E_{i-1}) \\
&= \sum_{k=1}^{K} N_k \sigma_{t,k}(r_i, E_{i-1}) \\
&= \sum_{k=1}^{K} N_k \sum_{j=1}^{J_k} \sigma_{j,k}(r_i, E_{i-1})
\end{aligned}
\tag{6-59}
$$

参照例 6.1 和例 6.2，采用复合抽样法和直接抽样法，先按照离散概率分布

$$
p_k = \frac{\Sigma_{t,k}}{\Sigma_t}, \quad k = 1, 2, \cdots, K
\tag{6-60}
$$

抽样碰撞核 $k$，再按照离散概率分布

$$p_j \frac{\sigma_{j,k}}{\sigma_{t,k}}, \quad j=1,2,\cdots,J_k \quad\quad (6\text{-}61)$$

抽样核反应类型 $j$。

### 4. 确定碰撞后状态

对于中子输运，如果发生的中子核反应类型为吸收反应且无新中子产生(包括 $(n,\gamma)$，$(n,\alpha),(n,p),\cdots)$，则中子历史结束；如果发生的反应为散射或裂变，则会产生新的中子，需要抽样确定新中子的能量和运动方向，再继续模拟(可能需要对多余中子先存库，之后再跟踪模拟库粒子)。如果模拟同时关注中子外的其他次级粒子(如 $\gamma,\alpha,p,\cdots$)，同样需要确定新粒子的运动状态。

新的中子能量和方向的概率密度函数一般由核截面数据库决定，多群和连续能量模式下具有不同的格式，并可能与反应类型、入射中子能量/方向、靶核状态等有关，例如对于散射反应，按照分布函数 $f_{j,k}(\boldsymbol{r}_i;\boldsymbol{\Omega}_{i-1},E_{i-1}\rightarrow\boldsymbol{\Omega}_i,E_i)$ 来抽样确定碰撞后中子能量 $E_i$ 和运动方向 $\boldsymbol{\Omega}_i$。

新的中子能量 $E_i$ 和运动方向 $\boldsymbol{\Omega}_i$，与第 2 步(抽样输运距离)获得的空间位置 $\boldsymbol{r}_i$ 一起构成新的中子状态 $\boldsymbol{P}_i=(\boldsymbol{r}_i,\boldsymbol{\Omega}_i,E_i)$，此时可返回执行第 2 步，循环往复 $m$ 次，直到该中子被吸收或飞出系统边界，完成中子历史模拟。最终，形成描述中子运动历史的随机游走链 $\Gamma_m:\boldsymbol{P}_0\rightarrow\boldsymbol{P}_1\rightarrow\cdots\rightarrow\boldsymbol{P}_m$，实现对随机变量 $\boldsymbol{X}_m$ 的一次抽样。图 6-6 展示了蒙特卡罗方法模拟中子输运历史的流程图。

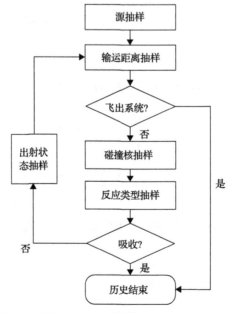

图 6-6　蒙特卡罗方法模拟中子输运历史流程图

### 6.2.3 计数统计方法

在蒙特卡罗粒子输运模拟过程中，可对关注的特定物理量以统计的方式进行观测，如粒子穿过特定面的平均次数，称为计数统计(tally)。需要注意的是，蒙特卡罗模拟是从随机变量的抽样样本中获取统计量，在计算结果时应当同时给出样本算术平均值及该平均值的标准偏差，以获得计数量的涨落大小。设计数的物理量为 $X$，总模拟中子历史数为 $N$，计数样本(如每一个中子历史的计数)为 $\{X_1, X_2, \cdots, X_N\}$，则计数统计的均值和标准偏差计算式为

$$\bar{X}_N = \frac{1}{N} \sum_{i=1}^{N} X_i \tag{6-62}$$

$$S_{\bar{X}_N}^2 = \frac{1}{N} S_{X_N}^2 = \frac{1}{N} \left[ \frac{1}{N-1} \sum_{i=1}^{N} (X_i - \bar{X}_N)^2 \right]$$

$$= \frac{1}{N(N-1)} \left( \sum_{i=1}^{N} X_i^2 - N\bar{X}_N^2 \right) \tag{6-63}$$

对于中子输运问题，计数量可表示为中子通量密度和特定响应函数在特定相空间区域内的积分：

$$X = \int_{\Delta G} \mathrm{d}\boldsymbol{r} \int_{\Delta E} \mathrm{d}E \int_{\Delta \boldsymbol{\Omega}} \mathrm{d}\boldsymbol{\Omega} \, f(\boldsymbol{r}, \boldsymbol{\Omega}, E) \phi(\boldsymbol{r}, \boldsymbol{\Omega}, E) \tag{6-64}$$

式中，$\Delta G$、$\Delta E$、$\Delta \boldsymbol{\Omega}$ 确定相空间中位置、能量和角度的范围；$f(\boldsymbol{r}, \boldsymbol{\Omega}, E)$ 确定物理量特性，如能量沉积、反应率等。一般的，根据统计相空间区域的特点，计数量分为体计数、面计数和点计数，不同的计数类别可采用的计数方法也有多种。下面以中子通量密度与核反应率为例，介绍常用的计数统计方法。

#### 1. 直接估计法

有些物理量可以从粒子输运过程中直接获取和统计，比如是否碰撞、是否穿面、碰撞反应类型、裂变释放中子数等。以统计在特定区域内一个中子发生某种碰撞反应 $x$ 的平均次数为例，该计数量实际就是反应率 $R_x$，可用直接法简单统计：

$$R_x = \frac{N_X}{N} \tag{6-65}$$

式中，$N$ 为总历史数；$X$ 为所有在定义区域内发生的碰撞反应为 $x$ 的事件集合；$N_X$ 为 $X$ 的长度。考虑更一般的情况下，蒙特卡罗输运中会使用粒子权重来表征粒子数目的变化，此时直接法可以使用粒子发生碰撞前的权重 $w_i$ 及总粒子初始权重 $W$ 来统计反应率：

$$R_x = \frac{1}{W} \sum_{i \in X} w_i \tag{6-66}$$

直接法简单易用，但它只有在特定事件真实发生时才能计数，在事件发生概率很低的情况下难以获得有效统计样本，因而方差较大。

### 2. 碰撞估计法

相比于直接法，碰撞法的目标在于每一次碰撞事件都能产生计数值，进而提高样本数目。以中子通量密度统计为例，根据式(6-66)得到直接法统计总反应率的公式，利用总反应率与通量的关系 $R_t = \Sigma_t \phi$，可以得到中子通量密度 $\phi$ 的计数方法，

$$\phi = \frac{1}{W} \sum_{i \in C} \frac{w_i}{\Sigma_t(r_i, E_i)} \tag{6-67}$$

式中，$\Sigma_t$ 为宏观总截面；$C$ 为所有在定义区域内发生碰撞反应的事件集合，可见任意碰撞发生的事件都对该计数产生贡献。

进一步，以通量统计为基础，根据反应率和通量的关系，可得到任意反应率 $R_x$ 的碰撞计数方法：

$$R_x = \frac{1}{W} \sum_{i \in C} \frac{w_i \Sigma_x(r_i, E_i)}{\Sigma_t(r_i, E_i)} \tag{6-68}$$

类似地，可以推导吸收估计法，即在每一次发生吸收反应时进行计数统计(与估计中子发射密度的方法相同)。

### 3. 径迹长度法

中子通量密度的物理意义为 $(r, E)$ 处单位相空间 $\mathrm{d}r\mathrm{d}E$ 内中子径迹长度的总和，可以采用这种方式估计中子体通量密度：

$$\phi = \frac{1}{W} \sum_{i \in T} w_i l_i \tag{6-69}$$

式中，$T$ 为所有在定义区域内产生径迹的事件集合；$l_i$ 为每一个径迹的长度。类似的，使用径迹长度法统计任意反应率 $R_x$：

$$R_x = \frac{1}{W} \sum_{i \in T} w_i l_i \Sigma_x(r_i, E_i) \tag{6-70}$$

相比于直接法和碰撞法，径迹长度法在每次粒子飞行时都会产生计数，因此多数情况下具有更多的样本数量和更小的方差。

径迹长度法可用于统计中子面通量密度，一般的，将面通量密度转换为几何面周围薄层体积元的体通量密度(图 6-7)，根据径迹长度法，每次穿面的通量计数值为

$$\phi_{\text{s},i} = \lim_{\delta \to 0} \phi_{V,i} = \lim_{\delta \to 0} \frac{w_i l_i}{V} = \lim_{\delta \to 0} \frac{w_i \dfrac{\delta}{|\boldsymbol{\Omega}_i \cdot \boldsymbol{n}|}}{A\delta} = \frac{w_i}{A|\mu_i|} \tag{6-71}$$

式中，$\delta$ 为体积元厚度；$A$ 为目标曲面；$\boldsymbol{n}$ 为面 $A$ 的单位外法线方向；$\mu_i$ 为粒子飞行方向与 $\boldsymbol{n}$ 的夹角余弦值。总的面通量计数值为

$$\phi_{\text{s}} = \frac{1}{W} \sum_{i \in T} \frac{w_i}{A|\mu_i|} \tag{6-72}$$

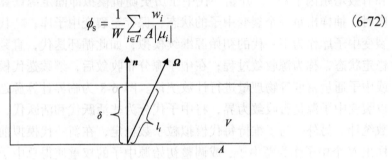

图 6-7　统计面通量密度的体积元分解图

4. 点计数法

在输运计算中，当探测器区域相对于整个问题区域很小时，可近似为一点，前面介绍的直接法、碰撞法和径迹长度法都需要在小区域发生反应或产生径迹，难以得到有效样本。

点计数法(point detector)包含多种算法，其中应用较早且普遍的方法是指向概率法，其基本原理是认为粒子在每一个碰撞点 $\boldsymbol{r}_m$ 都对目标点 $\boldsymbol{r}^*$ 的点通量密度有贡献，该贡献值等于 $\boldsymbol{r}_m$ 点发生碰撞后运动方向恰好指向目标点 $\boldsymbol{r}^*$ 附近体积微元的概率与粒子自点 $\boldsymbol{r}_m$ 未经碰撞到达目标点的概率的乘积。指向概率的优点是每次碰撞事件都对探测器产生计数贡献，因而在相同粒子模拟规模下，它的计算精度较高，但大量指向概率的计算将产生额外的计算花费，指向概率法会使得粒子的平均模拟时间增加。

除了上述方法，蒙特卡罗粒子输运模拟还发展了很多其他计数统计方法，如期望估计法、网格计数法、环探测器方法，以及可统计连续变量的 KDE(Kernel Density Estimator)[19] 和 FET(Functional Expansion Tally)[20] 方法等，在实际开发和使用中，应针对不同问题的特点，选择一种或多种估计方法。

### 6.2.4　临界问题求解

前文主要介绍蒙特卡罗方法对于已知源项 $S(\boldsymbol{r}, \boldsymbol{\Omega}, E)$ 的中子输运问题的求解，这些称为固定源问题，适用于描述源-探测或辐射屏蔽等系统。而对于临界问题或本征值问题，系统中的临界裂变中子源分布是未知的：

$$S_{\text{f}}(\boldsymbol{r}, \boldsymbol{\Omega}, E) = \frac{\chi(E)}{4\pi k} \int_{4\pi} \int_0^{E_{\max}} \nu \Sigma_{\text{f}}(\boldsymbol{r}, E') \phi(\boldsymbol{r}, \boldsymbol{\Omega}', E') \mathrm{d}E' \mathrm{d}\boldsymbol{\Omega}' \tag{6-73}$$

式中，有效增殖因子 $k$ 和中子通量密度 $\phi(\boldsymbol{r}, \boldsymbol{\Omega}, E)$ 均为待求量。

蒙特卡罗方法求解临界问题，一般采用源迭代方法，又称幂迭代（Power Iteration Method）或连续代方法（Method of Successive Generations）[21]，其基本思想是以循环迭代的方式逼近真实裂变源分布。定义中子从出生到死亡的过程为一"代"（generation），首先设定每一代模拟的中子数目 $N$，以假设的初始源分布 $S^{(0)}(\boldsymbol{r}, \boldsymbol{\Omega}, E)$（如均匀分布）和有效增殖因子 $k^{(0)}$，开始一代中子历史随机模拟即固定源计算：当中子发生裂变反应时，抽样出每一个裂变中子的状态，保存至裂变中子库；一代中子模拟结束时，把裂变中子库作为下一代的初始源继续模拟，如此循环迭代，直到裂变中子分布收敛至稳定状态，称为源收敛过程；在中子源分布收敛后，继续迭代模拟，对有效增殖因子或中子通量密度等物理量进行计数统计。图 6-8 为临界计算源迭代过程示意图，其中以裂变中子源是否收敛为界，将中子代分为非活跃代和活跃代，在非活跃代不进行计数统计。另外，为了维持每代模拟粒子数稳定，在新一代模拟前，从裂变中子库中抽样出 $N$ 个中子作为源中子，或调整初始源中子的权重使得总中子权重等于 $N$，称为裂变源归一化。

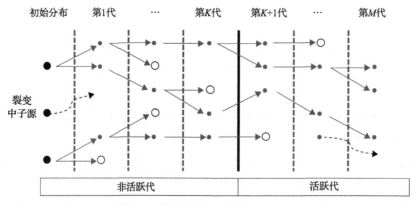

图 6-8 临界计算源迭代过程示意图

从数学上，临界问题的中子输运方程是一个本征值问题，简化形式为

$$\boldsymbol{F}S = kS \tag{6-74}$$

式中，$\boldsymbol{F}$ 为包含中子散射、裂变、泄漏及碰撞的函数（称为裂变算子）；有效增殖因子 $k$、裂变源分布 $S$ 分别为裂变算子 $\boldsymbol{F}$ 的最大特征值和响应的特征函数。使用源迭代法求解，即

$$S^{(n+1)} = \frac{1}{k^{(n)}}\boldsymbol{F}S^{(n)}, \quad n = 0,1,\cdots \tag{6-75}$$

假设裂变算子 $\boldsymbol{F}$ 的特征值集合为 $\{k_j, j = 0,1,2,\cdots\}$，且 $|k_0| > |k_1| > |k_2| > \cdots$，对应的特征函数为 $\{u_j, j = 0,1,2,\cdots\}$，则待求解的有效增殖因子和真实源分布即为 $k_0$ 和 $u_0$。将初始

源分布按特征函数展开

$$S^{(0)} = \sum_{j=0} a_j u_j \tag{6-76}$$

式中，$a_j$ 为展开系数。于是，第 $n+1$ 次迭代的裂变源分布可表示为

$$S^{(n+1)} = \frac{1}{k^{(n)}} \boldsymbol{F} S^{(n)} = \frac{\boldsymbol{F}^{n+1} S^{(0)}}{\prod_{i=1}^{n+1} k^{(i)}} = \frac{\boldsymbol{F}^{n+1} \left( \sum_{j=0} a_j u_j \right)}{\prod_{i=1}^{n+1} k^{(i)}} = \frac{\sum_{j=0} a_j k_j^{n+1} u_j}{\prod_{i=1}^{n+1} k^{(i)}}$$
$$= \frac{a_0 k_0^{n+1}}{\prod_{i=1}^{n+1} k^{(i)}} \left[ u_0 + \frac{a_1}{a_0} \left( \frac{k_1}{k_0} \right)^{n+1} u_1 + \frac{a_2}{a_0} \left( \frac{k_2}{k_0} \right)^{n+1} u_2 + \cdots \right] \tag{6-77}$$

其中，由于 $|k_0| > |k_1| > |k_2| > \cdots$，$S^{(n+1)}$ 与真实源分布 $u_0$ 之间的误差主要取决于

$$\varepsilon = \frac{a_1}{a_0} \left| \frac{k_1}{k_0} \right|^{n+1} u_1 = \frac{a_1}{a_0} \rho^{n+1} u_1 \tag{6-78}$$

式 (6-78) 表明，蒙特卡罗源迭代收敛的速度与该特征值问题的占优比 $\rho$ 即次大特征值与最大特征值的比值相关：占优比越高，则源收敛越慢。在反应堆物理计算中，影响堆芯占优比的因素有很多，最为常见的大占优比问题是所谓"松耦合"问题，即系统有多个裂变区且相互之间的影响较弱，比如包含焚烧区和增殖区的快中子反应堆堆芯问题。

下面介绍蒙特卡罗源迭代模拟过程中裂变中子抽样、有效增殖因子统计及源收敛诊断的方法。

1) 裂变中子抽样

在中子跟踪过程中，若发生裂变反应，则释放的裂变中子数为

$$r = \frac{w v(E)}{k^{(i)}} \tag{6-79}$$

式中，$w$ 为当前发生碰撞中子的权重；$v(E)$ 为与中子能量 $E$ 相关的裂变中子产额；$k^{(i)}$ 为当前有效增殖因子的估计值。裂变中子数 $r$ 可能并非整数，可通过随机抽样的方式，将其转换为整数 $n$：

$$n = \begin{cases} \lfloor r \rfloor + 1, & \xi < r - \lfloor r \rfloor \\ \lfloor r \rfloor, & \text{其他} \end{cases} \tag{6-80}$$

其中，$\lfloor \cdot \rfloor$ 表示向下取整。易知 $n$ 的期望与 $r$ 一致。

逐个抽样产生 $n$ 个裂变中子初始状态，其中位置直接取为碰撞点坐标 $\boldsymbol{r}$，方向和能

量则按照概率密度函数抽样

$$f(\boldsymbol{\Omega},E)=\frac{\chi(E)}{4\pi} \tag{6-81}$$

即角度为各向同性，$\chi(E)$ 为发生碰撞的可裂变核素的裂变中子能谱，例如对于常用的麦克斯韦裂变谱，可利用直接抽样法获得裂变中子能量：

$$\chi(E)=\frac{2}{T}\sqrt{\frac{E}{\pi T}}\mathrm{e}^{-\frac{E}{T}},\qquad E>0 \tag{6-82}$$

$$E=-T\left[\log\xi_1+\log\xi_2\cos^2\left(\frac{\pi}{2}\xi_3\right)\right] \tag{6-83}$$

2) 有效增殖因子统计

在蒙特卡罗计算中，可直接利用有效增殖因子的物理定义来计算每一代 $k^{(i)}$，即全部库存裂变中子数与模拟中子数之比：

$$k^{(i)}=\frac{新生一代中子数}{直属上一代中子数}=\frac{N^{(i)}}{N} \tag{6-84}$$

最终的有效增殖因子取全部活跃代统计结果的平均值：

$$\bar{k}=\frac{1}{M-K}\sum_{i=K+1}^{M}k^{(i)} \tag{6-85}$$

实际计算中，常将多种通量计数方法应用于 $k$ 的统计，以得到综合估计值。以下为统计有效增殖因子的径迹长度法、碰撞估计法和吸收估计法的公式：

$$k_{\mathrm{TL}}=\frac{1}{W}\sum_{i\in\mathrm{TL}}w_i l_i \nu\Sigma_{\mathrm{f}} \tag{6-86}$$

$$k_{\mathrm{C}}=\frac{1}{W}\sum_{i\in C}w_i\frac{\nu\Sigma_{\mathrm{f}}}{\Sigma_{\mathrm{t}}} \tag{6-87}$$

$$k_{\mathrm{A}}=\frac{1}{W}\sum_{i\in C_A}w_i\frac{\nu\Sigma_{\mathrm{f}}}{\Sigma_{\mathrm{a}}} \tag{6-88}$$

式中，TL、$C$、$C_A$ 分别为产生径迹、发生碰撞及发生吸收反应的事件集合；$w_i$、$W$ 分别为当前粒子权重和全部粒子总权重；$l_i$ 为每一个径迹的长度。

3) 源收敛诊断

在源迭代过程中，只有有效增殖因子和裂变源分布均收敛之后才可以进行计数统计。一般的，源分布的收敛比有效增殖因子慢，因此无法通过仅观察 $k$ 的变化判断源收敛情况。

在实际模拟中，裂变源分布是以存储裂变中子状态(位置、方向、能量等)的中子库即多维数据表形式呈现，为方便观察裂变源分布的收敛趋势，通常使用信息论中的香农熵方法，将多维数据转换为单个数据指标。对相空间区域进行网格划分，统计每个网格中裂变中子数占比:

$$s_i = \frac{第i网格裂变中子数}{全部裂变中子数} \tag{6-89}$$

则裂变源分布的香农熵的定义为

$$H = -\sum_{i=1}^{B} s_i \log_2 s_i \tag{6-90}$$

式中，$B$ 为总网格数目。通过观察香农熵随着模拟代数的变化，可以判断源收敛情况。

此外，在实际蒙特卡罗临界问题源迭代模拟中，还有多种问题需要处理和研究，如迭代参数(每代中子数、非活跃代/活跃代数目等)优化、自动源收敛诊断[22]、源收敛加速[23]、裂变源相关性(fission source correlation)[24]、中子团簇现象(neutron clustering)[25]等。

# 6.3 减方差技巧

## 6.3.1 减方差方法概述

为了减小蒙特卡罗方法计算结果的统计误差，提高计算精度，除了增大模拟的样本数外，还可以通过合理修改随机模型，在保持结果无偏的条件下，构造接近于常数的估计量，以达到降低方差的目标。对于蒙特卡罗粒子输运过程，在源中子的产生、随机游走历史每一步状态参数的抽样以及历史结束等各个阶段，都可以引入偏倚来改变概率分布，同时进行无偏修正，最终降低估计量的方差。

随机抽样的偏倚抽样方法为减方差提供了数学基础，即通过改变抽样概率密度函数和引入纠偏因子来实现统计量 $\theta$ 的无偏估计和方差减小:

$$E[\theta] = \int f(\boldsymbol{r})g(\boldsymbol{r})\mathrm{d}\boldsymbol{r} = \int \frac{f(\boldsymbol{r})}{f^*(\boldsymbol{r})}f^*(\boldsymbol{r})g(\boldsymbol{r})\mathrm{d}\boldsymbol{r} \tag{6-91}$$

$$\sigma_\theta^2 = \int \left(\frac{f(\boldsymbol{r})}{f^*(\boldsymbol{r})}\right)^2 f^*(\boldsymbol{r})g^2(\boldsymbol{r})\mathrm{d}\boldsymbol{r} - E[\theta]^2 \tag{6-92}$$

式中，在改变抽样函数的实现方面，理论上存在最佳概率分布可使得方差为 0:

$$f^*(\boldsymbol{r}) = \frac{1}{E[\theta]} f(\boldsymbol{r})g(\boldsymbol{r}) \tag{6-93}$$

实际中期望 $E[\theta]$ 是未知的，无法得到最佳分布。不过可以利用经验或由其他先验信息(如确定论方法计算)设置接近于最佳分布的偏倚分布来减小方差。在纠偏因子的实现方面，有两种等效的方法：给样本赋予权重函数 $w = f / f^*$ 或直接修改响应函数 $g^* = g \cdot f / f^*$。对应到粒子输运过程中，发展成两种相应的减方差实现方式：即改变粒子权重，如隐俘获、权窗等；或改变计数量统计方法，如指数变换法等。在反应堆物理计算中，基于粒子权重变化的方法应用更为广泛。

根据目标量的范围不同，减方差方法又可分为局部减方差和全局减方差，前者以问题求解的个别估计量为优化对象，如深穿透问题的局部探测值模拟；后者则以多个或全局探测值为目标，如反应堆中子输运临界计算。

在减方差方法实际应用中，除了考察方差减小的效果，还要考虑花费的计算时间。一般用品质因子 FOM(figure of merit)作为评价减方差效果的主要参考，其定义为

$$\text{FOM} = \frac{1}{\sigma^2 T} \tag{6-94}$$

式中，$\sigma^2$ 表示统计方差；$T$ 表示计算时间。对于同一问题，品质因子越高，减方差效果越好。此外，对特定问题，可在已知品质因子的情况下，根据计算时间估计统计结果的方差。

蒙特卡罗粒子输运模拟的减方差技巧十分丰富，整体上可归为四类：①粒子数控制类，即通过分裂和轮盘赌的方式调整粒子权重，进而控制粒子模拟数目，如权窗方法就是综合利用分裂和赌将粒子权重控制在特定范围(图 6-9)；②改变分布函数类，即修改抽样概率密度函数，如指数变换法、隐吸收、强制碰撞、源偏倚等；③截断类，即终止模拟特定相空间范围内对计数贡献小的粒子历史，可应用于空间、能量和时间等维度；④蒙特卡罗/确定论耦合类，包括在部分系统利用确定论方法代替蒙特卡罗进行计算，或者由确定论方法预先计算，为蒙特卡罗计算提供先验信息设置重要性参数等，如具有代表性的 CADIS、FW-CADIS 方法等。

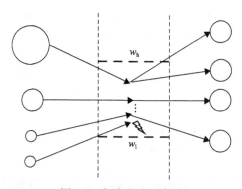

图 6-9 权窗方法示意图

以下介绍粒子输运蒙特卡罗模拟中常用的几种减方差方法。

### 6.3.2　几何分裂与轮盘赌

几何分裂与轮盘赌又称几何重要性技巧，即通过设置几何空间重要性参数，指导粒子在空间上的输运过程，让粒子更多地在重要区域中输运，减少不重要区域的模拟。具体地，将问题的几何空间划分为不同网格块，给每个网格块赋予重要性 $J_i (i = 1, 2, \cdots)$，当粒子从网格块 $i$ 进入 $j$，重要性由 $J_i$ 变成 $J_j$，则根据重要性比值 $J_j / J_i$，分别采用分裂和轮盘赌技术。

（1）若 $J_j / J_i > 1$，即粒子由低重要性区域进入高重要性区域，使用分裂技巧来增加粒子数目：产生 $m = \lfloor J_j / J_i + \xi \rfloor$ 粒子，每个粒子权重为原粒子权重的 $1/m$，即 $w' = w/m$；

（2）若 $J_j / J_i < 1$，即粒子由高重要性区域进入低重要性区域，使用轮盘赌技巧以概率 $p = J_j / J_i$ 杀死粒子：抽样随机数 $\xi$，若 $\xi < p$，则杀死粒子，否则粒子存活，将粒子的权重增大为 $w' = w/(1-p)$。

分裂和赌方法是一种普适性很强的减方差技巧，除了可以根据几何重要性调整中子轨迹，还可以用于权重截断，如在低能区域设置赌，杀死低权重中子，节省计算时间。

### 6.3.3　隐吸收方法

隐吸收方法又称隐俘获法，是最基本的粒子输运减方差技巧之一。在直接模拟中，如果粒子在碰撞时发生吸收反应，则粒子被杀死。对于深穿透问题，在材料的吸收截面较大的情况下，粒子会发生大量俘获吸收反应，导致粒子大概率在到达探测区域前被杀死，无法产生有效计数。隐吸收方法改变粒子的碰撞处理：当粒子发生碰撞时，强制或隐式认为粒子的吸收反应已经发生，但粒子不被杀死，而是降低粒子的权重，并抽样除吸收反应外的其他反应类型，继续对该粒子进行模拟。其中，粒子权重调整方式为扣除吸收反应比例：

$$w' = w(1 - p_\mathrm{a}) = w\left(1 - \frac{\sigma_\mathrm{a}}{\sigma_\mathrm{t}}\right)$$

$$(6\text{-}95)$$

隐吸收方法通过在碰撞过程中减小粒子权重，使本来被吸收的粒子能够继续模拟下去，增加有效计数，进而减小统计方差。在强吸收介质中，隐吸收方法的作用尤其显著。但隐吸收方法也会增加低权重粒子的数目，从而增加蒙特卡罗模拟时间。由于隐吸收方法简单易用，目前的蒙特卡罗计算软件大多在输运流程中采用隐吸收方法。

### 6.3.4　权窗方法

权窗方法需要基于相空间设置区域权窗参数，包括各个相空间的权窗下界 $w_\mathrm{l}$、权窗上界 $w_\mathrm{h}$ 和存活权重 $w_\mathrm{s}$。如图 6-9 所示，当一个权重为 $w$ 的粒子进入某一相空间时，检查粒子权重与当前相空间内的权窗参数。①如果 $w < w_l$，则按 $\xi > \dfrac{w}{w_s}$ 进行赌，当不等式成立时粒子存活，权重变为 $w_s$，若不等式不成立，粒子终结。②如果 $w > w_h$，则将粒子分裂为 $n = \lfloor w / w_s + \xi \rfloor$ 个子粒子，对应的权重变为 $\dfrac{w}{n}$。③如果 $w_l < w < w_h$，则不对粒子做操作，继续模拟。

权窗作用的本质是调整粒子的数目和权重，从而在重要区域多模拟粒子，在非重要区域少模拟，起到降低目标计数量方差的作用。一般重要的相空间区域，权窗整体偏低，以起到降低粒子权重、增加粒子数目的作用。由于使用了赌和分裂，权窗方法也可以认为是赌和分裂的推广。

权窗的相空间划分有不同类型。可以基于栅元定义权窗，也可以基于外部介入的网格来定义权窗。后者不影响几何定义，可以在一个单元格内划分更多的网格。在能量上，一般分能量段定义不同的权窗参数，根据问题特征不同，可以选取不同的能量段划分标准。

### 6.3.5 CADIS 方法

权窗参数一般可以根据经验设置，将距离计数区域近的位置设置为高重要性区域，在背离计数区域的方向上可以适当降低重要性。但是对于复杂的固定源问题，难以根据经验估计各个区域的重要性，这时就需要基于理论指导预估区域重要性并设置权窗参数。一致性共轭驱动重要性抽样（consistent adjoint driven importance sampling，CADIS）方法[26-28]从理论上给出了最优重要性参数，同时将源偏倚和权窗配合使用，避免了源粒子的过度分裂或赌。

1. 针对局部响应的重要性抽样理论

对于固定源问题的中子输运方程写为

$$\boldsymbol{\Omega}\boldsymbol{\nabla}\phi(r,E,\boldsymbol{\Omega}) + \Sigma_t(r,E)\phi(r,E,\boldsymbol{\Omega})$$
$$-\int_0^\infty \int_0^{4\pi} \Sigma_s(r,E'\to E,\boldsymbol{\Omega}'\to\boldsymbol{\Omega})\phi(r,E',\boldsymbol{\Omega}')\mathrm{d}\boldsymbol{\Omega}'\mathrm{d}E' = q(r,E',\boldsymbol{\Omega}) \tag{6-96}$$

其对应的共轭方程形式为

$$-\boldsymbol{\Omega}\boldsymbol{\nabla}\phi^*(r,E,\boldsymbol{\Omega}) + \Sigma_t(r,E)\phi^*(r,E,\boldsymbol{\Omega})$$
$$-\int_0^\infty \int_0^{4\pi} \Sigma_s(r,E\to E',\boldsymbol{\Omega}\to\boldsymbol{\Omega}')\phi^*(r,E',\boldsymbol{\Omega}')\mathrm{d}\boldsymbol{\Omega}'\mathrm{d}E' = q^*(r,E,\boldsymbol{\Omega}) \tag{6-97}$$

式中，$\phi^*(r,E,\boldsymbol{\Omega})$ 为对应共轭源 $q^*(r,E,\boldsymbol{\Omega})$ 的共轭通量。

根据共轭方程的性质，给前向方程两边同乘共轭通量 $\phi^*$ 并在全相空间积分，给共轭方程两边同乘前向 $\phi$ 并在全相空间积分，两式联立，可得到

$$\left\langle \phi^*(r,E,\Omega), q(r,E,\Omega) \right\rangle = \left\langle \phi(r,E,\Omega), q^*(r,E,\Omega) \right\rangle \tag{6-98}$$

式中，$\langle \ \rangle$ 表示对整个空间、能量和角度的相空间进行积分。根据共轭方程含义，前向源 $q(r,E,\Omega)$ 和共轭源 $q^*(r,E,\Omega)$ 没有关系，对于给定 $q(r,E,\Omega)$ 的问题，$q^*(r,E,\Omega)$ 可任意选取，都能满足共轭条件：

$$\left\langle q^*(r,E,\Omega), q(r,E,\Omega) \right\rangle = \left\langle q(r,E,\Omega), q^*(r,E,\Omega) \right\rangle \tag{6-99}$$

在计算中，最终需求的结果一般称为响应量，如通量、能量沉积、探测器响应等。对通量 $\phi$ 和响应函数 $\Sigma_{\mathrm{d}}$ 进行积分：

$$R = \iint_{4\pi\ V\ E} \iint \Sigma_{\mathrm{d}}(r,E,\Omega)\phi(r,E,\Omega)\mathrm{d}E\mathrm{d}r\mathrm{d}\Omega = \left\langle \Sigma_{\mathrm{d}}(r,E,\Omega), \phi(r,E,\Omega) \right\rangle \tag{6-100}$$

$R$ 即为目标响应量。此处将响应函数表达为相空间上的分布形式。实际计算中，一般只在目标计数区域有分布值，在其他区域该响应函数为 0，所以上述积分范围也可以认为是在目标计数区域的范围内。

将共轭方程中的共轭源设为 $\Sigma_{\mathrm{d}}(r,E,\Omega)$，则有

$$\left\langle \phi^*, q \right\rangle = \left\langle \phi, \Sigma_{\mathrm{d}} \right\rangle \tag{6-101}$$

结合公式 (6-66)，关注的响应量可以改写为

$$R = \left\langle \phi^*, q \right\rangle \tag{6-102}$$

即对源项按共轭通量的分布加权后在全相空间积分，即可得到目标响应量。由于共轭通量是响应函数作为共轭源求解共轭输运方程得到的，所以此处共轭通量的加权作用代表了不同相空间位置处源对于设置共轭源的那个响应函数的重要性。

基于以上推导，一般认为共轭通量是相空间重要性的一个判断标准，将进入当前相空间的粒子按这一重要性进行偏倚处理，增加重要区域的模拟，减少不重要区域的模拟，即可实现降方差的作用。

表现在权窗的设置上，一般选取共轭通量的倒数进行权窗下界的设置：

$$w_{\mathrm{l}}(r,E,\Omega) = \mathrm{Con}\frac{1}{\phi^*(r,E,\Omega)} \tag{6-103}$$

式中，Con 为常数系数，用于调整权窗下界的幅值。此处将权窗下界写作相空间的函数，表明不同相空间取不同的权窗下界。对应地，权窗上界和存活权重为

$$w_{\mathrm{h}}(r,E,\Omega) = C_{\mathrm{h}} \cdot w_{\mathrm{l}}(r,E,\Omega) \tag{6-104}$$

$$w_{\mathrm{s}}(r,E,\Omega) = C_{\mathrm{s}} \cdot w_{\mathrm{l}}(r,E,\Omega) \tag{6-105}$$

式中，$C_h$、$C_s$分别为权窗的上界、存活权重与权窗下界的比值。

2. 针对多响应的重要性抽样理论

以上计算重要性分布的过程为针对响应函数$\Sigma_d$的重要性抽样理论，当待求解目标量为多个探测器或者需要计算全局的分布量时，该方法不再适用。由于各个不同位置的探测器计数在单次蒙特卡罗模拟中，本身具有不同的方差水平，即粒子输运到各个计数位置并形成计数的数目不同，各个计数位置样本空间的不同导致其方差水平也各不相同。使用所有点作为共轭源产生的重要性参数，虽然能够在一定程度上引导粒子输运向各个计数目标，但计数较小的位置相比计数较大的位置在粒子数目上仍然小很多，远离源区或小概率计数区域的大方差问题依然突出。

因此，对多计数位置的计数的降方差方法需要平衡各个计数区域的粒子数目，使得一次计算中有限数目的粒子能够更均匀地输运到各个待计数的区域，进而使它们的方差达到相同的水平。

考虑到蒙特卡罗模拟的粒子数目与实际粒子数目一般相差一定的倍数：

$$n(\boldsymbol{r},E,\boldsymbol{\Omega}) = w(\boldsymbol{r},E,\boldsymbol{\Omega})m(\boldsymbol{r},E,\boldsymbol{\Omega}) \tag{6-106}$$

式中，$w$为粒子权重的分布；$n$为实际粒子数目的分布；$m$为蒙特卡罗模拟的粒子数目的分布。通量与实际粒子数的关系为

$$\phi(\boldsymbol{r},E,\boldsymbol{\Omega}) = n(\boldsymbol{r},E,\boldsymbol{\Omega})v(\boldsymbol{r},E,\boldsymbol{\Omega}) \tag{6-107}$$

$v$为粒子速度的分布。

在蒙特卡罗模拟中，相空间位置处的模拟粒子数目可以由通量表示为

$$m(\boldsymbol{r},E,\boldsymbol{\Omega}) = \frac{n}{w} = \frac{\phi}{wv} = \phi(\boldsymbol{r},E,\boldsymbol{\Omega})\frac{1}{w(\boldsymbol{r},E,\boldsymbol{\Omega})v(\boldsymbol{r},E,\boldsymbol{\Omega})} \tag{6-108}$$

构造反映计数区域粒子数目的响应表达形式：

$$R' = \iiint_{4\pi EV}\phi(\boldsymbol{r},E,\boldsymbol{\Omega})\frac{1}{w(\boldsymbol{r},E,\boldsymbol{\Omega})v(\boldsymbol{r},E,\boldsymbol{\Omega})}\mathrm{d}\boldsymbol{r}\mathrm{d}E\mathrm{d}\boldsymbol{\Omega} \tag{6-109}$$

对于待计数区域，期望让蒙特卡罗模拟的粒子数目保持相同的水平，即$m(\boldsymbol{r},E,\boldsymbol{\Omega})$在各处为常量。

那么式(6-109)可以改写为

$$R' = \iiint_{4\pi EV}\phi(\boldsymbol{r},E,\boldsymbol{\Omega})\frac{\mathrm{constant}}{\phi(\boldsymbol{r},E,\boldsymbol{\Omega})}\mathrm{d}\boldsymbol{r}\mathrm{d}E\mathrm{d}\boldsymbol{\Omega} \tag{6-110}$$

将式(6-110)对应到之前的响应函数的表达式中，可以设置$\frac{1}{\phi(\boldsymbol{r},E,\boldsymbol{\Omega})}$作为共轭源求解得到共轭通量，基于这套共轭通量的重要性参数，将引导粒子输运，使得在各个区域中，

蒙特卡罗模拟的粒子数处于同一水平，从而达到对多计数区域同时降低方差的作用。

当待求解响应为具体某个响应函数下的计数时，基于空间、角度和能量分布的共轭源可以设置为

$$\frac{\Sigma_d(r,E)}{\phi(r,E,\Omega)} \tag{6-111}$$

上述对于多计数位置的计数的降方差方法，需要再进行一次前向计算，获得前向通量分布，设置由前向通量的倒数加权的共轭源，然后进行一次共轭计算，得到共轭通量分布作为重要性参数。因此，在进行正式的蒙特卡罗输运计算前，为了产生重要性参数，需要进行两次输运计算。

上述这样一套重要性参数，从理论上反映了不同区域中源粒子对于计数响应的重要性，被广泛应用于降方差操作中。结合权窗参数的设置，指导粒子在输运过程中进行重要性抽样（即进行分裂和赌的操作）。然而，无论是针对局部位置响应降方差的一次共轭计算，还是针对多位置响应计数降方差的前向计算和共轭计算，都需要进行一个同等规模的输运求解计算。如果完成了该输运计算，则原问题实质上已经解决，所以这是一个互相矛盾的问题。

考虑到重要性参数主要反映相空间区域之间的相对重要性大小，对其分布精细程度的要求没有对正常的输运计算要求高，所以并不需要计算精细的共轭通量分布。因此，不再选择蒙特卡罗计算而是选取相对蒙特卡罗计算速度较快的 $S_N$ 计算。同时 $S_N$ 计算时的空间离散网格的选取相比于传统 $S_N$ 计算更粗略，这样也能节省计算时间，同时不影响由此生成的重要性参数所起的作用。

### 3. 重要性参数的一致性

基于上述理论，发展了概率论-确定论耦合方法，用于解决屏蔽计算中的小概率深穿透问题。但是，简单地使用共轭通量设置权窗一般会遇到一些问题，使得这一方法应用的实际效果不理想。对于一个屏蔽装置，比如堆芯和堆外构件组成的一个屏蔽系统，共轭通量梯度一般会很大，最大和最小共轭通量可能相差 6～10 个数量级，直接用这个共轭通量分布来设置权窗，会使得权窗参数沿相空间的差别比较大，造成权窗下界的量级在相空间中的差异比较大。一般抽样的源粒子的初始权重都为 1，如果初始粒子所在位置的权窗范围偏离 1 过大，那么粒子在刚开始模拟时就会进行过度的赌和分裂。过度的赌会造成少量大权重粒子出现，直接导致结果有偏；过度的分裂会使得粒子数目过大，严重增加模拟时间。实际上，权窗参数虽然是一个绝对权重值，它起到的作用却表征了相空间区域的相对重要性大小，所以源粒子的权重也需要考虑到这种相对性，而不是选取绝对数值表达形式。为了保证初始粒子权重和权窗的一致性，引入源偏倚操作，利用源偏倚和权窗，共同表达出重要性抽样过程，增加重要区域样本数目，最终起到降方差的作用。

一般源的强度分布为 $q(r,E,\Omega)$，归一后的源强分布即作为源抽样的概率密度函数。

偏倚后的概率密度函数为

$$\tilde{q}(\boldsymbol{r}, E, \boldsymbol{\Omega}) = \frac{\phi^*(\boldsymbol{r}, E, \boldsymbol{\Omega})q(\boldsymbol{r}, E, \boldsymbol{\Omega})}{\left\langle \phi^*(\boldsymbol{r}, E, \boldsymbol{\Omega}), q(\boldsymbol{r}, E, \boldsymbol{\Omega}) \right\rangle} \tag{6-112}$$

为了保证无偏性，偏倚后的粒子权重为

$$w(\boldsymbol{r}, E, \boldsymbol{\Omega}) = \frac{\left\langle \phi^*(\boldsymbol{r}, E, \boldsymbol{\Omega}), q(\boldsymbol{r}, E, \boldsymbol{\Omega}) \right\rangle w_0}{\phi^*(\boldsymbol{r}, E, \boldsymbol{\Omega})} \tag{6-113}$$

$w_0$ 为偏倚前的粒子权重，一般情况下在相空间各点均为 1。

对应的权窗下界和上界分别设置表示为

$$w_l(\boldsymbol{r}, E) = \frac{\left\langle \phi^*(\boldsymbol{r}, E, \boldsymbol{\Omega}), q(\boldsymbol{r}, E, \boldsymbol{\Omega}) \right\rangle}{\phi^*(\boldsymbol{r}, E, \boldsymbol{\Omega})\left(\frac{C_h+1}{2}\right)} \tag{6-114}$$

$$w_h(\boldsymbol{r}, E) = C_h w_l(\boldsymbol{r}, E) \tag{6-115}$$

根据式 (6-114) 和式 (6-115) 进行处理，使得源粒子权重正好在权窗上下界的中间，保证了初始源粒子权重分布与权窗分布的一致性，以使得重要性抽样计算更加稳定。

上述权窗设置和源偏倚配合使用，分别针对局部响应计数降方差和对多位置响应计数降方差的方法即为一致性共轭驱动重要性抽样理论 (CADIS) 和前向一致性共轭驱动重要性抽样理论 (FW-CADIS) 方法。该理论的基本思想是，找到最合适的重要性分布用于设置权窗，使得目标响应量的方差大幅降低，使得整个问题的品质因子得到提高，从而提高计算效率。

# 6.4  蒙特卡罗方法的加速技术和高性能计算*

## 6.4.1  蒙特卡罗大规模计算挑战

蒙特卡罗方法应用于核反应堆物理分析领域，特别对于全堆芯大规模精细计算，巨额计算花费是最大的挑战。

首先是计算时间问题。蒙特卡罗方法通过对大量中子历史跟踪模拟获取统计结果，当需要增大问题规模或者提高计算精度时，均需增加模拟粒子数目，进而增大计算量和计算耗时。2003 年，美国麻省理工学院 Kord Smith 教授[29]曾以典型压水堆为例，对全堆芯蒙特卡罗稳态分析的计算量进行估计 (表 6-3)，结论是要达到 1% 的通量统计精度，需要模拟 $2 \times 10^{10}$ 中子历史，计算时长约为 5000CPU 小时①，并基于摩尔定律，预测到

---

① 假设使用 CPU 主频为 2.0GHz。

2030 年才可以实现单机 1h 内完成全堆计算，称为"Kord Smith 挑战"。

表 6-3　"Kord Smith 挑战"中的压水堆模型

| 参数类型 | 参数值 |
|---|---|
| 燃料组件数目 | ~200 |
| 轴向分层数目 | ~100 |
| 栅元数目/组件 | ~300 |
| 燃耗区数目/栅元 | ~10 |
| 核素数目 | ~100 |

其次是计算内存问题。蒙特卡罗模拟的内存消耗随着问题规模的增大也会迅速增加，尤其对于需要统计全堆芯精细参量（如中子通量、功率、反应率、燃耗历史等）分布的计算。同样以"Kord Smith 挑战"中的压水堆模型为例，堆芯中包含燃料棒数目为 6 万，如果进行堆芯临界计算，并对轴向、径向进行划分统计堆芯三维分群通量分布，那么计数统计量在程序中的存储占用最大可达数百 GB；而如果进行堆芯蒙特卡罗燃耗计算，燃耗区数目为百万甚至千万，相应的数据存储可达 TB 量级。巨大的内存消耗已经远超常规计算机的内存容量。

在蒙特卡罗大规模计算的需求下，多个全堆基准题被提出，图 6-10 展示了其中两个，分别为：欧洲核子中心数据库（NEA data bank）发布的 Hoogenboom-Martin（H-M）蒙特卡罗性能基准题[30]和美国麻省理工学院提出的 BEAVRS 高保真全堆基准题[31]。H-M 基准题采用简化的压水堆堆芯，致力于考察蒙特卡罗程序全堆计算性能；BEAVRS 基准题则基于真实运行核电厂，具有精细的模型和实测结果，目标在于考验分析工具的高保真计算能力。

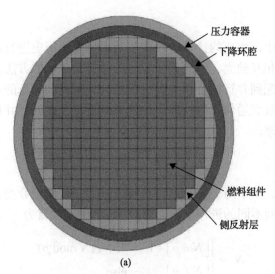

(a)

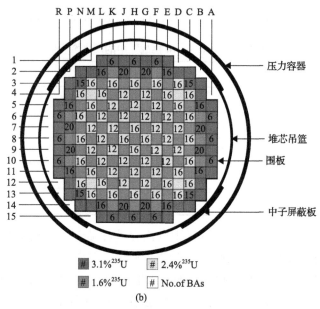

图 6-10　Hoogenboom-Martin(a)和 BEAVRS(b)全堆基准题

图中为质量分数

　　解决反应堆蒙特卡罗大规模模拟中计算花费挑战，主要思路是并行计算，即利用蒙特卡罗方法的天然并行性，结合高性能计算机硬件和并行技术，分解粒子输运模拟的任务和数据存储，实现计算缩减和加速。具体地，针对计算耗时问题，主要采用粒子并行方法，将粒子模拟工作均匀分配到并行处理器；而针对计算内存问题，则采用数据分解方法，将数据分解、存储于不同计算节点。此外，计算机硬件多样化发展趋势明显，**众核异构协处理器**在高性能计算领域具有重要地位，蒙特卡罗异构并行方法成为重要研究方向。以下将分别对这些方法进行介绍。

### 6.4.2　粒子并行方法

　　在蒙特卡罗方法中，主要的计算过程在于对大量中子历史进行逐一模拟，由于每个中子的历史模拟之间相互独立，因此基于粒子的并行是首选的方法。粒子并行方法，就是将全部中子历史分配到并行的进程上同时模拟。为了提高并行的性能，并行算法设计需要考虑负载分配、数据通信、与硬件架构的适应性等，此外，并行可重复性还要求对随机数的产生进行处理。

　　1. 粒子并行模式

　　在负载分配方面，中子历史模拟的计算粒度较大，且便于分配，一般直接按照均匀的方式将源中子划分到不同的进程上，即第 $i$ 进程的中子数目为

$$N_i = \begin{cases} \lfloor N/p \rfloor + 1, & \text{if } i \leqslant (N \bmod p) \\ \lfloor N/p \rfloor, & \text{else} \end{cases} \tag{6-116}$$

式中，$N$ 为总粒子数；$p$ 为进程数。

在设计并行进程的通信关系时，一般地，将参与计算的进程分为一个管理进程（主进程）和若干工作进程（从进程），主进程负责分配计算任务、归并结果，从进程负责模拟中子历史，每个从进程与主进程通过消息传递机制（如 MPI）进行通信，这种并行模式称为主从并行模式（图 6-11（a））。主从模式中的并行花销主要来自于主进程与从进程之间对源信息和计数结果数据的通信，对于固定源类型计算，只需进行对初始源和最终计数的通信，但对于临界问题源迭代计算，每一代都需要进行裂变源的汇集和再分配（负载均衡），并且主从通信过程是串行的，在并行规模、模拟粒子数较大时，通信代价会明显折损并行性能。

为了节省临界计算中裂变源的通信花费，提出对等并行模式[32]（图 6-11（b））：所有进程平等地参与计算和通信，裂变中子源按照进程顺序分配，在一代中子模拟结束时，每个进程首先根据本地的裂变源和均衡负载下应分配的源信息进行比对，确定亏额或盈额，然后与左右相邻进程就亏盈源信息进行通信。对等模式下，大部分源信息数据无须转移和通信，相邻进程通信过程可以并行进行，因此能够显著缩短通信花费时间，实践表明，对等模式具有优异的并行效率和可扩展性。

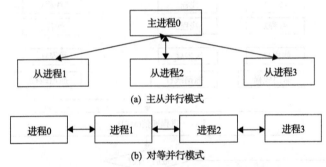

图 6-11　主从并行模式和对等并行模式示意图

### 2. 分层并行策略

消息传递（如 MPI）和共享内存（如 OpenMP）是两种常用的并行通信机制，其中消息传递模式基于进程并行，可扩展至多节点，并行性能好，适用对称分布式体系硬件；而共享内存模式基于线程并行，支持数据共享，易于实现，适用于共享存储体系结构。两种并行模式均可应用于蒙特卡罗粒子并行模拟。

在实际高性能计算领域，对称多处理器 SMP（symmetric multiprocessor）节点集群（图 6-12）是最常见的并行计算机系统架构，即节点间采用分布式存储，节点内为共享存储式。为了充分适应 SMP 集群体系结构，提出消息传递/共享内存分层并行模式。

在蒙特卡罗中子输运模拟中，常使用基于粒子并行的 MPI/OpenMP 分层并行策略，如图 6-13 所示，在节点之间使用 MPI 并行模式，进程采用主从或对等模式进行粒子分配和通信；在节点内部使用 OpenMP 模式创建线程，线程之间共享计算模型和统计数据。基于 SMP 集群架构，分层并行策略可减少节点间通信量，提高内存利用率，并可以通过

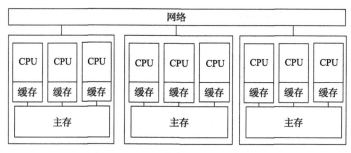

图 6-12　SMP 节点集群架构示意图

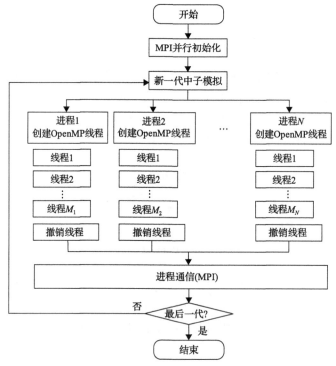

图 6-13　蒙特卡罗中子输运程序 MPI/OpenMP 分层并行策略框架

节点内动态负载分配改善负载均衡，具有良好的并行效率和可扩展性。

3. 并行随机数产生

蒙特卡罗模拟是一种随机实验的方法，计算结果具有随机涨落的特性，即原理上蒙特卡罗程序每一次的计算结果均不完全一致。然而在程序研发中，为了确保程序功能的正确性及程序调试的方便，往往要求计算结果可复现，称之为**结果可重复性**。在粒子输运并行化过程中，粒子被分配到不同的处理器同时模拟，计算可重复意味着每个粒子历史保持不变，亦即粒子历史模拟使用的随机数序列与串行计算一致。

并行随机数的基本思想是分段法，即将随机数序列进行分段，把随机数子序列与粒子历史进行绑定，无论并行计算规模如何，每个粒子使用固定的一段随机数子序列进行历史模拟。例如，对于中子输运问题，假设每个中子历史模拟所需的随机数个数为 $K$，

则 $N$ 个中子分别使用随机数序列中第 $\{0, K, \cdots, (N-1)K\}$ 个随机数开始模拟。随机数子序列需要足够长，避免随机数重复使用，一般根据中子碰撞次数，可保守选取 $K$ 的值。

使用跳跃法，可提高随机数分段的效率。以乘同余法随机数发生器为例，由第 $i$ 个随机数，可利用如下公式快速跳至第 $i+K$ 个随机数。

$$
\begin{aligned}
s_{i+K} &= g s_{i+K-1} + c \ \mathrm{mod}\, M \\
&= g(\cdots g(g(g s_i + c) + c) \cdots) + c \ \mathrm{mod}\, M \\
&= g^K s_i + \frac{g^K - 1}{g-1} c \ \mathrm{mod}\, M, \qquad K > 1
\end{aligned}
\tag{6-117}
$$

### 6.4.3 数据分解并行方法

粒子并行方法通过分解粒子历史模拟任务，能够显著缩短蒙特卡罗计算时间，但在每个并行的进程或节点上，都需要保存整个问题的几何、材料、计数及核反应截面等数据信息，每个 CPU 都需要消耗大量内存，无法实现大规模问题的计算。以典型压水堆全堆芯三维精细计算为例，假设每根燃料棒按轴向和径向精细分区来统计燃耗反应率，材料数目达千万量级，表 6-4 列出常规的数据类型及内存占用规模，可见计数器和材料数据是蒙特卡罗大规模计算内存占用的主要部分。

表 6-4 典型压水堆蒙特卡罗计算数据量

| 数据类型 | 数据量分析 | 内存占用规模 |
|---|---|---|
| 核截面 | 300 核素，100 温度点连续能量点截面 | ~10GB |
| 几何 | 采用重复结构层级几何模型，数据量小 | <1GB |
| 材料 | $10^8$ 材料，300 核素比例 | ~100GB |
| 计数器 | $10^8$ 区域，300 核素，7 种反应 | ~1TB |
| 裂变源 | 每个进程为 $10^4 \sim 10^7$ 粒子 | <1GB |

解决计算内存问题的基本思想是"分治"，即分解程序特定的数据、存储于不同的计算节点，并结合并行计算，完成程序运行，其中，"分解数据"和"并行计算"是方法的核心，统称为**数据分解并行方法**。根据分解数据的策略的不同，数据分解方法又分为空间区域分解 (spatial domain decomposition) 和计数器数据分解 (tally data decomposition) 两类方法。

1. 空间区域分解方法

区域分解的基本思想，是将研究对象从几何上划分为若干子区域，对各子区域问题分别求解。对粒子输运蒙特卡罗模拟进行区域分解，与并行计算结合，可分为两个过程：①划分几何区域，将不同的子区域分配至不同处理器，同时模拟粒子的运动；②当粒子穿过区域时，存储粒子运动状态并进行区域间的传递，完成粒子输运过程，实现区域间的耦合计算。图 6-14 示意了区域分解方法与串行方法中的粒子模拟过程的区别，可以看到，粒子运动的径迹按照子区域的划分被分割为若干段，穿越区域的粒子则被通信。

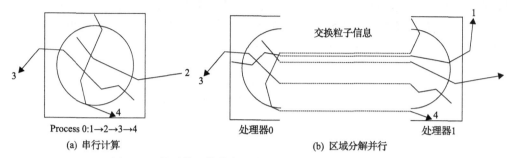

图 6-14　粒子输运蒙特卡罗模拟空间区域分解方法示意图

空间区域分解方法可直接将计数器、材料、几何等模型数据按照空间自然分解开来，可以缓解每个节点的计算内存占用，但同时引入负载分配、粒子通信等问题，对并行计算效率有较大影响。在具体方法实现中，需要关注若干问题。①几何区域划分策略，目标在于提高区域对内存、计算任务分解的均衡性，根据子区域与模型几何的描述方法，分为基于网格划分和基于组合几何；根据子区域之间的关系，分为重叠型或不重叠型；此外，在分解区域时可利用模型的对称性来提供均衡性。②粒子通信算法，通过对通信数据封装、通信频率和通信等待等方面进行优化设计，来减小粒子穿越子区域时数据通信的花销。③与粒子并行方法的结合，即在子区域内，可以进一步使用常规粒子并行方法，提高对硬件的适应性以及优化负载均衡性。此外，在区域分解方法中，粒子历史的径迹被分割，随机数序列以及新一代裂变源的产生和存储均发生变化，需要进行专门的处理来保证结果可重复性[33]。

### 2. 计数器数据分解方法

如表 6-4 所示，在蒙特卡罗反应堆全堆芯精细模拟中，计数器数据的内存需求远大于其他数据类型，是限制蒙特卡罗计算规模的首要因素；另外，通常计数器数据还具有存储规整、操作简单等特点，易于分解和远程处理，因此是数据分解方法优先选择的数据类型。

计数器数据分解方法，即利用多个节点内存共同存储数据，并通过节点之间的通信完成数据的操作。图 6-15 示意了计数器数据分解方法与串行计算、常规粒子并行方法的

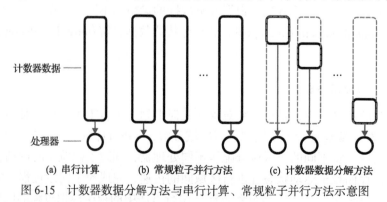

图 6-15　计数器数据分解方法与串行计算、常规粒子并行方法示意图

区别，可见，每一部分计数器数据都只在一个处理器中存储，只要所有并行处理器的内存容量足够大，即可存储全部计数器数据。

计数器数据分解方法的实现主要分为"分解"和"通信"两个步骤。在分解数据方面，可分配专门用于计数器存储和操作的处理器，称为计数节点(或 Tally Server)，计数节点不参与粒子模拟；也可对等地分配节点，所有节点同时负责计数和通信。计数通信则分为定位存储节点和消息通信两步，即在粒子模拟过程中产生计数时，首先判断存储该计数的存储位置，其次将非本地计数传递到存储节点，并累加更新相应的计数值。对于计数器数据分解方法，非本地计数出现的概率很大，对计数通信算法有较高的要求，常用的减小通信花费的方法包括设置通信数据缓冲区、采用异步式通信等。

### 6.4.4　异构并行方法

高性能计算系统趋向异构化(heterogeneity)，即采用以中央处理器(CPU)和协处理器(如图形处理器 GPU、集成众核 MIC、现场可编程门阵列 FPGA 等)共同组成的体系架构，以提高性能和降低功耗。全球超级计算机排行榜 TOP500 榜单显示，主流超级计算机均为异构众核架构，如美国 Summit 超算采用 IBM Power9CPU 和 NVIDIA Volta GV100GPU 加速卡；中国神威·太湖之光超算采用国产申威 26010 众核处理器。**异构并行**就是指在具有不同类型处理器的平台上，将复杂计算问题分解，综合利用不同处理器进行协同、并行计算，实现问题加速求解。异构并行给高性能计算带来性能提升的机遇，但同时也对原有算法和数据结构等设计提出挑战。如何适应和利用异构体系的超强计算性能，也是蒙特卡罗粒子输运方法的重要研究课题。

蒙特卡罗粒子输运异构并行方法的设计依赖于所使用的异构系统架构，如 CPU+ GPU 或 CPU+MIC，不过通常的总体设计思想是，将程序中串行且逻辑性强的任务保留在主处理器执行，而程序中计算密度高且并行度强的任务移植到协处理器，进行并行加速。在具体设计工作中，需要从并行任务、并行粒度、主从协同等多个方面进行优化以提高并行效率。例如，根据移植到协处理器的任务所占的比例，粒子输运异构并行可分为局部加速和全局加速，局部加速是并行化中子输运模拟的部分函数(如几何输运步)；而全部加速则是利用协处理器加速整个中子输运流程。在并行粒度方面，常规的粒子并行方法属于粗粒度并行，而异构众核处理通常使用 SIMD(单指令多数据)细粒度并行模式，如基于粒子输运中的飞行或碰撞事件(event)进行并行，基于事件的并行方法(event-based parallelism)是粒子输运异构并行常用的模式。图 6-16 示例了一个基于事件对几何处理进行局部加速的算法流程[34]，其中 CPU 完成多个中子输运的几何处理准备工作，由协处理器(如 GPU)启动大量线程并行完成中子飞行输运，最后中子全部转移至 CPU 端继续模拟。

蒙特卡罗粒子输运的异构并行方法尚处于研究探索阶段，随着高性能计算中异构众核系统的编程模型和性能优化等技术的发展，粒子输运异构并行方法将在算法数据设计、可移植性、功能完备性等方面取得新的进展[35]。

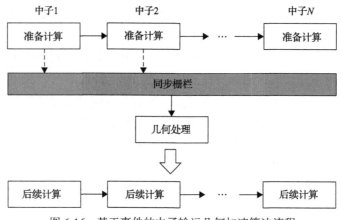

图 6-16 基于事件的中子输运几何加速算法流程

# 6.5 常用蒙特卡罗程序简介

自蒙特卡罗方法诞生以来，大量的蒙特卡罗分析软件被开发出来。在粒子输运领域，国内外开发了多款蒙特卡罗输运程序，在核相关领域受到广泛应用。这其中既包括传统的知名蒙特卡罗程序，如美国 LANL 开发的 MCNP[36]，橡树岭国家实验室(ORNL)开发的 KENO[37]，英国 AEA 技术公司(AEAT)和核燃料有限公司(BNFL)开发的 MONK[38]，俄罗斯库尔恰托夫研究所开发的 MCU[39]，法国原子能委员会(CEA)开发的 TRIPOLI-4[40]，日本原子能研究所(JAERI)开发的 MVP/GMVP[41]等；也包括新一代的先进蒙特卡罗程序，如美国的 MERCURY[42]、MC21[43]和 OpenMC[44]，韩国的 McCARD[45]，芬兰的 Serpent[46]等。近年来，我国的自主蒙特卡罗程序研发也取得进展，如清华大学的反应堆蒙特卡罗程序(RMC)[47]、中国工程物理研究院的 JMCT[48]、中国科学院核能安全技术研究所的 SuperMC[49]以及西安交通大学的 NECP-MCX[50]等。

以下介绍几款国内外具有代表性的蒙特卡罗粒子输运程序。

## 6.5.1 MCNP

MCNP(Monte Carlo n-particle transport code)是由美国洛斯阿拉莫斯国家实验室研制的大型通用多粒子蒙特卡罗计算程序。MCNP 开发始于 20 世纪 60 年代，由最初的原型程序 MCS、MCN 等不断地合并、丰富和完善而来，目前最新版本为 2018 年发布的 MCNP6.2[36]。MCNP 由美国核管会监管，并由美国辐射安全信息计算中心(Radiation Safety Information Computational Center, RSICC)进行更新和发布。

MCNP 采用 Fortran90 语言编写；使用 ACE 格式连续能量点截面数据库(可利用核数据处理程序如 NJOY 基于评价核数据库 ENDF 加工制作)；采用构造实体几何(constructive solid geometry, CSG)建模，通过曲面或实体的交、并及非等布尔运算构建任意三维几何，支持任意一阶、二阶及部分四阶曲面(如椭球面)；可进行多达 37 种微观粒子的反应过程模拟，包括基本粒子(如光子、电子、μ子)、强子(如中子、质子、反中子、反质子等)，以及核子(如氘核、氚核)等；可进行临界、屏蔽、辐射剂量、探测响应等计算；具备包括几何分裂与俄罗斯轮盘赌、重要性抽样、权窗、源偏倚、指数变换、点探测器估计等丰富的减方差技巧；支持体通量、面通量、点通量及乘子、分箱等各种参数统计功能；具备 MPI 和 OpenMP 并行计算功能。

### 6.5.2　Serpent

Serpent[46]是由芬兰国家技术研究中心(VTT)研发的多用途三维连续能量蒙特卡罗粒子输运程序。Serpent 开发始于 2004 年，由早期反应堆物理计算原型程序 PSG 发展而来，目前最新版本为 Serpent 2.1.0。自 2009 年，Serpent 由经济合作与发展组织/核能署(OECD/NEA)数据银行和美国 RSICC 进行发布和更新管理。

Serpent 使用 C 语言编写；使用 ACE 格式连续能量点截面数据库，自带基于评价核数据库 JEF-2.2、JEFF-3.1、ENDF/BVII 等制作的截面数据库，支持在线截面展宽；采用基于层级结构的构造实体几何建模，支持四边形、六边形重复排列定义，具备 CANDU 反应堆燃料和随机弥散燃料的几何定义能力，并且支持 STL 格式 CAD 几何、非结构网格几何等新型几何建模方式；采用最大截面粒子输运(woodcock delta-tracking)方法；可进行固定源、临界、燃耗、群常数制作，以及多物理耦合等问题计算，支持中子、光子输运模拟；采用权窗方法进行减方差；具备 MPI 和 OpenMP 并行计算功能。

### 6.5.3　OpenMC

OpenMC[44]是由美国麻省理工学院核科学与工程系反应堆物理计算研究组发起的开源蒙特卡罗粒子输运程序。OpenMC 程序开发始于 2011 年，它基于源代码托管网站 GitHub 以开源项目①形式进行公开研发和发布，截至目前已有数十位来自世界各地的开发者参与开发，最新版本为 0.12.0 版本。

OpenMC 最初采用 Fortran2008 语言编写，其后(2018 年)内核程序全部转换为面向对象 C++语言，并增加以 Python 编写的接口程序包，用于辅助程序建模、数据处理等；使用自定义的 HDF5 格式连续能量点截面数据库(可使用脚本将 ACE 格式转换为 HDF5格式)，支持多温度截面插值以及可分辨共振区窗式多极点(windowed multipole)方法；采用构造实体几何建模，支持层级结构、重复排列等几何定义，并且支持直接 CAD(DAGMC)建模和输运；支持中子、光子输运；可进行固定源、临界、燃耗等问题计算；具备多群计算功能，可产生多群均匀化截面；具备 MPI 和 OpenMP 并行计算功能。

### 6.5.4　MONK

MONK[38]是由英国 AEAT 和 BNFL 联合开发的临界安全和反应堆物理分析蒙特卡罗程序。MONK 程序研发始于 20 世纪 70 年代，80 年代起被纳入 AEAT 的 ANSWERS 软件包，由 ANSWERS Software Service 发布，目前最新版为 MONK 11A。

MONK 具备完善的几何建模能力，支持 IGES 格式 CAD 模型导入和复杂 HOLE 类

---

① OpenMC 项目源代码库：https://github.com/openmc-dev/openmc。

型几何输入，具备随机介质模拟能力，并支持可交互的二维、三维几何可视化及模型检查（使用 Visual Workshop 工具）；使用 WIMS 格式多群截面、DICE 格式精细群截面以及 BINGO 格式连续能量截面库，并支持在线截面多普勒展宽；支持基于中子输运的临界和固定源问题计算，支持基于反复裂变概率法的伴随计算和动态参数计算，可进行输运-燃耗耦合计算；支持 MPI 并行计算。

### 6.5.5 TRIPOLI-4

TRIPOLI-4[40]是由法国原子能委员会开发的三维连续能量蒙特卡罗程序。TRIPOLI 程序研发最早始于 20 世纪 60 年代中期，TRIPOLI-4 是第 4 代程序，20 世纪 90 年代开始研发，目前最新版为 TRIPOLI-4 11.0。法国 CEA、OECD/NEA Data Bank 和美国 RSICC 共同负责 TRIPOLI-4 的发布和更新。

TRIPOLI-4 程序主体采用 C++语言编写，部分模块采用 C 和 Fortran 语言，可在 Linux 系统运行；支持基于面和体的几何布尔运算描述，可读取 ROOT 软件三维几何模型，并具备程序接口，可与 GEANT-4 等第三方软件进行几何耦合；配备 T4G 和 SALOME TRIPOLI 两个可视化工具，可分别进行实时二维、三维几何模型展示以及 CAD 模型导入；支持中子、光子和正/负电子输运；可进行临界和固定源问题求解，支持通用源描述；具备隐俘获、分裂/轮盘赌功能，并内置基于指数变换法的减方差模块 INIPOND；支持多种计数统计，并具备微扰计算功能；采用自研的、基于 GNU C 库的并行算法（不需要 MPI 或 OpenMP），可在多核或大规模集群机器上并行运行。

### 6.5.6 MVP/GMVP II

MVP/GMVP II[41]是由日本原子能研究所 JAERI 研发的连续能量和多群中光子蒙特卡罗输运程序。MVP/GMVP 首版于 1994 年发布，MVP/GMVP II 为第二版，美国 RSICC 负责软件更新和发布。

MVP/GMVP II 采用 Fortran77 语言编写，可在 Windows 和 Linux 系统运行；采用基于几何体的组合几何建模方式，支持一阶/二阶几何体、四边形/六边形重复结构以及随机介质模型；配备 CGVIEW 工具进行几何可视化；支持中子、光子以及中光子耦合输运；可进行临界、固定源以及动态问题求解，多群模式下还支持伴随计算，并且具备基于 Feyman-alpha 实验模拟的反应堆噪声分析功能；具备分裂/轮盘赌、重要性和权窗等减方差功能；支持多种计数统计，包括均匀化截面、燃耗模块 MVP-BURN 所需反应截面等；支持 MPI 和 PVM 并行计算。

### 6.5.7 McCARD

McCARD[45]是由韩国首尔大学研发的中光子蒙特卡罗输运计算程序。McCARD 前身为 MCNAP，最早于 1999 年发布，2011 年发布 v1.1 版。

McCARD 使用 C++语言编写；使用由 NJOY 制作的连续能量和多群核截面数据库；采用构造实体几何 CSG 建模方式，使用 Python 语言进行重复几何描述，支持高温气冷堆随机介质几何模型处理；针对反应堆模拟需求，可进行临界、固定源、动力学和瞬态问题、输运–燃耗耦合及物理–热工水力耦合等多种问题的计算分析；可统计群常数、有效缓发中子份额、瞬发中子寿期等；可进行计数器、燃耗、少群常数等大量参数的敏感性和不确定性分析；支持 MPI 并行计算。

### 6.5.8　RMC

RMC[47]（reactor Monte Carlo，反应堆蒙特卡罗程序）是由清华大学工程物理系核能科学与工程管理研究所反应堆工程计算分析实验室（REAL 团队）自主研发的、面向反应堆计算分析的三维连续能量蒙特卡罗中子、光子、电子输运软件。RMC 研发始于 2001 年，最新版本为 3.5 版。

RMC 使用 C++ 语言以面向对象结构编写；采用 ACE 格式连续能量点截面和多群截面数据库，并具备包括热化区、可分辨共振区、不可分辨共振区的全能区在线截面展宽功能（包括改进 Gauss-Hermite 方法以及在线插值方法等）；采用构造实体几何建模，支持层级描述、重复结构、坐标变换及可视化等建模技术；结合堆芯核设计、屏蔽、源项等分析需求，可进行临界本征值问题计算、固定源问题计算、精细核素链燃耗模拟、中子动力学与瞬态过程分析及群常数计算等；支持通用源描述和多种减方差技巧；具备敏感性与不确定度分析及连续介质、弥散燃料/随机介质模拟等专门功能；提供程序接口，便于与热工水力、材料、燃耗、换料等模块进行精细多物理耦合计算。针对蒙特卡罗方法的特点，RMC 还具备几何处理加速、核截面处理优化、多种输运模拟方法、源收敛判断与加速、计数器优化、大规模计数与综合并行、自动全堆倒换料等提高计算效率的方法和技巧。

### 6.5.9　JMCT

JMCT[48]是由中国工程物理研究院高性能数值模拟软件中心研发的通用三维中子–光子耦合输运蒙特卡罗模拟软件。JMCT 研发始于 2011 年，目前最新版为 V2.2.0 版。

JMCT 采用 ACE 格式连续能量和多群核截面数据，考虑了包括热化在内的各种核反应；采用基于三维组合几何支撑软件框架 JCOGIN 的构造实体几何建模方式，具备 CAD 可视化输入输出界面；能够模拟固定源、临界本征值及伴随输运问题，提供了多种标准源模型；可进行针对体/面/点/网格的通量/流/反应率/本征值的计数统计；具有源偏倚、权窗、俄罗斯轮盘赌、分裂等减方差技巧；支持大型反应堆"堆芯–组件–栅元"跨量级空间尺度问题的模拟；具备粒子并行与区域分解多级并行功能，支持千万量级几何体、千亿粒子规模输运问题模拟。

### 6.5.10　NECP-MCX

NECP-MCX[50]是西安交通大学核工程计算物理实验室（NECP）和西安核创能源科技有限公司联合开发的蒙特卡罗程序。

NECP-MCX 采用 Fortran2008 语言编写，可以使用 ACE 格式连续能量核数据库或多群核数据库；采用组合实体几何进行建模；具备中子–光子耦合输运模拟能力；采用 MPI/OpenMP 混合并行策略；能够进行临界或固定源计算；程序输入为 XML 格式；输出为 Python 脚本，方便数据后处理；具备几何建模和统计结果可视化输出功能；与 NECP 实验室开发的燃耗程序 NECP-Erica 程序耦合，能够进行输运-燃耗耦合、输运-活化-源项耦合计算；可计算 $k_{\text{eff}}$ 对核数据的敏感性系数；与 NECP 实验室开发的大规模并行离散纵标程序 NECP-Hydra 耦合，采用多种概率论-确定论耦合方法(包括一致性共轭驱动重要性抽样理论和基于多次碰撞源的概率论-确定论耦合方法)，对于深穿透辐射屏蔽问题具有很高的计算效率；针对权窗占用内存较大的辐射屏蔽问题，采用自适应嵌套网格方法，能显著降低权窗内存。

# 参 考 文 献

[1] Larsen E W. An overview of neutron transport problems and simulation techniques. Computational Methods in Transport, 2006, 48: 513-534.

[2] Brown F B. Monte Carlo techniques for nuclear systems-theory lectures (No. LA-UR--16-29043). Los Alamos: Los Alamos National Laboratory, 2016.

[3] X-5 Monte Carlo Team. MCNP—A general N-particle transport code, version 5, volume I: Overview and theory, LA-UR-03-1987. Los Alamos: Los Alamos National Laboratory, 2003.

[4] Leppänen J. Development of a new Monte Carlo reactor physics code. Espoo: VTT Technical Research Centre of Finland, 2007.

[5] Metropolis N. The beginning of the Monte Carlo method. Los Alamos Science, 1987, 15: 125-130.

[6] Sood A, Forster R A, Archer B J, et al. Neutronics calculation advances at los alamos: Manhattan project to Monte Carlo. Nuclear Technology, 2021, 207(sup1): S100-S133.

[7] Metropolis N, Ulam S. The Monte Carlo method. Journal of the American Statistical Association, 1949, 44(247): 335-341.

[8] Coccetti F. The Fermiac or Fermi's trolley. II Nuovo Cimento C, 2016, 39(2):1-8.

[9] Metropolis N, Rosenbluth A W, Rosenbluth M N,et al. Equation of state calculations by fast computing machines. The Journal of Chemical Physics, 1953, 21(6): 1087-1092.

[10] 康崇禄. 蒙特卡罗方法理论与应用. 北京: 科学出版社, 2015.

[11] 裴鹿成, 张孝泽. 蒙特卡罗方法及其在粒子输运问题中的应用. 北京: 科学出版社, 1980.

[12] 许淑艳. 蒙特卡罗方法在实验核物理中的应用. 北京: 中国原子能出版社, 2006.

[13] 邓力, 李刚. 粒子输运问题的蒙特卡罗模拟方法与应用. 北京: 科学出版社, 2019.

[14] 曹良志, 谢仲生, 李云召. 近代核反应堆物理分析. 北京: 中国原子能出版社, 2017.

[15] Smith A. Sequential Monte Carlo Methods in Practice. New York: Springer, 2013.

[16] Caflisch R E、 Monte Carlo and quasi-Monte Carlo methods. Acta Numerica, 1998, 7: 1-49.

[17] Ceperley D, Alder B. Quantum Monte Carlo. Science, 1986, 231(4738): 555-560.

[18] McGreevy R L. Reverse Monte Carlo modelling. Journal of Physics: Condensed Matter, 2001, 13(46): R877.

[19] Banerjee K. Kernel density estimator methods for Monte Carlo radiation transport. Ann Arbor: University of Michigan Doctoral Dissertation. 2010.

[20] Griesheimer D P. Functional expansion tallies for Monte Carlo simulations. Ann Arbor: University of Michigan Doctoral Dissertation. 2005.

[21] Lieberoth J. A Monte Carlo technique to solve the static eigenvalue problem of the Boltzmann transport equation. Nukleonik, 1968, 11: 213-219.

[22] Ueki T. On-the-fly judgments of Monte Carlo fission source convergence. Transactions of the American Nuclear Society, 2008, 98: 512-515.

[23] 佘顶. 基于自主堆用蒙卡程序 RMC 的燃耗与源收敛问题研究. 北京: 清华大学, 2013.

[24] Miao J. Correlations in Monte Carlo eigenvalue simulations : Uncertainty quantification, prediction and reduction. Cambridge:

Massachusetts Institute of Technology Doctoral Dissertation, 2018.

[25] Dumonteil E, Malvagi F, Zoia A, et al. Particle clustering in Monte Carlo criticality simulations. Annals of Nuclear Energy, 2014, 63: 612-618.

[26] Munk, M, Slaybaugh, R N. Review of hybrid methods for deep-penetration neutron transport. Nuclear Science and Engineering, 2019, 193: 1055-1089.

[27] Wagner J C, Haghighat A. Automated variance reduction of Monte Carlo shielding calculations using the discrete ordinates adjoint function. Nuclear Science and Engineering, 1998, 128(2): 186-208.

[28] Wagner J C, Blakeman E D, Peplow D E. Forward-weighted CADIS method for global variance reduction. Transactions of the American Nuclear Society, 2007, 97: 630-633.

[29] Smith K. Advances in reactor physics and computational science//PHYSOR 2014 – The Role of Reactor Physics Toward a Sustainable Future, Kyoto, 2014.

[30] Hoogenboom J E, Martin W R. A proposal for a benchmark to monitor the performance of detailed Monte Carlo calculation of power densities in a full size reactor core//International Conference on Mathematics, Computational Methods & Reactor Physics (M&C 2009), Saragota Springs, 2009.

[31] Horelik N, Herman B, Forget B, et al. Benchmark for evaluation and validation of reactor simulations (BEAVRS)// International Conference on Mathematics and Computational Methods Applied to Nuclear Science & Engineering (M&C 2013), Sun Valley, 2013.

[32] Romano P K. Parallel algorithms for Monte Carlo particle transport simulation on exascale computing architectures. Cambridge: Massachusetts Institute of Technology Doctoral Dissertation, 2013.

[33] 梁金刚. 反应堆蒙特卡罗程序 RMC 大规模计算数据并行方法研究. 北京: 清华大学, 2015.

[34] 徐琪. 堆用蒙特卡罗程序 RMC 物理瞬态计算方法及异构并行研究. 北京: 清华大学, 2014.

[35] Bergmann R. The development of WARP — A framework for continuous energy Monte Carlo neutron transport in general 3D geometries on GPUs. Berkeley: University of California, Berkeley Doctoral Dissertation, 2014.

[36] Werner C J, Bull J S, Solomon C J, et al. MCNP6.2 release notes, LA-UR-18-20808. Los Alamos: Los Alamos National Laboratory, 2018.

[37] Goluoglu S, Petrie L M, Dunn M E, et al. Monte Carlo criticality methods and analysis capabilities in SCALE. Nuclear Technology, 2011, 174(2): 214-235.

[38] Armishaw M J, Davies N, Bird A J. The answers code Monk-A new approach to scoring, tracking, modelling and visualization//Proceedings of 9th International Conference on Nuclear Criticality Safety (ICNC 2011), Edinburgh, 2011.

[39] Alexeev N I, Kalugin M A, Shkarovky D A, et al. Verification and validation of MCU-REA/1 code for criticality and burnup calculations of VVER reactors//RRCKI-36/18-2006. Moscow: Kurchatov Institute, 2006.

[40] Hugot F X, Lee Y K, Malvagi F. Recent R&D around the Monte-Carlo code Tripoli-4 for criticality calculation//Proceedings of ANS Topical Meeting on Reactor Physics (PHYSOR 2008), Interlaken, 2008.

[41] Nagaya Y, Okumura K, Mori T, et al. MVP/GMVP II : General purpose Monte Carlo codes for neutron and photon transport calculations based on continuous energy and multigroup methods//JAERI 1348. Tokyo: Japan Atomic Energy Research Institute, 2005.

[42] Brantley P S, Dawson S A, McKinley M S, et al. Recent advances in the mercury Monte Carlo particle transport code// International Conference on Mathematics and Computational Methods Applied to Nuclear Science & Engineering (M&C 2013), Sun Valley, 2013.

[43] Griesheimer D P, Gill D F, Nease B R, et al. MC21 v. 6.0–a continuous-energy Monte Carlo particle transport code with integrated reactor feedback capabilities//Joint International Conference on Supercomputing in Nuclear Applications and Monte Carlo 2013 (SNA + MC 2013), Paris, 2013.

[44] Romano P K, Forget B. The OpenMC Monte Carlo particle transport code. Annals of Nuclear Energy, 2013, 51: 274-281.

[45] Shim H J, Han B S, Jung J S, et al. McCARD: Monte Carlo code for advanced reactor design and analysis. Nuclear

Engineering and Technology, 2012, 44(2): 161-176.

[46] Leppänen J. Serpent-A continuous-energy Monte Carlo reactor physics burnup calculation code. Espoo: VTT Technical Research Centre of Finland, 2012.

[47] Wang K, Li Z, She D, et al. RMC - A Monte Carlo code for reactor core analysis. Annals of Nuclear Energy, 2015, 82: 121-129.

[48] 李刚, 张宝印, 邓力, 等. 蒙特卡罗粒子输运程序 JMCT 研制. 强激光与粒子束, 2013, 25(1): 158-162.

[49] 孙光耀, 宋婧, 郑华庆, 等. 超级蒙特卡罗计算软件 SuperMC 2.0 中子输运计算校验. 原子能科学技术, 2013, 47(增刊2): 520-525.

[50] He Q, Zheng Q, Li J, et al. NECP-MCX: A hybrid Monte-Carlo-Deterministic particle-transport code for the simulation of deep-penetration problems. Annals of Nuclear Energy, 2021, 151: 107978.

# 第7章

## 共振自屏计算方法

共振自屏计算来自多群(multi-group)输运理论的需求，基于多群结构的中子输运计算需要多群截面，而多群截面需要预先获知计算问题的中子能谱以进行能群归并。因为反应堆中主要核素的截面存在很强的共振峰，所以共振能段的多群截面计算非常困难。

根据核反应率守恒原则，可以定义等效多群截面为

$$\sigma_{x,g}(\boldsymbol{r},\boldsymbol{\Omega}) = \frac{\int_{\Delta E_g} \sigma_x(E)\phi(\boldsymbol{r},E,\boldsymbol{\Omega})\mathrm{d}E}{\int_{\Delta E_g} \phi(\boldsymbol{r},E,\boldsymbol{\Omega})\mathrm{d}E} \tag{7-1}$$

式中，$\sigma_{x,g}$ 为 $g$ 群的等效多群截面；$\phi$ 为中子通量密度；$\Delta E_g$ 为该能群的能量间隔；$\boldsymbol{r}$、$E$、$\boldsymbol{\Omega}$ 分别为空间位置变量、能量变量、角度变量。

一些核素在特定能群范围内，其截面的变化是平缓的。以氢核素为例，图 7-1 给出了其总截面随能量的变化。在许多情形下，截面随能量变化服从很好的规律，可以解析表达，且其能谱可以用近似的无限均匀介质下的解析能谱，这样就很容易利用式(7-1)获得等效多群截面，且与实际问题无关，可以预先计算存储好备用。

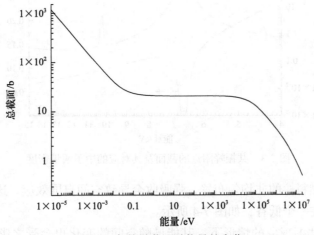

图 7-1  氢核总截面随能量的变化

但对于反应堆燃料中的某些重核,在特定能量段范围内,截面会呈现剧烈的共振峰。以反应堆燃料中的主要核素 $^{238}$U 为例,图 7-2 给出了其截面随能量的变化。可见,在 1~10000eV 能量范围内出现了大量的共振峰,在共振峰处的反应截面呈现指数级变化。

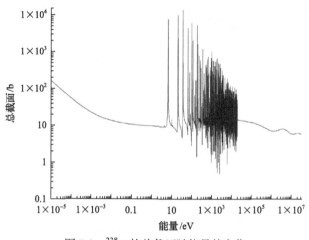

图 7-2　$^{238}$U 的总截面随能量的变化

由于截面共振峰的存在,会出现能量自屏效应,中子通量密度便呈现出一个低谷,如图 7-3 所示。

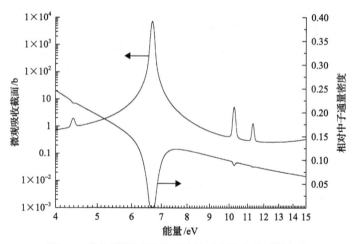

图 7-3　共振峰附近的截面及其对应的中子通量密度

另外,由于燃料棒的非均匀布置,强吸收会导致空间自屏效应,这样能谱在燃料棒中心位置往往存在一个低谷,如图 7-4 所示。

这样在出现共振现象的情形下,其能谱随空间的变化也会受之影响而发生剧烈变化,且与实际问题相关,所以无法事先计算,只能在具体应用时进行计算。

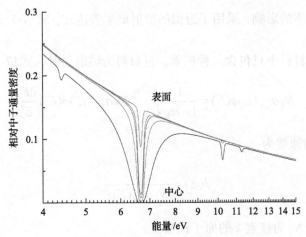

图 7-4 燃料棒从中心到表面处的中子通量密度变化示意图

# 7.1 共振能区的中子能谱

### 7.1.1 均匀系统的渐近能谱

均匀系统指的是一种理想情况，可以理解为无限大的介质，也可以理解为带有反射边界条件的立方体。在均匀系统中，中子输运方程的泄漏项为 0，可以得到简化的玻尔兹曼中子输运方程：

$$\Sigma_t(E)\phi(E) = \int_0^\infty \Sigma_s(E' \to E)\phi(E')\mathrm{d}E' + \frac{\chi(E)}{k_{eff}}\int_0^\infty \nu\Sigma_f(E')\phi(E')\mathrm{d}E' \tag{7-2}$$

式中，$\Sigma_t(E)$ 为宏观总截面；$\Sigma_s(E' \to E)$ 为宏观散射截面；$\nu\Sigma_f(E')$ 为宏观产额截面；$\chi(E)$ 为裂变谱；$\phi(E')$ 为中子能谱；$k_{eff}$ 为有效增殖因子。

式 (7-2) 右端的第一项为散射源项，第二项为裂变源项。在共振能量范围内，中子与原子核发生的弹性散射是中子在反应堆中发生慢化的主要途径，而超过 99% 的裂变中子都是快中子，对共振能量范围内能谱的影响很小，可以忽略。

因此，中子输运方程可以进一步简化，得到

$$\left[\sum_k N_k\sigma_{t,k}(E)\right]\phi(E) = \sum_k \frac{1}{1-\alpha_k}\int_E^{E/\alpha_k} \frac{1}{E'}N_k\sigma_{s,k}(E')\phi(E')\mathrm{d}E' \tag{7-3}$$

式中，$\sigma_{t,k}(E)$ 为核素 $k$ 的微观总截面；$\sigma_{s,k}(E')$ 为核素 $k$ 的微观散射截面；$\alpha_k = \left(\dfrac{A_k-1}{A_k+1}\right)^2$；$A_k$ 为核素 $k$ 的质量与中子质量之比。

在简化过程中，不仅裂变源项被忽略，右端散射源项中的散射截面计算也忽略了重核热运动对散射概率的影响，采用了近似的散射概率表达式。式(7-3)是共振能区中子慢化方程的标准形式。

当均匀问题的材料中只包含一种核素，且材料为纯散射时，式(7-3)进一步简化为

$$N_k \sigma_{\text{t},k}(E)\phi(E) = \frac{1}{1-\alpha_k} \int_E^{E/\alpha_k} N_k \sigma_{\text{t},k}(E')\phi(E') \frac{\mathrm{d}E'}{E'} \qquad (7\text{-}4)$$

可以得到式(7-4)的通解为

$$\phi(E) = \frac{C}{N_k \sigma_{\text{t},k}(E)E} \qquad (7\text{-}5)$$

式中，$C$ 为常数；$N_k$ 为核素 $k$ 的原子核密度。

式(7-5)表明，在一个纯散射的均匀系统中，能谱和材料的宏观截面与中子能量的乘积呈反比，这与图 7-4 中共振峰处呈现的中子能谱低谷的现象是一致的。由于慢化剂（H$_2$O）在共振能量段近似为纯散射体，式(7-5)大致反映了轻水堆燃料组件共振能量段中子能谱的整体趋势，近似可以表示为 $1/E$ 的形式。

针对包含多种核素的问题，首先假设式(7-3)所描述的均匀问题由一个共振核素和其他非共振核素组成。假设非共振核素的截面在一个能群范围内是常数，并假设这类核素没有吸收，总截面等于势散射截面：

$$\sigma_{\text{t},k} = \sigma_{\text{s},k} = \sigma_{\text{p},k} \qquad (7\text{-}6)$$

式中，$\sigma_{\text{p},k}$ 为核素 $k$ 的势散射截面。

这个假设对压水堆中大部分慢化核素都是成立的，因为慢化作用主要来自于这些核素的势散射截面。在这个假设下，式(7-4)变为

$$\begin{aligned}
&\left[ N_r \sigma_{\text{t},r}(E) + \sum_{k \neq r} N_k \sigma_{\text{p},k} \right] \phi(E) \\
&= \frac{1}{1-\alpha_r} \int_E^{E/\alpha_r} N_r \sigma_{\text{s},r}(E')\phi(E') \frac{\mathrm{d}E'}{E'} + \sum_{k \neq r} \frac{1}{1-\alpha_k} \int_E^{E/\alpha_k} N_k \sigma_{\text{p},k}\phi(E') \frac{\mathrm{d}E'}{E'}
\end{aligned} \qquad (7\text{-}7)$$

式中，下标 $r$ 代表均匀问题中的共振核素。

在上述理论推导中，应用了单共振核素假设，即假设在均匀系统的混合材料中，只有一个共振核素的截面与能量相关，而其他核素的总截面与散射截面随能量不发生变化。

为了能够以解析方式求解式(7-7)，需要对式(7-7)右端的两项进行简化。对于右端第二项，需要应用窄共振近似，即假设共振核素的共振峰宽度远小于中子的慢化能降，绝大多数能量在共振峰处的中子都是从共振峰外散射进来。已知在没有共振峰的区域，总截面的形状相对平坦，共振峰外部分的中子能谱的形状可以由 $1/E$ 来近似。基于这样的假设，式(7-7)右端第二项进一步简化为

$$\left[ N_r \sigma_{t,r}(E) + \sum_{k \neq r} N_k \sigma_{p,k} \right] \phi(E)$$

$$= \frac{1}{1-\alpha_r} \int_E^{E/\alpha_r} N_r \sigma_{s,r}(E') \frac{1}{E'} \frac{dE'}{E'} + \sum_{k \neq r} \frac{1}{1-\alpha_k} \int_E^{E/\alpha_k} N_k \sigma_{p,k} \frac{1}{E'} \frac{dE'}{E'} \quad (7\text{-}8)$$

$$\approx \frac{1}{1-\alpha_r} \int_E^{E/\alpha_r} N_r \sigma_{s,r}(E') \frac{1}{E'} \frac{dE'}{E'} + \sum_{k \neq r} N_k \sigma_{p,k} \frac{1}{E}$$

对于式(7-8)右端的第一项，可以看到共振核素的散射截面 $\sigma_{s,r}(E')$ 仍然为能量相关。共振核素的散射截面也是具有共振峰的，但在共振峰以上的能量段内，由于散射截面由势散射截面主导，因此可以进一步在窄共振近似的假设下，认为共振峰以外的散射截面为常量。同时，由于散射截面为常量，与其他核素类似，可以近似中子能谱的形状为 $1/E$ 谱。式(7-8)进一步简化为

$$\left[ N_r \sigma_{t,r}(E) + \sum_{k \neq r} N_k \sigma_{p,k} \right] \phi(E) \approx N_r \sigma_{p,r} \frac{1}{E} + \sum_{k \neq r} N_k \sigma_{p,k} \frac{1}{E} \quad (7\text{-}9)$$

最终，能谱表达式可推导为

$$\phi(E) = \frac{N_r \sigma_{p,r} + \sum_{k \neq r} N_k \sigma_{p,k}}{N_r \sigma_{t,r}(E) + \sum_{k \neq r} N_k \sigma_{p,k}} \frac{1}{E} = \frac{\sigma_{p,r} + \sigma_0}{\sigma_{t,r}(E) + \sigma_0} \frac{1}{E} \quad (7\text{-}10)$$

式中，$\sigma_0$ 被定义为背景截面：

$$\sigma_0 = \frac{\sum_{k \neq r} N_k \sigma_{p,k}}{N_r} \quad (7\text{-}11)$$

式(7-11)是均匀系统中应用窄共振近似后推导得到的中子能谱，并不反映中子通量密度大小。

背景截面 $\sigma_0$ 是一种人为构造的微观截面，它反映了均匀系统的材料构成，在数值上等于非共振材料的宏观势散射截面除以共振核素的原子核密度。背景截面越小，能谱表达式越接近分母中只有共振核素总截面的情况，能谱在共振峰处的下陷越深，则背景截面越大，能谱表达式越接近于 $1/E$ 谱，共振核素的共振峰对能谱的影响越小。图 7-5 给出了两种极端情况下能谱示意图。在实际反应堆中，能谱一般处于这两种极端情况之间。

在均匀系统的中子能谱近似表达式的推导中，所有假设与近似汇总如下：
(1)不存在多种共振核素的共振峰重叠的情况；
(2)非共振核素的散射截面为常量，由势散射截面主导；
(3)共振核素在共振峰以外的能量范围内的散射截面为常量，由势散射截面主导；
(4)中子的慢化由弹性散射主导；

（5）非共振区域的中子能谱的形状为渐近的，即 $1/E$ 谱；

（6）共振峰的宽度相对于中子由于弹性散射损失能量非常窄，以至于共振能量段的中子源主要由共振峰外的散射中子构成。

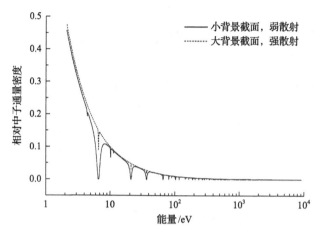

图 7-5 背景截面大小对中子通量密度的影响示意图

在这里必须指出，在实际核反应堆的燃料成分中，大多数情况下包含多种共振核素。尤其是在燃耗条件下，随着次锕系核素及裂变产物的产生，材料中包含大量不同种类带有不同共振峰的核素。同时，在初装载的混合氧化物（MOX）燃料中，铀同位素和钚同位素也表现出迥异的截面共振峰。实际上反应堆的材料包含不止一种共振核素，但即使在包含多种共振核素的条件下，只要这些核素的共振峰之间相互孤立，不发生重叠，窄共振近似仍然适用。

以上近似简化了能谱的表达式，但这些近似有可能引入一定的误差。观察图 7-2 中 $^{238}$U 核素在 1eV 至 100keV 能量段的共振峰，可以看到在相对较高的能量段，共振峰较密集，窄共振近似较为合适；但是在较低能量段，如 6.7eV 附近，共振峰较宽，窄共振将会引入较大误差。

在散射过程中，窄共振近似无法满足时，我们不妨假设共振峰"无限宽"，相当于共振核素相对于中子为无限质量。在共振核素的质量相对于中子为无限大时，散射过程中的能降很小，中子慢化能降远远小于共振峰的宽度，这种近似也被称为宽共振近似。当核素的质量为无限大时，弹性散射过程中没有能量损失，这时对于式（7-8）右端第一项，其中 $E/\alpha_r \sim E$ 的能量范围内散射截面和中子能谱可近似为常量，提取出积分，可以简化为

$$\frac{1}{1-\alpha_r}\int_E^{E/\alpha_r} N_r\sigma_{s,r}(E')\phi(E')\frac{\mathrm{d}E'}{E'} \approx N_r\sigma_{s,r}(E)\phi(E)\frac{1}{1-\alpha_r}\ln\left(\frac{1}{\alpha_r}\right)$$
$$\approx N_r\sigma_{s,r}(E)\phi(E) \tag{7-12}$$

代入式（7-8），进一步得到

$$\left[ N_r \sigma_{t,r}(E) + \sum_{k \neq r} N_k \sigma_{p,k} \right] \phi(E) \approx N_r \sigma_{s,r}(E) \phi(E) + \sum_{k \neq r} N_k \sigma_{p,k} \frac{1}{E} \tag{7-13}$$

由于 $\sigma_{a,r}(E) = \sigma_{t,r}(E) - \sigma_{s,r}(E)$，最终得到中子能谱表达式：

$$\phi(E) = \frac{\displaystyle\sum_{k \neq r} N_k \sigma_{p,k}}{N_r \sigma_{a,r}(E) + \displaystyle\sum_{k \neq r} N_k \sigma_{p,k}} \frac{1}{E} = \frac{\sigma_0}{\sigma_{a,r}(E) + \sigma_0} \frac{1}{E} \tag{7-14}$$

对比窄共振近似和宽共振近似的中子能谱表达式可以发现，两者之间的差异在于共振核素的散射截面。在宽共振近似中，共振核素的散射截面几乎被忽略。显然，从两种近似的假设中可以看出，宽共振近似更适合于热能中子区内较宽的共振峰，而窄共振近似更适用于相对较高能区的密集共振峰。

窄共振近似和宽共振近似是两种极限状况下的中子慢化情况。实际中，中子在慢化过程中所处的共振峰在两者之间。对于大多数情况，共振核素的势散射截面是由中间共振近似来修正的。在中子能谱的渐近能谱中，窄共振近似完整地引入了共振核素的势散射截面，而宽共振近似完全忽略了该截面的影响。那么，可以引入一个因子，代表引入了共振核素的部分散射截面。该修正因子也称为中间近似因子（又称为 Goldstein-Cohen 因子），一般以 $\lambda$ 来表示，则中子能谱表达式为

$$\phi(E) = \frac{\lambda \sigma_{p,r} + \sigma_0}{\sigma_{a,r}(E) + \lambda \sigma_{p,r} + \sigma_0} \frac{1}{E} \tag{7-15}$$

窄共振近似和宽共振近似对应中间近似因子分别为 1 和 0 的情况。

需要指出的是，窄共振近似、宽共振近似及中间共振近似给出了中子能谱的解析解，但在实际反应堆物理计算中，许多组件程序所使用的多群数据库中预存了不同背景截面和温度对应的共振积分，一般是由超细群慢化方程求解得到的。超细群慢化方程所求解的中子能谱，相对于窄共振近似和宽共振近似精度更高，而且能够精确地计算那些处在中间宽度的共振峰处的中子能谱。

然而，窄共振近似、宽共振近似及中间共振近似的理论推导过程，仍然具有重要的意义。尽管这三种近似推导的中子能谱表达式没有直接用于有效共振自屏截面的归并，但这些近似是后续等价理论和子群方法的基础。

### 7.1.2 非均匀系统的渐近能谱

在一个典型的由燃料与慢化剂构成的非均匀系统中，必须考虑中子在不同材料区间的输运过程。

首先，基于轻水堆的常见几何结构，考虑这样一个简单的孤立两区系统，即一根孤立的燃料棒 ($f$) 由慢化剂区 ($m$) 包围。假设慢化剂区足够大，中子飞出燃料棒后的第一次碰撞一定发生在慢化剂区。与均匀系统类似，可得到非均匀性系统中子慢化方程：

$$\Sigma_{\mathrm{t},f}(E)\phi_f(E)V_f = P_{f\to f}(E)V_f\int_0^\infty \Sigma_{\mathrm{s},f}(E'\to E)\phi_f(E')\mathrm{d}E'$$
$$+ P_{m\to f}(E)V_m\int_0^\infty \Sigma_{\mathrm{s},m}(E'\to E)\phi_m(E')\mathrm{d}E' \tag{7-16}$$

式中，$\Sigma_{\mathrm{t},f}(E)$ 为燃料区的宏观总截面；$\phi_f(E)$、$\phi_m(E')$ 分别为燃料区和慢化剂区的中子能谱；$P_{f\to f}(E)$、$P_{m\to f}$ 分别为燃料区-燃料区和慢化剂区-燃料区的中子碰撞概率；$\Sigma_{\mathrm{s},f}(E'\to E)$、$\Sigma_{\mathrm{s},m}(E'\to E)$ 分别为燃料区和慢化剂区的宏观散射截面；$V_f$、$V_m$ 分别为燃料区和慢化剂区的体积。

这里中子碰撞概率是指中子在某区均匀产生，飞行至另一区发生首次碰撞的概率，所以又称中子首次飞行碰撞概率。与均匀系统类似，假设中子为各向同性，并且中子慢化的主要机制是弹性散射，不考虑上散射，则可以进一步变形为

$$\Sigma_{\mathrm{t},f}(E)\phi_f(E)V_f = P_{f\to f}(E)V_f\sum_{k\in f}\int_E^{E/\alpha_k}\frac{1}{1-\alpha_k}\frac{N_k\sigma_{\mathrm{es},k}(E')\phi_f(E')}{E'}\mathrm{d}E'$$
$$+ P_{m\to f}(E)V_m\sum_{k\in m}\int_E^{E/\alpha_k}\frac{1}{1-\alpha_k}\frac{N_k\sigma_{\mathrm{es},k}(E')\phi_m(E')}{E'}\mathrm{d}E' \tag{7-17}$$

式中，$k$ 是核素的编号；$\sigma_{\mathrm{es},k}$ 是核素 $k$ 的弹性散射截面。

参照均匀系统的窄共振近似理论，又可以进一步简化为

$$\Sigma_{\mathrm{t},f}(E)\phi_f(E)V_f = \frac{1}{E}P_{f\to f}(E)V_f\Sigma_{\mathrm{p},f} + \frac{1}{E}P_{m\to f}(E)V_m\Sigma_{\mathrm{p},m} \tag{7-18}$$

式中，$\Sigma_{\mathrm{p},f}(E)$，$\Sigma_{\mathrm{p},m}(E)$ 分别为燃料区和慢化剂区的宏观势散射截面。

燃料区均匀产生的中子，在燃料区和慢化剂区发生碰撞概率之和为 1。在由燃料区和慢化剂区构成的孤立系统中，则有

$$P_{f\to f}(E) = 1 - P_{f\to m}(E) \tag{7-19}$$

式(7-18)进一步转化为

$$\Sigma_{\mathrm{t},f}(E)\phi_f(E)V_f = \frac{1}{E}\left\{\left[1-P_{f\to m}(E)\right]V_f\Sigma_{\mathrm{p},f} + P_{m\to f}(E)V_m\Sigma_{\mathrm{p},m}\right\} \tag{7-20}$$

在式(7-20)中，应用互易定理：

$$P_{f\to m}(E)V_f\Sigma_{\mathrm{t},f}(E) = P_{m\to f}(E)V_m\Sigma_{\mathrm{p},m} \tag{7-21}$$

式中，假设慢化剂的总截面和势散射截面均与能量无关。

互易定理反映了燃料区与慢化剂区的中子平衡，具体的证明可见文献[1]。可以通过式(7-22)来理解互易定理：

$$\frac{P_{m\to f}(E)}{V_f \Sigma_{t,f}(E)} = \frac{P_{f\to m}(E)}{V_m \Sigma_{p,m}(E)} \tag{7-22}$$

$P_{m\to f}$ 是慢化剂区均匀产生的中子在燃料区发生首次碰撞的概率，其与慢化剂至燃料间的衰减、燃料体积及燃料的总截面成正比。那么，$P_{m\to f}(E)\big/\big[V_f\Sigma_{t,f}(E)\big]$ 以及 $P_{f\to m}(E)\big/\big[V_m\Sigma_{p,m}(E)\big]$ 则分别为慢化剂区和燃料区之间相反的衰减过程。由于两点之间中子强度的衰减没有特定的方向性，可以得出式(7-22)。

将式(7-22)代入式(7-20)，可以得到

$$\phi_f(E) = \frac{1}{E}\left\{\left[1 - P_{f\to m}(E)\right]\frac{\Sigma_{p,f}}{\Sigma_{t,f}(E)} + P_{f\to m}(E)\right\} \tag{7-23}$$

式(7-23)为两区非均匀系统下，燃料区的中子能谱的近似表达式。可见，只要能量相关的燃料-慢化剂中子碰撞概率 $P_{f\to m}(E)$ 已知，就可以获得非均匀性系统中燃料区能谱，进而得到非均匀系统中共振核素的有效共振自屏截面。

然而，高效计算 $P_{f\to m}(E)$ 并不是一件容易的事情。对于圆柱、球、平板等简单几何，文献[2]给出了解析的计算方法，而对于核反应堆中实际的复杂几何，往往需要通过耗时的数值计算才能得到 $P_{f\to m}(E)$。因此，$P_{f\to m}(E)$ 也需要一个近似的解析表达式来快速得到非均匀系统的能谱。而这个碰撞概率近似的解析表达式是后续等价理论方法的重要基础。

## 7.2　等价理论方法

在本书中，经典等价理论泛指在 20 世纪八九十年代广泛用于 CASMO[3]、PHOENIX[4]、LANCER[5]、APOLLO[6]等工业界组件程序中的共振计算方法。这些方法基于中子逃脱概率的两项有理近似和丹可夫因子(Dancoff factor)等理论。经典等价理论如今还在被广泛地使用，并且在工业界积累了大量的工程经验。从工程上看，等价理论凝聚了 20 世纪反应堆物理学家在有限的计算机资源条件下实现复杂栅格物理计算的技巧，也是后续共振计算方法进一步发展的基础。

本节首先基于逃脱概率有理近似和孤立系统的等价理论，对共振积分和插值过程进行阐述，然后对栅格系统的丹可夫修正进行推导和介绍。

### 7.2.1　逃脱概率有理近似

通过 7.1.2 节的推导可知，在燃料-慢化剂两区问题中，燃料区的中子能谱的近似表达式为式(7-23)。

由于燃料-慢化剂两区问题是一个孤立系统，即燃料棒或者其他形状的燃料体被无限

大的慢化剂所包围。那么，燃料区至慢化剂区的碰撞概率 $P_{f \to m}(E)$ 就等同于中子在燃料区产生，并以任意方向在不发生碰撞的条件下逃离燃料区的逃脱概率。

针对逃脱概率，可以采用有理近似：

$$P_{e}(E) = \frac{1}{\Sigma_{t,f}(E)\bar{l} + 1} \tag{7-24}$$

式中，$\bar{l}$ 为燃料区平均弦长。尽管这是一种粗略的近似，但一定程度上反映了逃脱概率的物理意义。$\Sigma_{t,f}(E)\bar{l}$ 是燃料区的平均光学长度，当光学长度很大时，中子很难逃脱出燃料区，其 $P_{e}(E)$ 趋向于零；反之，光学长度很小时，中子很容易逃脱，其 $P_{e}(E)$ 趋向于 1。

式(7-24)最早由 Weinberg 和 Wigner 在 1958 年提出，称为 Wigner 有理近似式，最早应用于著名的英国组件程序 WIMS[7]。Wigner 近似是较为粗略的，但在燃料区为"黑体"（即 $\Sigma_{t,f}(E)\bar{l} \to \infty$）或者"透明"（即 $\Sigma_{t,f}(E)\bar{l} \to 0$）状态下，Wigner 近似是准确的。由于燃料区的光学长度与黑体较为接近，Wigner 近似在早期的反应堆物理程序中取得了较为合理的结果。

在孤立系统下，式(7-23)中的 $P_{f \to m}(E)$ 即 $P_{e}(E)$，将式(7-24)代入式(7-23)得

$$\begin{aligned}
\phi_{f}(E) &= \frac{1}{E}\left\{\left[1 - \frac{1}{\Sigma_{t,f}(E)\bar{l} + 1}\right]\frac{\Sigma_{p,f}}{\Sigma_{t,f}(E)} + \frac{1}{\Sigma_{t,f}(E)\bar{l} + 1}\right\} \\
&= \frac{1}{E}\frac{\sigma_{p,r} + \left(\sigma_{0,f} + \Sigma_{e} / N_{r}\right)}{\sigma_{t,r}(E) + \left(\sigma_{0,f} + \Sigma_{e} / N_{r}\right)}
\end{aligned} \tag{7-25}$$

式中，$\Sigma_{e} = 1/\bar{l}$ 为宏观逃脱截面；$N_{r}$ 为共振核素的原子核密度；$\sigma_{p,r}$ 为共振核素的势散射截面；$\sigma_{0,f}$ 为共振核素的背景截面。

这里，逃脱截面被定义为平均弦长的倒数。与背景截面的定义类似，逃脱截面也是一个虚拟的截面，其物理意义反映了中子在燃料区的逃脱概率。

Wigner 有理近似式更为重要的意义是导出了非均匀系统与均匀系统在近似能谱上的等价关系。比较式(7-10)和式(7-25)可以发现，均匀系统和非均匀系统在窄共振近似、共振核素散射近似及有理近似的基础上，具有相似的中子能谱渐近表达式。从中子能谱渐近表达式可以看出，对于非均匀系统中的共振核素来说，相对于均匀系统，除了材料本身的背景截面外，还加入了逃脱截面。在 7.1.1 节中提到，背景截面反映了非共振核素对共振核素的慢化作用，背景截面越小，中子能谱下陷越大，反之，中子能谱下陷越小。而在非均匀系统中，慢化作用除了来自于材料中本身的非共振核素，还有一部分来自外部的慢化剂区的作用。逃脱截面越大，平均弦长越小，中子越容易逃离燃料区，则有更大的概率在慢化剂中发生首次碰撞，共振区的能谱受到外接慢化剂的影响越大，从而逃

脱截面越小，平均弦长越大，中子越不可能逃离共振区，那么极限情况下，中子能谱将与均匀系统中的能谱一样，只受材料本身非共振核素的影响。从非均匀系统中子能谱渐近表达式来看，非均匀系统的中子能谱总是可以用对应的均匀系统的中子能谱来等效，而决定这个对应的均匀系统的关键参数就是背景截面，也就是非均匀系统的背景截面加上逃脱截面。此时，可以认为统一了背景截面的均匀系统和非均匀系统是等价的。本书中，为了统一背景截面的概念，对于非均匀系统，材料中背景截面和逃脱截面的加和统称为非均匀系统的背景截面。

综上所述，可以总结窄共振近似下的背景截面表达式为

对于均匀系统：

$$\sigma_{0,r} = \sum_{k \neq r} N_k \sigma_{p,k} / N_r = \sum_{k \neq r} N_k \sigma_{s,k} / N_r \tag{7-26}$$

对于非均匀系统：

$$\sigma_{0,r} = \sigma_{0,f} + \Sigma_e / N_r = \sum_{k \neq r} N_k \sigma_{s,k} / N_r + \Sigma_e / N_r \tag{7-27}$$

简言之，非均匀性对于中子能谱的作用，可以通过这个假想的逃脱截面来量化，而这个作用与均匀系统中背景截面的效果是一样的。

根据式 (7-15)，均匀系统共振核素 $x$ 反应道的有效自屏截面可以写成背景截面的函数

$$\sigma_{x,r,g}(\sigma_0) = \frac{\int_{\Delta E_g} \sigma_{x,r}(E) \dfrac{\lambda \sigma_{p,r} + \sigma_0}{\sigma_{a,r}(E) + \lambda \sigma_{p,r} + \sigma_0} \dfrac{1}{E} dE}{\int_{\Delta E_g} \dfrac{\lambda \sigma_{p,r} + \sigma_0}{\sigma_{a,r}(E) + \lambda \sigma_{p,r} + \sigma_0} \dfrac{1}{E} dE} \tag{7-28}$$

同时，$x$ 反应道的截面 $\sigma_{x,r}(E)$ 与温度相关。因此，对于均匀系统，可以在数据库中建立背景截面和温度的二维插值表，而插值的对象是共振核素的有效共振自屏截面。任意一个均匀系统，通过计算当前共振核素的背景截面，都可以通过插值方法快速得到共振自屏截面。而等价理论的意义在于，对于任何一个非均匀系统，只要能够衡量材料本身的背景截面及非均匀系统中燃料区的逃脱截面，通过它们的加和，也可以进入数据库中的有效共振自屏截面插值表来寻找对应的均匀系统。而对应的均匀系统的有效共振自屏截面，根据等价理论，即等于非均匀系统中共振核素的有效共振自屏截面。等价理论大大简化了反应堆中多种多样的非均匀性系统的共振计算过程，因为每一种特定的燃料和慢化剂几何都可以通过计算逃脱截面，在核数据库中找到等价的均匀问题。在反应堆物理计算的早期，计算机的效率较低，等价理论为栅格物理计算程序中的共振处理节省了大量的计算时间。

如前文所述，Wigner 有理近似较为粗略，在最早的组件程序 WIMS 中，为了修正

Wigner 有理近似引入的误差使用了 BELL 因子。在实际的反应堆物理计算中，一般针对压水堆问题的燃料棒的实际情况，根据经验将 BELL 因子设定为 1.1～1.4。BELL 因子仍是一种经验性质的修正，适用性较为局限。

Wigner 单项有理近似及 BELL 因子都是较为粗略的近似，而在反应堆物理的发展中，还出现了其他形式的有理近似式。这些有理近似式方法在工程用栅格物理计算程序中得到了广泛的应用。

在工业版组件程序中，曾经最为广泛使用的多项有理近似式是 Carlvik 在 1967 年提出的一维圆柱的二项有理近似式[1]：

$$P_e(E) = 2\frac{2}{\Sigma_{t,f}(E)\overline{l} + 2} - \frac{3}{\Sigma_{t,f}(E)\overline{l} + 3} \tag{7-29}$$

对于一维平板，Roman 也提出了另一种近似式[1]：

$$P_e(E) = 1.1\frac{1.4}{\Sigma_{t,f}(E)\overline{l} + 1.4} - 0.1\frac{5.4}{\Sigma_{t,f}(E)\overline{l} + 5.4} \tag{7-30}$$

加拿大蒙特利尔大学的组件程序 DRAGON 中使用了三项有理近似式[8]：

$$P_e(E) = \sum_{n=1}^{3}\frac{\alpha_n}{\Sigma(E) + \Sigma_{e,n}} \tag{7-31}$$

式中，系数 $\alpha_n$ 和 $\Sigma_{e,n}$ 并非经验指定的，而是问题相关的。提高有理近似的项数，可以提高逃脱概率的拟合精度。图 7-6 给出了圆柱几何中各种有理近似和基准逃脱概率的比较。图 7-7 给出了对应的逃脱概率误差。可以看出，单项有理近似的逃脱概率精度最差，BELL 因子可以进行比较好的修正，而二项有理近似和三项有理近似已经逐渐逼近逃脱概率的基准解。

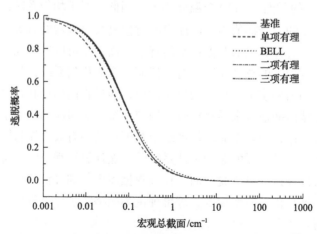

图 7-6　圆柱几何中各种有理近似和基准逃脱概率的比较

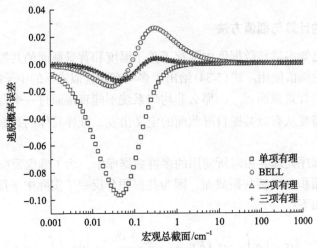

图 7-7　各项近似的逃脱概率误差

当对逃脱概率应用多项有理近似后

$$P_e(E) = \sum_{n=1}^{N} \frac{b_n a_n}{\Sigma_{t,f}(E)\bar{\bar{l}} + a_n} \tag{7-32}$$

多项有理近似式中的系数 $a_n$ 和 $b_n$ 具有以下特殊的性质。首先，当光学长度 $\Sigma_{t,f}(E)\bar{l}$ 很小时，逃脱概率趋近于 1，则有

$$\sum_{n=1}^{N} b_n = 1 \tag{7-33}$$

式 (7-32) 代入式 (7-23) 后，可得到

$$
\begin{aligned}
\phi_f(E) &= \frac{1}{E} \sum_{n=1}^{N} b_n \frac{\Sigma_{p,f} + a_n / \bar{l}}{\Sigma_{t,f}(E) + a_n / \bar{l}} \\
&= \frac{1}{E} \sum_{n=1}^{N} b_n \frac{\sigma_{p,r} + [\sigma_{0,f} + a_n / (\bar{l} N_r)]}{\sigma_{t,r}(E) + [\sigma_{0,f} + a_n / (\bar{l} N_r)]} \\
&= \frac{1}{E} \sum_{n=1}^{N} b_n \frac{\sigma_{p,r} + \sigma_{0,n}}{\sigma_{t,r}(E) + \sigma_{0,n}}
\end{aligned} \tag{7-34}
$$

式中

$$\sigma_{0,n} = \sigma_{0,f} + a_n / (\bar{l} N_r) \tag{7-35}$$

可以看出，最终多项有理近似下的中子能谱渐近表达式仍然可以用均匀问题的中子能谱计算，通过对不同均匀问题的中子能谱求权重得到。不同均匀问题的背景截面由 $a_n$ 决定，而权重系数由 $b_n$ 决定。这也决定了多项有理近似系数的限制，$a_n$ 作为背景截面构成必须大于 0，而权重系数 $b_n$ 的和为 1。

### 7.2.2 共振截面的计算与插值方法

在前文中，已知多群核数据库中预存了关于温度和背景截面的共振截面表或共振积分表，供等价理论插值使用。式(7-34)给出了多项有理近似式下的中子能谱渐近表达式，可以看到存在多个背景截面 $\sigma_{0,n}$，那么非均匀系统不能直接通过一个背景截面与均匀系统等价。所以，需要从有效共振自屏截面的定义出发，推导具体的共振截面或共振积分插值方法。

在许多组件程序处理共振时所使用的多群数据库中，为了确保反应率守恒，其二维插值表往往用共振积分代替共振截面，因为共振积分反映了实际中子反应率。$x$ 反应的共振积分的定义如下：

$$I_{g,x}\left(\sigma_{0,n}\right)=\int_{\Delta E_g}\sigma_x(E)\left[\frac{1}{E}\frac{\sigma_{\mathrm{p},r}+\sigma_{0,n}}{\sigma_{\mathrm{t},r}(E)+\sigma_{0,n}}\right]\mathrm{d}E\Bigg/\int_{\Delta E_g}\frac{1}{E}\mathrm{d}E \tag{7-36}$$

从式(7-36)出发，可以推导得到

$$
\begin{aligned}
\sigma_{g,x} &= \frac{\displaystyle\int_{E_g}^{E_{g-1}}\mathrm{d}E\,\sigma_x(E)\frac{1}{E}\sum_{n=1}^{N}b_n\frac{\sigma_{\mathrm{p},r}+\sigma_{0,n}}{\sigma_{\mathrm{t},r}(E)+\sigma_{0,n}}}{\displaystyle\int_{E_g}^{E_{g-1}}\mathrm{d}E\frac{1}{E}\sum_{n=1}^{N}b_n\frac{\sigma_{\mathrm{p},r}+\sigma_{0,n}}{\sigma_{\mathrm{t},r}(E)+\sigma_{0,n}}} \\[2mm]
&= \frac{\displaystyle\int_{E_g}^{E_{g-1}}\mathrm{d}E\,\sigma_x(E)\frac{1}{E}\sum_{n=1}^{N}b_n\frac{\sigma_{\mathrm{p},r}+\sigma_{0,n}}{\sigma_{\mathrm{t},r}(E)+\sigma_{0,n}}\Big/\int_{\Delta E_g}\mathrm{d}E}{\displaystyle\int_{E_g}^{E_{g-1}}\mathrm{d}E\frac{1}{E}\sum_{n=1}^{N}b_n\frac{\sigma_{\mathrm{t},r}(E)+\sigma_{0,n}-\sigma_{\mathrm{a},r}(E)}{\sigma_{\mathrm{t},r}(E)+\sigma_{0,n}}\Big/\int_{\Delta E_g}\mathrm{d}E} \\[2mm]
&= \frac{\displaystyle\sum_{n=1}^{N}b_n I_{g,x}\left(\sigma_{0,n}\right)}{1-\displaystyle\sum_{n=1}^{N}b_n I_{g,a}\left(\sigma_{0,n}\right)/\left(\sigma_{\mathrm{p},r}+\sigma_{0,n}\right)}
\end{aligned} \tag{7-37}
$$

从式(7-37)可以看出，对于多群核数据库中含有共振积分表的情况，分别用多项有理近似中每项的背景截面进行插值，得到每项的共振积分后，再基于式(7-37)进行权重。

式(7-37)是等价理论体系下有效共振自屏截面的计算式。在整个推导过程中，式(7-37)中所定义的近似渐近能谱计算是关键。推导过程中假定多群核数据库中预存储的共振截面也是由渐近能谱归并得到的。但是，在实际中，部分低能区的共振积分并不是根据近似渐近能谱计算的，而是根据严格求解超细群慢化方程得到精细能谱，计算出有效共振自屏截面，并反推出共振积分。在很多组件程序中，如 WIMS 程序，就是这样处理的。共振积分与有效共振自屏截面的关系：

$$I_{g,x}(\sigma_0)=\frac{(\sigma_{\mathrm{p},r}+\sigma_0)\sigma_x(\sigma_0)}{\sigma_{\mathrm{p},r}+\sigma_0+\sigma_a(\sigma_0)} \tag{7-38}$$

在产生共振积分的过程中,是先计算得到有效共振自屏截面,再反推出共振积分的。而在组件程序中,当进行共振计算时,得到背景截面以后,进行插值得到问题相关的共振积分,再通过下式计算得到有效共振自屏截面:

$$\sigma_x(\sigma_0) = \frac{I_{g,x}(\sigma_0)}{1 - \dfrac{I_{g,a}(\sigma_0)}{\sigma_{p,r} + \sigma_0}} \tag{7-39}$$

在前文多群核数据库的讨论中,共振积分与温度和背景截面构成一个二维的数据表,供等价理论使用。由于共振积分表以离散的数据构成,一般需要设定插值函数进行计算。图 7-8 给出了 $^{238}U$ 在 WIMS 程序的 69 群能群结构中第 27 群的微观吸收截面随背景截面的关系。

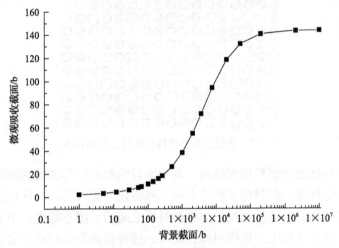

图 7-8 微观吸收截面与背景截面的关系

可以看到,背景截面的范围是很大的,通常从 10b 一直到 $10^{10}$b。在图 7-8 中,横坐标必须以对数坐标轴才能比较容易看出平滑的趋势,这就说明直接对背景截面进行线性插值是不合适的。因此,基于对数坐标的背景截面插值往往能取得更好的结果。

一般来说,在轻水堆中,由于共振核素的背景截面范围是一定的,在特定的范围内,共振积分关于 $\sqrt{\sigma_0}$ 的插值即可得到满意的精度。比如 WIMS 程序使用了关于 $\sqrt{\sigma_0}$ 的线性插值方法:

$$I(\sigma) = A + B\sqrt{\sigma_0} \tag{7-40}$$

### 7.2.3 栅格系统与丹可夫因子

栅格系统是反应堆燃料组件中最主要的非均匀几何形式。图 7-9 给出了典型压水堆燃料组件的二维横截面。一般来说,反应堆燃料的基本结构为燃料棒束,横截面是若干重复栅元组成的栅格。在前文的推导中,非均匀系统的简化模型是孤立的燃料棒被足够大的慢化剂区所包围，在这种情况下，$P_{f \to m}(E)$ 等于中子在燃料中产生并逃脱的概率。然而在栅格系统中，$P_{f \to m}(E)$ 的计算比孤立系统要复杂，因为中子逃离燃料区后，可能会继续穿越慢化剂区到达下一个燃料区。由互易定理可以理解为，进入燃料区的中子数在栅格系统中有所减少，因为慢化剂区的部分中子被其他的燃料棒所吸收，进一步造成燃料区的中子通量密度相比孤立系统要低。同时，中子从燃料区逃脱的概率减小了。

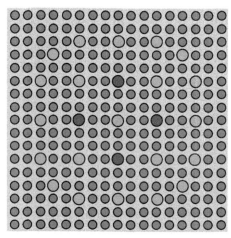

图 7-9　典型压水堆燃料组件的二维横截面

可以想象一种理想的燃料栅元结构，其中所有的燃料棒都被紧密地排列在一起。当燃料棒紧密到一定程度，燃料棒之间没有包壳和慢化剂等材料时，这种栅格结构趋近于前面章节所描述的均匀系统。相反，如果燃料棒之间的间隙非常大，中子逃脱燃料棒后很难在无碰撞条件下飞抵下一根燃料棒，此时，这种栅格系统趋近于前文所描述的孤立燃料棒被无限大慢化剂区域包围的非均匀系统。在实际反应堆中，燃料棒所处的情况应该位于两种极端情况之间。在 7.2.1 节，已经推导了以孤立燃料棒为代表的非均匀系统的渐近能谱表达式为式 (7-25)。

当 $\Sigma_e$ 为 0 时，式 (7-25) 转变为均匀系统的渐近能谱表达式。可以预见，对于反应堆实际燃料栅格中的情况，其逃脱截面一定位于 0 至 $\Sigma_e$ 之间。通过寻找栅格系统对应的 $\Sigma_e$，也可以将等价理论应用于栅格系统为代表的非均匀系统中。计算栅格系统对应的 $\Sigma_e$，是本节讨论的关键内容，而丹可夫因子的概念[9]是栅格系统等价理论的基础。

在理解规则栅格系统和丹可夫因子的概念之前，首先需要对燃料和慢化剂构成的孤立系统进行扩展。实际栅格系统中，不仅有多个燃料区和慢化剂区，这些区域的内部还存在子区。从后面的章节可知，共振自屏效应是空间相关的，所以需要知道在任意的一个栅格系统中所有区域（包括子区的）的中子能谱的情况。

图 7-10 给出了一种任意栅格系统的示意图。这种任意栅格系统可以类比实际反应堆中燃料区的非均匀分布。同时，也可以看到，燃料区中还包含了燃料子区。这里，我们关注一个共振区 $F$ 的子区域包含的共振核素 $r$ 的共振自屏截面。首先，需要进行如下几

个假设：

(1) 共振区中的材料只包含一种共振核素 $r$ 与其他若干种非共振核素。

(2) 所有共振区中的材料是均匀分布的。

首先，我们关注共振区 $F$ 的子区域包含的共振核素 $r$ 的共振自屏截面。在系统中，还存在其他包含共振核素 $r$ 的共振区，定义为 $F'$。其他所有未包含共振核素 $r$ 的非共振区的集合，定义为 $M$。

定义共振区 $F$ 中的子区为 $i$，那么积分中子输运方程表达式为

$$\Sigma_i(E)\phi_i(E)V_i = \sum_{j\in F} P_{j\to i}(E)S_j(E)V_j \\ + \sum_{k\in F'} P_{k\to i}(E)S_k(E)V_k + \sum_{m\in M} P_{m\to i}(E)S_m(E)V_m \tag{7-41}$$

式中，$P_{a\to i}(E)$ 为在 $a$（$a$ 代表 $k$ 或 $j$ 或 $m$）区产生的能量为 $E$ 的中子在 $i$ 区发生首次碰撞的概率；$V_a$ 为子区 $a$ 的体积；$S_a(E)$ 为子区 $a$ 在能量 $E$ 处的慢化源强。

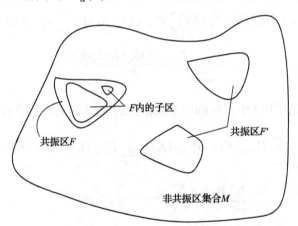

图 7-10　任意栅格系统中共振区、非共振区与共振子区

假设共振能量段范围内，散射作用主要来自于弹性散射，则 $S_a(E)$ 可以写成

$$S_a(E) = \sum_{k\in A} \frac{1}{1-\alpha_k} \int_E^{E/\alpha_k} \Sigma_k \phi_a(E') \frac{\mathrm{d}E'}{E'} \tag{7-42}$$

式中，$k$ 为 $a$ 区核素编号。

式 (7-41) 右端第一项为共振区 $F$ 内部的所有区域对 $i$ 区的反应率贡献，第二项为其他共振区集合 $F'$ 对 $i$ 区的反应率贡献，而第三项为非共振区集合 $M$ 对 $i$ 区的反应率贡献。与 7.1.2 节的推导类似，应用互易定理：

$$\Sigma_i V_i P_{i\to j} = \Sigma_j V_j P_{j\to i}, \quad \Sigma_i V_i P_{i\to m} = \Sigma_m V_m P_{m\to i}, \quad \Sigma_i V_i P_{i\to k} = \Sigma_k V_k P_{k\to i} \tag{7-43}$$

式 (7-41) 重写为

$$\Sigma_i(E)\phi_i(E) = \sum_{j\in F}\frac{P_{i\to j}S_j(E)\Sigma_i(E)}{\Sigma_j(E)} + \sum_{k\in F'}\frac{P_{i\to k}S_k(E)\Sigma_i(E)}{\Sigma_k(E)} \\ + \sum_{m\in M}\frac{P_{i\to m}S_m(E)\Sigma_i(E)}{\Sigma_m(E)} \tag{7-44}$$

根据假设(2)，所有共振区的宏观总截面一致：

$$\Sigma_k(E) = \Sigma_j(E) = \Sigma_{t,F}(E) \tag{7-45}$$

同时，认为所有共振区的散射为平源分布，且等于所有共振区的平均散射源，这样，所有共振区的子区源强相同：

$$S_k = S_j = S_F \tag{7-46}$$

则式(7-44)为

$$\Sigma_i(E)\phi_i(E) = S_F(E)\sum_{j\in F}P_{i\to j}(E) + S_F(E)\sum_{k\in F'}P_{i\to k}(E) \\ + \sum_{m\in M}\frac{P_{i\to m}(E)S_m(E)\Sigma_i(E)}{\Sigma_m} \tag{7-47}$$

式中，$\sum_{j\in F}P_{i\to j}(E)$ 是子区 $i$ 中产生的中子未能逃脱 $F$ 区的概率，直接写为 $P_{i\to F}(E)$。同理，定义 $P_{i\to M}(E) = \sum_{m\in M}P_{i\to m}(E)$，$P_{i\to F'}(E) = \sum_{k\in F'}P_{i\to k}(E)$，且三者的概率之和为 1：

$$\sum_{j\in F}P_{i\to j} + \sum_{k\in F'}P_{i\to k} + \sum_{m\in M}P_{i\to m} = 1 \tag{7-48}$$

将其代入式(7-47)得

$$\Sigma_i(E)\phi_i(E) = S_F(E) - S_F(E)P_{i\to M} + \sum_{m\in M}\frac{P_{i\to m}S_m(E)\Sigma_i(E)}{\Sigma_m} \tag{7-49}$$

对于非共振区的散射源 $S_m(E)$，根据 $1/E$ 谱，式(7-49)进一步简化为

$$\Sigma_i(E)\phi_i(E) = S_F(E) + P_{i\to M}\left[\Sigma_i(E)\frac{1}{E} - S_F(E)\right] \tag{7-50}$$

同时，对共振区的散射源应用窄共振近似：

$$S_F(E) = \frac{\Sigma_{p,i}}{E} \tag{7-51}$$

式(7-50)进一步转换为

$$\phi_i(E) = \frac{1}{E}\left[(1 - P_{i \to M})\frac{\Sigma_{\mathrm{p},i}}{\Sigma_i(E)} + P_{i \to M}\right] \tag{7-52}$$

只要能得到 $P_{i \to M}$ 的有理近似式，那么式(7-52)代表的共振区的子区同样可以应用等价理论。

这里，通过追踪中子飞行径迹，可以定义一种特殊的条件概率 $C_i$，即中子在 $i$ 区产生，逃离 $F$ 区后，下一次碰撞在 $F'$ 区发生碰撞的概率，则有

$$P_{i \to F'} = (1 - P_{i \to F})C_i \tag{7-53}$$

$$P_{i \to M} = (1 - P_{i \to F})(1 - C_i) \tag{7-54}$$

可以看到，由于 $P_{i \to F}$ 只与共振区自身有关，而 $P_{i \to M}$ 与共振区所处的几何环境有关。通过定义条件概率 $C_i$，即可计算得到 $P_{i \to M}$。而条件概率 $C_i$ 只与非共振区 $M$ 的总截面有关，而 $M$ 区的总截面是能量无关的，条件概率 $C_i$ 近似为一个常量。这样，通过一个与共振区几何环境相关的常量 $C_i$，结合 $P_{i \to F}$（往往 $P_{i \to F}$ 有固定的有理近似表达式），即可实现任意栅格系统中 $i$ 区与均匀系统的等价关系。

接着，我们关注一种理想的反应堆燃料组件栅格系统，即无限栅格系统。这种栅格系统由无限多个燃料棒栅元重复构成。比如，对于包含正方形栅格的压水堆燃料组件，如图 7-11 所示，假设其中的燃料棒栅元的边界条件为全反射边界条件，那么这就是一个无限栅格系统。

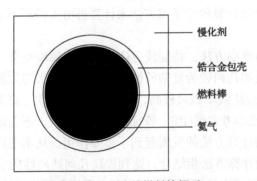

慢化剂

锆合金包壳

燃料棒

氦气

图 7-11　压水堆燃料棒栅元

相对于由燃料和慢化剂构成的孤立两区系统，无限栅格系统包含更多的区域。对于孤立的两区系统，中子从燃料区产生，在慢化剂区发生碰撞的概率与中子逃脱燃料区的概率相同，可以近似表示为有理近似式，从而推导得到了与均匀系统的等价关系。式(7-54)表明，栅格系统也可以表达成类似的等价关系，只要获知 $P_{i \to M}$ 的有理近似即可。

在栅格系统中，$P_{i \to M}$ 相对于逃脱概率是降低了，因为中子逃脱后还有可能进入 $F'$ 区域。同时，根据互易定理，也可以理解为从慢化剂区进入特定燃料区的中子数降低了，因为部分中子被"其他"燃料吸收了。可以认为"其他"燃料区对我们所关注的燃料区产生"荫蔽"效应。

可以通过孤立系统和栅格系统中进入燃料区的中子流来定义丹可夫修正因子:

$$C = \frac{I_0 - I}{I_0} \tag{7-55}$$

式中,$I_0$ 为在孤立系统中进入指定燃料区的中子;$I$ 为栅格系统中进入指定燃料区的中子。

当丹可夫修正因子 $C$ 分别等于 0 和 1 时,分别代表了指定燃料区被孤立和被其他燃料区完全包围的两种极端情况。同时,从式(7-54)能明显看出,丹可夫修正因子 $C$ 在物理上也代表了指定燃料区逃脱概率在栅格系统中的衰减,这与上文中 $C_i$ 的定义是一致的。

从丹可夫修正因子的定义可知,丹可夫修正因子实际上也是一种中子碰撞概率。

在经典等价理论中,如果将燃料近似为黑体,即燃料的宏观总截面无限大,可以通过计算 $P_{f \to m}(E)$ 获得 $C$。这也是一些经典的栅格物理计算程序中常用的方法,即给燃料区设置一个很大的截面(一般为 $10^5 b$),然后通过栅格物理计算程序中的碰撞概率求解程序计算 $P_{f \to m}(E)$(碰撞概率求解程序往往是积分输运方法的一部分,是栅格物理计算程序中输运计算的组成部分),进而获得 $C$。

当然,对于燃料组件中含有水洞的情况,碰撞概率的求解是较为困难的,此时可以采用一些近似方法。比如在 CASMO 程序中,可以通过判断燃料棒周边的情况直接给出经验性质的丹可夫修正因子。

现代反应堆物理计算程序广泛地采用了特征线方法(method of characteristics,MOC)[10],可以采用基于 MOC 输运计算的中子流方法来计算丹可夫修正因子,如日本的栅格物理计算程序 AEGIS[11]。

相较于传统的碰撞概率方法,特征线方法主要用于解决复杂几何燃料组件的输运计算问题。对于规模较大和几何较为复杂的燃料组件问题,采用数值方法求解碰撞概率的计算消耗较大,而特征线法效率相对较高,且几何适应性较强。有关特征线方法的内容,可以参考本书第 4 章或参考文献[10]。特征线方法的出现,不仅增强了中子输运计算的几何适应性,也对共振计算方法的发展起到了重要作用。从本书后面的章节可知,特征线方法可以与其他共振计算方法相结合,达到提高几何适应性的效果。

由式(7-55)可知,丹可夫修正因子可以由孤立系统和栅格系统中的中子流进行计算。$I_0$ 和 $I$ 分别为孤立系统和栅格系统中进入燃料棒的中子流。在黑体假设下,$I_0$、$I$ 与燃料内部的中子源强近似无关,因为燃料内部产生的中子几乎不可能逃脱燃料区。因此,可以认为燃料区无中子源,这就使得进入燃料区的中子与中子通量密度成正比,使得式(7-55)转换为

$$C = \frac{I_0 - I}{I_0} = \frac{\phi_0 - \phi}{\phi_0} \tag{7-56}$$

式中,$\phi_0$ 为指定燃料区在孤立系统中的中子通量密度;$\phi$ 为指定燃料区在栅格系统中的

中子通量密度。栅格物理计算中，利用中子输运计算程序就可以得到燃料区的中子通量密度，因此根据式(7-56)可以直接计算丹可夫修正因子。

在程序设计流程上，可以采用下列步骤：

(1)除燃料区以外，系统中所有区域的宏观总截面在数值上设定为各个区域的宏观势散射截面。但是在输运计算中，设定总截面中的散射截面份额为 0，即所有的非燃料区为纯吸收。

(2)除了燃料区以外，所有区域的源强在数值上设定为宏观势散射截面。

(3)将燃料区的总截面设为一个极大值，一般设定为 $10^5 \text{cm}^{-1}$，同样为纯吸收，无散射截面，而燃料区的源强设定为 0。

(4)首先对孤立系统，一般为燃料组件中的典型燃料棒，进行一次单群的固定源输运计算。

(5)对实际栅格系统(包括有水洞的情况)，再进行一次单群固定源输运计算。

(6)基于第(4)步和第(5)步的中子通量密度计算结果，使用式(7-56)进行丹可夫修正因子的计算。

基于上述流程的丹可夫修正因子计算方法，不仅可以用于常规的压水堆组件，对于几何结构较为复杂的沸水堆组件，通过特征线输运方法作为固定源输运计算的求解器，也可实现丹可夫修正因子的计算。

## 7.3 子 群 方 法

在连续能量核数据库中，对于共振截面密集交叠的不可分辨共振能量段的截面无法清晰刻画，往往采用概率表方法进行表示。概率表方法最早被应用于蒙特卡罗方法中，如国际著名的蒙特卡罗程序 MCNP[12]。子群方法[13]与概率表方法属于同一类方法，其基本思想是利用概率密度描述剧烈波动的核反应截面信息。据此，在某一共振能量段内剧烈波动的核反应截面可以通过选用合理的截面点值与相应出现概率来表示。子群方法可利用现有数据库中提供的共振能群在不同背景截面下的截面信息，进行子群参数的计算，从而得到子群截面及子群概率，并利用子群输运方程在形式上与多群中子输运方程一样的特点，将共振计算转化为输运计算，从而可将输运计算强大的几何处理能力拓展到共振计算，实现复杂几何、复杂共振区和复杂材料组分问题的共振自屏计算。

子群和概率表方法在多群中子输运的共振自屏计算中具有以下优势：对现有数据库和现有中子输运方法适用性强；具有多共振区、多种共振材料问题计算能力；摆脱了共振计算中先无限栅元再修正的两步法的局限，可以实现一步法组件计算，将共振计算和输运计算合二为一。

概率表和子群方法已被广泛应用于 APOLLO II[6]、WIMS[7]、Bamboo-Lattice[14]和 HELIOS[15]等组件程序，以及 NECP-X[16]、De CART[17]和 MPACT[18]等高保真中子学计算

程序中。

### 7.3.1 子群的物理意义

子群方法中将共振能群截面随能量剧烈的变化用子群参数(包括子群截面和子群概率)进行描述刻画。早期求解子群参数是利用评价数据库中数以万计的点截面进行描点刻画的,如图 7-12 所示,将共振截面从最小值到最大值划分为子群,通过统计落在各个子群内截面的数目得到子群总截面和分截面的关联概率表。一个子群内的截面变化很小,因此一个子群内能谱的变化幅度将远小于一个能群内能谱的变化幅度。为描述共振峰和对应的能谱,超细群方法需要极其细致的能群结构,子群方法需要的子群数很少,因此子群方法在计算效率上比超细群方法具有较大的优势。

图 7-12 定义的子群物理意义清晰,根据这种定义进行共振自屏计算的方法称为直接子群方法。对于直接子群方法,如果要获得较高的计算精度,不能简单地采用描点方法计算子群截面,而是应该根据反应率守恒的原理,采用能谱归并点截面获得子群截面。这样获得的子群截面就与具体问题的背景截面相关,而背景截面又需要通过子群方法计算得到。因此,直接子群方法就需要进行迭代计算,导致计算效率较低。

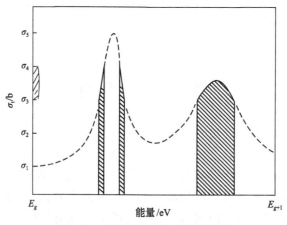

图 7-12 直接子群方法的子群划分

为了解决直接子群方法面临的问题,国际上提出了数学概率表和物理概率表方法。这两种方法没有明确的子群划分,而是直接采用概率表描述共振峰。其中数学概率表方法利用矩守恒方法求解子群参数,通过利用不同阶数截面矩的守恒关系,获得与背景截面无关、适用范围更广的子群参数。物理概率表通过拟合不同背景截面下的共振积分或多群截面得到,子群参数与背景截面无关,并且能够考虑中子的慢化效应。相比于数学概率表方法,物理概率表方法只需要较少的能群就能获得较高的计算精度。因此,下文的推导都基于物理概率表的思想。

### 7.3.2 子群参数的计算

将共振核素的多群微观截面写成子群离散的形式为

$$\sigma_{x,g} = \frac{\int_{\Delta u_{g,i}} \sigma_x(u)\phi(u)\mathrm{d}u}{\int_{\Delta u_{g,i}} \phi(u)\mathrm{d}u} = \frac{\sum\limits_{i=0}^{I} \sigma_{x,g,i}\phi_{g,i}}{\sum\limits_{i=0}^{I} \phi_{g,i}} \tag{7-57}$$

式中，$\sigma_{x,g,i}$ 是反应道 $x$ 的子群截面；$\phi_{g,i}$ 是子群中子通量密度；$I$ 是能群 $g$ 的子群数目。

引入共振能谱的中间近似，式(7-57)可以写为

$$\sigma_{x,g} \approx \frac{\sum\limits_{i=0}^{I} \sigma_{x,g,i} p_{g,i} \dfrac{\sigma_0}{\sigma_{\mathrm{inter},g,i} + \sigma_0}}{\sum\limits_{i=0}^{I} p_{g,i} \dfrac{\sigma_0}{\sigma_{\mathrm{inter},g,i} + \sigma_0}} \tag{7-58}$$

式中，$p_{g,i}$ 是子群概率；$\sigma_{\mathrm{inter},g,i} = \sigma_{\mathrm{a},g,i} + \lambda_g \sigma_{\mathrm{s},g,i}$ 是子群中间截面；$\sigma_{\mathrm{a},g,i}$ 是子群吸收截面；$\sigma_{\mathrm{s},g,i}$ 是子群散射截面；$\lambda_g$ 是 Goldstein-Cohen 因子。

观察式(7-58)，发现截面可以写成背景截面的函数，即 $\sigma_{x,g} = f(\sigma_0)$，其中子群参数是待定系数。因此，可以采用共振截面表中的背景截面对应共振截面进行拟合，获得与背景截面无关的子群参数，并且共振截面表中的背景截面范围是 10b 到无穷大，能覆盖绝大多数问题的背景截面，适用范围广。

下面分别计算子群中间截面、子群概率和各个分反应道子群截面。

**1. 子群中间截面的计算**

将中间截面与背景截面的函数关系表示为子群的形式为

$$\sigma_{\mathrm{inter},g}(\sigma_0) = \frac{\sum\limits_{i=1}^{I} \dfrac{\sigma_{\mathrm{inter},g,i} p_{g,i} \sigma_0}{\sigma_{\mathrm{inter},g,i} + \sigma_0}}{\sum\limits_{i=1}^{I} \dfrac{p_{g,i} \sigma_0}{\sigma_{\mathrm{inter},g,i} + \sigma_0}} \tag{7-59}$$

式(7-59)的分子分母同乘以 $\prod\limits_{i=1}^{I}(\sigma_{\mathrm{inter},g,i} + \sigma_0)$ 可得

$$\sigma_{\mathrm{inter},g}(\sigma_0) = \frac{\sum\limits_{i=1}^{I} \sigma_{\mathrm{inter},g,i} p_{g,i} \prod\limits_{j \neq i}(\sigma_{\mathrm{inter},g,j} + \sigma_0)}{\sum\limits_{i=1}^{I} p_{g,i} \prod\limits_{j \neq i}(\sigma_{\mathrm{inter},g,j} + \sigma_0)} \tag{7-60}$$

对式(7-60)采用帕德近似可得

$$\sigma_{\text{inter},g}\left(\sigma_0\right) = \frac{c_{I-1}\sigma_0^{I-1} + c_{I-2}\sigma_0^{I-2} + \cdots + c_0}{d_{I-1}\sigma_0^{I-1} + d_{I-2}\sigma_0^{I-2} + \cdots + d_0} \tag{7-61}$$

式中，$c_0, c_1, \cdots, c_{I-1}$ 为待定系数；$d_0, d_1, \cdots, d_{I-1}$ 为待定系数。

观察式 (7-60) 和式 (7-61) 分子和分母的系数可得

$$d_{I-1} = \sum_{i=1}^{I} p_i = 1 \tag{7-62}$$

$$c_{I-1} = \sum_{i=1}^{I} p_i \sigma_{\text{inter},g,i} \tag{7-63}$$

考察背景截面趋近于无穷大时中间截面的大小：

$$\lim_{\sigma_0 \to \infty} \sigma_{\text{inter},g}\left(\sigma_0\right) = \lim_{\sigma_0 \to \infty} \frac{\sum_{i=1}^{I} \dfrac{\sigma_{\text{inter},g,i} p_{g,i} \sigma_0}{\sigma_{\text{inter},g,i} + \sigma_0}}{\sum_{i=1}^{I} \dfrac{p_{g,i} \sigma_0}{\sigma_{\text{inter},g,i} + \sigma_0}} = \sum_{i=1}^{I} p_{g,i} \sigma_{\text{inter},g,i} \tag{7-64}$$

因此 $c_{I-1} = \sum_{i=1}^{I} p_i \sigma_{\text{inter},g,i} = \lim_{\sigma_0 \to \infty} \sigma_{\text{inter},g}\left(\sigma_0\right)$。

$c_0, c_1, \cdots, c_{I-2}$ 和 $d_0, d_1, \cdots, d_{I-2}$ 可以通过待定系数法得到，需要的背景截面点个数为 $2I-2$，加上趋近于无穷大的背景截面点，需要的背景截面点的总数是 $2I-1$。

将 $\sigma_0 = -\sigma_{\text{inter},g,i}$ 代入式 (7-60) 和式 (7-61) 可分别得到

$$\begin{aligned} &\sigma_{\text{inter},g}\left(-\sigma_{\text{inter},g,i}\right) \\ &= \frac{\sigma_{\text{inter},g,i} p_{g,i} \prod\limits_{j \neq i}\left(\sigma_{\text{inter},g,j} - \sigma_{\text{inter},g,i}\right)}{p_{g,i} \prod\limits_{j \neq i}\left(\sigma_{\text{inter},g,j} - \sigma_{\text{inter},g,i}\right)} = \sigma_{\text{inter},g,i} \end{aligned} \tag{7-65}$$

$$\begin{aligned} &\sigma_{\text{inter},g}\left(-\sigma_{\text{inter},g,i}\right) \\ &= \frac{c_{I-1}\left(-\sigma_{\text{inter},g,i}\right)^{I-1} + c_{I-2}\left(-\sigma_{\text{inter},g,i}\right)^{I-2} + \cdots + c_0}{d_{I-1}\left(-\sigma_{\text{inter},g,i}\right)^{I-1} + d_{I-2}\left(-\sigma_{\text{inter},g,i}\right)^{I-2} + \cdots + d_0} \end{aligned} \tag{7-66}$$

整理式 (7-65) 和式 (7-66) 可得

$$\begin{aligned} &d_{I-1}\left(-\sigma_{\text{inter},g,i}\right)^{I} + \left(d_{I-2} + c_{I-1}\right)\left(-\sigma_{\text{inter},g,i}\right)^{I-1} \\ &+ \cdots + \left(d_0 + c_1\right)\left(-\sigma_{\text{inter},g,i}\right) + c_0 = 0 \end{aligned} \tag{7-67}$$

因此 $-\sigma_{\text{inter},\text{pseudo},g,i}$ 就是一元高次方程 (7-67) 的根。

## 2. 子群概率的计算

式(7-65)和式(7-66)的分母应该相等，即

$$p_{g,i}\prod_{j\neq i}\left(\sigma_{\text{inter},g,j}-\sigma_{\text{inter},g,i}\right)$$

$$=d_{I-1}\left(-\sigma_{\text{inter},g,i}\right)^{I-1}+d_{I-2}\left(-\sigma_{\text{inter},g,i}\right)^{I-2}+\cdots+d_0 \tag{7-68}$$

因此子群概率可以采用下式计算：

$$p_{g,i}=\frac{d_{I-1}\left(-\sigma_{\text{inter},g,i}\right)^{I-1}+d_{I-2}\left(-\sigma_{\text{inter},g,i}\right)^{I-2}+\cdots+d_0}{\prod_{j\neq i}\left(\sigma_{\text{inter},g,j}-\sigma_{\text{inter},g,i}\right)} \tag{7-69}$$

## 3. 各个反应道子群截面的计算

多群输运计算需要用到的截面包括总截面、散射截面和中子产生截面，因此需要计算这些反应道的子群截面，以获得对应的有效自屏截面。反应道 $x$ 的截面都可以写成如式(7-58)所示的形式。式(7-58)的分子和分母同乘以 $\prod_{i=1}^{I}\left(\sigma_{\text{inter},g,i}+\sigma_0\right)$ 可得

$$\sigma_{x,g}\left(\sigma_0\right)=\frac{\sum_{i=1}^{I}\sigma_{x,g,i}p_{g,i}\prod_{j\neq i}\left(\sigma_{\text{inter},g,j}+\sigma_0\right)}{\sum_{i=1}^{I}p_{g,i}\prod_{j\neq i}\left(\sigma_{\text{inter},g,j}+\sigma_0\right)} \tag{7-70}$$

对式(7-70)采用帕德近似可得

$$\sigma_{x,g}\left(\sigma_0\right)=\frac{e_{I-1}\sigma_0^{I-1}+e_{I-2}\sigma_0^{I-2}+\cdots+e_0}{d_{I-1}\sigma_0^{I-1}+d_{I-2}\sigma_0^{I-2}+\cdots+d_0} \tag{7-71}$$

式中，$e_0,e_1,\cdots,e_{I-1}$ 是待定系数；$d_0,d_1,\cdots,d_{I-1}$ 已经在子群中间截面的计算过程中通过待定系数法得到。式(7-71)分子的第一项展开系数为

$$e_{I-1}=\sum_{i=1}^{I}p_{g,i}\sigma_{x,g,i} \tag{7-72}$$

考察背景截面趋近于无穷大时反应道 $x$ 截面的大小：

$$\lim_{\sigma_0\to\infty}\sigma_{x,g}\left(\sigma_0\right)=\lim_{\sigma_0\to\infty}\frac{\sum_{i=1}^{I}\dfrac{\sigma_{x,g,i}p_{g,i}\sigma_0}{\sigma_{\text{inter},g,i}+\sigma_0}}{\sum_{i=1}^{I}\dfrac{p_{g,i}\sigma_0}{\sigma_{\text{inter},g,i}+\sigma_0}}=\sum_{i=1}^{I}p_{g,i}\sigma_{x,g,i} \tag{7-73}$$

因此 $e_{I-1} = \sum_{i=1}^{I} p_{g,i}\sigma_{x,g,i} = \lim_{\sigma_0 \to \infty} \sigma_{x,g}(\sigma_0)$。

观察式(7-73)可以发现，$e_i, i = 0, I-2$ 可以很容易地通过待定系数法确定。待定系数法需要的背景截面点的个数为 $I-1$，加上趋向于无穷大的背景截面点，需要的背景截面点的总数是 $I$。

得到 $e_i, i = 0, I-1$ 之后，下面求解各反应道子群截面。

将 $\sigma_0 = -\sigma_{\text{inter},g,i}$ 代入式(7-70)和式(7-71)可得

$$\sigma_{x,g}\left(-\sigma_{\text{inter},g,i}\right) = \frac{\sum_{i=1}^{I} \sigma_{x,g,i} p_{g,i} \prod_{j \neq i}\left(\sigma_{\text{inter},g,j} - \sigma_{\text{inter},g,i}\right)}{\sum_{i=1}^{I} p_{g,i} \prod_{j \neq i}\left(\sigma_{\text{inter},g,j} - \sigma_{\text{inter},g,i}\right)} = \sigma_{x,g,i} \tag{7-74}$$

$$\sigma_{x,g}\left(-\sigma_{\text{inter},g,i}\right)$$
$$= \frac{e_{I-1}\left(-\sigma_{\text{inter},g,i}\right)^{I-1} + e_{I-2}\left(-\sigma_{\text{inter},g,i}\right)^{I-2} + \cdots + e_0}{d_{I-1}\left(-\sigma_{\text{inter},g,i}\right)^{I-1} + d_{I-2}\left(-\sigma_{\text{inter},g,i}\right)^{I-2} + \cdots + d_0} \tag{7-75}$$

式(7-74)和式(7-75)表示的是相同的物理量，因此反应道子群截面为

$$\sigma_{x,g,i} = \frac{e_{I-1}\left(-\sigma_{\text{inter},g,i}\right)^{I-1} + e_{I-2}\left(-\sigma_{\text{inter},g,i}\right)^{I-2} + \cdots + e_0}{d_{I-1}\left(-\sigma_{\text{inter},g,i}\right)^{I-1} + d_{I-2}\left(-\sigma_{\text{inter},g,i}\right)^{I-2} + \cdots + d_0} \tag{7-76}$$

#### 4. 子群数目的确定

由于在计算子群概率和子群截面的过程中并不能保证子群概率和子群截面为正值，如果出现了负的子群概率或子群截面，有可能导致后续的子群固定源方程无法求解，因此需要采取筛选机制得到正的子群概率和子群截面。

同时概率表实际上是通过式(7-58)拟合中间截面关于背景截面变化的曲线而得到的，因此不同的子群数目会对拟合的精度产生影响，进而对有效自屏截面的精度产生影响。如果子群数目太少(如两个子群)，则拟合的精度太低；如果子群的数目太多(如 10 个子群)，则会产生过拟合现象。因此，物理概率表的计算流程如下：

(1)给定最大子群数 $I_{\max}$ 和最小子群数 $I_{\min}$，根据上文所述的方法从最大子群数对应的物理概率表开始拟合。

(2)对于给定的子群数 $I$ 拟合得到对应的物理概率表，如果子群概率和所有反应道的子群截面是正的，确定子群数为 $I$；否则减少一个子群数继续拟合。

### 7.3.3　子群中子慢化方程及求解

共振能量段的范围一般是几电子伏特到 10000eV，在这个范围内，裂变中子的份额

很小。以 SHEM361 群的能群结构为例，快群的累积裂变谱接近于 1，因此中子慢化方程中的裂变源项可以忽略。在共振能量段，散射以弹性散射为主，因此可以只考虑弹性散射，同时忽略共振能量段内的上散射现象，这时中子慢化方程可以写为

$$\boldsymbol{\Omega}\nabla\phi(\boldsymbol{r},\boldsymbol{\Omega},u)+\Sigma_{\mathrm{t}}(\boldsymbol{r},u)\phi(\boldsymbol{r},\boldsymbol{\Omega},u)$$
$$=\frac{1}{4\pi}\left[\frac{1}{1-\alpha}\int_{u-\varepsilon}^{u}\mathrm{e}^{-(u-u')}\Sigma_{\mathrm{s}}(\boldsymbol{r},u')\phi(\boldsymbol{r},u')\mathrm{d}u'\right] \tag{7-77}$$

式中，$u$ 是对数能降；$\varepsilon=\ln(1/\alpha)$ 是弹性散射的最大对数能降。

下面对式(7-77)的散射源项进行化简。在窄共振近似条件下，共振峰相对于弹性散射的能量损失非常窄，共振峰的存在对散射几乎没有贡献，这种情况下散射截面可以用势弹性散射截面代替，同时散射源项中的能谱用渐近谱 $1/E$ 代替。得到窄共振近似条件下散射源项为

$$Q_{\mathrm{s}}(\boldsymbol{r},u)\approx\frac{1}{4\pi}\Sigma_{\mathrm{p}}(\boldsymbol{r}) \tag{7-78}$$

在宽共振近似条件下，共振峰相对于弹性散射的能量损失非常宽，因此在散射源项的能量积分范围内可以认为散射截面和能谱都不随能量的变化而变化。同时认为核素的质量无限大，这时 $\alpha$ 趋近于 1，散射源可以写成

$$Q_{\mathrm{s}}(\boldsymbol{r},u)\approx\frac{1}{4\pi}\Sigma_{\mathrm{s}}(\boldsymbol{r},u)\phi(\boldsymbol{r},u) \tag{7-79}$$

结合式(7-78)和式(7-79)，根据中间共振近似和子群的定义，可以得到子群中子慢化方程为

$$\boldsymbol{\Omega}\cdot\nabla\phi_{g,i}(\boldsymbol{r},\boldsymbol{\Omega})+\Sigma_{\mathrm{t},g,i}(\boldsymbol{r})\phi_{g,i}(\boldsymbol{r},\boldsymbol{\Omega})$$
$$=\frac{1}{4\pi}\left[\lambda_{g}\Sigma_{\mathrm{p},g}(\boldsymbol{r})+(1-\lambda_{g})\Sigma_{\mathrm{s},g,i}(\boldsymbol{r})\phi_{g,i}(\boldsymbol{r})\right] \tag{7-80}$$

式中，$\Sigma_{\mathrm{t},g,i}(\boldsymbol{r})$ 是子群宏观总截面；$\Sigma_{\mathrm{s},g,i}(\boldsymbol{r})$ 是子群宏观散射截面。对于只有一个共振核素的情况，子群宏观截面可以写为

$$\Sigma_{x,g,i}(\boldsymbol{r})=N_{\mathrm{RES}}(\boldsymbol{r})\sigma_{x,g,i}+\sum_{k\neq\mathrm{RES}}N_{k}(\boldsymbol{r})\sigma_{x,k,g} \tag{7-81}$$

式中，下标 RES 表示共振核素的编号；$k$ 是核素编号；$\sigma_{x,g,i}$ 是共振核素反应道 $x$ 的子群截面；$\sigma_{x,k,g}$ 是核素 $k$ 反应道 $x$ 的截面，通过对核数据库中的截面进行温度插值得到。

如果有多个共振核素，则子群方法难以处理，是目前子群方法研究中的热点问题之一，将在 7.3.4 节中介绍最新的方法。

式(7-80)的形式与多群固定源方程的形式一致，因此可以采用成熟的多群输运求解器进行求解。求解式(7-80)获得子群中子通量密度，然后通过下式获得有效自屏截面：

$$\sigma_{x,g}(\boldsymbol{r}) = \frac{\displaystyle\sum_{i=1}^{I}\sigma_{x,g,i}\phi_{g,i}(\boldsymbol{r})}{\displaystyle\sum_{i=1}^{I}\phi_{g,i}(\boldsymbol{r})} \tag{7-82}$$

对于无限均匀介质，式(7-80)的解可以写为 $\phi_{g,i}=\dfrac{\sigma_0}{\sigma_{\text{inter},g,i}+\sigma_0}$，代入式(7-82)，可以获得式(7-58)。因此，采用物理概率表和子群慢化方程对无限均匀介质进行共振自屏计算，获得的有效自屏截面与参考结果(共振截面表中对应背景截面的截面值)相比，偏差与物理概率表拟合误差相当，这就是物理概率表与子群中子慢化方程的一致性。

### 7.3.4  子群方法中共振干涉效应的处理

子群方法在计算概率表和推导子群慢化方程时都假设介质中只存在一个共振核素，其他共振核素都认为是非共振核素。这种假设没有考虑存在多个共振核素的情况下，其他共振核素的共振峰会对能谱产生影响，进而对所考虑的共振核素的有效自屏截面产生影响。这种只考虑一个共振核素的情况与实际情况的偏差被称为共振干涉效应。

共振干涉效应的处理方法有 Bondarenko[19] 和共振干涉因子[19] 等方法。这两种方法的思想都不局限于子群方法，也能够用于等价理论方法。

根据 7.3.2 节所述方法，通过对共振核素的共振截面表进行拟合得到该共振核素的物理概率表。每个共振核素的子群概率都不相同，记为 $p_{k,g,i}$，子群截面记为 $\sigma_{x,k,g,i}$。下面分别介绍 Bondarenko 和共振干涉因子方法。

#### 1. Bondarenko 迭代方法

Bondarenko 迭代方法又称本底迭代方法，该方法在计算一个共振核素时假设其他共振核素的截面都不随能量的变化而变化，然后通过迭代考虑共振干涉效应，其迭代步骤如下。

(1)对当前计算的共振核素 $c$，子群宏观截面采用下式计算：

$$\Sigma_{x,g,i}^{(s)}(\boldsymbol{r}) = N_c(\boldsymbol{r})\sigma_{x,c,g,i} + \sum_{k\in\mathbf{R},k\neq c}N_k(\boldsymbol{r})\sigma_{x,k,g}^{(s-1)}(\boldsymbol{r}) + \sum_{k\notin\mathbf{R}}N_k(\boldsymbol{r})\sigma_{x,k,g} \tag{7-83}$$

式中，$s$ 是迭代的次数；$\sigma_{x,k,g}^{(s-1)}(\boldsymbol{r})$ 是第 $s-1$ 次迭代计算得到的有效自屏截面；$\mathbf{R}$ 是共振核素的合集；$\sigma_{x,c,g,i}(\boldsymbol{r})$ 是核素 $c$ 在第 $g$ 群第 $i$ 子群的子群截面。

(2)将子群宏观截面代入式(7-80)，得到子群中子通量密度，然后更新有效自屏截面：

$$\sigma_{x,c,g}^{(s)}(\boldsymbol{r}) = \frac{\displaystyle\sum_{i=0}^{I}\sigma_{x,c,g,i}\phi_{g,i}^{(s)}(\boldsymbol{r})}{\displaystyle\sum_{i=0}^{I}\phi_{g,i}^{(s)}(\boldsymbol{r})} \tag{7-84}$$

(3)重复步骤(1)和步骤(2)，计算下一个共振核素 $c+1$。

(4)重复步骤(1)到步骤(3)，迭代直到所有共振核素的有效自屏截面收敛。

2. 共振干涉因子方法

共振干涉因子是两组截面的商，一组是只考虑一个共振核素时该核素的多群截面 $\sigma_{x,k,g}^{\text{single}}(\boldsymbol{r})$，另一组是考虑所有共振核素混合时该核素的多群截面 $\sigma_{x,k,g}^{\text{mix}}(\boldsymbol{r})$。采用下式对未考虑共振干涉效应的截面进行修正：

$$\sigma_{x,k,g}(\boldsymbol{r})=\sigma_{x,k,g}^{\text{mix}}(\boldsymbol{r})=\sigma_{x,k,g}^{\text{single}}(\boldsymbol{r})\frac{\sigma_{x,k,g}^{\text{mix}}(\boldsymbol{r})}{\sigma_{x,k,g}^{\text{single}}(\boldsymbol{r})}=\sigma_{x,k,g}^{\text{single}}\text{RIF}_{x,k,g}(\boldsymbol{r}) \tag{7-85}$$

式中，$\text{RIF}_{x,k,g}$ 为核素 $k$ 第 $g$ 群 $x$ 反应道的共振干涉因子。

共振干涉因子可以通过求解均匀问题的中子慢化方程得到，计算流程为如下。

(1)对于核素 $c$ 能群 $g$ 进行计算时，假设其他共振核素都是非共振核素，并且令吸收截面为零，散射截面等于势弹性散射截面。子群宏观截面采用下式计算：

$$\Sigma_{x,g,i}(\boldsymbol{r}) = N_c(\boldsymbol{r})\sigma_{x,c,g,i} + \sum_{k\notin c}N_k(\boldsymbol{r})\sigma_{x,k,g} \tag{7-86}$$

(2)将子群宏观截面代入式(7-80)，得到子群中子通量密度，采用子群中子通量密度归并该核素的子群截面得到考虑一个共振核素的多群截面 $\sigma_{x,c,g}^{\text{single}}(\boldsymbol{r})$。

(3)通过 $\sigma_{x,c,g}^{\text{single}}(\boldsymbol{r})$ 在核素 $c$ 的共振截面表中插值得到背景截面 $\sigma_{0,g}(\boldsymbol{r})$，令背景伪核素的原子核密度为 $1.0\times10^{24}\text{cm}^{-3}$，吸收截面为零，散射截面等于势弹性散射截面。通过下式得到背景伪核素的势弹性散射截面：

$$\sigma_{\text{p,H},c,g}(\boldsymbol{r}) = \frac{\sigma_{0,g}(\boldsymbol{r})-\sum_{k\in\mathbf{R},k\neq c}\dfrac{N_k(\boldsymbol{r})\sigma_{\text{p},k}}{N_c(\boldsymbol{r})}}{N_{\text{H}}} \tag{7-87}$$

式(7-87)中的背景截面需要减掉其他共振核素对背景截面的贡献，避免重复考虑。

(4)对其他共振能群重复步骤(1)至步骤(3)，得到核素 $c$ 的所有共振能群的 $\sigma_{x,c,g}^{\text{single}}(\boldsymbol{r})$ 和 $\sigma_{\text{p,H},c,g}(\boldsymbol{r})$。

(5)对于每一个空间位置 $\boldsymbol{r}$，建立一个关于背景伪核素和所有共振核素的均匀系统中子慢化方程。方程的能量定义域与共振能量段一致，共振核素的原子核密度与实际问题 $\boldsymbol{r}$ 处的原子核密度一致，截面采用超细群截面，背景伪核素的原子核密度为 $1.0\times10^{24}\text{cm}^{-3}$，势弹性散射截面通过式(7-87)计算得到。采用超细群方法求解中子慢化方程，得到超细群能谱。采用超细群能谱归并核素 $c$ 的超细群截面得到该核素的多群截面，该截面即为考虑共振干涉的有效自屏截面。

(6)对每一个共振核素进行步骤(1)至步骤(5)的计算，得到考虑共振干涉效应的有效自屏截面。

上述过程的共振干涉因子没有显式出现，并且中子慢化方程是在线求解，计算效率较低。另外一种方式是离线制作共振干涉因子表 $\mathrm{RIF}_{x,k,g}(\sigma_0)$，使用时根据步骤(2)计算得到的 $\sigma_{x,c,g}^{\mathrm{single}}(\boldsymbol{r})$，在核素 $c$ 的共振截面表中插值得到背景截面 $\sigma_{0,g}(\boldsymbol{r})$，然后根据背景截面插值得到共振干涉因子，利用式(7-85)对有效自屏截面进行修正。

# 7.4 超细群方法

由前述章节可以知道，获取有效自屏截面的关键在于获得精确的中子能谱。在传统的共振计算方法中，超细群方法是一种较为简单直接的方法，其基本思路为：对共振能区进行非常精细的能群划分，并通过自上而下依次计算各能群和各平源区的中子通量密度分布，获得问题相关的超细群中子能谱，以精确处理共振自屏。下面分别介绍均匀系统及非均匀系统下超细群方程的表达形式。

## 7.4.1 均匀系统的超细群慢化方程

在一个无外中子源的均匀系统内，中子通量密度的角度分布和空间分布都可以忽略，玻尔兹曼输运方程可以简化为

$$\Sigma_{\mathrm{t}}(E)\phi(E) = \int_0^\infty \mathrm{d}E' \Sigma_{\mathrm{s}}(E' \to E)\phi(E') + \chi(E)\int_0^\infty \mathrm{d}E' \nu\Sigma_{\mathrm{f}}(E')\phi(E') \tag{7-88}$$

式(7-88)中右端第一项为散射源项，由于在热中子堆中主要存在的是弹性散射，该项可以写为

$$\int_0^\infty \mathrm{d}E' \Sigma_{\mathrm{s}}(E' \to E)\phi(E') = \int_0^\infty \mathrm{d}E' \Sigma_{\mathrm{es}}(E')P(E' \to E)\phi(E')$$
$$= \sum_k \int_E^{E/\alpha_k} \frac{\mathrm{d}E' N_k \sigma_{\mathrm{es},k}(E')\phi(E')}{(1-\alpha_k)E'} \tag{7-89}$$

式中，$\Sigma_{\mathrm{es}}$ 是系统的宏观弹性散射截面；$N_k$ 是核素 $k$ 的原子核密度；$\sigma_{\mathrm{es},k}$ 是核素 $k$ 的微观弹性散射截面；$\alpha_k$ 是中子与核素 $k$ 碰撞后的能量与碰撞前能量之比，$\alpha_k = \left(\dfrac{A_k-1}{A_k+1}\right)^2$，其中 $A_k$ 为核素 $k$ 的相对原子质量。

式(7-88)中右端第二项为裂变源项，因为裂变核素裂变产生的中子一般都是快中子，裂变源项对于散射源项而言非常小，在超细群方法中可以将裂变源忽略。此时，式(7-88)可以写为

$$\Sigma_{\mathrm{t}}(E)\phi(E) = \sum_k \int_E^{E/\alpha_k} \frac{\mathrm{d}E' N_k \sigma_{\mathrm{es},k}(E')\phi(E')}{(1-\alpha_k)E'} \tag{7-90}$$

观察式 (7-90) 可知，只有在 $\alpha_k$ 和 $\sigma_{es,k}$ 为常数的情况下，才可以进行解析求解，因此需要通过对能量变量进行充分离散化的方法实现对该式的数值求解。

假设某一能量段 (能群) 内中子通量密度和中子反应截面并不随能量变化，式 (7-90) 可以写为以下多群格式：

$$\Sigma_{t,fg}\phi_{fg} = \sum_{k}\sum_{fg'}\frac{\Sigma_{es,k,fg'}\phi_{fg'}\Delta E_{fg'}}{(1-\alpha_k)\overline{E_{fg'}}} \tag{7-91}$$

式中，$fg$ 为能群号；$\overline{E_{fg'}}$ 为 $fg$ 群的平均能量。

在超细群计算中，为了满足式 (7-91) 推导中各能群内中子通量密度和中子反应截面不随能量变化的要求，所设置的超细群的能量宽度必须足够小。在计算时，超细群能群宽度的设置必须符合以下规则：即该能量宽度必须远远小于中子与系统中的重核素发生一次弹性碰撞所损失的最大能降，同时该宽度也必须小于系统中所存在的主要共振峰。

在式 (7-91) 的求解过程中，对于某个超细群，由于需要计算所有可以散射入该群的慢化散射源，超细群计算是非常耗时的，尤其是系统中含有较轻元素 (如氢) 时，由于 $\alpha_H$ 几乎为 0，在计算某群散射源时几乎需要考虑该群之前所有超细群的影响，这样直接的逐群加和计算是非常低效的，因此必须采取一定的数值方法进行散射源计算。

第 $fg$ 和第 $fg-1$ 群的慢化散射源可以写为

$$S_{fg} = \sum_{k}\sum_{fg'=fg'_{k,fg}}^{fg-1}\frac{\Sigma_{es,k,fg'}\phi_{fg'}\Delta E_{fg'}}{(1-\alpha_k)\overline{E_{fg'}}} \tag{7-92}$$

$$S_{fg-1} = \sum_{k}\sum_{fg'=fg'_{k,fg-1}}^{fg-2}\frac{\Sigma_{es,k,fg'}\phi_{fg'}\Delta E_{fg'}}{(1-\alpha_k)\overline{E_{fg'}}} \tag{7-93}$$

式中，$fg'_{k,fg}$ 为与核素 $k$ 发生碰撞后向下进入第 $fg$ 群的中子所在能群。

令 $S_{fg}$ 减去 $S_{fg-1}$，可得

$$
\begin{aligned}
S_{fg} - S_{fg-1} &= \sum_{k}\sum_{fg'=fg'_{k,fg}}^{fg-1}\frac{\Sigma_{es,k,fg'}\phi_{fg'}\Delta E_{fg'}}{(1-\alpha_k)\overline{E_{fg'}}} - \sum_{k}\sum_{fg'=fg'_{k,fg-1}}^{fg-2}\frac{\Sigma_{es,k,fg'}\phi_{fg'}\Delta E_{fg'}}{(1-\alpha_k)\overline{E_{fg'}}}\\
&= \sum_{k}\sum_{fg'=fg'_{k,fg}}^{fg-2}\frac{\Sigma_{es,k,fg'}\phi_{fg'}\Delta E_{fg'}}{(1-\alpha_k)\overline{E_{fg'}}} + \sum_{k}\frac{\Sigma_{es,k,fg-1}\phi_{fg-1}\Delta E_{fg-1}}{(1-\alpha_k)\overline{E_{fg-1}}}\\
&\quad - \sum_{k}\sum_{fg'=fg'_{k,fg}}^{fg-2}\frac{\Sigma_{es,k,fg'}\phi_{fg'}\Delta E_{fg'}}{(1-\alpha_k)\overline{E_{fg'}}} - \sum_{k}\sum_{fg'=fg'_{k,fg-1}}^{fg'_{k,fg}}\frac{\Sigma_{es,k,fg'}\phi_{fg'}\Delta E_{fg'}}{(1-\alpha_k)\overline{E_{fg'}}}\\
&= \sum_{k}\frac{\Sigma_{es,k,fg-1}\phi_{fg-1}\Delta E_{fg-1}}{(1-\alpha_k)\overline{E_{fg-1}}} - \sum_{k}\sum_{fg'=fg'_{k,fg-1}}^{fg'_{k,fg}}\frac{\Sigma_{es,k,fg'}\phi_{fg'}\Delta E_{fg'}}{(1-\alpha_k)\overline{E_{fg'}}}
\end{aligned}
\tag{7-94}
$$

由式(7-94)可以看出，在已求得第 $fg-1$ 能群的慢化散射源的基础上，首先加上来自第 $fg-1$ 能群的慢化散射源，再减去来自符合 $(fg'_{k,fg-1} \leqslant fg' \leqslant fg'_{k,fg}-1)$ 要求能量范围内的慢化散射源，即可求得第 $fg$ 能群的慢化散射源。由于实际符合 $(fg'_{k,fg-1} \leqslant fg' \leqslant fg'_{k,fg}-1)$ 要求的能群数并不多，因此根据该方法计算散射源将会是非常高效的。

此时，式(7-91)可以重新表示为

$$\Sigma_{\mathrm{t},fg}\phi_{fg} = S_{fg-1} + \sum_k \frac{\Sigma_{\mathrm{es},k,fg-1}\phi_{fg-1}\Delta E_{fg-1}}{(1-\alpha_k)E_{fg-1}} - \sum_k \sum_{fg'=fg'_{k,fg-1}}^{fg'_{k,fg}} \frac{\Sigma_{\mathrm{es},k,fg'}\phi_{fg'}\Delta E_{fg'}}{(1-\alpha_k)\overline{E}_{fg'}} \qquad (7\text{-}95)$$

需要注意的一点是，式(7-95)中需要计算来自所有核素的慢化散射源，当将超细群计算投入到燃耗过程中时，由于系统内存在多种重核素及裂变产物核素，式(7-95)右端慢化散射源的计算仍然是较为耗时的。为了相对减少该过程中的计算消耗，一种有效的方法是根据相对原子质量对不同核素进行分类，例如对于典型轻水堆，除了氢元素和氧元素之外，锆元素和铀元素可以认为是包壳、裂变产物和重核素的代表核素。由于中子与核素发生的弹性散射主要取决于目标核素的相对原子质量，这种近似处理是较为合理的。

### 7.4.2　非均匀系统的超细群慢化方程

在一个非均匀系统中，中子在这一系统的平衡可以用中子首次飞行碰撞概率进行描述。使用碰撞概率可以将连续能量的中子慢化方程写成如下形式：

$$\Sigma_{\mathrm{t},i}(E)\phi_i(E)V_i = \sum_j P_{j\to i}(E)V_j \left( \begin{array}{l} \int_0^\infty \mathrm{d}E'\Sigma_{\mathrm{s},j}(E'\to E)\phi_j(E') \\ + \chi_j(E)\int_0^\infty \mathrm{d}E'\nu\Sigma_{\mathrm{f},j}(E')\phi_j(E') \end{array} \right) \qquad (7\text{-}96)$$

对式(7-96)表示的连续能量的中子慢化方程进行分群。与均匀系统类似，引入中子通量密度及截面不随能量变化的近似，式(7-96)可以写成如下形式：

$$\Sigma_{\mathrm{t},i,fg}\phi_{i,fg}V_i = \sum_j P_{j\to i,fg}V_j \left( S_{j,fg} + \chi_{j,fg} \right) \qquad (7\text{-}97)$$

忽略裂变源项，即认为式(7-97)中的 $\chi_{j,fg}=0$ ，故式(7-98)可以写成如下形式：

$$\Sigma_{i,g}\phi_{i,g}V_i = \sum_j V_j Q_{j,g} P_{j\to i,g} \qquad (7\text{-}98)$$

式中，$\Sigma_{i,g}$ 为区域 $i$ 的 $g$ 群宏观总截面（$\mathrm{cm}^{-1}$）；$\phi_{i,g}$ 为区域 $i$ 的 $g$ 群中子通量密度；$V_i$ 为区域 $i$ 的体积；$V_j$ 为区域 $j$ 的体积；$Q_{j,g}$ 为区域 $j$ 的 $g$ 群慢化源项；$P_{j\to i,g}$ 为碰撞概率，

在 $g$ 群中，中子从区域 $j$ 产生，在区域 $i$ 发生首次碰撞概率。

在式(7-98)的推导过程中，用到了如下近似：

(1)实验坐标系下各向同性。在常见的轻水堆的共振计算中，各向同性散射的近似被验证是适用于超细群共振计算方法的。

(2)平源近似。近似认为每个区域的每个能群内的源项和中子通量密度是一个定值。这一近似对共振计算的结果精度和计算时间都有着较大影响。但是，只要区域的划分和能群的划分足够精细，这一近似是合理的。

(3)不考虑上散射。共振计算的能量范围是 1eV～10keV，在这个能量范围内上散射对共振计算影响较小。

式(7-98)中的慢化源项 $Q_{j,g}$ 可以写成如下形式：

$$Q_{j,g} = \Sigma_{s,j,g \to g}\phi_{jg} + S_{j,g} \tag{7-99}$$

式中，$\Sigma_{s,j,g \to g}$ 为区域 $j$ 的 $g$ 群宏观自散射截面；$S_{j,g}$ 为来自其他群 $g'$ 的体积平均源项（$g' > g$）。

因为在超细群共振计算时，由于能群宽度非常小，自散射对慢化源项的贡献非常小，因此可以忽略自散射。于是，式(7-99)可以写成如下形式：

$$Q_{j,g} = S_{j,g} \tag{7-100}$$

式(7-100)中的右端项 $S_{j,g}$ 可以写成如下形式：

$$S_{j,g} = \sum_{g'} \Sigma_{s,j,g' \to g}\phi_{j,g'} \tag{7-101}$$

式中，$\Sigma_{s,j,g' \to g}$ 为在 $j$ 区域 $g'$ 群到 $g$ 群的宏观散射截面；$\phi_{j,g'}$ 为 $j$ 区域 $g'$ 群中子通量密度。

式(7-101)中的 $\Sigma_{s,j,g' \to g}$ 可以写成如下形式：

$$\Sigma_{s,j,g' \to g} = \sum_{k} \Sigma_{s,j,k,g'}P_{n,k} \tag{7-102}$$

式中，$k$ 为区域 $j$ 内的核素编号；$\Sigma_{s,j,k,g'}$ 为区域 $j$ 中 $k$ 核素在 $g'$ 群的宏观散射截面；$P_{n,k}$ 为中子从 $g'$ 群穿越 $n$ 个能群到达 $g$ 群发生核反应的概率。

假设对数坐标系下每个能群的宽度是一个定值且都为 $\Delta u_f$，式(7-102)中的 $P_{n,k}$ 可以通过如下积分求得：

$$P_{n,k} = A \int_{u_g}^{u_g + \Delta u_g} \int_{u_g - n\Delta u_f}^{u - (n-1)\Delta u_f} \exp(u' - u)\,\mathrm{d}u'\mathrm{d}u = A\exp\left[-(n-1)\Delta u_f\right]\left[1 - \exp(-\Delta u_f)\right]^2 \tag{7-103}$$

式中，$\Delta u_f$ 为对数能群宽度；$A = 1 / \left[ (1 - \alpha_k) \, \Delta u_f \right]$；$\alpha_k = (A_k - 1)^2 / (A_k + 1)^2$，其中 $A_k$＝核素 $k$ 的质量与中子质量的比值。

由式 (7-103) 可知，当对数能群宽度确定的情况下，$P_{n,k}$ 的值只与中子穿越的能群数目和核素种类有关。

$N_k = \varepsilon_k / \Delta u_f$ 的整数部分，$\varepsilon_k$ 是中子与 $k$ 核素发生一次碰撞的最大对数能降：$\varepsilon_k = \ln(1/\alpha_k)$。

由图 7-13 可知，在使用式 (7-102) 计算 $g$ 群慢化源项时，需要累加 $g$ 群上面的 $N_k$ 个群散射到 $g$ 群的中子。但是由于在超细群共振计算中，超细群的数目非常大，而且计算时间长。而由于式 (7-102) 的类加项多，计算量将会非常大。因此，为了减少计算时间，可将式 (7-102) 转换为递推式形式。在不考虑自散射的情况下，如图 7-13 易知，散射到 $g-1$ 群的慢化中子来自于 $g-2$ 群到 $g - N_k - 1$ 群，散射到 $g$ 群的中子来自于 $g-1$ 群到 $g - N_k$ 群。由于 $g-2$ 群到 $g - N_k$ 群的任意一群的中子散射到 $g-1$ 群中任意一点与 $g$ 群中任意一点的概率相等，因此，$g-2$ 群到 $g - N_k$ 群的任意一群的中子散射到 $g-1$ 群的概率与散射到 $g$ 群的概率之比就将等于 $g-1$ 群与 $g$ 群的能群宽度之比。因此，慢化源项递推式可由三项组成，分别是：$g-1$ 群源项乘 $g$ 群与 $g-1$ 群能群宽度之比，$g-1$ 群到 $g$ 群的慢化源项，$g - N_k - 1$ 群到 $g-1$ 群慢化源项乘 $g$ 群与 $g-1$ 群能群宽度之比，表示如下：

$$
S_{j,g} = \exp(-\Delta u_f) S_{j,g-1} + \sum_k \Sigma_{s,j,k,g-1} P_{1,k} \phi_{j,g-1}
$$
$$
- \exp(-\Delta u_f) \left( \sum_k \Sigma_{s,j,k,g-N_k-1} P_{N_k,k} \phi_{j,g-N_k-1} \right)
\tag{7-104}
$$

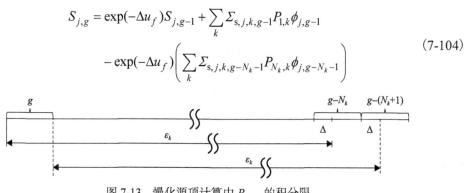

图 7-13 慢化源项计算中 $P_{N_k,k}$ 的积分限

在式 (7-104) 的推导过程中用到了如下近似：

(1) 考虑的共振区内没有非弹性散射，且势散射截面是一个定值。因为只有在能量大于 0.1MeV 时，非弹性散射才需要考虑，而且势散射截面在共振区基本不变，因此此假设是成立的。

(2) 质心系下各向同性散射。

(3) $g$ 群群截面取 $u_g + \Delta u_g / 2$ 能量处点截面，$g$ 群中子通量密度取 $g$ 群积分中子通量密度。

为了获得初始慢化源项，假设在共振计算能区以上中子能谱按 $1/E$ 分布。也就是说，在对数坐标下，共振计算能区以上各能群中子能谱等于 1。虽然在共振能区以上仍存在细微的共振，能谱并不会完全按理想情况的 $1/E$ 分布，但由于共振计算能区以上共振非常小，而且初始源项计算仅仅会对较高能量的一小部分能群产生影响，因此这一假设是合理的。

为了计算圆柱系统碰撞概率 $P_{j \to i}$，需要先推导两个柱系统中任意平行线下由区域 $j$ 到区域 $i$ 的碰撞概率的计算公式。因此，首先对两个柱系统中任意平行线下由区域 $j$ 到区域 $i$ 的碰撞概率的计算公式进行推导，然后再由这一公式来推导出圆柱系统碰撞概率。

在计算两个柱系统中任意平行线下由区域 $j$ 到区域 $i$ 的碰撞概率的公式之前，如图 7-14 所示，首先考虑一个线源 $l_j$ 中产生的中子穿过垂直距离 $\tau$ 未经碰撞到达另一平行线 $l_i$ 的概率。假设由线源 $l_j$ 发出的中子是各向同性的，那么在辐角 $\varphi$ 上 $\mathrm{d}\theta$ 角内发射出来的中子数正比于立体角 $\sin\theta \mathrm{d}\theta$，从 $l_j$ 处产生的中子未经碰撞到达 $l_i$ 处的概率是 $\exp(-\tau/\sin\theta)$，因此，从线源 $l_j$ 产生的中子未经碰撞到达 $l_i$ 处的平均概率 $p(\tau)$ 为

$$p(\tau) = \int_0^\pi \exp(-\tau / \sin\theta)\sin\theta \mathrm{d}\theta \bigg/ \int_0^\pi \sin\theta \mathrm{d}\theta$$
$$= \frac{1}{2}\int_0^\pi \exp(-\tau / \sin\theta)\sin\theta \mathrm{d}\theta = Ki_2(\tau) \tag{7-105}$$

式中，$Ki_n$ 称为 $n$ 阶 Bickley 函数。

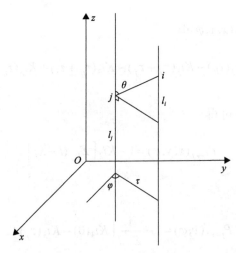

图 7-14    $p(\tau)$ 的计算

接下来回到讨论两个柱系统中某一平行线下碰撞概率 $P_{j \to i}(y, \varphi)$ 的计算。如图 7-15 所示，考虑 $j$ 和 $i$ 两个柱体。选取 $x$-$y$ 直角坐标系，使得 $x$ 轴与中子的飞行方向在 $x$-$y$ 平面上的投影平行，并假设 $x$ 轴方向与某一参考方向的夹角为 $\varphi$。作数条平行线与柱体 $j$ 相交，以纵坐标为 $y$ 的平行线 $abcd$ 为例进行分析。那么，由式(7-105)可知，从柱体 $j$ 内 $ab$ 段内任意一点 $x$ 产生的中子不经碰撞到达柱体 $i$ 内 $cd$ 之间的概率为

$$P_{j \to i}(x, y, \varphi) = Ki_2\left[\Sigma_{\mathrm{t},j}(b-x) + \tau_{ij}\right] - Ki_2\left[\Sigma_{\mathrm{t},j}(b-x) + \tau_{ij} + \tau_i\right] \tag{7-106}$$

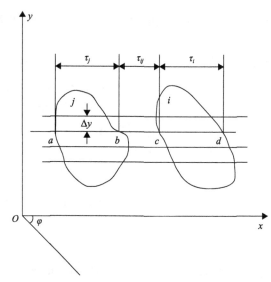

图 7-15　两个柱系统中某一平行线下碰撞概率 $P_{j \to i}(y, \varphi)$ 的计算

于是，在柱体 $j$ 内 $ab$ 产生的中子不经碰撞到达柱体 $i$ 内 $cd$ 的概率即可通过对 $ab$ 内所有 $x$ 进行积分得到，故两个柱系统中某一平行线下碰撞概率 $P_{j \to i}(y, \varphi)$ 可以写成如下形式：

$$
\begin{aligned}
P_{j \to i}(y, \varphi) &= \frac{1}{l} \int_a^b P_{j \to i}(x, y, \varphi) \mathrm{d}x \\
&= \frac{1}{\Sigma_{\mathrm{t},j} l} \Big[ Ki_3(\tau_{ij}) - Ki_3(\tau_{ij} + \tau_j) - Ki_3(\tau_{ij} + \tau_i) + Ki_3(\tau_{ij} + \tau_i + \tau_j) \Big]
\end{aligned}
\tag{7-107}
$$

而当 $i=j$ 时，由式 (7-107) 可得

$$
P_{j \to j}(x, y, \varphi) = 1 - Ki_2 \Big[ \Sigma_{\mathrm{t},j}(l - x) \Big]
\tag{7-108}
$$

因而

$$
P_{j \to j}(y, \varphi) = 1 - \frac{1}{\Sigma_{\mathrm{t},j} l} \Big[ Ki_3(0) - Ki_3(\tau_j) \Big]
\tag{7-109}
$$

接下来回到最初的目标——计算圆柱系统碰撞概率 $P_{j \to i}$。假设孤立等效栅元由 $I$ 层同心圆柱壳组成，如图 7-16 所示。首先讨论在真空边界条件下碰撞概率的计算，即认为中子穿过 $r_I$ 边界后不再返回栅元。对于白边边界条件下碰撞概率计算将在后面讨论。第 $i$ 层圆柱壳区的内外半径分别是 $r_{i-1}$ 和 $r_i$，总截面是 $\Sigma_{\mathrm{t},i}$。沿平行于 $x$ 轴方向作一组平行线。首先讨论 $j \leqslant i$ 时区域 $j$ 产生的中子在区域 $i$ 发生首次碰撞的概率，对于 $j > i$ 的情况，碰撞概率可以通过如下互易关系式求得：

$$
V_j \Sigma_{\mathrm{t},j} P_{j \to i} = V_i \Sigma_{\mathrm{t},i} P_{i \to j}
\tag{7-110}
$$

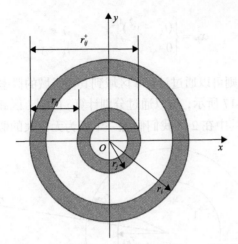

图 7-16 同心圆柱层首次碰撞概率 $P_{j \to i}$ 的计算

圆柱系统具有角度对称性，因此不需对方位角 $\varphi$ 进行积分平均。同时考虑到图形的对称性，仅需对 $x$ 轴上方部分进行积分，然后将结果乘 2 即可得到最终结果。

由图 7-16 可以看出，从 $j$ 区到 $i$ 区的碰撞概率由左右两半部分贡献组成，而这两半部分的贡献则可由式 (7-110) 推出。

左半部分：

$$P_{j \to i}^- = \frac{2}{\Sigma_{t,j} V_j} \int_0^{r_j} \left[ Ki_3(\tau_{i-1,j}^-) - Ki_3(\tau_{i,j}^-) - Ki_3(\tau_{i-1,j-1}^-) + Ki_3(\tau_{i,j-1}^-) \right] \tag{7-111}$$

右半部分：

$$P_{j \to i}^+ = \frac{2}{\Sigma_{t,j} V_j} \int_0^{r_j} \left[ Ki_3(\tau_{i,j}^+) - Ki_3(\tau_{i-1,j}^+) - Ki_3(\tau_{i,j-1}^+) + Ki_3(\tau_{i-1,j-1}^+) \right] \tag{7-112}$$

将左右两半部分的贡献加和即可得到 $j$ 区到 $i$ 区的碰撞概率 $P_{j \to i}$。

$$P_{j \to i} = \frac{2}{\Sigma_{t,j} V_j} (S_{i,j} - S_{i-1,j} - S_{i,j-1} + S_{i-1,j-1}) \tag{7-113}$$

式中

$$S_{i,j} = \int_0^{r_j} \left[ Ki_3(\tau_{i,j}^+) - Ki_3(\tau_{i,j}^-) \right] \mathrm{d}y \tag{7-114}$$

$$\tau_{i,j}^+ = \sum_{k=1}^{i} \tau_k + \sum_{k=1}^{j} \tau_k \tag{7-115}$$

$$\tau_{i,j}^- = \sum_{k=j+1}^{i} \tau_k \tag{7-116}$$

$$\tau_k = \Sigma_{t,k} (x_k - x_{k-1}) \tag{7-117}$$

$$x_k = \begin{cases} (r_k^2 - y^2)^{1/2}, & r_k \geqslant y \\ 0, & r_k < y \end{cases} \tag{7-118}$$

而对于 $i=j$ 的情况，则可以通过计算 $i$ 区域到其他区域的概率，然后再由总概率 1 减去所求概率求得。如图 7-17 所示，可以通过分别计算 $j$ 区到 1 区和 2 区的碰撞概率来求得 $j$ 区到 $j$ 区的碰撞概率。其中在 2 区我们假想一半径为无穷大的假想区域 $i$，外径 $r_i = \infty$。

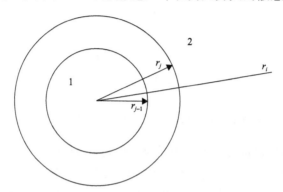

图 7-17　同心圆柱层 $i=j$ 时首次碰撞概率 $P_{j \to i}$ 的计算

$j$ 区域到 1、2 区的碰撞概率可由式 (7-113) 求得。

$j$ 区域到 1 区域碰撞概率：

$$\begin{aligned} P_{j \to 1} &= \frac{2}{\Sigma_j V_j} \int_0^{r_j} \left[ Ki_3(0) - Ki_3(\tau_i) - Ki_3(\tau_j) + Ki_3(\tau_i + \tau_j) \right] \mathrm{d}y \\ &= \frac{2}{\Sigma_j V_j} \int_0^{r_j} \left[ Ki_3(\tau_{j-1,j-1}^-) - Ki_3(\tau_{j-1,j-1}^+) - Ki_3(\tau_{j-1,j}^-) + Ki_3(\tau_{j-1,j}^+) \right] \mathrm{d}y \quad (7\text{-}119) \\ &= \frac{2}{\Sigma_j V_j} (S_{j-1,j} - S_{j-1,j-1}) \end{aligned}$$

$j$ 区域到 2 区域碰撞概率：

$$\begin{aligned} P_{j \to 2} &= \frac{2}{\Sigma_j V_j} (S_{i-1,j-1} - S_{i-1,j}) \\ &= \frac{2}{\Sigma_j V_j} (S_{j,j-1} - S_{j,j}) \end{aligned} \tag{7-120}$$

因而，$j$ 区域到 $j$ 区域的碰撞概率可以写成

$$P_{j \to j} = 1 + \frac{2}{\Sigma_j V_j} (S_{j,j} - S_{j-1,j} - S_{j,j-1} + S_{j-1,j-1}) \tag{7-121}$$

总结式 (7-113) 和式 (7-121) 则可得到最终的碰撞概率计算公式：

$$P_{j \to i} = \delta_{i,j} + \frac{2}{\Sigma_j V_j}(S_{i,j} - S_{i-1,j} - S_{i,j-1} + S_{i-1,j-1}) \qquad (7\text{-}122)$$

式中

$$\delta_{i,j} = \begin{cases} 1, & i = j \\ 0, & i \neq j \end{cases}$$

在求解碰撞概率时，关键就在于 $S_{i,j}$ 的计算。通常在计算时会将积分区域 $(0, r_j)$ 分成 $(0, r_1)$，$(r_1, r_2)$，$(r_2, r_3)$，$\cdots$，$(r_{j-1}, r_j)$ 若干个子区间，然后在每个积分区间内用高斯积分公式进行积分。

通过式(7-113)和式(7-121)即可求得真空边界下栅元内的碰撞概率，当边界条件为白边边界时，可以通过下式求得白边边界条件下碰撞概率：

$$P_{i \to j} = P_{i \to j}^{*} + \frac{R_i R_j}{\Sigma_{t,i} V_i \displaystyle\sum_{i=1}^{I} R_i} \qquad (7\text{-}123)$$

式中

$$R_i = \Sigma_{t,i} V_i \left( 1 - \sum_{i=1}^{I} P_{i \to j}^{*} \right) \qquad (7\text{-}124)$$

式(7-123)和式(7-124)中 $P_{i \to j}^{*}$ 代表真空边界下计算得到的碰撞概率，$I$ 表示栅元内区域的数目。

### 7.4.3　超细群方法的发展与应用

早期的一些超细群共振计算程序如 RAFF[21]、SDR[22]、RICM-I[23] 是基于超细群共振计算方法开发的，这几个程序都是基于不同的超细群模型进行计算的，各自都有一定的优缺点。1971 年，日本原子能研究院的 Yukio Ishiguro 等学者吸取各个超细群共振计算程序的优点，开发了第一个具有工程实用价值的超细群共振计算程序 PEACO[24]。超细群方法计算耗时的地方在于散射源的计算及碰撞概率的计算，在 PEACO 程序中，采用预制碰撞概率插值表的方法以实现高效计算，自此之后，超细群共振计算理论就得到了快速的发展并应用到各类商业软件中。不过，这类方法的几何处理能力仍有限。

之后 Francisco Leszczynski 开发了程序包 NRSC[25]。NRSC 是利用 NJOY 程序预处理评价核数据库 ENDF 得到的数据来计算共振能区超细群与宽群中子能谱以及相关参数的程序包，具有非常广泛的应用范围，例如，产生共振积分、产生圆柱反应堆栅元的共振核素的有效多群截面、新的共振处理方法的测试的研究等。在 2006 年，Naoki Sugimura 和 Akio Yamamoto 开发了软件 AEGIS[26]。在 AEGIS 程序的计算中使用了慢化剂散射源近似、核素分组和超级均匀化(SPH)方法等优化处理方法。其中前两种方法起到加速计算的作用，SPH 方法则是提高了计算的精度。AEGIS 程序中超细群计算模型采用基于 MOC 方法的超细群方程，具备了处理复杂几何的能力，但相应的计算效率较低。2015 年，Hiroki Koike 等学者开发了 GALAXY 程序[27]，而这个程序也是超细群方法的进一步应用，它将等价理论与超细群慢化方程相结合，进一步提高了计算速度和计算精度。

随着共振计算方法的不断改进，基于一维圆柱或二维栅元的超细群计算也多次应用到如今的先进共振自屏处理程序中，如美国密歇根大学开发的 MPACT[28]程序和西安交通大学开发的 NECP-X 程序[29]等。相对于 PEACO 程序中的方法存在效率较低的问题，文献[30]中提出了使用特征线法计算碰撞概率插值表的方法，以同时兼顾计算效率与几何处理能力的要求，目前该方法在局部问题上取得了较好的加速效果。

与此同时，超细群方法也在众多快堆物理计算程序中得到了应用，如 SLAROM-UF[31]、MC2-3[32]、SARAX[33]。快谱堆芯的能谱分布与传统压水堆有较大差异，同时快堆平均中子能量较高，因此共振计算的能量段需要提高至 0.1MeV 以上，这就导致了原本就很耗时的超细群方法效率更低。严格求解如此宽群的超细群方程将会非常耗时，MC2-3 中提出了细群与超细群的迭代策略，以此提高求解速度。在这种迭代策略中，首先进行细群中子输运方程的求解，获得细群的裂变源和非弹性散射源项；随后进行超细群固定源计算，其中裂变源与非弹性散射源由已知的细群源项插值获得；利用获得的超细群能谱归并点截面数据，更新细群有效自屏截面并再次进行细群输运计算；重复以上过程，直至细群截面能谱收敛。这种迭代策略一方面提高了截面的计算精度，另一方面效率也将高于严格的超细群方法。

## 7.5 全局-局部耦合方法

近年来，随着计算机能力的提高和反应堆设计对计算精度要求的提高，高保真计算逐渐成为研究的热点。高保真计算在空间上进行一步法的计算，消除了空间均匀化的问题。在角度上，将扩散方程替换成输运方程，提高了对角度变量的处理。然而在能量上仍然采用多群的近似，因此对能量变量的处理，即共振自屏计算，就成为决定高保真计算精度的关键性因素。

高保真共振自屏计算遇到几个方面的挑战。首先是需要进行三维全堆芯的共振自屏计算，计算量极大。其次是需要考虑各类共振效应以提高计算精度，这些效应包括：共振弹性散射效应、空间自屏效应、共振干涉效应、温度分布效应、边缘效应和多群等效效应等。传统的共振自屏计算方法(如等价理论方法和子群方法)能够计算大规模的问题，但是不能完全考虑上述效应，精度较低。而超细群方法能够考虑各类共振效应，精度满足要求，但是计算效率较低，不能求解大规模的问题。

因此，国内外发展了多种高保真共振自屏计算方法。美国密歇根大学提出了基于准一维模型的连续能量中子慢化方法[28]，该方法包括两个步骤：①采用嵌入式自屏方法计算燃料棒共振核素的平均有效自屏吸收截面；②建立准一维模型，采用超细群方法进行求解，得到考虑局部的共振干涉效应、局部的温度分布效应和局部的空间自屏效应等效应的空间相关的有效自屏截面。韩国蔚山科学技术学院提出了单栅元的点截面中子慢化方法[34]，该方法通过求解点截面的中子慢化方程获得单栅元的有效自屏截面，然后通过修正因子考虑互屏效应。西安交通大学提出了全局-局部耦合共振自屏计算方法[35]，该方法将各类共振效应分为全局效应和局部效应两类，其中全局效应采用中子流方法进行计算，局部效应采用共振伪核素子群方法或超细群方法进行计算。全局-局部耦合共振自屏计算方法在 NECP-X[15]、GALAXY[27]和 APOLLO3[36]等反应堆物理计算程序中得到应用。

### 7.5.1　全局-局部耦合方法的理论框架

将共振自屏效应、多群等效效应、边缘效应和共振弹性散射效应分为全局效应和局部效应两类。其中全局效应包括：全局共振干涉效应、全局温度分布效应和全局空间自屏效应。局部效应包括：共振弹性散射效应、局部空间自屏效应、局部共振干涉效应、局部温度分布效应、边缘效应和多群等效效应。全局效应较弱或者与能量无关，并且在空间上影响范围较广，可以用粗糙的模型快速地计算；局部效应较强，在空间上的影响范围较小，应该用精细的模型准确地计算。全局-局部耦合共振自屏计算方法的计算步骤分为全局效应计算、耦合计算和局部效应计算。

全局效应计算：对于三维的全堆共振自屏计算问题，采用二维分层的思想进行处理。对于每一个二维的全堆共振自屏计算问题，采用中子流方法计算每一根燃料棒的丹可夫修正因子，考虑全局空间自屏效应。

耦合计算：基于丹可夫修正因子守恒，对每一根燃料棒建立等效一维模型。等效一维模型的燃料、气隙和包壳的几何和材料都与实际问题中的一致，而慢化剂的材料与实际问题的一致，其外径通过搜索得到，使一维燃料棒的丹可夫修正因子与实际问题燃料棒的丹可夫修正因子保持一致。将一个三维的共振自屏计算问题简化为多个相互独立的一维共振自屏计算问题。

局部效应计算：对于等效一维模型，建立中子慢化方程，可以采用共振伪核素子群方法或者 7.4 节所述的超细群方法进行求解，这里采用共振伪核素子群方法进行求解。共振伪核素子群方法的计算步骤为：采用超细群方法求解 0-D 中子慢化方程，制作共振伪核素的共振截面表；采用拟合方法得到共振伪核素的物理概率表；建立共振伪核素的子群固定源方程并求解，得到子群通量，采用子群通量归并各个共振核素各个反应道的子群截面得到有效自屏截面。从子群到多群是一个并群的过程，需要考虑多群等效效应，采用 SPH 因子修正有效自屏截面。

### 7.5.2　全局效应计算

采用中子流方法计算丹可夫修正因子，步骤为：

(1)对于慢化剂区，将吸收截面设为零，将散射截面设为势弹性散射截面，将源项的值设为势弹性散射截面的值。

(2)对于燃料区，将吸收截面设为无穷大，一般将吸收截面设为 $1 \times 10^5 \mathrm{cm}^{-1}$，将散射截面设为零，将源项的值设为零。

(3)采用假设的截面和待求解的问题的几何构造一个单群固定源方程：

$$\Omega \nabla \varphi(\mathbf{r}, \Omega) + \Sigma_t(\mathbf{r}) \varphi(\mathbf{r}, \Omega) = S(\mathbf{r}) \tag{7-125}$$

采用特征线方法求解方程(7-125)得到每一根燃料棒燃料区的标通量 $\phi_{f,1}$。

(4)对于每一根燃料棒的燃料区，采用假设的截面构造孤立棒问题，即将燃料区置于无限大的慢化剂中，一般将燃料区置于半径为 10cm 的慢化剂中，采用 Carlvik 方法求解燃料到慢化剂的首次碰撞概率 $P_{f \to M}$，该碰撞概率的值即标通量 $\phi_{f,0}$。

(5)采用下式计算丹可夫修正因子：

$$C_b = \frac{\phi_{f,0} - \phi_{f,1}}{\phi_{f,0}} \tag{7-126}$$

### 7.5.3　耦合计算

计算出待求解的问题的丹可夫修正因子之后，基于丹可夫修正因子守恒得到局部等效一维模型。

如图 7-18 所示，将栅格中间水洞右边第一根燃料棒等效成一个一维的栅元。一维栅元的边界为白边界，燃料区、气隙和包壳的材料和几何与栅格中对应栅元的一致，水的材料与栅格中对应栅元的一致，而慢化剂水的外半径 $r_M$ 未知，需要通过计算得到。

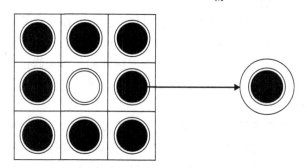

图 7-18　局部等效一维模型示意图

为了与全局效应的计算保持一致，对于一维栅元中的慢化剂区，将吸收截面设为零，将散射截面设为势弹性散射截面；对于燃料区，将吸收截面设为无穷大，一般将吸收截面设为 $1 \times 10^5 \mathrm{cm}^{-1}$，将散射截面设为零。在截面已知的情况下，$P_{f \to M}$ 是水的外半径的函数，因此丹可夫修正因子也是水的外半径的函数。丹可夫修正因子可以写为

$$C_b(r_M) = \frac{P_{e,f} - P_{f \to M}(r_M)}{P_{e,f}} \tag{7-127}$$

慢化剂区的外半径越大，燃料到慢化剂的碰撞概率就越大，而 $P_{e,f}$ 不变，因此丹可夫修正因子越小。丹可夫修正因子随慢化剂区的外半径单调递减，因此在已知丹可夫修

正因子 $C_f$ 的情况下，慢化剂区的外半径可以用二分法得到。具体流程为：

(a) 求出 $r_{M,0}=r_C+0.01$ 和 $r_{M,1}=r_C+10.0$ 两种情况下的逃脱概率和燃料到慢化剂的碰撞概率，再根据式(7-127)求得丹可夫修正因子 $C_f(r_{M,0})$ 和 $C_f(r_{M,1})$。如果 $C_f(r_{M,0})$ 小于 $C_f$，慢化剂区的外半径为 $r_{M,0}$，如果 $C_f(r_{M,1})$ 大于 $C_f$，慢化剂区的外半径为 $r_{M,1}$，否则进入下一步。

(b) 求出 $r_{M,0}$ 和 $r_{M,1}$ 的中点 $r_{M,\text{mid}}=0.5(r_{M,0}+r_{M,1})$，如果 $|r_{M,1}-r_{M,0}|<10^{-4}$，慢化剂区的外半径为 $r_{M,\text{mid}}$，否则进入下一步。

(c) 根据式(7-127)计算 $C_f(r_{M,\text{mid}})$，如果 $C_f(r_{M,\text{mid}})$ 小于 $C_f$，令 $r_{M,1}=r_{M,\text{mid}}$，否则令 $r_{M,0}=r_{M,\text{mid}}$。重新进入步骤(b)。

### 7.5.4 局部效应的计算

下面基于局部等效一维模型推导共振伪核素子群方法。首先定义共振伪核素，推导共振伪核素的共振截面表的求解方法，然后基于中间近似得到共振伪核素的物理概率表，根据物理概率表建立共振伪核素的子群固定源方程并求解得到子群通量，采用子群通量归并子群截面得到有效自屏截面，最后采用超级均匀化方法处理多群等效效应。

#### 1. 共振伪核素的截面表

讨论燃料棒燃料区的温度为平分布的情况，由于燃料区只有一个温度，下面的公式推导中略去了温度。定义一个背景伪核素，其原子质量比与 $^1$H 的原子质量比一致，散射截面为常数 $\sigma_{p,H}$，吸收截面为零，原子核密度记为 $N_H$。由于该核素满足窄共振近似，因此中间近似因子 $\lambda_H(u)$ 为 1。再定义一个共振伪核素，它由局部等效一维模型的燃料区中的共振核素按照燃料区体积平均原子核密度的比例组成。共振伪核素的原子核密度为

$$N_{\text{pseudo}}=\sum_{k\in R}\overline{N_k} \tag{7-128}$$

式中，$R$ 为共振核素的集合；$\overline{N_k}$ 为核素 $k$ 的燃料区体积平均原子核密度。

共振伪核素的连续能量截面由共振核素的连续能量截面按照燃料区体积平均原子核密度的比例加权得到，表示为

$$\sigma_{\text{pseudo}}(u)=\frac{\sum_{k\in R}\overline{N_k}\sigma_k(u)}{\sum_{k\in R}\overline{N_k}} \tag{7-129}$$

对于一个无限均匀问题，其介质由背景伪核素和共振伪核素组成，该问题的解析解为

$$\phi(u) = \frac{\sigma_b(u)}{\sigma_{\text{inter,pseudo}}(u) + \sigma_b(u)} \tag{7-130}$$

式中，$\sigma_b(u)$ 为背景截面；$\sigma_{\text{inter,pseudo}}(u)$ 为共振伪核素的中间截面。

背景截面定义为

$$\sigma_b(u) = \lambda_{\text{pseudo}}(u)\sigma_{\text{p,pseudo}} + \sigma_0 \tag{7-131}$$

式中，$\lambda_{\text{pseudo}}(u)$ 为共振伪核素的 Goldstein-Cohen 因子；$\sigma_{\text{p,pseudo}}$ 为共振伪核素的势弹性散射截面；$\sigma_0$ 为稀释截面。

共振伪核素的势弹性散射截面通过原子核密度的比例计算：

$$\sigma_{\text{p,pseudo}} = \frac{\sum_{k \in R} \overline{N_k}\sigma_{\text{p},k}}{\sum_{k \in R} \overline{N_k}} \tag{7-132}$$

式中，$\sigma_{\text{p},k}$ 为核素 $k$ 的势弹性散射截面。

稀释截面定义为

$$\sigma_0 = \frac{N_H \lambda_H(u)\sigma_{\text{p,H}}}{\sum_{k \in R} \overline{N_k}} = \frac{N_H \sigma_{\text{p,H}}}{\sum_{k \in R} \overline{N_k}} \tag{7-133}$$

共振核素的中间截面定义为

$$\sigma_{\text{inter,pseudo}}(u) = \sigma_{\text{a,pseudo}}(u) + \left[\sigma_{\text{s,pseudo}}(u) - \lambda_{\text{pseudo}}(u)\sigma_{\text{p,pseudo}}\right] \tag{7-134}$$

式中，$\sigma_{\text{a,pseudo}}(u)$ 为共振伪核素的吸收截面；$\sigma_{\text{s,pseudo}}(u)$ 为共振伪核素的散射截面。

采用式 (7-130) 表示的能谱归并连续能量截面可得

$$
\begin{aligned}
\sigma_{x,g} &= \frac{\displaystyle\int_{\Delta u_g} \sigma_x(u)\phi(u)\mathrm{d}u}{\displaystyle\int_{\Delta u_g} \phi(u)\mathrm{d}u} \\[2mm]
&= \frac{\displaystyle\int_{\Delta u_g} \sigma_x(u)\frac{\sigma_b(u)}{\sigma_{\text{inter,pseudo}}(u) + \sigma_b(u)}\mathrm{d}u}{\displaystyle\int_{\Delta u_g} \frac{\sigma_b(u)}{\sigma_{\text{inter,pseudo}}(u) + \sigma_b(u)}\mathrm{d}u} \\[2mm]
&= \frac{\displaystyle\int_{\Delta u_g} \sigma_x(u)\frac{\lambda_{\text{pseudo}}(u)\sigma_{\text{p,pseudo}} + \sigma_0}{\sigma_{\text{inter,pseudo}}(u) + \lambda_{\text{pseudo}}(u)\sigma_{\text{p,pseudo}} + \sigma_0}\mathrm{d}u}{\displaystyle\int_{\Delta u_g} \frac{\lambda_{\text{pseudo}}(u)\sigma_{\text{p,pseudo}} + \sigma_0}{\sigma_{\text{inter,pseudo}}(u) + \lambda_{\text{pseudo}}(u)\sigma_{\text{p,pseudo}} + \sigma_0}\mathrm{d}u}
\end{aligned} \tag{7-135}
$$

式中，$\Delta u_g$ 为能群 $g$ 的对数能降；$\sigma_x(u)$ 为共振伪核素或者各个组成共振核素的分道截面。分道截面包括总截面、吸收截面、裂变截面、中子产生截面、散射截面和中间截面等。各个组成共振核素的反应道可以看成是共振伪核素的反应道，因此将共振伪核素和各个组成共振核素的反应道统一记为"$x$"。

式 (7-135) 中 $\sigma_x(u)$、$\lambda_{\text{pseudo}}(u)$、$\sigma_{\text{inter,pseudo}}(u)$ 只和温度有关，$\sigma_{\text{p,pseudo}}$ 不随温度的变化而变化，因此可以认为多群截面 $\sigma_{x,g}$ 是温度和稀释截面的函数。而对于一个局部等效一维模型，燃料区的温度只有一个，因此可以将多群截面表示为 $\sigma_{x,g} = f_{x,g}(\sigma_0)$。采用超细群方法求解 0-D 中子慢化方程得到几个稀释截面点处的超细群通量。对于一个稀释截面 $\sigma_0$，其对应的背景伪核素的原子核密度为 $N_{\text{H}} = \sigma_0 / \sigma_{\text{p,H}}$。组成共振伪核素的共振核素的原子核密度与等效一维模型中的一致。基于这些核素建立中子慢化方程，并采用数值解法求解得到超细群的通量。利用超细群通量归并超细群的截面得到多群截面：

$$\sigma_{x,g}(\sigma_0) = \frac{\displaystyle\int_{\Delta u_g} \sigma_x(u)\phi(u)\mathrm{d}u}{\displaystyle\int_{\Delta u_g} \phi(u)\mathrm{d}u} = \frac{\displaystyle\sum_{h \in H_g} \sigma_{x,h}\phi_h}{\displaystyle\sum_{h \in H_g} \phi_h} \tag{7-136}$$

式中，$H_g$ 为能群 $g$ 中超细群的集合。

共振伪核素和各个组成共振核素不同稀释截面点下的多群截面，称为共振伪核素及各个组成共振核素的共振截面表。

## 2. 共振伪核素的物理概率表

将多群截面写成子群离散的形式：

$$\begin{aligned}
\sigma_{x,g} &\approx \frac{\displaystyle\int_{\Delta u_g} \sigma_x(u) \frac{\sigma_{\text{b}}(u)}{\sigma_{\text{inter,pseudo}}(u) + \sigma_{\text{b}}(u)}\mathrm{d}u}{\displaystyle\int_{\Delta u_g} \frac{\sigma_{\text{b}}(u)}{\sigma_{\text{inter,pseudo}}(u) + \sigma_{\text{b}}(u)}\mathrm{d}u} \\[2mm]
&\approx \frac{\displaystyle\sum_{i=0}^{I} \sigma_{x,g,i} p_{g,i} \frac{\sigma_{\text{b},g}}{\sigma_{\text{inter,pseudo},g,i} + \sigma_{\text{b},g}}}{\displaystyle\sum_{i=0}^{I} p_{g,i} \frac{\sigma_{\text{b},g}}{\sigma_{\text{inter,pseudo},g,i} + \sigma_{\text{b},g}}}
\end{aligned} \tag{7-137}$$

采用 7.3.2 节所描述的方法先后计算得到共振伪核素的子群中间截面、子群概率和子群分道截面。其中子群分道截面包括各个共振核素的子群总截面、子群散射截面、子群吸收截面和子群中子产生截面。

## 3. 子群固定源方程及求解

对于局部等效一维模型，中子平衡方程可以写为

$$V_n \Sigma_{t,n}(u)\phi_n(u) = \sum_{m=1}^{N} V_m P_{m \to n}(u) Q_m(u) \tag{7-138}$$

式中，$n$ 为区域的编号；$m$ 为区域的编号；$V_n$ 为区域 $n$ 的体积（$\mathrm{cm}^3$）；$P_{m \to n}(u)$ 为在区域 $m$ 中产生的各向同性中子在区域 $n$ 中发生首次碰撞的概率；$Q_m(u)$ 为中子源。

原子核密度在燃料区内的分布对有效自屏截面的影响很小，因此假设原子核密度在燃料区内是平分布，采用体积平均的原子核密度。根据共振伪核素的定义，所有共振核素的组合就是共振伪核素。下面将基于共振伪核素推导中子慢化方程。

对于非燃料区，总截面可以写为

$$\Sigma_{t,n}(u) = \sum_{k} N_{k,n} \sigma_{t,k}(u) \tag{7-139}$$

式中，$N_{k,n}$ 为核素 $k$ 在区域 $n$ 的原子核密度；$\sigma_{t,k}(u)$ 为核素 $k$ 的总截面。

考虑到局部等效一维模型的各区域的温度可能不同，因此对于同一个核素，不同区域的截面也有可能不同。以下推导中截面都会带上区域编号的下标。

对于燃料区，总截面可以写为

$$\Sigma_{t,n}(u) = N_{\text{pseudo}} \sigma_{t,\text{pseudo}}(u) + \sum_{k \notin R} N_{k,n} \sigma_{t,k}(u) \tag{7-140}$$

与推导中子慢化方程解析解的过程一致，忽略共振能量段的裂变源，因此 $Q_n(u)$ 只是散射源。同时对散射源做中间共振近似，对于非燃料区，散射源可以写为

$$
\begin{aligned}
Q_n(u) &= \sum_{k} N_{n,k} \left\{ \lambda_k(u)\sigma_{p,k} + \left[1 - \lambda_k(u)\right] \sigma_{s,k}(u)\phi_n(u) \right\} \\
&\approx \sum_{k} N_{n,k} \left[ \lambda_{k,g}\sigma_{p,k} + \left(1 - \lambda_{k,g}\right) \sigma_{s,k}(u)\phi_n(u) \right]
\end{aligned}
\tag{7-141}
$$

对于燃料区，散射源由共振伪核素的散射源和非共振核素的散射源组成，共振伪核素的散射源可以写为

$$
\begin{aligned}
Q_{n,\text{pseudo}}(u) &= N_{\text{pseudo}} \left\{ \lambda_{\text{pseudo}}(u)\sigma_{p,\text{pseudo}} + \left[1 - \lambda_{\text{pseudo}}(u)\right] \sigma_{s,\text{pseudo}}(u)\phi_n(u) \right\} \\
&\approx N_{\text{pseudo}} \left[ \lambda_{\text{pseudo},g}\sigma_{p,\text{pseudo}} + \left(1 - \lambda_{\text{pseudo},g}\right) \sigma_{s,\text{pseudo}}(u)\phi_n(u) \right]
\end{aligned}
\tag{7-142}
$$

非共振核素的散射源写为

$$
\begin{aligned}
Q_{n,\text{non-pseudo}}(u) &= \sum_{k \notin R} N_{k,n} \left\{ \lambda_k(u)\sigma_{p,k} + \left[1 - \lambda_k(u)\right] \sigma_{s,k}(u)\phi_n(u) \right\} \\
&\approx \sum_{k \notin R} N_{k,n} \left[ \lambda_{k,g}\sigma_{p,k} + \left(1 - \lambda_{k,g}\right) \sigma_{s,k}(u)\phi_n(u) \right]
\end{aligned}
\tag{7-143}
$$

式(7-141)～式(7-143)均采用了能群平均的 Goldstein-Cohen 因子。

下面推导子群固定源方程。将简化的中子慢化方程写成子群的形式为

$$V_n \Sigma_{\mathrm{t},n,g,i} \phi_{n,g,i} = \sum_{m=1}^{N} V_m P_{m \to n,g,i} Q_{m,g,i} \tag{7-144}$$

式中，$\Sigma_{\mathrm{t},n,g,i}$ 为宏观子群总截面；$P_{m \to n,g,i}$ 为截面为子群截面的值时在区域 $m$ 中产生的各向同性中子在区域 $n$ 中发生首次碰撞的概率；$Q_{m,g,i}$ 为子群散射源。

对于非共振核素，截面是常数或者随能量的变化较小，微观子群截面等于微观多群截面。

对于非燃料区，子群总截面可以写为

$$\Sigma_{\mathrm{t},n,g,i} = \sum_{k} N_{k,n} \sigma_{\mathrm{t},k,g} \tag{7-145}$$

对于燃料区，子群总截面可以写为

$$\Sigma_{\mathrm{t},n,i} = N_{\mathrm{pseudo}} \sigma_{\mathrm{t,pseudo},g,i} + \sum_{k \notin R} N_{k,n} \sigma_{\mathrm{t},k,g} \tag{7-146}$$

式中，$\sigma_{\mathrm{t,pseudo},g,i}$ 为共振伪核素在第 $g$ 群第 $i$ 子群的子群总截面。

对于非燃料区，子群散射源可以写为

$$Q_{n,g,i} = \sum_{k} N_{n,k} \left[ p_{g,i} \Delta u_g \lambda_{k,g} \sigma_{\mathrm{p},k} + \left(1 - \lambda_{k,g}\right) \sigma_{\mathrm{s},k,g} \phi_{n,g,i} \right] \tag{7-147}$$

对于燃料区，子群散射源由共振伪核素的散射源和非共振核素的散射源组成，共振伪核素的子群散射源可以写为

$$Q_{n,\mathrm{pseudo},g,i} = N_{\mathrm{pseudo}} \left[ p_{g,i} \Delta u_g \lambda_{\mathrm{pseudo},g} \sigma_{\mathrm{p,pseudo}} + \left(1 - \lambda_{\mathrm{pseudo},g}\right) \sigma_{\mathrm{s,pseudo},g,i} \phi_{n,g,i} \right] \tag{7-148}$$

式中，$\sigma_{\mathrm{s,pseudo},g,i}$ 为共振伪核素在第 $g$ 群区域 $n$ 第 $i$ 子群的子群散射截面 $(10^{-24}\mathrm{cm}^2)$。

非共振核素的子群散射源写为

$$Q_{n,\mathrm{non\text{-}pseudo},g,i} = \sum_{k \notin R} N_{k,n} \left[ p_{g,i} \Delta u_g \lambda_{k,g} \sigma_{\mathrm{p},k} + \left(1 - \lambda_{k,g}\right) \sigma_{\mathrm{s},k,g} \phi_{n,g,i} \right] \tag{7-149}$$

互易关系式写为

$$V_n P_{n \to m,g,i} \Sigma_{\mathrm{t},n,g,i} = V_m P_{m \to n,g,i} \Sigma_{\mathrm{t},m,g,i} \tag{7-150}$$

式 (7-144) 可以整理为

$$\phi_{n,g,i} = \sum_{m=1}^{N} \frac{P_{n \to m,g,i}}{\Sigma_{\mathrm{t},m,g,i}} Q_{m,g,i} \tag{7-151}$$

该方程是一个单群固定源方程，可以简写为

$$\phi_n = \sum_{m=1}^{N} a_m \left( b_m + c_m \phi_m \right) \tag{7-152}$$

式中，$a_m = \dfrac{P_{n \to m,g,i}}{\Sigma_{t,m,g,i}}$；$b_m + c_m \phi_m$ 为子群散射源。

线性方程组(7-152)可以通过高斯消去法或者 LU 分解法求解。

得到子群通量之后，利用子群通量归并子群截面可以得到有效自屏截面：

$$\sigma_{x,n,g} = \frac{\int_{\Delta u_g} \sigma_x(u)\phi_n(u)\mathrm{d}u}{\int_{\Delta u_g} \phi_n(u)\mathrm{d}u} = \frac{\sum_{i=0}^{I} \sigma_{x,g,i}\phi_{n,g,i}}{\sum_{i=0}^{I} \phi_{n,g,i}} \tag{7-153}$$

燃料区的平均有效自屏截面可以通过下式计算：

$$\sigma_{x,F,g} = \frac{\sum_{n \in F} \int_{\Delta u_g} \sigma_x(u)\phi_n(u)\mathrm{d}u}{\sum_{n \in F} \int_{\Delta u_g} \phi_n(u)\mathrm{d}u} = \frac{\sum_{n \in F} \sum_{i=0}^{I} \sigma_{x,g,i}\phi_{n,g,i}}{\sum_{n \in F} \sum_{i=0}^{I} \phi_{n,g,i}} \tag{7-154}$$

#### 4. 多群等效效应的处理

由于中子角通量密度是与角度相关的，采用连续能量的中子角通量密度归并连续能量截面得到的多群截面也应该是角度相关的。但为了后续多群输运计算的方便，一般采用角度无关的多群截面。而采用角度无关的多群截面计算得到的反应率与连续能量计算得到的反应率不一致，这种效应被称为多群等效效应。

处理多群等效效应一般有三种方法：直接采用角度相关的多群截面、不连续因子方法和超级均匀化方法。由于直接采用角度相关的多群截面和不连续因子需要存储额外的量，不利于大规模问题的计算，因此这里采用超级均匀化方法。

超级均匀化方法需要确定高阶计算和低阶计算。严格来说，高阶计算应该是对整个待求解问题进行连续能量计算，低阶计算是对同样的问题进行多群计算。然而，如果已经进行了连续能量计算，通量和有效增殖因数已经得到了，不需要再进行其他计算，因此需要重新定义高阶计算和低阶计算。通过以上推导可以发现，角度无关的多群截面是采用式(7-153)计算得到的，其中子群通量通过求解方程(7-144)得到。因此，高阶计算就是求解方程(7-144)，而低阶计算是求解以下单群固定源方程：

$$V_n \Sigma_{t,n,g}\phi_{n,g} = \sum_{m=1}^{N} V_m P_{m \to n,g} Q_{m,g} \tag{7-155}$$

式中，$Q_{m,g}$ 为多群固定源。

方程(7-155)通过对方程(7-144)在能量上积分或子群求和得到，因此方程(7-155)中的总截面可以写为

$$\Sigma_{t,n,g} = \sum_k N_{k,n}\mu_{g,n}\sigma_{t,k,g,n} = \mu_{g,n}\Sigma_{t,g,n} \tag{7-156}$$

式中，$\mu_{g,n}$ 为 SPH 因子。

对非共振核素，$\sigma_{t,k,g,n}$ 是数据库中的截面通过温度插值得到的；对于共振核素，$\sigma_{t,k,g,n}$ 为有效自屏总截面。

散射源可以写为

$$\begin{aligned} Q_{n,g} &= \sum_k N_{n,k}\Delta u_g \lambda_{k,g}\sigma_{p,k} + \sum_k \left(1-\lambda_{k,g}\right)N_{n,k}\mu_{g,n}\sigma_{s,k,g,n}\phi_{n,g} \\ &= \Delta u_g \lambda_{k,g}\Sigma_p + \left(1-\lambda_{k,g}\right)\mu_{g,n}\Sigma_{s,g,n}\phi_{n,g} \end{aligned} \tag{7-157}$$

对非共振核素，$\sigma_{s,k,g,n}$ 是数据库中的截面通过温度插值得到的；对于共振核素，$\sigma_{s,k,g,n}$ 为有效自屏散射截面。

在计算 SPH 因子之前，已经求得了多群截面 $\sigma_{x,k,g,n}^{(0)}$［采用式(7-153)］和多群通量 $\phi_{n,g}^{(0)} = \sum_i \phi_{n,g,i}$，上标"(0)"表示第 0 步迭代。SPH 因子采用以下流程计算：

(1)第 0 步迭代的 SPH 因子为 1，其他迭代步采用上一个迭代步计算得到的 SPH 因子，求解单群固定源方程(7-155)，得到通量。

(2)由于慢化剂区的核素都是非共振核素，连续能量截面与能量无关，多群截面与角度无关，SPH 因子为 1，因此慢化剂区的通量应该与第 0 步迭代的慢化剂区通量一致，利用该原理对通量进行归一：

$$\phi_{n,g}^{(h)} := \phi_{n,g}^{(h)}\frac{\phi_{\text{moderator},g}^{(0)}}{\phi_{\text{moderator},g}^{(h)}} \tag{7-158}$$

(3)计算 SPH 因子：

$$\mu_{n,g}^{(h)} = \frac{\phi_{n,g}^{(0)}}{\phi_{n,g}^{(h)}} \tag{7-159}$$

(4)重复步骤(1)～(3)直到 SPH 因子收敛。

(5)非共振核素的多群截面与角度无关，不需要 SPH 修正，因此仅对共振核素的有效自屏截面进行修正：

$$\tilde{\sigma}_{x,g,n} = \mu_{n,g}^{(H)}\sigma_{x,g,n} \tag{7-160}$$

式中，$H$ 为最后一步迭代的序号。

对共振核素的有效自屏截面进行 SPH 修正之后, 不再需要存储 SPH 因子, 因此 SPH 方法不会增加后续计算的内存。

# 参 考 文 献

[1] Stamm'ler R J J, Abbate M J. Methods of Steady-State Reactor Physics in Nuclear Design. London: Academic Press, 1983.

[2] Case K M. Introduction to the Theory of Neutron Diffusion. Los Alamos: Los Alamos Scientific Laboratory, 1953.

[3] Rhodes J, Smith K, Lee D. CASMO-5 development and applications//Proceedings of the PHYSOR-2006 Conference, ANS Topical Meeting on Reactor Physics(Vancouver, BC, Canada, 2006) B, 2006: 144.

[4] Huria H C, Buechel R J. Recent improvements and new features in the Westinghouse lattice physics codes. Transactions of the American Nuclear Society, 1995, 72: 369-371.

[5] Knott D, Wehlage E. Description of the LANCER02 lattice physics code for single-assembly and multibundle analysis. Nuclear Science and Engineering, 2007, 155(3): 331-354.

[6] Sanchez R, Mondot J, Stankovski Ž, et al. APOLLO II: A user-oriented, portable, modular code for multigroup transport assembly calculations. Nuclear Science and Engineering, 1988, 100(3): 352-362.

[7] Lindley B A, Hosking J G, Smith P J, et al. Current status of the reactor physics code WIMS and recent developments. Annals of Nuclear Energy, 2017, 102: 148-157.

[8] Hébert A, Marleau G. Generalization of the Stamm'ler method for the self-shielding of resonant isotopes in arbitrary geometries. Nuclear Science and Engineering, 1991, 108(3): 230-239.

[9] Dancoff S M, Ginsburg M. Surface resonance absorption in a close-packed lattice. United States Atomic Energy Commission, Technical Information Service Extension, 1944.

[10] Askew J R. A characteristics formulation of the neutron transport equation in complicated geometries. London: United Kingdom Atomic Energy Authority, 1972.

[11] Sugimura N, Yamamoto A. Evaluation of Dancoff factors in complicated geometry using the method of characteristics. Journal of Nuclear Science and Technology, 2006, 43(10): 1182-1187.

[12] X-Monte Carlo Team. MCNP—A general Monte Carlo n-particle transport code, version 5. Los Alamos, New Mexico, 2003.

[13] Nikilaev M, Ignatcv A, Isaev N, et al. The method of subgroups for considering the resonance structure of cross sections in neutron calculations. Atomnaya Energiya, 1970, 29: 11-16.

[14] Li Y, Zhang B, He Q, et al. Development and verification of PWR-core fuel management calculation code system NECP-Bamboo: Part I Bamboo-Lattice. Nuclear Enginnering and Design, 2018, 335: 432-440.

[15] Stamm'ler R. HELIOS methods. Studsvik Scandpower, 2001.

[16] Chen J, Liu Z, Zhao C, et al. A new high-fidelity neutronics code NECP-X. Annals of Nuclear Energy, 2018, 116: 417-428.

[17] Joo H G, Cho J, Kim K, et al. Methods and performance of a three-dimensional whole-core transport code DeCART//PHYSOR 2004, Chicago, 2004.

[18] Downar T, Kochunas B, Collins B. Validation and verification of the MPACT code//PHYSOR 2016, Sun Valley, 2016.

[19] Askew J R, Fayers F J, Kemshell P B. A general description of the lattice code WIMS. Journal of the British Nuclear Energy Society, 1966, 5: 546-585.

[20] Williams M. Correction of multigroup cross sections for resolved resonance interference in mixed absorbers. Nuclear Science and Engineering, 1983, 83: 37-49.

[21] Kier P H. RIFF-RAFF-A program for computation of resonance integrals in a two-region cell. ANL-7033, 1965.

[22] Brissenden R J, Durston C. A User's GENEX, SDR and related computer codes. AEEW-R 622, Winfrith, 1968.

[23] Mizuta H, Aoyama K, Fukai Y. RICM-An IBM-700 code of resonance integral calculation for multi-region lattice. JAERI-1134, 1967.

[24] Ishiguro Y, Takano H. PEACO: A code for calculation of group constants of resonance energy region in heterogeneous systems.

JAERI-1219, 1971.

[25] Leszczynski F. Neutron resonance treatment with details in space and energy for pin cells and rod clusters. Annals of Nuclear Energy,1987, 14(11): 589-601.

[26] Yamamoto A, Endo T, Tabuchi M, et al. AEGIS: An advanced lattice physics code for light water reactor analyses. Nuclear Engineering and Technology, 2010, 42(5): 500-519.

[27] Koike H, Yamaji K, Kirimura K, et al. Integration of equivalence theory and ultra-fine-group slowing-down alculation for resonance self-shielding treatment in lattice physics code GALAXY. Journal of Nuclear Science and Technology, 2015, 53(6): 842-869.

[28] Liu Y, Martin W, Williams M, et al. A full-core resonance self-shielding method using a continuous-energy quasi-one-dimensional slowing-down solution that accounts for temperature-dependent fuel subregions and resonance interference. Nuclear Science and Engineering, 2015, 180(3): 247-272.

[29] Zu T J, Yin W, He Q M, et al. Application of the hyperfine group self-shielding calculation method to the lattice and whole-core physics calculation. Annals of Nuclear Energy, 2020, 136: 107045.

[30] Zhang Q, Shuai Q, Zhao Q, et al. Improvements on the method of ultra-fine-group slowing-down solution coupled with method of characteristics on irregular geometries. Annals of Nuclear Energy, 2020, 136: 107017.

[31] Hazama T, Chiba G, Sugino K. Development of a fine and ultru-fine group cell calculation code SLAROM-UF for fast reactor analyses. Journal of Nuclear Science and Technology, 2006, 43(8): 908-918.

[32] Lee C H, Yang W S. MC2-3: Multigroup cross section generation code for fast reactor analysis. Nuclear Science and Engineering, 2017, 187: 268-290.

[33] Wei L F, Zheng Y Q, Du X N, et al. Extension of SARAX code system for reactors with intermediate spectrum. Nuclear Engineering and Design, 2020, 370: 110883.

[34] Choi S, Lee C, Lee D. Resonance treatment using pin-based pointwise energy slowing-down method. Journal of Computational Physics, 2017, 330: 134-155.

[35] Liu Z, He Q, Zu T, et al. The pseudo-resonant-nuclide subgroup method based global-local self-shielding calculation scheme. Journal of Nuclear Science and Technology, 2018, 55: 217-228.

[36] Li M, Zmijarevic I, Sanchez R. A subgroup method based on the equivalent Dancoff-factor cell technique in APOLLO3 for thermal reactor calculations. Annals of Nuclear Energy, 2020, 139(5): 107212.1-107212.17.

# 第 8 章

## 燃耗方程及其数值方法

反应堆在运行过程中，核燃料中的易裂变核素通过裂变或者辐射俘获等反应不断地消耗，可裂变核素通过俘获中子反应转换为易裂变核素。伴随核燃料中易裂变核素的不断消耗，核反应堆中的部分裂变产物(比如 $^{135}I$ 和 $^{135}Xe$)的产生和消失逐渐达到平衡，另外一部分裂变产物则不断地累积，对反应堆的中子场影响较大，所以我们需要获得燃料中的核素成分随着燃耗深度的变化情况。本章重点介绍燃耗方程、燃耗方程求解方法以及典型的燃耗计算程序等内容。

## 8.1　燃　耗　方　程

燃耗计算求解的是描述燃料中核素成分变化的平衡方程，其中核素之间通过衰变或与中子反应实现相互转换的关系由燃耗链描述。

### 8.1.1　燃耗链

反应堆中所涉及的核素多达上千种，由评价库定义的精细燃耗链也非常复杂。针对工程设计，可以在保证足够计算精度的条件下简化燃耗链，从而节省计算内存和计算时间。对于不同的燃料循环类型，各核素的重要程度不同，简化后的燃耗链也会有一定的差别。图 8-1

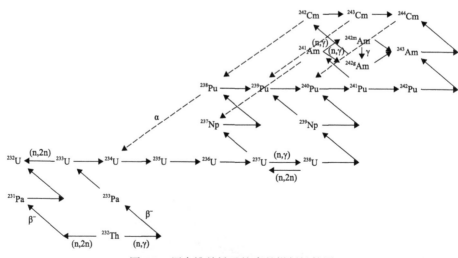

图 8-1　压水堆关键重核素的燃耗链简图

相同的箭头代表相同的转化方式

展示的是压水堆关键重核素的简化燃耗链，其简化过程是将半衰期较短和吸收截面较小的部分中间核素省略掉，比如 $^{233}$Th、$^{239}$U 和 $^{240}$Np 等。

裂变产物的燃耗链比重核素更加复杂，包括 1000 多种放射性或稳定核素，计算所有核素的原子核密度并评价其对反应性的影响非常复杂。针对核反应堆，可以选取吸收截面和裂变产额较大的部分关键裂变产物，并结合它们之间的转换关系形成简化燃耗链，将其他次要核素归并成伪裂变产物。压水堆中关键裂变产物的燃耗链如图 8-2 所示：图中包括 56 种裂变产物和 1 种伪裂变产物，倾斜虚线箭头表示通过裂变反应产生（包括裂变直接产生和短寿命先驱裂变产物衰变产生）；水平实线箭头表示通过中子俘获反应产生，倾斜实线箭头则表示通过 β$^-$ 衰变产生。

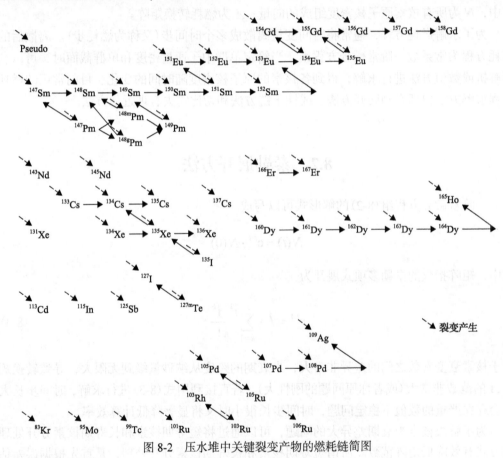

图 8-2  压水堆中关键裂变产物的燃耗链简图

## 8.1.2  燃耗方程的形式

根据燃耗链中描述的不同核素之间的相互转化关系，可以建立不同核素原子核密度的平衡方程，即燃耗方程，表示为

$$\frac{dN_i(t)}{dt} = -(\sigma_{i,a}\varphi + \lambda_i)N_i(t) + \sum_j b_{j,i}\lambda_j N_j(t) + \sum_k \sigma_{k,i}\varphi N_k(t) + \sum_m \sigma_{m,f}\varphi Y_{m,i} N_m(t) \qquad (8\text{-}1)$$

式中，$\varphi$ 为单群中子通量密度；$\lambda_i$ 和 $\sigma_{i,a}$ 分别为核素 $i$ 的衰变常数和单群吸收截面；$b_{j,i}$ 为核素 $j$ 衰变产生核素 $i$ 的分支比；$\sigma_{k,i}$ 为核素 $k$ 产生核素 $i$ 的单群反应截面；如果核素 $i$ 是裂变产物，则 $Y_{m,i}$ 表示重核素 $m$ 裂变产生核素 $i$ 的裂变产额；$\sigma_{m,f}$ 为重核素 $m$ 的裂变截面，如果核素 $i$ 不是裂变产物，则无该项。

根据式 (8-1) 所示的核素 $i$ 的燃耗方程，可以建立燃耗链中所有核素原子核密度的平衡方程，其矩阵形式可以表示为

$$\frac{\mathrm{d}N(t)}{\mathrm{d}t} = A \cdot N(t) \qquad (8\text{-}2)$$

式中，$N$ 为所有核素原子核密度组成的向量；$A$ 为燃耗转换矩阵。

为了求解燃耗方程，通常将时间变量离散成多个时间步（又称为燃耗步）。离散后的燃耗方程为常系数一阶常微分方程组，当给定单群中子通量密度和单群截面时，可以利用解析或数值方法进行求解，得到各核素的原子核密度随时间的变化。目前常用的燃耗方程求解方法包括泰勒展开方法、线性子链方法和切比雪夫有理近似方法。

## 8.2  泰勒展开方法

一阶常微分方程组 (8-2) 的解形式可以写成

$$N(t) = \mathrm{e}^{tA} \cdot N(0) \qquad (8\text{-}3)$$

式中，矩阵指数的泰勒多项式展开为

$$\mathrm{e}^{tA} = I + \sum_{k=1}^{\infty} \frac{t^k A^k}{k!} \qquad (8\text{-}4)$$

由于核素衰变常数之间的差异非常大，半衰期的跨度从纳秒量级到无限大，导致转换矩阵 $A$ 的范数非常大（或者称原问题的刚性大）。若直接利用式 (8-3) 进行求解，时间步长大时会存在严重的数值不稳定问题，时间步长很小时又将显著降低计算效率。

为了解决核素半衰期差异大的问题，可以通过将短寿期核素和长寿期核素分开处理的方式有效降低矩阵范数。所谓短寿期核素和长寿期核素分开处理，是首先根据误差估计确定短寿期核素（典型的判据是半衰期在时间步长的 1/10 以内），然后将这些核素从燃耗链中移除，重新建立长寿期核素之间的转换关系，保证移除前后长寿期核素之间转换的等价性，然后利用泰勒多项式展开进行求解。在获得长寿期核素的原子核密度后，基于长期平衡近似，即认为短寿期核素原子核密度达到了平衡值）求解短寿期核素的原子核密度。

在 ORIGEN-2 程序中，矩阵指数的多项式 (8-4) 取前 53 阶。该方法计算效率较高，在单机上，一个燃耗步的计算耗时约为 0.1s，同时还可以给出误差估计，确保主要核素

原子核计算精度在合理范围之内。不过，该方法的精度与其他主要方法相比偏低。

## 8.3　线性子链方法

线性子链方法(Transmutation Trajectory Analysis，TTA 方法)是根据燃耗问题固有的线性特征及燃耗转换矩阵的稀疏性，将多个转换关系相互耦合的燃耗链分解为多个可以线性叠加的燃耗子链，即线性化过程，分解后的燃耗子链称为线性链，再利用解析方法求解线性链。

线性子链法的关键是如何线性化，下面以一个典型的燃耗链说明其线性化过程。如图 8-3 所示，图中以小写字母标识核素，以数字标识反应通道，这里假设只有核素 a 初始浓度不为零。如果原子核俘获中子，燃耗链将出现如图 8-3 所示的环路现象，下面将讨论以核素 a 为起始点的线性化过程。

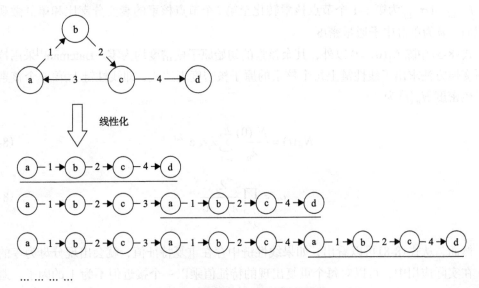

图 8-3　燃耗链(含环路)的线性化

从起始核素 a 出发，经通道 1 到核素 b，再经通道 2 到核素 c，核素 c 有两个分支反应通道，按第一个经分支通道 4 到核素 d，得到第一条线性链(图 8-3)。核素 c 还存在第二个分支通道 3，因此核素 c 可以经通道 3 到达核素 a，再经通道 1 到核素 b，经通道 2 到核素 c，再经第一个分支通道 4 到核素 d，得到第二条线性链(图 8-3)。由此可以看出，线性化过程会陷入无限循环中，产生无限多个线性链。

图 8-3 中下划线标识出的位置是各线性链中新考虑的转换路径，将各个线性链新转换路径获得的原子核密度加和即可获得最终结果。

随着线性化过程的不断循环，起始核素 a 在新考虑的转换路径中的原子核密度值也越低，这样需引入截断(cutoff)准则将重要性很低的线性链截断，避免线性化过程的无限循环。

线性链的原子核密度平衡方程可以表示为

$$
\frac{\mathrm{d}N_1(t)}{\mathrm{d}t} = -\lambda_1 N_1(t)
$$

$$
\frac{\mathrm{d}N_i(t)}{\mathrm{d}t} = \lambda_{i-1} N_{i-1}(t) - \lambda_i N_i(t), \qquad i = 2, 3, \cdots, n
$$

(8-5)

式中，$N_1(t)$ 为线性链的起始核素；$N_i(t)$ 为线性链第 $i$ 个节点的原子核密度；$\lambda_i$ 为第 $i$ 个节点核素的消失系数；$\lambda_{i-1}$ 为第 $i{-}1$ 个节点核素至第 $i$ 个节点核素的转化系数。

$\lambda_i$ 和 $\lambda_{i-1}$ 的定义如下：

$$
\lambda_i = \lambda_i^{\mathrm{decay}} + \sigma_{\mathrm{a},i}\phi
$$

$$
\lambda_{i-1} = b_{i-1,i}\lambda_{i-1}^{\mathrm{decay}} + \sigma_{i-1,i}\phi
$$

(8-6)

式中，$\lambda_i^{\mathrm{decay}}$ 为第 $i$ 个节点核素衰变常数；$\sigma_{\mathrm{a},i}$ 为第 $i$ 个节点核素单群微观中子吸收截面；$b_{i-1,i}$ 和 $\sigma_{i-1,i}$ 为第 $i{-}1$ 个节点核素转化至第 $i$ 个节点核素的衰变分支比和单群微观中子截面；$\phi$ 为单群中子通量密度。

式(8-5)中除 $N_1(0) \neq 0$ 以外，其余核素的初始原子核密度均为零。Bateman[1]采用拉普拉斯变换方法求出了线性链上每个核素的原子核密度表达式，即线性链上第 $m$ 个核素的原子核密度 $N_n(t)$ 为

$$
N_n(t) = \frac{N_1(0)}{\lambda_n} \sum_{i=1}^{n} \lambda_i \alpha_i \mathrm{e}^{-\lambda_i t}
$$

(8-7)

$$
\alpha_i = \prod_{\substack{j=1 \\ j \neq i}}^{n} \frac{\lambda_j}{\lambda_j - \lambda_i}
$$

(8-8)

然而，从式(8-8)可以看出，如果线性链中存在重复特征值，就会出现分母为零的情况。在实际应用中，可以对每个重复出现的特征值乘以一个接近但不为 1 的因子，避免分母为零，这种处理方式在一定程度上降低了计算精度，当重复的特征值较大时可能会存在数值不稳定的问题。

Cetnar[2]利用极限运算，从 Bateman 表达式出发推导了允许重复特征值出现的广义解析表达式：

$$
N_n(t) = \frac{N_1(0)}{\lambda_n} \sum_{i=1}^{a_n} \tilde{\lambda}_i \alpha_i \mathrm{e}^{-\tilde{\lambda}_i t} \sum_{m=0}^{\mu_{n,i}} \frac{(\tilde{\lambda}_i t)^m}{m!} \cdot \Omega_{n,i,\mu_{n,i}-m}
$$

$$
\alpha_i = \prod_{\substack{j=1 \\ j \neq i}}^{a_n} \left( \frac{\tilde{\lambda}_j}{\tilde{\lambda}_j - \tilde{\lambda}_i} \right)^{\mu_{n,j}+1}
$$

$$\Omega_{n,i,j,\mu_{n,i-m}} = \sum_{h_1=0}^{j} \cdots \sum_{h_{i-1}=0}^{j} \sum_{h_{i+1}=0}^{j} \cdots \sum_{h_{a_n}=0}^{j}$$

$$\times \prod_{\substack{k=1 \\ k \neq i}}^{a_n} \binom{h_k + \mu_{n,k}}{\mu_{n,k}} \left( \frac{\tilde{\lambda}_i}{\tilde{\lambda}_i - \tilde{\lambda}_k} \right)^{h_k} \delta\left( j, \sum_{\substack{l=1 \\ l \neq i}}^{a_n} h_l \right) \tag{8-9}$$

式中，$a_n$ 为前 $n$ 个节点消失系数中非重复数值的数目；$\tilde{\lambda}_i$ 为前 $n$ 个节点消失系数中第 $i$ 个非重复数值；$\mu_{n,i}$ 为前 $n$ 个 f 节点消失系数中第 $i$ 个非重复数值的重数。

该方法对于处理纯衰变问题非常有效，效率和精度都非常高，稳定性和可靠性较好，广泛应用于工程计算中。对于中子辐照燃耗问题，其计算效率对中子通量水平、时间步长和截断准则较为敏感，其精度较后面介绍的切比雪夫有理近似方法稍差。

## 8.4 切比雪夫有理近似方法

切比雪夫有理近似方法（Chebyshev Rational Approximation Method，CRAM）于1969 年由 Cody 等[3]首次应用在导热问题中的矩阵指数数值求解。1999 年 Oh 和 Yang[4]以分式形式将该方法应用于燃耗计算，受制于燃耗矩阵的刚性其数值表现并不突出。2010 年该方法由 Pusa 和 Leppänen[5]以分式分解形式（Partial Decomposition Form）应用于燃耗计算。该实现形式不但效率高，并且规避了燃耗矩阵刚性大的问题，对于中子辐照燃耗问题，表现优于其他已有算法。Isotalo 和 Pusa[6]在 2016 年提出了效率更高的子步+切比雪夫有理近似方法。目前国内外很多燃耗计算程序中均采用了切比雪夫有理近似方法。

式 (8-3) 中矩阵指数可以借助线积分定义表示为

$$e^{tA} = \frac{1}{2\pi i} \int_{\Gamma} e^z (zI - tA)^{-1} dz \tag{8-10}$$

对于单变量的情形，切比雪夫有理近似式在负实轴上能够有效地逼近指数函数，将单变量形式推广到矩阵形式即可导出燃耗计算的切比雪夫有理近似方法：

$$e^{tA} \approx \frac{P_k(tA)}{Q_k(tA)} = \alpha_0 I + 2\mathrm{Re}\left[ \sum_{i=1}^{k/2} \alpha_i (tA - \theta_i I)^{-1} \right] \tag{8-11}$$

式 (8-11) 可以看成是矩阵指数线积分定义的一种离散形式，其中系数只与阶数 $k$（一般取偶数）有关，而与燃耗矩阵具体取值无关，主要运算量在于求解 $k/2$ 个复数线性方程组。切比雪夫有理近似式的展开阶数每增加一阶，指数函数的计算精度提升接近一个量级，计算量仅线性增加，所以对于中子辐照燃耗问题，切比雪夫有理近似方法具有良好的计算精度和效率。对于纯衰变问题，当时间步长远大于核素半衰期时，数值表现不如线性子链方法。

# 8.5 常用程序介绍

早期发展的燃耗计算程序多为组件计算程序的一个功能模块，如 WIMS、DRAGON、CASMO、TPFEP，这类程序一般针对特定堆型，采用的是简化燃耗链，适用范围相对较窄。另一类为专用的燃耗计算程序，见表 8-1，这类程序功能明确，并且具有更加完整的燃耗链，应用范围广泛，如 ORIGEN-2/ORIGEN-S、CINDER、FISPACT、DEPTH 和 NECP-ERICA 等。

表 8-1 燃耗计算的代表性程序

| 程序名称 | 开发国家 | 燃耗计算方法 | 程序特点 |
|---|---|---|---|
| ORIGEN | 美国 | 泰勒展开方法 | ORIGEN-2 数据库包含约 1700 种核素，截面采用单群结构；ORIGEN-S 包含约 2200 种核素，包括三群截面库 |
| CINDER | 美国 | TTA 方法 | CINDER90 包含约 3400 种核素 |
| FISPACT | 欧洲 | 指数欧拉差分法 | 用于活化计算，FISPACT2007 的数据库包含 2231 个核素 |
| DEPTH | 中国 | TTA 方法、CRAM | 支持物理量瞬时值和积分值 |
| NECP-ERICA | 中国 | TTA 方法、CRAM | 支持 1547 种核素和 233 种核素两种数据库 |

## 8.5.1 ORIGEN

ORIGEN-2[7]是美国橡树岭国家实验室开发的点燃耗计算程序，其中核心算法是泰勒展开方法，对于短寿命核素采用长期平衡近似方法处理。程序经过多次版本更新，目前最新版本为 2002 年更新的 ORIGEN-2.2。程序具备完整的燃耗、活化和源项计算功能，不但可以给出特定燃耗或时间下的核素成分，还能给出放射性活度、衰变热、光子源项及中子源项，数据库将核素分为锕系核素、裂变产物和活化产物三部分，其中锕系核素包括 129 种核素，裂变产物包括 879 种核素，活化产物包括 688 种核素，共计 1696 种核素，截面采用单群结构。

ORIGEN-S[8]早期是 ORIGEN-2 的衍生版本，1977 年美国橡树岭国家实验室为适应 SCALE 程序包的开发，将 ORIGEN 嵌入 SCALE 程序包内进行功能开发并维护至今，目前 ORIGEN-S 的数据库还在不断更新。ORIGEN-S 基于完备的燃耗数据库，追踪约 2200 种核素，可使用单群和多群的截面库，截面库适用范围比 ORIGEN-2 更宽。ORIGEN-S 在 SCALE 程序包中可与多个模块实现耦合，目前广泛应用于工业界的乏燃料源项计算。

## 8.5.2 CINDER

CINDER[9]是 20 世纪 60 年代美国贝蒂斯原子能实验室开发的燃耗计算程序，1998 年美国洛斯阿拉莫斯国家实验室在 CINDER 程序的基础上改进升级，发布了 CINDER90，程序核心算法为线性子链方法，数据库包含 3400 多种核素。在实际计算时利用数据库全面搜索所有反应路径进行线性化，然后通过截断准则确定是否终止线性化过程，实现了自适应的线性化，提高了计算效率。程序可计算燃料与结构材料的放射性活度及衰变热，但不支持光子源项及中子源项计算。该程序主要应用于加速器、船用反应堆设计及天体物理等多个领域。

### 8.5.3　FISPACT

FISPACT[10]是 20 世纪 90 年代由英国原子能机构开发的活化计算程序，是欧洲活化程序系统(European Activation System，EASY)EASY-II 的核心组成部分，截面数据采用多种多群数据结构，用户可以灵活选择。以指数欧拉差分方法为核心算法，由于指数欧拉差分方法在计算短寿命核素时不稳定，FISPACT 2007 通过长期平衡近似处理短寿命核素以提高稳定性和精度。FISPACT 支持多种来源的截面数据库，包括 ENDF、TENDF 和 EAF 等，并可追踪 2000 多种核素，计算其放射性活度、衰变热和光子源项等，但程序不支持中子源项计算。程序主要应用于聚变堆、压水堆和加速器的活化计算，同时也可以应用于中子辐照燃耗问题的计算，目前是国际热核聚变实验堆(International Thermonuclear Experimental Reactor，ITER)项目的指定活化计算程序。

### 8.5.4　DEPTH

DEPTH[11]是清华大学开发的燃耗计算程序，其核心算法为线性子链法、切比雪夫有理近似方法和求积组有理逼近法等，具有与 ORIGEN-2 相当的功能，支持衰变、定通量和定功率三种燃耗模式，可计算原子核密度、衰变热、放射性活度和核反应率等物理量。与 ORIGEN-2 不同的是，DEPTH 不仅能够计算物理量的瞬时值，而且能够计算某物理量在燃耗步长内对时间的积分值。

### 8.5.5　NECP-ERICA

NECP-ERICA[12]是西安交通大学核工程计算物理实验室(NECP 团队)开发的燃耗计算程序，包含了改进的线性子链方法和切比雪夫有理近似方法，其计算精度和计算效率与 ORIGEN-2 相当。为了适用于多种堆芯的燃耗计算、衰变计算、活化计算和源项计算，程序不但可以使用完整燃料链的数据库，还内置了多套燃耗数据库，包括适用于活化、源项计算的 1547 种核素的精细燃耗数据库和针对压水堆堆芯计算的 233 种核素的压缩燃耗数据库，从而满足不同的应用场景。

### 参 考 文 献

[1] Bateman H. The solution of a system of differential equations occurring in the theory of radioactive transformations. Proceedings of the Cambridge Philosophical Society, 1910, 15: 423-427.

[2] Cetnar J. General solution of Bateman equations for nuclear transmutation. Annals of Nuclear Energy, 2006, 33:640-645.

[3] Cody W J, Meinardus G, Varga R S. Chebyshev rational approximations to e-z in [0,+inf) and applications to heat-conduction problems. Journal of Approximation Theory, 1969, 2（1）: 50-65.

[4] Oh H S, Yang W S. Comparison of matrix exponential methods for fuel burnup calculations. Journal of the Korean Nuclear Society, 1999, 31（2）: 172-181.

[5] Pusa M, Leppänen J. Computing the matrix exponential in burnup calculations. Nuclear Science and Engineering, 2010, 164（2）: 140-150.

[6] Isotalo A E, Pusa M. Improving the accuracy of the Chebyshev rational approximation method using substeps. Nuclear Science and Engineering, 2016, 183（1）: 65-77.

[7] Croff A G. A User's Manual for the ORIGEN2 Computer Code, ORNL/TM-7175, 1980.

[8] Gauld I C, Hermann O W, Westfall R M. ORIGEN-S: SCALE system module to caluclate fuel depletion, actinide transmutation, fission product buildup and decay, and associated radiation source terms. Oak Ridge National Laboratory/U.S. Nuclear Regulatory Commission, 2006.

[9] Gallmeier F X, Ferguson P D, Lu W, et al. The CINDER'90 transmutation code package for use in accelerator applications in combination with MCNPX//Meeting on Collaboration of Advanced Neutron Sources, Grindelwald, 2010.

[10] Forrest R A. FISPACT-2007: User manual. Abingdon: Culham Science Centre, 2007.

[11] She D, Wang K, Yu G L. Development of the point-depletion code DEPTH. Nuclear Engineering and Design, 2013, 258: 235-240.

[12] 黄凯. 数值反应堆的高保真燃耗计算方法研究. 西安: 西安交通大学, 2016.

# 第 9 章
# 中子输运共轭方程与微扰理论

在核反应堆物理分析中，经常需要评估反应堆材料或参数的微小变化对堆芯有效增殖系数或反应率的影响。最直接的方法就是对"扰动前"和"扰动后"的两个堆芯系统进行临界计算，以求出有效增殖系数或反应率的变化量。但当扰动的参数很多时，直接法的工作量是巨大的，且当扰动量很小时，反应性的实际变化量可能与数值计算误差在同一数量级，导致计算结果不准确。反应堆微扰理论是用于估计这些微小变化对于反应堆系统影响的有效方法，此方法类似于求解经典量子力学的自共轭方程的经典线性微扰理论。反应堆物理分析中，如中子扩散方程或中子输运方程并不是自共轭方程，因此需要引入与之相关的共轭方程，也就是中子价值方程。尽管微扰理论应用于反应堆系统不同问题时所处理的数据和方程都不相同，但是所采用的方法是具有共性的。在某些领域，应用微扰理论不仅可以提高计算精度，还可以降低计算成本。同时，微扰理论提供了一种计算反应性系数或敏感性系数的有效方法，比如核截面变化对于临界或反应性的影响等。

在实际应用中，由于待分析的参数较多，通常使用一阶微扰理论来进行计算，即假设扰动前后中子通量分布是不发生变化的。但事实上，中子通量分布的变化对于反应性的扰动影响是明显的、不可忽略的。此时，一阶微扰理论会失效，而广义微扰理论则可充分考虑中子通量分布变化引入的影响。另外，一阶微扰理论的准确性会受到线性近似的限制，在实际应用中，这种线性近似往往是不准确的，而高阶微扰理论可以解决这个问题。

## 9.1 中子输运共轭方程与中子价值

### 9.1.1 内积及共轭算符

在讨论微扰理论之前，先介绍一下内积及共轭算符的数学概念及基本知识。

设函数 $\Phi(r)$ 和 $\Phi^*(r)$ 定义于域 $G(r)$ 内，定义函数 $\Phi(r)$ 和 $\Phi^*(r)$ 的内积为

$$\left\langle \Phi, \Phi^* \right\rangle = \int_G \Phi \Phi^* \mathrm{d}r \tag{9-1}$$

式 (9-1) 的定义同样可推广适用于矢量函数。假设有矢量函数 $\Phi = (\Phi_1(r), \Phi_2(r), \cdots, \Phi_n(r))$ 及 $\Phi^* = (\Phi_1^*(r), \Phi_2^*(r), \cdots, \Phi_n^*(r))$ 定义于域 $G(r)$ 上，其中 $\Phi_1, \Phi_2, \cdots, \Phi_n$ 为

$\boldsymbol{\Phi}$ 的分量，$\Phi_1^*, \Phi_2^*, \cdots, \Phi_n^*$ 为 $\boldsymbol{\Phi}^*$ 的分量。矢量函数 $\boldsymbol{\Phi}$ 和 $\boldsymbol{\Phi}^*$ 内积的定义为

$$\left\langle \boldsymbol{\Phi}, \boldsymbol{\Phi}^* \right\rangle = \int_G (\Phi_1 \Phi_1^* + \Phi_2 \Phi_2^* + \cdots + \Phi_n \Phi_n^*) \mathrm{d}\boldsymbol{r} \tag{9-2}$$

这实际上相当于通常三维空间中两个矢量点积定义的推广。

在反应堆物理计算领域，基本线性运算符可以分为四类：乘积算符、微分算符、积分算符及矩阵算符。

乘积算符：通常对应于函数和向量乘积。在反应堆物理计算分析中，最常见的乘积算符就是截面与中子通量的乘积生成反应率：$R(x) = \Sigma \phi(x)$。

微分算符：包括导数或偏导数形式。在反应堆物理计算中，有时间、空间相关的一阶偏导数 $(\mathrm{d}/\mathrm{d}t, \mathrm{d}/\mathrm{d}x)$、梯度、散度和拉普拉斯算子 $(\nabla, \nabla\cdot, \nabla^2)$ 及 $\nabla \cdot D\nabla$，其中 $D$ 是空间相关的扩散系数。中子输运方程中包含散度算子，作用于中子流；中子扩散方程中包含 $\nabla \cdot D\nabla$ 算子，作用于中子通量。

积分算符：其定义为

$$Af = \int_a^b K(x' \rightarrow x) f(x') \mathrm{d}x' \tag{9-3}$$

在反应堆物理计算分析中，散射源项就是积分算符形式，如下所示：

$$A\phi = \int_0^\infty \Sigma(E' \rightarrow E) \phi(E') \mathrm{d}E' \tag{9-4}$$

矩阵算符：反应堆物理计算中的矩阵算符可能包含常量、函数及其他算符。例如，燃耗计算的贝特曼方程中的矩阵算符就只包含衰变常数等常量，而中子扩散方程或输运方程的矩阵算符包括上述定义的其他算符。

事实上，两个基本线性算符的和同样是线性算符。因此，可以基于多个基本线性算符构造新的线性算符。同样的道理，中子输运方程中由散度算符、乘积算符和积分算符组成的"玻尔兹曼算符"同样也是线性算符。

对于前述的基本线性算符，可以通过如下方式定义共轭算符：如果 $f$ 和 $g$ 是某个线性算符 $A$ 域中的两个元素，若满足

$$\left\langle f, Ag \right\rangle = \left\langle g, A^* f \right\rangle \tag{9-5}$$

则 $A^*$ 称为 $A$ 的共轭算符。共轭算符具有如下特性：

$$(A^*)^* = A \tag{9-6}$$

$$(A^*)^{-1} = (A^{-1})^* \tag{9-7}$$

$$(A + B)^* = A^* + B^* \tag{9-8}$$

$$(A \cdot B)^* = B^* \cdot A^* \tag{9-9}$$

当 $A = A^*$ 时，$A$ 称为自共轭算符。乘积算符显然是自共轭的，因为有

$$\langle f, Ag \rangle = \langle g, Af \rangle \tag{9-10}$$

微分算符的共轭是由各部分积分得到的，并在共轭算符中引入了"双线性共轭"项，或者说"边界项"。去除边界项的共轭算符称为"形式共轭"。如果一个算符与其形式共轭相等，则该算符称为"形式自共轭"。偶阶微分算符就是"形式自共轭"，比如：

$$\frac{d^2}{dt^2}, \quad \nabla^2, \quad \frac{d^4}{dx^4} \tag{9-11}$$

因此有

$$\left( \frac{d^2}{dt^2} \right)^* = \frac{d^2}{dt^2}, \quad (\nabla^2)^* = \nabla^2, \quad \left( \frac{d^4}{dx^4} \right)^* = \frac{d^4}{dx^4} \tag{9-12}$$

而奇阶微分算符的形式共轭与前向算符的符号相反，比如：

$$(\nabla)^* = -\nabla, \quad \left( \frac{d}{dt} \right)^* = -\frac{d}{dt} \tag{9-13}$$

如上所述，微分算符的完整共轭算符还包括"边界项"，其定义在求解域的边界上。如果将共轭算符中的函数限制为服从某些边界条件的特定函数，可以将"边界项"去掉，此时，形式共轭与完整共轭算符是相同的。但是，针对某些问题，必须得定义共轭边界条件。针对反应堆物理计算分析，部分微分算符的边界条件定义如表 9-1 所示。

**表 9-1　部分微分算符的边界条件定义[1]**

| 前向算符 | 共轭算符 | 前向边界条件 | 共轭边界条件 |
|---|---|---|---|
| $\dfrac{d}{dt}, \dfrac{\partial}{\partial t}$ | $\dfrac{-d}{dt}, \dfrac{-\partial}{\partial t}$ | $\phi(t_0) = 0$ | $\phi^*(t_F) = 0$ |
| $\nabla \cdot \Omega$ | $-\nabla \cdot \Omega$ | $\phi(r_s, \Omega) = 0; \hat{n} \cdot \Omega < 0$ <br> $\phi(r_s, \Omega) = \phi(r_s, -\Omega)$ | $\phi^*(r_s, \Omega) = 0; \hat{n} \cdot \Omega > 0$ <br> $\phi^*(r_s, \Omega) = \phi^*(r_s, -\Omega)$ |
| $\nabla \cdot D\nabla$ | $\nabla \cdot D\nabla$ | $\phi(r_s) = 0$ <br> $D\phi'(r_s) = 0$ <br> $a\phi(r_s) + b\phi'(r_s) = 0$ | $\phi^*(r_s) = 0$ <br> $D\phi^{*\prime}(r_s) = 0$ <br> $a\phi^*(r_s) + b\phi^{*\prime}(r_s) = 0$ |
| $\dfrac{d^n}{dt^n}$ | $(-1)^n \dfrac{d^n}{dt^n}$ | $\dfrac{d^i}{dt^i}\phi(t_0) = 0; i = 0, n-1$ | $\dfrac{d^i}{dt^i}\phi^*(t_F) = 0; i = 0, n-1$ |

具有定常实数元素的矩阵算符的共轭算符是该矩阵算符的转置。如果矩阵算符中包含其他算符的元素，则共轭算符是矩阵的转置，但每个元素都被其特定的共轭运算符所

替换，而积分算符的共轭算符是其内核转置的积分。

### 9.1.2 中子输运方程的共轭形式

在推导共轭中子输运方程之前，我们先了解共轭方程的概念。对于给定边界条件的方程，通常称之为中子输运"前向方程"。以特征值响应为例，中子平衡方程的算符形式可表示为

$$M\phi = 0 \tag{9-14}$$

共轭方程可通过利用共轭算符替换前向方程中相应算符的方式来建立。同时，也必须要指定共轭边界条件和共轭源项，而源项和边界条件对于不同的问题和响应而言会有所不同。对于特征值响应，其共轭源项为零，即共轭特征值方程是另外一个特征值问题。式(9-14)的共轭方程具有如下形式：

$$M^*\phi^* = 0 \tag{9-15}$$

但在实际应用中，通常使共轭源项等于响应对于因变量的导数。如果方程中包含微分算符，则必须指定共轭边界条件，且通常选择某些边界条件使得共轭算符中的边界项消失。共轭方程的解称为共轭函数。如果共轭函数等于前向方程的解，则称该问题是自共轭的。自共轭不仅需要有自共轭算符，还要求前向和共轭方程的源项及边界条件相等。而在反应堆物理计算分析中，自共轭问题是较为普遍的。

首先，对于稳态前向中子输运方程来说，将每一项算符取其共轭算符后可获得稳态前向中子输运方程的共轭方程，即稳态共轭中子输运方程。在稳态条件下，前向中子输运方程可以写为

$$
\begin{aligned}
&\boldsymbol{\Omega} \cdot \nabla \phi(\boldsymbol{r}, \boldsymbol{\Omega}, E) + \Sigma_t(\boldsymbol{r}, E) \phi(\boldsymbol{r}, \boldsymbol{\Omega}, E) \\
&= \iint \Sigma_s(\boldsymbol{r}, E') f(\boldsymbol{r}, E' \rightarrow E, \boldsymbol{\Omega}' \rightarrow \boldsymbol{\Omega}) \phi(\boldsymbol{r}, \boldsymbol{\Omega}', E') \mathrm{d}E' \mathrm{d}\boldsymbol{\Omega}' \\
&\quad + \lambda \frac{\chi(E)}{4\pi} \iint \nu \Sigma_f(\boldsymbol{r}, E') \phi(\boldsymbol{r}, \boldsymbol{\Omega}', E') \mathrm{d}E' \mathrm{d}\boldsymbol{\Omega}'
\end{aligned}
\tag{9-16}
$$

式(9-16)中做了裂变源项各向同性的假设，可简写成算符形式为

$$L\phi = F\phi \tag{9-17}$$

式中

$$L\phi = (\boldsymbol{\Omega} \cdot \nabla + \Sigma_t) \phi(\boldsymbol{r}, \boldsymbol{\Omega}, E) - \int_0^\infty \mathrm{d}E' \int_0^{4\pi} \Sigma_s(\boldsymbol{r}, E') f(\boldsymbol{r}, E' \rightarrow E, \boldsymbol{\Omega}' \rightarrow \boldsymbol{\Omega}) \phi(\boldsymbol{r}, \boldsymbol{\Omega}', E') \mathrm{d}\boldsymbol{\Omega}'$$

$$F\phi = \lambda \frac{\chi(E)}{4\pi} \iint \nu \Sigma_f(\boldsymbol{r}, \boldsymbol{\Omega}', E') \phi(\boldsymbol{r}, \boldsymbol{\Omega}', E') \mathrm{d}E' \mathrm{d}\boldsymbol{\Omega}'$$

对于输运项 $\boldsymbol{\Omega} \cdot \nabla \phi$，将共轭通量 $\phi^*$ 与其做内积有

$$
\begin{aligned}
\left\langle \phi^*, \boldsymbol{\Omega} \cdot \nabla \phi \right\rangle &= \int \mathrm{d}E \int \mathrm{d}\boldsymbol{\Omega} \int \phi^* \boldsymbol{\Omega} \cdot \nabla \phi \, \mathrm{d}\boldsymbol{r} \\
&= \int \mathrm{d}E \int \mathrm{d}\boldsymbol{\Omega} \int \left[ \nabla \cdot \left( \phi \phi^* \boldsymbol{\Omega} \right) - \phi \nabla \cdot \left( \phi^* \boldsymbol{\Omega} \right) \right] \mathrm{d}\boldsymbol{r} \\
&= \int \mathrm{d}E \int \mathrm{d}\boldsymbol{\Omega} \int \mathrm{div} \left( \phi \phi^* \boldsymbol{\Omega} \right) \mathrm{d}\boldsymbol{r} + \left\langle \phi, -\boldsymbol{\Omega} \cdot \nabla \phi^* \right\rangle
\end{aligned}
\tag{9-18}
$$

使用高斯公式将体积分变换为面积分，即

$$
\int \mathrm{d}E \int \mathrm{d}\boldsymbol{\Omega} \int \mathrm{div} \left( \phi \phi^* \boldsymbol{\Omega} \right) \mathrm{d}\boldsymbol{r} = \int \mathrm{d}E \int \mathrm{d}\boldsymbol{\Omega} \int \phi \phi^* \boldsymbol{\Omega} \cdot \boldsymbol{n} \, \mathrm{d}S
\tag{9-19}
$$

在堆芯边界处，角通量以及共轭角通量可认为满足下式：

$$
\phi_{\text{boundary}} = \phi^*_{\text{boundary}} = 0
$$

则式 (9-18) 中的体积分为 0，即

$$
\int \mathrm{d}E \int \mathrm{d}\boldsymbol{\Omega} \int \mathrm{div} \left( \phi \phi^* \boldsymbol{\Omega} \right) \mathrm{d}\boldsymbol{r} = \int \mathrm{d}E \int \mathrm{d}\boldsymbol{\Omega} \int \phi \phi^* \boldsymbol{\Omega} \cdot \boldsymbol{n} \, \mathrm{d}S = 0
\tag{9-20}
$$

于是有

$$
\left\langle \phi^*, \boldsymbol{\Omega} \cdot \nabla \phi \right\rangle = \left\langle \phi, -\boldsymbol{\Omega} \cdot \nabla \phi^* \right\rangle
\tag{9-21}
$$

由式 (9-21) 可知，输运算符 $\boldsymbol{\Omega} \cdot \nabla$ 的共轭算符为 $-\boldsymbol{\Omega} \cdot \nabla$。这与表 9-1 中给出的结论是一致的。

对于算符 $\varSigma_t$，根据共轭算符的定义可知，$\varSigma_t$ 为自共轭算符，于是共轭算符为其自身，因为

$$
\left\langle \phi^*, \varSigma_t(\boldsymbol{r}, E) \phi \right\rangle = \left\langle \phi, \varSigma_t(\boldsymbol{r}, E) \phi^* \right\rangle
\tag{9-22}
$$

对于散射源项，其共轭算符的推导过程如下：

$$
\begin{aligned}
&\left\langle \phi^*, \iint \varSigma_s(\boldsymbol{r}, E') f(E' \to E, \boldsymbol{\Omega}' \to \boldsymbol{\Omega}) \phi(\boldsymbol{r}, \boldsymbol{\Omega}', E') \mathrm{d}\boldsymbol{\Omega}' \mathrm{d}E' \right\rangle \\
&= \int \mathrm{d}\boldsymbol{r} \int \mathrm{d}E \int \mathrm{d}\boldsymbol{\Omega} \, \phi^*(\boldsymbol{r}, \boldsymbol{\Omega}, E) \iint \varSigma_s(\boldsymbol{r}, E') f(E' \to E, \boldsymbol{\Omega}' \to \boldsymbol{\Omega}) \phi(\boldsymbol{r}, \boldsymbol{\Omega}', E') \mathrm{d}\boldsymbol{\Omega}' \mathrm{d}E' \\
&= \int \mathrm{d}\boldsymbol{r} \int \varSigma_s(\boldsymbol{r}, E') \mathrm{d}E' \int \phi(\boldsymbol{r}, \boldsymbol{\Omega}', E') \mathrm{d}\boldsymbol{\Omega}' \iint f(E' \to E, \boldsymbol{\Omega}' \to \boldsymbol{\Omega}) \phi^*(\boldsymbol{r}, \boldsymbol{\Omega}, E) \mathrm{d}\boldsymbol{\Omega} \mathrm{d}E \\
&= \int \mathrm{d}\boldsymbol{r} \int \varSigma_s(\boldsymbol{r}, E) \mathrm{d}E \int \phi(\boldsymbol{r}, \boldsymbol{\Omega}, E) \mathrm{d}\boldsymbol{\Omega} \iint f(E \to E', \boldsymbol{\Omega} \to \boldsymbol{\Omega}') \phi^*(\boldsymbol{r}, \boldsymbol{\Omega}', E') \mathrm{d}\boldsymbol{\Omega}' \mathrm{d}E' \\
&= \left\langle \phi, \iint \varSigma_s(\boldsymbol{r}, E) f(E \to E', \boldsymbol{\Omega} \to \boldsymbol{\Omega}') \phi^*(\boldsymbol{r}, \boldsymbol{\Omega}', E') \mathrm{d}\boldsymbol{\Omega}' \mathrm{d}E' \right\rangle
\end{aligned}
\tag{9-23}
$$

于是，算符 $L$ 的共轭算符为

$$L^* \phi^* = \left(-\boldsymbol{\Omega} \cdot \nabla + \Sigma_{\mathrm{t}}\right) \phi^* (\boldsymbol{r}, \boldsymbol{\Omega}, E)$$
$$- \Sigma_{\mathrm{s}} (\boldsymbol{r}, E) \iint f(\boldsymbol{r}, E \to E', \boldsymbol{\Omega} \to \boldsymbol{\Omega}') \phi^* (\boldsymbol{r}, \boldsymbol{\Omega}', E') \mathrm{d}\boldsymbol{\Omega}' \mathrm{d}E' \tag{9-24}$$

对于裂变算符 $F$，参考散射源项共轭算符的推导过程，可以得到 $F$ 的共轭算符 $F^*$ 为

$$F^* \phi^* = \lambda^* \frac{\nu \Sigma_f (\boldsymbol{r}, E)}{4\pi} \iint \chi(E') \phi^* (\boldsymbol{r}, \boldsymbol{\Omega}', E') \mathrm{d}\boldsymbol{\Omega}' \mathrm{d}E' \tag{9-25}$$

因此，在稳态条件下，共轭中子输运方程为

$$\left(-\boldsymbol{\Omega} \cdot \nabla + \Sigma_{\mathrm{t}}\right) \phi^* (\boldsymbol{r}, \boldsymbol{\Omega}, E)$$
$$= \Sigma_{\mathrm{s}} (\boldsymbol{r}, E) \iint f(\boldsymbol{r}, E \to E', \boldsymbol{\Omega} \to \boldsymbol{\Omega}') \phi^* (\boldsymbol{r}, \boldsymbol{\Omega}', E') \mathrm{d}\boldsymbol{\Omega}' \mathrm{d}E' \tag{9-26}$$
$$+ \lambda^* \frac{\nu \Sigma_{\mathrm{f}} (\boldsymbol{r}, E)}{4\pi} \iint \chi(E') \phi^* (\boldsymbol{r}, \boldsymbol{\Omega}', E') \mathrm{d}\boldsymbol{\Omega}' \mathrm{d}E'$$

在外表面 $\Gamma$ 上满足边界条件：

$$\phi^* (\boldsymbol{r}_{\mathrm{s}}, \boldsymbol{\Omega}, E) = 0, \qquad (\boldsymbol{\Omega} \cdot \boldsymbol{n}) > 0, \quad \boldsymbol{r}_{\mathrm{s}} \in \Gamma \tag{9-27}$$

对比式 (9-26) 和式 (9-16) 可知，共轭中子输运方程与前向中子输运方程在形式上是一致的，差别主要有三点：①泄漏项取负；②散射矩阵转置；③裂变谱与裂变截面互换位置。

同理，与时间有关的共轭中子输运方程为

$$-\frac{1}{v} \frac{\partial \phi^* (\boldsymbol{r}, \boldsymbol{\Omega}, E, t)}{\partial t} + \left(-\boldsymbol{\Omega} \cdot \nabla + \Sigma_{\mathrm{t}}\right) \phi^* (\boldsymbol{r}, \boldsymbol{\Omega}, E, t)$$
$$= \Sigma_{\mathrm{s}} (\boldsymbol{r}, E) \iint f(\boldsymbol{r}, E \to E', \boldsymbol{\Omega} \to \boldsymbol{\Omega}) \phi^* (\boldsymbol{r}, \boldsymbol{\Omega}', E', t) \mathrm{d}\boldsymbol{\Omega}' \mathrm{d}E' \tag{9-28}$$
$$+ \frac{\nu \Sigma_{\mathrm{f}} (\boldsymbol{r}, E)}{4\pi} \iint \chi(E') \phi^* (\boldsymbol{r}, \boldsymbol{\Omega}', E', t) \mathrm{d}\boldsymbol{\Omega}' \mathrm{d}E'$$

在自由表面上有

$$\phi^* (\boldsymbol{r}_{\mathrm{s}}, \boldsymbol{\Omega}, E, t) = 0, \qquad (\boldsymbol{\Omega} \cdot \boldsymbol{n}) > 0, \quad \boldsymbol{r}_{\mathrm{s}} \in \Gamma \tag{9-29}$$

对于中子扩散方程，在稳态条件下，其表示为

$$-\nabla \cdot D(\boldsymbol{r}, E) \nabla \phi(\boldsymbol{r}, E) + \Sigma_{\mathrm{t}} (\boldsymbol{r}, E) \phi(\boldsymbol{r}, E)$$
$$= \int_0^\infty \Sigma_{\mathrm{s}} (\boldsymbol{r}, E' \to E) \phi(\boldsymbol{r}, E') \mathrm{d}E' + \lambda \chi(E) \int_0^\infty \nu \Sigma_{\mathrm{f}} (\boldsymbol{r}, E') \phi(\boldsymbol{r}, E') \mathrm{d}E' \tag{9-30}$$

参考共轭中子输运方程的推导，消失项、散射源项及裂变源项的共轭算子可以直接获得。现只需考虑泄漏项的共轭算符，为简单起见，省略位置及能量标识，具体推导过

程如下：

$$\left\langle \phi^*, -\nabla \cdot D\nabla \phi \right\rangle = \int \mathrm{d}E \int -\phi^* \nabla \cdot D\nabla \phi \mathrm{d}r$$

$$= -\int \mathrm{d}E \int \left( \nabla \cdot \phi^* D\nabla \phi + D\nabla \phi \cdot \nabla \phi^* \right) \mathrm{d}r$$

$$= -\int \mathrm{d}E \int \left( \nabla \cdot \phi D\nabla \phi^* + D\nabla \phi \cdot \nabla \phi^* \right) \mathrm{d}r \qquad (9\text{-}31)$$

$$= -\int \mathrm{d}E \int \phi \nabla \cdot D\nabla \phi^* \mathrm{d}r$$

$$= \left\langle \phi, -\nabla \cdot D\nabla \phi^* \right\rangle$$

在式 (9-31) 的推导过程中，将体积分变换成了面积分，并认为在反应堆边界处满足 $\phi_{\mathrm{boundary}} = \phi_{\mathrm{boundary}}^* = 0$，因而有

$$\int \mathrm{d}E \int \nabla \cdot \phi^* D\nabla \phi \mathrm{d}r = \int \mathrm{d}E \int \nabla \cdot \phi D\nabla \phi^* \mathrm{d}r = 0 \qquad (9\text{-}32)$$

因此，泄漏项 $-\nabla \cdot D\nabla$ 是自共轭的。于是，稳态共轭中子扩散方程可以写为

$$-\nabla \cdot D(r,E)\nabla \phi^*(r,E) + \Sigma_{\mathrm{t}}(r,E)\phi^*(r,E)$$

$$= \int_0^\infty \Sigma_{\mathrm{s}}(r,E \to E')\phi^*(r,E')\mathrm{d}E' + \lambda^* \nu \Sigma_{\mathrm{f}}(r,E)\int_0^\infty \chi(E')\phi^*(r,E')\mathrm{d}E' \qquad (9\text{-}33)$$

事实上，共轭扩散方程只是在共轭输运方程的基础上作了扩散近似。

### 9.1.3　共轭方程的本征值及本征函数

非稳态中子输运方程的算符形式为

$$\frac{1}{v}\frac{\partial \phi}{\partial t} = M\phi \qquad (9\text{-}34)$$

可以进一步化为稳态的本征值问题：

$$M\phi = \frac{\lambda}{v}\phi \qquad (9\text{-}35)$$

式中，$\lambda$ 称为方程的本征值。可以证明上述方程存在很多个分立的本征值 $\lambda_i$，按其实数部分的大小顺序编号为 $\lambda_0$、$\lambda_1$、$\lambda_2$、$\cdots$，相应的解（本征函数）表示为 $\phi_i$。需要注意的是，在一定条件下，$\lambda_0$ 为实数，相应的本征函数也为正实函数。

同理，非稳态共轭中子输运方程可表示为

$$-\frac{1}{v}\frac{\partial \phi^*}{\partial t} = M^* \phi^* \qquad (9\text{-}36)$$

上述方程也可以化为稳态的本征值问题，即

$$M^* \phi^* = \frac{\lambda^*}{v} \phi^* \tag{9-37}$$

方程 (9-37) 同样存在一个最大的实本征值 $\lambda_0^*$，相应的本征函数为正实函数。同理，系统的特性由 $\lambda_0^*$ 决定，比如，临界时 $\lambda_0^* = 0$，次临界时 $\lambda_0^* < 0$。

针对下述方程：

$$M\phi_j = \frac{\lambda_j}{v} \phi_j \tag{9-38}$$

$$M^* \phi_i^* = \frac{\lambda_i^*}{v} \phi_i^* \tag{9-39}$$

分别用 $\phi_i^*$ 和 $\phi_j$ 对式 (9-38) 和式 (9-39) 做内积有

$$\left\langle \phi_i^*, M\phi_j \right\rangle = \left\langle \phi_i^*, \frac{\lambda_j}{v} \phi_j \right\rangle \tag{9-40}$$

$$\left\langle \phi_j, M^* \phi_i^* \right\rangle = \left\langle \phi_j, \frac{\lambda_i^*}{v} \phi_i^* \right\rangle \tag{9-41}$$

根据共轭特性可知式 (9-40) 与式 (9-41) 的左边是相等的，于是有

$$\left\langle \phi_i^*, \frac{\lambda_j}{v} \phi_j \right\rangle = \left\langle \phi_j, \frac{\lambda_i^*}{v} \phi_i^* \right\rangle \tag{9-42}$$

即

$$(\lambda_j - \lambda_i^*) \left\langle \frac{\phi_i^*}{v}, \phi_j \right\rangle = 0 \tag{9-43}$$

如果 $i = j = 0$，此时 $\phi_0$ 和 $\phi_0^*$ 皆为正值函数，于是 $\left\langle \phi_i^*/v, \phi_j \right\rangle$ 不为零。此时有 $\lambda_0 = \lambda_0^*$，即算符 $M$ 与 $M^*$ 的基本本征值相等，也就是说前向方程和共轭方程的基本本征值相等。

如果 $\lambda_j \neq \lambda_i^*$，则 $\left\langle \phi_i^*/v, \phi_j \right\rangle = 0$；如果 $\lambda_j = \lambda_i^*$，则 $\left\langle \phi_i^*/v, \phi_j \right\rangle \neq 0$。这表明通量与共轭通量的本征函数 (带权重 $1/v$) 正交。于是，通量和共轭通量的本征函数构成了一个正交完备函数族，类似于傅里叶级数展开或勒让德多项式展开等，任何良性函数可以用此函数族来展开，并确定其展开式的系数，比如用有限测量点构建堆内通量分布等。

### 9.1.4 多群共轭方程及其求解

在实际应用中，中子输运方程或中子扩散方程均以多群形式出现。以前向多群中子扩散方程为例，其矩阵形式可以表示为

$$\begin{bmatrix} -\nabla D_1\nabla + \Sigma_{a,1} + \Sigma_{R,1} & -\Sigma_{s,2\to1} & \cdots & -\Sigma_{s,G\to1} \\ -\Sigma_{s,1\to2} & -\nabla D_2\nabla + \Sigma_{a,2} + \Sigma_{R,2} & \cdots & -\Sigma_{s,G\to2} \\ \vdots & \vdots & \vdots & \vdots \\ -\Sigma_{s,1\to G} & -\Sigma_{s,2\to G} & \cdots & -\nabla D_G\nabla + \Sigma_{a,G} + \Sigma_{R,G} \end{bmatrix}\begin{bmatrix} \phi_1 \\ \phi_2 \\ \vdots \\ \phi_G \end{bmatrix}$$

$$= \begin{bmatrix} \chi_1\nu\Sigma_{f,1} & \chi_1\nu\Sigma_{f,2} & \cdots & \chi_1\nu\Sigma_{f,G} \\ \chi_2\nu\Sigma_{f,1} & \chi_2\nu\Sigma_{f,2} & \cdots & \chi_2\nu\Sigma_{f,G} \\ \vdots & \vdots & \vdots & \vdots \\ \chi_G\nu\Sigma_{f,1} & \chi_G\nu\Sigma_{f,2} & \cdots & \chi_G\nu\Sigma_{f,G} \end{bmatrix}\begin{bmatrix} \phi_1 \\ \phi_2 \\ \vdots \\ \phi_G \end{bmatrix} \tag{9-44}$$

由于稳态前向中子扩散方程的各项是自共轭的，因此将式 (9-44) 的矩阵转置便可得到共轭多群中子扩散方程，即

$$\begin{bmatrix} -\nabla D_1\nabla + \Sigma_{a,1} + \Sigma_{R,1} & -\Sigma_{s,1\to2} & \cdots & -\Sigma_{s,1\to G} \\ -\Sigma_{s,2\to1} & -\nabla D_2\nabla + \Sigma_{a,2} + \Sigma_{R,2} & \cdots & -\Sigma_{s,2\to G} \\ \vdots & \vdots & \vdots & \vdots \\ -\Sigma_{s,G\to1} & -\Sigma_{s,G\to2} & \cdots & -\nabla D_G\nabla + \Sigma_{a,G} + \Sigma_{R,G} \end{bmatrix}\begin{bmatrix} \phi_1^* \\ \phi_2^* \\ \vdots \\ \phi_G^* \end{bmatrix}$$

$$= \begin{bmatrix} \chi_1\nu\Sigma_{f,1} & \chi_2\nu\Sigma_{f,1} & \cdots & \chi_G\nu\Sigma_{f,1} \\ \chi_1\nu\Sigma_{f,2} & \chi_2\nu\Sigma_{f,2} & \cdots & \chi_G\nu\Sigma_{f,2} \\ \vdots & \vdots & \vdots & \vdots \\ \chi_1\nu\Sigma_{f,G} & \chi_2\nu\Sigma_{f,G} & \cdots & \chi_G\nu\Sigma_{f,G} \end{bmatrix}\begin{bmatrix} \phi_1^* \\ \phi_2^* \\ \vdots \\ \phi_G^* \end{bmatrix} \tag{9-45}$$

式中，$G$ 表示能群数；$\Sigma_R$ 表示移出截面。针对某一特定能群 $g$，移出截面表达式为

$$\Sigma_{R,g}(\boldsymbol{r}) = \Sigma_{t,g}(\boldsymbol{r}) - \Sigma_{s,g\to g}(\boldsymbol{r}) \tag{9-46}$$

在堆芯外推边界处有

$$\phi_{g,s} = \phi_{g,s}^* = 0, \qquad g = 1,2,\cdots,G \tag{9-47}$$

针对中子输运方程或扩散方程，通过上述推导发现共轭方程与前向方程在形式上是完全一致的。因此，只需对前向中子输运方程或扩散方程的求解器做适当的修改，就能直接求解共轭方程。以稳态共轭中子输运方程求解为例，只需将：

(1) 泄漏项取负。

(2) 散射矩阵转置，实现共轭散射源项的计算。但需要注意的是，由于散射矩阵的转置，可能造成上散射变得强烈，进而影响收敛速度。实际操作中，可以将所有截面的能群编号前后对应互换，比如 $G \leftrightarrow 1$，实现逆向能群扫描。

(3) 裂变产生截面 $\nu\Sigma_f$ 与裂变谱 $\chi$ 向量互换，实现共轭裂变源项的计算。

上述过程，仅是对截面的预处理，并没有对输运求解的迭代过程进行修改。因此，可以使用前向中子输运方程求解器直接求解共轭中子输运方程。但需注意的是，上述过

程获得的通量信息还需进一步后处理才是真实的共轭通量，包括：

(1)能群编号前后再次对应互换，以对应为真实能群下的共轭通量。

(2)若角度变量采用离散方式，则需将 $\psi^*(r, \Omega_m, E)$ 对应于 $\psi^*(r, -\Omega_m, E)$。

对于扩散求解，上述操作同样适用，只是不存在泄漏项取负及角度离散的问题。

### 9.1.5　中子价值

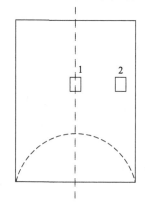

图 9-1　堆芯不同位置上的吸收体[3]

在核反应堆物理中，引入中子价值的概念是非常有益的，它使我们对于反应堆物理的许多重要问题有了正确理解。比如，在反应堆中的不同位置上分别放入一个具有相同吸收截面和形状大小的小吸收体，如图 9-1 所示。我们发现，在中心位置上的吸收体所引起的反应性变化比边缘位置上的大。当然，中心位置处中子通量密度高，因此吸收中子数目也多，如果仅是如此，那么它们对反应性的影响就应该正比于中子通量密度。但是实验表明，该影响并非正比于 $\phi(r)$，而是近似地正比于 $\phi^2(r)$。究其原因是：同样一个中子在不同的位置时，其对某种核素的某种核反应或反应堆功率的贡献或"重要程度"是不同的，也就是堆芯不同位置处中子价值不同。我们可以把中子价值简单地理解为一个中子对于反应堆功率贡献大小的量度。一个中子对反应堆功率的贡献大，即它的价值高；反之，则价值低。中子越是靠近堆芯外边界，它逃漏的概率就越大，因而它对反应堆功率的可能贡献就越小，即价值越低。对于一个具体的系统而言，如果中子在其中发生了俘获反应或泄漏出系统以外，它就不再对反应堆功率有贡献，那么它的价值就等于零。不难理解，一个中子之所以对反应堆功率作出贡献，是因为它能引起裂变、(n, 2n) 及散射反应等，进而产生次级中子，使中子在链式反应的基础上不断增加，而它的后代也不断对反应堆功率作出贡献。换言之，就是初始中子的总价值等于它们后代中子的价值的和，这就是价值守恒定律。所以，在给出中子价值的定义时，我们要规定一个末态时刻 $t_F$。中子价值可以有多种定义，此处给出中子价值的一般定义，即在 $t$ 时刻、相空间 $(r, E, \Omega)$ 处的中子价值是该中子在 $t_F$ 时刻对仪器显示的可能的贡献。所谓仪器显示是中子对测量仪器作用的结果，这些结果可以是某种反应数或能量释放的量值或功率水平等[2]。

中子的价值是用其对反应堆功率的贡献来衡量的。一个中子对反应堆功率的贡献越大，其后代的数目也越多。因此，在实际分析中我们需要规定一个末态时刻 $t_F$，以关注此时刻的中子后代数。而在 $t_F$ 时刻，每个中子的价值是一样的，而不管其位置、能量及飞行方向如何。如果不这样规定，中子价值是永远算不清的。以次临界系统为例，假设开始有 10000 个中子投入到次临界堆中，到达 $t_F$ 时刻，只剩下 10 个中子。假设末态时每个中子的价值都为 1，则总价值为 10。由于价值守恒，开始时的 10000 个中子的总价值也是 10，于是初始时刻每个中子的价值为 0.001。因此，在次临界系统中，中子数目随时间而减少，而每个中子的价值随时间而增加。而对于超临界系统，中子数目随时间而增加，但每个中子的价值随时间而减少。由此可见，中子数或中子通量与中子价值随时间变化的趋势是正好相反的。

与中子通量密度函数类似，中子价值也是关于时刻 $t$ 和变量 $(\boldsymbol{r}, \boldsymbol{\Omega}, E)$ 的函数，每个中子的价值以 $\phi^+(\boldsymbol{r}, \boldsymbol{\Omega}, E, t)$ 表示。事实上，中子价值函数是大量中子统计平均的宏观分布函数，并非单个中子的微观效应。从中子价值的物理意义出发，可以利用它的守恒性直接导出中子价值所满足的数学方程，即中子价值方程。

假设 $t$ 时刻在堆芯的空间 $\boldsymbol{r}$ 点投入了 $N$ 个能量为 $E$、运动方向为 $\boldsymbol{\Omega}$ 的中子，如果每个中子的价值表示为 $\phi^+(\boldsymbol{r}, \boldsymbol{\Omega}, E, t)$，则总价值为 $N\phi^+(\boldsymbol{r}, \boldsymbol{\Omega}, E, t)$。下面考察这些中子经过 $\Delta t$ 时间以后的命运。其中，中子的速率为 $v$，$\Sigma(\boldsymbol{r}, E)$ 表示 $\boldsymbol{r}$ 点处、能量为 $E$ 的中子与原子核发生相互作用的宏观总截面，它也表示单位路程上中子与原子核发生碰撞的概率。因此，$\Delta t$ 时间内发生核反应的概率为

$$\Delta t v \Sigma(\boldsymbol{r}, E)$$

于是，中子不经碰撞到达 $t + \Delta t$ 时刻、$\boldsymbol{r} + \Delta t v \boldsymbol{\Omega}$ 点的概率为

$$1 - \Delta t v \Sigma(\boldsymbol{r}, E)$$

在 $\Delta t$ 时间内，中子与原子核发生反应产生的次级中子变为 $\boldsymbol{\Omega}'$、$E'$ 的概率可统一表示为 $f(\boldsymbol{\Omega}, E \to \boldsymbol{\Omega}', E')$。于是，基于价值守恒定律有

$$
\begin{aligned}
N\phi^+(\boldsymbol{r}, \boldsymbol{\Omega}, E, t) = &N\left[1 - \Delta t v \Sigma(\boldsymbol{r}, E)\right]\phi^+(\boldsymbol{r} + \Delta t v \boldsymbol{\Omega}, \boldsymbol{\Omega}, E, t + \Delta t) \\
&+ N\Delta t v \Sigma(\boldsymbol{r}, E)\int f(\boldsymbol{\Omega}, E \to \boldsymbol{\Omega}', E')\phi^+(\boldsymbol{r} + \varepsilon\Delta t v \boldsymbol{\Omega}, \boldsymbol{\Omega}', E', t + \varepsilon\Delta t)\mathrm{d}\boldsymbol{\Omega}'\mathrm{d}E'
\end{aligned}
$$

$$(9\text{-}48)$$

式 (9-48) 中左边第一项表示 $N$ 个能量为 $E$、运动方向为 $\boldsymbol{\Omega}$、在 $t$ 时刻、点 $\boldsymbol{r}$ 处的中子的总价值；右边第一项是未经碰撞到达 $t + \Delta t$ 时刻、$\boldsymbol{r} + \Delta t v \boldsymbol{\Omega}$ 点的那部分中子的价值，第二项则是在 $t$ 到 $t + \Delta t$ 时间内发生碰撞后产生的所有次级中子的价值，这部分中子中有 $N\Delta t v \Sigma_s(\boldsymbol{r}, E)$ 个中子是发生散射碰撞（改变了方向与能量）后产生了次级中子，此时 $f(\boldsymbol{\Omega}, E \to \boldsymbol{\Omega}', E')$ 为散射函数，这里，$0 \leqslant \varepsilon \leqslant 1$，表示碰撞是在 $t$ 到 $t + \Delta t$ 中间的某一时刻发生的。那么这部分散射后的中子所具有的中子价值为

$$N\Delta t v \Sigma_s(\boldsymbol{r}, E)\int_0^\infty\int_{\boldsymbol{\Omega}'} f(\boldsymbol{\Omega}, E \to \boldsymbol{\Omega}', E')\phi^+(\boldsymbol{r} + \varepsilon\Delta t v \boldsymbol{\Omega}, \boldsymbol{\Omega}', E', t + \varepsilon\Delta t)\mathrm{d}\boldsymbol{\Omega}'\mathrm{d}E' \quad (9\text{-}49)$$

还有部分中子被俘获后引发裂变产生了 $N\Delta t v\left[\nu\Sigma_f(\boldsymbol{r}, E)\right]$ 个次级中子。假设裂变中子的角分布是各向同性的，那么 $f(\boldsymbol{\Omega}, E \to \boldsymbol{\Omega}', E')$ 的具体形式为 $\chi(E')/4\pi$，于是这部分中子的价值为

$$\frac{N\Delta t v \nu \Sigma_{\mathrm{f}}\left(\boldsymbol{r},E\right)}{4\pi}\int_0^{\infty}\int_{\boldsymbol{\Omega}'}\chi(E')\phi^+\left(\boldsymbol{r}+\varepsilon\Delta t v\boldsymbol{\Omega},\boldsymbol{\Omega}',E',t+\varepsilon\Delta t\right)\mathrm{d}\boldsymbol{\Omega}'\mathrm{d}E' \tag{9-50}$$

另外，被吸收的那部分中子的价值等于零，其余不发射中子的核反应对应的 $f(\boldsymbol{\Omega},E\rightarrow\boldsymbol{\Omega}',E')$ 函数等于零。经过上述分析，式 (9-42) 进一步写成

$$
\begin{aligned}
N\phi^+\left(\boldsymbol{r},\boldsymbol{\Omega},E,t\right)=&N\left[1-\Delta t v\Sigma\left(\boldsymbol{r},E\right)\right]\phi^+\left(\boldsymbol{r}+\Delta t v\boldsymbol{\Omega},\boldsymbol{\Omega},E,t+\Delta t\right)\\
&+N\Delta t v\Sigma_{\mathrm{s}}\left(\boldsymbol{r},E\right)\int_0^{\infty}\int_{\boldsymbol{\Omega}'}f\left(\boldsymbol{\Omega},E\rightarrow\boldsymbol{\Omega}',E'\right)\phi^+\\
&\times\left(\boldsymbol{r}+\varepsilon\Delta t v\boldsymbol{\Omega},\boldsymbol{\Omega}',E',t+\varepsilon\Delta t\right)\mathrm{d}\boldsymbol{\Omega}'\mathrm{d}E'\\
&+\frac{N\Delta t v\nu\Sigma_{\mathrm{f}}\left(\boldsymbol{r},E\right)}{4\pi}\int_0^{\infty}\int_{\boldsymbol{\Omega}'}\chi(E')\phi^+\left(\boldsymbol{r}+\varepsilon\Delta t v\boldsymbol{\Omega},\boldsymbol{\Omega}',E',t+\varepsilon\Delta t\right)\mathrm{d}\boldsymbol{\Omega}'\mathrm{d}E'
\end{aligned}
\tag{9-51}
$$

把式 (9-51) 左端的项移到右边，消去共同的因子 $N\Delta t v$ ，令 $\Delta t\rightarrow 0$ ，注意到

$$\lim_{\Delta t\rightarrow 0}\frac{\phi^+\left(\boldsymbol{r}+\Delta t v\boldsymbol{\Omega},\boldsymbol{\Omega},E,t+\Delta t\right)-\phi^+\left(\boldsymbol{r},\boldsymbol{\Omega},E,t\right)}{v\Delta t}=\boldsymbol{\Omega}\cdot\nabla\phi^+\left(\boldsymbol{r},\boldsymbol{\Omega},E,t\right)+\frac{1}{v}\frac{\partial\phi^+\left(\boldsymbol{r},\boldsymbol{\Omega},E,t\right)}{\partial t}$$

于是，式 (9-51) 进一步写成

$$
\begin{aligned}
&-\frac{1}{v}\frac{\partial\phi^+\left(\boldsymbol{r},\boldsymbol{\Omega},E,t\right)}{\partial t}-\boldsymbol{\Omega}\cdot\nabla\phi^+\left(\boldsymbol{r},\boldsymbol{\Omega},E,t\right)+\Sigma\left(\boldsymbol{r},E\right)\phi^+\left(\boldsymbol{r},\boldsymbol{\Omega},E,t\right)\\
&=\Sigma_{\mathrm{s}}\left(\boldsymbol{r},E\right)\int_0^{\infty}\int_{\boldsymbol{\Omega}'}f\left(\boldsymbol{\Omega},E\rightarrow\boldsymbol{\Omega}',E'\right)\phi^+\left(\boldsymbol{r},\boldsymbol{\Omega}',E',t\right)\mathrm{d}\boldsymbol{\Omega}'\mathrm{d}E'\\
&+\frac{\nu\Sigma_{\mathrm{f}}\left(\boldsymbol{r},E\right)}{4\pi}\int_0^{\infty}\int_{\boldsymbol{\Omega}'}\chi(E')\phi^+\left(\boldsymbol{r},\boldsymbol{\Omega}',E',t\right)\mathrm{d}\boldsymbol{\Omega}'\mathrm{d}E'
\end{aligned}
\tag{9-52}
$$

式 (9-52) 就是中子价值分布函数所服从的微分积分方程，即**中子价值方程**。要使它有确定的解，还必须给出定解条件。

与式 (9-28) 对比发现，中子价值方程就是共轭中子输运方程，共轭通量就是中子价值函数。实际上，前向中子输运方程与扩散方程表征了中子数的守恒关系，而共轭输运方程和扩散方程则表征了临界系统内中子价值的守恒关系。

## 9.2 微扰理论

### 9.2.1 一阶微扰理论

当堆芯状态、成分发生微小改变时，可以应用一阶微扰理论或线性微扰理论轻易地求出微扰对于反应性的影响。

令 $\alpha$ 表示输入参数，如多群核截面或原子密度等。$\alpha_0$ 表示输入参数的初始值，$\alpha'=\alpha_0+\Delta\alpha$ 表示输入参数的扰动值。假设系统响应 $R_0$ 由初始输入参数 $\alpha_0$ 决定，而扰动

响应 $R'$ 由扰动值 $\alpha'$ 决定。由于系统响应是输入参数 $\alpha$ 的隐式函数，可以基于参考值的泰勒级数展开以表示扰动的系统响应 $R'$：

$$R' = R_0 + \frac{\mathrm{d}}{\mathrm{d}\alpha}R(\alpha' - \alpha_0) + \frac{1}{2}\frac{\mathrm{d}^2}{\mathrm{d}\alpha^2}R(\alpha' - \alpha_0)^2 + \cdots \tag{9-53}$$

如果 $\Delta\alpha$ 足够小，即 $(\Delta\alpha)^2$ 远小于 $\Delta\alpha$，或者说系统响应 $R$ 与输入参数 $\alpha$ 线性相关程度很强，则有

$$\frac{\mathrm{d}^2}{\mathrm{d}\alpha^2}R \approx 0 \tag{9-54}$$

于是有

$$R' \approx R_0 + \frac{\mathrm{d}}{\mathrm{d}\alpha}R(\alpha' - \alpha_0) \tag{9-55}$$

公式(9-55)表示了一阶或线性微扰理论的基本关系，即系统响应的变化与输入参数的变化成比例：

$$R' - R_0 = \Delta R \approx \frac{\mathrm{d}R}{\mathrm{d}\alpha}\Delta\alpha \tag{9-56}$$

如图 9-2 所示，在某输入参数处的响应曲线的斜率可用来外推新的输入参数处的响应值，如果新的输入参数 $\alpha$ 接近参考值 $\alpha_0$，则使用线性外推可以非常准确地估计新的响应值。同时也可以注意到，当系统发生较大的扰动时，一阶微扰理论将会失效。

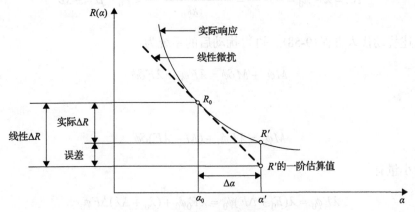

图 9-2　一阶微扰理论近似的图示

当然，一种简单的方法就是直接计算响应对于输入 $\alpha$ 导数的有限差分近似值以评估响应的变化。但是，应用直接法的问题在于函数 $R(\alpha)$ 的隐式效应是无法直接量化的，因为系统响应 $R$ 往往通过解函数而依赖于输入参数 $\alpha$，比如说有效增殖因子通过中子通量密度而依赖于核截面，所以说 $R$ 是输入参数 $\alpha$ 的隐式函数。因此，必须开展求解函数的

中间步骤，以准确地评估输入参数微扰对系统响应的影响。同时，当解函数难以求解时，如与空间-能量相关的中子通量密度函数，且需要考虑多个输入参数扰动对系统响应的影响时，直接法的计算效率将大大降低且不实用。而微扰理论可有效地解决上述难题，获得响应的微扰计算公式。

下面以扩散方程为例，推导反应性变化的微扰公式。中子扩散方程的算符表达式为

$$M\phi = \lambda F\phi \tag{9-57}$$

初始状态记为

$$M_0\phi_0 = \lambda_0 F_0\phi_0 \tag{9-58}$$

初始状态下共轭中子扩散方程为

$$M_0^*\phi_0^* = \lambda_0 F_0^*\phi_0^* \tag{9-59}$$

由于各个参数发生微小扰动，即

$$\Delta M = M - M_0, \qquad \Delta F = F - F_0 \tag{9-60}$$

堆芯中子通量和有效增殖因子发生扰动，即

$$\delta\phi = \phi_{ex} - \phi_0, \qquad \Delta\lambda = \lambda - \lambda_0 \tag{9-61}$$

需要注意的是

$$\Delta\lambda = \lambda - \lambda_0 = \frac{1}{k} - \frac{1}{k_0} = \frac{(k_0-1)-(k-1)}{kk_0} \approx \rho_0 - \rho = -\Delta\rho \tag{9-62}$$

将上述扰动代入方程(9-58)，可得扰动后的系统为

$$M\phi_0 + M\delta\phi = \lambda F\phi_0 + \lambda F\delta\phi \tag{9-63}$$

于是有

$$M\phi_0 = \lambda F\phi_0 - (M - \lambda F)\delta\phi \tag{9-64}$$

舍去二阶小量有

$$\begin{aligned} \lambda F\phi_0 &= \lambda(F_0 + \Delta F)\phi_0 = \lambda F_0\phi_0 + (\lambda_0 + \Delta\lambda)\Delta F\phi_0 \\ &\approx \lambda F_0\phi_0 + \lambda_0\Delta F\phi_0 \end{aligned} \tag{9-65}$$

将式(9-65)代入式(9-64)中，有

$$M\phi_0 = \lambda F_0\phi_0 + \lambda_0\Delta F\phi_0 - (M - \lambda F)\delta\phi \tag{9-66}$$

需要注意的是，一阶微扰理论中假设堆内通量没有大的变化。于是，用扰动前的共轭通

量 $\phi_0^*$ 乘方程(9-66)和方程(9-58)，并做内积有

$$\left\langle \phi_0^*, M\phi_0 \right\rangle = \lambda \left\langle \phi_0^*, F_0\phi_0 \right\rangle + \lambda_0 \left\langle \phi_0^*, \Delta F\phi_0 \right\rangle - \left\langle \phi_0^*, (M - \lambda F)\delta\phi \right\rangle \tag{9-67}$$

$$\left\langle \phi_0^*, M_0\phi_0 \right\rangle = \lambda_0 \left\langle \phi_0^*, F_0\phi_0 \right\rangle \tag{9-68}$$

两式相减，得到

$$\left\langle \phi_0^*, \Delta M\phi_0 \right\rangle = \Delta\lambda \left\langle \phi_0^*, F_0\phi_0 \right\rangle + \lambda_0 \left\langle \phi_0^*, \Delta F\phi_0 \right\rangle - \left\langle \phi_0^*, (M - \lambda F)\delta\phi \right\rangle \tag{9-69}$$

即

$$\left\langle \phi_0^*, (\Delta M - \lambda_0\Delta F)\phi_0 \right\rangle = \Delta\lambda \left\langle \phi_0^*, F_0\phi_0 \right\rangle - \left\langle \phi_0^*, (M - \lambda F)\delta\phi \right\rangle \tag{9-70}$$

基于一阶近似，舍弃高阶小量，有

$$\begin{aligned}
\left\langle \phi_0^*, (M - \lambda F)\delta\phi \right\rangle &\approx \left\langle \phi_0^*, (M_0 - \lambda_0 F_0)\delta\phi \right\rangle \\
&= \left\langle \delta\phi, (M_0 - \lambda_0 F_0)^* \phi_0^* \right\rangle \\
&= \left\langle \delta\phi, (M_0^* - \lambda_0 F_0^*)\phi_0^* \right\rangle \\
&= 0
\end{aligned} \tag{9-71}$$

式(9-69)可进一步变为

$$\left\langle \phi_0^*, (\Delta M - \lambda_0\Delta F)\phi_0 \right\rangle = \Delta\lambda \left\langle \phi_0^*, F_0\phi_0 \right\rangle \tag{9-72}$$

于是，反应性的微扰公式为

$$\rho_{\text{pert}} \left\{ \phi_0^*, \phi_0 \right\} = -\Delta\lambda = \frac{\left\langle \phi_0^*, (\lambda_0\Delta F - \Delta M)\phi_0 \right\rangle}{\left\langle \phi_0^*, F_0\phi_0 \right\rangle} \tag{9-73}$$

　　算符表达式形式简洁，便于理解和推导。但在实际物理计算中，需要写出各算符的具体表达式。以临界堆芯的单群扩散方程为例，利用一阶微扰理论估计堆芯反应性的变化。初始临界状态下的单群扩散方程的算符形式为

$$M_0\phi_0 = 0 \tag{9-74}$$

此时单群算符 $M_0$ 为

$$M_0 = \nabla \cdot D_0\nabla - \Sigma_{\text{a}0} + \lambda_0\nu\Sigma_{\text{f}0} \tag{9-75}$$

式中，$\Sigma_{\text{a}0}$ 为初始临界状态下单群吸收截面；$\Sigma_{\text{f}0}$ 为初始临界状态下单群裂变截面。
　　考虑由于某种原因，各个参数发生了微小扰动，即

$$D_0 \rightarrow D = D_0 + \Delta D, \qquad \Sigma_0 \rightarrow \Sigma = \Sigma_0 + \Delta \Sigma \tag{9-76}$$

进而导致堆芯中子通量和有效增殖因子发生扰动，即

$$\phi_0 \rightarrow \phi_{ex} = \phi_0 + \delta\phi, \qquad \lambda_0 \rightarrow \lambda = \lambda_0 + \Delta\lambda \tag{9-77}$$

于是，扰动后的系统满足

$$M\phi_{ex} = 0 \tag{9-78}$$

此时，扰动后的算符 $M$ 为

$$M = \nabla \cdot (D_0 + \Delta D)\nabla - (\Sigma_{a0} + \Delta \Sigma_{a0}) + (\lambda_0 + \Delta\lambda)\nu(\Sigma_{f0} + \Delta\Sigma_{f0}) \tag{9-79}$$

略去二阶微量 $\Delta\lambda\nu\Delta\Sigma_{f0}$，于是扰动后的算符 $M$ 变为

$$M = \nabla \cdot (D_0 + \Delta D)\nabla - (\Sigma_{a0} + \Delta \Sigma_{a0}) + (\lambda\nu\Sigma_{f0} + \lambda_0\nu\Delta\Sigma_{f0}) \tag{9-80}$$

基于共轭算符定义可知，初始临界状态下单群扩散方程的共轭方程为

$$\nabla \cdot D_0 \nabla \phi_0^* - \Sigma_{a0}\phi_0^* + \lambda_0 \nu \Sigma_{f0}\phi_0^* = 0 \tag{9-81}$$

将方程(9-80)的各项与 $\phi_0^*$ 在空间上做内积，同时将方程(9-81)的各项与 $\phi_{ex}$ 做内积，有

$$\left\langle \phi_0^*, \nabla \cdot (D_0 + \Delta D)\nabla \phi_{ex} \right\rangle + \left\langle \phi_0^*, [(\lambda\nu\Sigma_{f0} + \lambda_0\nu\Delta\Sigma_{f0}) - (\Sigma_{a0} + \Delta\Sigma_{a0})]\phi_{ex} \right\rangle = 0 \tag{9-82}$$

$$\left\langle \phi_{ex}, \nabla \cdot D_0 \nabla \phi_0^* \right\rangle + \left\langle \phi_{ex}, (\lambda_0\nu\Sigma_{f0} - \Sigma_{a0})\phi_0^* \right\rangle = 0 \tag{9-83}$$

两式相减，可得

$$-\Delta\lambda\left\langle \phi_0^*, \nu\Sigma_{f0}\phi_{ex} \right\rangle = \left\langle \phi_0^*, (\nabla \cdot \Delta D\nabla + \lambda_0\nu\Delta\Sigma_{f0} - \Delta\Sigma_{a0})\phi_{ex} \right\rangle$$

于是，反应性的微扰公式为

$$\begin{aligned}
\rho_{ex}\left\{\phi_0^*, \phi_{ex}\right\} &= -\Delta\lambda \\
&= \frac{\left\langle \phi_0^*, (\nabla \cdot \Delta D\nabla + \lambda_0\nu\Delta\Sigma_{f0} - \Delta\Sigma_{a0})\phi_{ex} \right\rangle}{\left\langle \phi_0^*, \nu\Sigma_{f0}\phi_{ex} \right\rangle}
\end{aligned} \tag{9-84}$$

基于一阶微扰理论，假设堆内通量没有大的变化，即

$$\phi_{ex} \approx \phi_0 \tag{9-85}$$

于是，反应性的一阶微扰公式为

$$\rho_{pert}\left\{\phi_0^*, \phi_0\right\} = \frac{\left\langle \phi_0^*, (\nabla \cdot \Delta D\nabla + \lambda_0\nu\Delta\Sigma_{f0} - \Delta\Sigma_{a0})\phi_0 \right\rangle}{\left\langle \phi_0^*, \nu\Sigma_{f0}\phi_0 \right\rangle} + o(\delta\phi) \tag{9-86}$$

可以发现，公式(9-86)对于 $\delta\phi$ 具有一阶精度。

注意到单群算符是自共轭的，因而有 $\phi_0^* = \phi_0$。于是，式(9-86)可进一步写成

$$\rho_{\text{pert}}\left\{\phi_0^*, \phi_0\right\} = \frac{\left\langle \phi_0, (\nabla \cdot \Delta D \nabla + \lambda_0 \nu \Delta\Sigma_{\text{f0}} - \Delta\Sigma_{\text{a0}})\phi_0 \right\rangle}{\left\langle \phi_0, \nu \Sigma_{\text{f0}} \phi_0 \right\rangle} + o(\delta\phi) \tag{9-87}$$

### 9.2.2 广义微扰理论

反应堆材料性质或参数的扰动必然会引起中子通量分布的变化。在实际分析中，往往中子通量分布的变化对于反应性的扰动影响是明显的、不可忽略的。此时，一阶微扰理论会失效，而广义微扰理论则可以充分考虑中子通量分布变化引入的影响，无须真实求解中子通量分布。

在理论上，广义微扰理论可以处理更为普遍的响应扰动。但是，中子输运方程是齐次方程，通过特征值作用于裂变源项以精确平衡中子的消失与产生，强迫系统满足伪临界条件，而中子输运方程的解可具有任意的归一化因子，因此，广义微扰理论能处理的响应往往限定于以下三种：①前向通量的线性泛函比率，如功率峰值、少群宏观截面；②前向通量及共轭通量的双线性泛函比率，如点堆动态参数、有效增殖因子、控制棒价值等；③具有辅助归一化约束条件的前向通量线性泛函，如反应率响应等。而本节以前向通量线性泛函比率形式响应为例，重点介绍广义微扰理论的基本思路和优势。

针对前向通量的线性泛函比率，它与通量归一化因子无关，其定义是唯一的，具有如下通式：

$$R = \frac{\langle \Sigma_1 \phi \rangle}{\langle \Sigma_2 \phi \rangle} \tag{9-88}$$

由于某输入参数 $\alpha$（如多群核截面、原子密度等）的变化引起系统响应的变化为

$$R' = \frac{\langle (\Sigma_1 + \Delta\Sigma_1)(\phi + \Delta\phi) \rangle}{\langle (\Sigma_2 + \Delta\Sigma_2)(\phi + \Delta\phi) \rangle} \tag{9-89}$$

将式(9-89)展开并忽略扰动乘积项，得到如下表达式：

$$\frac{\Delta R}{R} = \frac{\langle \Delta\Sigma_1 \phi \rangle}{\langle \Sigma_1 \phi \rangle} - \frac{\langle \Delta\Sigma_2 \phi \rangle}{\langle \Sigma_2 \phi \rangle} + \left\langle \left( \frac{\Sigma_1}{\langle \Sigma_1 \phi \rangle} - \frac{\Sigma_2}{\langle \Sigma_2 \phi \rangle} \right) \Delta\phi \right\rangle \tag{9-90}$$

方程(9-90)右边的前两项称为"扰动的直接影响项"，后两项称为"间接项"，是由中子通量的扰动所引起的。同时，扰动后的中子通量满足方程

$$(L + \Delta L)(\phi + \Delta\phi) = (\lambda + \Delta\lambda)(F + \Delta F)(\phi + \Delta\phi) \tag{9-91}$$

忽略扰动乘积项可得到中子通量扰动的一阶近似表达式：

$$(L - \lambda F)\Delta\phi = -(\Delta L - \lambda\Delta F)\phi + \Delta\lambda F\phi \qquad (9\text{-}92)$$

定义一个广义共轭方程，如下：

$$(L^* - \lambda F^*)\Gamma^* = \frac{1}{R}\frac{dR}{d\phi} = \frac{\Sigma_1}{\langle\Sigma_1\phi\rangle} - \frac{\Sigma_2}{\langle\Sigma_2\phi\rangle} = S^* \qquad (9\text{-}93)$$

式中，解 $\Gamma^*$ 称为广义共轭通量或广义价值函数。

根据变分原理，构造一个新的辅助泛函数如下：

$$K[\alpha, \phi, \Gamma^*, \lambda] = R - \langle\Gamma^*(L - \lambda F)\phi\rangle \qquad (9\text{-}94)$$

由式(9-94)可知，$K$ 泛函取决于算符 $L$ 和 $F$ 中的输入参数 $\alpha$、中子通量 $\phi$、广义共轭通量 $\Gamma^*$ 及特征值 $\lambda$，于是 $K$ 泛函的总变化可以表示为

$$
\begin{aligned}
\delta K &= \left\langle\frac{\partial K}{\partial\alpha}\Delta\alpha\right\rangle + \left\langle\frac{\partial K}{\partial\phi}\Delta\phi\right\rangle + \left\langle\frac{\partial K}{\partial\Gamma^*}\Delta\Gamma^*\right\rangle + \left\langle\frac{\partial K}{\partial\lambda}\Delta\lambda\right\rangle \\
&= R\left\langle\left(\frac{\Delta\Sigma_1}{\langle\Sigma_1\phi\rangle} - \frac{\Delta\Sigma_2}{\langle\Sigma_2\phi\rangle}\right)\phi\right\rangle - \left\langle\Gamma^*(\Delta L - \lambda\Delta F)\phi\right\rangle \\
&\quad - \left\langle\left[\frac{\partial R}{\partial\phi} - (L^* - \lambda F^*)\Gamma^*\right]\Delta\phi\right\rangle - \left\langle\left[(L - \lambda F)\phi\right]\Delta\Gamma^*\right\rangle \\
&\quad + \left\langle\Gamma^* F\phi\right\rangle\Delta\lambda
\end{aligned} \qquad (9\text{-}95)
$$

式中

$$\Delta\Sigma_1 = \frac{\partial\Sigma_1}{\partial\alpha}\Delta\alpha, \quad \Delta\Sigma_2 = \frac{\partial\Sigma_2}{\partial\alpha}\Delta\alpha, \quad \Delta L = \frac{\partial L}{\partial\alpha}\Delta\alpha, \quad \Delta P = \frac{\partial F}{\partial\alpha}\Delta\alpha \qquad (9\text{-}96)$$

为使 $K$ 泛函的变化对于 $\Delta\phi$、$\Delta\Gamma^*$、$\Delta\lambda$ 不敏感，只需下列等式成立：

$$
\begin{aligned}
&(L^* - \lambda F^*)\Gamma^* = \frac{\partial R}{\partial\phi} \\
&(L - \lambda F)\phi = 0 \\
&\langle\Gamma^* F\phi\rangle = 0
\end{aligned} \qquad (9\text{-}97)
$$

同时，$\delta K \approx \Delta R$，于是有

$$\Delta R = R\left\langle\left(\frac{\Delta\Sigma_1}{\langle\Sigma_1\phi\rangle} - \frac{\Delta\Sigma_2}{\langle\Sigma_2\phi\rangle}\right)\phi\right\rangle - \left\langle\Gamma^*(\Delta L - \lambda\Delta F)\phi\right\rangle \qquad (9\text{-}98a)$$

$$\langle\Gamma^* F\phi\rangle = 0 \qquad (9\text{-}98b)$$

由式(9-98)可知，广义微扰理论可充分考虑中子通量分布变化引入的影响，但无须真实求解中子通量分布。

### 9.2.3 高阶微扰理论

一阶微扰理论的准确性会受到线性近似的限制，如图 9-2 所示。但在实际应用中，这种线性近似往往是不准确的，因此基于线性近似得到的微扰理论表达式也是不准确的。通常，一阶微扰理论对于处理全局扰动比局部扰动更为准确，并且对于小截面的扰动更为准确。本节通过定性地分析一个简单解析问题，该问题可以明确地计算高阶误差，以说明高阶微扰理论的必要性。

以单群裸堆的特征值扰动为例。此时，特征值的计算公式为

$$k = \frac{\nu \Sigma_f}{DB^2 + \Sigma_a} \tag{9-99}$$

由公式(9-99)可知，此问题的特征值与 $\nu \Sigma_f$ 成正比。因此，不管 $\nu$ 和 $\Sigma_f$ 的变化幅度如何，都可以用一阶微扰理论精确地计算出该参数均匀变化而引起的特征值扰动。同时，可以预估对于更复杂的问题，利用一阶微扰理论也可以很好地估计 $\nu$ 和 $\Sigma_f$ 较大变化对于特征值的影响。

由于吸收截面发生变化，引起特征值的扰动为

$$k' = \frac{\nu \Sigma_f}{DB^2 + \Sigma_a + \Delta\Sigma_a} = k \frac{1}{1 + \dfrac{\Delta\Sigma_a}{DB^2 + \Sigma_a}} \tag{9-100}$$

进一步可以得到特征值扰动的展开式为

$$\frac{\Delta k}{k} = -\frac{\Delta\Sigma_a}{DB^2 + \Sigma_a} + \left(\frac{\Delta\Sigma_a}{DB^2 + \Sigma_a}\right)^2 - \cdots \tag{9-101}$$

式(9-101)中的第一项为一阶微扰理论评估的结果，后面的项代表高阶扰动的影响。如果仅关注二阶扰动，则一阶近似的计算误差为

$$\frac{(\Delta k)_{2nd} - (\Delta k)_{1st}}{(\Delta k)_{1st}} = -\frac{\Sigma_a}{DB^2 + \Sigma_a} \frac{\Delta\Sigma_a}{\Sigma_a} \equiv \varepsilon \tag{9-102}$$

式中，$(\Delta k)_{2nd}$ 和 $(\Delta k)_{1st}$ 分别表示基于二阶和一阶微扰理论得到的 $\Delta k$ 的估计值；$\varepsilon$ 表示一阶微扰理论预测 $\Delta k$ 的误差。于是有

$$\left(\frac{\Delta k}{k}\right)_{2nd} = \left(\frac{\Delta k}{k}\right)_{1st} + \varepsilon\left(\frac{\Delta k}{k}\right) \tag{9-103}$$

对于一个特定的吸收截面均匀扰动，由式(9-102)可知，可以看出一阶近似的误差取

决于吸收与总消失之比。以一个大型均匀化反应堆为例，$\Sigma_a/(DB^2+\Sigma_a)$ 趋近于 $1$，此时，采用一阶微扰理论预测 $\Delta k/k$，其相对误差约等于吸收截面的相对变化。针对该堆芯，假设 $\Delta\Sigma_a/\Sigma_a=10\%$，且 $DB^2 \ll \Sigma_a$，于是特征值相对变化值的一阶微扰估计为

$$\frac{\Delta k}{k} \approx -\frac{\Delta\Sigma_a}{DB^2+\Sigma_a} \approx -10\% \tag{9-104}$$

而公式 $(9\text{-}101)$ 中的二阶项为 $(0.10)^2=0.01$。于是，特征值相对变化值的二阶微扰估计约为–9%，此时一阶近似的计算误差约为 1%。

现在，假设在该堆芯中 30%的消失是由于泄漏，于是有

$$\frac{\Delta\Sigma_a}{DB^2+\Sigma_a}=0.7 \tag{9-105}$$

此时，由公式 $(9\text{-}102)$ 计算得到的一阶微扰理论计算误差为

$$\varepsilon=-(0.7)(0.1)=-0.07 \tag{9-106}$$

此种情况下，特征值相对变化的一阶和二阶微扰估计的差异仅为 7%，而与忽略泄漏的情况时10%相比，差异在减小。于是，当吸收与总消失的比值很小时，一阶微扰理论对于吸收截面扰动是有效的。

通过简单地将 $\Sigma_a$ 与 $DB^2$ 互换，前面的讨论同样可以估计由于扩散系数的变化而引起特征值的变化，比如仅关注二阶扰动，则一阶近似的计算误差为

$$\varepsilon=-\frac{DB^2}{DB^2+\Sigma_a}\frac{\Delta DB^2}{DB^2} \tag{9-107}$$

另外，需要注意的是，由于一阶微扰理论的线性特性，不同参数的变化引起的响应扰动之间不存在耦合关系。例如，可以分别计算吸收截面和扩散系数引起的特征值的变化，然后相加得到总的一阶扰动结果。但该属性不适用于高阶扰动，比如 $\Sigma_a$ 和 $DB^2$ 同时扰动，则总的二阶扰动不是简单的式 $(9\text{-}100)$ 和式 $(9\text{-}107)$ 结果加和。此时，扰动后的特征值为

$$k'=\frac{\nu\Sigma_f}{DB^2+\Sigma_a+(\Delta DB^2+\Delta\Sigma_a)}=k\frac{1}{1+\dfrac{\Delta(DB^2+\Sigma_a)}{DB^2+\Sigma_a}} \tag{9-108}$$

同理，将扰动后的特征值按照几何级数展开得

$$k'=k\left[1-\frac{\Delta(DB^2+\Sigma_a)}{DB^2+\Sigma_a}+\frac{\Delta(DB^2+\Sigma_a)^2}{(DB^2+\Sigma_a)^2}-\cdots\right] \tag{9-109}$$

上式是由于 $\Sigma_a$ 和 $DB^2$ 同时变化后引起的特征值扰动的精确表达式。其中，二阶项可以

表示为

$$\frac{\Delta(DB^2+\Sigma_{\mathrm{a}})^2}{(DB^2+\Sigma_{\mathrm{a}})^2}=\left(\frac{\Delta DB^2}{DB^2+\Sigma_{\mathrm{a}}}\right)^2+\left(\frac{\Sigma_{\mathrm{a}}}{DB^2+\Sigma_{\mathrm{a}}}\right)^2+\frac{2\Delta\Sigma_{\mathrm{a}}\Delta DB^2}{(DB^2+\Sigma_{\mathrm{a}})^2} \tag{9-110}$$

该方程右边的前两项分别是单独扰动扩散系数或吸收截面时应用一阶微扰引入的误差；最后一项表示同时扰动 $\Sigma_{\mathrm{a}}$ 和 $DB^2$ 时，由于耦合效应引入的二阶误差。在数学上，该项对应于泰勒展开的二阶混合导数项，即

$$\frac{2\Delta\Sigma_{\mathrm{a}}\Delta DB^2}{(DB^2+\Sigma_{\mathrm{a}})^2}k=\frac{1}{2!}\left(\frac{\partial^2 k}{\partial D\partial\Sigma_{\mathrm{a}}}\Delta\Sigma_{\mathrm{a}}\Delta D+\frac{\partial^2 k}{\partial\Sigma_{\mathrm{a}}\partial D}\Delta D\Delta\Sigma_{\mathrm{a}}\right) \tag{9-111}$$

上述结论虽然是基于均匀裸堆得出的，但结论具有一定的通用性，可以用于指导真实堆芯的扰动。

## 9.3 微扰理论在反应堆物理分析中的应用

在核反应堆物理计算领域，微扰理论广泛地应用在核反应堆引入微小扰动时预测临界特征值的变化。在某些研究领域应用微扰理论不仅可以提高计算精度，还可降低计算成本，以下经典问题均可以采用微扰理论来解决[1]。

(1) 反应性微小扰动的精确计算；
(2) 核数据敏感性、不确定性计算；
(3) 核截面调整以提高反应堆系统积分参数计算准确度；
(4) 空间依赖的反应性系数计算；
(5) 多个不同固定源的重复计算；
(6) 检测堆芯或屏蔽装置的微小扰动。

下面重点介绍线性微扰理论在临界特征值敏感性系数求解及高阶微扰理论在控制棒价值计算中的应用。

### 9.3.1 应用微扰理论计算特征值敏感性系数

本节重点讨论如何应用微扰理论计算反应堆物理关键参数对于输入参数的敏感性系数，特别是量化临界特征值对于核数据的敏感性系数。

核反应堆有限增殖因子也可以定义为中子平衡方程的基本特征值，即

$$L\phi(x)-\lambda F\phi(x)=0 \tag{9-112}$$

式中，$x$ 表示所有独立的变量，如中子的能量、空间位置及角度等；$L$ 和 $F$ 分别表示净消失和产生项，即中子净消失率和裂变产生率；$\lambda$ 是特征值，其等于 $1/k_{\mathrm{eff}}$。

式(9-112)本质上是描述中子的平衡关系，且可以采用不同方式近似，即 $L$ 和 $F$ 基于

不同的近似有不同的表达式,如基于扩散理论、输运理论、粗网节块方法等。将式(9-112)两边与某个任意、非零权重函数 $w(x)$ 做内积并求解特征值 $\lambda$

$$\lambda = \frac{\langle w(x)L\phi(x)\rangle}{\langle w(x)F\phi(x)\rangle} \tag{9-113}$$

由式(9-113)可知,特征值可以看成是一个响应,其取决于 $L$ 和 $F$ 算符中所包含的基本输入数据及中子通量信息,且式(9-113)对定义在与中子通量相同域上的任意非零权重函数均有效。

$L$ 和 $F$ 算符中某些输入参数 $\alpha$ 的变化会对中子平衡产生扰动,但可通过特征值的变化进行数学补偿以保持平衡,扰动后的方程为

$$(L + \Delta L)(\phi + \Delta\phi) = (\lambda + \Delta\lambda)(F + \Delta F)(\phi + \Delta\phi) \tag{9-114}$$

式中

$$\Delta L = \frac{\partial L}{\partial \alpha}\Delta\alpha \tag{9-115}$$

$$\Delta F = \frac{\partial F}{\partial \alpha}\Delta\alpha \tag{9-116}$$

同样,将权重函数 $w(x)$ 与方程(9-114)两边做内积,并求解特征值的变化如下:

$$\Delta\lambda = \frac{\langle w(\Delta L - \lambda\Delta F)(\phi + \Delta\phi)\rangle + \langle w(L - \lambda F)\Delta\phi\rangle}{\langle w(F + \Delta F)(\phi + \Delta\phi)\rangle} \tag{9-117}$$

式(9-117)是特征值变化的精确表达式,但是,为了求解特征值的变化,必须计算中子通量的扰动值。如果忽略所有涉及扰动乘积的项,即 $\Delta$ 的高阶项,则可获得特征值扰动的一阶近似估计:

$$\Delta\lambda \approx \frac{\langle w(\Delta L - \lambda\Delta F)\phi\rangle + \langle w(L - \lambda F)\Delta\phi\rangle}{\langle wF\phi\rangle} \tag{9-118}$$

为了获得上述表达式,将式(9-117)中的分母扩展为

$$\begin{aligned}
&\langle w(F + \Delta F)(\phi + \Delta\phi)\rangle^{-1} \\
&= \langle wF\phi\rangle^{-1}\left[1 - \frac{\langle w\Delta(F\phi)\rangle}{\langle wF\phi\rangle} + \frac{\langle w\Delta(F\phi)\rangle^2}{\langle wF\phi\rangle^2} - \cdots\right]
\end{aligned} \tag{9-119}$$

式中

$$\Delta(F\phi) \equiv F\Delta\phi + \Delta F\phi + \Delta F\Delta\phi \tag{9-120}$$

　　式(9-118)分子中第一项表示扰动算符与未扰动的中子通量相互作用引起的中子平衡变化，第二项由原始算符与中子通量变化相互作用引起。考虑到系统微小的扰动，忽略了所有涉及扰动算符与扰动中子通量相互作用的项。尽管式(9-118)比式(9-117)更为简单，但是分子中第二项仍然包括未知的中子通量扰动。然后，通过合理地选择权重函数 $w(x)$，是可以将第二项去掉的。假设 $w(x)$ 服从以下共轭方程：

$$L^*\phi^*(x) - \lambda F^*\phi^*(x) = 0 \tag{9-121}$$

　　对比方程(9-121)和方程(9-112)可知，假设前向方程和共轭方程的特征值 $\lambda$ 相等，事实上也是如此。如果前向方程和共轭方程的特征值不等，则方程(9-121)应该具有如下形式：

$$L^*\phi^*(x) - \lambda^* F^*\phi^*(x) = 0 \tag{9-122}$$

式中，$\lambda^*$ 是共轭方程的特征值。将方程(9-122)与前向通量 $\phi$ 做内积，方程(9-112)与共轭通量 $\phi^*$ 做内积，二者相减得

$$\left\langle \phi^* F\phi \right\rangle (\lambda^* - \lambda) = 0 \tag{9-123}$$

其中，函数 $F\phi$ 对应于中子裂变源密度，是非负数，而共轭通量 $\phi^*$ 表示中子价值，也是非负数。因此，内积 $\left\langle \phi^* F\phi \right\rangle$ 不等于零，于是方程除以 $\left\langle \phi^* F\phi \right\rangle$ 得到如下等式：

$$\lambda^* - \lambda = 0 \tag{9-124}$$

因此，前向方程与共轭方程的特征值是相等的。

　　如果权重函数 $w(x)$ 与方程(9-121)的解 $\phi^*$ 相等，则

$$\left\langle \phi^*(L - \lambda F)\Delta\phi \right\rangle = \left\langle \Delta\phi(L^* - \lambda F^*)\phi^* \right\rangle = 0 \tag{9-125}$$

于是，方程(9-118)变为

$$\frac{\Delta\lambda}{\lambda} \approx \frac{\left\langle \phi^*(\Delta L - \lambda\Delta F)\phi \right\rangle}{\lambda\left\langle \phi^* F\phi \right\rangle} \tag{9-126}$$

　　方程(9-126)表示中子平衡方程中的某输入参数扰动引起的特征值变化的一阶估计，通过巧妙地引入共轭通量，而不用显式地求解中子通量的变化。

　　事实上，堆芯有效增殖因子的变化与特征值的变化直接相关，如下所示：

$$\frac{\Delta\lambda}{\lambda} = \frac{k_{\text{eff}}}{k'_{\text{eff}}} - 1 = -\frac{\Delta k_{\text{eff}}}{k_{\text{eff}}} + o(\Delta^2) \tag{9-127}$$

于是，有效增殖因子相对变化量的一阶近似表达式为

$$\frac{\Delta k_{\text{eff}}}{k_{\text{eff}}} \approx \frac{\left\langle \phi^* \left( \frac{1}{k_{\text{eff}}} \Delta F - \Delta L \right) \phi \right\rangle}{\left\langle \phi^* \frac{F}{k_{\text{eff}}} \phi \right\rangle} \tag{9-128}$$

基于敏感性系数的定义，有效增殖因子对于某输入参数 $\alpha$ 的敏感性系数为

$$S_\alpha^{k_{\text{eff}}} = \frac{\Delta k_{\text{eff}}}{k_{\text{eff}}} \Big/ \frac{\Delta \alpha}{\alpha} = \frac{\alpha}{k_{\text{eff}}} \frac{\left\langle \phi^* \left( \frac{1}{k_{\text{eff}}} \Delta F - \Delta L \right) \Big/ (\Delta \alpha \phi) \right\rangle}{\left\langle \phi^* \frac{F}{k_{\text{eff}}^2} \phi \right\rangle} \tag{9-129}$$

式(9-129)是求解有效增殖因子敏感性系数的通用公式，针对不同求解中子平衡方程的方法，该式中的各算符有不同的表达式。

### 9.3.2 应用高阶微扰理论计算控制棒价值[4]

控制棒价值是指控制棒在不同棒位状态下的堆芯反应性之差，通常采用数值方法进行计算。采用传统"两次临界法"计算控制棒价值，首先需要对不同控制棒棒位下的堆芯进行临界计算，求得有效增殖系数，并分别计算其反应性，二者的反应性的差即对应棒位间的控制棒价值。而应用微扰理论计算反应堆系统的反应性变化，并不需要直接求解反应堆系统的有效增殖因子，避免了传统两次临界法中有效增殖系数的计算偏差对反应性扰动结果的影响。特别是在系统所引入的反应性扰动较小，或者是有效增殖系数的计算误差较大甚至超过扰动量本身时，微扰理论可以更好地预测系统的反应性变化。但是，由于一阶微扰理论中，假设反应堆系统扰动前后的中子通量密度几乎不变，因此，一阶微扰理论也只适用于反应性扰动量较小的情况。另外，如果并不期望得到准确的反应性扰动结果，也可以应用一阶微扰理论计算扰动量一定的反应性变化，如控制棒价值的预测。

但对于控制棒移动给堆芯带来的强扰动问题，在扰动区域会形成一个大的中子通量凹陷或者峰值，采用一阶微扰理论会使计算结果引入较大的误差，甚至使计算结果被计算迭代误差淹没。假设由于控制棒的存在，某位置的吸收反应率为

$$R = \Sigma_{\text{a}} \phi \tag{9-130}$$

控制棒的移动相当于改变当前位置的吸收截面，则改变吸收截面引入局部反应率的相对变化为

$$\frac{\Delta R}{R} = \frac{\Delta \Sigma_{\text{a}}}{\Sigma_{\text{a}}} + \frac{\Delta \phi}{\phi} + \frac{\Delta \Sigma_{\text{a}}}{\Sigma_{\text{a}}} \frac{\Delta \phi}{\phi} \tag{9-131}$$

当一阶扰动项远大于二阶扰动项时，一阶微扰理论是有效的。但是，对于强吸收体附近，控制棒位置的变化使得中子通量、中子价值发生剧烈扰动，数值上通量变化近似等于截面变化，但变化趋势正好相反，即

$$\frac{\Delta \Sigma_a}{\Sigma_a} \approx -\frac{\Delta \phi}{\phi} \tag{9-132}$$

此时，一阶项作用自我抵消，二阶项发挥重要作用，于是

$$\frac{\Delta R}{R} \approx \left(\frac{\Delta \Sigma_a}{\Sigma_a}\right)^2 \approx \left(\frac{\Delta \phi}{\phi}\right)^2 \tag{9-133}$$

因此，在强吸收体附近仅依靠一阶微扰理论是不够的，十分有必要采取高阶微扰计算，以提高控制棒价值计算结果的准确性。针对高阶微扰计算，其实就是在一阶微扰理论的基础之上进行更加精确的求解。其中，一阶微扰理论忽略了复杂的高阶项，只保留一阶项。而采用高阶微扰理论则需要重新考虑高阶项，来进行精确控制棒价值的求解。

对于未受扰动的反应堆系统，其中子通量和共轭通量可通过求解下列形式的前向方程及其共轭方程得到

$$L\phi = \frac{1}{k}F\phi \tag{9-134}$$

$$L^*\phi^* = \frac{1}{k}F^*\phi^* \tag{9-135}$$

以中子扩散方程为例，$L$ 为扩散、吸收和散射产生的中子消失项；$F$ 为裂变产生项；$k$ 为反应堆系统的有效增殖因数。对于多群扩散系统，定义一个新的项 $Q$，其为

$$Q = L - F \tag{9-136}$$

由反应性定义可知

$$\rho = \frac{k-1}{k} \tag{9-137}$$

于是式 (9-134) 可改写为

$$Q\phi = -\rho F\phi \tag{9-138}$$

控制棒的移动，可视为向反应堆系统中引入一个扰动，这个扰动可以用系统参数的变化来表示。用 $\delta L$ 和 $\delta F$ 表示 $L$ 和 $F$ 项的变化，于是扰动后的参数可表示为

$$L' = L + \delta L \tag{9-139}$$

$$F' = F + \delta F \tag{9-140}$$

对于扰动后的反应堆系统有

$$L'\phi' = \frac{1}{k'}F'\phi' \tag{9-141}$$

将反应性计算公式代入可得

$$Q'\phi' = \rho'F'\phi' \tag{9-142}$$

式中

$$Q' = Q + \delta Q \tag{9-143}$$

$$\rho' = \frac{k'-1}{k'} \tag{9-144}$$

为了求解方程，将 $\rho'$ 分解成 $\rho$ 和 $\rho_c$ 两部分，则方程写成

$$Q'\phi' = -(\rho + \rho_c)F'\phi' \tag{9-145}$$

其中，$\rho_c$ 表示控制棒移动所引起的反应性变化。为了获得扰动后的中子通量和反应性，引入了量子力学中的变分迭代法，即将式(9-145)中的 $\delta Q$ 和 $\delta F$ 分别用 $\tau\delta Q$ 和 $\tau\delta F$ 替换，则有

$$(Q + \tau\delta Q)\phi' = -\rho(F + \tau\delta F)\phi' - \rho_c(F + \tau\delta F)\phi' \tag{9-146}$$

$\phi'$ 和 $\rho_c$ 可写成如下形式：

$$\phi' = \phi^{(0)} + \tau\phi^{(1)} + \tau^2\phi^{(2)} + \cdots \tag{9-147}$$

$$\rho_c = \tau\rho^{(1)} + \tau^2\rho^{(2)} + \tau^3\rho^{(3)} + \cdots \tag{9-148}$$

式中，$\phi^{(n)}$ 和 $\rho^{(n)}$ 分别表示 $n$ 阶扰动通量和 $n$ 阶反应性。当 $\tau = 1$ 时，$\phi'$ 和 $\rho_c$ 就是方程 (9-145)的解。将式(9-147)、式(9-148)代入式(9-146)，并且让方程两边 $\tau$ 的系数对应相等，于是可以得到一系列高阶扰动方程，如下：

$$Q\phi^{(0)} = -\rho F\phi^{(0)} \tag{9-149a}$$

$$(Q + \rho F)\phi^{(1)} = q^{(1)} - \rho^{(1)}F\phi^{(0)} \tag{9-149b}$$

$$(Q + \rho F)\phi^{(2)} = q^{(2)} - \rho^{(2)}F\phi^{(0)} \tag{9-149c}$$

$$\vdots$$

$$(Q + \rho F)\phi^{(n)} = q^{(n)} - \rho^{(n)}F\phi^{(0)} \tag{9-149d}$$

其中

$$q^{(n)} = -\delta Q\phi^{(n-1)} - \rho\delta F\phi^{(n-1)} - \sum_{i=1}^{n-1}\rho^{(i)}F\phi^{(n-i)} - \sum_{i=1}^{n-1}\rho^{(i)}\delta F\phi^{(n-i-1)} \tag{9-149e}$$

观察方程组 (9-149) 可知，式 (9-149a) 等价于未扰动前的反应堆系统方程，其中 $\phi^{(0)}$ 就是未扰动前的中子通量 $\phi$。

将方程 (9-149d) 两边分别乘以反应堆系统未受扰动时的共轭通量 $\phi^{(0)*}$，并且在空间和能量上进行积分，得

$$\left\langle \phi^{(0)*}, (Q+\rho F)\phi^{(n)} \right\rangle = \left\langle \phi^{(0)*}, q^{(n)} - \rho^{(n)}F\phi^{(0)} \right\rangle \tag{9-150}$$

由共轭通量的定义及方程 (9-138) 可知：

$$\left\langle \phi^{(0)*}, (Q+\rho F)\phi^{(n)} \right\rangle = 0 \tag{9-151}$$

于是，将式 (9-149e) 代入方程 (9-150) 可得高阶微扰计算公式中的反应性为

$$\rho^{(n)} = -\left\langle 0|\delta Q|n-1 \right\rangle - \rho\left\langle 0|\delta F|n-1 \right\rangle - \sum_{i=1}^{n-1}\rho^{(i)}\left\langle 0|F|n-i \right\rangle - \sum_{i=1}^{n-1}\rho^{(i)}\left\langle 0|\delta F|n-i-1 \right\rangle \tag{9-152}$$

其中

$$\left\langle 0|A|m \right\rangle = \frac{\left\langle \phi^{(0)*}A\phi^{(m)} \right\rangle}{\left\langle \phi^{(0)*}F\phi^{(0)} \right\rangle} \tag{9-153}$$

于是，$n$ 阶反应性 $\rho^{(n)}$ 可以由 $\phi^{(1)}$、$\rho^{(1)}$、$\phi^{(2)}$、$\rho^{(2)}$、$\cdots$、$\phi^{(n-1)}$、$\rho^{(n-1)}$ 求出，而 $n$ 阶扰动通量 $\phi^{(n)}$ 可以由 $\phi^{(0)}$、$\rho^{(1)}$、$\cdots$、$\phi^{(n-1)}$、$\rho^{(n)}$ 求出，求解顺序为

$$\phi^{(0)} \to \rho^{(1)} \to \phi^{(1)} \to \rho^{(2)} \to \cdots \to \phi^{(n-1)} \to \rho^{(n)} \tag{9-154}$$

基于高阶微扰理论计算控制棒价值，以中子扩散为例，首先需要针对物理模型进行扩散计算，得到反应堆系统未受扰动时的堆芯中子通量分布及有效增殖系数，然后再开展高阶微扰计算。将未受扰动的堆芯参数作为基本输入，代入高阶微扰计算式中，进行一阶运算，得到一阶反应性；再由一阶反应性及未受扰的通量分布计算得到一阶通量，至此完成一阶微扰的计算；随后再以相同的步骤进行二阶运算甚至更高阶的运算，最终的控制棒价值为 $n$ 阶反应性之和，即

$$\Delta\rho = \sum_{i=1}^{n}\rho^{(i)} \tag{9-155}$$

以两群中子扩散方程为例，采用高阶微扰理论计算得到的一阶反应性的详细表达式为

$$\rho^{(1)} = -\frac{\int\left[(-\nabla\cdot\Delta D_1\nabla + \Delta\Sigma_{a1} + \Delta\Sigma_{s1-2} - \Delta(\nu_1\Sigma_{f1}))\phi_1^{(0)} - \Delta(\nu_2\Sigma_{f2})\phi_2^{(0)}\right]\phi_1^{(0)*}\mathrm{d}V}{\int(\nu_1\Sigma_{f1}\phi_1^{(0)} + \nu_2\Sigma_{f2}\phi_2^{(0)})\phi_1^{(0)*}\mathrm{d}V}$$

$$-\frac{\int\left[(-\Delta\Sigma_{s1-2})\phi_1^{(0)} + (-\nabla\cdot\Delta D_2\nabla + \Delta\Sigma_{a2})\phi_2^{(0)}\right]\phi_2^{(0)*}\mathrm{d}V}{\int(\nu_1\Sigma_{f1}\phi_1^{(0)} + \nu_2\Sigma_{f2}\phi_2^{(0)})\phi_1^{(0)*}\mathrm{d}V}$$

$$-\rho\frac{\int\left[\Delta(\nu_1\Sigma_{f1})\phi_1^{(0)} + \Delta(\nu\Sigma_{f2})\phi_2^{(0)}\right]\phi_1^{(0)*}\mathrm{d}V}{\int(\nu_1\Sigma_{f1}\phi_1^{(0)} + \nu_2\Sigma_{f2}\phi_2^{(0)})\phi_1^{(0)*}\mathrm{d}V} \tag{9-156}$$

由式(9-156)可知，基于高阶微扰理论建立了控制棒积分或微分价值与中子通量、共轭通量、宏观截面和初始反应性的直接函数关系，可以直接求解控制棒价值。

## 参 考 文 献

[1] Williams M L.Perturbation theory for nuclear reactor analysis. CRC Handbook of Nuclear Reactors Calculations, 1986, 3: 63-188.

[2] 杜书华. 输运问题的计算机模拟. 长沙: 湖南科技出版社, 1989.

[3] 谢仲生. 核反应堆物理分析. 下册. 北京: 中国原子能出版社, 1981.

[4] Hao C, Li F, Hu W Q, et al. Quantification of control rod worth uncertainties propagated from nuclear data via a hybrid high-order perturbation and efficient sampling method. Annals of Nuclear Energy, 2018, 114: 227-235.

# 第 10 章
# 核反应堆中子动力学

掌握核反应堆内在预期或者事故工况下中子数目随时间变化的行为对反应堆安全与可靠运行具有非常重要的意义，同时由于这一变化与反应堆偏离临界的程度密切相关，通过中子数目随时间变化可以得到反应堆的反应性，这也是反应堆物理实验中测量反应性的动态方法的基础。本章主要介绍中子动力学基本理论、点堆中子动力学、时空中子动力学及其求解方法。

## 10.1 中子动力学理论

### 10.1.1 与时间有关的反应堆中子学现象

反应堆中随时间变化的现象，根据时间长短差异大致可以分为 3 类[1]。

(1) 短时间现象：这是一种以毫秒—秒为时间尺度的现象，这种现象主要是由反应性的快速引入(如中子吸收体的移动、反应性温度反馈)导致的。这种现象通常是由人为或者事故的反应性引入而导致的反应堆功率的快速变化，如瞬态实验、反应堆启动、停堆、反应性引入事故等。

(2) 中等时间现象：这是一种以小时—天为时间尺度的现象，这种现象通常是由具有较大中子吸收截面的裂变产物的积累、消耗导致的。比如，$^{135}$Xe、$^{149}$Sm 等在反应堆启动、停闭、功率调节过程中积累、消耗导致的现象。

(3) 长时间现象：这是一种以月—年为时间尺度的现象，这种现象通常是核燃料的燃耗、重同位素的积累等原因导致的现象。

上述导致反应堆偏离稳态的现象主要是反应堆局部或整体的宏观截面发生了变化。对于以显著功率运行的反应堆，影响动力学的行为更加复杂。除了上述原因外，反应堆自身的温度、压力、物态的变化效应等也会对反应堆随时间变化的现象产生影响，其中典型的效应有燃料的温度效应、慢化剂的温度效应、燃料棒的轴向膨胀效应等。

此外，由于每次裂变释放的中子数目是围绕某一平均值波动的，因此宏观上处于极低稳定功率的反应堆在微观上也具有可观测的中子涨落效应；局部冷却剂的沸腾、燃料棒或堆芯吊篮的流致振动等也会对中子学产生影响。这些随机变化的因素导致的反应堆中子学特性的变化统称为"噪声"[2]。反应堆内中子数的统计涨落称为"微观噪声"，一种典型的应用是通过分析零功率装置内相关裂变链中子和不相关裂变链中子的统计学行为得到反应堆的动力学特性,比如用 Rossi-α 法、方差-平均比法测量零功率装置的瞬发中子衰减常数。反应堆内大量中子平均数量的统计涨落称为"宏观噪声",这一"噪声"通常由中子探测器输出的电流波动表征,一些典型的应用包括利用"宏观噪声"识别冷却的局部沸腾、堆芯吊篮的振动。

### 10.1.2 反应堆动力学的研究对象

中文的动力学通常与英文 kinetics 或 dynamics 相对应。一种容易理解的方式是,kinetics 是指动态学,即研究随时间变化的现象;而 dynamics 通常需要涵盖动态学的原因。

反应堆动力学又称为中子动力学(neutron kinetics),应直译为反应堆动态学或中子动态学。事实上广义上的反应堆动力学研究的范畴包括反应堆动态学,既不深究反应性变化来源的动态现象,也包括考虑反应性反馈的动态现象,并将其统称为反应堆动力学。另外,从时间尺度上,反应堆的动力学研究的主要是短时间现象。

### 10.1.3 缓发中子

对于次临界、缓发临界、缓发超临界的反应堆,其链式裂变反应由瞬发中子和缓发中子共同维持。正是由于缓发中子的存在,才使得反应堆成为可控的链式裂变系统。缓发中子相关参数对于反应堆的动力学、瞬态特性与控制非常重要。

在研究反应堆的稳态问题时,由于缓发先驱核的产生率与缓发中子发射率相等,因此反应堆"感觉"不到瞬发中子和缓发中子的差异,可以不对两者在时间上的差异进行区分。

当反应堆偏离临界时,由于瞬发中子与缓发中子的发射在时间尺度上具有巨大差异,所以必须要对它们进行区分考虑。

缓发中子是伴随着部分裂变产物的 β 衰变释放的,这些裂变产物称为缓发中子先驱核。释放中子与 β 衰变几乎是同时的,因此单个先驱核发射缓发中子的概率就等于先驱核的 β 衰变常数。每次裂变产生的平均中子总数(包括缓发和瞬发)$\nu = \nu_p + \nu_d$,角标 p 和 d 分别表示瞬发、缓发。缓发中子的份额 $\beta$ 定义为

$$\beta = \frac{\nu_d}{\nu} \tag{10-1}$$

对于某一种重同位素,$\nu_d$ 与诱发裂变的入射中子能量几乎无关,而 $\nu_p$ 随入射中子能量增加略有增大。但就一个确定的重同位素而言,当诱发裂变的中子能量为 0~4MeV 时,可认为 $\beta$ 不变。

不同的重同位素具有显著不同的 $\nu_d$,总地来说,$\nu_d$ 随原子量的增加而增大,随质子数的增加而减小。表 10-1 给出了几种重同位素每次裂变释放的缓发中子数 $\nu_d$。

表 10-1　几种重同位素每次裂变释放的缓发中子数 $\nu_\mathrm{d}$

| 核素 | $\nu_\mathrm{d}$/裂变 |
|---|---|
| $^{232}$Th | 0.0545±0.0011 |
| $^{233}$U | 0.00698±0.0013 |
| $^{235}$U | 0.01697±0.0002 |
| $^{238}$U | 0.04508±0.0006 |
| $^{239}$Pu | 0.00655±0.00012 |
| $^{240}$Pu | 0.00960±0.0011 |
| $^{241}$Pu | 0.01600±0.0016 |
| $^{242}$Pu | 0.02880±0.0025 |

在几百乃至上千种裂变产物中，有四十多种缓发中子先驱核，它们具有不同的衰变常数，它们释放的缓发中子具有不同的时间特性，进而对反应堆动力学特性的影响也是不同的。一种最直接的方法是将所有缓发中子先驱核全部真实地考虑，但这会带来很多问题。

但事实上，全部考虑也没有太大的实际意义。我们通常采用一种既简单又足够精确的方式描述缓发中子，这需要对所有先驱核数据进行适当的加工。Keepin 对 Th、U、Pu 缓发中子的研究表明，只需要 6 个指数函数就能够较为精确地描述所有缓发中子先驱核叠加在一起的衰变曲线，这就是常用的 6 组缓发中子数据的由来。测定这 6 个指数通常采用高强度中子脉冲照射裂变介质，让其立刻产生大量的先驱核，假设脉冲照射期间总的裂变次数为 $n_f$，那么

$$\nu_\mathrm{d} n_f = 先驱核总数量 \tag{10-2}$$

随后缓发中子的发射率为

$$S_\mathrm{d}(t) = \sum_{i=1}^{6} \lambda_i \nu_{\mathrm{d},i} \mathrm{e}^{-\lambda_i t} \tag{10-3}$$

式中，$\lambda_i$ 为第 $i$ 组缓发中子先驱核的衰变常数；$\nu_{\mathrm{d},i}$ 为一次裂变放出第 $i$ 组缓发中子的数目。由脉冲中子照射实验测量得到式(10-3)的左边，并用最小二乘法得到式(10-3)右边的 6 组缓发中子参数。实践表明，对于不同的重同位素，它们的第 $i$ 组缓发中子先驱核的衰变常数差异并不大，差异主要体现在 $\nu_{\mathrm{d},i}$。

缓发中子能谱与瞬发中子能谱也具有较大差异。瞬发中子的平均能量大约为 2MeV，并且延伸到超过 10MeV 处；而缓发中子的平均能量仅有大约 0.5MeV，能谱比瞬发中子软。我们用 $\chi_\mathrm{p}(E)$、$\chi_{\mathrm{d},i}(E)$ 分别表示归一化瞬发中子能谱和归一化第 $i$ 组缓发中子能谱。归一化平均裂变中子能谱 $\chi(E)$ 可表示成

$$\chi(E) = (1-\beta)\chi_\mathrm{p}(E) + \sum_{i=1}^{6} \beta_i \chi_{\mathrm{d},i}(E) \tag{10-4}$$

## 10.2  点堆中子动力学

### 10.2.1  一般点堆动力学方程

从中子输运方程的扩散近似出发，并考虑无外源单群均匀裸堆情况。与时间有关的中子扩散方程可写成

$$\frac{1}{v}\frac{\partial \phi(\boldsymbol{r},t)}{\partial t} = D\nabla^2\phi(\boldsymbol{r},t) - \Sigma_a\phi(\boldsymbol{r},t) + (1-\beta)\nu\Sigma_f\phi(\boldsymbol{r},t) + \sum_{i=1}^{6}\lambda_i C_i(\boldsymbol{r},t) \tag{10-5}$$

$$\frac{\partial C_i(\boldsymbol{r},t)}{\partial t} = \beta_i\nu\Sigma_f\phi(\boldsymbol{r},t) - \lambda_i C_i(\boldsymbol{r},t), \quad i=1,2,\cdots,6 \tag{10-6}$$

假设单群中子注量率和第 $i$ 组缓发中子先驱核密度可写成如下形式：

$$\phi(\boldsymbol{r},t) = n(t)v\psi(\boldsymbol{r}) \tag{10-7}$$

$$C_i(\boldsymbol{r},t) = c_i(t)g_i(\boldsymbol{r}) \tag{10-8}$$

式中，$n(t)$ 为中子密度；$v$ 为中子速度；$\psi(\boldsymbol{r})$ 为中子注量率形状函数；$c_i(t)$ 为第 $i$ 组缓发中子先驱核密度；$g_i(\boldsymbol{r})$ 为对应的形状函数。将展开式(10-7)、式(10-8)代入中子扩散方程(10-5)、方程(10-6)得到

$$\frac{dn(t)}{dt} = vn(t)\frac{1}{\psi(\boldsymbol{r})}D\nabla^2\psi(\boldsymbol{r},t) + \left[(1-\beta)\nu\Sigma_f - \Sigma_a\right]vn(t) + \sum_{i=1}^{6}\lambda_i c_i(t)\frac{g_i(\boldsymbol{r})}{\psi(\boldsymbol{r})} \tag{10-9}$$

$$\frac{dc_i(t)}{dt} = \beta_i vn(t)\nu\Sigma_f\frac{\psi(\boldsymbol{r})}{g_i(t)} - \lambda_i c_i(t), \quad i=1,2,\cdots,6 \tag{10-10}$$

假设燃料是固体，因此缓发中子先驱核形状函数 $g_i(\boldsymbol{r})$ 与中子注量率形状函数 $\psi(\boldsymbol{r})$ 相同，有

$$\frac{dn(t)}{dt} = vn(t)\frac{1}{\psi(\boldsymbol{r})}D\nabla^2\psi(\boldsymbol{r},t) + \left[(1-\beta)\nu\Sigma_f - \Sigma_a\right]vn(t) + \sum_{i=1}^{6}\lambda_i c_i(t) \tag{10-11}$$

$$\frac{dc_i(t)}{dt} = \beta_i vn(t)\nu\Sigma_f - \lambda_i c_i(t), \quad i=1,2,\cdots,6 \tag{10-12}$$

同时假设反应堆偏离临界不远，中子注量率形状函数满足特征值为 $-B_g^2$ 的波动方程：

$$\nabla^2\psi(\boldsymbol{r}) = -B_g^2\psi(\boldsymbol{r}) \tag{10-13}$$

式中，$-B_g^2$ 是波动方程的最大特征值，又称为反应堆的几何曲率，表征有限大小反应堆

的中子泄漏。式(10-11)可写为

$$\frac{\mathrm{d}n(t)}{\mathrm{d}t} = -\nu n(t)DB_g^2 + \left[(1-\beta)\nu\Sigma_\mathrm{f} - \Sigma_\mathrm{a}\right]\nu n(t) + \sum_{i=1}^{6}\lambda_i c_i(t) \tag{10-14}$$

根据扩散长度定义 $L^2 = \dfrac{D}{\Sigma_\mathrm{a}}$，有限大介质中子寿命定义 $l = l_0 \cdot \dfrac{1}{1+L^2B_g^2}$，其中 $l_0 = \dfrac{1}{\nu\Sigma_\mathrm{a}}$，

表示无限大截止内中子的平均寿命，$\dfrac{1}{1+L^2B_g^2}$ 为单群中子不泄漏概率；有效增值系数为

$k_\mathrm{eff} = \dfrac{k_\infty}{1+L^2B_g^2}$，方程(10-14)、方程(10-12)可进一步化简成

$$\frac{\mathrm{d}n(t)}{\mathrm{d}t} = \frac{k_\mathrm{eff} - 1 - \beta k_\mathrm{eff}}{l}n(t) + \sum_{i=1}^{6}\lambda_i c_i(t) \tag{10-15}$$

$$\frac{\mathrm{d}c_i(t)}{\mathrm{d}t} = \frac{\beta_i k_\mathrm{eff}}{l}n(t) - \lambda_i c_i(t) \tag{10-16}$$

引入平均中子代时间 $\varLambda$ 和反应性 $\rho$ 分别为

$$\varLambda = \frac{l}{k_\mathrm{eff}}, \quad \rho = \frac{k_\mathrm{eff} - 1}{k_\mathrm{eff}} \tag{10-17}$$

则方程(10-15)和方程(10-16)可写成

$$\frac{\mathrm{d}n(t)}{\mathrm{d}t} = \frac{\rho - \beta}{\varLambda}n(t) + \sum_{i=1}^{6}\lambda_i c_i(t) \tag{10-18}$$

$$\frac{\mathrm{d}c_i(t)}{\mathrm{d}t} = \frac{\beta_i}{\varLambda}n(t) - \lambda_i c_i(t), \quad i = 1,2,\cdots,6 \tag{10-19}$$

方程(10-15)、方程(10-16)或方程(10-18)、方程(10-19)均称为点堆动力学方程。根据单群均匀裸堆有效增殖系数定义，平均中子代时间可以写成

$$\varLambda = \frac{1}{\nu\Sigma_\mathrm{a}} \cdot \frac{1}{k_\infty} = \frac{1}{\nu\Sigma_\mathrm{a}} \cdot \frac{\Sigma_\mathrm{a}}{\overline{\nu}\Sigma_\mathrm{f}} = \frac{1}{\overline{\nu}}\frac{1}{\nu\Sigma_\mathrm{f}} \tag{10-20}$$

式中，$\overline{\nu}$ 为平均裂变中子数；$\dfrac{1}{\nu\Sigma_\mathrm{f}}$ 表示连续两次裂变事件之间中子飞行的平均时间。因此，平均中子代时间 $\varLambda$ 的物理含义是某代某个中子的诞生到其下一代某个中子的诞生之间的平均时间，即某代一个中子平均经过 $\dfrac{1}{\nu\Sigma_\mathrm{f}}$ 时间诱发了下一代裂变，共产生 $\overline{\nu}$ 个裂变中子，那么平均中子代时间就等于 $\dfrac{1}{\nu\Sigma_\mathrm{f}}$ 除以 $\overline{\nu}$。值得指出的是，以上平均中子寿命、平

均中子代时间都是"瞬发"时间量，即定义它们时都忽略了缓发中子先驱核衰变的延迟时间。

在上述推导过程中，假设动力学过程中子注量率和先驱核密度的空间分布形状始终不变，因此与时间、空间有关的动力学方程消去了对空间的依赖，好像整个反应堆退化成了没有空间度量的一个"点"。此外，我们还假设中子注量率和先驱核密度的空间分布形状满足特征值为 $-B_g^2$ 的波动方程，因此上述推导还基于反应堆处于临界附近的假设，并且先驱核与裂变发生的地点相比没有发生明显的位移。对于像液态熔盐堆这样的燃料流动的反应堆，就必须要考虑先驱核随燃料的流动，此时点堆动力学方程仅需改变缓发中子先驱核方程，如下所示[3]：

$$\frac{\mathrm{d}c_i(t)}{\mathrm{d}t} = \frac{\beta_i}{\varLambda} n(t) - \lambda_i c_i(t) - \frac{1}{\tau_\mathrm{c}} c_i(t) + \frac{\exp(-\lambda_i \tau_\mathrm{L})}{\tau_\mathrm{c}} c_i(t - \tau_\mathrm{L}), \qquad i = 1, \cdots, 6 \qquad (10\text{-}21)$$

方程右边第三项表示流动导致的缓发中子先驱核从堆芯的流出率，第四项表示再次流入堆芯的缓发中子先驱核的流入率。其中，$\tau_\mathrm{c}$ 表示燃料流过堆芯需要的时间；$\tau_\mathrm{L}$ 表示燃料在堆芯外管道流动所经历的时间，物理模型如图 10-1 所示。

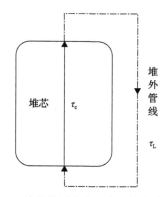

图 10-1　熔盐堆缓发中子先驱核流动示意图

以上一般点堆动力学方程组的推导是基于单群、均匀裸堆的假设，实际上多群、带反射层的非均匀反应堆的点堆动力学方程组在形式上也是一样的。此外，缓发中子和瞬发中子具有明显不同的能谱及平均能量，这在单群假设下是无法区分的，而不同能量的中子对于诱发链式裂变的"价值"不同，这意味着需要对缓发中子份额这个量根据"价值"进行修正。在实际的应用中，我们常常用的是缓发中子有效份额 $\beta_\mathrm{eff}$、$\beta_{i,\mathrm{eff}}$，而不是简单的 $\beta$、$\beta_i$。

在点堆动力学方程的推导过程中，我们假设 $n(t)$ 为中子密度。实际上方程(10-16)或方程(10-18)两边可以同时乘上某个常数，所以 $n(t)$ 实际上可以具有任意单位。它可以理解为总中子数、裂变率、中子注量率、功率或上述量在反应堆内的平均值。假设我们用点堆动力学方程研究反应堆的功率变化，假设 $P_\mathrm{f}$ 为裂变功率，$\overline{\varSigma_\mathrm{f}}$ 为堆芯的平均单群宏观裂变截面,$\overline{E_f}$ 为每次裂变释放的能量,则只需要将方程中的 $n(t)$ 换为 $n(t) = \dfrac{P_f(t)}{\nu \Sigma_f E_f}$ 即可。

### 10.2.2 精确点堆动力学方程

所谓精确点堆动力学方程是指:虽然得到的模型也是描述反应堆中子学的平均或"集总"行为的方程,但它没有像推导一般点堆动力学方程时引入过多的近似,因此称为"精确点堆"[1,4]。

以中子扩散理论为例,在无外中子源情况下,随时间变化的中子平衡方程为

$$\frac{1}{v}\frac{\partial \phi(r,E,t)}{\partial t} = (1-\beta)\chi_p F\phi(r,E,t) - L\phi(r,E,t) + \sum_{i=1}^{6}\chi_{d,i}(E)\lambda_i C_i(r,t) \tag{10-22}$$

$$\frac{\partial C_i(r,t)}{\partial t} = \beta_i F\phi(r,E,t) - \lambda_i C_i(r,t), \quad i=1,2,\cdots,6 \tag{10-23}$$

式中

$$F\phi(r,E,t) = \int \nu\Sigma_f(r,E',t)\phi(r,E',t)\mathrm{d}E'$$

$$L\phi(r,E,t) = -\nabla \cdot D(r,E,t)\nabla\phi(r,E,t) + \Sigma_t(r,E,t)\phi(r,E,t)$$

$$- \int \Sigma_s(r,E' \to E,t)\phi(r,E',t)\mathrm{d}E'$$

为了保证推导的一般性,可在方程(10-22)两边同时乘以一个任意的权重函数 $\omega(r,E)$,方程(10-22)两边同时乘以 $\omega(r,E)\chi_{d,i}(E)$ 并对能量、空间进行积分,有

$$\frac{\mathrm{d}\langle \omega, v^{-1}\phi \rangle}{\mathrm{d}t} = \langle \omega, (1-\beta)\chi_p F\phi \rangle - \langle \omega, L\phi \rangle + \sum_{i=1}^{6}\lambda_i \langle \omega, \chi_{d,i}C_i \rangle \tag{10-24}$$

$$\frac{\mathrm{d}\langle \omega\chi_{d,i}, C_i \rangle}{\mathrm{d}t} = \beta_i \langle \omega\chi_{d,i}, F\varphi \rangle - \lambda_i \langle \omega\chi_{d,i}, C_i \rangle, \quad i=1,2,\cdots,6 \tag{10-25}$$

利用式(10-4),方程(10-24)可写成

$$\frac{\mathrm{d}\langle \omega, v^{-1}\varphi \rangle}{\mathrm{d}t} = \langle \omega, \chi F\varphi \rangle - \left\langle \omega, \sum_{i=1}^{6}\chi_{d,i}\beta_i F\varphi \right\rangle - \langle \omega, L\varphi \rangle + \sum_{i=1}^{6}\lambda_i \langle \omega, \chi_{d,i}C_i \rangle \tag{10-26}$$

由于数学上并不对 $\omega(r,E)$ 做任何特殊要求,因此定义以下广义量:

$$\langle \omega, v^{-1}\phi \rangle_{r,E} = n^{\text{general}}(t) \tag{10-27}$$

$$\frac{\langle \omega, \chi F\phi \rangle_{r,E} - \langle \omega, L\phi \rangle_{r,E}}{\langle \omega, \chi F\phi \rangle_{r,E}} = 1 - \frac{1}{k_{\text{eff}}^{\text{general}}} = \rho_{\text{general}} \tag{10-28}$$

$$\frac{\left\langle \omega, \sum_{i=1}^{6} \chi_{\mathrm{d},i}\beta_i F\phi \right\rangle_{r,E}}{\left\langle \omega, \chi F\phi \right\rangle_{r,E}} = \sum_{i=1}^{6} \frac{\left\langle \omega, \chi_{\mathrm{d},i}\beta_i F\phi \right\rangle_{r,E}}{\left\langle \omega, \chi F\phi \right\rangle_{r,E}} = \sum_{i=1}^{6} \beta_{i,\mathrm{eff}}^{\mathrm{general}}(t) = \beta_{\mathrm{eff}}^{\mathrm{general}}(t) \tag{10-29}$$

$$\frac{\left\langle \omega, \chi_{\mathrm{d},i}\beta_i F\phi \right\rangle_{r,E}}{\left\langle \omega, \chi F\phi \right\rangle_{r,E}} = \beta_{i,\mathrm{eff}}^{\mathrm{general}}(t)$$

$$\sum_{i=1}^{6} \lambda_i \left\langle \omega\chi_{\mathrm{d},i}, C_i \right\rangle_{r,E} = \sum_{i=1}^{6} \lambda_i c_i^{\mathrm{general}}(t) \tag{10-30}$$

式中

$$c_i^{\mathrm{general}}(t) = \left\langle \omega\chi_{\mathrm{d},i}, C_i \right\rangle$$

$$\frac{\left\langle \omega, v^{-1}\phi \right\rangle_{r,E}}{\left\langle \omega, \chi F\phi \right\rangle_{r,E}} = \Lambda^{\mathrm{general}}(t) \tag{10-31}$$

则方程(10-24)、方程(10-25)就变为形如方程(10-18)、方程(10-19)的点堆动力学方程组：

$$\frac{\mathrm{d}n^{\mathrm{general}}(t)}{\mathrm{d}t} = \frac{\rho^{\mathrm{general}} - \beta^{\mathrm{general}}}{\Lambda^{\mathrm{general}}} n^{\mathrm{general}}(t) + \sum_{i=1}^{6} \lambda_i c_i^{\mathrm{general}} \tag{10-32}$$

$$\frac{\mathrm{d}c_i^{\mathrm{general}}(t)}{\mathrm{d}t} = \frac{\beta_{i,\mathrm{eff}}^{\mathrm{general}}}{\Lambda^{\mathrm{general}}} n^{\mathrm{general}}(t) - \lambda_i c_i^{\mathrm{general}}(t) \tag{10-33}$$

为了使反应性相关的量 $k_{\mathrm{eff}}^{\mathrm{general}}$、$\rho^{\mathrm{general}}$ 具有明确的物理含义，即与我们常用的有效增殖系数 $k_{\mathrm{eff}}$、反应性 $\rho$ 相自洽，我们通常将 $\omega(\boldsymbol{r}, E)$ 选为 $\phi_{\mathrm{c}}^{+}(\boldsymbol{r}, E)$，它是以下方程的解：

$$L^{+}\phi_{\mathrm{c}}^{+} = \frac{1}{k_{\mathrm{eff}}}(\chi F)^{+}\phi_{\mathrm{c}}^{+} \tag{10-34}$$

方程(10-34)称为 $k_{\mathrm{eff}}$ 本征值共轭方程。其中，$L^{+}$、$(\chi F)^{+}$ 分别是 $L$、$\chi F$ 的共轭算符，$\phi_{\mathrm{c}}^{+}(\boldsymbol{r}, E)$ 为对应的共轭中子注量率，它具有"中子价值"的物理解释。利用共轭算符的数学性质，此时可以得到

$$\frac{\left\langle \phi_{\mathrm{c}}^{+}, \chi F\phi \right\rangle - \phi_{\mathrm{c}}^{+}\left\langle \omega, L\phi \right\rangle}{\left\langle \phi_{\mathrm{c}}^{+}, \chi F\phi \right\rangle} = 1 - \frac{1}{k_{\mathrm{eff}}(t)} = \rho(t) \tag{10-35}$$

同时给出缓发中子有效份额 $\beta_{\mathrm{eff}}$、瞬发中子平均代时间 $\Lambda$ 的计算公式：

$$\beta_{\mathrm{eff}}(t) = \sum_{i=1}^{6} \frac{\left\langle \phi_{\mathrm{c}}^{+}, \chi_{\mathrm{d},i}\beta_i F\phi \right\rangle}{\left\langle \phi_{\mathrm{c}}^{+}, \chi F\phi \right\rangle} = \sum_{i=1}^{6} \beta_{i,\mathrm{eff}}(t) \tag{10-36}$$

$$\Lambda(t) = \frac{\left\langle \phi_c^+, v^{-1}\phi \right\rangle}{\left\langle \phi_c^+, \chi F\phi \right\rangle} \tag{10-37}$$

式(10-35)、式(10-36)、式(10-37)所表示的 $\rho(t)$、$\beta_{\text{eff}}(t)$、$\Lambda(t)$ 称为动力学参数，并且明确给出了动力学参数的显式计算方法。

点堆动力学方程尽管不能描述反应堆动力学过程中与空间有关的效应（比如由局部截面变化诱发的动力学），但利用它可以近似得到堆内中子密度（或功率、中子注量率）在瞬态过程中的"集总"或"平均"变化行为。同时，在实际的应用中可以采用对中子密度空间形状函数的修正来改善点堆动力学无法显式考虑空间有关现象的问题。点堆动力学方程由于简单且物理含义清晰，已被广泛应用在反应堆系统分析程序、反应堆物理实验与物理启动中。

### 10.2.3　数值计算方法简介

研究反应堆动力学问题时，通常反应堆的初始条件是稳态。假设动力学过程开始时刻是 $t=0$，点堆动力学方程的初始条件可表示为

$$n(t)\big|_{t=0} = n_0, \qquad c_i(t)\big|_{t=0} = c_{i,0}, \qquad i = 1,2,\cdots,6 \tag{10-38}$$

点堆动力学方程(10-18)、方程(10-19)，连同初始条件可写成矩阵形式：

$$\frac{\mathrm{d}Y(t)}{\mathrm{d}t} = F(t)Y(t) \tag{10-39}$$

式中，$Y(t)$、$F(t)$ 为一维列向量：

$$Y(t) = [n(t), c_1(t), \cdots, c_6(t)]^{\mathrm{T}}, \quad Y_0 = [n_0, c_{1,0}, \cdots, c_{6,0}]^{\mathrm{T}} \tag{10-40}$$

$$F(t) = \begin{bmatrix} [\rho(t) - \beta_{\text{eff}}]/\Lambda & \lambda_1 & \lambda_2 & \cdots & \lambda_6 \\ \beta_{\text{eff},1}/\Lambda & -\lambda_1 & 0 & \cdots & 0 \\ \beta_{\text{eff},2}/\Lambda & 0 & -\lambda_2 & \cdots & 0 \\ \vdots & \vdots & \vdots & & \vdots \\ \beta_{\text{eff},6}/\Lambda & 0 & 0 & \cdots & -\lambda_6 \end{bmatrix} \tag{10-41}$$

在对微分方程(10-39)进行数值计算时，需要对连续的时间变量 $t$ 进行离散，然后选取合适的数值方法对其进行数值求解。计算方法和时间步长的选取首先要保证数值计算的收敛性、稳定性。其中，计算稳定性不仅和选取的算法有关，还跟时间步长 $h$ 密切相关。因此，具有好的收敛性，同时又稳定的数值方法才能被实际的计算所采用[5-7]。

对于实际的反应堆动力学问题，由于矩阵式(10-41)中各元素的数值在数量级上有较大差异，因此点堆动力学方程是具有"刚性"的，只有非常小的时间步长 $h$ 才能保证用常规数值方法求解时的稳定性。对于今天的计算机而言，即便采用非常小的时间步长去

求解点堆动力学方程也不会存在计算时间过长的问题。但是，我们通常还是采用一些巧妙的方法，在时间步长选取较为宽松的前提下，仍保证计算的收敛性和稳定性。针对"刚性"常微分方程的数值计算，在计算数学领域已经非常成熟，不少方法在点堆动力学数值计算中也得到了成功应用。

以上是从纯数值计算的角度考虑点堆动力学方程的特点及数值计算问题。下面我们从反应堆物理的角度来看点堆动力学方程数值计算。若假设所有的缓发中子先驱核可合并为一组，此时单组缓发中子的点堆动力学方程可表示为

$$\frac{\mathrm{d}n(t)}{\mathrm{d}t} = \frac{\rho(t) - \beta_{\mathrm{eff}}}{\Lambda} n(t) + \lambda c(t) \tag{10-42}$$

$$\frac{\mathrm{d}c(t)}{\mathrm{d}t} = \frac{\beta_{\mathrm{eff}}}{\Lambda} n(t) - \lambda c(t) \tag{10-43}$$

对于小的阶跃正反应性（$\rho_0 \ll \beta_{\mathrm{eff}}$）引入问题，方程(10-42)是具有解析解的（负反应性亦如此）：

$$n(t) = \frac{n_0}{\beta_{\mathrm{eff}} - \rho_0} \left[ \beta_{\mathrm{eff}} \cdot \exp\left( \frac{\lambda \rho_0}{\beta_{\mathrm{eff}} - \rho_0} t \right) - \rho_0 \cdot \exp\left( -\frac{\beta_{\mathrm{eff}} - \rho_0}{\Lambda} t \right) \right] \tag{10-44}$$

方程(10-44)右边中括号中的第一项是慢变化项，而第二项是快变化项。这表明在小反应性输入反应堆后，开始很短的时间内中子密度将经历快速的瞬变，此时中括号中的第二项是快速瞬变的原因；经历完快速瞬变后，中括号中的第一项将占主导地位，中子密度的变化趋于平缓。图 10-2 给出了方程(10-44)的曲线，从中可以清楚地看出这一过程。

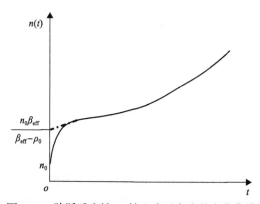

图 10-2　阶跃反应性 $\rho_0$ 输入中子密度的变化曲线

上述现象是点堆动力学方程"刚性"的直观体现。从物理上看，这一"刚性"是瞬发中子代时间 $\Lambda$ 与缓发中子先驱核平均寿命 $1/\lambda$（也是缓发中子由孕育到发射的平均时间）在数量级上的巨大差异导致的。由于缓发中子先驱核是由裂变产生的，在反应性引入后的较短时间内，瞬发中子会快速变化，而缓发中子变化的速度远远赶不上瞬发中子变

化, 可看成是平缓变化。这说明点堆动力学方程中缓发中子先驱核密度对系统的"刚性"不敏感。基于这样的物理实际, 我们可以在计算时首先将 $c(t)$ 方程的"刚性"去除, 使之只出现在求解 $n(t)$ 时。由于方程(10-19)中瞬发中子代时间 $\Lambda$ 是很小的量, 而在瞬变的极短时间内, 缓发中子先驱核密度 $c(t)$ 还来不及变化, 因此可以认为在该时间段内方程(10-44)左边等于零, 此时有

$$n(t) = \frac{\lambda \Lambda c(t)}{\beta_{\mathrm{eff}} - \rho_0} \tag{10-45}$$

这种近似称为"瞬跳"近似。将式(10-45)代入式(10-43)中有

$$\frac{\mathrm{d}c(t)}{\mathrm{d}t} = \frac{\rho_0 \lambda}{\beta_{\mathrm{eff}} - \rho_0} c(t) \tag{10-46}$$

此时, 缓发中子先驱核密度方程中仅有衰变常数 $\lambda$, "刚性"已经消除。求解方程(10-46)得到 $c(t)$ 后再代入方程(10-42), 便可以得到 $n(t)$ 的解析解。虽然这种方法在本质上并未消除 $n(t)$ 有关方程的"刚性", 但由于存在解析解, "刚性"这一数值计算的难题自然就不存在了。

以上基于单组缓发中子的点堆动力学方程及"瞬跳"近似, 主要是从物理上提出为什么点堆动力学方程会存在"刚性"。实际上, 点堆动力学方程的数值计算方法已经非常成熟, 目前比较常见的求解点堆动力学方程的数值方法有吉尔方法、龙格-库塔方法等。此外, 采用积分变换(如拉普拉斯变换)的方法先将常微分方程变为频域的普通代数方程, 再利用逆变换得到点堆动力学方程数值解也是常用的手段。积分变换方法被广泛应用在反应堆控制、受扰稳定性分析等领域。下面简述吉尔方法、龙格-库塔方法的基本理论。

1) 吉尔方法

从上面的讨论知道, 由于传统的数值方法在解刚性问题时遇到的主要困难是, 绝对稳定区域的有限性导致步长 $h$ 选取得很小。因此, 好的解刚性问题的方法是, 首先对 $h$ 的限制减弱, 使其值不至于太小, 而又不影响算法的绝对稳定性。最理想方法的当然是对 $h$ 没有任何限制, 且能够保证绝对稳定性, 即对于任意 $h > 0$, 对刚性问题式(10-39)的雅可比矩阵的所有特征值 $\omega_i$, $h=h_0$ 都属于绝对稳定区域。可以想象, 这种绝对稳定区域必然是复平面上某个无界区域。从常微分方程数值理论可知道, 一般情况下, 只有隐式计算格式才可能具有这种性质。

因而, 对于方程(10-39), 我们使用 $k$ 阶隐式线性多步方法:

$$y_{j+k} = \sum_{i=0}^{k-1} \alpha_i y_{j+i} + h\beta_k f(t_{j+k}, y_{j+k}) \tag{10-47}$$

该方法是用第 $j, j+1, \cdots, j+k-1$ 等 $k$ 个时间点上原方程的近似解之值 $y_j, y_{j+1}, \cdots, y_{j+k-1}$ 作为已知数, 来求第 $j+k$ 个时间点上的近似解之值 $y_{j+k}$, 其中 $h=t_{j+k}-t_{j+k-1}$, 系数 $\alpha_i, \beta_i (i=1,2,\cdots,k)$

的数值在表 10-2 中给出。对于该格式，当 $k$ 为 6 时，绝对稳定区域包含了整个负实轴，因此，对具有负实根特征值的刚性方程而言，不管 $h > 0$ 取多大，$\omega_i h$ 都将落在这个方法的绝对稳定区域之中。该方法的局部截断误差为

$$\frac{1}{k+1}h^{k+1}y_{j+1}^{k+1} + o(h^{k+2}) \tag{10-48}$$

式中，$y_{j+1}^{k+1}$ 是 $k+1$ 阶差商。

表 10-2　格式的系数

| 系数 | $k=1$ | $k=2$ | $k=3$ | $k=4$ | $k=5$ | $k=6$ |
|---|---|---|---|---|---|---|
| $\beta_k$ | 1 | 2/3 | 6/11 | 12/25 | 60/137 | 60/147 |
| $\alpha_0$ | 1 | −1/3 | 2/11 | −3/25 | 12/137 | −10/147 |
| $\alpha_1$ | | 4/3 | −9/11 | 16/25 | −75/137 | 72/147 |
| $\alpha_2$ | | | 18/11 | −36/25 | 200/137 | −225/147 |
| $\alpha_3$ | | | | 48/25 | −300/137 | 400/147 |
| $\alpha_4$ | | | | | 300/137 | −450/147 |
| $\alpha_5$ | | | | | | 360/147 |

显然，格式(10-47)一般是非线性代数方程组，求解时要采用迭代方法。最简单的迭代方法是所谓简单迭代格式。然而，简单迭代格式的收敛性要求为

$$\left\| h\beta_k \frac{\partial f}{\partial y} \right\| < 1 \tag{10-49}$$

这意味着，若用简单迭代法求解式(10-48)，步长 $h$ 要受到雅可比矩阵范数的限制，对于刚性问题，雅可比矩阵的范数非常大，从而式(10-49)对步长的限制是很大的[对式(10-49)，$h$ 与 $\Lambda$ 量级相同]，可见，采用隐式格式的优越性将会由于迭代格式选择不当被破坏。

因此，对刚性方程，应设法改变迭代格式，避免出现类似式(10-49)的约束，一个可取的迭代方法是所谓牛顿方法：

$$y_{j+k}^{(m+1)} = y_{j+k}^{(m)} - W^{(m)}\left[ y_{j+k}^{(m)} - \sum_{i=0}^{k-1}\alpha_1 y_{j+1} - \beta_k hf(t_{j+k}, y_{j+k}^{(m)}) \right] \tag{10-50}$$

式中

$$W^{(m)} = \left[ I - h\beta_k \frac{\partial f(t_{j+k}, y_{j+k}^{(m)})}{\partial y} \right]^{-1} \tag{10-51}$$

迭代初值可由如下显式 $k$ 阶线性多步方法确定：

$$y_{j+k}^{(0)} = \sum_{i=0}^{k-1} \alpha_i^* y_{j+i} + h\beta_{k-1}^* f(t_{j+k-1}, y_{j+k-1}) \tag{10-52}$$

式中，$\alpha_i^*$，$\beta_{k-1}^*$ 的选取应使式 (10-52) 具有 $k$ 阶精度。由于初值的精度高，所以迭代格式 (10-50)～式 (10-52) 收敛很快，且收敛性对 $h$ 没有限制，该迭代过程被称为吉尔-拉弗森-牛顿 (Gear-Raphson-Newton) 方法，或 GRN 方法。

如果用某个固定的 $W$ 代替 $W^{(m)}$，则可以节约许多计算量，此时格式 (10-50)～式 (10-52) 称为修正的牛顿迭代方法。

通过以上的分析可知，GNR 方法由于采用隐式多步计算格式，避免了稳定性对步长 $h$ 的不合理要求，同时采用牛顿迭代方法，使收敛性不受步长的限制。因此，取了好的初值就可以保证很快收敛，而整个计算过程中对步长 $h$ 的选取只取决于计算精度的要求，这也正是吉尔方法的主要思想。

通过讨论还知道，对于一般的常微分方程，无论其具有刚性与否，用格式 (10-50)～式 (10-52) 形式的所谓 GRN 方法求解，一般都可以得到满意的解。不足之处是，在计算过程中，如果有必要改变步长 $h$ 的大小，或改变算法阶数 $k$ 的高低，则该格式不方便。因此，在实际计算刚性问题时，更常采用的是如下的吉尔方法。

吉尔方法的出发点仍是式 (10-49)，仍旧采用牛顿迭代，与 GRN 方法的不同之处在于吉尔方法存储不同的信息，由格式 (10-50)～式 (10-52) 可以看出，GRN 方法在计算过程中存储的是 $y_{j+k}, y_{j+1}, \cdots, y_j$ 等向量，记为

$$X_{j+k} = [y_{j+k}, hy'_{j+k}, y_{j+k-1}, \cdots, y_j]^{\mathrm{T}} \tag{10-53}$$

而吉尔方法在计算过程中将依赖并存储如下的量：

$$Z_j = \left[ y_j, hy'_j, \frac{h^2}{2} y''_j, \cdots, \frac{h^k}{k!} y_j^{(k)} \right]^{\mathrm{T}} \tag{10-54}$$

事实上，$X_{j+k}$ 和 $Z_j$ 之间存在着某种转换关系，即存在某个矩阵 $Q$，使

$$X_{j+k} = QZ_j \tag{10-55}$$

利用该转换关系及以上提及的隐式格式和牛顿迭代思想，经过推导，即可得到一般的吉尔方法的具体表达式。以下给出针对矩阵形式点堆方程 (10-39) 推导出来的吉尔计算表达式：

$$\begin{cases} Z_{j+1}^{(0)} = AZ_j \\ Z_{j+1}^{(m+1)} = Z_{j+1}^{(m)} + l \cdot g^{\mathrm{T}}(Z_{j+1}^{(m)}) N(Z_{j+1}^{(m)}) \\ N(Z_{j+1}^{(m)}) = \left[ l_1 I - hl_0 F^{\mathrm{T}}(t_{j+1}) \right]^{-1} \\ g(Z_{j+1}^{(m)}) = -hy'^{(m)}_{j+1} + hF(t_{j+1}) y_{j+1}^{(m)} \end{cases} \tag{10-56}$$

式中

$$A = (\alpha_{ij}), \qquad \alpha_{ij} = \begin{cases} c_j, & j \geqslant i \\ 0, & j < i \end{cases} \tag{10-57}$$

称为杨辉三角矩阵。

$$l = [l_0, l_1, \cdots, l_k]^{\mathrm{T}} \tag{10-58}$$

向量分量由表 10-3 给出。

表 10-3　吉尔方法中向量 $l$ 的分量

| $l$ | $k=1$ | $k=2$ | $k=3$ | $k=4$ | $k=5$ | $k=6$ |
|---|---|---|---|---|---|---|
| $l_0$ | 1 | 2/3 | 6/11 | 24/50 | 120/274 | 720/1764 |
| $l_1$ | 1 | 1 | 1 | 1 | 1 | 1 |
| $l_2$ | | 1/3 | 6/11 | 35/50 | 255/274 | 1624/1764 |
| $l_3$ | | | 1/11 | 10/50 | 85/274 | 735/1764 |
| $l_4$ | | | | 1/50 | 15/274 | 175/1764 |
| $l_5$ | | | | | 1/274 | 21/1764 |
| $l_6$ | | | | | | 1/1764 |

吉尔方法式(10-56)截断误差仍为式(10-48)，若计算过程中每一步的局部截断误差要求不超过预先给定的限值 $\varepsilon$，就必须限制步长 $h$，使得

$$(k+1)h^{k+1} \left\| y_j^{k+1} / \theta \right\| \leqslant \varepsilon \tag{10-59}$$

式中，$y_j^{k+1}$ 应当由吉尔方法存储的信息 $Z_j$ 中在最后一行 $\dfrac{h^k}{k!} y_j^{(k)\mathrm{T}}$ 与前一步计算过程中存储的信息 $Z_{j-1}$ 中的最后一行向量 $\dfrac{h^k}{k!} y_{j-1}^{(k)\mathrm{T}}$ 做差商近似得到

$$y_j^{(k+1)} = \frac{1}{h}\left( y_j^{(k)} - y_{j-1}^{(k)} \right) \tag{10-60}$$

$\theta$ 是事先给定的权向量，$y_j^{k+1}/\theta$ 表示这两个向量的对应分量求商后所得的新向量。

可见，式(10-59)是在整个吉尔方法中对 $h$ 的唯一限制，根据该判据，可以灵活改变方法的步长，还可以改变方法的阶数 $k$，这正是吉尔方法优于 GRN 方法之处。总之吉尔方法保留了 GRN 方法的一切优点，又改进了 GRN 方法的不足。

2) 龙格-库塔法

龙格-库塔方法是一类单步多级方法，一般而言只适用于非刚性或者轻度刚性问题，对于强刚性情况，通常需要向后差分以及外推处理，但是能够较为容易地实现自适应时间步，也能达到任意的阶数。

可以利用泰勒展开推导龙格-库塔方法。$m$ 级的龙格-库塔法的一般形式为

$$
\begin{cases}
y_{n+1} = y_n + b_1 K_1 + b_2 K_2 + \cdots + b_m K_m \\
K_1 = hf(x_n, y_n) \\
K_2 = hf(x_n + c_2 h, y_n + a_{21} K_1) \\
K_3 = hf(x_n + c_3 h, y_n + a_{31} K_1 + a_{32} K_2) \\
\quad\quad\quad\quad\vdots \\
K_m = hf(x_n + c_m h, y_n + a_{m1} K_1 + a_{m2} K_2 + \cdots + a_{m,m-1} K_{m-1})
\end{cases}
\tag{10-61}
$$

式中，$b_i$，$c_i$，$a_{ij}$ 均为常数，由待定系数法确定。这些系数的确定原则是将局部截断误差 $R[y] = y(x_{n+1}) - y_{n+1}$ 在 $x_i$ 处泰勒展开，适当选取 $h$ 的系数，使得局部截断误差 $R[y]$ 的阶数尽可能高。

下面以 $m=2$ 时两级龙格-库塔方法为例导出龙格-库塔方法的对应系数，从而得到对应级的求解方程。两级龙格-库塔方法形式如下：

$$
\begin{cases}
y_{n+1} = y_n + b_1 K_1 + b_2 K_2 \\
K_1 = hf(x_n, y_n) \\
K_2 = hf(x_n + c_2 h, y_n + a_{21} K_1)
\end{cases}
\tag{10-62}
$$

将 $y(x_{n+1})$ 在 $x_i$ 处泰勒展开有

$$
y(x_{n+1}) = y(x_n + h) = y(x_n) + y'(x_n)h + \frac{1}{2!} y''(x_n)h^2 + \frac{1}{3!} y'''(x_n)h^3 + o(h^4)
\tag{10-63}
$$

由 $y'(x) = f(x, y(x))$ 知：

$$
y''(x) = f_x' + f_y' y' = f_x' + f_y' f
\tag{10-64}
$$

$$
y'''(x) = f_{xx}'' + 2 f_{xy}'' f + f_{yy}'' f^2 + f_x' f_y' + f_y'^2 f
\tag{10-65}
$$

因此

$$
\begin{aligned}
y(x_{n+1}) = y(x_n) + fh + \frac{1}{2}(f_{xx}'' + f_y' f)h^2 \\
+ \frac{1}{6}(f_{xx}'' + 2 f_{xy}'' f + f f_{yy}''^2 + f_x' f_y' + f_y'^2 f)h^3 + o(h^4)
\end{aligned}
\tag{10-66}
$$

式中，$f$ 为 $f(x_i, y(x_i))$ 的简写，符号 $f_x'$，$f_y'$，$f_{xx}''$，$f_{xy}''$，$f_{yy}''$ 表示其各阶导数。由二元函数泰勒展开可知：

$$
\begin{aligned}
K_2 &= hf(x_n + c_2 h, y_n + a_{21} K_1) \\
&= h\left( f + c_2 f_x' h + a_{21} f_y' fh + \frac{1}{2} c_2^2 f_{xx}'' h^2 + c_2 a_{21} f_{xy}'' fh^2 + \frac{1}{2} a_{21}^2 f_{yy}'' f^2 h^2 + \cdots \right)
\end{aligned}
\tag{10-67}
$$

于是

$$
\begin{aligned}
y_{n+1} &= y_n + b_1 K_1 + b_2 K_2 \\
&= y_n + b_1 fh + b_2 h\left( f + c_2 f_x' h + a_{21} f_y' fh + \frac{1}{2} c_2^2 f_{xx}'' h^2 + c_2 a_{21} f_{xy}'' fh^2 + \frac{1}{2} a_{21}^2 f_{yy}'' f^2 h^2 + \cdots \right) \\
&= y_n + (b_1 + b_2) fh + b_2 (c_2 f' + a_{21} f_y' f) h^2 + b_2 \left( \frac{1}{2} c_2^2 f_{xx}'' + c_2 a_{21} f_{xy}'' f \right. \\
&\quad \left. + \frac{1}{2} a_{21}^2 f_{yy}'' f^2 \right) h^3 + o(h^4)
\end{aligned}
\tag{10-68}
$$

由式(10-63)和式(10-68)可得局部截断误差:

$$
\begin{aligned}
R[y] &= y(x_{i+1}) - y_{i+1} \\
&= (1 - b_1 - b_2) fh + \left[ \left( \frac{1}{2} - c_2 b_2 \right) f_x' + \left( \frac{1}{2} - a_{21} b_2 \right) f_y' f \right] h^2 \\
&\quad + \left[ \begin{aligned} &\left( \frac{1}{6} - \frac{1}{2} c_2^2 b_2 \right) f_{xx}'' + \left( \frac{1}{3} - c_2 a_{21} a_{21} \right) f_{xy}'' f \\ &+ \left( \frac{1}{6} - \frac{1}{2} a_{21}^2 b_2 \right) f_{yy}'' f^2 + \frac{1}{6} \left( f_x' f_y' + f_y'^2 f \right) \end{aligned} \right] h^3 + o(h^4)
\end{aligned}
\tag{10-69}
$$

若能使式(10-69)中 $h$, $h^2$, $h^3$ 的系数同时等于 0,就可认为此时的龙格-库塔方法达到了三阶精度,也就是所谓的三阶龙格-库塔法。这样就可以解得相应的未知系数 $b_1$, $b_2$, $c_2$, $a_{21}$,得到两级三阶龙格-库塔的表达式。

对于点堆动力学方程(10-39),其龙格-库塔的表达式为

$$
y_{n+1} = y_n + h \sum_{i=0}^{s} b_i k_i
\tag{10-70}
$$

$$
k_i = f\left( t_n + c_i h, y_n + h \sum_{j=1}^{s} a_{ij} k_j \right), \quad i = 1, 2, \cdots, s
\tag{10-71}
$$

### 10.2.4 点堆动力学的应用

1. 外推临界实验

满足什么条件反应堆达到临界是反应堆物理的一个基本问题。在初等反应堆物理中我们可以利用单群或双群临界方程定性或半定量地回答、分析这一问题。在工程设计中,人们更多通过稳态中子学计算程序搜索到反应堆达到临界的定量条件。当今的计算程序预测已有或类似堆型反应堆的临界参数已经非常精确,但对于实际的工程问题,特别是新堆型或实验装置,通过实验手段确定反应堆的临界条件仍不可或缺。在达临界的实验

中，反应堆是通过燃料元件的逐步装载、中子吸收体的不断减少逐步由次临界状态向临界状态逼近的[8-10]。在逼近临界的过程中反应堆是次临界的，因此需要外加中子源才能获得稳定的中子注量率。对于有外源的次临界系统，点堆动力学方程为

$$0 = \frac{\rho - \beta_{\text{eff}}}{\Lambda} n_{\text{s}} + \sum_{i=1}^{I} \lambda_i c_i + S \tag{10-72}$$

$$0 = \frac{\beta_{i,\text{eff}}}{\Lambda} n_{\text{s}} - \lambda_i c_i, \quad i = 1, \cdots, I \tag{10-73}$$

$n_{\text{s}}$ 为稳定中子密度，$S$ 为固定强度的外中子源。

$$n_{\text{s}} = -\frac{S\Lambda}{\rho} = \frac{Sl}{1 - k_{\text{eff}}} \tag{10-74}$$

从方程(10-74)可以看出，随着反应堆向临界逼近，堆内中子水平将不断增加，$n_{\text{s}}$ 与 $k_{\text{eff}}$ 存在一一对应的关系，理论上可以通过 $n_{\text{s}}$ 的变化来判断反应堆何时达到临界。但由于 $k_{\text{eff}}$ 向 1 逼近，$n_{\text{s}}$ 将趋于无穷，利用 $n_{\text{s}}$ 的趋势判断是否临界并不可行；此外，在实验中通常测量的不是堆内中子的"总体"或"平均"水平，而是利用探测器测量由堆芯泄漏出来的中子，并认为泄漏中子的数量与堆内中子水平是成正比例的。假设探测器测量到的中子数目为 $n_{\text{D}}$，对方程(10-74)做倒数有

$$\frac{1}{n_{\text{D}}} \propto \frac{1}{n_{\text{s}}} = \frac{1 - k_{\text{eff}}}{Sl} \tag{10-75}$$

公式(10-75)表明：反应堆满足的临界条件就是以 $k_{\text{eff}}$ 为横坐标，$\frac{1}{n_{\text{D}}}$ 为纵坐标的图中 $\frac{1}{n_{\text{D}}}(k_{\text{eff}})$ 这根直线与横坐标的截距。

$$\frac{n_{\text{D},0}}{n_{\text{D},i}} \propto (1 - k_{\text{eff},i}) \tag{10-76}$$

$k_{\text{eff}}$ 与燃料的装载量(如燃料组件数目)、中子吸收体含量(如控制棒棒位、硼酸含量)、慢化剂含量(如水铀比、水位)等有关，因此在实验中通常用上述量来替换 $k_{\text{eff}}$，确定临界条件。假设我们需要在实验中确定临界燃料装载量，就以燃料装载量 $M$ 代替 $k_{\text{eff}}$，假设初始装载量 $M_0$ 对应的有效增殖系数为 $k_{\text{eff},0}$，探测器记录的中子数目倒数为 $1/n_{\text{D},0}$；进行第 $i$ 次燃料装载后，燃料装载量为 $M_i$，对应的有效增殖系数为 $k_{\text{eff},i}$，探测器测量到的中子数目倒数为 $1/n_{\text{D},i}$。在向临界逼近的过程中，$n_{\text{D},0}/n_{\text{D},i}$ 的变化趋势如图 10-3 所示。

在实际的达临界过程中，通常首先根据连续相邻两次燃料装置对应的 $n_{\text{D},0}/n_{\text{D},i}$、$n_{\text{D},0}/n_{\text{D},i+1}$ 做直线外推，再由直线与横坐标的截距得到第 $i$+2 次装载预计达临界的装量

$M_{i+2,\mathrm{p}}$。为了保证临界安全，通常第 $i+2$ 的装料量取 $\frac{1}{2}\left(M_{i+2,\mathrm{p}}-M_{i+1,\mathrm{p}}\right)$。如此反复外推，直到 $n_{\mathrm{D},0}/n_{\mathrm{D},i}$ 趋向于零，反应堆达到临界状态。达临界过程逐步添加燃料元件过程如图 10-4 所示。

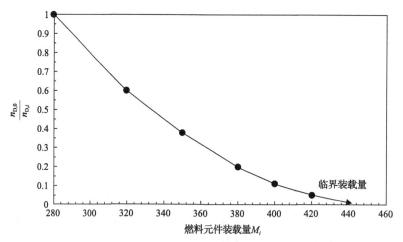

图 10-3　探测器中子计数率倒数随燃料元件装载量的变化

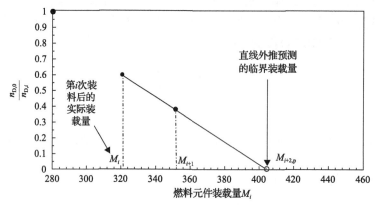

图 10-4　外推临界实验燃料元件逐步添加示意图

　　值得注意的是：①式(10-76)对应的是反应堆处于外中子源驱动的稳定状态(即缓发中子也达到了平衡)，每一次燃料装载，$k_{\mathrm{eff}}$ 发生了变化，缓发中子的平衡需要一定时间，因此需要等待一段时间记录 $n_{\mathrm{D},i}$；②由于外中子源存在，实际的稳定状态是 $k_{\mathrm{eff}}$ 非常接近 1，而不是等于 1。以压水堆核电站为例，在物理启动实验中，堆外源量程探测器(SRD)的中子计数率水平比初始状态增长 5～7 番就可以认为反应堆已经临界了。

　　此外，$n_{\mathrm{D},0}/n_{\mathrm{D},i}$ 随燃料装载量的变化曲线与外中子源、反应堆、探测器的关系有关。式(10-74)中的中子由两部分构成，其中 $Sl$ 个中子直接来源于外中子源，它与反应堆的中子增殖特性无关，$\dfrac{k_{\mathrm{eff}}\cdot Sl}{1-k_{\mathrm{eff}}}$ 个中子来源于反应堆的次临界倍增，反映的是反应堆的中子增殖特性。因此，在实验中希望尽可能减少外中子源的影响。图 10-5 给出了不同探测器得

到的 $n_{D,0} / n_{D,i}$ 变化曲线。

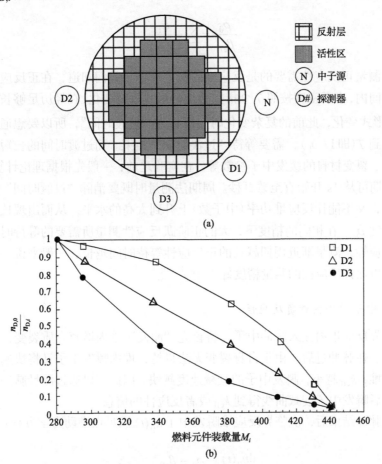

(a)

(b)

图 10-5 不同外源、探测器相对位置时中子计数率变化曲线

从图中可以看出，根据 D1、D2、D3 探测器得到的 $n_{D,0} / n_{D,i}$ 曲线最终均能得到相同的临界装载量，但 D3 探测器曲线是"凹"的，外推临界过程是偏安全的，而 D1 探测器曲线是"凸"的，外推临界过程是不保守的。

2. 周期法测量正反应性

反应性方程 $\rho_0 = \sum_{i=1}^{6} \dfrac{\beta_{i,\text{eff}}}{1 + \lambda_i T}$ 表示了正反应性 $\rho_0$ 与周期 $T$ 的一一对应关系。因此，我们可以通过探测器测量中子密度的变化得到反应堆的渐近周期 $T$，再由反应性方程计算得到 $\rho_0$。这就是利用周期法测量正反应性的基本原理。

在实际的实验工作中，我们还通常假设：

$$\frac{\beta_{i,\text{eff}}}{\beta_{\text{eff}}} = \frac{\beta_i}{\beta} = \alpha_i \tag{10-77}$$

此时我们得到实验中更常用的周期法测量正反应性的公式

$$\frac{\rho_0}{\beta_{\text{eff}}} = \sum_{i=1}^{6} \frac{\alpha_i}{1 + \lambda_i T} \tag{10-78}$$

周期法测量正反应性需要的是反应堆的渐近周期。我们知道，在正反应性引入反应堆后的短时间内，中子密度按照 7 个指数叠加的形式进行变化，在经历足够长的时间后，才按照 $e^{\omega_1 t}$ 形式变化，此前的复杂变化时间段称为"过渡时间"，所以要想通过中子探测器计数率得到 $T$（即 $1 / \omega_1$），需要等待"过渡时间"结束。而过渡时间的长短取决于正反应性的大小、裂变材料的缓发中子参数等。在实验之前，一般先根据理论计算预制 $\rho$-$T$ 关系表，周期可从 1s 开始直至数百秒。周期法测量时既要消除"过渡时间"带来的 $T$ 的不精确问题，又不能让反应堆功率（中子数）上升到太高的水平，从而出现核加热，影响引入的反应性 $\rho_0$。在相同的精度下，大的正阶跃反应性测量所需要的等待时间要小于小的正阶跃反应性，测量渐近周期越长的正反应性等待时间越长。一般来说，等待几个渐近周期就可以保证反应性的测量精度好于 1%[8-10]。

3. 脉冲中子源法测量负反应性

向次临界反应堆内注入脉冲中子，将首先"激发"堆内增殖介质裂变，实现对外中子源的放大。在脉冲过后，由于自身裂变无法自持，堆内瞬发中子又将快速衰减。对于同一个反应堆，$k_{\text{eff}}$ 越小，瞬发中子的衰减速度越快，因此可以通过测量脉冲中子注入次临界反应堆后瞬发中子衰减曲线得到 $k_{\text{eff}}$ 或者反应性的信息。

当中子脉冲结束后，次临界反应堆瞬发中子 $n_{\text{p}}(t)$ 满足点堆动力学方程：

$$\frac{\mathrm{d}n_{\text{p}}(t)}{\mathrm{d}t} = \frac{\rho_0 - \beta_{\text{eff}}}{\Lambda} n_{\text{p}}(t) \tag{10-79}$$

根据初始条件，$n_{\text{p}}(t)$ 满足指数衰减特性

$$n_{\text{p}}(t) = A e^{\frac{\rho - \beta_{\text{eff}}}{\Lambda} t} \tag{10-80}$$

式中，$\dfrac{\rho - \beta_{\text{eff}}}{\Lambda} = \alpha_{\text{p}}$，称为瞬发中子衰减常数。

由此可得到反应性

$$\rho_0 = \alpha_{\text{p}} \Lambda + \beta_{\text{eff}} \tag{10-81}$$

为了获得瞬发中子衰减常数 $\alpha_{\text{p}}$，我们需要对脉冲中子注入反应堆后的中子数目衰减曲线进行拟合。为了获得足够的中子数目衰减数据，实验中通常采用向反应堆内注入周期性脉冲，并将所有数据累积到一个脉冲周期内进行分析。脉冲中子源可以采用中子管

或者加速器。由于反应堆内瞬发中子和缓发中子是并存的，并且缓发中子先驱核的衰变时间相对较长，因此在大量周期性脉冲注入后可以形成稳定的缓发中子本底。由于各组缓发中子先驱核的半衰期中最短的也大于 0.1s，而一般瞬发中子衰减周期 $1/\alpha$ 远远小于 0.1s，所以，只要中子源的脉冲半宽度是瞬发中子衰减周期的量级或更短，缓发中子对系统中瞬发中子衰减过程的影响就可忽略。

图 10-6 给出了一个典型的脉冲中子源实验中一个脉冲周期内的某个中子探测器记录的中子数目随时间变化的曲线，从中可以明显看到稳定的缓发中子本底。但值得注意的是，即便在曲线中将缓发中子本底扣除，仅保留瞬发中子，中子数目的衰减也不是简单的单一指数衰减形式。这主要是由于次临界反应堆受到瞬发中子"高阶谐波"的影响：即在脉冲注入后的较短时间内瞬发中子高阶谐波与瞬发中子基波共存，而在点堆动力学方程中我们需要的 $\alpha_{\mathrm{p}}$ 实质上是瞬发中子基波衰减常数。但由于瞬发中子高阶谐波衰减更快，因而在 $\Delta$ 时间区间内几乎只有瞬发中子基波，这一时间段内中子数目的衰减遵循单一指数衰减，拟合这一时间段的数据可得到 $\alpha_{\mathrm{p}}$。此外，在 $\Delta$ 时间区间后，中子数目的衰减又变慢，这主要是由半衰期较短的缓发中子先驱核衰变释放的缓发中子导致的，常称为缓发中子尾巴。瞬发中子"高阶谐波"在反应堆内存在特定的空间分布，因此不同位置处探测器得到的中子数目衰减曲线不同，"高阶谐波"效应也常称为"空间效应"[4]。

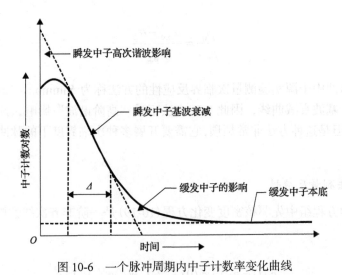

图 10-6  一个脉冲周期内中子计数率变化曲线

通过对图中 $\Delta$ 时间实验数据进行单指数拟合得到 $\alpha_{\mathrm{p}}$，在已知 $\Lambda$ 和 $\beta_{\mathrm{eff}}$ 的前提下就能够通过式 (10-81) 得到反应性。因为瞬发中子代时间 $\Lambda$ 测量较为困难，所以在反应堆物理实验测量中得到的反应性通常是以 $\beta_{\mathrm{eff}}$ 为单位的相对反应性，因此在实际工作中，通常首先通过不同次临界度下的脉冲中子源实验获得不同的 $\alpha_{\mathrm{p}}$，再外推到临界状态下的瞬发中子衰减常数 $\alpha_{\mathrm{p,c}}$。实验表明，$\alpha_{\mathrm{p,c}}$ 随次临界度的变化较为简单，图 10-7 给出了 $\alpha_{\mathrm{p}}$ 随次临界度变化及直线外推得到 $\alpha_{\mathrm{p,c}}$ 的示意。

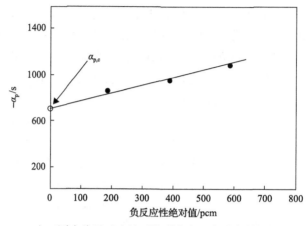

图 10-7 由不同次临界反应性下的瞬发中子衰减常数外推得到 $\alpha_{p,c}$

$$\alpha_{p,c} = -\frac{\beta_{eff,c}}{\Lambda_c} \tag{10-82}$$

考虑到次临界状态与临界状态下 $\Lambda$ 和 $\beta_{eff}$ 的差别，我们用角标 c 表示临界（critical）。但是在实验中通常认为改变次临界状态，不会对 $\Lambda$ 和 $\beta_{eff}$ 产生影响，因此得到以 $\beta_{eff}$ 的次临界反应性。

$$\frac{\rho_0}{\beta_{eff}} = \frac{\alpha_{p,c} - \alpha_p}{\alpha_{p,c}} \tag{10-83}$$

这种利用脉冲中子源实验测量次临界反应性的方法称为 Simmons-King（S-K）方法。只拟合瞬发中子基波衰减曲线，因此 S-K 方法不受"高阶谐波"影响，预期可以获得较高的测量精度。但是这种方法非常烦琐，它需要开展多种次临界度下的脉冲中子源实验，以拟合得到 $\alpha_{p,c}$。

### 4. 逆动态法测量反应性

点堆动力学方程组中先驱核密度变化方程(10-19)是一阶非齐次线性微分方程。其解析解为

$$c_i(t) = e^{-\lambda_i t}\left[c_i(0) + \frac{\beta_i}{\Lambda}\int_0^t n(t')e^{\lambda_i t'}dt'\right] \tag{10-84}$$

式中，$c_i(0)$ 为初始稳态下的第 $i$ 组缓发中子先驱核密度。初始稳态条件下方程(10-18)、方程(10-19)中子密度、缓发中子先驱核密度不随时间变化，可以将上述方程中的 $c_i(0)$ 用 $n(0)$ 替换：

$$c_i(t) = \frac{\beta_i n(0)}{\lambda_i \Lambda}e^{-\lambda_i t} + \frac{\beta_i}{\Lambda}\int_0^t e^{-\lambda_i(t-t')}n(t')dt' \tag{10-85}$$

将方程(10-85)代入方程(10-18)得到

$$\rho(t) = \beta - \frac{1}{n(t)}\sum_i \beta_i \lambda_i \int_0^t e^{-\lambda_i(t-t')}n(t')dt' - \frac{n(0)}{n(t)}\sum_i \beta_i e^{-\lambda_i t} + \frac{\Lambda}{n(t)}\frac{dn(t)}{dt} \quad (10\text{-}86)$$

方程(10-86)表示的是反应性 $\rho(t)$ 与 $t$ 时刻中子密度 $n(t)$ 及中子密度变化率 $\dfrac{dn(t)}{dt}$ 的函数

关系：$\rho(t) = f\left(n(t), \dfrac{dn(t)}{dt}\right)$，称之为逆动态方程。若已知缓发中子数据、瞬发中子平均

代时间，就可以由 t 时刻中子密度 $n(t)$ 及中子密度变化率 $\dfrac{dn(t)}{dt}$ 计算出反应性 $\rho(t)$，这就是用反应性仪测量反应性的最基本原理。

如果反应堆由初始稳态变为超临界或次临界工况，中子注量率空间分布不发生变化，我们就可以利用探测器测量的信号（它正比于 $n(t)$），并直接利用方程(10-86)得到反应性。但对于实际的反应堆，反应性的变化通常是由局部扰动造成的，比如控制棒的移动，因此，如果不对中子注量率空间分布的变化进行修正，直接基于逆动态方程得到的反应性很可能是不准确的，这在大型动力堆中尤为突出。

局部反应性扰动导致中子注量率的空间分布效应主要有两类：①由局部扰动导致的静态空间效应，即稳态堆芯与扰动后堆芯中子注量率的基波分布不同，这是一种时间尺度较快的效应；②缓发中子空间再分布效应，也称为动态空间效应，它是缓发中子平衡被打破后，滞后于瞬发中子再分布过程的慢时间尺度效应。这两种效应导致的中子注量率空间分布变化都会对探测器的响应产生影响，使其输出的信号无法准确反映反应堆的反应性。对于第一种效应，在理论上可以通过对初始稳态堆芯和局部扰动后堆芯分别做特征值问题计算得到两种情况下的探测器响应。对于第二种效应，在理论上则必须依赖求解考虑缓发中子的中子时空动力学方程[11]。

以逆动态方法为基础，通过对上述两类导致中子注量率的空间分布的效应分别进行考虑，在工程实践中提出了可以快速进行反应堆控制棒价值刻度的动态刻棒(DRWM)技术。在压水堆核电厂中，动态刻棒相比传统的调硼法、换棒法具有速度更快、更安全的优势，在国内外得到了广泛应用，其具体的插、提控制棒步骤如图 10-8 所示。

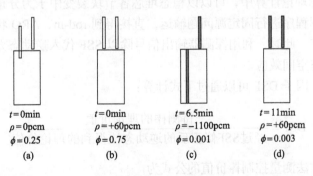

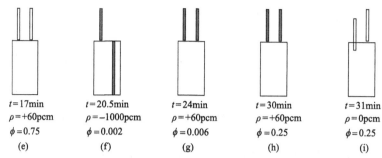

图 10-8　DRWM 技术测量控制棒过程示意图

$\phi$ 为测量过程中对最大值的相对值

　　假设反应堆有两组控制棒,堆芯初始为临界状态,一组棒插入堆芯的价值约为 60pcm,另一组棒全提(ARO),然后将插入堆芯的棒组提出堆外,引入约 60pcm 的正反应性,反应堆功率上升,接近"核加热"点功率时,快速插入另一组棒(待测量价值的棒组),其间由堆外探测器输出信号,并由反应性仪得到待测棒组的积分价值。该组棒积分价值测量完成后,将其提出堆外,重复这一过程,可以由反应性仪得到另一组棒的积分价值。

　　为了考虑控制棒局部扰动导致的静态空间效应和动态空间效应对直接应用逆动态法导致的反应性测量不准问题。在动态刻棒技术中需要事先计算静态空间修正因子 SSF 和动态空间修正因子 DSF。SSF 的计算公式为

$$SSF = \frac{SDTR_{rod\text{-}in}}{SDTR_{ARO}} \tag{10-87}$$

式中,SDTR 为理论计算得到的堆外探测器响应,脚标 rod-in、ARO 分别表示待测棒组插入状态堆芯和待测棒组全部提出状态堆芯。对堆外探测器有贡献的主要为堆芯内每个节块泄漏出去的快中子,因此 SDTR 可以采用下式计算:

$$SDTR = \sum_m \left( ERIF_m \cdot EAIF_m \cdot V_m \cdot \phi_m^1 \right) \tag{10-88}$$

式中,$m$ 为堆芯节块编号;ERIF、EAIF 分别为堆芯径向、轴向节块对堆外探测器响应的贡献函数(即以探测器宏观响应截面为固定源的共轭中子注量率);$\phi_m^1$ 为节块 $m$ 的快中子注量率。在实际理论计算中,可以以稳态堆芯各节块裂变中子为分布源,利用离散纵标程序或蒙特卡罗程序进行固定源问题输运,直接得到 rod-in、ARO 状态下的探测器响应,进而获得 SSF。此时,利用探测器输出信号除以 SSF 代入逆动态方程中获得的反应性就可以消除静态空间效应。

　　动态空间修正因子 DSF 可以通过下式计算:

$$DSF = \frac{待测棒的理论价值}{经过SSF修正后的逆动态法得到的理论价值} \tag{10-89}$$

因此,动态刻棒方法测量控制棒价值的公式为

$$\rho_{DRWM} = DSF \cdot 经过SSF修正后的逆动态法得到的理论价值 \tag{10-90}$$

## 10.3　时空中子动力学

在点堆动力学模型中，我们假设中子的空间和能量分布不随时间变化，也就是说，认为空间和能量变量可以和时间变量分离，从而得以把本来和空间、时间及中子能量有关的各种物理量通过积分或平均"集总"为只依赖于时间的物理量。在点堆动力学模型中，$\rho$、$\beta_{eff}$、$\Lambda$（或 $l$）这些中子动力学参数应当用中子注量率和中子价值的积分作平均得出。

在一般的点堆动力学模型中，反应堆动态过程自始至终采用一套中子动力学参数进行计算、分析。对于大型反应堆，系统中的局部变化（如吸收棒的移动）往往可以引起中子注量率和中子价值空间在点分布的显著畸变，从而引起中子动力学参数的变化，这使得用点堆动力学模型分析这些与空间密切相关的动态特性时，计算结果和实际偏离很大。

由于忽略了动态过程中中子注量率形状的变化，不加修正的（或改进的）点堆动力学模型往往会低估由于局部燃料增加（或吸收体减少）引入的正反应性，这使得采用点堆动力学模型分析局部反应性引入事故（如弹棒）时，对于功率的预期增长是偏乐观的。此外，对于局部负反应性引入，因为点堆模型没有考虑局部中子注量率的降低，所以对负反应性的估计过高。上面的局部反应性引入的简单分析均表明，点堆动力学在处理局部扰动问题上是不精确的，严格讲是不保守的。因此，如果仍以点堆模型为工具研究反应堆动态特性研究，特别是用于安全分析，需要选用十分保守的中子注量率和中子价值计算得到的中子动力学参数，以确保结果的偏保守性。

在临界的反应堆中，瞬发中子和缓发中子的分布均满足临界特征值分布。对于反应性扰动，瞬发中子的响应要比缓发中子更快，特别是局部扰动，瞬发中子空间分布的变化要比缓发中子更快。某一当前时刻缓发中子空间分布反映的是早先时刻的裂变率，因而取决于早先时刻的中子注量率分布，有效地阻滞着中子注量率当前时刻的畸变，这种效应对于缓发超临界系统和次临界系统是重要的。当反应堆处于瞬发超临界和极深次临界状态时，中子注量率的分布以及中子能谱与临界状态有非常大的差异，主要体现在"时间吸收项"已经不能忽略，这使得动态过程中子注量率分布和中子能谱出现剧烈变化。Yasinsky 及 Henry 在 20 世纪 60 年代曾对反应堆瞬态过程的空间效应进行了广泛的研究。他们研究了 60cm 厚平板（小堆）和 240cm 厚平板（大堆）两个热中子反应堆在缓发超临界和瞬发超临界情况下的中子注量率变化情况，以反映局部反应性扰动、缓发中子阻滞效应和"时间吸收项"效应对不同大小堆芯的影响。其中缓发超临界反应性的引入方式是：在临界状态堆芯的左端 1/4 区域线性增加裂变截面，大堆到 0.8s 为止，小堆到 1.0s 为止，然后保持裂变截面不变，直至 100s；瞬发超临界反应性的引入方式是：在临界状态堆芯的左端 1/4 区域阶跃地增加裂变截面，使反应堆达到瞬发超临界状态，然后在 10ms 内线性减小裂变截面，在 5ms 时刻裂变截面恢复到初始临界状态值。

图 10-9 给出了瞬发超临界反应性引入后快群中子注量率随时间的变化；图 10-10 给出了缓发超临界反应性引入后热群中子注量率在裂变截面停止增加时刻的分布。上述结果表明，越大的反应堆在局部反应性引入后中子注量率的空间畸变越大；同时即便对于小堆芯，在瞬发超临界状态下，虽然没有极度的中子注量率畸变，但点堆模型也无法给出精确的动力学结果。

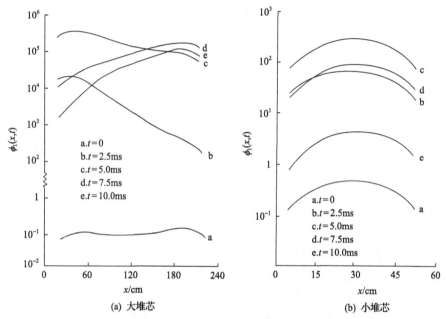

图 10-9　瞬发超临界反应性引入后的快群中子注量率随时间的变化

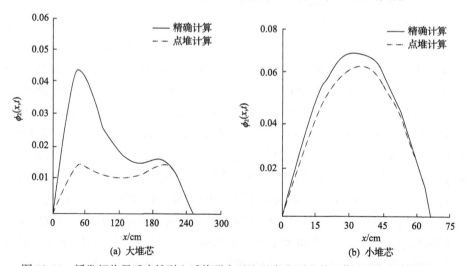

图 10-10　缓发超临界反应性引入后热群中子注量率在裂变截面停止增加时刻的分布

以上的例子表明，要想精确地研究局部反应性扰动情况下的中子动力学特性，必须采用中子时空动力学模型。以中子扩散理论为例，中子时空动力学模型的基本方程就是

10.2.2 节的式(10-22)、式(10-23)；而中子输运理论对应的时空动力学基本方程为

$$\frac{1}{v(\boldsymbol{r},E,t)}\frac{\partial\psi(\boldsymbol{r},\boldsymbol{\Omega},E,t)}{\partial t}=\frac{1}{4\pi}[1-\beta(\boldsymbol{r},t)]\chi^{\mathrm{p}}(\boldsymbol{r},E,t)F\psi(\boldsymbol{r},\boldsymbol{\Omega},E,t)$$

$$-L\psi(\boldsymbol{r},\boldsymbol{\Omega},E,t)+\frac{1}{4\pi}\sum_{i=1}^{6}\chi_i^{\mathrm{d}}(\boldsymbol{r},E,t)\lambda_i(\boldsymbol{r},t)C_i(\boldsymbol{r},t) \tag{10-91}$$

$$\frac{\partial C_{i_{\mathrm{p}}}(\boldsymbol{r},t)}{\partial t}=\beta_{i_{\mathrm{p}}}(\boldsymbol{r},t)F\psi(\boldsymbol{r},\boldsymbol{\Omega},E,t)-\lambda_i(\boldsymbol{r},t)C_i(\boldsymbol{r},t) \tag{10-92}$$

式中

$$F\psi(\boldsymbol{r},\boldsymbol{\Omega},E,t)=\frac{1}{k_{\mathrm{eff}}^{\mathrm{s}}}\int_0^{\infty}\int_{4\pi}\nu\Sigma_{\mathrm{f}}(\boldsymbol{r},E',t)\psi(\boldsymbol{r},\boldsymbol{\Omega}',E',t)\mathrm{d}\boldsymbol{\Omega}'\mathrm{d}E'$$

$$L\psi(\boldsymbol{r},\boldsymbol{\Omega},E,t)=\boldsymbol{\Omega}\cdot\nabla\psi(\boldsymbol{r},\boldsymbol{\Omega},E,t)+\Sigma_{\mathrm{t}}(\boldsymbol{r},E,t)\psi(\boldsymbol{r},\boldsymbol{\Omega},E,t)$$

$$-\int_0^{\infty}\int_{4\pi}\Sigma_{\mathrm{s}}(\boldsymbol{r},\boldsymbol{\Omega}'\to\boldsymbol{\Omega},E'\to E,t)\psi(\boldsymbol{r},\boldsymbol{\Omega}',E',t)\mathrm{d}\boldsymbol{\Omega}'\mathrm{d}E'$$

通过对上述中子时空动力学方程进行数值计算，就可以较为精确地得到反应堆的中子动力学特性。

下面介绍一系列方法，它们以不同程度的精确性考虑时空动力学中的时间和空间效应。这些方法大致可以分为以下三类。

(1)时间直接离散法：对和时间有关的中子输运或扩散方程直接进行数值离散，即用各种差分形式将中子输运方程或扩散方程化为代数方程组，进行数值求解。由于仅仅只对时间进行差分处理，而没有引入其他近似，这种方法可以为其他近似方法提供作为比较标准的"精确"数值解。

(2)因式分解法：以中子扩散问题为例，把中子注量率$\phi(\boldsymbol{r},t)$分解为一个"幅"函数$n(t)$和一个"形状"函数$\psi(\boldsymbol{r},t)$的乘积：

$$\phi(\boldsymbol{r},t)=n(t)\psi(\boldsymbol{r},t) \tag{10-93}$$

将式(10-93)代入中子扩散方程后，利用分解的任意性引进另外的附加条件，使原先与时间有关的中子扩散方程能得出较为简单的形式。这种方法的最主要目的是使$\phi(\boldsymbol{r},t)$对时间的依赖关系主要反映在幅函数$n(t)$随时间的变化中，而$\psi(\boldsymbol{r},t)$反映较为缓慢的变化。

(3)模项展开法：把与时间、空间有关的中子角通量$\phi(\boldsymbol{r},\boldsymbol{\Omega},t)$或中子注量率$\phi(\boldsymbol{r},t)$用一系列已知的函数$\psi_j(\boldsymbol{r},\boldsymbol{\Omega})$或$\psi_j(\boldsymbol{r})$展开。以中子扩散问题为例，$\phi(\boldsymbol{r},t)$可展开为

$$\phi(\boldsymbol{r},t)=\sum_j A_j(t)\psi_j(\boldsymbol{r}) \tag{10-94}$$

然后把展开式(10-94)代入与时间有关的中子扩散方程，用加权残差法或变分法或利用展开函数$\psi_j(\boldsymbol{r})$的数学性质(如正交性)得出确定展开系数$A_j(t)$的常微分方程组。通过求解

$A_j(t)$ 得到展开式（10-94）中各 $\psi_j(\boldsymbol{r})$ 的展开系数，进而得到 $\phi(\boldsymbol{r},t)$。稳态中子输运或扩散方程的 $\lambda$ 和 $\alpha$ 本征值中子注量率 $\phi_{\lambda,j}(\boldsymbol{r})$ 和 $\phi_{\alpha,j}(\boldsymbol{r})$ 具有良好的正交性，因此它们常被用作 $\psi_j(\boldsymbol{r})$。这种展开方式常被称为模项（mode）展开法。以下三节将分别介绍中子时空动力学方程求解的时间直接离散法、因式分解法和模项展开法。

### 10.3.1 时间直接离散法

以方程（10-22）、方程（10-23）为中子时空动力学方程的基本方程，对时间变量进行离散，假设 $\Delta t_{n+1} = t_{n+1} - t_n$，其中 $\Delta t_{n+1}$ 为第 $n+1$ 时间步的步长，$t_{n+1}$、$t_n$ 分别为该时间步的结束时刻和起始时刻。首先对先驱核密度方程利用积分方法进行处理。

$$C_i(\boldsymbol{r},t_{n+1}) = C_i(\boldsymbol{r},t_n)\mathrm{e}^{-\lambda_i(t_n)\cdot\Delta t_{n+1}} + \int_{t_n}^{t_{n+1}} \mathrm{e}^{\lambda_i(t_{n+1})\cdot(t-t_{n+1})}\beta_i(t)S^{\mathrm{p}}(\boldsymbol{r},t)\mathrm{d}t \tag{10-95}$$

式中

$$S^{\mathrm{p}}(\boldsymbol{r},t) = \int F\phi(\boldsymbol{r},E',t)\mathrm{d}E'$$

如果采用线性近似

$$S^{\mathrm{p}}(\boldsymbol{r},t) = S^{\mathrm{p}}(\boldsymbol{r},t_n) + \frac{S^{\mathrm{p}}(\boldsymbol{r},t_{n+1}) - S^{\mathrm{p}}(\boldsymbol{r},t_n)}{\Delta t_{n+1}}(t-t_n) \tag{10-96}$$

得到

$$C_i(\boldsymbol{r},t_{n+1}) = C_i(\boldsymbol{r},t_n)\mathrm{e}^{-\lambda_i(t_n)\cdot\Delta t_{n+1}} + \alpha_{i,0}S^{\mathrm{p}}(\boldsymbol{r},t_n) + \alpha_{i,1}S^{\mathrm{p}}(\boldsymbol{r},t_{n+1}) \tag{10-97}$$

其中

$$\begin{cases} \alpha_{i,0} = -\alpha_{i,1} + \dfrac{\beta_i}{\lambda_i}(1-\mathrm{e}^{-\lambda_i\Delta t_{n+1}}) \\ \alpha_{i,1} = \dfrac{\beta_i}{\lambda_i\Delta t_{n+1}}\left[\Delta t_{n+1} - \dfrac{1}{\lambda_i}(1-\mathrm{e}^{-\lambda_i\Delta t_{n+1}})\right] \end{cases} \tag{10-98}$$

方程（10-97）只有当参数 $\lambda_i$、$\beta_i$ 均取 $t_{n+1}$ 时刻的值时，才能够进行积分。对于先驱核方程也可以采用直接差分，如采用全隐式离散有

$$\frac{C_i(\boldsymbol{r},t_{n+1}) - C_i(\boldsymbol{r},t_n)}{\Delta t_{n+1}} = \beta_i(t_{n+1})S^{\mathrm{p}}(\boldsymbol{r},t_{n+1}) - \lambda_i(\boldsymbol{r},t_{n+1})C_i(\boldsymbol{r},t_{n+1}) \tag{10-99}$$

得到全隐式差分下 $t_{n+1}$ 时刻先驱核密度为

$$C_i(\boldsymbol{r},t_{n+1}) = \frac{1}{1+\lambda_i(t_{n+1})\Delta t_{n+1}}\left[C_i(\boldsymbol{r},t_n) + \Delta t_{n+1}\beta_i(t_{n+1})S^{\mathrm{p}}(\boldsymbol{r},t_{n+1})\right] \tag{10-100}$$

同样地，对中子注量率方程进行全隐式离散得

$$\frac{1}{v(t_{n+1})}\frac{\phi(r,E,t_{n+1})-\phi(r,E,t_n)}{\Delta t_{n+1}}=R(r,E,t_{n+1}) \tag{10-101}$$

式中

$$\begin{aligned} R(r,E,t_{n+1})&=\left[1-\beta(t_{n+1})\right]\chi_{\mathrm{p}}S^{\mathrm{p}}(r,t_{n+1})\\ &\quad-L(r,t_{n+1})\phi(r,E,t_{n+1})+\sum_{i=1}^{6}\chi_{\mathrm{d},i}(E)\lambda_i(t_{n+1})C_i(r,t_{n+1}) \end{aligned}$$

将式(10-100)代入式(10-101)中，最终可整理为

$$\begin{aligned} &\frac{1}{v(r,t_{n+1})}\frac{\phi(r,E,t_{n+1})}{\Delta t_{n+1}}-a\cdot F\phi(r,E,t_{n+1})+L(r,t_{n+1})\phi(r,E,t_{n+1})\\ &=GS(r,E,t_{n+1}) \end{aligned} \tag{10-102}$$

式中

$$a=\left\{\left[1-\beta(t_{n+1})\right]\chi_{\mathrm{p}}+\frac{\Delta t_{n+1}}{1+\lambda_i(t_{n+1})\Delta t_{n+1}}\sum_{i=1}^{6}\chi_{\mathrm{d},i}(E)\lambda_i(t_{n+1})\beta_i(t_{n+1})\right\} \tag{10-103}$$

$GS(r,E,t_{n+1})$ 为计算 $t_{n+1}$ 时刻中子注量率时的通用固定源，它是已知的，表达式如下：

$$\begin{aligned} &GS(r,E,t_{n+1})\\ &=\frac{1}{v(r,t_{n+1})}\frac{\phi(r,E,t_n)}{\Delta t_{n+1}}+\frac{1}{1+\lambda_i(t_{n+1})\Delta t_{n+1}}\sum_{i=1}^{6}\chi_{\mathrm{d},i}(E)\lambda_i(t_{n+1})C_i(r,t_n) \end{aligned} \tag{10-104}$$

在进行 $t_{n+1}$ 时刻中子注量率计算时，通用固定源、差分方程中的各项系数都是已知的，因此可以求解固定源问题解出 $\phi(r,E,t_{n+1})$、$C_i(r,t_{n+1})$，直至时间节点结束。固定源问题的迭代方法可参考 $k_{\mathrm{eff}}$ 本征值问题的内迭代(即中子注量率迭代)方法。

除式(10-99)和式(10-101)所示的全隐式时间离散方式外，也可以采用显式时间离散方法和 $\theta$ 离散方法，显式离散方法如下所示：

$$\frac{C_i(r,t_{n+1})-C_i(r,t_n)}{\Delta t_{n+1}}=\beta_i(t_n)S^{\mathrm{p}}(r,t_n)-\lambda_i(r,t_n)C_i(r,t_n) \tag{10-105}$$

$$\frac{1}{v(t_{n+1})}\frac{\phi(r,E,t_{n+1})-\phi(r,E,t_n)}{\Delta t_{n+1}}=R(r,E,t_n) \tag{10-106}$$

等号右边均为上一时刻变量，$t_{n+1}$ 时刻的量均可直接由 $t_n$ 时刻的已知量求解得出。

$\theta$ 离散方法的基本思想为，$t_{n+1}$ 时刻变量的差分项等于 $t_n$ 时刻和 $t_{n+1}$ 时刻变化率的加权之和，以中子注量率方程为例，其 $\theta$ 离散形式如下所示：

$$\frac{1}{v(t_{n+1})}\frac{\phi(r,E,t_{n+1})-\phi(r,E,t_n)}{\Delta t_{n+1}}=\theta R(r,E,t_{n+1})+(1-\theta)R(r,E,t_n) \tag{10-107}$$

$\theta$ 可在 0 至 1 之间取值, 当 $\theta = 1$ 时便为全隐式差分形式, 当 $\theta = 0$ 时便为显式差分形式。

时间直接离散方法的基本思想是: 将与时间导数有关的项首先变为差分, 为了保证计算的稳定性, 加快收敛, 一般利用隐式差分; 之后再基于固定源问题进行求解得到各时间节点的中子注量率。当时间离散步长很小时, 显式差分、隐式差分及 $\theta$ 方法都能获得很好的精度。对于三维空间问题, 每一次固定源迭代都需要求解一次三维中子扩散方程(对于中子输运问题, 则对应三维输运方程), 计算代价很大。

### 10.3.2 因式分解法

将中子时空动力学方程(10-22)中 $\phi(\boldsymbol{r}, E, t)$ 分解成幅度函数 $n(t)$ 和形状函数 $\psi(\boldsymbol{r}, E, t)$, 将其代入式(10-22)中, 并且两边同时除以 $n(t)$, 整理得到形状函数满足的方程组:

$$
\begin{aligned}
\frac{1}{v} \frac{\partial \psi(\boldsymbol{r}, E, t)}{\partial t} = & (1 - \beta) \chi_{\mathrm{p}} F \psi(\boldsymbol{r}, E, t) - L \psi(\boldsymbol{r}, E, t) \\
& + \frac{1}{n(t)} \sum_{i=1}^{6} \chi_{\mathrm{d}, i}(E) \lambda_i C_i(\boldsymbol{r}, t) - \frac{1}{v} \frac{1}{n(t)} \psi(\boldsymbol{r}, E, t) \frac{\mathrm{d} n(t)}{\mathrm{d} t} \frac{\partial C_i(\boldsymbol{r}, t)}{\partial t} \\
= & n(t) \beta_i F \psi(\boldsymbol{r}, E, t) - \lambda_i C_i(\boldsymbol{r}, t), \qquad i = 1, \cdots, 6
\end{aligned} \tag{10-108}
$$

两边乘以中子价值 $\phi_{\mathrm{c}}^{+}$、$\phi_{\mathrm{c}}^{+} \chi_{\mathrm{d}, i}(E)$, 并对能量和空间积分:

$$
\begin{aligned}
\frac{\mathrm{d} \left\langle \phi_{\mathrm{c}}^{+}, v^{-1} \psi(\boldsymbol{r}, E, t) \right\rangle}{\mathrm{d} t} = & (1 - \beta) \left\langle \phi_{\mathrm{c}}^{+}, \chi_{\mathrm{p}} F \psi(\boldsymbol{r}, E, t) \right\rangle - \left\langle \phi_{\mathrm{c}}^{+}, L \psi(\boldsymbol{r}, E, t) \right\rangle \\
& + \frac{1}{n(t)} \sum_{i=1}^{6} \left\langle \phi_{\mathrm{c}}^{+}, \chi_{\mathrm{d}, i}(E) \lambda_i C_i(\boldsymbol{r}, t) \right\rangle - \left\langle \phi_{\mathrm{c}}^{+}, v^{-1} \psi(\boldsymbol{r}, E, t) \right\rangle \frac{1}{n(t)} \frac{\mathrm{d} n(t)}{\mathrm{d} t}
\end{aligned} \tag{10-109}
$$

利用归一化条件:

$$
\left\langle \phi_{\mathrm{c}}^{+}, v^{-1} \psi(\boldsymbol{r}, E, t) \right\rangle = 1 \tag{10-110}
$$

得到幅度函数满足的方程:

$$
\begin{aligned}
\frac{\mathrm{d} n(t)}{\mathrm{d} t} = & n(t) \left[ (1 - \beta) \left\langle \phi_{\mathrm{c}}^{+}, \chi_{\mathrm{p}} F \psi(\boldsymbol{r}, E, t) \right\rangle - \left\langle \phi_{\mathrm{c}}^{+}, L \psi(\boldsymbol{r}, E, t) \right\rangle \right] \\
& + \sum_{i=1}^{6} \left\langle \phi_{\mathrm{c}}^{+}, \chi_{\mathrm{d}, i}(E) \lambda_i C_i(\boldsymbol{r}, t) \right\rangle \\
= & n(t) \left\langle \phi_{\mathrm{c}}^{+}, \chi F \psi(\boldsymbol{r}, E, t) \right\rangle - n(t) \left\langle \phi_{\mathrm{c}}^{+}, \sum_{i=1}^{6} \beta_i \chi_{\mathrm{d}, i} F \psi(\boldsymbol{r}, E, t) \right\rangle \\
& - n(t) \left\langle \phi_{\mathrm{c}}^{+}, L \psi(\boldsymbol{r}, E, t) \right\rangle
\end{aligned} \tag{10-111}
$$

两边同除以 $\left\langle \phi_{\mathrm{c}}^{+}, \chi F \psi \right\rangle$, 并定义

$$\rho(t) = \frac{\left\langle \phi_{\mathrm{c}}^{+}, \chi F \psi \right\rangle - \left\langle \phi_{\mathrm{c}}^{+}, L \psi \right\rangle}{\left\langle \phi_{\mathrm{c}}^{+}, \chi F \psi \right\rangle} \qquad (10\text{-}112)$$

$$\beta_{\mathrm{eff}}(t) = \sum_{i=1}^{6} \beta_{i,\mathrm{eff}}(t) = \sum_{i=1}^{6} \frac{\left\langle \phi_{\mathrm{c}}^{+}, \chi_{\mathrm{d},i} \beta_i F \psi \right\rangle}{\left\langle \phi_{\mathrm{c}}^{+}, \chi F \phi \right\rangle} \qquad (10\text{-}113)$$

$$\Lambda(t) = \frac{\left\langle \phi_{\mathrm{c}}^{+}, v^{-1} \psi \right\rangle}{\left\langle \phi_{\mathrm{c}}^{+}, \chi F \psi \right\rangle} = \frac{1}{\left\langle \phi_{\mathrm{c}}^{+}, \chi F \psi \right\rangle} \qquad (10\text{-}114)$$

$$\left\langle \phi_{\mathrm{c}}^{i}, \chi_{\mathrm{d},i} C_i \right\rangle = c_i(t) \qquad (10\text{-}115)$$

得到

$$\frac{\mathrm{d}n(t)}{\mathrm{d}t} = \frac{\rho(t) - \beta_{\mathrm{eff}}(t)}{\Lambda(t)} n(t) + \sum_{i=1}^{6} \lambda_i c_i(t) \qquad (10\text{-}116)$$

缓发中子先驱核方程两边乘以 $\phi_{\mathrm{c}}^{+} \chi_{\mathrm{d},i}$，并对空间、能量积分，有

$$\frac{\mathrm{d}\left\langle \phi_{\mathrm{c}}^{+} \chi_{\mathrm{d},i}, C_i(\boldsymbol{r},t) \right\rangle}{\mathrm{d}t} = n(t) \left\langle \phi_{\mathrm{c}}^{+} \chi_{\mathrm{d},i}, \beta_i F \psi(\boldsymbol{r},E,t) \right\rangle - \lambda_i \left\langle \phi_{\mathrm{c}}^{+} \chi_{\mathrm{d},i}, C_i(\boldsymbol{r},t) \right\rangle, \quad i = 1,2,\cdots,6 \quad (10\text{-}117)$$

得到

$$\frac{\mathrm{d}c_i(t)}{\mathrm{d}t} = \frac{\beta_{i,\mathrm{eff}}(t)}{\Lambda(t)} n(t) - \lambda_i c_i(t), \quad i = 1,2,\cdots,6 \qquad (10\text{-}118)$$

这样就把中子时空动力学方程变为形状函数方程和幅度函数方程，两个方程通过 $\dfrac{1}{n(t)}\displaystyle\sum_{i=1}^{6} \chi_{\mathrm{d},i}(E)\lambda_i C_i(\boldsymbol{r},t)$、$\dfrac{1}{v}\dfrac{1}{n(t)}\psi(\boldsymbol{r},E,t)\dfrac{\mathrm{d}n(t)}{\mathrm{d}t}$ 两项耦合在一起。由于引入了归一化条件 (10-110)，因此中子注量率 $\phi(\boldsymbol{r},E,t)$ 的快速变化部分主要集中在幅度函数 $n(t)$ 上，形状函数 $\psi(\boldsymbol{r},E,t)$ 变化则较为缓慢。如果对 $\psi(\boldsymbol{r},E,t)$、$n(t)$ 采用统一的时间步长进行求解，那么因式分解方法与时间直接离散法完全相同。

1）改进准静态方法

由于形状函数变化较慢，我们考虑 $\psi(\boldsymbol{r},E,t)$ 采用大时间步长求解，而 $n(t)$ 是点堆动力学方程，考虑其刚性，采用小时间步长求解。假设大时间步长为 $\Delta t$，在一个大时间步长中，有 $m$ 个小时间步长 $\Delta\tau$，$\Delta t = m\Delta\tau$。改进准静态的思想就是在因式分解的基础上，仅在大时间步长内求解形状函数方程，并且利用一阶向后差分近似处理形状函数的导数。

$$\frac{1}{v}\frac{\partial \psi(\boldsymbol{r},E,t)}{\partial t} = \frac{-\psi(\boldsymbol{r},E,t)\psi(\boldsymbol{r},E,t-\Delta t)}{\Delta t} \qquad (10\text{-}119)$$

这时，如果耦合项已知，那么形状函数的方程就变成了非齐次方程固定源问题，可以利用迭代方法进行求解得到 $\psi(r,E,t)$，用于下一个大时间步长内的幅度函数的求解。幅度函数满足点堆动力学方程，在一个大的时间步长内，中子动力学参数事先计算好，然后再在每一个小时间步长 $\Delta\tau$ 下利用吉尔方法、龙格-库塔方法等计算得到 $n(t)$。如此，获得的形状函数、幅度函数相乘便可以得到 $\phi(r,E,t)$。

2）准静态方法

准静态方法与改进准静态方法相比，完全忽略了形状函数 $\psi(r,E,t)$ 随时间的慢变化，这时形状函数满足的方程变为

$$(1-\beta)\chi_\mathrm{p}F\psi(r,E,t) - L\psi(r,E,t) = -\frac{1}{n(t)}\sum_{i=1}^{6}\chi_{\mathrm{d},i}(E)\lambda_i C_i(r,t)$$
$$+ \frac{1}{v}\frac{1}{n(t)}\psi(r,E,t)\frac{\mathrm{d}n(t)}{\mathrm{d}t} \tag{10-120}$$

3）绝热近似

绝热近似的假设是，首先不区分缓发中子、瞬发中子，即形状函数方程中

$$(1-\beta)\chi_\mathrm{p}F\psi(r,E,t) + \frac{1}{n(t)}\sum_{i=1}^{6}\chi_{\mathrm{d},i}(E)\lambda_i C_i(r,t) = \chi F\psi(r,E,t) \tag{10-121}$$

同时，不显式地计算形状函数，而是利用本征值问题得到形状函数的稳态表达式，本征值问题可采用 $k_\mathrm{eff}$ 模式或 $\alpha$ 模式求解。

### 10.3.3 模项展开法

1. $\lambda$ 模项展开法

$\lambda$ 本征值问题令反应堆虚拟临界时并不区分瞬发与缓发中子，因此 $\lambda$ 模项展开无法适用于考虑缓发中子效应的动力学[4,12]。我们假设在中子时空动力学方程中不区分瞬发与缓发中子：

$$\frac{1}{v}\frac{\partial\phi}{\partial t} = -L\phi + \chi F\phi \tag{10-122}$$

假设随时间变化的中子注量率可写成如下形式：

$$\phi = \sum_{n=1}^{\infty} A_n(t)\phi_{\lambda,n} \tag{10-123}$$

$\phi_{\lambda,n}$ 满足 $\lambda$ 本征值方程

$$L\phi_{\lambda,n} = \frac{1}{\lambda_n}\chi F\phi_{\lambda,n} \tag{10-124}$$

可以证明，无论系统是否临界，方程均具有正的离散的本征值 $\lambda_1 > \lambda_2 > \cdots > \lambda_n$ 和对应本征函数（或简称 $\lambda$ 谐波，下同）$\phi_{\lambda,1}, \phi_{\lambda,2}, \cdots, \phi_{\lambda,n}$。其中最大的本征值 $\lambda_1$ 称为基波本征值，它具有有效增殖系数 $k_{\text{eff}}$ 的物理含义；$\phi_{\lambda,1}$ 称为 $\lambda$ 基波中子注量率（或简称 $\lambda$ 基波），它表示恰好临界时系统的中子通量注量率 $\phi_{\text{c}}$。

应该指出，$\lambda$ 本征值方程一般用于接近临界状态反应堆的 $k_{\text{eff}}$ 和中子注量率计算，对于偏离临界较远的反应堆，$\phi_{\lambda,1}$ 不表示任何真实的中子注量率。

定义 $\lambda$ 本征值方程的共轭方程，假设其共轭向量为 $\phi_{\lambda,n}^+$，则有

$$L^+ \phi_{\lambda,n}^+ = \frac{1}{\lambda_n} (\chi F)^+ \phi_{\lambda,n}^+ \tag{10-125}$$

$\phi_{\lambda,n}$、$\phi_{\lambda,m}^+$ 满足双正交关系：

$$\langle \phi_m^+, \chi F \phi_n \rangle = \gamma_n \delta_{m,n}, \quad \begin{cases} \delta_{m,n} = 1, m = n \\ \delta_{m,n} = 0, m \neq n \end{cases} \tag{10-126}$$

将展开式代入方程(10-122)，两边同乘以 $\phi_{\lambda,m}^+$，对能量、空间积分，并利用 $\lambda$ 本征值问题的双正交关系，方程(10-122)可写成

$$\sum_{n=1}^{\infty} \left\langle \phi_{\lambda,m}^+, v^{-1} \phi_{\lambda,n} \right\rangle \frac{\mathrm{d}A_n(t)}{\mathrm{d}t} = A_m(t) \left( \frac{1}{\lambda_m} - 1 \right) \gamma_m \tag{10-127}$$

方程(10-127)表明，在不区分瞬发、缓发中子的情况下，采用 $\lambda$ 谐波进行中子注量率展开时，$n$ 阶 $\lambda$ 谐波的展开系数 $A_n(t)$ 由一列耦合在一起的方程所决定，不同阶 $\lambda$ 谐波的展开系数相互影响，随着展开阶数的增加，$A_n(t)$ 是变化的。在展开阶数确定时，需联合起来求解方程组(10-127)。对于忽略瞬发、缓发中子差异的中子时空动力学问题，$\lambda$ 谐波展开的可扩展性较差。

### 2. $\alpha$ 模项展开法

假设随时间变化的中子注量率及缓发中子先驱核密度可写成如下形式：

$$[\phi, C_1, \cdots, C_I]^{\text{T}} = \sum_{n=1}^{\infty} B_n(t) [\phi_{\alpha,n}, C_{1,\alpha,n}, \cdots, C_{I,\alpha,n}]^{\text{T}} \tag{10-128}$$

$[\phi_{\alpha,n}, C_{1,\alpha,n}, \cdots, C_{I,\alpha,n}]^{\text{T}}$ 满足 $\alpha$ 本征值方程

$$\frac{\alpha_n}{v} \phi_{\alpha,n} = -L \phi_{\alpha,n} + (1 - \beta) \chi_{\text{p}} F \phi_{\alpha,n} + \sum_{i=1}^{I} \chi_{\text{d},i} \lambda_i C_{i,\alpha,n} \tag{10-129}$$

$$\alpha_n C_{i,\alpha,n} = \beta_i F \phi_{\alpha,n} - \lambda_i C_{i,\alpha,n} \tag{10-130}$$

$\alpha$ 本征值方程又称为**周期本征值**方程或自然本征值方程。$\alpha$ 本征值既可以为正实数（超临界系统），也可以为负实数（次临界系统），甚至可以为复数；同时 $\alpha$ 本征值并不一定是离散的，特别是在反应堆尺寸很小，或者中子飞行路径存在无限的情况（中子速度为零或某方向尺度无限大）。

而在实际的反应堆问题中（如多群近似下），通常可以认为存在离散的实数本征值 $\alpha_1 > \alpha_2 > \cdots > \alpha_n$ 和对应的本征函数 $\phi_{\alpha,1}, \phi_{\alpha,2}, \cdots, \phi_{\alpha,n}$。其中最大的本征值 $\alpha_1$ 可称为 $\alpha$ **基波本征值**，对应的本征函数 $\phi_{\alpha,1}$ 可称为 $\alpha$ 基波中子通量（或简称 $\alpha$ 基波），它们表示临界反应堆非稳态中子通量随时间变化的渐近行为。

与 $\lambda$ 基波本征值问题不同，对于非临界系统，$\alpha$ 基波本征值和 $\alpha$ 基波是真实存在的可测量物理量（如脉冲中子源实验中测量的瞬发中子基波衰减常数）。

定义 $\alpha$ 本征值方程的共轭方程，假设其共轭向量为 $\left[\phi_{\alpha,n}^+, C_{1,\alpha,n}^+, \cdots, C_{I,\alpha,n}^+\right]^{\mathrm{T}}$，满足共轭方程：

$$\frac{\alpha_n}{v}\phi_{\alpha,n}^+ = -L^+\phi_{\alpha,n} + \left[(1-\beta)\chi_{\mathrm{p}}F\right]^+\phi_{\alpha,n}^+ + \sum_{i=1}^{I}\beta_i F^+ C_{i,\alpha,n}^+ \tag{10-131}$$

$$\alpha_n C_{i,\alpha,n}^+ = \chi_{\mathrm{d},i}\lambda_i\phi_{\alpha,n}^+ - \lambda_i C_{i,\alpha,n}^+ \tag{10-132}$$

$\phi_{\alpha,n}$、$\phi_{\alpha,m}^+$ 满足双正交关系：

$$\left\langle\phi_m^+, v^{-1}\phi_n\right\rangle + \sum_{i=1}^{6}\left\langle C_{i,m}^+, C_{i,n}\right\rangle = \gamma_n\delta_{m,n}, \qquad \begin{cases}\delta_{m,n}=1, m=n \\ \delta_{m,n}=0, m\neq n\end{cases} \tag{10-133}$$

将展开式（10-128）代入方程（10-22）、方程（10-23）中，两边同时乘以 $\left[\phi_{\alpha,m}^+, C_{1,\alpha,m}^+, \cdots, C_{I,\alpha,m}^+\right]^{\mathrm{T}}$，对能量、空间进行积分，并利用双正交关系可以得到展开系数 $B_n(t)$ 满足的方程：

$$\frac{\mathrm{d}B_n(t)}{\mathrm{d}t} = \alpha_n B_n(t) \tag{10-134}$$

方程（10-134）表明，采用 $\alpha$ 模式中子注量率作为展开基函数，展开系数 $B_n(t)$ 是非耦合的，即各阶展开系数可独立求解，当增加展开阶数时，仅需求解新增加 $\alpha$ 谐波的展开系数，而已求出的谐波展开系数保持不变，具有良好的可扩展性。

## 参 考 文 献

[1] 卡尔•O•奥特，罗伯特•J•纽霍尔德. 核反应堆动力学导论. 北京: 中国原子能出版社, 1992.

[2] 罗璋琳. 核动力堆噪声分析. 北京: 中国原子能出版社, 2013.

[3] Xie J S, Hui T Y, Liu Y N, et al. Neutronic design and dynamic analysis of a 450 MWth graphite molten salt reactor core. Annals of Nuclear Energy, 2021, 152: 107984.

[4] 谢金森, 于涛, 陈珍平. ADS 次临界堆物理谐波展开方法. 北京: 中国原子能出版社, 2019.

[5] 谢仲生, 张育曼, 张建民, 等. 核反应堆物理数值计算. 北京: 中国原子能出版社, 1997.

[6] 曹良志, 谢仲生, 李云召. 近代核反应堆物理分析. 北京: 中国原子能出版社, 2017.

[7] 蔡章生. 核动力反应堆中子动力学. 北京: 国防工业出版社, 2005.

[8] 史永谦. 核反应堆中子学实验技术. 北京: 中国原子能出版社, 2011.

[9] 罗璋琳, 史永谦, 潘泽飞. 实验反应堆物理导论. 哈尔滨: 哈尔滨工程大学出版社, 2011.

[10] Misawa T, Unesaki H, Pyeon C. Nuclear Reactro Physics Experiments. Kyoto: Kyoto University Press, 2010.

[11] Chao Y A, Chapman D M, Hill D J, et al. Dynamic rod worth measurement. Nuclear Technology, 2000, 132: 403-412.

[12] 黄祖恰. 核反应堆动力学基础. 北京: 北京大学出版社, 2007.

# 第 11 章
# 压水堆堆芯物理计算方法

压水堆堆芯一般由许多按照一定规则排列的燃料组件构成，而每个燃料组件又是由燃料栅元、控制棒栅元、可燃毒物栅元和测量仪表管栅元等结构按照一定规则排列组成，通常称之为**栅格**。从精细结构上看，每个燃料栅元又由燃料芯块、包壳和慢化剂等组成。对于在役压水堆，燃料组件通常排列成 17×17 或 15×15 的正方形栅格(方形组件压水堆)或者排列成六角形栅格(VVER 型压水堆)，一个百万千瓦级商用压水堆通常由数百个燃料组件栅格、数万个燃料栅元组成。

显然，在进行压水堆堆芯计算时，尽管在理论上能够详细地刻画全堆芯所有栅元的非均匀结构，并进行非均匀堆芯物理计算，但是受限于计算机的计算能力，这种全堆芯非均匀物理计算方法所需的计算代价十分高昂，远超工业界对计算效率的承受能力。因此，国际上通常采用按照一定区域(例如燃料组件或栅元)进行"均匀化"处理的方法。所谓"均匀化"，就是用一个等效的均匀介质来替代原来的非均匀栅格或者栅元，使得均匀计算结果和非均匀计算结果相等或者接近(满足一定的误差要求)。国际上基于"均匀化"处理方法发展了一整套成熟的压水堆堆芯物理计算方法，通常被称为"三步法"计算策略(图 11-1)。

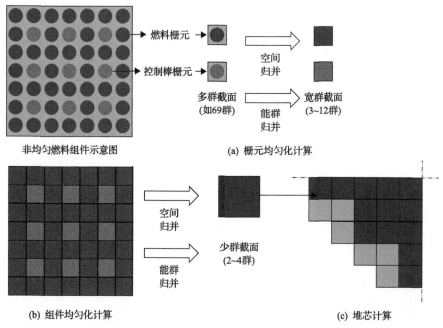

图 11-1　压水堆堆芯物理计算"三步法"流程

　　第一步栅元均匀化计算。对压水堆堆芯中最基本的组成单元——栅元，包括燃料栅元、控制棒栅元、可燃毒物栅元等进行均匀化计算。该均匀化计算的对象是一个由栅元的基本结构组成的等效一维圆柱，通常采用碰撞概率方法或 $S_N$ 方法求解多群（例如 69 群甚至更多能群）中子输运方程，计算获得等效一维圆柱内多群中子通量密度的空间-能量分布 $\phi_{n,i}$，并根据反应率守恒计算得到栅元内的宽群（宽群数目比多群数目少得多，一般取 3~12 群）均匀化截面，计算公式为

$$\Sigma_{x,g} = \frac{\sum\limits_{n \in g} \sum\limits_{i} \Sigma_{x,n,i} \phi_{n,i} V_i}{\sum\limits_{n \in g} \sum\limits_{i} \phi_{n,i} V_i}, \quad x = s, a, f, \cdots \tag{11-1}$$

式中，$n$ 表示多群编号，$g$ 表示宽群编号，$n \in g$ 则表示在宽群 $g$ 能量范围内的所有多群；$V_i$ 表示平源区 $i$ 的体积。

　　第二步组件均匀化计算。该均匀化计算的对象是由均匀化处理之后的不同栅元组成的二维组件栅格，通常采用穿透概率方法或 $S_N$ 方法求解宽群中子输运方程，计算获得宽群中子通量密度的空间-能量分布，并且根据式(11-1)通过反应率守恒计算得到组件内的少群（一般取 2~4 群）均匀化常数。

　　第三步堆芯计算。基于组件均匀化计算得到的不同组件的少群均匀化常数，通常采用细网有限差分方法或节块方法求解三维堆芯的少群中子扩散方程，计算得到堆芯的有效增殖系数和中子通量分布等关键物理量。

　　根据"三步法"计算流程可以发现，如何获得高精度的栅元或栅格区域的"均匀化"参数，是保障压水堆堆芯物理计算结果精度的关键所在。随着计算机技术的不断发展，为了减少由栅元均匀化带来的误差，目前主流的压水堆堆芯物理计算中均不再进行栅元均匀化计算，而是采取直接进行二维组件非均匀中子输运计算和组件均匀化计算，即将"三步法"中的第一、二步合并成一步，称为"两步法"计算策略(图 11-2)。

　　随着基于组件均匀化理论建立起来的"两步法"在理论方法和工程实践中的长足发展，基于栅元均匀化理论的 pin-by-pin 计算方法成为新一代堆芯数值计算方法的研究热点。pin-by-pin 计算方法本质上也采用"两步法"的计算流程：首先，通过非均匀组件的多群中子输运计算得到非均匀的中子通量密度分布，并采用均匀化方法获得栅元的均匀化常数；然后，在堆芯计算中采用 pin-by-pin 的细网中子输运方法(主要包括简化球谐函数方法、离散纵标方法等)实现堆芯中子学计算。pin-by-pin 计算方法减少了堆芯计算过程中的近似与假设，并且能够更加精细地刻画堆芯的非均匀性。

　　本章将围绕基于组件均匀化的"两步法"计算策略，详细介绍压水堆组件计算、等效均匀化参数计算的基本原理，压水堆堆芯计算和典型压水堆核设计程序等方面的内容。

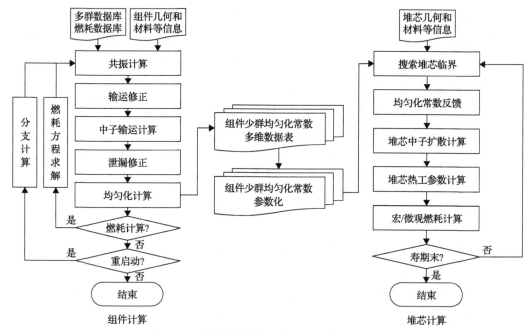

图 11-2 压水堆堆芯物理计算"两步法"流程

# 11.1 栅 格 计 算

压水堆堆芯物理"两步法"计算策略中首先需要完成组件计算，其目的在于通过二维组件非均匀计算和等效均匀化处理，获得栅格或栅元层面上的少群均匀化常数。组件计算的基本流程如图 11-2 所示，主要包括：核数据库（多群数据库和燃耗数据库）制作、共振计算、输运修正、中子输运计算、泄漏修正、燃耗计算、均匀化计算和分支计算等。其中，核数据制作和共振计算方法在第 2 章、中子输运计算方法在第 4 章、输运修正方法在第 5 章、燃耗计算方法在第 8 章中分别做了详细介绍。本章节着重介绍泄漏修正方法、输运-燃耗耦合方法和分支计算方法、均匀化计算方法等内容。

### 11.1.1 泄漏修正方法

压水堆组件计算中，通常对二维组件在全反射边界条件下完成非均匀中子输运方程的数值求解，得到用于均匀化计算的中子通量密度分布。但是，燃料组件装载在堆芯中之后，在径向和轴向方向上均存在中子泄漏现象，目前组件计算中采取的二维几何和全反射边界条件无法刻画燃料组件在堆芯环境下轴向和径向的中子泄漏现象。通过求解三维全堆芯非均匀中子输运方程，可以获得核反应堆中各燃料组件在径向和轴向的中子泄漏。但受制于计算机的计算能力，这种做法无法满足工业要求，需要设法求出在考虑中子泄漏条件下的燃料组件的渐近中子能谱。因此，为了考虑燃料组件内中子由于径向和轴向泄漏对能谱的影响，人们提出了泄漏修正的做法。

　　由于核反应堆运行中通常处于临界状态，一般认为燃料组件的渐近中子能谱只与反应堆的几何曲率大小有关，而与组件的几何形状无关，可以将具有相同几何曲率的一维平板的临界能谱作为燃料组件的渐近能谱。因此，泄漏修正的基本思想为：首先，将组件均匀化得到的多群截面赋予一个假想的一维均匀平板，以此保证两者的材料相同，也就是材料曲率相同；然后，临界能谱是在其几何曲率等于材料曲率时对应的中子能谱，因此如果组件和平板都达到临界，那么两者的几何曲率也必定相等，此时认为平板的临界中子能谱就相当于是考虑泄漏的组件渐近能谱。泄漏修正方法并非建立在严格的理论基础上，但在压水堆中的应用经验表明该方法具有可行性。下面将详细介绍一维均匀平板的临界中子能谱的计算方法。

　　连续能量的一维稳态中子输运方程可以表示为

$$
\mu \frac{\partial \Psi(z,\mu,E)}{\partial z} + \Sigma_{\mathrm{t}}(E)\Psi(z,\mu,E)
$$
$$
= \frac{1}{4\pi} \iint \Sigma_{\mathrm{s}}(\mu' \to \mu, E \to E')\Psi(z,\mu',E')\mathrm{d}\mu'\mathrm{d}E' + \frac{\chi(E)}{4\pi k} \iint \nu\Sigma_{\mathrm{f}}(E')\Psi(z,\mu',E')\mathrm{d}\mu\mathrm{d}E'
\tag{11-2}
$$

假设中子角通量密度可以进行空间与角度和能量的变量分离，表示为

$$
\Psi(z,\mu,E) = \phi(z)\cdot\psi(\mu,E)
\tag{11-3}
$$

式中，$\phi$ 表示中子角通量密度的空间分量；$\psi$ 表示中子角通量密度的角度和能量分量。一维均匀问题的中子通量密度的空间分量满足波动方程，即

$$
\nabla^2\phi(z) + B^2\phi(z) = 0
\tag{11-4}
$$

式中，$B^2$ 表示曲率，理论上可以为正数和负数。根据式（11-4），可以得到

$$
\frac{\mathrm{d}\phi(z)}{\mathrm{d}z} = \pm B\phi(z)
\tag{11-5}
$$

　　将式（11-3）和式（11-5）代入式（11-4）可以得到

$$
[\Sigma_{\mathrm{t}}(E)\pm \mathrm{i}B\mu]\psi(\mu,E) = \frac{1}{4\pi}\iint \Sigma_{\mathrm{s}}(\mu' \to \mu, E' \to E)\psi(\mu',E')\mathrm{d}\mu'\mathrm{d}E'
$$
$$
+ \frac{\chi(E)}{4\pi k}\iint \nu\Sigma_{\mathrm{f}}(E')\psi(\mu',E')\mathrm{d}\mu'\mathrm{d}E'
\tag{11-6}
$$

对式（11-6）中的散射截面采用勒让德多项式展开，并且只保留前两项，同时对裂变源项进行如下的归一化处理：

$$
\frac{1}{k}\iint \nu\Sigma_{\mathrm{f}}(E')\psi(\mu',E')\mathrm{d}\mu'\mathrm{d}E' = 1
\tag{11-7}
$$

对公式进行整理后可以得到

$$[\Sigma_t(E)\pm iB\mu]\psi(\mu,E)=\frac{1}{4\pi}\int dE'\Sigma_{s0}(E'\to E)\int_{-1}^{1}\psi(\mu',E')d\mu'$$
$$+\frac{1}{4\pi}\int dE'3\mu\Sigma_{s1}(E'\to E)\int_{-1}^{1}\mu'\psi(\mu',E')d\mu'+\frac{\chi(E)}{4\pi} \qquad(11\text{-}8)$$

根据物理定义中子标通量 $\varphi^*(E)$ 和中子流 $J^*(E)$，分别表示为

$$\varphi^*(E)=2\pi\int_{-1}^{1}\psi(\mu,E)d\mu \qquad(11\text{-}9)$$

$$J^*(E)=2\pi\int_{-1}^{1}\mu\psi(\mu,E)d\mu \qquad(11\text{-}10)$$

将式(11-9)和式(11-10)代入式(11-8)，可以得到

$$2\pi[\Sigma_t(E)\pm iB\mu]\psi(\mu,E)=\frac{1}{4\pi}\int\Sigma_{s0}(E'\to E)\varphi^*(E')dE'$$
$$+\frac{1}{4\pi}\int 3\mu\Sigma_{s1}(E'\to E)J^*(E')dE'+\frac{\chi(E)}{4\pi} \qquad(11\text{-}11)$$

1) $P_1$ 近似方法

将中子角通量密度的角度和能量分量 $\psi(\mu,E)$ 用勒让德多项式展开，有

$$\psi(\mu,E)=\frac{1}{4\pi}\sum_l(2l+1)\varphi_l(E)P_l(\mu) \qquad(11\text{-}12)$$

式中，展开项 $\varphi_l(E)$ 和勒让德展开系数 $P_l(\mu)$ 分别满足以下关系式：

$$\varphi_l(E)=2\pi\int_{-1}^{1}\psi(\mu,E)P_l(\mu)d\mu \qquad(11\text{-}13)$$

$$P_0(\mu)=1,\qquad P_1=\mu \qquad(11\text{-}14)$$

用式(11-12)替代式(11-11)左端的 $\psi(\mu,E)$，并且保留前两项，结合式(11-9)、式(11-10)以及式(11-13)、式(11-14)，可以得到

$$[\Sigma_t(E)\pm iB\mu]\left[\varphi^*(E)+3\mu J^*(E)\right]$$
$$=\int\Sigma_{s0}(E'\to E)\varphi^*(E')dE'+\int 3\mu\Sigma_{s1}(E'\to E)J^*(E')dE'+\chi(E) \qquad(11\text{-}15)$$

对方程(11-15)两端分别乘以 1 和 $\mu$，并对 $\mu$ 进行积分后可以得到 $P_1$ 方程组，表示为

$$\begin{cases}\Sigma_t(E)\varphi^*(E)\pm iBJ^*(E)=\int\Sigma_{s0}(E'\to E)\varphi^*(E')dE'+\chi(E)\\ \pm iB\varphi^*(E)+3\Sigma_t(E)J^*(E)=3\int\Sigma_{s1}(E'\to E)J^*(E')dE'\end{cases} \qquad(11\text{-}16)$$

2) $B_1$ 近似方法

将式(11-11)两端同时除以 $\Sigma_t(E)\pm iB\mu$，并且将 $\psi(\mu,E)$ 用勒让德多项式展开

$$\sum_l (2l+1)\varphi_l(E)P_l(\mu) = \frac{\int \Sigma_{s0}(E' \to E)\varphi^*(E')dE' + \chi(E)}{\Sigma_t(E) \pm iB\mu}$$

$$+ \frac{3\mu \int \Sigma_{s1}(E' \to E)J^*(E')dE'}{\Sigma_t(E) \pm iB\mu} \tag{11-17}$$

将式(11-17)两端同时乘以 $P_l(\mu)$，并对 $\mu$ 进行积分可以得到

$$\varphi_l(E) = \frac{\int_{-1}^{1} \dfrac{P_0(\mu)P_l(\mu)}{\Sigma_t(E) \pm iB\mu}d\mu}{2}\left[\int \Sigma_{s0}(E' \to E)\varphi^*(E')dE' + \chi(E)\right]$$

$$+ \frac{3\int_{-1}^{1} \dfrac{P_1(\mu)P_l(\mu)}{\Sigma_t(E) \pm iB\mu}d\mu}{2}\left[\int \Sigma_{s1}(E' \to E)J^*(E')dE'\right] \tag{11-18}$$

式中，$l$ 是各向异性散射的阶数，其值为任意非负整数。可以看出，所有阶各向异性散射的 $\varphi_l(E)$ 都可以用前两项 $\varphi^*(E)$ 和 $J^*(E)$ 表示，同时也说明 $\varphi_l(E)$ 都被限定于一阶各向异性散射。由式(11-18)得到的 $\varphi_0(E)$ 和 $\varphi_1(E)$ 是严格推导的，比 $P_1$ 近似中简单地由勒让德多项式截断得到的 $\varphi_0(E)$ 和 $\varphi_1(E)$ 精确。将式(11-18)中 $l$ 取为 0 和 1，整理后可以得到 $B_1$ 方程，表示为

$$\left.\begin{array}{l}\Sigma_t(E)\varphi^*(E) \pm iBJ^*(E) = \int \Sigma_{s0}(E' \to E)\varphi^*(E')dE' + \chi(E) \\[2mm] \pm iB\varphi^*(E) + 3\alpha\Sigma_t(E)J^*(E) = 3\int \Sigma_{s1}(E' \to E)J^*(E')dE'\end{array}\right\} \tag{11-19}$$

其中系数 $\alpha$ 满足：

$$\alpha = \begin{cases} \dfrac{1}{3}x^2\left(\dfrac{\arctan x}{x - \arctan x}\right), & x^2 = (B/\Sigma_t)^2 > 0 \\[6mm] \dfrac{1}{3}x^2\left[\dfrac{\ln\left(\dfrac{1+x}{1-x}\right)}{\ln\left(\dfrac{1+x}{1-x}\right) - 2x}\right], & x^2 = -(B/\Sigma_t)^2 > 0 \end{cases} \tag{11-20}$$

通过对比如式(11-16)的 $P_1$ 方程和如式(11-19)的 $B_1$ 方程可以发现，两者在形式上完全相同，只有系数 $\alpha$ 存在差别，并且在 $\alpha = 1$ 的条件下，$B_1$ 方程将退化为 $P_1$ 方程。$B_1$ 方程的多群形式表示为

$$\begin{cases} \Sigma_g \varphi_g - \sum_h \Sigma_{0,h \to g}\varphi_h \pm iBJ_g = \chi_g \\[3mm] 3\alpha_g \Sigma_g J_g - 3\sum_h \Sigma_{1,h \to g}J_h = \mp iB\varphi_g \end{cases} \tag{11-21}$$

形如式(11-21)的多群中子输运方程在数值上比较容易求解,可以采用迭代的方式得到临界曲率 $B^2$ 下的多群能谱 $\varphi_g$,具体的数值求解过程这里不再详述。

### 11.1.2　输运-燃耗耦合方法

在燃料组件的燃耗过程中:燃耗计算需要中子输运计算提供单群中子通量密度和单群微观截面,而燃耗计算又为中子输运计算提供了不同燃耗深度下核素的原子核密度的分布。虽然由燃耗导致的核素组分变化是缓慢的,但是只进行一次中子输运计算和燃耗计算得到的核素组分仍然与真实情况有较大偏差,且随着更多燃耗步的计算,这种偏差会不断地累加。因此,目前普遍采用"预估-校正"(predictor-corrector)的中子输运-燃耗耦合策略。"预估-校正"策略的基本思想为(图 11-3):基于燃耗步 $\Delta t_n$ 初始时刻 $t_n$ 的核素原子核密度分布 $N_n$、中子输运计算提供的单群中子通量密度 $\phi_n$ 和微观截面 $\sigma_n$,通过求解燃耗方程获得燃耗步终点时刻 $t_{n+1}$(下一个燃耗步 $\Delta t_{n+1}$ 的初始时刻)预估的原子核密度分布 $N_{n+1}^{\mathrm{P}}$,并进行中子输运计算获得预估的单群中子通量密度 $\phi_{n+1}^{\mathrm{P}}$ 和微观截面 $\sigma_{n+1}^{\mathrm{P}}$;校正计算则基于燃耗步 $\Delta t_n$ 初始时刻 $t_n$ 的核素原子核密度分布 $N_n$、预估的单群中子通量密度 $\phi_{n+1}^{\mathrm{P}}$ 和微观截面 $\sigma_{n+1}^{\mathrm{P}}$,通过求解燃耗方程获得燃耗步终点时刻校正的原子核密度分布 $N_{n+1}^{\mathrm{C}}$;对 $N_{n+1}^{\mathrm{P}}$ 和 $N_{n+1}^{\mathrm{C}}$ 取平均值作为燃耗步 $\Delta t_n$ 终点时刻 $t_{n+1}$ 下的核素原子核密度分布。

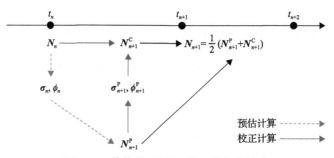

图 11-3　传统的"预估-校正"耦合策略

随着含钆可燃毒物棒在压水堆燃料组件中的大量使用,如图 11-3 所示的传统"预估-校正"计算策略需要划分非常细的燃耗步。为了避免细燃耗步影响计算效率,一些学者提出了改进的"预估-校正"耦合策略,主要包括 PPC(projected-predictor-corrector)和 LLR(log-linear-reactivity)方法。其中,PPC 和 LLR 方法的基本思想为:在根据传统"预估-校正"策略获得校正步核素的原子核密度之后,分别根据中子通量密度和微观截面随原子核密度的线性关系或对数线性关系得到更加精确的校正步的中子通量密度和微观截面,然后通过燃耗计算更新得到校正步的核素原子核密度分布。PPC 和 LLR 耦合策略如图 11-4 所示,在传统的"预估-校正"计算的基础上,利用预估步和校正步的原子核密度及反应率,更新计算校正步的反应率 $\overline{R}_n^{\mathrm{C}}$,并且基于此计算得到更加准确的原子核密度。

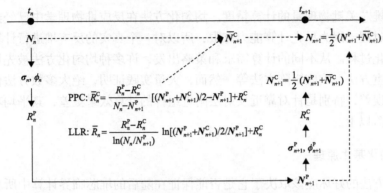

图 11-4　PPC 和 LLR 耦合策略

### 11.1.3　分支计算

根据压水堆堆芯物理计算"两步法"策略，组件计算为后续的堆芯计算提供了不同燃耗深度和不同工况参数，主要包括燃料温度($T_f$)、慢化剂温度($T_m$)、硼浓度(BC)和控制棒插入类型(CR)等条件下的组件少群均匀化常数。但是，由于堆芯运行的复杂性，无法在组件计算过程中预知各个燃料组件在堆芯中的实际工况环境。因此，在组件计算中通常采用对不同的工况参数进行分支计算的方法，产生组件少群均匀化常数关于工况参数不同取值的多维数据表，为后续的堆芯计算提供关键的截面基础。

为了考虑组件燃耗深度对少群均匀化常数的影响，在组件计算中通常采用"精细"的燃耗步进行组件燃耗计算，提供各个燃耗步下重金属核素和裂变产物核素的原子核密度分布，将该计算过程称为"主干"计算。为了考虑工况参数对少群均匀化常数的影响，并且同时兼顾组件计算的效率，在某些特定的"精细"燃耗步下，人为地对不同工况参数进行取值和组合，得到对应条件下的组件少群均匀化常数，将该计算过程称为"分支"计算。组件计算中的"主干"和"分支"计算框架如图 11-5 所示。关于分支计算的燃耗选点以及不同工况参数的选点和组合的方式，与后续的少群均匀化常数的参数化方法相关，本节不对此进行详细介绍。

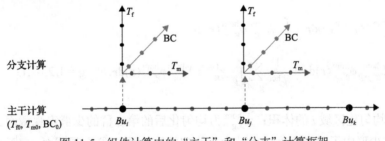

图 11-5　组件计算中的"主干"和"分支"计算框架

## 11.2　等效均匀化计算

基于栅格或栅元的均匀化计算是压水堆堆芯物理计算"两步法"策略中的关键所在，

直接影响了堆芯关键物理量的计算精度。均匀化方法在反应堆物理学中已经经历了比较漫长的探索过程。因为早先计算能力有限，所以对一个真实的反应堆进行计算需要经历很多的均匀化过程。从不同的计算需求和策略出发，许多种均匀化方法被先后提出，如体积通量权重方法、响应矩阵方法等。然而，大量实践证明，绝大多数方法仍然存在较大的缺陷和误差，特别是针对靠近反射层附近组件的计算效果更差，其平均功率误差有时能达到 10% 以上。

### 11.2.1　均匀化基本原理

均匀化方法的好坏应该取决于它是否能保证在随后的堆芯临界计算中所求得的堆芯各节块上的物理量和特性与非均匀堆芯的计算结果相吻合，即保持守恒。当然对于扩散计算来说，还需要由方法定义的均匀化扩散参数能真实反映和保持节块内部的非均匀效应。守恒的含义是指均匀化后堆芯扩散方程的解与非均匀化中子输运方程的解在各个特定的均匀化区域(子域)上所求得的一些物理量的积分值保持相等。但是要使所有物理量和信息都保持守恒是相当困难的。因此，我们选择以下三个最重要的物理量，要求其在均匀化前后保持守恒[1]。

(1)反应率守恒。

$$\int_{V_i} \Sigma_{x,g}^{\text{hom}} \phi_g^{\text{hom}}(\boldsymbol{r}) \mathrm{d}\boldsymbol{r} = \sum_{h \in g} \int_{V_i} \Sigma_{x,h}^{\text{het}}(\boldsymbol{r}) \phi_h^{\text{het}}(\boldsymbol{r}) \mathrm{d}\boldsymbol{r},$$
$$g = 1, 2, \cdots, G; \quad h = 1, 2, \cdots, H; \quad x = a, f, s, \cdots \tag{11-22}$$

(2)泄漏率守恒。

$$-\int_{S_{i,k}} D_g^{\text{hom}} \nabla \phi_g^{\text{hom}}(\boldsymbol{r}) \mathrm{d}s = \sum_{h \in g} \int_{S_{i,k}} J_h^{\text{het}}(\boldsymbol{r}) \mathrm{d}s,$$
$$g = 1, 2, \cdots, G; \quad h = 1, 2, \cdots, H; \quad k = 1, 2, \cdots, K \tag{11-23}$$

(3)特征值守恒。

$$-\int_{V_i} D_g^{\text{hom}} \nabla \phi_g^{\text{hom}}(\boldsymbol{r}) \mathrm{d}\boldsymbol{r} + \int_{V_i} \Sigma_{\text{t},g}^{\text{hom}} \phi_g^{\text{hom}}(\boldsymbol{r}) \mathrm{d}\boldsymbol{r}$$
$$= \sum_{g'=1}^{G} \int_{V_i} \Sigma_{g' \to g}^{\text{hom}} \phi_{g'}^{\text{hom}}(\boldsymbol{r}) \mathrm{d}\boldsymbol{r} + \frac{1}{k^{\text{het}}} \sum_{g'=1}^{G} \int_{V_i} \chi_g^{\text{hom}} \nu \Sigma_{\text{f},g'}^{\text{hom}} \phi_{g'}^{\text{hom}}(\boldsymbol{r}) \mathrm{d}\boldsymbol{r}, \quad g = 1, 2, \cdots, G \tag{11-24}$$

式中，$V_i$ 为均匀化区域 $i$ 的体积；$\Sigma_{x,g}^{\text{hom}}$ 为均匀化后的第 $g$ 群的少群宏观截面；$\phi_g^{\text{hom}}$ 为均匀的第 $g$ 群少群中子通量密度；$\Sigma_{x,h}^{\text{het}}$ 为非均匀的第 $h$ 群多群宏观截面；$\phi_h^{\text{het}}$ 为非均匀的第 $h$ 群多群中子通量密度；$G$ 为少群能群数目；$H$ 为多群能群数目；$x$ 为宏观截面类型，主要包括吸收截面、裂变截面等；$S_{i,k}$ 为均匀化区域 $i$ 的第 $k$ 个面；$D_g^{\text{hom}}$ 为均匀化后的第 $g$ 群少群扩散系数；$J_h^{\text{het}}$ 为第 $h$ 群多群净中子流密度；$K$ 为均匀化区域的表面个数；$k^{\text{het}}$ 为反应堆特征值；$\chi_g^{\text{hom}}$ 为均匀化后的第 $g$ 群中子裂变谱。

通常把同时满足上述三个守恒条件的均匀化常数称为**等效均匀化常数**。下面我们先从理论上来导出严格的等效均匀化常数形式及其相应的中子扩散方程。首先假设其非均匀反应堆（系统）的中子输运方程的精确解已知，即 $\phi_g(\boldsymbol{r})$ 满足以下输运方程：

$$\nabla \cdot J_g(\boldsymbol{r}) + \Sigma_{tg}(\boldsymbol{r})\phi_g(\boldsymbol{r}) = \sum_{g'=1}^{G}\left(\frac{\chi_g}{k}\nu\Sigma_{fg'} + \Sigma_{g'-g}(\boldsymbol{r})\right)\phi_{g'}(\boldsymbol{r}) \tag{11-25}$$

式中，$J_g(\boldsymbol{r})$ 为净中子流密度；$\phi_g(\boldsymbol{r})$ 为 $g$ 群总通量密度，表示为

$$J_g(\boldsymbol{r}) = \int \boldsymbol{\Omega} \cdot \phi_g(\boldsymbol{r}, \boldsymbol{\Omega})\mathrm{d}\boldsymbol{\Omega}, \quad \phi_g(\boldsymbol{r}) = \int \phi_g(\boldsymbol{r}, \boldsymbol{\Omega})\mathrm{d}\boldsymbol{\Omega} \tag{11-26}$$

在均匀化区域内，可以建立与方程（11-25）等效的中子平衡方程：

$$\nabla \cdot J_g(\boldsymbol{r}) + \widetilde{\Sigma}_{tg}(\boldsymbol{r})\tilde{\phi}_g(\boldsymbol{r}) = \sum_{g'=1}^{G}\left[\frac{\chi_g}{k}\nu\widetilde{\Sigma}_{fg'} + \widetilde{\Sigma}_{g'-g}(\boldsymbol{r})\right]\tilde{\phi}_{g'}(\boldsymbol{r}) \tag{11-27}$$

式中，$\widetilde{\Sigma}_{tg}, \widetilde{\Sigma}_{fg'}, \cdots$ 为均匀化常数；$\tilde{\phi}_{g'}(\boldsymbol{r})$ 为均匀化区域的解。

根据反应率守恒原则，可以得到

$$\int_{V_i} \widetilde{\Sigma}_{xg}\tilde{\phi}_g(\boldsymbol{r})\mathrm{d}\boldsymbol{r} = \int_{V_i} \Sigma_{xg}\phi_g(\boldsymbol{r})\mathrm{d}\boldsymbol{r},$$
$$g = 1, 2, \cdots, G; x = \mathrm{a}, \mathrm{f}, \mathrm{s}, \cdots \tag{11-28}$$

通常采用通量-体积权重的方法，等效均匀化常数可以严格定义为

$$\widetilde{\Sigma}_{xg} = \frac{\int_{V_i} \Sigma_{xg}(\boldsymbol{r})\phi_g(\boldsymbol{r})\mathrm{d}\boldsymbol{r}}{\int_{V_i} \tilde{\phi}_g(\boldsymbol{r})\mathrm{d}\boldsymbol{r}}\widetilde{\Sigma}_{xg} \tag{11-29}$$

$$g = 1, 2, \cdots, G; x = \mathrm{a}, \mathrm{f}, \mathrm{s}, \cdots$$

根据泄漏率守恒原则，均匀化区域每个界面 $S_k$（$k = 1, 2, \cdots, K$，对于二维情况 $K = 4$）应该满足以下守恒关系：

$$\int_{S_k} \widetilde{J}_g(\boldsymbol{r})\mathrm{d}s = \int_{S_k} J_g(\boldsymbol{r})\mathrm{d}s, \quad k = 1, 2, 3, 4 \tag{11-30}$$

通常采用扩散近似方法，均匀化扩散系数可以表示为

$$\widetilde{J}_g(\boldsymbol{r}) = \widetilde{D}_g(\boldsymbol{r})\nabla\tilde{\phi}_g(\boldsymbol{r}) \tag{11-31}$$

将式（11-31）代入到式（11-30），可以得到均匀化扩散系数，表示为

$$\widetilde{D}_g^k = -\frac{\int_{S_k} J_g(\boldsymbol{r})\mathrm{d}s}{\int_{S_k} \nabla\tilde{\phi}_g(\boldsymbol{r})\mathrm{d}s} \tag{11-32}$$

通过观察可以发现，只要上述三个守恒量中的反应率和泄漏率守恒，那么特征值自然就会守恒。但是，计算上述严格定义的等效均匀化常数是比较困难的。其原因在于：第一，为了计算等效均匀化常数，必须要提前获得全堆非均匀计算的解，而这在一般情况下无法提前得到；第二，为了计算等效均匀化常数，还必须要得到全堆芯均匀计算的解，而要得到均匀解又必须先计算等效均匀化常数，这样全堆芯均匀解和等效均匀化常数的计算就是紧密耦合的，使得等效均匀化常数的计算成了一个非线性迭代问题。因此，式(11-29)和式(11-32)只是等效均匀化常数的严格定义，在实际应用中并没有实用价值。为了能够将均匀化常数应用于工程实际中，必须放宽某些约束条件或增加均匀化常数的个数(即增加自由度)来近似求解等效均匀化常数。

### 11.2.2　传统均匀化方法

传统均匀化方法是对每个不同类型的燃料组件进行非均匀中子输运计算，并且采用全反射边界条件，即组件边界上中子流为零($J \cdot n = 0$)。基于非均匀组件中子输运计算得到的中子通量密度分布 $\phi_{Ag}(r)$ 近似代替式(11-29)中全堆芯精确解 $\phi_g(r)$，同时认为有下面等式成立：

$$\int_{V_i} \widetilde{\phi}_g(r)\mathrm{d}r = \int_{V_i} \phi_{Ag}(r)\mathrm{d}r \tag{11-33}$$

因此组件均匀化截面便可以写成

$$\widetilde{\Sigma}_{xg} \approx \frac{\int_{V_i} \Sigma_{xg}(r)\phi_{Ag}(r)\mathrm{d}r}{\int_{V_i} \phi_{Ag}(r)\mathrm{d}r}, \quad x = \mathrm{a,f,s,\cdots} \tag{11-34}$$

传统均匀化方法虽然做了一定的近似，但其在理论上也存在合理性，因为该方法考虑了组件内部非均匀结构和相关的效应。需要强调的是，对于大型商用压水堆堆芯而言，其中心位置处的大多数组件的边界条件与中子流为零基本吻合，而堆芯外围组件的边界条件虽然不满足中子流为零的条件，但影响也不是很大。工程应用结果表明，经过适当的修正(如泄漏修正)，组件边界条件对均匀化参数和计算误差影响不太大。

在传统均匀化方法中，强制采用通量-体积权重方法计算扩散系数，表示为

$$\widetilde{D}_g = \frac{\int_{V_i} D_g(r)\phi_{Ag}(r)\mathrm{d}r}{\int_{V_i} \phi_{Ag}(r)\mathrm{d}r} \tag{11-35}$$

对扩散系数的这种处理方法是传统均匀化方法中最不严格的近似，因为该方法无法保证泄漏率守恒。事实上，由于各组件边界面上泄漏率不守恒，也将无法保证堆芯内各个均匀化区域内积分反应率的守恒。所以，直观上可以看到，扩散系数的近似是传统均匀化方法误差的主要根源。为了更好地认识到保持界面净流守恒原则的困难所在，下面通过

一个简单的一维非均匀问题的具体例子来讨论一下等效均匀化方法面临的问题及其解决办法。

假设有如图 11-6(a) 所示的一维非均匀堆芯，其中子通量密度的非均匀输运的精确解 $\phi_g(r)$ 已知，现对该堆芯中任意相邻的两个均匀化区域进行分析。由于中子通量密度的精确解已知，因而可以根据通量-体积权重方法计算得到两个均匀化区域内的均匀化常数，并且根据精确解确定两个均匀化区域左、右两侧表面净中子流密度。因此，根据上述均匀化常数和表面净中子流密度条件，可以确定两个均匀化区域内的扩散方程的解，如图 11-6(b) 所示。此时，在两个均匀化区域的交界面上，净中子流是连续和守恒的。但是，由于两个均匀化区域内非均匀中子通量密度不同，基于传统的通量-体积权重方法计算得到的两个均匀化区域内的扩散系数则不相同，因而两个均匀化区域交界面上中子流相等则意味着交界面上的中子通量密度不相等，如图 11-6(b) 所示。反之，如果我们放弃不用已知的净中子流作为边界条件，而采用常规的在界面上要求中子流密度和中子通量密度连续作为边界条件求解扩散方程，此时求出的均匀化扩散解在界面上中子通量密度和净中子流虽然连续，但它们却并不守恒，即不等于均匀化前的数值，如图 11-6(c) 所示。

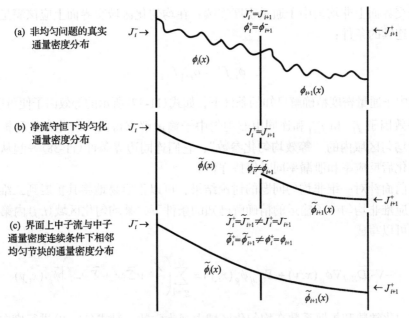

图 11-6　一维非均匀中子通量密度分布

因此，通过以上对一维非均匀堆芯的讨论可以看出，均匀化节块界面中子流守恒与界面中子通量密度连续这两个边界条件在中子扩散计算中是相互矛盾的，只能满足其中的一个条件。当然，可以通过调整两个均匀化区域的扩散系数 $D_i$ 和 $D_{i+1}$，使得两个均匀化区域在界面上的中子通量密度连续，即

$$\tilde{\phi}_i^+ = \phi_{i+1}^+ = \phi_i^+ \tag{11-36}$$

但是，这种调整均匀化区域扩散系数的做法，在保障均匀化区域 $i$ 和 $i+1$ 界面中子通量密度连续的条件下，却又无法保障均匀化区域 $i-1$ 和 $i$ 界面中子通量密度的连续。显然，以均匀化区域界面中子通量密度和界面中子流连续为耦合边界条件的均匀化扩散方程缺乏足够的均匀化参数来保证各个均匀化的反应率和泄漏率同时守恒，必须另行定义一些新的均匀化参数以达到守恒的目的。

### 11.2.3  等效均匀化方法

20 世纪 70 年代末，Koebke 等[2]在研究恢复均匀化区域精细通量分布时，观察到保持泄漏率守恒的重要性，并且阐明了一种新的均匀化界面的边界条件，这种边界条件可以同时保持均匀化区域的反应率和泄漏率守恒。为了解决如图 11-6 所示两个均匀化区域交界面中子通量密度不连续的问题，Koebke 定义了一个新的均匀化参数——等效因子 $f_i^+$ 和 $f_{i+1}^-$，表示为

$$f_i^+ = \frac{\phi_i^+}{\tilde{\phi}_i^+}, \qquad f_{i+1}^- = \frac{\phi_{i+1}^-}{\tilde{\phi}_{i+1}^-} \tag{11-37}$$

根据交界面上非均匀中子通量密度连续，在均匀化区域交界面上应该满足以下中子通量密度连续的条件：

$$\tilde{\phi}_i^+ f_i^+ = \tilde{\phi}_{i+1}^- f_{i+1}^- \tag{11-38}$$

在非均匀中子通量密度精确解已知的条件下，如式(11-37)所示的等效因子便可以被确定。我们将等效因子 $f_i^+$ 和 $f_{i+1}^-$ 和连同由非均匀中子输运解求得的均匀化常数和扩散系数等一起称为均匀区域内的"**等效均匀化参数**"，它们连同边界条件(11-38)一起从理论上保证了均匀化后反应率和泄漏率同时保持守恒。

根据前面针对一维非均匀问题的讨论结果，可以很容易地将其扩展到二维多群的问题。在反应堆非均匀中子输运的精确解已知的条件下，某均匀化区域 $(i, j)$ 内第 $g$ 群中子扩散方程可以写成

$$-\nabla \cdot \widetilde{D}_{g,ij} \nabla \tilde{\phi}_g(x, y) + \Sigma_{\text{t}g,ij} \tilde{\phi}_g(x, y) = \sum_{g'=1}^{G} \left( \frac{\chi_g}{k} \nu \widetilde{\Sigma}_{\text{f}g'} + \widetilde{\Sigma}_{g'-g} \right) \tilde{\phi}_{g'}(x, y) \tag{11-39}$$

式中，均匀化常数和扩散系数在均匀化区域内视为常数。对式(11-39)进行横向积分，可以得到

$$-\widetilde{D}_g \frac{\mathrm{d}^2}{\mathrm{d}u^2} \tilde{\phi}_g(u) + \widetilde{\Sigma}_{\text{t}g} \tilde{\phi}_g(u) = \sum_{g'=1}^{G} \left( \frac{\chi_g}{k} \nu \widetilde{\Sigma}_{\text{f}g'} + \widetilde{\Sigma}_{g'-g} \right) \tilde{\phi}_{g'}(u) + \widetilde{L}_g(u),$$

$$g = 1, 2, \cdots, G; u, V = x; u \neq v \tag{11-40}$$

其中，横向积分中子通量密度和横向泄漏项分别表示为

$$\tilde{\phi}_g(u) = \int_{v_j}^{v_{j+1}} \tilde{\phi}_g(u,v)\mathrm{d}v \tag{11-41}$$

$$\tilde{L}_g(u) = \widetilde{D}_g \int_{v_j}^{v_{j+1}} \frac{\mathrm{d}^2}{\mathrm{d}V^2}\tilde{\phi}_g(u,v)\mathrm{d}v = J_g^{v+}(u) - J_g^{v-}(u) \tag{11-42}$$

式中，横向泄漏项可以通过已知的非均匀精确解计算得到。此时，将均匀化区域$(i,j)$两个侧面上已知的中子流$J_g^{u,\mathrm{het}}(u_r)$和$J_g^{u,\mathrm{het}}(u_l)$作为边界条件（$u_r$，$u_l$分别表示节块左右两个界面），即

$$D_g^u \frac{\partial \tilde{\phi}_g(u)}{\partial u}\bigg|_u = u_r = -J_g^{u,\mathrm{het}}(u_r) \tag{11-43}$$

$$\widetilde{D}_g^u \frac{\partial \tilde{\phi}_g(u)}{\partial u}\bigg|_u = u_l = -J_g^{u,\mathrm{het}}(u_l) \tag{11-44}$$

则方程(11-40)的均匀中子扩散解就被唯一确定了。然后，由求得的均匀化区域表面上的中子通量密度$\tilde{\phi}_{g,i}^+$和$\tilde{\phi}_{g,i}^-$，根据式(11-37)便可以获得均匀化区域$(i,j)$在$u$方向上的等效因子$f_{i,g}^{u\pm}$，采用相同的方法也可以方便地计算得到$v$方向的等效因子$f_{i,g}^{v\pm}$。

通过前面的讨论我们发现，方程(11-39)中扩散系数的选取带有一定的任意性，采用不同的扩散系数，其均匀化区域内的解便不一样，当然计算得到的等效因子也不一样。因此，Koebke 提出可以通过调整扩散系数$D_{g,ij}$的数值，使得在某一方向上均匀化区域两个界面上的等效因子相等，即$f_u^+ = f_u^- (u=x,y)$。此时，等效因子$f_u(= f_u^+ = f_u^-)$也叫做非均匀因子。显然，通过这种方法确定的$D_{g,ij}$在均匀化区域的不同方向上可有不同的数值，且扩散系数和非均匀因子是一组相互关联的参数。

需要指出的是，Koebke 提出的均匀化方法仅仅从理论上论证了实现等效均匀化的可能性以及等效均匀化常数的理论计算公式。但是，该方法需要提前知道非均匀中子输运的精确解，显然并不具有工程实用意义。

Smith[3]在深入研究等效均匀化理论的基础上，提出了在工程计算中等效均匀化的具体实现办法。首先，他对沸水堆以及一些基准问题，应用输运理论进行精确求解和等效均匀化常数的精确迭代求解，从获得的数值结果检验发现等效均匀化参数主要是组件类型的函数，而与组件在堆芯中的位置以及组件的边界条件是否净流为零关系不大。因而他提出，可以像传统方法一样，只要对不同类型（不同富集度、可燃毒物、控制棒等）组件进行栅格物理计算，边界条件采用净流$J_n = 0$。因此，等效均匀化常数中$\Sigma_x (x=\mathrm{a,f,s,\cdots})$可以基于组件非均匀中子输运结果，采用传统的通量-体积权重方法计算得到。用所求得组件内非均匀通量的输运解$\phi_{Ag}(\boldsymbol{r})$来近似代替精确的中子通量$\phi_g(\boldsymbol{r})$，并且同时认为式(11-45)成立。

$$f_u^\pm = \frac{\phi^{u\pm}}{\tilde{\phi}_{ij}^{u\pm}} \approx \frac{\phi_A^{u\pm}}{\tilde{\phi}_{A,ij}^{u\pm}} \tag{11-45}$$

式中，$\phi_A^{u\pm}$ 为单个组件计算中求得的非均匀中子通量解在表面上的值；$\tilde{\phi}_{A,ij}^{u\pm}$ 为均匀化组件表面上中子通量的值。组件表面净流为零的边界条件意味着均匀化组件内中子通量密度分布就应该是平坦的，亦即 $\tilde{\phi}_{A,ij}^{u\pm}$ 就等于组件内平均中子通量密度。

针对扩散系数定义的随意性，Smith 建议采用传统方法中习惯采用的公式 (11-35) 来定义。这样，在均匀化区域的某一方向上的非均匀因子是不相等的，Smith 称之为不连续因子 $f_u^\pm$（以区别于非均匀因子）。此时，Smith 建议采用单组件计算组件各个交界面的不连续因子，表示为

$$f_u^\pm \approx \frac{\phi_A^{u\pm}}{\bar{\phi}_{Ag}} \tag{11-46}$$

式中，$\bar{\phi}_{Ag}$ 为组件内中子通量密度的平均值，由组件非均匀中子输运计算求得。

综上所述，我们将不同类型组件按照式 (11-34) 和式 (11-35) 计算得到的均匀化参数（AXS）以及根据式 (11-45) 计算得到的不连续因子（ADFs）一起称为等效均匀化常数，通常用 AXS-ADFs 表示。等效均匀化常数和边界条件 (11-38) 一起，可以保证均匀化后反应率和泄漏率守恒。当然，由上述方法确定的等效均匀化常数肯定是一种近似的方法，但数值实践表明它对扩散计算方法的精度有明显的改善，特别是对有围板/反射层的压水堆问题。目前国际上的许多先进的燃料管理软件，如 CASMO/SIMULATE-3、PHOENIX/ANC 等都是采用上述方法来计算等效均匀化常数，其误差在工程上是可以接受的。

### 11.2.4 超级均匀化方法

针对均匀化原理中的三个守恒关系，Hebert 和 Kavenoky[4]提出了有别于等效均匀化的另一种方法，称为超级均匀化方法（super homogenization method, SPH 方法）。SPH 方法的核心思想为：通过超级均匀化因子直接调整栅元均匀化截面，使得均匀化前后各能群的反应率保持守恒，但放宽了中子泄漏守恒这一约束条件。SPH 方法对均匀化少群截面的调整采用如下方式：

$$\widetilde{\Sigma}_{x,i,g}^{\mathrm{hom}} = \mu_{i,g} \Sigma_{x,i,g}^{\mathrm{hom}} \tag{11-47}$$

式中，$\mu_{i,g}$ 表示超级均匀化因子；$\widetilde{\Sigma}_{x,i,g}^{\mathrm{hom}}$ 表示经超级均匀化因子修正后的均匀化截面。在保障反应率守恒的条件下，可以得到

$$\widetilde{\Sigma}_{x,i,g}^{\mathrm{hom}} \phi_{i,g}^{\mathrm{hom}} = \sum_{h\in g} \int_{V_i} \Sigma_{x,h}^{\mathrm{het}}(\boldsymbol{r}) \phi_h^{\mathrm{het}}(\boldsymbol{r}) \mathrm{d}\boldsymbol{r} \tag{11-48}$$

由此可以得到超级均匀化因子的计算方法，表示为

$$\mu_{i,g} = \frac{\sum_{h \in g} \int_{V_i} \Sigma_{x,h}^{het}(\boldsymbol{r}) \phi_h^{het}(\boldsymbol{r}) \mathrm{d}\boldsymbol{r}}{\phi_{i,g}^{hom}} \tag{11-49}$$

需要注意的是，式(11-49)分子中的非均匀中子通量密度由非均匀组件中子输运计算提供，分母中均匀中子通量密度采用与堆芯计算相同的中子输运或中子扩散求解器计算得到。从式(11-49)超级均匀化因子的计算公式可知：超级均匀化因子需要通过组件均匀中子通量密度计算得到，而组件均匀中子通量密度计算又需要采用超级均匀化因子对均匀化截面进行修正才能获得。因此，超级均匀化因子的计算是一个反复迭代的过程，具体计算步骤如下：

(1)在单组件全反射边界条件下进行非均匀中子输运计算，产生非均匀中子通量密度、少群均匀化截面和扩散系数。

(2)初始化超级均匀化因子，利用步骤(1)中产生的少群均匀化截面和扩散系数，在全反射边界条件下对均匀组件问题进行求解，获得均匀中子通量密度。

(3)根据公式(11-49)，采用步骤(1)和(2)中的中子通量密度计算结果更新超级均匀化因子。

(4)不断地重复步骤(2)和(3)，直到计算得到的超级均匀化因子达到收敛限值。

### 11.2.5　围板/水反射层均匀化方法

除了燃料组件，压水堆堆芯从内到外分别布置着围板、吊篮、热屏蔽层和压力壳等反射层结构，如图 11-7 所示。围板是一层厚度为 2～4cm 的不锈钢板，与外围燃料组件间隔薄水层，沿着最外围燃料组件将堆芯在径向包围起来，起到对堆芯径向支撑的作用。围板的不锈钢材料具有很大的中子吸收截面，因而围板对堆芯的功率分布具有很大的影响，尤其是对靠近它的组件影响尤为显著。在早期，堆芯计算多采用细网有限差分方法，对围板/水反射层不需要做均匀化处理。20 世纪 70 年代以后，堆芯计算普遍采用

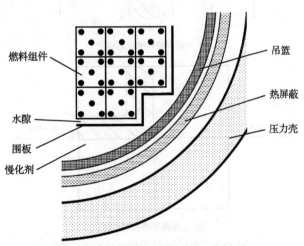

图 11-7　压水堆堆芯及反射层结构简图

节块方法(或粗网方法)。节块方法的特点在于可以采用较大的网格获得较高的计算精度，其计算前提是必须提供围板/水反射层的均匀化常数。但是，围板/水反射层组件均匀化常数的计算存在一定的困难：首先，围板的中子吸收截面很大，具有很强的中子非均匀性；其次，围板/水反射层区域的中子来自于堆芯的泄漏，如何计算堆芯的中子泄漏能谱是个难题。

传统围板/水反射层均匀化方法是简单地将铁和水打混，采用体积作为权重计算出围板反射层的均匀化常数。数值实践表明，这种简单打混的方法将对堆芯功率分布产生显著的误差，严重情况下的误差高达 20%，远无法满足工程应用的精度要求。因此，在堆芯计算采用节块方法条件下，过去相当一段时间往往通过人为调节围板/水反射层中铁和水体积比或快群扩散系数，或者凭经验调节堆芯和反射层之间的反照率，使得堆芯的组件功率分布的计算值与实验值相吻合。总的来说，这种方法缺乏一定的理论基础且带有半经验性，如果我们事先不知道堆芯的参考功率分布，就无法通过调节手段确定围板反射层的均匀化常数。

20 世纪 80 年代以后，随着前面介绍的等效均匀化理论的提出和应用，为围板/水反射层组件均匀化的难题带来了全新的解决思路。由于在围板/水反射层内没有裂变物质，为了进行能谱计算并获得正确的堆芯中子泄漏谱，提出了"超组件计算"来产生围板/水反射层的等效均匀化常数。超组件是指把一个或更多的燃料组件和围板/水反射层等结构作为整个计算区域，进行多群中子输运计算，如图 11-8 所示。根据超组件的规模和类型，可以分为一维平板状围板超组件[图 11-8(a)]和二维楔形围板超组件[图 11-8(b)]，下面将详细介绍这两类围板反射层的均匀化计算方法。

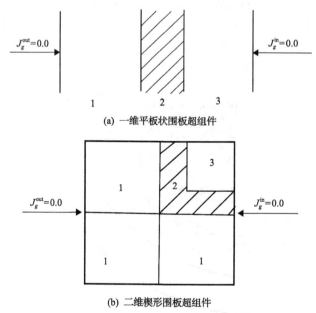

(a) 一维平板状围板超组件

(b) 二维楔形围板超组件

图 11-8　围板/水反射层的超组件计算

1) 一维平板状围板/水反射层均匀化

一维平板状围板/水反射层均匀化计算通常对计算规模和区域进行简化(图 11-9),保持水隙和围板的厚度不变,燃料组件部分选取一个组件厚度,反射层区域同样也选取一个组件厚度。围板/水反射层均匀化计算首先是采用中子输运求解方法,计算得到如图 11-9 所示的非均匀中子通量密度分布和燃料组件与围板/水反射层交界面上的净中子流密度 $J_n(x^\pm)$。根据等效均匀化常数的定义,通过通量-体积权重方法计算得到围板/水反射层的少群均匀化常数,表示为

$$\widetilde{\varSigma}_{x,g} = \frac{\sum\limits_{n\in g} \int_0^a \varSigma_x(x)\phi_n(x)\mathrm{d}x}{\sum\limits_{n\in g} \int_0^a \phi_n(x)\mathrm{d}x} \tag{11-50}$$

式中,$n$ 和 $g$ 分别表示多群和少群近似中的能群编号,$n\in g$ 表示对 $n\in g$ 那部分多群能群求和。$a$ 为图 11-9 中由围板/水反射层组成的均匀化区域的宽度;$x^\pm$ 表示节块 $i$ 左右两个表面的坐标位置;$\tilde{\phi}_g(x)$ 为均匀化后节块的通量密度分布。将非均匀中子输运计算得到的 $\phi_n(x)$ 代入式(11-50)即可得到围板/水反射层区域的均匀化常数。

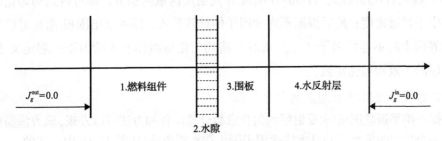

图 11-9 一维平板状围板/水反射层模型

围板/水反射层均匀化计算的关键在于对其与燃料组件交界面上不连续因子的计算。根据不连续因子的数学定义,其在数值上等于交界面上中子通量密度与平均中子通量密度之间的比值。围板/水反射层区域左右两个面的边界条件不对称,即左侧与燃料组件接触,右侧为真空边界。为了获得围板/水反射层区域交界面中子通量密度和平均中子通量密度,需要在区域内求解两群中子扩散方程,表示为

$$-\widetilde{D}_1 \frac{\mathrm{d}^2\tilde{\phi}_1(x)}{\mathrm{d}x^2} + \widetilde{\varSigma}_1\tilde{\phi}_1(x) = 0 \tag{11-51}$$

$$-\widetilde{D}_2 \frac{\mathrm{d}^2\tilde{\phi}_2(x)}{\mathrm{d}x^2} + \widetilde{\varSigma}_2\tilde{\phi}_2(x) = \widetilde{\varSigma}_{12}\tilde{\phi}_1(x) \tag{11-52}$$

边界条件为

$$\text{左边界 } x = 0, \quad J_g(0) = \sum\nolimits_{n \in g} J_n(0), \qquad g = 1, 2 \tag{11-53}$$

$$\text{右边界 } x = a, \quad \phi_g(a) = 0 \text{ 或 } J_a^{\text{in}}(a) = 0, \qquad g = 1, 2 \tag{11-54}$$

根据上述围板/水反射层区域两群中子扩散方程和边界条件，可以计算得到均匀化区域内中子通量密度的解：

$$\tilde{\phi}_1(x) = \frac{J_1(x^-) \sinh k_1(a - x)}{\widetilde{D}_1 k_1 \cosh k_1 a} \tag{11-55}$$

$$\tilde{\phi}_2(x) = \left[ \frac{J_2(x^-)}{\widetilde{D}_2} - a \frac{J_1(x^-)}{\widetilde{D}_1} \right] \frac{\sinh k_2(a - x)}{k_2 \cosh k_2 a} + \alpha \tilde{\phi}_1(x) \tag{11-56}$$

$$k_1^2 = \frac{\widetilde{\Sigma}_1}{\widetilde{D}_1} = \frac{\widetilde{\Sigma}_{12} + \widetilde{\Sigma}_{a1}}{\widetilde{D}_1}, \quad k_2^2 = \frac{\widetilde{\Sigma}_{a2}}{\widetilde{D}_2}, \quad \alpha = \frac{\widetilde{\Sigma}_{12}}{\widetilde{D}_2\left(k_2^2 - k_1^2\right)} \tag{11-57}$$

将 $x^- = 0$ 代入式(11-55)和式(11-56)，即可求解得到围板/水反射层界面上中子通量密度 $\tilde{\phi}_g(x^-)$；将式(11-55)和式(11-56)在围板/水反射层区域内积分，即可得到均匀化区域内的平均中子通量密度；最后根据不连续因子的计算公式，即可求出围板/水反射层与燃料组件交界面上的不连续因子 $f_g^{\pm}(g = 1, 2)$。将均匀化截面和不连续因子一起定义为围板/水反射层的等效均匀化常数。

2) 二维楔形围板/水反射层均匀化

根据一维平板状围板/水反射层均匀化常数计算流程和方法可以发现，该方法需要在径向定义一个均匀的模型，并且无法适用于围板存在拐角处(如图 11-10 中标注的 1、2 和 3 区域)的反射层均匀化计算。因此，人们提出了二维楔形围板/水反射层均匀化计算方法。

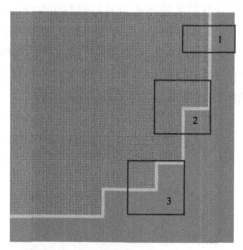

图 11-10　二维楔形围板/水反射层情况

二维楔形围板/水反射层均匀化计算需要采用多个燃料组件和反射层组件，设某围板–水反射层均匀化区域所在的编号为 $(i,j)$。同样地，在二维楔形围板/水反射层区域上求解中子输运方程，可以获得多群非均匀中子通量密度分布 $\phi_n(x,y)$ 以及各交界面上的中子流密度 $J_n(x,y)$。采用通量–体积权重，可以计算得到围板/水反射层区域的均匀化截面，表示为

$$\widetilde{\varSigma}_g = \frac{\sum_{n\in g}\int_{V_{ij}}\varSigma_n(x,y)\phi_n(x,y)\mathrm{d}x\mathrm{d}y}{\sum_{n\in g}\int_{V_{ij}}\phi_n(x,y)\mathrm{d}x\mathrm{d}y} \tag{11-58}$$

式中，$V_{ij}$ 为均匀化区域 $(i,j)$ 处的体积。为了计算围板/水反射层界面中子通量密度和平均中子通量密度，在各个均匀化区域 $(i,j)$ 上建立对应的二维两群中子扩散方程，表示为

$$-D_1\nabla^2\phi_1 + \left(\varSigma_{a,1} + \varSigma_r\right)\phi_1 = 0 \tag{11-59}$$

$$-D_2\nabla^2\phi_2 + \varSigma_{a,2}\phi_2 = \varSigma_r\phi_1 \tag{11-60}$$

上述方程组满足波动方程，其解可以表示为：

$$\phi_1(x,y) = \phi_\mu \tag{11-61}$$

$$\phi_2(x,y) = \alpha\phi_\mu + \phi_\nu \tag{11-62}$$

式中，$\alpha = \dfrac{\varSigma_r}{\varSigma_{a,2} - D_2\mu^2}$。分别对式 (11-61) 和式 (11-62) 采用四项展开，可以得到

$$\phi_\mu = a_1\cosh(\mu x) + b_1\sinh(\mu x) + a_2\cosh(\mu y) + b_2\sinh(\mu y) \tag{11-63}$$

$$\phi_\nu = a_1'\cosh(\nu x) + b_1'\sinh(\nu x) + a_2'\cosh(\nu y) + b_2'\sinh(\nu y) \tag{11-64}$$

式中，$\mu^2 = 1/L_1^2 = \left(\varSigma_{a,1} + \varSigma_r\right)/D_1$；$\nu^2 = 1/L_2^2 = \varSigma_{a,2}/D_2$；$a$、$b$、$a'$、$b'$ 均为待定系数，可以利用均匀化区域各个交界面中子流连续的边界条件计算得到。根据菲克定律，中子流密度可以通过如下公式计算得到：

$$J = -D\nabla\phi \tag{11-65}$$

将式 (11-61) 和式 (11-62) 代入式 (11-65)，可以得到

$$\begin{cases} J_1 = -D_1\nabla\phi_\mu = J_\mu \\ J_2 = -D_2\left(\alpha\nabla\phi_\mu + \nabla\phi_\nu\right) = \alpha\left(\dfrac{D_2}{D_1}\right)J_\mu + \left(\dfrac{D_2}{D_1}\right)J_\nu \end{cases} \tag{11-66}$$

将非均匀中子输运计算得到的界面中子流代入式 (11-66)，即可确定各个待定系数，从而

得到二维楔形围板/水反射层均匀化模型中区域$(i,j)$的界面中子通量密度和平均中子通量密度，并根据不连续因子的计算公式确定二维围板/水反射层各个面的不连续因子。

通过上述两种围板/水反射层均匀化计算模型的对比可以发现，二维反射层模型在理论上具有更高的精度。目前国际上主流的压水堆堆芯燃料管理程序均采用二维楔形围板/水反射层均匀化模型，比如最新版的 CASMO5/SIMULATE[5]中采用了精细的二维反射层计算模型。

### 11.2.6 均匀化常数参数化

在反应堆堆芯燃料管理或者换料设计计算中，燃料组件会处于各种不同的堆芯工况和不同的燃耗深度条件，因此需要提前获得对应工况下燃料组件的少群均匀化常数。但是，核反应堆燃料管理计算中需要计算的方案和堆芯工况的数量是非常巨大的，如果所有工况下的少群均匀化常数都直接通过组件程序来产生，工作量将非常巨大。因此，在压水堆组件计算过程中，通常采用主干计算和分支计算的方式(图 11-5)，产生少群均匀化常数关于燃耗和工况参数之间的多维列表。

#### 1. 少群均匀化常数参数化方法

为了保障堆芯计算中对组件少群均匀化常数计算的效率和精度，通常需要对组件计算提供的少群均匀化常数关于燃耗和工况参数的多维列表进行参数化。少群均匀化常数参数化的方法主要包括两类：多项式拟合方法和多项式插值方法。多项式拟合方法首先需要对燃耗 Bu 和不同的工况参数(燃料温度 $T_f$、慢化剂温度 $T_m$、硼浓度 BC 等)进行合理的组合，然后通常采用以多项式为近似函数的最小二乘算法进行拟合，获得不同的少群均匀化常数的多项式函数关系。假设离散的少群均匀化常数满足如下函数关系：

$$f(\boldsymbol{x}) = \sum_{i=1}^{m} r_i(\boldsymbol{x}) \cdot a_i \tag{11-67}$$

式中，$r_i(\boldsymbol{x})$为选取的基函数；$a_i$为展开系数；$m$为展开系数的个数。通常选用多项式作为基函数，此时 $r_i(\boldsymbol{x})$ 有如下表达形式：

$$r_i(\boldsymbol{x}) = \prod_{j=1}^{w} x_j^l \tag{11-68}$$

其中，$w$为自变量的个数；$l$为自变量的阶数，其取值范围为 0 到当前自变量的最高阶数。最小二乘方法就是通过构造函数关系式 $f(\boldsymbol{x})$，使得下面的表达式有最小值：

$$\xi(a_1, a_2, \cdots, a_m) = \sum_{i=1}^{n} \left[ \sum_{k=1}^{m} a_k r_k(\boldsymbol{x}_i) - y_i \right]^2 \tag{11-69}$$

式中，$\xi$为罚函数。

需要注意的是，由于最小二乘拟合方法在拟合阶数过高的情况下会产生龙格现象，一般自变量的阶数不超过 6 阶。因此，将多项式拟合方法用于少群均匀化常数参数化时，需要将燃耗和不同的工况参数划分为合理的分段和组合，并且选择合适的基函数。为了避免多项式拟合的龙格现象，人们提出了多项式插值的方法。通常将影响组件少群均匀化常数的自变量分为两组，燃耗变量 Bu 为单独一组，工况参数为第二组，用 $\boldsymbol{S}$ 表示，并且少群均匀化常数关于自变量的函数关系表示为

$$\Sigma(\boldsymbol{S},\mathrm{Bu}) = \Sigma_\mathrm{b}(\boldsymbol{S}_\mathrm{b},\mathrm{Bu}) + \mathrm{d}\Sigma(\boldsymbol{S},\mathrm{Bu}) \tag{11-70}$$

式中，$\boldsymbol{S} = (T_\mathrm{f}, T_\mathrm{m}, \mathrm{BC})$；$\boldsymbol{S}_\mathrm{b}$ 为基准工况参数，具体来说就是组件主干计算中选取的燃料温度、慢化剂温度和硼浓度的典型值；$\Sigma_\mathrm{b}$ 为任意燃耗点 Bu 下工况参数与 $\boldsymbol{S}_\mathrm{b}$ 相同时的组件少群均匀化常数值；$\mathrm{d}\Sigma$ 为任意燃耗点下由于工况参数 $\boldsymbol{S}$ 与基准工况参数 $\boldsymbol{S}_\mathrm{b}$ 的不同导致的组件均匀化常数值的变化量。式 (11-70) 将某一燃耗 Bu 和工况参数 $\boldsymbol{S}$ 下的组件均匀化常数看成由两部分组成，即工况参数为基准值时的均匀化常数值和由于工况参数与基准值的差异导致的组件均匀化常数的变化量。在计算 $\Sigma_\mathrm{b}$ 和 $\mathrm{d}\Sigma$ 时，对于燃耗深度常采用线性插值方法：

$$\Sigma_\mathrm{b}(\boldsymbol{S}_\mathrm{b},\mathrm{Bu}) = c_i \Sigma_\mathrm{b}(\boldsymbol{S}_\mathrm{b},\mathrm{Bu}_i) + c_j \Sigma_\mathrm{b}(\boldsymbol{S}_\mathrm{b},\mathrm{Bu}_j) \tag{11-71}$$

$$\mathrm{d}\Sigma(\boldsymbol{S},\mathrm{Bu}) = c_x \mathrm{d}\Sigma(\boldsymbol{S},\mathrm{Bu}_x) + c_y \mathrm{d}\Sigma(\boldsymbol{S},\mathrm{Bu}_y) \tag{11-72}$$

其中，$c$ 表示线性插值的系数。在计算 $\Sigma_\mathrm{b}$ 时，插值所使用的燃耗点为主干计算的密燃耗点；在计算 $\mathrm{d}\Sigma$ 时，插值所使用的燃耗点为进行了分支计算的疏燃耗点。因此，这两项的插值系数并不相同。多项式插值方法用于少群常数参数化如图 11-11 所示。

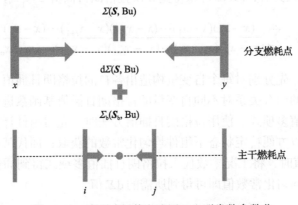

图 11-11　多项式插值方法用于少群常数参数化

对于 $\Sigma_\mathrm{b}$ 的计算，根据与燃耗 Bu 最接近的两个主干燃耗点在基准工况 $\boldsymbol{S}_\mathrm{b}$ 下的少群均匀化常数，可采用线性插值的方式获得；对于 $\mathrm{d}\Sigma$ 的计算，其需要用到的 $\mathrm{d}\Sigma(\boldsymbol{S},\mathrm{Bu}_x)$ 和 $\mathrm{d}\Sigma(\boldsymbol{S},\mathrm{Bu}_y)$ 与基准工况 $\boldsymbol{S}_\mathrm{b}$ 下的少群均匀化常数存在的差异，可以采用多项式插值的方法确定。在只有一个自变量的情况下，$n$ 次拉格朗日插值多项式 $L_n(x)$ 有如下形式：

$$L_n(x) = \sum_{i=0}^{n} l_i(x) y_i \tag{11-73}$$

式中，$l_i(x)$ 为 $n$ 次多项式，称为拉格朗日插值基函数；$y_i$ 为在 $n+1$ 个互不相同的插值节点 $x_i$ $(i=0,1,\cdots,n)$ 处的函数值。若令

$$l_i(x_j) = \begin{cases} 1, & j = i \\ 0, & j \neq i \end{cases} \tag{11-74}$$

则 $L_n(x_j) = \sum_{i=0}^{n} l_i(x_j) y_i = l_j(x_j) y_j = y_j$ $(j=0,1,\cdots,n)$ ，可以使 $L_n(x)$ 满足插值条件。由 $l_i(x_j) = 0$ $(j \neq i)$ 可以知道 $x_j$ 是 $l_i(x)$ 的零点，因此

$$l_i(x) = c_i(x-x_0)(x-x_1)\cdots(x-x_{i-1})(x-x_{i+1})\cdots(x-x_n) \tag{11-75}$$

其中，$c_i$ 为待定系数。再根据已知条件 $l_i(x_i) = 1$ 可以得到

$$c_i = \frac{1}{(x_i-x_0)(x_i-x_1)\cdots(x_i-x_{i-1})(x_i-x_{i+1})\cdots(x_i-x_n)} \tag{11-76}$$

因此，拉格朗日插值基函数 $l_i(x)$ 为

$$l_i(x) = \frac{(x-x_0)(x-x_1)\cdots(x-x_{i-1})(x-x_{i+1})\cdots(x-x_n)}{(x_i-x_0)(x_i-x_1)\cdots(x_i-x_{i-1})(x_i-x_{i+1})\cdots(x_i-x_n)} \tag{11-77}$$

将式 (11-77) 代入式 (11-73) 即可以得到 $n$ 次拉格朗日插值多项式，表示为

$$L_n(x) = \sum_{i=0}^{n} \frac{(x-x_0)(x-x_1)\cdots(x-x_{i-1})(x-x_{i+1})\cdots(x-x_n)}{(x_i-x_0)(x_i-x_1)\cdots(x_i-x_{i-1})(x_i-x_{i+1})\cdots(x_i-x_n)} y_i \tag{11-78}$$

对于多元函数，先分别对每个自变量构造出各自的拉格朗日插值基函数，再根据已知点中自变量之间的组合关系对不同自变量的拉格朗日插值基函数进行组合，得到与每个已知点对应的插值多项式。使用拉格朗日插值方法时，先对组件计算工况点下的均匀化常数进行制表，以方便特定状态下组件均匀化常数的获取；回代某一分支燃耗点下特定工况参数的 $\mathrm{d}\Sigma$ 值时，将工况参数代入拉格朗日插值多项式得到插值系数，再根据已知点上的组件少群均匀化常数值即可得到所需的 $\mathrm{d}\Sigma$ 值。

### 2. 历史效应处理方法

根据压水堆"两步法"的计算流程，由于组件少群均匀化常数计算采用的基准工况与堆芯计算中堆芯实际工况之间的差异性，将不可避免地导致历史效应。历史效应是指：同类的栅元或组件，以不同的工况参数经历不同燃耗历史而达到相同的燃耗深度时，其少群均匀化常数之间存在差异性。历史效应产生的机制分析如下。

首先，传统少群常数计算过程中，一般仅采用分支计算方式生成少群常数库，所有工况下的少群常数均在主干状态下经同一种燃耗历史产生。事实上，由于栅元或组件在堆芯中的位置不尽相同，其燃耗过程未必在主干状态下进行，例如一般压水堆中靠近堆芯中部的组件功率比平均功率高，而靠近边缘的组件功率比平均功率低，因此传统方法仅通过分支计算得到的少群常数有一定的误差。该现象称为分支计算引入的历史效应。

其次，堆芯燃耗过程中，状态参数的取值随燃耗一般是变化的，其变化趋势无法预先得知，也就使得燃耗历史难以预测，这就意味着少群常数计算时的历史与真实历史必然具有一定的差异。该现象称为堆芯状态参数随燃耗变化规律不可预测引入的历史效应。

针对分支计算引入的历史效应，添加与分支状态下状态参数取值相同时的直接燃耗计算，定义历史状态参数，从而添加历史效应修正分项以考虑历史效应的方法称为宏观修正方法。一般的，将历史状态参数定义为某状态参数 $V$ 在整个燃耗过程中关于燃耗深度 Bu 的权重积分平均值 HV：

$$HV = \frac{1}{Bu^*} \int_0^{Bu^*} V(Bu) \cdot \omega(Bu) dBu \tag{11-79}$$

式中，$Bu^*$ 为当下燃耗深度。由于缺乏理论基础，权重函数 $\omega(Bu)$ 一般取常数 1。将分支计算所得的少群常数记为 $\Sigma_{\text{branch}}(V)$，在与分支状态有相同状态参数取值的工况下进行直接燃耗计算，所得少群常数记为 $\Sigma_{\text{depletion}}(V)$，则所需添加的修正分项表达式为

$$\Delta\Sigma(HV) = \Sigma_{\text{depletion}}(V) - \Sigma_{\text{branch}}(V) \tag{11-80}$$

借助该修正分项，通过添加一定量的直接燃耗计算，增加对分支计算引起的历史效应的考虑，这就是宏观修正方法的本质。相对于不处理历史效应的传统少群常数参数化方法，宏观修正方法主要增加了一定量的少群常数计算、修正分项的函数化计算以及相应分项的回代计算。

传统的两步法计算中，堆芯计算不进行真正的燃耗方程求解，而是直接将当下燃耗深度回代到少群常数参数化过程给出的函数关系中得到所需的宏观截面等参数，以供中子学计算使用，称之为宏观燃耗计算。相对的，在堆芯计算过程中，仅通过少群常数参数化的回代过程求得当下燃耗深度的微观截面，从而根据特定的燃耗链利用算得的微观截面求解燃耗方程组得到当下原子核密度，并通过对核素原子核密度与微观截面乘积的加和得到中子学计算所需宏观截面等参数的过程，称为微观燃耗计算。微观燃耗计算的本质是通过真实燃耗历史下对原子核密度较为精细的计算考虑历史效应，但核素的微观截面仍然不是真实历史下的微观截面。

为减少计算量、节省计算时间，在考虑核素微观截面对宏观截面的影响时，一般只选取原子核密度与微观截面乘积较大的 30～40 种核素作为对宏观截面贡献大的核素，在函数化之前将其原子核密度与微观截面乘积从宏观截面中扣除：

$$\Sigma' = \Sigma - \sum_{n=1}^{m} N^n \cdot \sigma^n \tag{11-81}$$

微观燃耗方法是，通过真实历史过程下堆芯水平上的燃耗方程求解，获得更为真实的原子核密度，从而考虑历史效应的影响。相对于传统的宏观燃耗计算，微观燃耗方法需对全部相关微观截面进行参数化处理，并要求在堆芯计算中添加燃耗方程组求解，由于相关核素种类一般较多，其参数化过程计算量一般比传统方法大，而堆芯计算中添加燃耗方程组求解也无疑会在很大程度上增加堆芯计算的计算量。微观燃耗方法本质上是通过考虑真实历史对于核素原子核密度的影响，从而实现对历史效应的处理。但是，不同历史下核素构成的差异将直接导致多群能谱与组件计算中的能谱存在差异，最终导致式(11-81)中的少群微观截面也必然存在差别。因此，近年来在微观燃耗方法的基础之上，逐渐发展出微观截面修正方法。

微观截面修正方法的基本思想是：在组件计算的"主干-分支"结构的基础上，构造更多不同历史的组件燃耗过程，通过不同燃耗过程下少群微观截面与典型工况下的差异，获得少群微观截面历史效应修正因子，并在堆芯计算中用于修正少群微观截面。少群微观截面的修正方法表示为

$$Y^{\text{actual}} = Y^{\text{nom}} + \sum_{i} \left( \frac{\partial Y}{\partial X_i} \right) \Delta X_i \tag{11-82}$$

式中，$Y^{\text{actual}}$ 为真实运行历史下的少群常数值；$Y^{\text{nom}}$ 为未修正前的少群常数值；$X_i$ 为引入的历史变量。

根据微观截面修正方法的思想，微观截面修正的具体实现需要增加两个环节，一是构造不同于主干的燃耗过程，二是选取合适的历史变量并定义相应的历史修正因子。对于第一个环节，通常在"主干-分支"结构下的分支计算中进行燃耗计算。将原先"主干-分支"结构中的主干工况的状态参数组合定义为"名义主干"(nominal base)，将分支工况的状态参数组合定义为"分支主干"(off-nominal base)，对"分支主干"进行燃耗计算获得少群均匀化截面。因此，对每一个分支点，能够获得两套少群均匀化截面。通过比较不同历史下少群均匀化截面的差异就能获得历史效应修正因子。下文以 nom 代指"主干-分支"结构获得的少群截面，以 off-nom 代指"分支主干"下获得的少群截面。

在第二个环节中，根据历史变量的选择不同，可以定义出不同的历史修正因子。目前常用的历史变量包括以下三类：①能谱历史因子；②状态参数平均值；③重要核素原子核密度。需要指出的，历史修正因子只是对于截面的修正，一般来说并不指定用于修正微观截面还是宏观截面，因此，既可以在微观燃耗的基础上用于修正少群均匀化微观截面，也可以基于宏观燃耗方法修正少群均匀化宏观截面。

1) 能谱历史因子

能谱历史因子定义为两群中子通量密度之间的比值，并将不同历史对微观截面的影响归结为对能谱的影响。能谱历史因子的数学形式表示为

$$SI = \frac{\phi_1}{\phi_2} \qquad (11\text{-}83)$$

在能谱历史因子计算中，对于各分支工况点，计算"分支主干"上的能谱因子 $SI^{\text{off-nom}}$ 与"名义主干"重启到分支工况点得到的能谱因子 $SI^{\text{nom}}$，获得能谱历史因子 $SH^{\text{off-nom}} = \frac{1}{\text{Bu}} \int_0^B \frac{SI^{\text{off-nom}}}{SI^{\text{nom}}} \text{dBu}$ 与少群微观截面的函数化关系。在能谱历史因子使用中，将 $SI^{\text{nom}}$ 类似截面进行参数化，根据真实历史下的能谱因子 $SI^{\text{actual}}$ 获得真实能谱历史因子 $SH^{\text{actual}} = \frac{1}{\text{Bu}} \int_0^B \frac{SI^{\text{actual}}}{SI^{\text{nom}}} \text{dBu}$ 修正少群微观截面。能谱历史因子方法应用较为广泛，不同的研究者也提出了不同的能谱历史因子定义式。但是，能谱历史因子方法的一个重要不足在于受限于其定义，在非两群问题中难以实现和应用。

2) 状态参数平均值

状态参数平均值定义为某状态参数 $V$ 在整个燃耗过程中关于燃耗深度 Bu 的权重积分平均值 $\overline{\text{HV}}$，其数学定义表示为

$$\overline{\text{HV}} = \frac{1}{\text{Bu}^*} \int_0^{\text{Bu}^*} V(\text{Bu}) \cdot \omega(\text{Bu}) \text{dBu} \qquad (11\text{-}84)$$

式中，$\text{Bu}^*$ 为当前燃耗深度；$\omega(\text{Bu})$ 为权重函数，由于缺乏理论基础，通常取值为 1。状态参数平均值方法被日本名古屋大学开发的沸水堆堆芯计算程序 SUBARU 应用，其采用了多状态参数历史平均值(空泡历史、燃料温度、慢化剂温度历史及控制棒历史)的截面修正的方法，修正少群宏观截面及毒物的少群微观截面。

3) 重要核素原子核密度

重要核素原子核密度将对历史比较敏感的几个典型核素的原子核密度求和(通常选用 $^{235}\text{U}$、$^{239}\text{Pu}$ 和 $^{241}\text{Pu}$ 作为典型核素)，认为其原子核密度之和的相对偏差与截面修正量的相对偏差成正比关系，并按照如下公式获得截面修正系数：

$$k^{\text{off-nom}} = \left( \frac{\sigma^{\text{off-nom}}}{\sigma^{\text{nom}}} - 1 \right) \Bigg/ \left( \frac{\sum\limits_{i=\text{U235,Pu239,Pu241}} N_i^{\text{off-nom}}}{\sum\limits_{i=\text{U235,Pu239,Pu241}} N_i^{\text{nom}}} - 1 \right) \qquad (11\text{-}85)$$

如式(11-85)所示的截面修正系数 $k^{\text{off-nom}}$ 在使用中也类似于截面进行参数化，在堆芯计算中根据实际工况获得 $k^{\text{actual}}$，对少群微观截面进行修正：

$$\sigma^{\text{actual}} = \sigma^{\text{nom}} \left[ 1 + k^{\text{actual}} \left( \frac{\sum\limits_{i=\text{U235,Pu239,Pu241}} N_i^{\text{actual}}}{\sum\limits_{i=\text{U235,Pu239,Pu241}} N_i^{\text{nom}}} - 1 \right) \right] \qquad (11\text{-}86)$$

重要核素原子核密度方法被应用于德国开发的压水堆堆芯动力学计算程序 DYN3D 中。在研究过程中，截面修正因子也曾采用 $^{239}$Pu 的原子核密度值 $N_{\text{Pu}239}$ 或其方根值 $\sqrt{N_{\text{Pu}239}}$ 作为计算变量。

# 11.3　堆芯稳态计算

根据压水堆"两步法"计算流程，堆芯计算的任务在于确定堆芯关键物理量，涉及中子学计算、热工反馈计算和燃耗计算等多个物理场参数的计算。本节重点介绍压水堆堆芯稳态计算的主要内容，包括精细功率重构方法、控制棒尖齿效应处理方法及动力学参数计算方法等。

## 11.3.1　精细功率重构方法

先进节块方法具有较高的计算效率和计算精度，满足了工程设计的需求，并得到了广泛的应用。但它仅能提供节块内平均功率分布，无法给出燃料组件内栅元的精细功率分布，而在核设计及安全分析中往往需要提供燃料组件或节块内功率的精细 (pin-by-pin) 分布，以计算功率的不均匀系数确定燃料棒"热点"。因此，需要在节块方法的基础上作附加计算，以提供节块内详细的中子通量密度信息或功率分布信息，即进行组件内精细功率重构。目前绝大多数的精细功率重构方法均采用调制法，其基本思想是：非均匀棒功率分布由两部分组成，分别是组件非均匀计算获得的形状因子和根据堆芯计算的节块平均量重构获得的均匀棒功率分布。不同的精细功率重构方法的主要区别于如何通过节块平均量重构出均匀棒功率分布，精细功率重构方法主要包括多项式方法、解析方法及一些其他方法。

### 1. 多项式方法

多项式方法的主要思想是将各群中子通量密度进行多项式展开，最初由 Koebke 和 Wagner 于 1977 年提出[6]。但数值结果发现，热群通量的重构结果相对较差，故在 1985 年引入了"谱函数"以提高热群通量的重构精度。Rempe 等在 SIMULATE-3 中进一步将热群通量表示为渐近项与热群特征项之和的形式，快群表示为双四次幂函数展开形式，同时略去了高阶交叉项，具体形式如下所示：

$$\phi_1(x,y) = \sum_{i=0}^{2}\sum_{j=0}^{2} a_{i,j}x^i y^j + \sum_{i=3}^{4} a_{i,0}x^i + \sum_{j=3}^{4} a_{0,j}y^j \tag{11-87}$$

$$\phi_2(x,y) = c_{00}\phi_1(x,y) + \sum_{i=0}^{2}\sum_{j=0}^{2} c_{i,j}F_i(x)xF_j(y) + \sum_{i=3}^{4} c_{i,0}F_i(x) + \sum_{j=3}^{4} c_{0,j}F_j(y) \tag{11-88}$$

式中，基函数表示为

$$\begin{cases} F_0(u) = 1 \\ F_1(u) = \sinh(\kappa u) \\ F_2(u) = \cosh(\kappa u) \\ F_3(u) = \sinh(2\kappa u) \\ F_4(u) = \cosh(2\kappa u) \\ \kappa = h\sqrt{\Sigma_{a2}/D_2} \end{cases} \tag{11-89}$$

根据式 (11-87) 和式 (11-88) 可知，每个能群的中子通量密度展开式中均含有 13 项展开系数，可根据节块体平均中子通量密度、面中子通量密度、面净中子流密度及角点中子通量密度等约束条件确定，重构计算节块如图 11-12 所示。

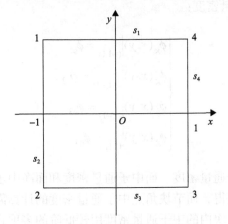

图 11-12　重构计算节块示意图

13 个约束条件的方程包括 1 个节块体平均中子通量密度、4 个节块面中子通量密度、4 个节块面净中子流密度和 4 个节块角点中子通量密度计算方程，分别如下所示。

(1) 节块体平均中子通量密度：

$$\frac{1}{4}\int_{-1}^{1}\int_{-1}^{1}\phi_g(x,y)\mathrm{d}x\mathrm{d}y = \overline{\phi}_g \tag{11-90}$$

(2) 节块面中子通量密度：

$$\begin{cases} \dfrac{1}{2}\int_{-1}^{1}\phi_g(x,y)\Big|_{y=1}\mathrm{d}x = \phi_{g,s_1} \\ \dfrac{1}{2}\int_{-1}^{1}\phi_g(x,y)\Big|_{y=-1}\mathrm{d}x = \phi_{g,s_3} \\ \dfrac{1}{2}\int_{-1}^{1}\phi_g(x,y)\Big|_{x=1}\mathrm{d}y = \phi_{g,s_4} \\ \dfrac{1}{2}\int_{-1}^{1}\phi_g(x,y)\Big|_{x=-1}\mathrm{d}x = \phi_{g,s_2} \end{cases} \tag{11-91}$$

(3) 节块面净中子流密度：

$$\begin{cases} \dfrac{1}{2}\int_{-1}^{1} -D_g \left.\dfrac{\partial \phi_g(x,y)}{\partial y}\right|_{y=1} \mathrm{d}x = J_{g,1} \\[2.5ex] \dfrac{1}{2}\int_{-1}^{1} -D_g \left.\dfrac{\partial \phi_g(x,y)}{\partial y}\right|_{y=-1} \mathrm{d}x = J_{g,3} \\[2.5ex] \dfrac{1}{2}\int_{-1}^{1} -D_g \left.\dfrac{\partial \phi_g(x,y)}{\partial y}\right|_{x=1} \mathrm{d}y = J_{g,4} \\[2.5ex] \dfrac{1}{2}\int_{-1}^{1} -D_g \left.\dfrac{\partial \phi_g(x,y)}{\partial y}\right|_{x=-1} \mathrm{d}y = J_{g,2} \end{cases} \tag{11-92}$$

(4) 节块角点中子通量密度：

$$\begin{cases} \phi_g(x,y)\big|_{(-1,1)} = \phi_{c1} \\[1.5ex] \phi_g(x,y)\big|_{(-1,-1)} = \phi_{c2} \\[1.5ex] \phi_g(x,y)\big|_{(1,-1)} = \phi_{c3} \\[1.5ex] \phi_g(x,y)\big|_{(1,1)} = \phi_{c4} \end{cases} \tag{11-93}$$

式中，节块的体平均中子通量密度、面中子通量密度和面净中子流密度可以通过先进节块方法的数值求解直接获得，而节块角点中子通量密度的计算需要考虑含有角点的四个相邻节块，并且将每个节块内的中子通量密度用较低阶的多项式展开，常用的是双二次幂多项式，表示为

$$\phi_1^k(x,y) = \sum_{n=0}^{2}\sum_{m=0}^{2} A_{mn}^k x^m y^n \tag{11-94}$$

$$\phi_2^k(x,y) = C_{00}^k \phi_1^k(x,y) + \sum_{n=0}^{2}\sum_{\substack{m=0 \\ m=n\neq 0}}^{2} C_{mn}^k F_m(x)F_n(y) \tag{11-95}$$

根据如式(11-94)和式(11-95)所示表达形式可知，对于每个能群，4 个节块共有 32 个未知数，需要 32 个约束条件，可用的约束条件为：4 个节块平均通量、4×2 个公共面平均通量、4×2 个公共面中子流密度、4×2 个公共表面通量加权连续条件、4×2 个公共表面净中子流密度加权连续条件、3 个角点通量连续条件和 1 个角点无源条件。2011 年，Dahmani 等[7]在 CANDU 堆上采用双二次幂多项式展开实现了精细功率重构，展开形式如下所示：

$$\phi_g(x,y) = \sum_{i=0}^{2}\sum_{j=0}^{2} c_{i,j,g} x^i y^j \tag{11-96}$$

式(11-96)仅需要 9 个约束条件即可获得 9 个展开系数，限制条件选取 1 个体通量、4 个面通量及 4 个角点通量，可以得到

$$\bar{\phi} = \frac{1}{h^2} \int_{-\frac{h}{2}}^{\frac{h}{2}} \int_{-\frac{h}{2}}^{\frac{h}{2}} \sum_{i=0}^{2} \sum_{j=0}^{2} c_{i,j,g} x^i y^j \, \mathrm{d}x \mathrm{d}y$$

$$= \frac{1}{h^2} \sum_{i=0}^{2} \sum_{j=0}^{2} c_{i,j,g} \frac{1}{i+1} \frac{1}{j+1} \frac{h^{i+1}}{2^{i+1}} \left[1-(-1)^{i+1}\right] \frac{h^{j+1}}{2^{j+1}} \left[1-(-1)^{j+1}\right] \tag{11-97}$$

$$\phi_{s1}\left(y=\frac{h}{2}\right) = \frac{1}{h} \int_{-\frac{h}{2}}^{\frac{h}{2}} \sum_{i=0}^{2} \sum_{j=0}^{2} c_{i,j,g} x^i \left(\frac{h}{2}\right)^j \mathrm{d}x = \frac{1}{h} \sum_{i=0}^{2} \sum_{j=0}^{2} c_{i,j,g} \frac{1}{i+1} \frac{h^{i+j+1}}{2^{i+j+1}} \left[1-(-1)^{i+1}\right] \tag{11-98}$$

其余三个面的计算公式与式(11-98)类似，节块角点中子通量密度表示为

$$\phi_c = \frac{\displaystyle\sum_{i=1}^{4} \frac{D_i \bar{\phi}_i}{A_i A_{i+1}}}{\displaystyle\sum_{i=1}^{4} \frac{D_i}{A_i A_{i+1}}} \tag{11-99}$$

### 2. 解析方法

区别于多项式方法对各群中子通量密度的展开近似，解析方法直接从二维中子扩散方程出发，采用解析基函数对中子通量密度展开并且求解的方式，获得组件内中子通量密度的连续分布函数。二维中子扩散方程表示为

$$-\boldsymbol{D}\nabla^2 \boldsymbol{\Phi}(x,y) + \boldsymbol{A}\boldsymbol{\Phi}(x,y) = \boldsymbol{s}(x,y) - \boldsymbol{L}_z(x,y) \tag{11-100}$$

式中，$\boldsymbol{L}_z(x,y)$ 是 $z$ 方向的横向积分泄漏项。通过定义伪源截面可将式(11-100)转变为狄利克雷(Dirichlet)问题，最后中子通量密度可写成解析基函数展开的形式：

$$\begin{aligned}
\phi_m(x,y) = {}& a_1^m sn(B_m x) + a_2^m cn(\tilde{B}_m x) + a_3^m sn(B_m y) + a_4^m cn(\tilde{B}_m y) \\
& + a_5^m sn\left(\frac{B_m}{\sqrt{2}} x\right) cn\left(\frac{\tilde{B}_m}{\sqrt{2}} y\right) + a_6^m sn\left(\frac{B_m}{\sqrt{2}} x\right) sn\left(\frac{B_m}{\sqrt{2}} y\right) \\
& + a_7^m cn\left(\frac{\tilde{B}_m}{\sqrt{2}} x\right) sn\left(\frac{B_m}{\sqrt{2}} y\right) + a_8^m cn\left(\frac{B_m}{\sqrt{2}} x\right) cn\left(\frac{B_m}{\sqrt{2}} y\right)
\end{aligned} \tag{11-101}$$

其中

$$\begin{aligned}
sn(B_m x) &= \frac{\sin(B_m x)}{B_m} \text{或} \frac{\sinh(B_m x)}{B_m} \\
cn(\tilde{B}_m x) &= \begin{cases} \cos(B_m x) \text{或} \cosh(B_m x), & B_m \geqslant B_{m,\min} \\ \cos(B_{m,\min} x) \text{或} \cosh(B_{m,\min} x), & B_m < B_{m,\min} \end{cases}
\end{aligned} \tag{11-102}$$

根据上面的公式推导可知，式(11-101)中 8 个展开系数通过节块中子扩散方程的数值求解即可计算确定。解析方法相较于其他精细功率重构方法，具有更高的计算精度。

3. 其他方法

近年来，国际上也发展了其他用于精细功率重构的方法。2008 年韩国国立首尔大学 Han 等[8]提出了基于源展开的半解析方法，该方法能够实现对能群的解耦，即可对每个能群单独求解，且可以拓展至多群计算，其思想是对二维扩散方程右侧源项进行双四次勒让德多项式展开，有如下形式：

$$S_g(\xi, \eta) = \sum_{i=0}^{2} \sum_{j=0}^{2} s_{i,j,g} P_i(\xi) \cdot P_j(\eta) + \sum_{i=3}^{4} s_{i,0,g} P_i(\xi) + \sum_{j=3}^{4} s_{0,j,g} P_j(\eta) \qquad (11\text{-}103)$$

此时，二维中子扩散方程中的中子通量密度即可以写成非齐次方程的特解与齐次方程的通解之和的形式，如下所示：

$$\phi_{p,g}(\xi, \eta) = \sum_{i=0}^{2} \sum_{j=0}^{2} p_{i,j,g} P_i(\xi) \cdot P_j(\eta) + \sum_{i=3}^{4} p_{i,0,g} P_i(\xi) + \sum_{j=3}^{4} p_{0,j,g} P_j(\eta) \qquad (11\text{-}104)$$

$$\begin{aligned}
\phi_{h,g}(\xi, \eta) = {} & h_{1,g} \sinh(B_x \xi) + h_{2,g} \cosh(B_x \xi) + h_{3,g} \sinh(B_y \eta) + h_{4,g} \cosh(B_y \eta) \\
& + h_{5,g} \sinh\left(\frac{B_x \xi}{\sqrt{2}}\right) \cosh\left(\frac{B_y \eta}{\sqrt{2}}\right) + h_{6,g} \sinh\left(\frac{B_x \xi}{\sqrt{2}}\right) \sinh\left(\frac{B_y \eta}{\sqrt{2}}\right) \\
& + h_{7,g} \cosh\left(\frac{B_x \xi}{\sqrt{2}}\right) \sinh\left(\frac{B_y \eta}{\sqrt{2}}\right) + h_{8,g} \cosh\left(\frac{B_x \xi}{\sqrt{2}}\right) \cosh\left(\frac{B_y \eta}{\sqrt{2}}\right)
\end{aligned} \qquad (11\text{-}105)$$

$$\phi_g(\xi, \eta) = \phi_{p,g}(\xi, \eta) + \phi_{h,g}(\xi, \eta) \qquad (11\text{-}106)$$

在获得每个能群的中子通量密度特解及通解展开系数后，再根据角点中子通量密度连续条件和角点无源条件更新角点中子通量密度，角点中子通量密度连续条件如式 (11-107) 和图 11-13 所示。

$$f_{SE}^1 \phi_{SE}^1 = f_{SW}^2 \phi_{SW}^2 = f_{NE}^3 \phi_{NE}^3 = f_{NW}^4 \phi_{NW}^4 \qquad (11\text{-}107)$$

式中，$f$ 表示角点不连续因子。

节块角点无源条件如图 11-14 所示。源项展开系数可通过特解展开系数和通解展开系数更新，通过迭代求解获得最终的中子通量密度展开形式。

$$J_{1,x} + J_{2,x} + J_{3,x} + J_{4,x} + J_{1,y} + J_{3,y} + J_{2,y} + J_{4,y} = 0 \qquad (11\text{-}108)$$

2014 年上海交通大学俞陆林等[9]提出了另一种能够实现多群解耦精细功率的重构方法，突出特点为采用横向积分通量作为逼近条件，该方法思想为：对中子通量密度采用勒让德多项式和双曲函数的形式进行展开，具体为 9 项勒让德函数及 8 项双曲函数，其中 9

项勒让德函数中无 x-y 交叉项，8 项双曲函数中有 4 项为 x-y 交叉项，形式如下所示：

$$
\begin{aligned}
\phi(x,y) = {} & p_{0,0} + \sum_{i=1}^{4} p_{i,0} P_i(x) + \sum_{j=1}^{4} p_{0,j} P_j(y) \\
& + a_1 \sinh(B_x x) + a_2 \cosh(B_x x) + a_3 \sinh(B_y y) + a_4 \cosh(B_y y) \\
& + a_5 \sinh\left(\frac{B_x x}{\sqrt{2}}\right)\cosh\left(\frac{B_y y}{\sqrt{2}}\right) + a_6 \sinh\left(\frac{B_x x}{\sqrt{2}}\right)\sinh\left(\frac{B_y y}{\sqrt{2}}\right) \\
& + a_7 \cosh\left(\frac{B_x x}{\sqrt{2}}\right)\cosh\left(\frac{B_y y}{\sqrt{2}}\right) + a_8 \cosh\left(\frac{B_x x}{\sqrt{2}}\right)\sinh\left(\frac{B_y y}{\sqrt{2}}\right)
\end{aligned}
\tag{11-109}
$$

采用 1 个体中子通量密度、4 个面中子通量密度及 4 个角点中子通量密度作为约束条件，以横向积分通量作为最小二乘逼近条件，通过最小二乘解析求解获得 17 个展开系数。

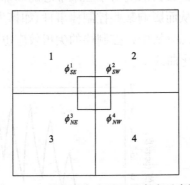

图 11-13　节块角点中子通量密度示意图

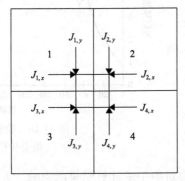

图 11-14　节块角点中子流密度示意图

Pessoa 等[10]分别于 2016 年提出基于有限差分方法和 2018 年提出基于伽辽金有限元方法的精细功率重构方法，但值得注意的是，这两种方式均没有采用调制法的思想，而是通过节块面中子通量密度和角点中子通量密度的计算结果拟合出多项式形式，获得节块边界上每个栅元的面中子通量密度或角点中子通量密度作为边界条件，采用有限差分方法或伽辽金有限元方法对其进行求解，因每个栅元的少群均匀化截面均是通过组件非均匀化计算获得，所以该精细功率重构结果是非均匀的棒功率分布，不再需要形状因子参与。

### 11.3.2 控制棒尖齿效应处理方法

控制棒是商用压水堆反应性控制的关键方式之一，由于控制棒在堆芯轴向移动，会出现堆芯活性区某轴向网格有部分被控制棒插入，如图 11-15 所示。控制棒部分插入节块的少群均匀化常数无法由组件程序计算直接产生，通常是在三维堆芯计算程序中进行相应的等效处理。早期的三维堆芯计算程序中，采用简单的体积权重方法计算得到控制棒部分插入节块的少群均匀化常数，忽略因控制棒插入导致的中子通量密度在轴向的差异性。这种简单的体积权重方法显然会对控制棒部分插入节块的少群均匀化常数引入误差，从而导致控制棒的微分价值出现明显的尖齿效应，如图 11-16 所示的波浪形振荡现象。控制棒的尖齿效应限制了三维堆芯节块程序的某些计算功能，如控制棒的微、积分价值曲线等；同时，控制棒的尖齿效应对于三维堆芯的局部功率分布和堆芯轴向功率偏移也可能产生一定的影响，从而影响某些控制棒事件(如棒失步等)的模拟分析；另外，在某些控制棒缓慢移动的瞬态分析中，控制棒的尖齿效应也可能反映在三维时空动力学程序计算的堆芯核功率的变化曲线上。

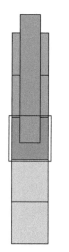

图 11-15　控制棒部分插入
轴向某节块的情况

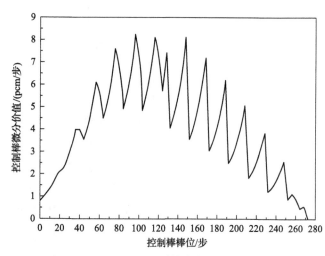

图 11-16　控制棒尖齿效应在
微分价值上的体现

为了解决控制棒尖齿效应对中子学计算结果的影响，人们提出了多种解决方法，除早期使用的体积权重方法外,普遍采用的方法可以概括为三类:近似通量-体积权重方法、一维细网通量-体积权重方法和自适应网格方法。

1)近似通量-体积权重方法

近似通量-体积权重方法的思想为：利用与控制棒部分插入节块相邻两个节块的中子通量密度，采用线性插值的方法近似地得到控制棒插入和未插入部分的中子通量密度，并用于计算控制棒部分插入节块的少群均匀化常数。假定轴向第 $k$ 个节块是部分插棒节

块，则插棒段(R)和未插棒段(NR)的平均通量分别近似为

$$\varphi_{NR,g} = \frac{\Delta z_{k-1} \varphi_{k-1,g} + (1-f_R) \Delta z_k \varphi_{k,g}}{\Delta z_{k-1} + (1-f_R) \Delta z_k} \tag{11-110}$$

$$\varphi_{R,g} = \frac{\Delta z_{k+1} \varphi_{k+1,g} + f_R \Delta z_k \varphi_{k,g}}{\Delta z_{k+1} + f_R \Delta z_k} \tag{11-111}$$

式中，$\Delta z$ 和 $\varphi$ 分别为节块轴向尺寸和节块平均通量；$f_R$ 为控制棒部分插入份额。在此基础上，控制棒部分插入节块的平均截面参数可以表示为

$$\overline{\Sigma}_{x,g} = \frac{(1-f_R)\Sigma_{NR,x,g}\varphi_{NR,g} + f_R\Sigma_{R,x,g}\varphi_{R,g}}{(1-f_R)\varphi_{NR,g} + f_R\varphi_{R,g}}, \quad x = a,f,r \tag{11-112}$$

2) 一维细网通量-体积权重方法

一维细网通量-体积权重方法的思想为：对控制棒部分插入的节块及其相邻的两个节块构成的三节块问题，通过对精细网格上的一维中子扩散方程的数值求解获得细网上的中子通量密度，并将其作为权重计算控制棒部分插入节块的少群均匀化常数。相比体积权重方法，一维细网中子通量密度能够更加准确地描述因控制棒部分插入对节块内中子学计算的影响，因此在理论上能够获得更好的消除尖齿效应效果。在每个细网几何下可以构建如下一维横向积分固定源方程：

$$-D_g \frac{d^2 \varphi_g(z)}{dz^2} + \Sigma_r \varphi_g(z) - \sum_{\substack{g'=1 \\ g' \neq g}}^{G} \Sigma_{s,g' \to g} \varphi_{g'}(z) - \frac{\chi_g}{k_{eff}} \sum_{g'=1}^{G} \nu \Sigma_{f,g'} \varphi_{g'}(z) = -L_g(z) \tag{11-113}$$

式中，$L_g(z)$ 是 $x$ 向和 $y$ 向的横向积分泄漏项，可以表示为

$$L_g(z) = \frac{1}{\Delta x_k} L_{gx}^k(z) + \frac{1}{\Delta y_k} L_{gy}^k(z) \tag{11-114}$$

在一维细网差分时需要知道每个细网的横向积分泄漏项，可以借鉴横向积分节块法对横向积分泄漏项的处理，假设横向积分泄漏项在 $z$ 方向是二阶展开，获得二阶展开系数后，在每个细网上积分即可获得每个细网的横向积分泄漏项。上述处理方式在第 3 章中已详细阐述，在此不再赘述。

在得到一维细网中子通量密度后，采用通量-体积权重方法计算控制棒部分插入节块的少群均匀化常数的权重因子，表示为

$$\lambda_{k,cr} = \frac{\sum_i^{Nmcr} \phi_i h_i}{\sum_i^{Nmcr} \phi_i h_i + \sum_j^{Nmur} \phi_j h_j} \tag{11-115}$$

$$\lambda_{k,\mathrm{ur}} = \frac{\displaystyle\sum_j^{\mathrm{Nmur}} \phi_j h_j}{\displaystyle\sum_i^{\mathrm{Nmcr}} \phi_i h_i + \sum_j^{\mathrm{Nmur}} \phi_j h_j} \tag{11-116}$$

式中，$\lambda_{k,\mathrm{cr}}$ 和 $\lambda_{k,\mathrm{ur}}$ 分别为控制棒插入和未插入部分权重因子；$\phi_i$ 为细网 $i$ 中子通量密度；$h_i$ 为细网 $i$ 的高度；下标中的 Nm 为细网数目，cr 为控制棒插入，ur 为控制棒不插入。基于上述权重因子，控制棒部分插入节块的少群均匀化常数通过如下公式计算得到：

$$\Sigma_k = \lambda_{k,\mathrm{cr}} \Sigma_{k,\mathrm{cr}} + \lambda_{k,\mathrm{ur}} \Sigma_{k,\mathrm{ur}} \tag{11-117}$$

3）自适应网格方法

自适应网格方法的思想为：根据控制棒在堆芯活性区轴向位置，自适应地划分堆芯轴向计算网格，将控制棒部分插入的轴向节块划分为两个不同的网格，并基于此网格完成三维堆芯中子扩散方程的数值求解。从理论上分析，自适应网格方法通过重新划分堆芯活性区的轴向网格，从根源上解决了控制棒尖齿效应出现的原因，是计算精度最高的解决方法。但是，自适应网格方法将直接导致堆芯中子学计算网格数量的增加，计算效率低，同时也容易划分出现极小网格，导致中子扩散方程数值求解的不稳定性。因此，目前压水堆堆芯计算程序中普遍采用一维细网通量-体积权重方法，用于降低控制棒尖齿效应的影响。

### 11.3.3 动力学参数计算方法

反应堆的动力学参数是堆芯计算中的关键内容，用于堆芯启动物理试验中外推临界及瞬态工况下堆芯的时间特性分析。压水堆堆芯计算中关注的动力学参数主要包括：缓发中子份额、缓发中子先驱核衰变常数、中子代时间等。其中，缓发中子份额采用如下计算方法：

$$\beta_{ip} = \frac{\displaystyle\sum_{i=1}^{N} \sum_{g=1}^{G} \phi_g^* \chi_{\mathrm{d},g,ip} \beta_{i,ip} \sum_{g'=1}^{G} \nu\Sigma_{\mathrm{f},g'}\phi_{g'} V_i}{\displaystyle\sum_{i=1}^{N} \sum_{g=1}^{G} \phi_g^* \chi_{\mathrm{p},g} \sum_{g'=1}^{G} \nu\Sigma_{\mathrm{f},g'}\phi_{g'} V_i} \tag{11-118}$$

式中，$g'$ 和 $\phi_g^*$ 分别为中子通量密度和共轭中子通量密度；$\beta_{i,ip}$ 为第 $ip$ 组缓发中子先驱核份额，压水堆通常按照时间将缓发中子分为 6 组；$\chi_{\mathrm{p},g}$ 和 $\chi_{\mathrm{d},g,ip}$ 分别为瞬发中子裂变谱和第 $ip$ 组缓发中子先驱核裂变谱。式(11-118)的计算在保障反应率守恒的条件下，将共轭中子通量密度引入对缓发中子份额的计算中。根据相同的计算思想，缓发中子先驱核衰变常数和中子代时间的计算方法分别如下面的公式所示：

$$\lambda_{ip} = \frac{\sum_{i=1}^{N}\sum_{g=1}^{G} \phi_g^* \chi_{d,g,ip} \beta_{i,ip} \sum_{g'=1}^{G} \nu\Sigma_{f,g'}\phi_{g'}V_i}{\sum_{i=1}^{N}\sum_{g=1}^{G} \dfrac{\phi_g^* \chi_{d,g,ip} \beta_{i,ip} \sum_{g'=1}^{G} \nu\Sigma_{f,g'}\phi_{g'}V_i}{\lambda_{i,ip}}} \tag{11-119}$$

$$\Lambda = \frac{\sum_{i=1}^{N}\sum_{g=1}^{G} \dfrac{1}{\nu_g}\phi_g^*\phi_g V_i}{\sum_{i=1}^{N}\sum_{g=1}^{G} \phi_g^* \chi_{p,g} \sum_{g'=1}^{G} \nu\Sigma_{f,g'}\phi_{g'}V_i} \tag{11-120}$$

在压水堆核设计和燃料管理计算中，采用上述计算得到的动力学参数，往往也要求给出反应性与反应堆周期之间的曲线关系。其中，反应性与反应堆周期之间的函数关系表示为

$$\rho = \frac{l^*}{T} + \bar{I}\sum_{i=1}^{6}\frac{\overline{\beta_i}}{1+\lambda_i T} \tag{11-121}$$

式中，$l^*$ 为瞬发中子寿命；$\overline{\beta_i}$ 为第 $i$ 组缓发中子先驱核份额；$\lambda_i$ 为第 $i$ 组缓发中子先驱核的衰变常数；$T$ 为核反应堆周期；$\bar{I}$ 为价值因子，商用压水堆通常取为 0.97。根据上述函数关系和动力学参数，可以绘制出反应性与反应堆倍增周期之间的函数曲线，如图 11-17 所示。

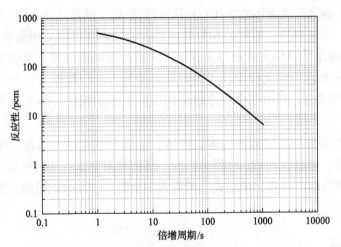

图 11-17　反应性与反应堆倍增周期之间的函数曲线

## 11.4　堆芯瞬态计算

反应堆瞬态分析是反应堆安全分析的基础，研究堆芯反应性引入后中子注量率和功

率等随时间的变化特性。由于反应堆功率的变化将引起材料温度、密度、形状等的改变，这些改变又会体现在对反应堆中子学的影响上，即存在各种反应性反馈效应。此外，对于像沸水堆、超临界水冷堆等冷却剂物性参数变化较大的堆型，必须考虑冷却剂温度场与中子学之间的相互影响，即需要采用核-热耦合的方法进行反应堆设计分析。

反应堆瞬态分析需要在反应堆中子动力学中考虑各种反馈效应，一种简单的方法是利用点堆动力学方程，在反应性中考虑各种效应的反馈系数，获得反应堆偏离临界后的功率变化情况。随着对反应堆模拟精度要求的不断提高，这种简单的方法已经逐渐不适应发展需求。反应堆的瞬态分析朝着三维堆芯物理计算与热工-水力、力学等多学科相互耦合的精细化、高保真方向发展。本节以反应堆物理与热工水力耦合为例，通过反应堆瞬态分析中子程序和热工水力学程序相互耦合，能够数值模拟反应堆内物理-热工之间的反馈过程，能够更准确地计算堆内参数，对反应堆设计和分析十分重要。

### 11.4.1　瞬态物理-热工耦合计算

中子物理和热工水力是反应堆设计的核心，只有准确地了解反应堆的中子场、温度场，才可能在此基础上开展结构设计、安全分析等。中子物理计算模型主要是用来得到堆芯轴向的中子通量密度，进而得到轴向功率分布，为冷却剂和慢化剂热工水力计算提供热源。如在轻水冷却的系统中，功率分布显著影响着燃料温度、冷却剂温度和密度等参数的分布，而这些热工参数又会影响核素微观反应截面和核子数密度，进而改变反应率和功率分布，因而中子物理和热工水力之间存在紧密的耦合关系。热工水力对中子物理的反馈本质是改变材料的截面。瞬态物理-热工耦合计算流程如图 11-18 所示。

以物理程序耦合计算流体力学(CFD)开展物理-热工耦合计算为例。整个耦合系统可由三部分组成：前处理器、求解器和后处理器。前处理器可以采用商业 CAD 软件(如GAMBIT)，其输出的网格文件通过子程序读入后为求解器所用。求解器通过耦合迭代获得的参数场分布输出到文件中，再由后处理器读入进行数据分析和图形化。求解器部分是本系统的核心，其由三个程序模块构成：中子学程序、热工水力程序和截面计算程序。

实现耦合需要关注 6 方面的因素，包括：①耦合方式：内耦合、外耦合、平行耦合；②耦合途径：串行、并行；③网格匹配：场的映射方法；④时间步协调：多物理过程同步；⑤数值策略：显式、半隐式、拟隐式、全隐式；⑥收敛策略：迭代过程的精度控制。

### 11.4.2　耦合方式

耦合方式包括内耦合、外耦合、平行耦合。对于内耦合，是将中子物理程序作为一个子程序放入系统分析程序，热工水力计算由系统分析程序完成，这种方法具备良好的并行特性，结果收敛稳定且速度快，但需要对热工水力学程序和中子学程序做大量的更改，并且只适合计算小尺度的模型，耦合流程如图 11-19 所示。对于外耦合，指程序分开独立运行，数据交换在程序外部通过用户接口程序完成，容易实现且不需要对程序做

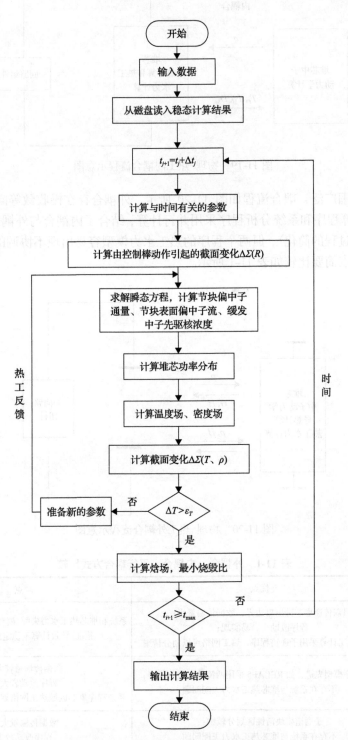

图 11-18 瞬态物理-热工耦合计算流程

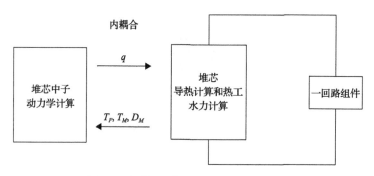

图 11-19　物理-热工内耦合流程示意图

更改，应用范围广泛，耦合流程如图 11-20 所示。外耦合存在慢收敛等问题。在平行耦合中，堆芯计算程序和系统分析程序采用并行计算，结合了内耦合与外耦合的优点（数值稳定性和实施过程的简化），但两个程序的热工水力模型容易出现不协调的问题。不同耦合方式的优缺点简要比较如表 11-1 所示。

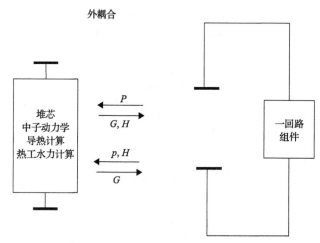

图 11-20　物理-热工外耦合流程示意图

表 11-1　外耦合、内耦合、平行耦合方式比较

| 方法 | 优点 | 缺点 |
|---|---|---|
| 外耦合 | 只需传递堆芯进出口边界，数据传输量小；<br>程序改动少，易实现；<br>堆芯热工计算采用子通道程序，热工网格可以划分精细 | 系统和堆芯热工水力失配（模型、数值方法、实验验证）导致计算不稳定或收敛变慢 |
| 内耦合 | 系统程序模型先进，如 RELAP5 采用两流体六方程模型；<br>不存在系统与堆芯热工水力失配问题 | 数据传输量较大；<br>程序改动较大；<br>系统程序堆芯区域热工网格划分较细计算态耗时 |
| 平行耦合 | 子通道模块活性区划分较细；<br>不存在系统与堆芯热工水力失配问题 | 数据传输量大；<br>程序改动较大 |

### 11.4.3　耦合途径

耦合途径分为串行耦合和并行耦合，在串行耦合中，需要把两个程序编译成一个整体程序，将中子物理程序作为热工水力程序的子程序，或将热工水力程序作为中子物理程序的子程序，或采用链接库的方式，将物理程序改造为静态(动态)链接库加入热工程序，两个程序储存空间和循环过程相同，该方法不需要复杂的接口程序，但需要对代码进行大量修改。并行耦合是通过在一定平台下进行程序间的数据传递实现的，其中中子物理程序和热工水力程序分开进行，并行耦合的数据传递多采用并行虚拟机(PVM)方法或者数据传递界面(MPI)方法，耦合的两个程序拥有各自的储存空间和循环过程。

### 11.4.4　网格映射与时间步长

#### 1. 空间网格映射

空间网格映射是指热工水力程序和中子物理程序的节点划分方法，以及两个程序节点的映射策略。选择较稀疏的网格可以节省计算时间，但是会降低计算精度；反之，选择较致密的网格可以提高计算精度，但会增加计算时间。因此，选择合适的空间网格对应方法对于耦合计算来说是一项十分重要而且关键的任务。空间网格对应技术分为径向网格对应和轴向网格对应，含有中子物理和热工水力(热工水力又分为流体、导热两种计算网格)两套计算网格，网格匹配包括一一映射和体积权重(把基于精细网格的 CFD 计算结果进行体积平均后输给中子动力学模型)，建立的权重关系由输入文件提供。在径向节点划分方面，中子物理程序和热工水力程序在空间网格划分方面通常采用不同的划分方法。三维中子物理程序通常采用一个组件作为一个径向节点的方法，这主要是由于中子动力学方程的求解算法较优。而在热工水力程序中，如果采用一个组件作为一个计算通道进行分析，就会大大增加计算量，在事故瞬态计算时易出现振荡或不收敛的情况。因此，在热工水力程序中，将堆芯的多个组件合并成一个大的等效管道，在径向共有多个大的等效通道。在轴向节点划分方面，由于中子物理程序要处理瞬态计算中控制棒移动的问题，中子物理程序需要在轴向上比热工水力程序划分更多的节点。当中子物理程序和热工水力程序的网格出现交错的时候，常见的解决方案是在出现交错的部分进行权重划分。

对于耦合计算，共有物理、导热和流体三套数据要相互映射。

体积权重是采用体积对参数进行加权。以图 11-21 的热工与物理网格划分为例，对于热工网格 1 处的热源分布，因为其包含在物理网格 1 处，所以其物理参数等于物理网格 2 中的参数；对于物理网格 1 处的温度及密度参数，因为其区域包含了热工网格的 1、2、4、5 处的网格，所以其热工参数就等于 $4/9\times$ 热工网格 1、$2/9\times$ 热工网格 2、$2/9\times$ 热工网格 4、$1/9\times$ 热工网格 5 四者之和。

#### 2. 时间步长控制

时间步长耦合是耦合计算中很重要的一项任务，主要是因为中子物理程序和热工水力程序都拥有各自时步选择方案。时间步长耦合方法可分为两种：单级时间步长策略和

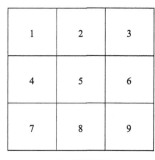
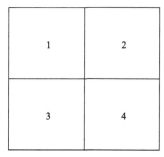

(a) 热工网格            (b) 物理网格

图 11-21　热工与物理网格划分

多级时间步长策略。在单级时间步长策略中，所有与时间有关的变量的计算采用同一时间步长，即热工水力计算和中子动力学计算采用相同的时间步长。单级时间步长策略是最简单最直接的时间步长耦合方法，该方法简化了计算逻辑，但是其存在一些问题。首先，核热耦合计算中的各计算模块的时间步长是不同的，为了保证计算的稳定性和准确性，单级时间步长策略中的时间步长要选择各计算模块中最小的时间步长，这样一来就大大增加了两个计算模块的计算时间；其次，如果采用各个计算模块时间步长的较大者作为耦合计算的时间步长，则容易导致计算发散，而且对于变化较快的瞬态的计算将会出现较大误差。

多级时间步长中，各个计算模块利用各自的时间步长进行计算，最后都由总时间步长进行控制。中子物理程序和热工水力程序分别采用各自的时间步长进行计算，中子物理程序采用自适应的时间步长进行计算。多级时间步长根据各计算模块的特点，采用不同的时间步长，大大提高了计算效率。另外，对中子物理程序具备自适应时步的耦合程序，如 J-TRAC/SKETCH-H，其时步由两个程序共同决定，耦合格式为半隐式，先执行物理计算，再进行热工计算，两个程序不进行迭代(例如，设定热工水力中的求解器的时间步长为 0.001s、中子的时间步长为 0.0001s，中子学求解 10 步后再输出所得的功率，以保证两个程序之间计算时间的一致性)。

热工程序将 $t_n$ 时刻的热工水力参数通过控制程序传递给物理程序，再将 $t_{n+1}$ 时刻的功率返回，继续计算。若为系统分析程序、中子物理分析程序、热工水力程序耦合，多级时间步长耦合如图 11-22 所示。

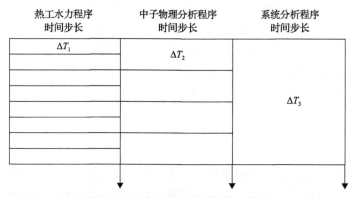

图 11-22　多级时间步长耦合示意图

# 11.5　典型压水堆核设计程序简介

根据"两步法"计算流程，国际上主流的压水堆核设计程序包括：法国 Framatome 公司的 SCIENCE 软件包、瑞典 Studsvik 公司的 CASMO/SIMULATE 软件包、美国 Westinghouse 公司的 NEXUS/ANC 软件包等。同时，国内不同单位也研发了不同的压水堆核设计与燃料管理软件，主要包括：中国核工业集团有限公司的 NESTOR 软件包、中国广核集团有限公司的 PCM 软件包、国家电力投资集团公司的 COSINE 软件包、西安交通大学 Bamboo 软件包、上海核星科技有限公司的 ORIENT 软件包等。下面分别以 SCIENCE、CASMO/SIMULATE 和 Bamboo 软件包为例，简单介绍典型压水堆核设计程序的特点和功能。

## 11.5.1　SCIENCE 软件

SCIENCE 软件包主要功能程序包括：组件程序 APOLLO2-F，用于产生堆芯计算所需的组件少群均匀化常数库，并且完成其参数化；三维堆芯程序 SMART，用于堆芯关键物理量的计算；通量图重构程序 SQUALE，用于堆内中子探测器信号处理和全堆芯通量重构；一维堆芯程序 ESPADON，用于控制棒微分和积分价值刻度；子通道程序 FLICA-III，用于堆芯热工计算和 DNBR 因子计算等；系统程序 MANTA，用于反应堆安全分析。下面针对中子学计算相关的 APOLLO2-F、SMART 和 SQUALE，进行详细的介绍。

组件程序 APOLLO2-F 采用 99 群的微观截面数据库 CEA93，该数据库由 CEA 基于 JEF2.2 评价核数据制作，燃耗数据库中包含 16 个重金属核素和 83 个裂变产物，以及 B-10 中子俘获和 Gd 同位素的燃耗链信息等。APOLLO2-F 在组件层面上的计算策略为：首先采用碰撞概率方法求解多栅元问题的积分中子输运方程，得到组件内各个栅元的 6 群均匀化常数；然后采用离散纵标方法求解由栅元组成的二维组件的微分中子输运方程，为组件均匀化计算提供所需的中子能谱。APOLLO2-F 程序在组件均匀化计算中，产生两类均匀化常数：少群均匀化截面库和精细重构库。其中，少群均匀化截面库中主要包括宏观截面、重金属和裂变产物微观截面、组件不连续因子(ADF)等参数，精细重构库中主要包括 pin-by-pin 功率分布、燃耗分布、组件角点不连续因子(CDF)、探测器通量形状因子等参数。APOLLO2-F 程序在分支计算中，主要针对慢化剂温度、燃料温度、硼浓度、Xe 原子核密度和是否插入控制棒等变量进行扰动和组合。对于少群均匀化常数的参数化，APOLLO2-F 程序采用如下的计算方法：

$$XS = XS_A + DXS_B + DXS_C + DXS_D + DXS_P \tag{11-122}$$

式中，$XS_A$ 表示典型截面；$DXS_B$ 用于修正慢化剂密度效应；$DXS_C$ 用于修正燃料温度效应；$DXS_D$ 用于修正能谱历史；$DXS_P$ 用于修正控制棒插入效应。

三维堆芯程序 SMART 采用节块展开法对堆芯三维中子扩散进行求解，完成堆芯的中子学计算、燃耗计算、组件棒功率和棒燃耗重构等基本功能。按照功能模块的方式，SMART 程序能够很方便地实现对压水堆启动物理试验、功率运行、控制棒刻度、反应性计算等核设计和燃料管理中关注的环节与关键堆芯物理量的计算。对于燃耗计算，SMART 程序在堆芯层面上完成对 16 个重金属核素(燃耗链如图 11-23 所示)及 8 个裂变毒物的微观燃耗计算，可输出各燃料组件中关键裂变核素的积存量信息。另外，SMART 程序还能外接子通道计算程序 FLICA III-F 和系统程序 MANTA，实现对临界热流密度(CHF)、蒸汽管道破裂和失流事故等的计算和分析。

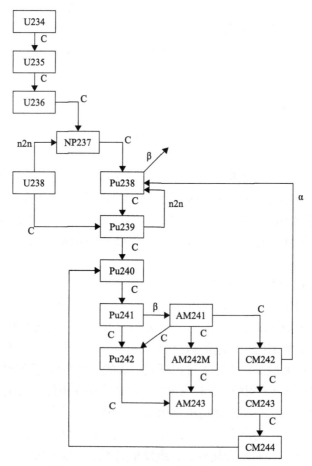

图 11-23　SMART 程序重金属核素燃耗链

通量图重构程序 SQUALE 用于读取、处理堆芯内中子探测器的电流信号，并且基于全堆芯中子通量密度和功率分布的理论值，完成全堆芯组件功率分布的重构。商用压水堆通常只在堆芯内的部分组件中布置可移动或者固定式中子探测器，例如 M310 机组堆芯 157 个燃料组件中只布置了 49 个中子探测器(如图 11-24 中深色组件位置)，通过实验测量只能得到探测器所在组件的电流信号。为了得到全堆芯每个燃料组件的功率分布，需要做全堆芯通量图重构计算。SQUALE 程序在重构得到堆芯三维功率分布的基础上，可以实现对堆芯燃耗分布的修正计算，产生第四类库。

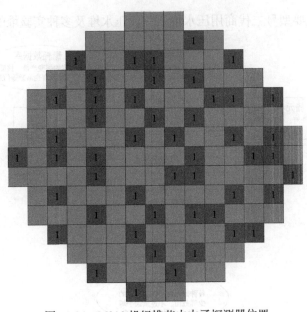

图 11-24　M310 机组堆芯内中子探测器位置

### 11.5.2　CASMO/SIMULATE 软件

CASMO/SIMULATE 是瑞典 Studsvik 公司开发的压水堆燃料管理软件，由组件程序 CASMO 和堆芯程序 SIMULATE 组成，目前最新版本为 CASMO5 和 SIMULATE5。组件程序 CASMO5 采用 586 群中子截面数据库和 18 群光子截面数据库，涵盖超过 450 种核素和材料，包括 250 个独立裂变产物和 60 个重金属核素；采用等价理论方法用于共振计算、MOC 方法用于非均匀组件中子输运计算（源项线性近似）、四阶龙格-库塔-费尔贝格（RKF）方法求解燃耗方程，对于含钆燃料组件，则采用二阶输运-燃耗耦合计算方法。堆芯程序 SIMULATE5 对三维堆芯求解多群扩散或 SP3 方程获取堆芯中子学计算结果，采用轴向非均匀的模型精确处理轴向由于格架、控制棒等导致的非均匀性，在堆芯径向上采用子网格及再均匀化计算方法处理燃料组件环境效应，采用宏观/微观混合燃耗模型在堆芯层面上跟踪关键核素的积存量。

### 11.5.3　NECP-Bamboo 软件

西安交通大学采用均匀化思想，研发了适用于压水堆堆芯物理计算的软件包 Bamboo。其中，Bamboo1.0 和 Bamboo-C 软件采用组件均匀化方法，Bamboo2.0 软件采用栅元均匀化方法。下面对 pin-by-pin 计算程序 Bamboo2.0 进行详细介绍。压水堆堆芯 pin-by-pin 燃料管理计算程序 Bamboo2.0 的计算流程如图 11-25 所示，包括二维组件计算程序 Bamboo-Lattice2.0 与三维堆芯 pin-by-pin 计算程序 Bamboo-Core2.0。Bamboo2.0 程序可实现调硼/调棒临界搜索计算、宏观/微观燃耗计算，无需精细功率重构直接给出栅元精细功率分布以及栅元精细燃料温度分布、栅元精细冷却剂温度分布、栅元精细燃耗深度分布，并提供控制棒价值、反应性系数、栅元毒物核素原子核密度等关键安全参数。目前，Bamboo2.0

已经应用于国内主要型号二代商用压水堆、三代压水堆及多种实验堆的堆芯分析。

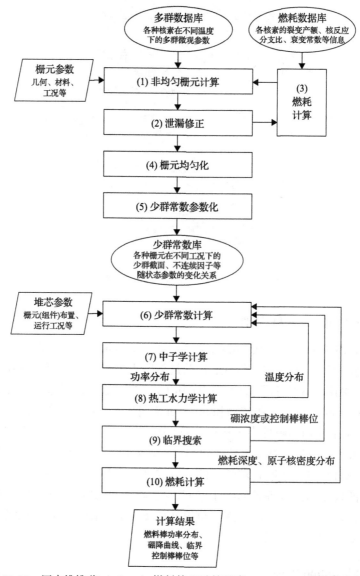

图 11-25　压水堆堆芯 pin-by-pin 燃料管理计算程序 Bamboo2.0 的计算流程图

　　二维组件程序 Bamboo-Lattice2.0 使用由 NECP-Atlas 程序加工的 WIMS 格式的多群数据库(包括 69 群、172 群和 361 群);采用子群方法进行有效自屏截面的计算;采用模块化特征线方法(模块化 MOC)执行一步法组件非均匀计算,得到细网细群通量分布;采用预估校正方法或高阶燃耗计算方法进行燃耗求解;能够匹配下游堆芯指数函数展开 SP$_3$ 求解器,基于广义等效均匀化方法与超级均匀化方法实现栅元少群均匀化常数的计算;除此之外,压水堆组件少群参数计算程序 Bamboo-Lattice2.0 还能够实现再启动计算、围板反射层计算及非均匀泄漏修正计算等功能。在栅元均匀化计算中,Bamboo-Lattice2.0 程序的特点包括:以各能群反应率守恒为前提,利用通量体积权重方法给出 pin-by-pin

均匀化常数中均匀化少群截面；以保证中子泄漏率守恒为前提归并扩散系数；基于广义等效均匀化方法获得适用于 $SP_3$ 方法的栅元不连续因子，或基于超级均匀化方法获得超级均匀化因子(SPH 因子)。

　　三维堆芯 pin-by-pin 程序 Bamboo-Core2.0 以指数函数展开节块 $SP_3$ 方法求解中子输运方程为基础，采用 pin-by-pin 封闭通道模型考虑了慢化剂温度和冷却剂密度的分布，利用一维导热模型计算堆芯内各棒的燃料温度分布，在 pin-by-pin 网格层次上进行宏观燃耗和重要核素的微观燃耗计算。Bamboo-Core2.0 可实现精细功率分布计算、精细燃耗深度计算、重要核素原子核密度分布计算、反应性反馈系数计算、控制棒价值计算及换料计算等功能。在 Bamboo-Core2.0 程序中，采用微观燃耗和重要核素原子核密度方法进行历史效应修正。热工计算中，Bamboo-Core2.0 程序采用棒束通道划分方式来模拟棒束内冷却剂的流动。沿轴向通道又可划分为很多控制体，轴向通道可进行质量和能量的交换，可忽略径向通道之间的各种交换，因此热工模型和并联多通道模型一致，物理计算、热场计算和流场计算之间的耦合关系如图 11-26 所示。

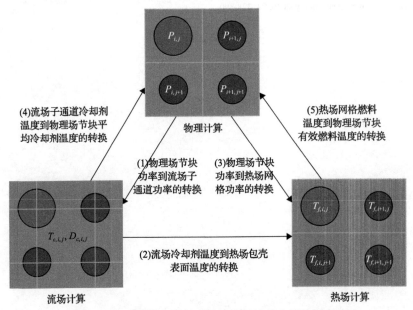

图 11-26　物理计算、热场计算和流场计算之间的耦合关系

　　为了能够充分利用高性能并行工作站的计算资源，Bamboo-Core2.0 程序采用基于分布式内存的 MPI(message passing interface)用于空间几何的并行。在区域分解、数据通信和节块扫描格式上进行并行化处理，将计算量和存储量分配至多个 CPU 上，在充分利用并行计算机资源的前提下尽可能提高并行效率。

## 参 考 文 献

[1] 曹良志, 谢仲生, 李云召. 近代核反应堆物理分析. 北京: 中国原子能出版社, 2017.

[2] Koebke K, Hetzeit L, Wagner M R, et al. Principles and application of advanced nodal reactor analysis methods. Atomkernenergie Kerntechnik 46, 1985, 4: 224-231.

[3] Smith K S. Assembly homogenization techniques for light water reactor analysis. Progress in Nuclear Energy, 1986, 17(13): 303-305.

[4] Hebert A, Kavenoky A. Development of the SPH homogenization method//International Topical Meeting on Avances in Mathematical Methods for Nuclear Engineering Problems, Munich, Germany, 1981.

[5] Bahadir T. Improved PWR radial reflector modeling with SIMULATE5//Advances in Nuclear Fuel Management V (ANFM2015), Hilton Head Island, South Carolina, 2015.

[6] Koebke K, Wagner M. The determination of pin power distribution in a reactor core on the basis of nodal coarse mesh calculations. Atomkernenergi, 1977, 30: 136.

[7] Dahmani M, Phelps B, Shen W. Verification and validation of the flux reconstruction method for CANDU applications. Annals of Nuclear Energy, 2011, 38: 2410-2416.

[8] Han G J, Joo I Y, Seung G B. Multigroup pin power reconstruction with two-dimensional source expansion and corner flux discontinuity. Annals of Nuclear Energy, 2008, 36: 85-97.

[9] Yu L, Lu D, Zhang S, et al. Group-decoupled multi-group pin power reconstruction utilizing nodal solution 1D flux profiles. Annals of Nuclear Energy, 2014, 72: 173-181.

[10] Pessoa P O, Silva F C, Martinez A S. Finite difference applied to the reconstruction method of the nuclear power density distribution. Annals of Nuclear Energy, 2016, 92: 378-390.

# 第 12 章
# 敏感性和不确定性分析

## 12.1 基 本 概 念

核反应堆系统是一个多尺度、多物理场耦合的复杂系统，由中子学场、温度场、流场、应力场、化学场等多个物理过程紧密耦合，跨越微观和宏观尺度。采用数值计算的方法对核反应堆系统各个物理场进行模拟，是核反应堆系统设计、优化和安全分析的基础研究手段。但是，由于人类认知水平的限制和客观世界的复杂性，在对核反应堆系统各个物理场进行模拟分析的过程中不可避免地存在一定的不确定性，这些不确定性的大小将直接影响核反应堆系统的安全性和经济性。

对于核反应堆物理计算，其不确定性主要源自三个方面：数学-物理模型简化近似、数值离散方法和输入参数。随着核反应堆物理计算方法的长足发展，数学-物理模型简化近似和数值离散方法对计算结果引入的不确定水平大大降低，而输入参数的不确定性已逐渐成为目前核反应堆物理计算最重要的不确定性来源。核反应堆物理计算的输入参数主要包括：核数据、几何尺寸、材料成分等。其中，核数据是核反应堆物理计算重要的不确定性来源。核数据来源于微观实验装置的测量和核物理模型计算(图 12-1)，其评价

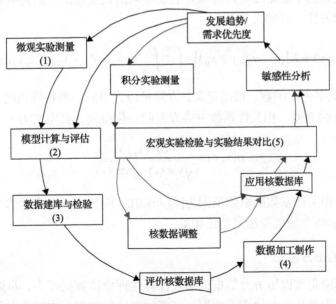

图 12-1　核数据库评价流程示意图

过程[1]不可避免地存在实验测量误差和理论模型误差，进而使得核数据库也不可避免地存在一定的不确定度。

核数据作为核反应堆物理计算最基本的输入参数，其不确定度的大小将直接影响堆芯物理计算结果。因此，本章将围绕核数据不确定度在核反应堆物理计算中的传递，介绍敏感性和不确定性分析基本概念、定量分析方法及其应用等方面的内容。由其他输入参数，如几何结构和材料成分引入的不确定度分析，可以参照本章的方法进行。

### 12.1.1 数学定义

数学期望、方差、协方差和相关性系数，是随机变量的几个重要数学概念。以两个连续随机变量 $x$ 和 $y$ 为例，数学期望用于表征随机变量的平均值，其定义为

$$E[x]=\int_{-\infty}^{+\infty}xf(x)\mathrm{d}x$$
$$E[y]=\int_{-\infty}^{+\infty}yf(y)\mathrm{d}y$$

(12-1)

式中，$E$ 为期望算子；$f$ 为概率密度函数。根据式(12-1)的定义，数学期望也可以解释为随机变量的一阶原点矩。方差用于表征随机变量偏离其数学期望的离散程度，其定义为

$$\mathrm{var}(x)\equiv E[(x-x_0)^2]=\int_{-\infty}^{+\infty}(x-x_0)^2f(x)\mathrm{d}x$$
$$\mathrm{var}(y)\equiv E[(y-y_0)^2]=\int_{-\infty}^{+\infty}(y-y_0)^2f(y)\mathrm{d}y$$

(12-2)

根据式(12-2)的定义，方差可以解释为随机变量的二阶中心矩，其平方根定义为标准差，用于表征随机变量的不确定度。协方差是表征不同随机变量的一致离散程度，描述了随机变量之间的相关性，其定义为

$$\mathrm{cov}(x,y)\equiv E\left[(x-x_0)(y-y_0)\right]=\int_{-\infty}^{+\infty}\int_{-\infty}^{+\infty}(x-x_0)(y-y_0)f(x,y)\mathrm{d}x\mathrm{d}y$$

(12-3)

式中，$f$ 为联合概率密度函数。根据定义，方差是协方差的一种特殊情况，即当 $x=y$ 时的协方差即是 $x(y)$ 的方差。相关性系数由协方差归一化得到，其定义为

$$\rho(x,y)\equiv\frac{\mathrm{cov}(x,y)}{\sqrt{\mathrm{var}(x)}\cdot\sqrt{\mathrm{var}(y)}}$$

(12-4)

根据定义可知，相关性系数的取值范围为[-1.0,1.0]。其中，-1.0 表示两个随机变量完全负相关，1.0 表示两个随机变量完全正相关。

### 12.1.2 核数据的协方差

核数据的不确定度以协方差数据的形式保存在评价核数据库中，早期版本的评价核数据库中只包含少数核素的协方差数据，新版的评价核数据库中的协方差信息得到了极

大的完善[2]：ENDF/B-VII.1 中共包含 283 个核素的协方差数据，JEFF3.2 中共包含 218 个核素的协方差数据，JENDL4.0 中共包含 99 个核素的协方差数据。目前，ENDF-6 格式的评价核数据库中保存的协方差数据类型包括：平均裂变中子数、共振参数、中子截面、次级粒子角度分布、次级粒子能量分布和中子活化截面。上述六种不同类型的协方差数据分别保存在不同的文件号(MF)中，如表 12-1 所示。

表 12-1　ENDF-6 格式评价核数据库中协方差数据类型及文件号

| 文件号 | 协方差数据类型 |
| --- | --- |
| MF31 | 平均裂变中子数协方差数据 |
| MF32 | 共振参数协方差数据 |
| MF33 | 中子截面协方差数据 |
| MF34 | 次级粒子角度分布协方差数据 |
| MF35 | 次级粒子能量分布协方差数据 |
| MF40 | 中子活化截面协方差数据 |

在评价核数据库中，协方差数据以连续能量的形式提供，在使用中通常将其按照给定的能群结构制作成多群协方差矩阵的形式，核数据处理程序 NJOY[3]、NECP-Atlas[4] 等均具有该功能。在给定连续能量形式截面的基础上，多群形式的截面采用如下所示计算方法：

$$\sigma_{x,I} = \frac{\int_I \sigma_x(E)\phi(E)\,\mathrm{d}E}{\int_I \phi(E)\,\mathrm{d}E} \tag{12-5}$$

式中，$x$ 为反应道类型；$I$ 为能群编号；$\sigma_x(E)$ 为反应道 $x$ 的连续能量截面；$\sigma_{x,I}$ 为反应道 $x$ 在能群 $I$ 上的多群截面。对式(12-5)离散化，可以得到

$$\sigma_{x,I} = \frac{\sum_{i\in I}\phi_i\sigma_{x,i}}{\sum_{i\in I}\phi_i} = \sum_{i\in I}\alpha_{Ii}\sigma_{x,i}, \quad I=1,2,\cdots,\mathrm{Ng} \tag{12-6}$$

式中，$\alpha_{Ii}$ 为归一化因子。同理，反应道类型 $y$ 在能群 $J$ 上的多群截面可以表示为

$$\sigma_{y,J} = \sum_{j\in J}\alpha_{Jj}\sigma_{y,j}, \quad J=1,2,\cdots,\mathrm{Ng} \tag{12-7}$$

根据协方差的定义，在已知核数据连续能量形式的协方差数据的条件下，多群协方差可以通过式(12-8)计算得到

$$\mathrm{cov}(\sigma_{x,I},\sigma_{y,J}) = \sum_{\substack{i\in I\\j\in J}}\alpha_{Ii}\alpha_{Jj}\,\mathrm{cov}(\sigma_{x,i},\sigma_{y,j}) \tag{12-8}$$

将不同核素、不同反应道类型和不同能群的多群截面写成一维向量，表示为 $\boldsymbol{\sigma}=[\sigma_1, \sigma_2, \cdots, \sigma_N]^{\mathrm{T}}$，按照式 (12-8) 的计算方法，对应的协方差矩阵可以表示为 $\boldsymbol{C}_{\sigma,\sigma} \in \mathbf{R}^{N \times N}$。值得注意的是，核数据的协方差矩阵通常以相对协方差矩阵的形式使用。以 $^{235}$U 核素的 $\sigma_{\mathrm{f}}$ 反应道为例，其多群相对协方差矩阵如图 12-2 所示[5]。其中，协方差矩阵对角线上的元素表示对应的某多群截面的方差值，非对角线上的元素表示对应的两个多群截面的协方差，即相关性。

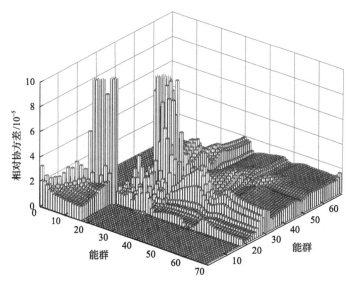

图 12-2    $^{235}$U 核素的 $\sigma_{\mathrm{f}}$ 反应道的多群相对协方差矩阵

### 12.1.3    敏感性分析与不确定性分析

下面以核数据的不确定度在核反应堆物理计算中的传递过程为基础，阐述敏感性分析与不确定性分析的基本概念。假设核反应堆物理计算得到的某物理量，即响应关于多群截面的函数关系可以表示为

$$R_i = R_i(\boldsymbol{\sigma}), \qquad \boldsymbol{\sigma} \in \mathbf{R}^{N \times 1} \tag{12-9}$$

对形如式 (12-9) 的响应 $R_i$ 函数进行泰勒展开，并且只保留一阶展开项，可以得到

$$R_i \approx R_i(\boldsymbol{\sigma}_0) + \sum_{j=1}^{N} \frac{\partial R_i}{\partial \sigma_j}(\sigma_j - \sigma_{j,0}) \tag{12-10}$$

式中，$\boldsymbol{\sigma}_0$ 为多群截面的期望值，表示为 $\boldsymbol{\sigma}_0 = \left[\sigma_{1,0}, \sigma_{2,0} \cdots, \sigma_{N,0}\right]^{\mathrm{T}}$；$\dfrac{\partial R_i}{\partial \sigma_j}$ 定义为响应 $R_i$ 关于多群截面 $\sigma_j$ 的灵敏度系数，并且将 $\dfrac{\partial R_i / R_i}{\partial \sigma_j / \sigma_j}$ 定义为相对灵敏度系数。将计算响应关于多群截面的 (相对) 灵敏度系数的过程称为敏感性分析。将根据核数据协方差矩阵，计算

得到响应的不确定度(或协方差)的过程称为不确定性分析(或不确定度量化)。

目前广泛应用的不确定性分析方法包括确定论方法和统计学抽样方法。其中,确定论方法首先需要进行敏感性分析,然后采用不确定性传递公式,计算响应的不确定度。对式(12-10)左右两端进行方差计算,再分别除以 $R_i^2$,可以得到响应的相对方差,表示为

$$\frac{\text{var}[R_i]}{R_i^2} = \sum_{j=1}^{N}\left(\frac{\partial R_i / R_i}{\partial \sigma_j / \sigma_j}\right)^2 \frac{\text{var}(\sigma_j)}{\sigma_j^2} + 2\sum_{j=1}^{N}\sum_{k=j+1}^{N} \frac{\partial R_i / R_i}{\partial \sigma_j / \sigma_j} \frac{\partial R_i / R_i}{\partial \sigma_k / \sigma_k} \frac{\text{cov}(\sigma_j,\sigma_k)}{\sigma_j\sigma_k} \tag{12-11}$$

将响应 $R_i$ 关于多群截面 $\boldsymbol{\sigma}$ 的灵敏度系数表示为向量形式 $\boldsymbol{S}_{R_i,\sigma}$,则式(12-11)可以写成

$$\text{var}[R_i] = \boldsymbol{S}_{R_i,\sigma} \cdot \boldsymbol{C}_{\sigma,\sigma} \cdot \boldsymbol{S}_{R_i,\sigma}^{\text{T}} \tag{12-12}$$

其中,灵敏度系数向量 $\boldsymbol{S}_{R_i,\sigma}$ 具体可以表示为

$$\boldsymbol{S}_{R_i,\sigma} \equiv \left\{\frac{\partial R_i}{\partial \sigma_j}\right\}, \qquad j = 1,2,\cdots,N \tag{12-13}$$

同理,采用响应关于多群截面的相对灵敏度系数向量 $\boldsymbol{S}_{R_i,\sigma}^{\text{r}}$ 和多群相对协方差矩阵 $\mathbf{C}_{\sigma,\sigma}^{\text{r}}$,可以计算得到响应的相对方差,表示为

$$\frac{\text{var}[R_i]}{R_i^2} = \boldsymbol{S}_{R_i,\sigma}^{\text{r}} \cdot \mathbf{C}_{\sigma,\sigma}^{\text{r}} \cdot \boldsymbol{S}_{R_i,\sigma}^{\text{r,T}} \tag{12-14}$$

将上述推导过程扩展到由所有的响应组成的向量 $\boldsymbol{R} = [R_1, R_2, \cdots, R_{\text{NR}}]^{\text{T}}$,可以得到响应的协方差矩阵 $\boldsymbol{C}_{R,R} \in \mathbf{R}^{\text{NR}\times\text{NR}}$,表示为

$$\boldsymbol{C}_{R,R} = \boldsymbol{S}_{R,\sigma} \cdot \boldsymbol{C}_{\sigma,\sigma} \cdot \boldsymbol{S}_{R,\sigma}^{\text{T}} \tag{12-15}$$

式中,$\boldsymbol{S}_{R,\sigma}$ 表示由所有响应对核数据 $\sigma$ 的灵敏度系数组成的矩阵,具体可以表示为

$$\boldsymbol{S}_{R,\sigma} = \left\{\frac{\partial R_i}{\partial \sigma_j}\right\}, \qquad i = 1,2,\cdots,\text{NR}; j = 1,2,\cdots,N \tag{12-16}$$

上述过程即是采用确定论方法进行不确定性分析的流程,可以实现核数据的不确定度在核反应堆物理计算中的传递。根据确定论方法的理论和流程不难发现,该方法采用了一阶近似,忽略了高阶项对不确定性分析结果的影响。对于确定论方法,其不确定性分析的关键在于敏感性分析,即计算响应关于核数据的灵敏度系数向量,目前广泛使用微扰理论方法进行核反应堆物理计算的敏感性分析。

## 12.2　基于微扰理论的分析方法

第 9 章中已经介绍了微扰理论，本章重点介绍微扰理论在中子输运计算和燃耗计算的敏感性分析中的应用。

### 12.2.1　中子输运计算敏感性分析

从中子输运方程出发，任意响应均可以表示为中子通量密度或共轭中子通量密度的线性泛函或者线性泛函率[6]。设某个响应 $R$ 的计算形式可以表示为

$$R = \frac{\int_\xi \phi^* H_1[\Sigma(\xi)]\phi(\xi)\mathrm{d}\xi}{\int_\xi \phi^* H_2[\Sigma(\xi)]\phi(\xi)\mathrm{d}\xi} = \frac{\langle \phi^* H_1 \phi \rangle}{\langle \phi^* H_2 \phi \rangle} \tag{12-17}$$

式中，$H_1$ 和 $H_2$ 为与核数据相关的算子；$\xi$ 为积分相空间；$\langle\ \rangle$ 表示在相空间积分；$\phi$ 和 $\phi^*$ 分别为前向和共轭中子通量密度。根据相对灵敏度系数的定义，响应 $R$ 关于核数据 $\sigma$ 的相对灵敏度系数可以表示为

$$
\begin{aligned}
S_{R,\sigma} &= \frac{\mathrm{d}R / R}{\mathrm{d}\sigma / \sigma} \\
&= \sigma \left\{ \left( \frac{\left\langle \phi^* \dfrac{\mathrm{d}H_1}{\mathrm{d}\sigma}\phi \right\rangle}{\langle \phi^* H_1 \phi \rangle} - \frac{\left\langle \phi^* \dfrac{\mathrm{d}H_2}{\mathrm{d}\sigma}\phi \right\rangle}{\langle \phi^* H_2 \phi \rangle} \right) + \left\langle \left( \frac{H_1^* \phi^*}{\langle \phi^* H_1 \phi \rangle} - \frac{H_2^* \phi^*}{\langle \phi^* H_2 \phi \rangle} \right) \frac{\mathrm{d}\phi}{\mathrm{d}\sigma} \right\rangle \right. \\
&\quad \left. + \left\langle \left( \frac{H_1 \phi}{\langle \phi^* H_1 \phi \rangle} - \frac{H_2 \phi}{\langle \phi^* H_2 \phi \rangle} \right) \frac{\mathrm{d}\phi^*}{\mathrm{d}\sigma} \right\rangle \right\}
\end{aligned}
\tag{12-18}
$$

其中，第一项为直接项，表示核数据的微扰对响应 $R$ 引入的直接影响；第二项和第三项均为间接项，分别表示核数据的微扰通过前向和共轭中子通量密度对响应 $R$ 引入的间接影响。对于第一项，只需要根据 $H_1$ 和 $H_2$ 算子与核数据的函数关系，通过导数计算即可求解。而对于第二项和第三项，由于前向和共轭中子通量密度关于核数据的导数项存在，需要基于微扰理论方法，建立相关的计算形式。

稳态中子输运方程的算子形式表示为

$$(L - \lambda F)\phi = M\phi = 0 \tag{12-19}$$

式中，$L$ 为中子泄漏、吸收和散射算子；$F$ 为裂变算子；$M$ 为输运算子；$\lambda$ 为方程的特征值。稳态中子输运方程的共轭方程为

$$\left(\boldsymbol{L}^* - \lambda \boldsymbol{F}^*\right)\boldsymbol{\phi}^* = \boldsymbol{M}^* \boldsymbol{\phi}^* = 0 \tag{12-20}$$

式中，$\boldsymbol{L}^*$、$\boldsymbol{F}^*$、$\boldsymbol{M}^*$ 分别为 $\boldsymbol{L}$、$\boldsymbol{F}$ 和 $\boldsymbol{M}$ 的共轭算子。将稳态中子输运方程对核数据 $\sigma$ 求导，移项后可以得到

$$\boldsymbol{M}\frac{\mathrm{d}\boldsymbol{\phi}}{\mathrm{d}\sigma} = -\frac{\mathrm{d}\boldsymbol{M}}{\mathrm{d}\sigma}\boldsymbol{\phi} \tag{12-21}$$

对 $\boldsymbol{M}\dfrac{\mathrm{d}\boldsymbol{\phi}}{\mathrm{d}\sigma}$ 项取共轭函数 $\boldsymbol{\Gamma}^*$ 做内积，根据共轭性质，可以得到

$$\left\langle \boldsymbol{\Gamma}^*, \boldsymbol{M}\frac{\mathrm{d}\boldsymbol{\phi}}{\mathrm{d}\sigma} \right\rangle = \left\langle \boldsymbol{M}^* \boldsymbol{\Gamma}^*, \frac{\mathrm{d}\boldsymbol{\phi}}{\mathrm{d}\sigma} \right\rangle \tag{12-22}$$

通过对比式(12-18)右端第二项和式(12-22)右端项，可以令

$$\boldsymbol{M}^* \boldsymbol{\Gamma}^* = \frac{\boldsymbol{H}_1^* \boldsymbol{\phi}^*}{\left\langle \boldsymbol{\phi}^* \boldsymbol{H}_1 \boldsymbol{\phi} \right\rangle} - \frac{\boldsymbol{H}_2^* \boldsymbol{\phi}^*}{\left\langle \boldsymbol{\phi}^* \boldsymbol{H}_2 \boldsymbol{\phi} \right\rangle} \tag{12-23}$$

求解式(12-23)可以得到共轭函数 $\boldsymbol{\Gamma}^*$，根据式(12-21)和式(12-22)可以得到

$$\left\langle \left( \frac{\boldsymbol{H}_1^* \boldsymbol{\phi}^*}{\left\langle \boldsymbol{\phi}^* \boldsymbol{H}_1 \boldsymbol{\phi} \right\rangle} - \frac{\boldsymbol{H}_2^* \boldsymbol{\phi}^*}{\left\langle \boldsymbol{\phi}^* \boldsymbol{H}_2 \boldsymbol{\phi} \right\rangle} \right) \frac{\mathrm{d}\boldsymbol{\phi}}{\mathrm{d}\sigma} \right\rangle = \left\langle \boldsymbol{\Gamma}^*, \boldsymbol{M}\frac{\mathrm{d}\boldsymbol{\phi}}{\mathrm{d}\sigma} \right\rangle = -\left\langle \boldsymbol{\Gamma}^*, \frac{\mathrm{d}\boldsymbol{M}}{\mathrm{d}\sigma}\boldsymbol{\phi} \right\rangle \tag{12-24}$$

因此，只需要求解出 $\boldsymbol{\Gamma}^*$ 即可确定相对灵敏度系数表达式(12-18)右端第二项。为了区别于传统的中子共轭方程，一般将方程(12-23)称为广义共轭方程，并且将共轭函数 $\boldsymbol{\Gamma}^*$ 称为广义共轭函数。实际上，由于式(12-23)的输运算子 $\boldsymbol{M}^*$ 中特征值是已知的，故其是一个奇异的非齐次方程，这类方程的有解条件是右端非齐次项与前向中子通量密度正交。显然，式(12-23)右端项满足有解条件，其解的形式可以表示为

$$\boldsymbol{\Gamma}^* = \boldsymbol{\Gamma}_0^* + c\boldsymbol{\phi}^* \tag{12-25}$$

式中，$\boldsymbol{\Gamma}_0^*$ 为任意一个特解；$c$ 为任意常数。将式(12-24)中输运算子关于核数据的导数项展开，可以得到

$$\begin{aligned}
\left\langle \boldsymbol{\Gamma}^*, \frac{\mathrm{d}\boldsymbol{M}}{\mathrm{d}\sigma}\boldsymbol{\phi} \right\rangle &= \left\langle \boldsymbol{\Gamma}^*, \left( \frac{\mathrm{d}\boldsymbol{L}}{\mathrm{d}\sigma} + \frac{1}{k_{\mathrm{eff}}^2}\boldsymbol{F}\frac{\mathrm{d}k_{\mathrm{eff}}}{\mathrm{d}\sigma} - \frac{1}{k_{\mathrm{eff}}}\frac{\mathrm{d}\boldsymbol{F}}{\mathrm{d}\sigma} \right)\boldsymbol{\phi} \right\rangle \\
&= \left\langle \boldsymbol{\Gamma}^*, \left( \frac{\mathrm{d}\boldsymbol{L}}{\mathrm{d}\sigma} - \frac{1}{k_{\mathrm{eff}}}\frac{\mathrm{d}\boldsymbol{F}}{\mathrm{d}\sigma} \right)\boldsymbol{\phi} \right\rangle - \frac{1}{k_{\mathrm{eff}}^2}\left\langle \boldsymbol{\Gamma}^*, \boldsymbol{F}\frac{\mathrm{d}k_{\mathrm{eff}}}{\mathrm{d}\sigma}\boldsymbol{\phi} \right\rangle
\end{aligned} \tag{12-26}$$

通过观察可以发现，式(12-26)右端第一项中的微分项可以直接计算得到，第二项则

需要计算特征值关于核数据的导数。因此，如果合理地选择广义共轭函数 $\Gamma^*$，使其与裂变算子 $F$ 正交，则可以避免对特征值关于核数据的导数项进行计算，因此，可以做如下选择：

$$\Gamma^* = \Gamma_0^* - \frac{\left\langle \Gamma_0^*, F\phi \right\rangle}{\left\langle \phi^*, F\phi \right\rangle} \phi^* \tag{12-27}$$

此时，广义共轭函数与裂变算子正交，同时给出了广义共轭函数的限制条件 $\left\langle \Gamma^*, F\phi \right\rangle = 0$。

类似地，对于式(12-18)右端第三项，建立相应的方程：

$$M\Gamma = \frac{H_1\phi}{\left\langle \phi^* H_1\phi \right\rangle} - \frac{H_2\phi}{\left\langle \phi^* H_2\phi \right\rangle} \tag{12-28}$$

式中，$\Gamma$ 为广义通量。通过引入广义共轭通量和广义通量，可以得到基于微扰理论的相对灵敏度系数的计算方法，表示为

$$\begin{aligned} S_{R,\sigma} &= \frac{\mathrm{d}R / R}{\mathrm{d}\sigma / \sigma} \\ &= \sigma \left\{ \left( \frac{\left\langle \phi^* \frac{\mathrm{d}H_1}{\mathrm{d}\sigma} \phi \right\rangle}{\left\langle \phi^* H_1\phi \right\rangle} - \frac{\left\langle \phi^* \frac{\mathrm{d}H_2}{\mathrm{d}\sigma} \phi \right\rangle}{\left\langle \phi^* H_2\phi \right\rangle} \right) - \left\langle \Gamma^*, \frac{\mathrm{d}M}{\mathrm{d}\sigma} \phi \right\rangle - \left\langle \Gamma, \frac{\mathrm{d}M^*}{\mathrm{d}\sigma} \phi^* \right\rangle \right\} \end{aligned} \tag{12-29}$$

其中，广义共轭通量 $\Gamma^*$ 和广义通量 $\Gamma$ 分别是以下方程的解：

$$M^*\Gamma^* = \frac{\mathrm{d}R}{\mathrm{d}\phi} \Big/ R \tag{12-30}$$

$$M\Gamma = \frac{\mathrm{d}R}{\mathrm{d}\phi^*} \Big/ R \tag{12-31}$$

因此，只需要求解得到了广义共轭通量 $\Gamma^*$ 和广义通量 $\Gamma$，就能够确定响应 $R$ 关于中子输运方程中任意核数据 $\sigma$ 的相对灵敏度系数。若响应 $R$ 为有效增殖因数，则式(12-29)中 $H_1$ 和 $H_2$ 算子分别对应于式(12-19)中的 $F$ 和 $L$ 算子。此时，根据式(12-30)可以得到广义共轭方程为

$$M^*\Gamma^* = \frac{F^*\phi^*}{\left\langle \phi^* F\phi \right\rangle} - \frac{L^*\phi^*}{\left\langle \phi^* L\phi \right\rangle} = \frac{\lambda F^*\phi^* - L^*\phi^*}{\left\langle \phi^* L\phi \right\rangle} = 0 \tag{12-32}$$

此时，$\Gamma^* = 0, \Gamma = 0$，相对灵敏度系数表示为

$$S_{k_{\mathrm{eff}},\sigma} = -\sigma \frac{\left\langle \phi^* \left( \dfrac{\mathrm{d}\boldsymbol{L}}{\mathrm{d}\sigma} - \lambda \dfrac{\mathrm{d}\boldsymbol{F}}{\mathrm{d}\sigma} \right) \phi \right\rangle}{\lambda \left\langle \phi^* \boldsymbol{F} \phi \right\rangle} \tag{12-33}$$

由于这种情况未涉及广义共轭方程的求解，灵敏度系数的求解只需要共轭通量与前向通量的参与，习惯上将特征值灵敏度系数求解方法称为古典微扰理论。而对于其他类型的响应形式，如果需要涉及广义（共轭）通量的求解，则一般称为广义微扰理论。

### 12.2.2 燃耗计算敏感性分析

燃耗计算旨在确定重核素和裂变产物核素原子核密度随时间的变化规律。燃耗计算是一个中子输运方程和燃耗方程耦合求解的过程，核数据的不确定度将在时间维度上传递到重核素和裂变产物的原子核密度。因此，针对燃耗计算的不确定性分析的关键在于确定重金属和裂变产物原子核密度关于核数据的相对灵敏度系数在时间维度上的变化规律。

根据相对灵敏度系数的定义，燃耗计算中响应的函数形式可以表示为[7]

$$R = \iiint f\left[ \sigma(\boldsymbol{r},E), N(\boldsymbol{r}), \boldsymbol{\Phi}(\boldsymbol{r},E,\boldsymbol{\Omega}), \boldsymbol{\Phi}^*(\boldsymbol{r},E,\boldsymbol{\Omega}) \right] \mathrm{d}\boldsymbol{r}\mathrm{d}E\mathrm{d}\boldsymbol{\Omega} \tag{12-34}$$

式中，$\sigma(\boldsymbol{r},E)$ 为核数据；$N(\boldsymbol{r})$ 为核素原子核密度分布；$\boldsymbol{\Phi}(\boldsymbol{r},E,\boldsymbol{\Omega})$ 和 $\boldsymbol{\Phi}^*(\boldsymbol{r},E,\boldsymbol{\Omega})$ 分别为前向和共轭中子通量密度。当对核数据 $\sigma_{x,g}^k$ 引入微扰时，将式(12-34)关于 $\sigma_{x,g}^k$ 进行一阶泰勒展开，可以得到

$$S_{R,\sigma_{x,g}^k(\boldsymbol{r},E)} = \frac{\sigma_{x,g}^k(\boldsymbol{r},E)}{R}\left[ \int_{t_0}^{t_f} \frac{\partial R}{\partial \sigma_{x,g}^k(\boldsymbol{r},E)}\mathrm{d}t + \int_{t_0}^{t_f} \frac{\partial R}{\partial N(\boldsymbol{r})}\frac{\mathrm{d}N(\boldsymbol{r})}{\mathrm{d}\sigma_{x,g}^k(\boldsymbol{r},E)}\mathrm{d}t \right.$$
$$\left. + \int_{t_0}^{t_f} \frac{\partial R}{\partial \boldsymbol{\Phi}(\boldsymbol{r},E,\boldsymbol{\Omega})}\frac{\mathrm{d}\boldsymbol{\Phi}(\boldsymbol{r},E,\boldsymbol{\Omega})}{\mathrm{d}\sigma_{x,g}^k(\boldsymbol{r},E)}\mathrm{d}t + \int_{t_0}^{t_f} \frac{\partial R}{\partial \boldsymbol{\Phi}^*(\boldsymbol{r},E,\boldsymbol{\Omega})}\frac{\mathrm{d}\boldsymbol{\Phi}^*(\boldsymbol{r},E,\boldsymbol{\Omega})}{\mathrm{d}\sigma_{x,g}^k(\boldsymbol{r},E)}\mathrm{d}t \right] \tag{12-35}$$

式中，$t_0$ 和 $t_f$ 分别为燃耗计算的初始时间和终止时间。其中，等式右边第一项为直接项，表征核数据的微扰直接引起的响应变化；后面三项为间接项，分别表示由于核数据微扰引起的核素原子核密度、前向中子通量密度和共轭中子通量密度的变化，并最终引起的响应的变化。将整个燃耗计算的时间间隔$[t_0, t_f]$划分为 $I$ 步燃耗步，且假设在每个小的燃耗时间步长$[t_{i-1}, t_i)$内，前向和共轭中子通量密度不随时间变化，则式(12-35)可以写成

$$S_{R,\sigma_{x,g}^k(\boldsymbol{r},E)} = \frac{\sigma_{x,g}^k(\boldsymbol{r},E)}{R}\left[ \int_{t_0}^{t_f} \frac{\partial R}{\partial \sigma_{x,g}^k(\boldsymbol{r},E)}\mathrm{d}t + \int_{t_0}^{t_f} \frac{\partial R}{\partial N(\boldsymbol{r})}\frac{\mathrm{d}N(\boldsymbol{r})}{\mathrm{d}\sigma_{x,g}^k(\boldsymbol{r},E)}\mathrm{d}t \right.$$
$$\left. + \sum_{i=1}^{I} \frac{\mathrm{d}\boldsymbol{\Phi}_i(\boldsymbol{r},E,\boldsymbol{\Omega})}{\mathrm{d}\sigma_{x,g}^k(\boldsymbol{r},E)}\int_{t_{i-1}}^{t_i} \frac{\partial R}{\partial \boldsymbol{\Phi}_i(\boldsymbol{r},E,\boldsymbol{\Omega})}\mathrm{d}t \right.$$

$$+ \sum_{i=1}^{I} \frac{\mathrm{d}\boldsymbol{\Phi}_i^*(\boldsymbol{r},E,\boldsymbol{\Omega})}{\mathrm{d}\sigma_{x,g}^k(\boldsymbol{r},E)} \int_{t_{i-1}}^{t_i} \frac{\partial R}{\partial \boldsymbol{\Phi}_i^*(\boldsymbol{r},E,\boldsymbol{\Omega})} \mathrm{d}t$$

$$+ \frac{\partial R}{\partial N_I(\boldsymbol{r})} \frac{\mathrm{d}N_I(\boldsymbol{r})}{\mathrm{d}\sigma_{x,g}^k(\boldsymbol{r},E)} + \frac{\partial R}{\partial \boldsymbol{\Phi}_I(\boldsymbol{r},E,\boldsymbol{\Omega})} \frac{\mathrm{d}\boldsymbol{\Phi}_I(\boldsymbol{r},E,\boldsymbol{\Omega})}{\mathrm{d}\sigma_{x,g}^k(\boldsymbol{r},E)} \qquad (12\text{-}36)$$

$$+ \frac{\partial R}{\partial \boldsymbol{\Phi}_I^*(\boldsymbol{r},E,\boldsymbol{\Omega})} \frac{\mathrm{d}\boldsymbol{\Phi}_I^*(\boldsymbol{r},E,\boldsymbol{\Omega})}{\mathrm{d}\sigma_{x,g}^k(\boldsymbol{r},E)} \Bigg]$$

因此，根据式(12-36)可知，为了计算得到核素原子核密度关于核数据的相对灵敏度系数，关键在于求解前向中子通量密度 $\boldsymbol{\Phi}$、共轭中子通量密度 $\boldsymbol{\Phi}^*$ 和原子核密度关于核数据的导数。燃耗方程、前向中子输运方程、共轭中子输运方程和功率归一化方程分别表示如下：

$$\frac{\mathrm{d}N(\boldsymbol{r},t)}{\mathrm{d}t} = \left[ \boldsymbol{M}_i(\boldsymbol{r}) + \boldsymbol{D}_i(\lambda) \right] N(\boldsymbol{r},t) \qquad (12\text{-}37)$$

$$\boldsymbol{B}_{i,g}(\boldsymbol{r})\psi_{i,g}(\boldsymbol{r},\boldsymbol{\Omega}) = \left[ \boldsymbol{A}_{i,g}(\boldsymbol{r}) + \frac{1}{k_{\mathrm{eff}}} \boldsymbol{F}_{i,g}(\boldsymbol{r}) \right] \psi_{i,g}(\boldsymbol{r},\boldsymbol{\Omega}) = 0 \qquad (12\text{-}38)$$

$$\boldsymbol{B}_{i,g}^*(\boldsymbol{r})\psi_{i,g}^*(\boldsymbol{r},\boldsymbol{\Omega}) = \left[ \boldsymbol{A}_{i,g}^*(\boldsymbol{r}) + \frac{1}{k_{\mathrm{eff}}} \boldsymbol{F}_{i,g}^*(\boldsymbol{r}) \right] \psi_{i,g}^*(\boldsymbol{r},\boldsymbol{\Omega}) = 0 \qquad (12\text{-}39)$$

$$P_i = c_i \left\langle \sum_j \kappa^j \sigma_{f,g}^j(\boldsymbol{r}) N_i^j(\boldsymbol{r}) \psi_{i,g}(\boldsymbol{r},\boldsymbol{\Omega}) \right\rangle_{\boldsymbol{\Omega},E,V} \qquad (12\text{-}40)$$

式中，$\boldsymbol{M}_i$ 为燃耗计算的各核素等效转换截面矩阵；$\boldsymbol{D}_i$ 为各核素衰变常数矩阵；$\boldsymbol{B}_{i,g}$ 和 $\boldsymbol{B}_{i,g}^*$ 分别为第 $g$ 群前向和共轭中子输运算子；$\boldsymbol{F}_{i,g}$ 和 $\boldsymbol{F}_{i,g}^*$ 分别为第 $g$ 群前向和共轭中子裂变算子；$\boldsymbol{A}_{i,g}$ 和 $\boldsymbol{A}_{i,g}^*$ 分别为第 $g$ 群前向和共轭除去中子裂变项的输运算子；$P_i$ 为第 $i$ 个燃耗步的总功率；$c_i$ 为功率归一化系数。且有

$$\boldsymbol{\Phi}_{i,g}(\boldsymbol{r},\boldsymbol{\Omega}) = c_i \psi_{i,g}(\boldsymbol{r},\boldsymbol{\Omega}) \qquad (12\text{-}41)$$

$$\boldsymbol{\Phi}_{i,g}^*(\boldsymbol{r},\boldsymbol{\Omega}) = \psi_{i,g}^*(\boldsymbol{r},\boldsymbol{\Omega}) \qquad (12\text{-}42)$$

对式(12-37)关于核数据 $\sigma_{x,g}^k$ 求导数，可以得到

$$\frac{\mathrm{d}}{\mathrm{d}t}\left[ \frac{\mathrm{d}N(\boldsymbol{r},t)}{\mathrm{d}\sigma_{x,g}^k(\boldsymbol{r})} \right] = \frac{\mathrm{d}}{\mathrm{d}\sigma_{x,g}^k(\boldsymbol{r})}\left[ \frac{\mathrm{d}N(\boldsymbol{r},t)}{\mathrm{d}t} \right]$$

$$= \left[ \frac{\partial \boldsymbol{M}_i(\boldsymbol{r})}{\partial \sigma_{x,g}^k(\boldsymbol{r})} + \frac{\partial \boldsymbol{M}_i(\boldsymbol{r})}{\partial \psi_i(\boldsymbol{r},\boldsymbol{\Omega})} \frac{\mathrm{d}\psi_i(\boldsymbol{r},\boldsymbol{\Omega})}{\mathrm{d}\sigma_{x,g}^k(\boldsymbol{r})} + \frac{\partial \boldsymbol{M}_i(\boldsymbol{r})}{\partial c_i} \frac{\mathrm{d}c_i}{\mathrm{d}\sigma_{x,g}^k(\boldsymbol{r})} \right] N(\boldsymbol{r},t) \qquad (12\text{-}43)$$

$$+ \left[ \boldsymbol{M}_i(\boldsymbol{r}) + \boldsymbol{D} \right] \frac{\mathrm{d}N(\boldsymbol{r},t)}{\mathrm{d}\sigma_{x,g}^k(\boldsymbol{r})}$$

式中

$$\frac{\partial \boldsymbol{M}_i(\boldsymbol{r})}{\partial \psi_i(\boldsymbol{r},\boldsymbol{\Omega})}\frac{\mathrm{d}\psi_i(\boldsymbol{r},\boldsymbol{\Omega})}{\mathrm{d}\sigma_{x,g}^k(\boldsymbol{r})}=\sum_{g'=1}^{G}\frac{\partial \boldsymbol{M}_i(\boldsymbol{r})}{\partial \psi_{i,g'}(\boldsymbol{r},\boldsymbol{\Omega})}\frac{\mathrm{d}\psi_{i,g'}(\boldsymbol{r},\boldsymbol{\Omega})}{\mathrm{d}\sigma_{x,g}^k(\boldsymbol{r})} \tag{12-44}$$

同理，对方程(12-38)、方程(12-39)和方程(12-40)分别关于核数据 $\sigma_{x,g}^k$ 求导数，可以得到

$$\left[\frac{\partial \boldsymbol{B}_{i,g'}(\boldsymbol{r})}{\partial \sigma_{x,g}^k(\boldsymbol{r})}+\frac{\partial \boldsymbol{B}_{i,g'}(\boldsymbol{r})}{\partial \boldsymbol{N}_i(\boldsymbol{r})}\frac{\mathrm{d}\boldsymbol{N}_i(\boldsymbol{r})}{\mathrm{d}\sigma_{x,g}^k(\boldsymbol{r})}\right]\psi_{i,g'}(\boldsymbol{r},\boldsymbol{\Omega})+\boldsymbol{B}_{i,g'}(\boldsymbol{r})\frac{\mathrm{d}\psi_{i,g'}(\boldsymbol{r},\boldsymbol{\Omega})}{\mathrm{d}\sigma_{x,g}^k(\boldsymbol{r})}=0 \tag{12-45}$$

$$\left[\frac{\partial \boldsymbol{B}_{i,g'}^*(\boldsymbol{r})}{\partial \sigma_{x,g}^k(\boldsymbol{r})}+\frac{\partial \boldsymbol{B}_{i,g'}^*(\boldsymbol{r})}{\partial \boldsymbol{N}_i(\boldsymbol{r})}\frac{\mathrm{d}\boldsymbol{N}_i(\boldsymbol{r})}{\mathrm{d}\sigma_{x,g}^k(\boldsymbol{r})}\right]\psi_{i,g'}^*(\boldsymbol{r},\boldsymbol{\Omega})+\boldsymbol{B}_{i,g'}^*(\boldsymbol{r})\frac{\mathrm{d}\psi_{i,g'}^*(\boldsymbol{r},\boldsymbol{\Omega})}{\mathrm{d}\sigma_{x,g}^k(\boldsymbol{r})}=0 \tag{12-46}$$

$$\begin{aligned}&\frac{\mathrm{d}c_i}{\mathrm{d}\sigma_{x,g}^k(\boldsymbol{r})}\left\langle\sum_{g'=1}^{G}\sum_j \kappa^j\sigma_{\mathrm{f},g'}^j(\boldsymbol{r})N_i^j(\boldsymbol{r})\psi_{i,g'}(\boldsymbol{r},\boldsymbol{\Omega})\right\rangle_{\Omega,V}\\&+c_i\left\langle\kappa^k N_i^k(\boldsymbol{r})\psi_{i,g}(\boldsymbol{r},\boldsymbol{\Omega})\right\rangle_{\Omega,V}+c_i\left\langle\sum_j\frac{\mathrm{d}N_i^j(\boldsymbol{r})}{\mathrm{d}\sigma_{x,g}^k(\boldsymbol{r})}\sum_{g'=1}^{G}\kappa^j\sigma_{\mathrm{f},g'}^j(\boldsymbol{r})\psi_{i,g'}(\boldsymbol{r},\boldsymbol{\Omega})\right\rangle_{\Omega,V}\\&+c_i\left\langle\sum_{g'=1}^{G}\sum_j\kappa^j\sigma_{\mathrm{f},g'}^j(\boldsymbol{r})N_i^j(\boldsymbol{r})\frac{\mathrm{d}\psi_{i,g'}(\boldsymbol{r},\boldsymbol{\Omega})}{\mathrm{d}\sigma_{x,g}^k(\boldsymbol{r})}\right\rangle_{\Omega,V}=0\end{aligned} \tag{12-47}$$

为了推导公式的简洁，下面的推导过程中省略了变量 $\sigma_{x,g}^k$ 的上下标和所有变量括号中的内容。在式(12-43)两端乘以共轭原子核密度，并且在角度、空间和时间积分，可以得到

$$\begin{aligned}&\int_{t_i}^{t_{i+1}}\left\langle \boldsymbol{N}^*\frac{\mathrm{d}}{\mathrm{d}t}\left(\frac{\mathrm{d}\boldsymbol{N}}{\mathrm{d}\sigma}\right)\right\rangle_{\Omega,V}\mathrm{d}t\\&=\left\langle\int_{t_i}^{t_{i+1}}\frac{\mathrm{d}}{\mathrm{d}t}\left(\boldsymbol{N}^*\frac{\mathrm{d}\boldsymbol{N}}{\mathrm{d}\sigma}\right)\mathrm{d}t-\int_{t_i}^{t_{i+1}}\frac{\mathrm{d}\boldsymbol{N}}{\mathrm{d}\sigma}\frac{\mathrm{d}\boldsymbol{N}^*}{\mathrm{d}t}\mathrm{d}t\right\rangle_{\Omega,V}\\&=\left\langle\int_{t_i}^{t_{i+1}}\boldsymbol{N}^*\left[\left(\frac{\partial \boldsymbol{M}_i}{\partial\sigma}+\frac{\partial \boldsymbol{M}_i}{\partial\psi_i}\frac{\mathrm{d}\psi_i}{\mathrm{d}\sigma}+\frac{\partial \boldsymbol{M}_i}{\partial c_i}\frac{\mathrm{d}c_i}{\mathrm{d}\sigma}\right)\boldsymbol{N}+(\boldsymbol{M}_i+\boldsymbol{D})\frac{\mathrm{d}\boldsymbol{N}}{\mathrm{d}\sigma}\right]\mathrm{d}t\right\rangle_{\Omega,V}\\&=\int_{t_i}^{t_{i+1}}\left[\left\langle\boldsymbol{N}^*\frac{\partial \boldsymbol{M}_i}{\partial\sigma}\boldsymbol{N}\right\rangle_{\Omega,V}+\left\langle\boldsymbol{N}^*\frac{\partial \boldsymbol{M}_i}{\partial\psi_i}\frac{\mathrm{d}\psi_i}{\mathrm{d}\sigma}\boldsymbol{N}\right\rangle_{\Omega,V}\right.\\&\left.+\left\langle\boldsymbol{N}^*\frac{\partial \boldsymbol{M}_i}{\partial c_i}\frac{\mathrm{d}c_i}{\mathrm{d}\sigma}\boldsymbol{N}\right\rangle_{\Omega,V}+\left\langle\frac{\mathrm{d}\boldsymbol{N}}{\mathrm{d}\sigma}(\boldsymbol{M}_i^*+\boldsymbol{D})\boldsymbol{N}^*\right\rangle_{\Omega,V}\right]\mathrm{d}t\end{aligned} \tag{12-48}$$

分别在式(12-45)和式(12-46)两端乘以广义共轭通量 $\Gamma^*$ 和广义通量 $\Gamma$，并且在角度、空间积分，可以得到

$$\sum_{g'=1}^{G} \left\langle \Gamma_{i,g'}^* \left[ \left( \frac{\partial \boldsymbol{B}_{i,g'}}{\partial \sigma} + \frac{\partial \boldsymbol{B}_{i,g'}}{\partial \boldsymbol{N}_i} \frac{\mathrm{d}\boldsymbol{N}_i}{\mathrm{d}\sigma} \right) \psi_{i,g'} + \boldsymbol{B}_{i,g'} \frac{\mathrm{d}\psi_{i,g'}}{\mathrm{d}\sigma} \right] \right\rangle_{\Omega,V}$$

$$= \sum_{g'=1}^{G} \left\langle \Gamma_{i,g'}^* \frac{\partial \boldsymbol{B}_{i,g}}{\partial \sigma} \psi_{i,g'} + \Gamma_{i,g'}^* \frac{\partial \boldsymbol{B}_i}{\partial \boldsymbol{N}_i} \frac{\mathrm{d}\boldsymbol{N}_i}{\mathrm{d}\sigma} \psi_{i,g'} + \frac{\mathrm{d}\psi_{i,g}}{\mathrm{d}\sigma} \boldsymbol{B}_{i,g'}^* \Gamma_{i,g'}^* \right\rangle_{\Omega,V} = 0 \tag{12-49}$$

$$\sum_{g'=1}^{G} \left\langle \Gamma_{i,g'} \left[ \left( \frac{\partial \boldsymbol{B}_{i,g'}^*}{\partial \sigma} + \frac{\partial \boldsymbol{B}_{i,g'}^*}{\partial \boldsymbol{N}_i} \frac{\mathrm{d}\boldsymbol{N}_i}{\mathrm{d}\sigma} \right) \psi_{i,g'}^* + \boldsymbol{B}_{i,g'}^* \frac{\mathrm{d}\psi_{i,g'}^*}{\mathrm{d}\sigma} \right] \right\rangle_{\Omega,V}$$

$$= \sum_{g'=1}^{G} \left\langle \Gamma_{i,g'} \frac{\partial \boldsymbol{B}_{i,g'}^*}{\partial \sigma} \psi_{i,g'}^* + \Gamma_{i,g'} \frac{\partial \boldsymbol{B}_{i,g'}^*}{\partial \boldsymbol{N}_i} \frac{\mathrm{d}\boldsymbol{N}_i}{\mathrm{d}\sigma} \psi_{i,g'}^* + \frac{\mathrm{d}\psi_{i,g'}^*}{\mathrm{d}\sigma} \boldsymbol{B}_{i,g'} \Gamma_{i,g'} \right\rangle_{\Omega,V} = 0 \tag{12-50}$$

在式(12-47)两端乘以 $P_i^*$，可以得到

$$\frac{\mathrm{d}c_i}{\mathrm{d}\sigma} P_i^* \left\langle \sum_{g'=1}^{G} \sum_j \kappa^j \sigma_{\mathrm{f},g'}^j \boldsymbol{N}_i^j \psi_{i,g'} \right\rangle_{\Omega,V} + c_i P_i^* \left\langle \kappa^k \boldsymbol{N}_i^k \psi_{i,g} \right\rangle_{\Omega,V}$$

$$+ c_i P_i^* \left\langle \sum_j \frac{\mathrm{d}\boldsymbol{N}_i^j}{\mathrm{d}\sigma} \sum_{g'=1}^{G} \kappa^j \sigma_{\mathrm{f},g'}^j \psi_{i,g'} \right\rangle_{\Omega,V} + c_i P_i^* \left\langle \sum_{g'=1}^{G} \sum_j \kappa^j \sigma_{\mathrm{f},g'}^j(\boldsymbol{r}) \boldsymbol{N}_i^j \frac{\mathrm{d}\psi_{i,g'}}{\mathrm{d}\sigma} \right\rangle_{\Omega,V} = 0 \tag{12-51}$$

为了计算上述各项对相对灵敏度系数的贡献，需要构造如下的方程。首先，构造共轭燃耗方程

$$-\frac{\mathrm{d}\boldsymbol{N}^*}{\mathrm{d}t} - (\boldsymbol{M}_i^* + \boldsymbol{D})\boldsymbol{N}^* = \frac{\partial R}{\partial \boldsymbol{N}} \tag{12-52}$$

式中，$\boldsymbol{N}^*$ 为共轭原子核密度；$\boldsymbol{M}_i^*$ 为第 $i$ 个燃耗步各核素等效转换截面矩阵的转置矩阵。同理，构造广义共轭中子输运方程和广义中子输运方程，分别表示为

$$\boldsymbol{B}_{i,g'}^* \Gamma_{i,g'}^* = -\int_{t_i}^{t_{i+1}} \left( \boldsymbol{N}^* \frac{\partial \boldsymbol{M}}{\partial \psi_{i,g'}} \boldsymbol{N} + \frac{\partial R}{\partial \psi_{i,g'}} \right) \mathrm{d}t + P_i^* c_i \sum_j \kappa^j \sigma_{\mathrm{f},g'}^j \boldsymbol{N}_i^j \tag{12-53}$$

$$\boldsymbol{B}_{i,g'} \Gamma_{i,g'} = \int_{t_i}^{t_{i+1}} \frac{\partial R}{\partial \psi_{i,g'}^*} \mathrm{d}t \tag{12-54}$$

构造共轭功率方程，表示为

$$-\int_{t_i}^{t_{i+1}} \boldsymbol{N}^* \frac{\partial \boldsymbol{M}_i}{\partial c_i} \boldsymbol{N} \mathrm{d}t + P_i^* \sum_{g'=1}^{G} \sum_j \left\langle \kappa^j \sigma_{\mathrm{f},g'}^j \boldsymbol{N}_i^j \psi_{i,g'} \right\rangle_\Omega = \int_{t_i}^{t_{i+1}} \frac{\partial R}{\partial c_i} \mathrm{d}t \tag{12-55}$$

由式(12-55)可知

$$P_i^* = \frac{\int_{t_i}^{t_{i+1}} \left( N^* \frac{\partial M_i}{\partial c_i} N + \frac{\partial R}{\partial c_i} \right) \mathrm{d}t}{\sum_{g'=1}^{G} \sum_{j} \left\langle \kappa^j \sigma_{\mathrm{f},g'}^j N_i^j \psi_{i,g'} \right\rangle_{\Omega}} \tag{12-56}$$

为了方便对上述方程求解，假设在第 $I$ 个燃耗子步的终止时刻，$\Gamma_{I,g}^*$、$\Gamma_{I,g'}$、$N_I^*$ 和 $P_I^*$ 满足以下方程：

$$\boldsymbol{B}_{I,g}^* \Gamma_{I,g} = c_I P_I^* \sum_{j} \kappa^j \sigma_{\mathrm{f},g'}^j N_I^j - \frac{\partial R}{\partial \psi_{I,g'}} \tag{12-57}$$

$$\boldsymbol{B}_{I,g'} \Gamma_{I,g'} = -\frac{\partial R}{\partial \psi_{I,g'}^*} \tag{12-58}$$

$$N_I^* = \frac{\partial R}{\partial N_I} + \sum_{g'=1}^{G} \left\langle \Gamma_{I,g'} \frac{\partial \boldsymbol{B}_{I,g'}^*}{\partial N_I} \psi_{I,g'}^* + \Gamma_{I,g'}^* \frac{\partial \boldsymbol{B}_{I,g'}}{\partial N_I} \psi_{I,g'} - P_I^* c_I \kappa^j \sigma_{\mathrm{f},g'}^j \psi_{I,g'} \right\rangle_{\Omega} \tag{12-59}$$

$$P_I^* \sum_{g'=1}^{G} \sum_{j} \kappa^j \sigma_{\mathrm{f},g'}^j N_I^j \psi_{I,g'} = \frac{\mathrm{d}R}{\mathrm{d}c_I} \tag{12-60}$$

此时，式(12-35)所示的相对灵敏度系数可以表示为

$$S_{R,\sigma} = \frac{\sigma}{R} \left[ \int_{t_0}^{t_f} \frac{\partial R}{\partial \sigma} \mathrm{d}t + \sum_{i=0}^{I} \int_{t_i}^{t_{i+1}} \left\langle N^* \frac{\partial M}{\partial \sigma} N \right\rangle_{\Omega,V} \mathrm{d}t + \sum_{i=0}^{I} \left\langle \Gamma_i^* \frac{\partial \boldsymbol{B}_{i,g}}{\partial \sigma} \psi \right\rangle_{\Omega,V} \right.$$
$$\left. + \sum_{i=0}^{I} \left\langle \Gamma_i \frac{\partial \boldsymbol{B}_{i,g}^*}{\partial \sigma} \psi_i^* \right\rangle_{\Omega,V} - \sum_{i=0}^{I} \left\langle P_i^* \frac{\partial P_i}{\partial \sigma} \right\rangle_{\Omega,V} \right] \tag{12-61}$$

通过前向燃耗计算可以得到各燃耗步下的中子通量密度 $\psi_{i,g}$ 和各核素的原子核密度 $N$，通过共轭输运计算可以得到共轭中子通量密度 $\psi_{i,g}^*$。在此基础上，通过共轭燃耗方程求解可以得到共轭原子核密度 $N^*$，分别通过广义前向和共轭中子输运方程求解，可以得到广义共轭中子通量 $\Gamma_{i,g}^*$ 和广义中子通量 $\Gamma_{i,g}$。对于共轭燃耗方程，其在形式上与燃耗方程一致，只需将核素等效转换矩阵进行转置即可采用点燃耗求解器进行求解。

## 12.3 基于统计学抽样的分析方法

统计学抽样方法用于不确定性分析的基本思想为[8]：首先，根据核数据的(相对)协

方差矩阵，抽样产生大量的核数据样本；然后基于各核数据样本，完成核反应堆物理计算，获得对应的响应的样本；最后，对响应的样本进行统计学计算，确定响应的不确定度及相关性信息。区别于确定论方法，统计学抽样方法并未采用一阶近似处理，在理论上能够获得更加准确的不确定性分析结果，但其缺点是需要大量的核反应堆物理计算。基于统计学抽样方法的不确定性分析，其关键在于抽样方法、核数据扰动和自洽守恒原则。因此，下面以中子输运计算为例，分别从基本理论、抽样方法、核数据扰动和自洽守恒原则三个方面进行阐述。

### 12.3.1 基本理论

根据上文介绍，核数据的不确定度可以用多群相对协方差矩阵 $C_{\sigma,\sigma}^{r}$ 表示。在正态分布条件下，多群截面的相对分布空间 $\sigma$ 满足以单位向量 $I$ 为期望值、相对协方差矩阵为 $C_{\sigma,\sigma}^{r}$ 的 $N$ 元正态分布，即 $\sigma \sim N_N(I, C_{\sigma,\sigma}^{r})$。此时，多群截面的相对分布空间的联合概率密度函数可以表示为

$$g(\sigma) = \frac{1}{(2\pi)^{N/2} \left| C_{\sigma,\sigma}^{r} \right|^{1/2}} \exp\left[ -\frac{1}{2}(\sigma - I)^{T} \cdot C_{\sigma,\sigma}^{r}{}^{-1} \cdot (\sigma - I) \right] \tag{12-62}$$

根据式(12-62)的联合概率密度函数，可以抽样产生多群截面的相对扰动量样本空间 $\sigma_S$。针对相关变量的抽样，在数学上可以转化为相互独立变量的抽样。设维度为 $N$ 的相互独立变量为 $Y=[y_1, y_2, \cdots, y_N]^T$，变量 $Y$ 服从期望为零向量 $O$、协方差矩阵为单位矩阵 $I$ 的多元标准正态分布，即 $Y \sim N_N(O, I)$，其联合概率密度函数可以表示为

$$g(Y) = \prod_{i=1}^{N} \frac{1}{(2\pi)^{1/2}} \exp\left( -\frac{y_i^2}{2} \right) \tag{12-63}$$

通过对相互独立的各个变量 $y_i (i=1,2,\cdots,N)$ 的抽样，可以非常方便地获得其样本空间 $Y_S$。基于相互独立变量的样本空间 $Y_S$ 和多群相对协方差矩阵，可以获得相关变量的样本空间 $\sigma_S$，表示为

$$\sigma_S = (C_{\sigma,\sigma}^{r})^{1/2} Y_S + I \tag{12-64}$$

如式(12-64)所示，为了获得输入多群截面的相对样本空间 $\sigma_S$，需要使用到其相对协方差矩阵 $C_{\sigma,\sigma}^{r}$ 的方根矩阵 $(C_{\sigma,\sigma}^{r})^{1/2}$。值得注意的是，多群相对协方差矩阵并非正定矩阵，某些核素的相对协方差矩阵会出现部分极小负特征值的情况，需要对其进行半正定的矩阵处理，使其满足至少半正定的要求。对多群相对协方差矩阵进行特征值分解：

$$C_{\sigma,\sigma}^{r} = V \cdot \mathrm{diag}(\lambda_1, \lambda_2, \cdots, \lambda_N) \cdot V^{T} \tag{12-65}$$

式中，$\lambda_i (i=1,2,\cdots,N)$ 为特征值；$V$ 为特征向量。对其特征值进行如下处理：

$$\bar{\lambda}_i = \max(\lambda_i, 0), \qquad i = 1, 2, \cdots, N \tag{12-66}$$

则式(12-65)可以表示为

$$
\begin{aligned}
C_{\sigma,\sigma}^{r} &= V \cdot \mathrm{diag}(\lambda_1, \lambda_2, \cdots, \lambda_N) \cdot V^{\mathrm{T}} \approx V \cdot \mathrm{diag}(\bar{\lambda}_1, \bar{\lambda}_2, \cdots, \bar{\lambda}_N) \cdot V^{\mathrm{T}} \\
&= [V \cdot \mathrm{diag}(\sqrt{\lambda_1}, \sqrt{\lambda_2}, \cdots, \sqrt{\lambda_N}) \cdot V^{\mathrm{T}}] \cdot [V \cdot \mathrm{diag}(\sqrt{\lambda_1}, \sqrt{\lambda_2}, \cdots, \sqrt{\lambda_N}) \cdot V^{\mathrm{T}}]^{\mathrm{T}} \quad (12\text{-}67)\\
&\approx [C_{\sigma,\sigma}^{r}]^{1/2} \cdot [C_{\sigma,\sigma}^{r}]^{1/2T}
\end{aligned}
$$

通过上述的矩阵半正定构造，获得多群相对协方差矩阵的方根矩阵。根据式(12-64)即可获得多群截面的相对扰动量样本。将多群截面的样本用于核反应堆物理计算，即可获得对应的响应样本 $R_S$，对其进行统计学计算，可以得到响应的相对协方差矩阵，表示为

$$
C_{R_i,R_j}^{r} = \frac{1}{\mathrm{NS}-1} \sum_{s=1}^{\mathrm{NS}} \left( \frac{R_{i,s}}{R_{i,0}} - 1 \right) \left( \frac{R_{j,s}}{R_{j,0}} - 1 \right) \quad (12\text{-}68)
$$

式中，NS 为样本数目；$R_{i,0}$（或 $R_{j,0}$）分别为响应 $R_i$（或 $R_j$）的期望值。根据上述方法，即可将核数据的不确定度传递到核反应堆物理计算的响应中，最终确定响应的(相对)协方差矩阵。

### 12.3.2 抽样方法

统计学抽样方法在不确定性分析中需要产生并利用大量输入参数的计算样本，如何高效地产生输入参数的样本是统计学抽样方法的一个关键问题。常用的抽样方法包括：随机抽样(random sampling, RS)方法、重要分层抽样(importance sampling, IS)方法和拉丁超立方体抽样(latin hypercube sampling, LHS)方法。上述三种不同抽样方法的基本思想如图 12-3 所示。

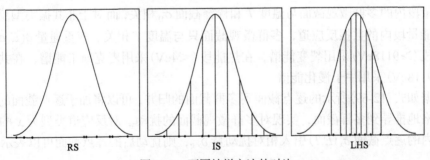

图 12-3　不同抽样方法的对比

随机抽样方法是简单且易实现的抽样方法，其基本思想是：在输入参数的分布空间范围内，根据概率密度函数随机抽取参数的样本点。该抽样方法的优势在于抽样过程简单快速，但其最大的缺陷在于：抽取的样本点可能无法保证完全覆盖输入参数的整个分布空间。

重要分层抽样方法的基本思想是：首先将参数的分布空间按照重要性程度划分成不同的子区间，然后在各个子区间内采取随机抽样方法，获得参数的样本点。该抽样方法

能够克服随机抽样方法的缺陷，保障样本点能够充分覆盖整个参数的分布空间。但其最大的不方便之处在于：需要确定输入参数分布的重要性区间，且不同的样本点具有不同的分布概率，这为后续的不确定度量化带来一定的不便。

拉丁超立方体抽样方法是一种较为先进的抽样方法，其融合了随机抽样方法和重要分层抽样方法的优点，克服了两者的缺点，其基本思想是：首先将输入参数的分布空间划分成若干个等概率的子空间；然后在各个等概率的子空间内随机抽取输入参数的样本点。拉丁超立方体抽样方法既能保障样本点充分覆盖输入参数的整个分布空间，又能保障每个样本点的概率相等。针对这三种抽样方法的研究结果表明：在相同的样本数目条件下，拉丁超立方体抽样方法能够获得最稳定的不确定度量化结果。

### 12.3.3 核数据扰动和自洽守恒原则

根据核数据的多群相对协方差矩阵，采用抽样方法可以获得多群截面扰动量样本。如何根据多群截面扰动量样本得到对应的多群微观截面数据库的样本，需要建立多群截面扰动方法。下面针对多群截面扰动方法，进行详细阐述。

多群微观截面数据库是基于与能量和温度相关的逐点截面数据库，采用中子能谱作为权重函数在特定的多群能群结构上归并获得

$$\sigma_{x,g}(T,\sigma_0) = \frac{\int_{\Delta E_g} \sigma_x(E,T)\phi(E,\sigma_0)\mathrm{d}E}{\int_{\Delta E_g} \phi(E,\sigma_0)\mathrm{d}E} \tag{12-69}$$

式中，$\sigma_x(E,T)$ 为反应道类型为 $x$ 的逐点截面大小；$\phi(E,\sigma_0)$ 为权重通量；$\Delta E_g$ 为多群能群结构第 $g$ 群对应的能量范围。式 (12-69) 为通用的表达形式：对于共振反应道类型，其共振能量段内的多群微观截面与温度 $T$ 和稀释截面 $\sigma_0$ 相关；而对于非共振类型反应道及非共振能量段内的共振反应道，多群微观截面只与温度 $T$ 相关。权重通量 $\phi(E,\sigma_0)$ 在裂变能量段 ($>9118\mathrm{eV}$) 采用裂变能谱，在热能段 ($<4\mathrm{eV}$) 采用麦克斯韦能谱，在共振能量段 ($4\sim9118\mathrm{eV}$) 采用中子慢化能谱。

根据如式 (12-69) 所示的逐点截面到多群截面的归并，可以将加于逐点截面的相对扰动量严格地推导到多群截面，实现对多群微观截面的扰动。对反应道类型为 $x$ 的第 $g$ 群能量段内的逐点截面 $\sigma_x(E,T)$ 引入相对扰动量 $\delta_{x,g}$，则扰动后的逐点截面可以表示为

$$\sigma_x'(E,T) = (1+\delta_{x,g})\sigma_x(E,T), \quad E_g \leqslant E < E_{g-1} \tag{12-70}$$

式中，$E_g$ 和 $E_{g-1}$ 分别为能群结构中第 $g$ 群和 $g-1$ 群的能量上界。此时，需要考虑逐点截面 $\sigma_x(E,T)$ 的扰动对权重通量 $\phi(E,\sigma_0)$ 的影响：对于非共振能量段 (包括热能区和裂变能区)，权重通量与逐点截面不相关；而对于共振能量段，权重通量与逐点截面相关。因此，对于非共振类型反应道和共振类型反应道，在非共振能量段内，逐点截面的扰动不会引起权重通量的改变，截面的相对扰动由逐点截面传递到多群截面：

$$\sigma'_{x,g}(T) = \frac{\int_{\Delta E_g} \sigma'_x(E,T)\phi(E)\mathrm{d}E}{\int_{\Delta E_g} \phi(E)\mathrm{d}E} = (1+\delta_{x,g})\frac{\int_{\Delta E_g} \sigma_x(E,T)\phi(E)\mathrm{d}E}{\int_{\Delta E_g} \phi(E)\mathrm{d}E} \tag{12-71}$$

$$= (1+\delta_{x,g})\sigma_{x,g}(T)$$

该传递过程是一个线性过程，即直接将截面的相对扰动量加于多群微观截面，即可获得直接扰动后的多群微观截面。

对于共振能量段内的共振类型的反应道，其逐点截面的扰动会影响中子在该能量段内的慢化过程，进而直接影响中子慢化能谱。因此，需要综合考虑逐点截面的扰动对权重通量引入的扰动，从而获得正确的扰动后的多群微观截面。对共振能量段内的权重通量引入窄共振（NR）近似，即权重通量 $\phi(E,\sigma_0)$ 满足如下表示形式：

$$\phi(E,\sigma_0) = \frac{\sigma_p^r + \sigma_0}{\sigma_t^r(E) + \sigma_0}\Psi(E) \tag{12-72}$$

式中，$\sigma_p^r$ 为共振核素的势弹性散射截面；$\sigma_t^r(E)$ 为共振核素的总截面；$\Psi(E)$ 为渐进能谱 $1/E$。根据基础反应道和加和反应道之间的关系可知，在反应道类型为 $x$ 的第 $g$ 群能量段内的逐点截面 $\sigma_x(E,T)$ 发生一定扰动的条件下，逐点总截面 $\sigma_t(E,T)$ 会发生一定大小相关的截面扰动，可以表示为

$$\sigma'_t(E,T) = (1+\delta_{t,g})\sigma_t(E,T), \qquad E_g \leqslant E < E_{g-1} \tag{12-73}$$

式中，$\delta_{t,g}$ 表示总截面的相对扰动量，其计算如下式所示：

$$\delta_{t,g} = \frac{\sum_x \delta_{x,g}\sigma_x(E,T)}{\sigma_t(E,T)}, \qquad E_g \leqslant E < E_{g-1} \tag{12-74}$$

在 NR 近似条件下，截面扰动后的权重通量 $\phi'(E,\sigma_0)$ 可以表示为

$$\phi'(E,\sigma_0) = \frac{\sigma_p^r + \sigma_0}{(1+\delta_{t,g})\sigma_t^r(E) + \sigma_0}\Psi(E) \tag{12-75}$$

将式（12-75）代入式（12-69）中，可以获得扰动后的多群微观截面，表示为

$$\sigma'_{x,g}(T,\sigma_0) = \frac{\int_{\Delta E_g} \sigma'_x(E,T)\phi'(E,\sigma_0)\mathrm{d}E}{\int_{\Delta E_g} \phi'(E,\sigma_0)\mathrm{d}E}$$

$$\tag{12-76}$$

$$= (1+\delta_{x,g})\frac{\int_{\Delta E_g} \sigma_x(\mu,T)\dfrac{\sigma_p^r + \sigma_0}{(1+\delta_{t,g})\sigma_t^r(\mu,T) + \sigma_0}\mathrm{d}\mu}{\int_{\Delta E_g} \dfrac{\sigma_p^r + \sigma_0}{(1+\delta_{t,g})\sigma_t^r(\mu,T) + \sigma_0}\mathrm{d}\mu} = (1+\delta_{x,g})\sigma_{x,g}(T,\sigma'_0)$$

式中，$\sigma_0'$ 为扰动后的稀释截面，表示为

$$\sigma_0' = \frac{\sigma_0}{1+\delta_{\mathrm{t},g}} \tag{12-77}$$

如式(12-76)所示，对于共振能量段内的共振类型反应道，截面的相对扰动由逐点截面到多群截面的传递是非线性的。

为了保证核截面之间的自洽守恒关系，从而确保后续的核反应堆物理计算顺利、正确进行，需要根据截面自洽守恒原则对扰动后的多群微观截面进行自洽处理。基于多群微观截面数据库的确定论中子输运方程的计算程序，依赖加和反应道 $\sigma_{\mathrm{t}}$ 和 $\sigma_{\mathrm{a}}$ 及基础反应道 $\sigma_{\mathrm{s}}$ 和 $\nu\sigma_{\mathrm{f}}$ 等截面，针对共振能群内的反应道进行共振计算处理，获得有效自屏截面。因此，多群微观截面数据库中只保存了必需的加和反应道和基础反应道信息及以共振积分形式储存的共振截面信息。而对于其他的不包含多群微观截面数据库中的反应道的扰动或者抽样，需要考虑对上述反应道和共振积分的影响，才能进一步影响到中子输运求解的响应，从而分析其对响应的影响。因此，截面自洽处理主要包括两个方面的内容：基础反应道与加和反应道的自洽处理及共振截面与共振积分的转化。

1) 基础反应道与加和反应道

在评价核数据库中，采用 MT 编号由 1 到 999 用于对各个反应道类型进行定义，基础反应道与加和反应道如表 12-2 和表 12-3 所示。根据各加和反应道的定义，其与基础反应道截面之间的关系可以表示为

$$\sigma_{\mathrm{MT}=101} = \sum_{\mathrm{MT}=102}^{117} \sigma_{\mathrm{MT}} \tag{12-78}$$

$$\sigma_{\mathrm{MT}=27} = \sigma_{\mathrm{MT}=18} + \sigma_{\mathrm{MT}=101} \tag{12-79}$$

$$\begin{aligned} \sigma_{\mathrm{MT}=3} = {} & \sigma_{\mathrm{MT}=4} + \sigma_{\mathrm{MT}=5} + \sigma_{\mathrm{MT}=11} + \sum_{\mathrm{MT}=16}^{18} \sigma_{\mathrm{MT}} + \sum_{\mathrm{MT}=22}^{25} \sigma_{\mathrm{MT}} \\ & + \sum_{\mathrm{MT}=28}^{37} \sigma_{\mathrm{MT}} + \sum_{\mathrm{MT}=41}^{42} \sigma_{\mathrm{MT}} + \sum_{\mathrm{MT}=44}^{45} \sigma_{\mathrm{MT}} + \sigma_{\mathrm{MT}=101} \end{aligned} \tag{12-80}$$

$$\sigma_{\mathrm{MT}=1} = \sigma_{\mathrm{MT}=2} + \sigma_{\mathrm{MT}=3} \tag{12-81}$$

当某个或者某些基础反应道的截面发生一定扰动，将基础反应道截面的相对扰动量加到该反应道的多群微观截面后，根据如式(12-78)~式(12-81)所示的截面自洽守恒关系，平衡加和反应道和基础反应道截面之间的关系，得到扰动之后的加和反应道截面。

表 12-2 基础反应道类型及其说明

| MT | 反应道类型 | 说明 |
|---|---|---|
| 2 | (n,elas) | 弹性散射反应道 |
| 4 | (n,inel) | 非弹性散射反应道 |
| 5 | (n,anything) | 其他所有未显式表示的反应道 |
| 11 | (n,2nd) | 2 个中子和 1 个氘产生反应道 |
| 16 | (n,2n) | 2 个中子产生反应道 |
| 17 | (n,3n) | 3 个中子产生反应道 |
| 18 | (n,fission) | 裂变反应道 |
| 22 | (n,nα) | 1 个中子和 1 个 α 产生反应道 |
| 23 | (n,n3α) | 1 个中子和 3 个 α 产生反应道 |
| 24 | (n,2nα) | 2 个中子和 1 个 α 产生反应道 |
| 25 | (n,3nα) | 3 个中子和 1 个 α 产生反应道 |
| 28 | (n,np) | 1 个中子和 1 个质子产生反应道 |
| 29 | (n,n2α) | 1 个中子和 2 个 α 产生反应道 |
| 30 | (n,2n2α) | 2 个中子和 2 个 α 产生反应道 |
| 32 | (n,nD) | 1 个中子和 1 个氘产生反应道 |
| 33 | (n,nT) | 1 个中子和 1 个氚产生反应道 |
| 34 | (n,n$^3$He) | 1 个中子和 1 个 $^3$He 产生反应道 |
| 35 | (n,nd2α) | 1 个中子、1 个氘和 2 个 α 产生反应道 |
| 36 | (n,nt2α) | 1 个中子、1 个氚和 2 个 α 产生反应道 |
| 37 | (n,4n) | 4 个中子产生反应道 |
| 41 | (n,2np) | 2 个中子和 1 个质子产生反应道 |
| 42 | (n,3np) | 3 个中子和 1 个质子产生反应道 |
| 44 | (n,n2p) | 1 个中子和 2 个质子产生反应道 |
| 45 | (n,npα) | 1 个中子、1 个质子和 1 个 α 产生反应道 |
| 102 | (n,γ) | 俘获反应道 |
| 103 | (n,p) | 质子产生反应道 |
| 104 | (n,D) | 氘产生反应道 |
| 105 | (n,T) | 氚产生反应道 |
| 106 | (n,$^3$He) | $^3$He 产生反应道 |
| 107 | (n,α) | 1 个 α 产生反应道 |

| MT | 反应道类型 | 说明 |
|---|---|---|
| 108 | (n,2α) | 2 个 α 产生反应道 |
| 109 | (n,3α) | 3 个 α 产生反应道 |
| 111 | (n,2p) | 2 个质子产生反应道 |
| 112 | (n,pα) | 1 个质子和 1 个 α 产生反应道 |
| 113 | (n,T2α) | 1 个氚和 2 个 α 产生反应道 |
| 114 | (n,D2α) | 1 个氘和 2 个 α 产生反应道 |
| 115 | (n,pD) | 1 个质子和 1 个氘产生反应道 |
| 116 | (n,pT) | 1 个质子和 1 个氚产生反应道 |
| 117 | (n,Dα) | 1 个氘和 1 个 α 产生反应道 |

**表 12-3　加和反应道类型及其说明**

| MT | 反应道类型 | 说明 |
|---|---|---|
| 1 | (n,total) | 总截面反应道 |
| 3 | (n,nonelas) | 非弹性反应道 |
| 27 | (n,abs) | 吸收反应道 |
| 101 | (n,disp) | 消失反应道 |

2）共振截面与共振积分

共振截面信息在多群微观截面数据库中以共振积分的形式存储，是关于温度和稀释截面的二维插值表形式。根据共振积分的二维插值表，可以按照如下公式转换得到对应的共振截面的二维插值表：

$$\sigma_{x,g}(T,\sigma_0) = \frac{I_{x,g}(T,\sigma_0)\sigma_0}{\sigma_0 - I_{a,g}(T,\sigma_0)} \tag{12-82}$$

式中，$I_{x,g}(T,\sigma_0)$ 表示类型为 $x$ 的反应道第 $g$ 群共振截面在温度 $T$ 和稀释截面 $\sigma_0$ 条件下的共振积分；$I_{a,g}(T,\sigma_0)$ 表示吸收反应道的共振积分；$\sigma_{x,g}(T,\sigma_0)$ 表示类型为 $x$ 的反应道的共振截面。在共振积分表中，储存的反应道类型一般包括总截面 $I_{t,g}(T,\sigma_0)$、吸收截面 $I_{a,g}(T,\sigma_0)$ 和中子产生截面 $I_{vf,g}(T,\sigma_0)$ 的共振积分信息。对于中子产生截面 $I_{vf,g}(T,\sigma_0)$ 的共振积分，由于平均裂变中子数 $\nu$ 不存在共振现象，可以按照如下的公式对其进行分离处理：

$$I_{vf,g}(T,\sigma_0) = \nu_g \cdot I_{f,g}(T,\sigma_0) \tag{12-83}$$

当共振能群内的共振截面发生扰动后，根据如式（12-82）所示的共振截面和共振积分之间的转换关系，将扰动后的共振截面再转换成对应的共振积分，储存于多群微观截面数据库中：

$$I'_{x,g}(T,\sigma_0) = \frac{\sigma'_{x,g}(T,\sigma_0)\sigma_0}{\sigma'_{a,g}(T,\sigma_0) + \sigma_0} \tag{12-84}$$

根据共振截面和共振积分之间的关系，可以将两者相互转换：在截面扰动之前，由如式(12-82)所示的关系将共振积分插值表转换为共振截面插值表；在截面扰动之后，根据式(12-84)将扰动后的共振截面插值表转换为共振积分插值表。

## 12.4 核反应堆不确定性分析及应用

基于上述敏感性和不确定性分析方法，能够将核数据的不确定度传递到核反应堆物理计算关键物理量，确定响应的不确定度。同时，基于核数据的敏感性和不确定性分析，可以建立起核数据同化方法和目标精度评估方法。本节分别针对核反应堆不确定性分析、核数据同化方法和目标精度评估方法进行阐述。

### 12.4.1 核反应堆不确定性分析

基于上文介绍的微扰理论方法和统计学抽样方法，近年来多个单位研发了不同的敏感性和不确定性分析程序，主要包括：美国橡树岭国家实验室基于微扰理论开发的 TSUNAMI 程序[9]，OECD/NEA 基于微扰理论和 $S_N$ 程序(ANISN、DOT-3.5、DANTSYS、DORT 和 TORT)开发的 SUSD3D 程序[10]，德国 NRG 基于统计学抽样方法开发的 XSUSA 程序[11]，西班牙马德里理工大学基于统计学抽样方法开发的 MCNP-ACAB 程序[12]，西安交通大学 NECP 团队基于微扰理论开发的 NECP-SUNDEW 程序和 NECP-COLEUS 程序及基于统计学抽样方法开发的 UNICORN 程序，清华大学基于微扰理论在 RMC 程序中实现敏感性和不确定性分析功能[13]，哈尔滨工程大学基于直接数值扰动和统计学方法开发的 CUSA 程序[14]等。

为了推动核反应堆系统不确定性分析研究的发展，世界经济合作与发展组织(Organization for Economic Co-operation and Development, OECD)、核能机构(Nuclear Energy Agency, NEA)于 2006 年成立了 UAM(Uncertainty Analysis in Modeling)专家组，并于 2007 年、2009 年和 2015 年分别启动了针对轻水堆[15](light-water reactors, LWRs)、高温气冷堆[16](high-temperature gas-cooled reactors, HTGR)和钠冷快堆[17](sodium-cooled fast reactors, SFRs)的不确定性分析研究项目。其中，针对 LWRs 的不确定性分析研究工作得到了大力推动和发展，为后续开展针对 HTGR 和 SFR 的相关研究工作奠定了基础。针对 LWR 的不确定性分析研究，UAM 专家组确定并发布了轻水堆基准题 "OECD UAM-LWRs Benchmarks"，建立了包括压水堆(pressurized water reactor, PWR)和沸水堆(boiling water reactor, BWR)堆芯的不确定性分析研究的基准题。UAM-LWR 将核反应堆系统分为三个

不同研究阶段(共包括九个步骤):中子物理学计算阶段、堆芯阶段和系统阶段。对于每个研究阶段,对应的研究步骤和研究目标如下。

1)中子物理学计算阶段

(1)Exercise I-1:"栅元物理学",多群微观截面数据库及其协方差。

(2)Exercise I-2:"组件物理学",少群均匀化截面数据库及其协方差。

(3)Exercise I-3:"堆芯物理学",堆芯中子学计算结果及其不确定度。

2)堆芯阶段

(1)Exercise II-1:"燃料物理学",稳态和瞬态过程中燃料热性能模拟。

(2)Exercise II-2:"时间相关中子学",中子动力学和燃料燃耗计算。

(3)Exercise II-3:"棒束热工水力学",燃料棒束热工水力学计算。

3)系统阶段

(1)Exercise III-1:"堆芯多物理",堆芯物理/热工耦合计算。

(2)Exercise III-2:"系统热工水力",热工水力系统计算。

(3)Exercise III-3:"耦合堆芯系统",中子动力学、热工水力系统计算。

核反应堆中子物理学计算是核反应堆系统设计和安全分析中最基础的研究内容,其计算结果的精度和置信度将直接影响对核反应堆的安全性和经济性的评估。因此,根据UAM基准题的研究目标,国际上针对压水堆和快堆,在核反应堆物理计算阶段的敏感性和不确定性分析展开了大量的研究工作。以压水堆为例,研究表明:基于目前国际主流的评价核数据库,核数据对堆芯 $k_{\mathrm{eff}}$ 的不确定度在 500pcm 左右,功率分布的不确定度在 5%左右(图 12-4)。

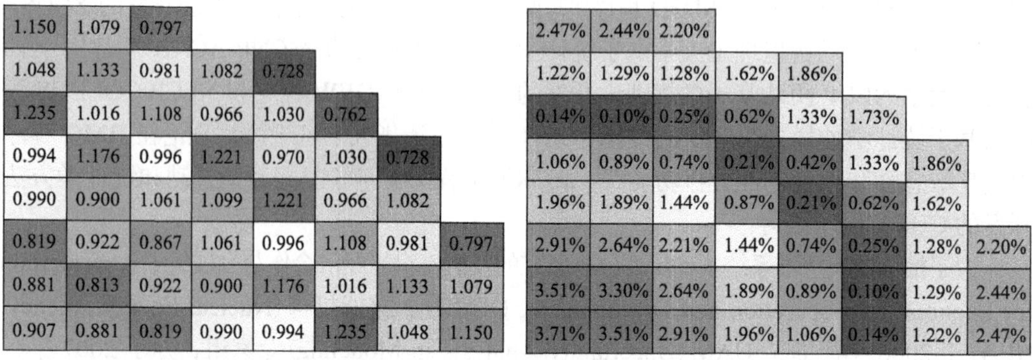

(a) 堆芯径向组件平均功率    (b) 相对不确定度

图 12-4  典型压水堆堆芯功率分布及核数据导致的相对不确定度

## 12.4.2  核数据同化方法

核反应堆物理计算不确定性分析研究表明,目前核数据存在显著的不确定度,对核反应堆物理计算结果具有明显的影响。因此,为了提高核反应堆堆芯关键物理量的设计和分析精度,亟须提高核数据的精度,降低其不确定度。但是,核数据的不确定度客观存在，其精度的提高依赖于微观实验测量和宏观检验。由于实验装置建造和实验测量系统误差是固有存在的，核数据的精度受限于系统误差；并且实验系统误差的降低依赖于更加精密的测量仪器和更加先进的测量技术的发展，需要付出越来越大的代价和投入，故仅通过实验的方法也难以无止境地改善核数据的精度。

因此，2009 年 OECD/NEA 核数据评估国际合作组 WPEC 成立专门的研究小组"Subgroup 33"，开展核数据同化相关的研究工作[18]。Subgroup 33 小组的研究主旨在于：研究将基准实验装置的实测结果和核数据库的协方差数据用于改进评价数据库的理论方法和其中涉及的科学问题，建立一套科学完善的研究方法用于核数据同化，改进核数据库的精度。针对核数据同化，Subgroup 33 研究小组总结了国际上不同的研究单位先后提出的研究方法，汇总如表 12-4 所示。

表 12-4　核数据同化理论方法

| 单位 | 理论方法 | 基本方程 |
|------|----------|----------|
| ANL | 广义线性最小二乘方法 | $\delta = C_p S^T (SC_p S^T + C_E)^{-1} E$<br>$C_p' = C_p - C_p S^T (SC_p S^T + C_E)^{-1} SC_p$ |
| CEA | 贝叶斯理论 | $\sigma - \sigma_m = M_\sigma S^T (M_E + SM_\sigma S^T)^{-1} [E - C(\sigma_m)]$<br>$M_{\sigma'} = M_\sigma - M_\sigma S^T (M_E + SM_\sigma S^T)^{-1} SM_\sigma$ |
| INL | 拉格朗日乘数法 | $\tilde{y} - y = -(I - B_y A^T G^{-1} A)v$<br>$B_{\tilde{y}} = (I - B_y A^T G^{-1} A)B_y (I - B_y A^T G^{-1} A)^T$ |
| IPPE | 最大似然方法 | $C' - C = WH^T (V + HWH^T)^{-1}(I - I_p)$<br>$W' = W - WH^T (V + HWH^T)^{-1}HW$ |
| JAEA | 贝叶斯参数估计方法 | $T' = T_0 + MG^t [GMG^t + V_e + V_m]^{-1}[R_e - R_c(T_0)]$<br>$M' = M - MG^t [GMG^t + V_e + V_m]^{-1}GM$ |
| ORNL | 广义线性最小二乘方法 | $\Delta\alpha = -[C_{\alpha\alpha} S_k^T (S_k C_{\alpha\alpha} S_k^T + F_{m/k} C_{mm} F_{m/k})^{-1}]d$<br>$C_{\alpha'\alpha'} C_{\alpha\alpha} - [C_{\alpha\alpha} S_k^T (S_k C_{\alpha\alpha} S_k^T + F_{m/k} C_{mm} F_{m/k})^{-1} S_k C_{\alpha\alpha}]$ |

这里以广义线性最小二乘方法为例，详细阐述核数据同化方法的基本思想。设核数据 $\sigma$ 的初始值为 $\sigma_0 = [\sigma_{1,0}, \sigma_{2,0}, \cdots, \sigma_{N,0}]^T$；基准实验装置的测量实验数目为 $I$，其实验测量结果表示为 $m = [m_1, m_2, \cdots, m_I]^T$，对应的中子学程序的计算结果表示为 $k = [k_1, k_2, \cdots, k_I]^T$；实验测量结果 $m$ 的相对协方差矩阵表示为

$$C_{m,m}^r = \left[ \frac{\text{cov}(m_i, m_j)}{m_i m_j} \right], \qquad i = 1, 2, \cdots, I; j = 1, 2, \cdots, I \qquad (12\text{-}85)$$

式中，$C_{m,m}^r$ 的对角线元素表示实验测量结果的相对方差，非对角元素表示不同实验测量结果之间的相对协方差，即相关性。对于采用相同的材料和实验测量系统的基准实验装置，其实测结果之间的相关性信息由测量实验的研究人员评估给定；对于在不同的基准

实验装置上进行的测量实验，一般认为其实测结果之间不相关。

核数据是核反应堆物理计算的最基本的输入参数，故中子学程序的计算结果 $k_i(i=1,2,\cdots,I)$ 是核数据的函数，可以将该函数关系简化表示为

$$k(\boldsymbol{\sigma}) = f(\boldsymbol{\sigma}) = f(\sigma_1,\sigma_2,\cdots,\sigma_N) \tag{12-86}$$

对如式(12-86)所示的函数关系在 $\boldsymbol{\sigma}$ 的初始值 $\boldsymbol{\sigma}_0$ 处对函数关系进行泰勒展开，并引入线性近似，可以得到

$$\begin{aligned}
k(\boldsymbol{\sigma}) &\approx f(\boldsymbol{\sigma}_0) + \sum_{n=1}^{N}\frac{\partial f}{\partial \sigma_n}(\sigma_n - \sigma_{n,0}) \\
&= f(\boldsymbol{\sigma}_0) + f(\boldsymbol{\sigma}_0)\sum_{n=1}^{N}S_{k,\sigma_n}\frac{\sigma_n - \sigma_{n,0}}{\sigma_{n,0}}
\end{aligned} \tag{12-87}$$

定义蒙特卡罗程序对基准实验装置的计算结果与实测结果之间的相对偏差为 $\boldsymbol{d}$：

$$\boldsymbol{d} = \left\{ d_i = \frac{k_i - m_i}{k_i}, \quad i = 1,2,\cdots,I \right\} \tag{12-88}$$

如果将核数据由 $\boldsymbol{\sigma}$ 同化为 $\boldsymbol{\sigma}'$，即 $\boldsymbol{\sigma}'=\boldsymbol{\sigma}+\Delta\boldsymbol{\sigma}$，其相对同化量表示为 $\delta\boldsymbol{\sigma}=[\delta\sigma_1, \delta\sigma_2,\cdots,\delta\sigma_N]^{\mathrm{T}}$，则有

$$\boldsymbol{\sigma}' = \left\{ \sigma_n' = \sigma_{n,0} + \Delta\sigma_n = (1+\delta\sigma_n)\sigma_{n,0}, n=1,2,\cdots,N \right\} \tag{12-89}$$

经过核数据同化，中子学程序对基准实验装置的计算结果 $\boldsymbol{k}'=[k_1',k_2',\cdots,k_I']^{\mathrm{T}}$ 可以表示为

$$k'(\boldsymbol{\sigma}') = f(\boldsymbol{\sigma}_0) + f(\boldsymbol{\sigma}_0)\sum_{n=1}^{N}S_{k,\sigma_n}\delta\sigma_n \tag{12-90}$$

此时，同化后的计算结果 $\boldsymbol{k}'$ 与实测结果 $\boldsymbol{m}$ 之间的相对偏差表示为

$$\boldsymbol{y} = \left\{ y_i = \frac{k_i' - m_i}{k_i}, i=1,2,\cdots,I \right\} \tag{12-91}$$

将同化前后的计算偏差和核数据的相对同化量写成矩阵运算的形式：

$$\boldsymbol{y} = \boldsymbol{d} + \boldsymbol{S}_{k,\sigma}\delta\boldsymbol{\sigma} \tag{12-92}$$

因此，核数据同化过程变成了一个典型的优化问题：如何在核数据的不确定度范围内确定其同化量 $\Delta\boldsymbol{\sigma}$（或相对同化量 $\delta\boldsymbol{\sigma}$），使得计算结果 $\boldsymbol{k}'$ 与实测结果 $\boldsymbol{m}$ 之间的偏差达到最小值。采用广义线性最小二乘方法，可以非常方便地解决如式(12-92)的优化问题。定义上述最小二乘问题的最小化参数 $\chi^2$ 为

$$\chi^2 = \left[\frac{\sigma'-\sigma}{\sigma}\right]^{\mathrm{T}} C_{\sigma,\sigma}^{\mathrm{r}}{}^{-1} \left[\frac{\sigma'-\sigma}{\sigma}\right] + \left[\frac{k'-m}{m}\right]^{\mathrm{T}} C_{m,m}^{\mathrm{r}}{}^{-1}\left[\frac{k'-m}{m}\right] \tag{12-93}$$
$$= [\delta\sigma]^{\mathrm{T}} C_{\sigma,\sigma}^{\mathrm{r}}{}^{-1}[\delta\sigma] + [\delta m]^{\mathrm{T}} C_{m,m}^{\mathrm{r}}{}^{-1}[\delta m]$$

求解上述最小二乘问题，可以确定核数据的相对同化量，表示为

$$\delta\sigma = -[C_{\sigma,\sigma}^{\mathrm{r}} S_{k,\sigma}^{\mathrm{T}} C_{d,d}^{\mathrm{r}}{}^{-1} d] \tag{12-94}$$

其中，

$$C_{d,d}^{\mathrm{r}} = F_{m/k} C_{m,m}^{\mathrm{r}} F_{m/k} + C_{k,k}^{\mathrm{r}} \tag{12-95}$$
$$C_{k,k}^{\mathrm{r}} = S_{k,\sigma} \cdot C_{\sigma,\sigma}^{\mathrm{r}} \cdot S_{k,\sigma}^{\mathrm{T}} \tag{12-96}$$
$$F_{m/k} = \mathrm{diag}\left(\frac{m_i}{k_i}\right), \quad i = 1,2,\cdots,I \tag{12-97}$$

式中，$F_{m/k}$ 表示由基准实验装置的实测结果与计算结果的比值构成的对角矩阵。核数据同化过程是一个利用宏观实验装置对核数据精度进行改善的过程，故核数据的不确定度水平在此过程中同样会得到改善。同化后的核数据的相对协方差数据库表示为

$$C_{\sigma',\sigma'}^{\mathrm{r}} = C_{\sigma,\sigma}^{\mathrm{r}} - C_{\sigma,\sigma}^{\mathrm{r}} S_{k,\sigma}^{\mathrm{T}} C_{d,d}^{\mathrm{r}}{}^{-1} S_{k,\sigma} C_{\sigma,\sigma}^{\mathrm{r}} \tag{12-98}$$

上述即是基于广义线性最小二乘算法用于核数据同化的理论方法。研究表明：针对快堆实验装置的核数据同化，可以显著改善中子学程序计算 $k_{\mathrm{eff}}$ 与实测值之间的误差，同时能够将核数据导致的不确定度由 1000pcm 降低到 150pcm 左右[8]。

### 12.4.3 目标精度评估方法

为了保障核反应堆的安全性，人们往往会对堆芯关键物理量提出严格的精度要求，称为目标精度(target accuracy)。压水堆和快堆堆芯关键物理量的目标精度要求如表 12-5 所示。结合由核数据的不确定度导致的压水堆和快堆堆芯 $k_{\mathrm{eff}}$ 与功率分布的不确定度水

表 12-5 压水堆和快堆堆芯关键物理量的目标精度要求

| 压水堆 | | 快堆 | |
|---|---|---|---|
| 堆芯关键物理量 | 目标精度 | 堆芯关键物理量 | 目标精度 |
| 有效增殖系数(BOL) | 500pcm | 有效增殖系数(BOL) | 300pcm |
| 功率峰因子(BOL) | 3% | 功率峰因子(BOL) | 2% |
| 多普勒系数(BOL) | 10% | 多普勒系数(BOL) | 7% |
| 燃耗反应性损失 | 500pcm | 冷却剂空泡反应性系数(BOL) | 7% |
| 核素原子核密度 | 5% | 燃耗反应性损失 | 300pcm |
| | | 寿期末主要核素原子核密度 | 2% |
| | | 寿期末其他核素原子核密度 | 10% |

平，可以发现当前核数据的不确定度尚无法满足快堆目标精度的要求。因此，如果能够根据核数据不确定性分析结果和堆芯关键物理量的目标精度要求，逆向提出对核数据的确切精度要求，这将对核数据测量实验的设计具有非常重要的意义。

因此，2005 年 OECD/NEA/WPEC 成立专门研究小组 "Subgroup 26"，开展针对第四代堆的目标精度评估(target accuracy assessment，TAA)的研究工作[19]。Subgroup26 小组的研究主旨在于：研究在给定第四代先进核能系统堆芯关键物理量的目标精度要求下，如何建立一整套科学完善的研究方法用于确定核数据需要达到的精度要求。目标精度评估是不确定性分析的逆向过程，即根据堆芯关键物理量的目标精度要求，逆向确定核数据的不确定度水平。下面针对目标精度评估方法，详细阐述其理论思想。

设要求的(未知)核数据精度要求为 $d=[d_1, d_2, \cdots, d_N]^T$，该变量存在两个完全对立的矛盾面：一方面，为了使得核数据对堆芯关键物理量的不确定度贡献尽量小，要求其核数据的不确定度，即 $d$ 尽量小；另一方面，由于核数据测量和模型计算中存在一定的难度，在核数据评价过程中希望 $d$ 尽量大，以更好地满足工作要求。因此，上述两个完全对立的矛盾面，对如下的优化问题提出了要求：

$$\min \quad Q = \sum_{i=1}^{I} \lambda_i / d_i^2 \qquad (12\text{-}99)$$

使得

$$\sum_i G_i^n + \sum_{ii'} G_{ii'}^n + \sum_i F_i^n \leqslant \left( R_n^0 \right)^2, \qquad n = 1, 2, \cdots, N \qquad (12\text{-}100)$$

式中，$Q$ 为目标函数；$i$ 为核数据的编号；$I$ 为参与目标精度评估核数据的数量；$\lambda$ 为代价因子，表征核数据测量的难易程度；$n$ 为堆芯关键物理量的编号；$N$ 为堆芯关键物理量的数量；$R^0$ 为堆芯关键物理量的标准差要求。式(12-100)左端的三项的含义如下：

(1)参与评估的核数据自身方差贡献项

$$G_i^n = S_{n,i}^2 d_i^2 \qquad (12\text{-}101)$$

式中，$G_i^n$ 为参与评估的核数据自身方差带来的不确定度；$S_{n,i}$ 为第 $n$ 个堆芯关键物理量关于第 $i$ 个核数据的相对灵敏度系数。

(2)参与评估的核数据之间协方差贡献项

$$G_{ii'}^n = S_{n,i} d_i \text{Corr}_{ii'} d_{i'} S_{n,i'} \qquad (12\text{-}102)$$

式中，$G_{ii'}^n$ 为参与评估的核数据之间协方差带来的不确定度；$\text{Corr}_{ii'}$ 为第 $i$ 个和 $i'$ 个核数据之间的相关性系数。

(3)参与评估和不参与评估核数据之间协方差贡献项

$$F_i^n = S_{n,i} d_i \text{Corr}_{ij} d_j S_{n,j}, \qquad j = 1, 2, \cdots, J \qquad (12\text{-}103)$$

式中，$F_i^n$ 为参与评估和不参与评估核数据之间协方差带来的不确定度；$J$ 为不参与评估的核数据数量。式(12-100)是根据堆芯关键物理量目标精度要求给出的约束，同时应该给出对核数据本身的约束条件，即核数据要求的方差应该小于当前核数据协方差矩阵给出的方差 $D$，即

$$d_i \leqslant D_i, \qquad i = 1, 2, \cdots, I \tag{12-104}$$

因此，式(12-99)、式(12-100)和式(12-104)联合建立了核数据目标精度评估的约束问题：

$$\begin{aligned}
&\min \quad Q = \sum_{i=1}^{I} \lambda_i / d_i^2 \\
&\text{s.t.} \\
&\sum_i G_i^n + \sum_{ii'} G_{ii'}^n + \sum_i F_i^n \leqslant \left( R_n^0 \right)^2, \qquad n = 1, 2, \cdots, N \\
&d_i \leqslant D_i, \qquad i = 1, 2, \cdots, I
\end{aligned} \tag{12-105}$$

通过观察可以发现，核数据目标精度评估是一个带约束条件的非线性优化问题，具有较大的计算规模。可用于上述优化问题求解的数学方法较多，通常可以分为两类：一类是确定性方法，另一类是随机性方法。确定性方法基于确定性的策略进行空间搜索，往往要求函数可微，并且全局最优性对函数初值依赖性较强，对于工程中常见的多峰值问题处理能力较弱。随机性方法在搜索策略中引入随机因素，对目标函数的形式没有特殊要求，全局搜索能力强，鲁棒性好，且较容易实现，因此具备良好的应用前景而被广泛关注。目前国际上普遍采用序列二次规划算法进行核数据目标精度评估的数值求解。该方法属于确定性方法的一种，将实际的优化问题转化为一系列的二次规划问题，通过求解二次规划问题产生搜索方向进行迭代求解。

## 参 考 文 献

[1] 葛智刚, 陈永静. 我国核数据发展现状与未来发展的思考. 中国科学, 2015, 60(32): 3087-3098.

[2] IAEA. INDC International Nuclear Data Committee. Neutron Cross Section Covariances, 2011.

[3] Macfarlane R, Muir D W, Boicourt R M, et al. The NJOY nuclear data processing system, version 2016. Los Alamos: Los Alamos National Lab. (LANL), 2017.

[4] 徐嘉隆. 堆用核数据处理新方法研究及自主化核数据处理程序 NECP-Atlas 的开发. 西安: 西安交通大学, 2019.

[5] 滕琦琛. 多群协方差数据计算方法研究及程序开发. 西安: 西安交通大学, 2021.

[6] 刘勇. 基于微扰理论的反应堆物理计算敏感性与不确定性分析方法及应用研究. 西安: 西安交通大学, 2017.

[7] 杨超. 燃耗计算不确定性计算方法及其在核废料嬗变分析中的应用研究. 西安: 西安交通大学, 2016.

[8] 万承辉. 核反应堆物理计算敏感性和不确定性分析及其在程序确认中的应用研究. 西安: 西安交通大学, 2018.

[9] Rearden B. Perturbation theory eigenvalue sensitivity analysis with Monte Carlo techniques. Nuclear Science and Engineering, 2004, 146: 367-382.

[10] Kodeli I. Multidimensional deterministic nuclear data sensitivity and uncertainty code system: Method and application. Nuclear Science and Engineering, 2001, 138(1): 45-66.

[11] Zwermann W, Gallner L, Klein M, et al. Status of XSUSA for sampling based nuclear data uncertainty and sensitivity analysis. EDP Sciences, 2013: 03003.

[12] Herranz N, Cabellos O, Sanz J, et al. Propagation of statistical and nuclear data uncertainties in Monte Carlo burn-up calculations. Annals of Nuclear Energy, 2008, 35: 714-730.

[13] Qiu Y, Manuele A, Wang K, et al. Development of sensitivity analysis capabilities of generalized responses to nuclear data in Monte Carlo Code RMC. Annals of Nuclear Energy, 2016, 97: 142-152.

[14] Du J, Hao C, Ma J, et al. New strategies in the core of uncertainty and sensitivity analysis (CUSA) and its application in the nuclear reactor calculation. Science and Technology of Nuclear Installation, 2020, 4: 1-16.

[15] Ivanov K, Avramova M, Kamerow S, et al. Benchmarks for uncertainty analysis in modeling (UAM) for the design, operation and safety analysis of LWRs. Volume I: Specification and support data for the neutronics cases (phase I). OECD Nuclear Energy Agency, 2007.

[16] Tyobeka B, Reitsma F, Ivanov K. HTGR reactor physics, thermal-hydraulics and depletion uncertainty analysis: A proposed IAEA coordinated research project//M&C 2011, Rio de Janeiro, 2011.

[17] OECD/NEA. Benchmark for uncertainty analysis in best-estimate modeling (UAM) for design, operation and safety analysis of SFRs-third meeting (SFR-UAM-3). Vienna: OECD Nuclear Energy Agency, 2017.

[18] OECD/NEA. Assessment of existing nuclear data adjustment methodologies. NEA/WPEC-33, 2010.

[19] Salvatores M, Aliberti G, Palmiott G. The role of differential and integral experiments to meet requirements for improved nuclear data//International Conference on Nuclear Data for Science and Technology 2007, Nice, 2007.

# 附录 A 对中国核反应堆物理有突出贡献的人物简介

## A.1 朱 光 亚

### 1. 人物简介

朱光亚（1924 年 12 月 25 日—2011 年 2 月 26 日），汉族，湖北武汉人，中国核科学事业的主要开拓者之一，吉林大学物理学创始人之一，"两弹一星"功勋奖章获得者，入选"感动中国 2011 年度人物"，被誉为"中国工程科学界支柱性的科学家""中国科技众帅之帅"。

朱光亚证件照

### 2. 生平事迹

1924 年 12 月 25 日，朱光亚出生于湖北宜昌。幼年时的朱光亚，跟随父母从宜昌经沙市迁回汉口。由于他的父亲在一家法国企业工作，朱光亚兄弟姊妹在少年时就得以接受西方教育。1931 年后，朱光亚在汉口第一小学、圣保罗中学学习。1938 年，刚刚初中毕业的朱光亚和两个哥哥被迫转移到重庆，先后就读于合川崇敬中学、江北清华中学（今重庆清华中学）、重庆南开中学。1941 年，朱光亚毕业于重庆南开中学。在重庆南开中学的一年半时间里，朱光亚开始对自然科学有了美好的憧憬，特别是魏荣爵老师讲授的

———————————
资料来源：https://aero.nciae.edu.cn/info/1109/1846.htm; http://www.changchun.gov.cn/zjzc/mlzc/ls/201912/t20191203_2050859.html; http://www.casad.cas.cn/sourcedb_ad_cas/zw2/ysxx/ygysmd/200906/t20090624_1791954.html。

物理学，使他产生了浓厚的兴趣；同年，他考入西迁至重庆的中央大学(今南京大学)物理系。讲授大学一年级普通物理学的是刚从美国留学回来的赵广增教授，赵教授深入浅出的讲课和介绍学科前沿的课外辅导，使朱光亚受到物理学科新发展的熏陶。1942年夏天，昆明西南联合大学在重庆招收大学二年级插班生，在几位南开校友的关心和帮助下，朱光亚报名应试，顺利地转学西南联大。从大学二年级起他先后受教于周培源、赵忠尧、王竹溪、叶企孙、饶毓泰、吴有训、朱物华、吴大猷等教授。众多名师的栽培，使朱光亚学业有了较坚实的基础。1945年抗日战争胜利时，他从物理系毕业后留校任助教。

　　1945年，抗战胜利后，蒋介石提出中国也要有原子弹。于是，国民政府决定派出吴大猷、曾昭抡、华罗庚三位科学家赴美国考察，并要求每位科学家推荐两名助手同去。当时吴大猷推举的两名助手，一名是李政道，另一名就是朱光亚。1946年9月，朱光亚等刚到美国不久就被告知，美国不会向其他任何国家开放原子弹研制技术，加之抗战胜利后中国国内形势很快发生巨变，考察组只好解散，各奔东西，朱光亚进入美国密歇根大学研究生院，继续从事核物理学的学习和研究。1947年，朱光亚在年轻的核物理学家Wiedenbeck 副教授的指导下从事核物理实验研究，发表了"符合测量方法(I) β 能谱"、"符合测量方法(II)内变换"等论文。1949年秋，朱光亚毕业于美国密歇根大学研究生院物理系原子核物理专业，并获博士学位。1950年2月，朱光亚拒绝美国经济合作总署(ECA)的旅费，告别女友取道香港，回到北京，任北京大学物理系副教授，为大学生讲授普通物理、光学等课程；归国前，他牵头与51名留美同学联名撰写了"给留美同学的一封公开信"，呼吁海外中国留学生回国参加祖国建设。

青年时代的朱光亚

　　1952年12月，朱光亚在中国人民志愿军停战谈判代表团秘书处任英文翻译。1953年1月，全国院校调整，朱光亚接受组织安排调往东北人民大学(今吉林大学)，在新建的物理系任教授。1956年，中国决定发展自己的原子能事业。这年，朱光亚参与筹建近代物理研究室(1957 年划归北京大学),担负起为中国培养第一批原子能专业人才的重任;同年 4 月,朱光亚加入中国共产党。1957 年至 1959 年,朱光亚任第二机械工业部四〇一所(中国科学院原子能研究所)研究室副主任,参与由苏联援建的研究反应堆的建设和启动工作,并从事中子物理和反应堆物理研究,发表了"研究性重水反应堆的物理参数的测定"等研究论文。1959 年 7 月起,朱光亚先后担任第二机械工业部第九研究所副所长、第九研究院副院长,主管科研工作,把全部精力和智慧投入到核武器研制的重要工程中。作为技术总负责人,他参与领导并指导了核武器研制任务的分解、确定研究的主要科学问题和关键技术、选择解决问题的技术途径、设立课题并制定重要攻关课题的实施方案等重要工作。

1964 年至 1966 年,朱光亚参与组织领导了中国第一颗原子弹、第一枚空投航弹、首次导弹与原子弹"两弹结合"试验任务,在短短两年时间内,使中国成为世界上少数几个独立掌握核技术的国家之一。1967 年 6 月,朱光亚参与组织领导的中国第一颗氢弹爆炸成功。1969 年 9 月,朱光亚参与组织指挥中国首次地下核试验,取得成功,中国地下核试验技术取得重大突破,实现了核试验转入地下的目标,为核武器技术快速持续发展提供了有力支持。1970 年 6 月至 1982 年 7 月,朱光亚任国防科学技术委员副主任,在继续负责组织核武器技术研究与发展工作的同时,参与组织领导国防科技领域的重要工作。其间,他组织和指导中国第一座核电站——秦山核电站的筹建、核燃料加工技术和核放射性同位素应用等项目的研究开发。

1980 年,朱光亚当选为中国科学院学部委员(后改称院士)。1986 年,国务院组织全国 200 多位著名专家学者进行了充分的专题研究,制订出中国第一个"军民结合"的高技术研究发展计划即 863 计划。朱光亚作为国务院高技术计划协调指导小组的成员和国防科工委科技委主任、著名科学家,亲自参与组织和指导了专家论证工作及《高技术研究发展计划(863 计划)纲要》的起草。1991 年 10 月,朱光亚率中国科学家小组赴美,与美国科学院国际安全与军备控制委员会(CISAC)进行双边学术交流。在交流会上,他亲自向美国同行介绍中国军备控制研究的成果,宣传中国的立场和观点,取得良好效果。

1994 年,被选聘为首批中国工程院院士。1994 年 6 月至 1998 年 5 月,任中国工程院第一任院长、党组书记,领导建立了一整套行之有效的工作方法和程序,为中国工程院的初创和发展做了大量奠基性和开拓性的工作。1996 年 5 月,朱光亚被推举为中国科协名誉主席;同年,他将获得的何梁何利奖 100 万元港币全部捐赠给中国工程科技奖励基金会,用以奖励中国优秀工程科技专家。1999 年 1 月,任总装备部科技委主任;同年 9 月 9 日,把 4 万余元稿费捐赠给中国科学技术发展基金会;同年 9 月 18 日,国家授予朱光亚"两弹一星"功勋奖章。2002 年 5 月,获南京大学"世纪校友学术成就金质奖章"。

2011 年 2 月 26 日 10 时 30 分,朱光亚因病于北京逝世,享年 87 岁。

朱光亚早期主要从事核物理、原子能技术方面的教学与科学研究工作;20 世纪 50 年代末,负责并组织领导中国原子弹、氢弹的研究、设计、制造与试验工作,参与组织领导了秦山核电站筹建、放射性同位素应用开发研究、国家高技术研究发展计划的制订与实施、国防科学技术发展战略研究，组织领导了禁核试条件下中国核武器技术持续发展研究、军备控制研究及武器装备发展战略研究等工作，为中国核科技事业和国防科技事业的发展作出了重大贡献。

1963 年 3 月，朱光亚参与组织确定了第一颗原子弹的理论设计方案，报第二机械工业部(简称二机部)批准后，千军万马即将奔赴青海草原核武器研制基地进行大会战。朱光亚等科研、生产人员以及增调的技术骨干迅速汇集到西北基地，全面开展理论、试验、设计、生产等各方面工作，形成了研制第一颗原子弹的总攻局面。1963 年 5 月，朱光亚主持起草了《第一期试验大纲草案》(即原子弹装置核爆炸试验大纲)，指出核爆炸试验的任务是由低到高逐步过技术关。他建议先做地面爆炸试验，再做空投爆炸试验，并详细提出了试验测试的主要项目、技术保障、测试场地总布局、试验规模等内容。8 月，朱光亚等领导参加了青海研制基地冷试验专题研讨会，为综合验证理论设计和一系列单项试验成果，决定尽快实施关键性的全球聚合爆轰试验。在他和王淦昌、邓稼先、周光召等的组织领导下，解决了大量理论、技术和生产问题，于 11 月 20 日成功进行了缩比尺寸全球聚合爆轰试验。朱光亚亲自撰写试验总结，认为这项试验完成后，原子弹研制的关键技术只剩下等待足够的核材料和临界实验了。1964 年 3 月，朱光亚组织制订研究院《1964 年科研工作计划纲要》，详细布置了原子弹研制和试验工作计划。1964 年 6 月 6 日，朱光亚在青海基地与其他同志一起组织进行了全尺寸全球聚合爆轰试验，这是原子弹装置核爆炸前的一次综合预演。6 月 12 日，朱光亚组织起草完成了《596 装置国家试验大纲》，对核装置运输、总装与质量检验、引控系统调试、测试项目等各个环节提出了要求，第一次核爆炸试验开始全面转入现场实施阶段。10 月 8 日，朱光亚等在现场亲自指导技术人员严格按规程进行原子弹装置装配与检验。14 日晚，经张爱萍、刘西尧、张震寰、张蕴钰、李觉、朱光亚等签字后，第一颗原子弹装置被吊上铁塔。1964 年 10 月 16 日，中国第一颗原子弹爆炸成功。试验结果表明中国第一颗原子弹从理论、结构、设计、制造到引爆控制系统、测试技术等均达到相当高的水平。

1971 年，刚刚担任国防科委副主任的朱光亚受命参与组织领导中国第一座核电站的筹建工作。在朱光亚的支持下，项目组经过与许多专家共同商讨、论证，逐渐达成了共识，提出了用压水堆的意见，并很快完成了 30 万 kW 压水堆核电站设计方案。后来的实践证明，压水堆的选择是完全正确的，符合中国实际和世界核电站发展的主流。朱光亚指导了核电站研究、设计任务的分解，以及研究试验和技术攻关项目的开展，特别是对核燃料组件的设计、试验、研制等给予了极大的关心和指导，使核燃料组件得以完全立足于中国国内研制成功。朱光亚亲自参与领导了核电站的踏勘选址，亲赴浙江、江苏、上海多个选点考察，最终于 1982 年选定了浙江省海盐县的秦山厂址。1984 年 2 月，朱光亚主持了秦山核电站扩大初步设计的审批会议，审查批准了扩大初步设计，并对即将开展的工程建设中将要面临的重大关键问题和工程进度等作出了决策。1985 年 3 月，秦山核电站正式开工，设备研制同步进行。1991 年 12 月 15 日核电站首次并网发电成功，实现了中国核电技术的重大突破。

工作中的朱光亚

　　1955 年 5 月,朱光亚调离了吉林大学,在这 3 年时间里,吉林大学物理系从无到有,师资队伍发展到 50 多人,建成 12 个实验室,当时的物理系在实验室建设、人才培养方面在国内处于领先地位。朱光亚在吉林大学教过的学生有 519 人,他的学生中,后来成为中国科学院院士 3 人(陈佳洱、宋家树、王世绩),教育部副部长 1 人,著名大学校级领导 6 人,国家科技奖项获得者、著名专家、博士生导师数百人。

# A.2　黄　祖　洽

### 1. 人物简介

　　黄祖洽(1924 年 10 月 2 日—2014 年 9 月 7 日),中国科学院院士,我国著名理论物理和核物理学家及“两弹一星”杰出贡献者,1982 年获国家自然科学奖一等奖,1991年获国家教委科技进步奖一等奖。原北京师范大学教授及低能核物理研究所名誉所长,曾任第二机械工业部第九研究院理论部副主任、北京第九研究所副所长、中国原子能研究所副所长及《物理学报》主编。黄祖洽主要从事核物理、中子输运理论及非线性动力学等方面的研究,对我国核反应堆和核武器的研制作出了重要贡献。

### 2. 生平事迹

　　1955 年底至 1956 年,在参加接受苏联援助我国重水反应堆的理论设计的同时,他结合反应堆结构复杂的实际情况,研究了非均匀性对堆中中子输运的影响,发现计算结果和苏联提供的设计临界尺寸参数不同。在后续反应堆启动时的临界实验中，黄祖洽的理论计算结果得到了证实。1958 年，他参与并领导了核潜艇用压水堆的初步理论设计，后来又参与和组织了石墨堆和元件堆的理论研究和设计。

黄祖洽工作照　　　　　　　　黄祖洽在西南联大留影

### 3. 科技贡献

黄祖洽是中国核武器理论研究和设计的主要学术带头人之一，他积极参加和领导了原子弹理论的研究工作，对中国核武器的研制成功、设计定型及其他一系列科学试验研究作出了重要贡献。在研究热核弹爆炸中所涉及的物理过程时，黄祖洽考虑到在极高温度下的核反应系统是一个包含轻核、重核、电子、中子和光子等粒子的混合系统，不能沿用通常气体分子运动论中使用的玻尔兹曼方程，必须加以改进，使方程能正确反映粒子间的各种反应。1961 年，他发表了"关于起反应的粒子混合系统的运动论"一文，推导了包含多体相互作用和反应的广义运动论方程组，并在此基础上导出了带中子的辐射流体力学方程和反应动力学方程组，成为核弹理论研究中的重要方程组之一。

在高温高压热核反应系统的研究中，黄祖洽从广义运动论方程组出发，把带电粒子(轻核和电子)的运动和中子在系统中的输运有条件地分开处理，在一级近似中把带电粒子看成随时都处在局域热平衡的状态，再计算系统中介质的流体运动和轻核的热运动对中子输运方程中的中子源项、中子吸收项和中子散射项产生的影响。

黄祖洽著有《输运理论》、《核反应堆动力学基础》、《热中子核反应堆理论》(黄祖洽译)等著作，并发表了"关于氟化氢分子的一个计算"、"关于起反应的粒子混合系统的运动论"、"ALU 系统中中子的增殖、慢化、扩散和有关问题"等知名论文，均是我国核反应堆和核武器设计研究的重要参考资料。

黄祖洽为人正直，热忱爱国，淡泊名利，治学严谨，才思敏捷，研究问题必刨根究底、务求甚解，性格豁达开朗、乐观幽默，从不迷信国外、迷信书本。黄祖洽于 1950

年 1 月入党，作为一个老党员，他把 35 岁到 56 岁这一段人生最宝贵的黄金时期奉献给了祖国的国防科研事业，又把后半生奉献给了培养青年一代的教育事业，在 80 岁高龄时还坚持上班，坚持给学生讲课。他对科学的热爱、对研究的热诚及严谨的科学家精神，都像种子一样播撒在中国大地上，影响一代又一代的中华子女。

# A.3　于　敏

## 1. 人物简介

于敏（1926 年 8 月 16 日—2019 年 1 月 16 日），出生于河北省宁河县芦台镇，核物理学家，国家最高科技奖获得者，"共和国勋章"获得者。他 1949 年毕业于北京大学物理系，1980 年当选为中国科学院学部委员（院士），是原中国工程物理研究院副院长、研究员、高级科学顾问。1999 年被国家授予"两弹一星"功勋奖章；2018 年 12 月 18 日，被党中央、国务院授予改革先锋称号，颁授改革先锋奖章，并获评"国防科技事业改革发展的重要推动者"；2019 年 9 月 17 日，国家主席习近平签署主席令，授予于敏"共和国勋章"。

于敏院士证件照

## 2. 生平事迹

1944 年于敏考上了北京大学工学院，1946 年他转入了理学院去念物理，并将自己的专业方向定为理论物理。1949 年于敏本科毕业，考取了研究生，并在北京大学兼任助教。在张宗燧、胡宁教授的指导下，1951 年于敏以优异的成绩毕业。毕业后，他被钱三强、彭桓武调到中国科学院近代物理研究所任助理研究员、副研究员。这个研究所1950年才成立，由钱三强任所长，王淦昌和彭桓武任副所长。

于敏院士在工作中

1960年底，在钱三强的组织下，以于敏等为主的一群年轻科学工作者，悄悄地开始了氢弹技术的理论探索。这次从基础研究转向氢弹研究工作，对于敏个人而言，是很大的损失。于敏生性喜欢做基础研究，当时已经很有成绩，而核武器研究不仅任务重、集体性强，而且意味着他必须放弃光明的学术前途，隐姓埋名，长年奔波。从此，至1988年，于敏的名字和身份是严格保密的。

于敏没有出过国，在研制核武器的权威物理学家中，他几乎是唯一一个未曾留过学的人。于敏几乎从一张白纸开始，依靠自己的勤奋，举一反三进行理论探索。从原子弹到氢弹，按照突破原理试验的时间比较，美国人用了七年零三个月，英国用了四年零三个月，法国用了八年零六个月，苏联用了四年零三个月，主要的原因就在于计算的繁复。而当时中国的设备与国外的设备无法可比，仅有一台每秒万次的电子管计算机，并且95%的时间分配给有关原子弹的计算，只剩下5%的时间留给于敏负责的氢弹设计。于敏记忆力惊人，他领导下的工作组人手一把计算尺，废寝忘食地计算。四年中，于敏、黄祖洽等科技人员提交研究成果报告69篇，对氢弹的许多基本现象和规律有了深刻的认识。

1965年1月，于敏调入二机部第九研究院(中国工程物理研究院前身)。9月，于敏带领一支小分队赶往上海华东计算技术研究所，抓紧计算了一批模型。但这种模型因重量大、威力比低、聚变比低，不符合要求。于敏总结经验，带领科技人员又计算了一批模型，发现了热核材料自持燃烧的关键，解决了氢弹研究的重要课题。10月下旬，于敏开始从事核武器理论研究，在氢弹原理研究中提出了从原理到构形基本完整的设想，解决了热核武器大量关键性的理论问题。

之后，于敏在二机部第九研究院历任理论部副主任、理论研究所副所长和所长、研究院副院长、院科技委副主任、院高级科学顾问等职。

于敏意识到惯性约束聚变在国防上和能源上的重要意义，为引起大家的注意，他在一定范围内作了"激光聚变热物理研究现状"的报告，并立即组织指导了中国核理论研究的开展。1986 年初，邓稼先和于敏对世界核武器科学技术发展趋势作了深刻分析，向中央提出了加速核试验的建议。事实证明，这项建议对中国核武器发展起了重要作用。1988 年，于敏与王淦昌、王大珩院士一起上书邓小平等中央领导，建议加速发展惯性约束聚变研究，并将它列入中国高技术研究发展计划，使中国的惯性聚变研究进入了新的阶段。

于敏在氢弹原理突破中解决了热核武器物理中一系列基础问题，他提出了从原理到构形基本完整的设想，起了关键作用。此后，他长期领导并参加核武器的理论研究、设计解决了大量关键性的理论问题。从 20 世纪 70 年代起，他在倡导、推动若干高科技项目研究中发挥了重要作用。

于敏把原子核理论分为三个层次，即实验现象和规律、唯象理论和理论基础，在平均场独立粒子方面做出了令人瞩目的成绩。

# A.4 阮 可 强

## 1. 人物简介

阮可强，（1932 年 12 月 19 日—2017 年 4 月 29 日），浙江慈溪人，反应堆物理、核安全专家，中国工程院院士，中国原子能科学研究院研究员。1950 年至 1951 年于清华大学学习，毕业于莫斯科动力学院。他早期从事核潜艇压水堆堆芯热中子通量空间能量分布的研究，成功解决了堆芯热点精确计算的问题，所研制的程序长时间是潜艇压水堆堆芯的主要设计软件，此软件也曾用于秦山核电站压水堆的堆芯设计。此后他长期从事

阮可强证件照

临界安全设计、研究工作，在铀同位素分离、核燃料后处理、燃料元件制造、铀钚冶炼加工和核电站等多个重要工厂的设计、投产、运行等方面，解决了大量的临界安全问题。同时，他主要负责完成了中国第一座快中子零功率反应堆的建造、临界启动和物理启动，这是我国快堆发展的重要里程碑，为快堆的研究奠定基础。

2. 生平事迹

阮可强院士原本报考的专业是清华大学机械系，随后按照国家的安排，被派往苏联留学，留学 7 年后回国被分配至二机部，不久又被派往苏联改行学习反应堆，虽然主动的选择只有一次，但他一直在被选择中踏实前行。

工作中的阮可强

苏联留学期间，阮可强院士在莫斯科动力学院高水平导师的指导下做了高温气冷堆的毕业设计，一回国就参加了重水堆的临界起动，随后做了石墨水堆设计的消化吸收工作，参加了潜艇压水堆的概念设计工作。一个年轻的工程技术人员，在这么短的时间内，接触、实践了四种反应堆，的确对他是很大的锻炼，由此积累了大量的反应堆知识。回顾这段经历，他深深体会到，只有在国家发展核工业的大背景下个人才能获得这么好的成长机遇，没有这样的机遇，个人成长要慢得多。

第一颗原子弹爆炸极大地激发了科技人员的积极性，由此国家开始畅想核能的下一步发展前景。发展快中子反应堆就是这个背景下提出来的。经过几年的努力，到 1970年时，第一座快中子零功率反应堆的工作，已经进展到了具备安装设备、建堆并临界起动的条件。那时，所需的核燃料元件也已经在制造厂加工完毕，运抵原子能所。当时阮可强院士是反应堆物理研究室的业务负责人，负责快中子零功率反应堆的建造、临界起动和起动后的物理实验。快中子零功率堆装料需 50kg 富集度为 90% 的高浓铀。因所需高浓铀的数量很大，报告送到了周恩来总理那里。总理问实验用的铀消耗不消耗，回答零功率实验中不消耗，而且也不会有大的放射性。总理说，那就调拨供实验用，待国家需要的时候再把铀收回来。第一次临界是在 1970 年 6 月 29 日，从早晨开始加料推临界，直到夜里快 12 点才到达临界。堆上配备了五套起动计数装置，因天气热，到快接近临界时，三套起动装置已经不能正常工作，就靠剩下的两套计数，逼近临界。第一座快中子零功率反应堆的建成，是我国快堆发展的一个里程碑，为快堆研究奠定了基础。周总理批的 50kg 高浓铀，过了四十多年，至今还在反应堆物理研究室，用它进行了许多实验研究。

在 2013 年的一次采访中，阮可强说道："从 1956 年到现在，57 年过去了，我一直都没有离开核工业，就是在事业的低潮期，最困惑的那几年，我也会坚持等待。我心里一直有信念，相信国家必然会大力发展核事业，自己也一直明白这辈子我就跟核事业结缘了，不会再去做别的。"

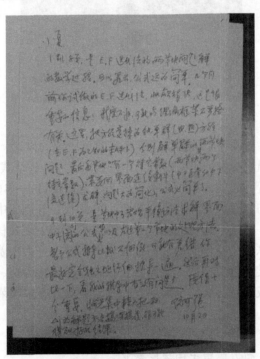

阮可强给学生夏兆东的手写信

# A.5　王　大　中①

## 1. 人物简介

王大中，中国科学院院士，国际著名核能科学家、教育家。1958 年毕业于清华大学

---

① 本文刊载于《中国纪检监察》杂志 2022 年第 1 期，记者：曹雅丽。

工程物理系，1982 年获德国亚琛工业大学自然科学博士学位。历任清华大学核能所研究室主任、所长，核研院院长、总工程师，清华大学校长等职务。

王大中证件照

20 世纪 60 年代参与领导了中国自建屏蔽实验反应堆的设计、建造和运行。70 年代以来，主持领导了高温气冷堆的研究发展工作，提出了一种模块式高温气冷堆的新概念，获德国、美国、日本等国发明专利；主持领导 863 重点项目——10MW 高温气冷堆研究发展工作，并在中国初步建成高温堆研究基地。80 年代，开创了中国核能供热研究新领域，主持研究、设计、建造、运行成功世界上第一座 5MW 壳式核供热堆，并领导了利用核供热堆进行热电联供、空调制冷及海水淡化等研究。王大中院士曾先后以第一完成人获得国家科技进步奖一等奖两次、国家教委科技进步奖特等奖、何梁何利科学与技术进步奖、国家级教学成果特等奖、全国"五一劳动奖章"等多项荣誉。

2. 生平事迹

1) 王大中：把毕生精力献给中国核能事业

"200 号"是清华大学核能与新能源技术研究院(核研院)当年建设屏蔽试验堆时在校内基建项目的工程编号，也是清华师生和同行习惯的对核研院的代称。作为高校最大的实体研究院和我国最早建立的核能研究基地之一，它见证了国际著名核能科学家、教育家王大中带领团队实现我国以固有安全为主要特征的先进核能技术从"跟跑""并跑"到"领跑"世界的整体发展过程。作为一名战略科学家，王大中是高瞻远瞩、一生为核的爱国者，是敢为人先、勇攀高峰的开拓者，还是甘为人梯、严谨谦和的引路者。在 60 余年核能科学与工程领域的研究和教学工作中，王大中参与设计建造了屏蔽试验反应堆，主持研发建设了 5MW 低温核供热实验堆和 10MW 高温气冷实验堆，并积极推动低温堆和高温堆等先进反应堆的应用，为促进国家科技进步作出了卓越贡献。2021 年 11 月 3 日，在 2020

年度国家科学技术奖励大会上，王大中被授予国家最高科学技术奖。对于这份沉甸甸的荣誉，王大中说："它属于集体，属于所有知难而进、众志成城的'200 号'人，也属于所有爱国奉献、努力拼搏的科技工作者。"

2）"科技创新是我们最主要的爱国方式"——高瞻远瞩、一生为核的爱国者

作为国家能源安全及战略威慑力量的基础，核能是当今世界高度敏感、高度垄断、战略必争的高技术领域，是大国实力的重要标志。1955 年我国政府作出了开发核能的战略部署。1956 年，为了发展国家原子能事业，清华大学成立了工程物理系，从学校各系抽调了一批成绩优异的在校生转入工程物理系，王大中就在其中。一次偶然的机会，王大中看到一部介绍苏联建成世界上第一个试验核电站——奥布灵斯克核电站的科教片，尽管那座核电站功率只有 5000kW，但原子核裂变释出的巨大能量，以及在那厚厚的混凝土墙和自动开启的铸铁门后面的核反应堆，都给他留下了深刻的印象。于是在高年级分专业时，他毫不犹豫地选择了反应堆工程专业。从此，王大中的求索之路与我国的核能事业紧紧联系在一起。

1958 年，清华大学瞄准国家战略需求，提出自行设计和建造一座功率为 2000kW 的屏蔽试验反应堆的建议。该建议得到国家批准，一群平均年龄仅 23 岁半的清华师生担起了建堆的重任，刚刚毕业留校工作的王大中就是其中一员。1960 年，他们来到北京市昌平区燕山脚下开启了艰难的建堆之路。据王大中回忆，各国对反应堆的研究实施保密封锁，他们谁也没有见过反应堆。如何自力更生发展自己的核力量？"200 号"团队发出了铮铮誓言："建堆报国""用我们的双手开创祖国原子能事业的春天！"

1964 年秋，"200 号"团队迎来了丰收季。我国第一座自行设计、建造的核反应堆——清华大学屏蔽试验反应堆在他们手中成功建成。作为其中的骨干成员，王大中从反应堆物理设计，到反应堆零功率物理实验，再到反应堆热工水力学设计与实验，从做模型、挖地基、搬砖头，到调试运行等，逐渐成长为具有工程实践经验和战略思维的青年佼佼者。

1979 年，美国三哩岛核电站发生堆芯融化事故，使世界核能发展陷入低谷。王大中敏锐地意识到，安全是核能发展的生命线。1981 年至 1982 年，王大中赴德留学，师从"球床堆之父"苏尔登教授，他前瞻性地选择了"模块式高温气冷堆"这个新概念作为研究方向。其核心是要通过模块式设计使反应堆具有"固有安全性"，从根本上杜绝发生堆芯熔毁的可能。"他的这种战略眼光有时候近乎神奇。"王大中的学生、清华大学核能与新能源技术研究院（简称"核研院"）现任院长张作义如此形容恩师的远见卓识和魄力，"21 世纪后，模块式高温气冷堆才被国际核能界公认为第四代先进核能技术的代表，而老师在十几年前就认定了这个方向"。

从 1985 年开始，王大中主持低温核供热堆研发。在总体方案的选择上，他带领团队反复研究和论证，最后确定选择壳式一体化自然循环水冷堆，并计划先建设一座 5MW 低温核供热实验堆。实践证明，这个方案具有很强的技术前瞻性。如今，一体化自然循环已成为 21 世纪以来国际上小型轻水核反应堆发展的热点技术方向之一，在小型核能发电、核能供热、海水淡化等方面具有广阔的应用前景。

　　时隔三哩岛核事故发生 7 年后，苏联切尔诺贝利发生了震惊世界的严重核事故，全球核能发展再次陷入低潮。此时的王大中更加坚定了研发更加安全的先进反应堆技术的决心。在 863 计划支持下，由王大中带队，于 20 世纪 80 年代后期开启、1992 年立项、2000 年建成的 10MW 高温气冷实验堆，是世界首座模块式球床高温气冷堆，它的建成标志着我国掌握了模块式球床高温气冷堆的关键核心技术。

　　王大中曾说，他几十年的科研生涯主要就是建了三个核反应堆：参与建设屏蔽试验反应堆，主持研发建设 5MW 低温核供热实验堆和 10MW 高温气冷实验堆。这三个核反应堆，是我国核能科技创新发展的三个标志性成就；这三个核反应堆的发展史，是王大中从反应堆专业青年学子到核能技术领军人物的成长史，更是一代代"200 号"人爱国奉献、矢志报国的奋斗史。爱国情是炽烈的，更是具体的，那就是为了国家的需要、人民的事业，知难而进。对此，王大中坚定地说，目前，我国正处在最好的发展时期，所有科技工作者都要自觉地为科技自立自强作贡献，责无旁贷，科技创新是我们最主要的爱国方式。

王大中(中)等在清华大学 10MW 高温气冷实验堆临界现场

　　3）"跳起来摘果子，才能有创造性"——敢为人先、勇攀高峰的开拓者

　　核能的发现不仅给人类带来了清洁高效的新能源，也给世界带来了极具摧毁力的武器，带来了核事故的风险。如何保证核能安全利用，一直是一个世界性难题。早在 1956 年，美国著名核科学家爱德华·泰勒就指出：要使公众接受核能，反应堆的安全必须是"固有安全的"，这是核能安全的最高目标。他提出：只有抽出所有控制棒而堆芯不熔毁，设计才是足够安全的。但这只是一个梦想，在实际核能技术上一直未能实现。

　　这一世界难题的破解，得益于王大中及其团队以实现反应堆固有安全为学术理念，通过关键核心技术攻关，从小规模试验核反应堆建设，到工业规模示范电站建设，全过程的核能技术创新实践使中国乃至世界核能技术发展取得了突破性进展。

1985 年，王大中主持国家"七五"重点科技攻关项目"5MW 低温核供热堆研究"，1986 年开工建堆，1989 年 11 月首次临界运行成功。随后，3 个冬季供热运行累计 8174h，供热可利用率达到 99%。这是世界上首座一体化自然循环水冷堆，也是世界上首次采用新型水力驱动控制棒的反应堆。该成果得到世界广泛赞誉。国际原子能机构认为："这是中国对世界核能的重要贡献，该堆充分利用了非能动安全设计，具有非常高的安全裕度，达到了很高的可靠性和可利用率。"时任联邦德国总理科尔的核能总顾问弗莱厄博士在贺电中称："这不仅在世界核供热反应堆的发展方面是一个重要的里程碑，同时在解决中国以及其他很多国家存在的污染问题方面也是一个重要的里程碑。"

"要善于把握技术发展方向，选好技术方案和项目目标，在目标定位上要'跳起来摘果子'，取度合适，才能实现勇于创新与务实求真的结合。"对于科技创新，王大中说："跳起来的意思就是说你要随便就摸到了，那等于是你没有创造性，跳起来摸高的意思是你一定要出一些新东西。"

1986 年，我国制定面向高科技前沿领域的 863 计划，选定在生物、信息、能源等 7 个领域实施。王大中作为能源领域首席专家参加了能源领域发展规划制定。1987 年 2 月，863 计划正式启动。在 863 计划的支持下，王大中带领团队开启了高温气冷堆的研究，如球形核燃料元件、燃料球流动特性、氦技术及氦设备等。该堆研发工作中每一项关键技术都是重点和难点，都需要潜心攻关。

锲而不舍，金石可镂。在王大中带领团队陆续突破相关 8 项关键技术后，1992 年国务院批准立项，在清华大学核研院建一座 10MW 高温气冷实验堆，项目于 1995 年动工，2000 年建成，2003 年并网发电。2005 年 7 月，在 10MW 高温气冷实验堆进行了泰勒设想的抽出所有控制棒且叠加不紧急停堆的实验，成功验证了高温堆的固有安全性，这在世界上尚属首次。美国 *Wired* 杂志称其是"一种固有安全的核能系统，达到了当今世界核能安全的最高水平"。按照国际原子能机构的分类标准，王大中领导发展的低温堆和高温气冷堆，使中国成功地占据了世界核能安全领域制高点。

成绩面前永不止步，王大中带领团队在"跳起来摘果子"的道路上不断挑战新高度。在 10MW 高温气冷实验堆基础上，王大中提出要实现实验反应堆向工业规模原型堆的跨越，实现我国先进核能技术的跨越发展。

2006 年，"大型先进压水堆及高温气冷堆核电站"被列为国家 16 个科技重大专项之一。高温气冷堆核电站是其中一个分项，其核心工程目标是在山东荣成石岛湾建设一座电功率为 200MW 的高温气冷堆核电站示范工程。这是王大中亲身经历的第四座反应堆，他的学生张作义被任命为重大专项总设计师。美国核学会前主席、麻省理工学院安德鲁·卡达克教授曾于 2014 年来到现场，参观了正在建设的高温气冷堆示范工程后感叹："中国毫无疑问是全球高温气冷堆的领跑者，而且在未来很长一段时间，中国将继续引领世界。"

2021 年 9 月 12 日 9 时 35 分，石岛湾高温气冷堆核电站示范工程的机组首次达到临界状态，正式进入持续核反应状态。12 月 20 日，石岛湾高温气冷堆核电站示范工程送电成功。这是全球首个并网发电的模块式高温气冷堆核电项目，标志着我国成为世界少数几个掌握第四代核电技术的国家之一。"我国这项重大科研成果从理论到实验，再到应用，王大中院士作出了极为重要的贡献"，清华大学核研院研究人员说。

艰难困苦，玉汝于成。从核能领域的"跟跑者"到"领跑者"，凝聚了王大中等清华大学核研院数百名科学家的心血。"为了建成高温堆，许多同志从青年干到中年，从中年干到退休，他们几乎把毕生精力都贡献给了研究与开发高温堆的事业。正是这种持之以恒、数十年磨一剑的精神才是我们实现自主创新的制胜法宝。"王大中说。

4）"要沉下心去，耐得住寂寞"——甘为人梯、严谨谦和的引路者

王大中不仅是成绩斐然的科学家，也是卓有建树的教育家。1994 年至 2003 年，在清华大学校长任上，他带领学校领导班子提出"综合性、研究型、开放式"的办学思路，制定"三个九年、分三步走"的世界一流大学建设总体发展战略，确立了"高素质、高层次、多样化、创造性"的人才培养目标，完成了综合性学科布局。2020 年是"三个九年、分三步走"总体发展战略的收官之年，清华大学总体办学实力和国际声誉显著提高。

这样一位高瞻远瞩的战略科学家、教育家，在日常工作生活中却十分"接地气"。王大中身边的人，对他最多的评价都是耐心谦和、低调朴素、务实严谨。从清华大学自动化系毕业，到核研院读博的石磊师从王大中，老师谆谆教导的一席话，至今令他记忆犹新："核工程是一门多学科交叉的学科，学习起来是很苦的，要做好思想准备；要成为一名合格的科研人员，必须掌握多学科的知识，既要懂物理，又要懂热工，还要知道机械、材料、电气、控制等，不仅要有深厚的理论功底，还要有丰富的工程设计经验，不能纸上谈兵；这些都不是一天两天、一年两年能够学会的，需要沉下心去，耐得住寂寞，没有十年磨一剑的精神，是干不成事的。"当谈起自己的博士毕业论文，石磊回忆道，"作为校长王老师每天工作非常繁忙，但当看到他修改的论文，听到他的耐心讲解，自己被深深触动，王老师不仅从论文整体的逻辑框架、论述分析给出了具体的修改意见，而且甚至小到文字标点、图标符号的错误，都一一指了出来"。

作为一校之长，王大中因认真务实、宽厚谦和而备受师生们的爱戴。他曾把厚重的国外大学的信息资料一本本带回学校，也曾把收集到的厚厚一叠新年贺卡交给清华大学新闻中心供他们参考；他会在上下班路上，骑着自行车听普通教师向他反映系里的工作情况，也会在清晨 6 点多到图书馆调研，帮助学生们解决早晨进馆拥挤等问题……2003 年，王大中离任。当年毕业季，清华毕业班学生强烈要求和已经离任的王大中合影。学校相关部门应毕业生的要求发出通知后，很短时间就有 168 个班级近 5000 人报名。

"王大中是实现反应堆固有安全的带头人，是清华核能团队的长期带头人，也是我们清华人熟悉和尊敬的老校长。"正如张作义所言，无论在什么岗位上，王大中始终对党和国家的事业高度负责，为核能科技创新发展呕心沥血，为国家高端人才培养尽心尽力，甘为人梯，奖掖后学，是当之无愧的优秀共产党员，堪称科学家精神的代表和科技工作者的典范。